"十二五"普通高等教育本科国家级规划教材

机械设计制造及其自动化专业系列教材

控制工程基础

Kongzhi Gongcheng Jichu

第四版

主　编　王积伟　吴振顺
副主编　许飞云

中国教育出版传媒集团
高等教育出版社·北京

内容简介

本书是“十二五”普通高等教育本科国家级规划教材,机械设计制造及其自动化专业系列教材之一。

全书共分 9 章:第 1 章控制系统的基本概念,第 2 章数学模型,第 3 章时域分析法,第 4 章根轨迹分析法,第 5 章频域分析法,第 6 章控制系统的设计和校正,第 7 章线性离散系统与 $\mathscr{Z}$ 变换,第 8 章状态空间分析法,第 9 章控制系统的应用和分析。书末附有 5 个附录。每章附有习题,附录 E 有部分习题参考答案。

本书的特点是:淡化经典控制与现代控制的界限,突出方法论;重点阐述共性问题,适应拓宽专业口径的需要;不苛求严格的数学推证,从直观的物理概念出发分析问题、解决问题;特别重视工程应用,除每章附有较多机、电、液、气方面的例题外,还专辟一章介绍控制理论在工程中应用的成功实例;取材新颖,采用 MATLAB 与 SIMULINK 等先进软件分析和设计系统;编写体系符合教学规律,好教易学;传授科学知识与培养创新能力并重。

本书可作为高等学校机械类专业控制工程基础课程的教材,也可供有关工程技术人员参考。

图书在版编目(CIP)数据

控制工程基础 / 王积伟,吴振顺主编. -- 4 版.
北京 : 高等教育出版社, 2024. 8 (2025. 9 重印).
ISBN 978-7-04-062369-7

Ⅰ. TP13

中国国家版本馆 CIP 数据核字第 202479Z9E2 号

策划编辑 卢 广　　责任编辑 卢 广　　封面设计 李卫青　　版式设计 童 丹
责任绘图 裴一丹　　责任校对 刘娟娟　　责任印制 高 峰

出版发行	高等教育出版社	网　址	http://www.hep.edu.cn
社　址	北京市西城区德外大街 4 号		http://www.hep.com.cn
邮政编码	100120	网上订购	http://www.hepmall.com.cn
印　刷	固安县铭成印刷有限公司		http://www.hepmall.com
开　本	787mm×1092mm 1/16		http://www.hepmall.cn
印　张	27.75	版　次	2000 年 8 月第 1 版
字　数	680 千字		2024 年 8 月第 4 版
购书热线	010-58581118	印　次	2025 年 9 月第 4 次印刷
咨询电话	400-810-0598	定　价	62.00 元

本书如有缺页、倒页、脱页等质量问题,请到所购图书销售部门联系调换

物 料 号 62369-00

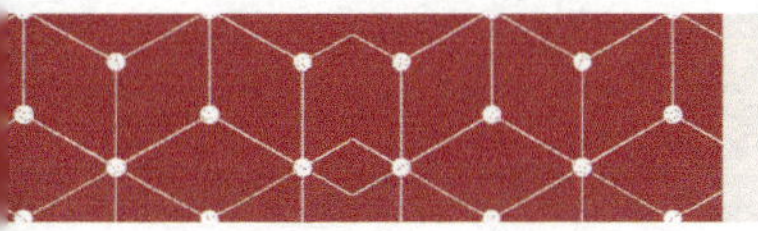

新形态教材网使用说明

控制工程基础

第四版

主编 王积伟　吴振顺

1 计算机访问https://abooks.hep.com.cn/12273475或手机微信扫描下方二维码进入新形态教材网。

2 注册并登录后，计算机端进入“个人中心”，点击“绑定防伪码”，输入图书封底防伪码（20位密码，刮开涂层可见），完成课程绑定；或手机端点击“扫码”按钮，使用“扫码绑图书”功能，完成课程绑定。

3 在“个人中心”→“我的学习”或“我的图书”中选择本书，开始学习。

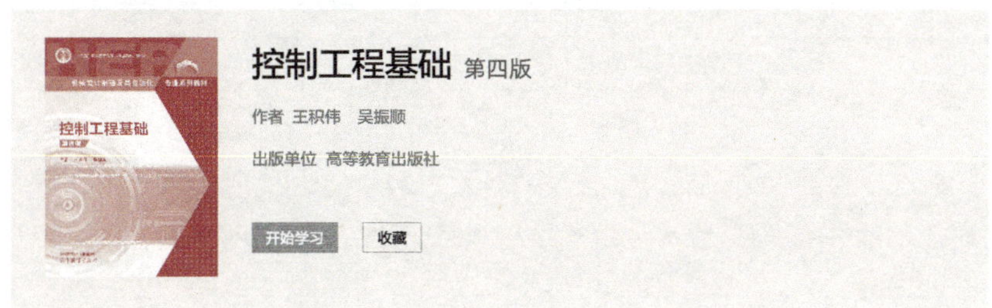

绑定成功后，课程使用有效期为一年。受硬件限制，部分内容可能无法在手机端显示，请按照提示通过计算机访问学习。

如有使用问题，请直接在页面点击答疑图标进行咨询。

https://abooks.hep.com.cn/12273475

第四版前言

控制工程是以控制论、信息论、系统论为基础，以工程应用为主要目的，研究自动控制系统各类工程问题的综合性工程技术。其与机械工程、计算机技术、仪器仪表工程、电气工程、电子与信息工程等工程技术密切相关，已广泛应用于工业、农业、国防、交通、环境、生物、医学、经济、金融等领域，在工程和科学技术发展过程中起着非常重要的作用。

控制工程基础课程是高等学校机械类相关专业重要的技术基础课之一。本课程的主要任务是使学生掌握控制工程的基础知识，掌握控制系统的工作原理、性能要求；熟悉系统数学模型的建模方法，系统性能的时域、频域、根轨迹分析方法；了解控制系统综合校正的基本概念和方法，为学习后续专业课程打下基础。学习本课程关键是抓住基本思想、基本概念、基本原理和基本方法。

随着现代信息技术和智能制造技术的发展，控制方法和手段不断革新，同时对控制系统性能的要求也越来越高。智能传感与控制作为智能制造技术重要的辅助手段，其功能不断完善与改进，应用范围也越来越广泛，在智能制造中发挥着重要的作用。在新工科建设的背景下，多元化、复合型、创新型人才的培养目标，要求学生既要具备扎实的基础理论知识，又要具有工程思维和较强的工程实践能力，这对控制工程基础课程提出了更高的要求。因此，有必要根据控制工程的发展与课程改革的要求对本书进行修订。

本书第一、二、三版分别被评为“十五”“十一五”和“十二五”普通高等教育本科国家级规划教材，第二版被评为 2011 年度普通高等教育精品教材。本书已进行了两次较大规模的修订，主要进行了内容更新与补充以及上一版疏漏的订正，使教材体系更加完善，内容更加丰富、更具工程性。本次修订，采取更加严谨的态度，以培养学生的综合素质和提升工程实践能力为目标，在保持第三版的架构和体系基本不变的基础上，对内容进行了优化与微调，使体系更合理、定义更严谨、语言更流畅，更便于教学。

本书由东南大学王积伟、哈尔滨工业大学吴振顺任主编，东南大学许飞云任副主编。本次修订工作由王积伟、许飞云完成。

本书的编写和出版得到了众多专家、学者的帮助，在此表示衷心的感谢。本书在编写过程中，也参考与借鉴了一些同类优秀著作，向其作者表示由衷的感谢！

由于作者水平所限，书中仍难免存在错误和疏漏之处，恳请广大读者指正，联系邮箱：fyxu@seu.edu.cn。

作　者

2023 年 5 月于北京

第三版前言

本书是“十五”“十一五”和“十二五”普通高等教育本科国家级规划教材，2011年度普通高等教育精品教材，机械设计制造及其自动化专业系列教材之一，也是教育部新世纪网络课程的主要参考书。

本书第二版自2010年出版以来，受到广大读者的普遍欢迎，先后重印11次，被众多高校选为教材，并用作考研主要参考书。

进入新时代，为加快建设制造强国，加快发展先进制造业，推动互联网、大数据、人工智能和实体经济深度融合，需要培养造就一大批具有国际水平的战略科技人才、科技领军人才、青年科技人才，并要求科技人员瞄准世界科技前沿，强化基础研究，实现引领性原创成果重大突破。近五年来，互联网+、大数据、云计算、人工智能等新科技不断涌现和广泛应用，控制理论和控制工程也有了相应的长足发展。教育改革的不断深入，对控制工程基础这门课程的教材提出了更高的要求。因此，为适应科技高速发展的新形势以及教学的需要，对本书进行再次修订是完全必要的。

本次修订工作是在广泛听取一线授课教师和广大读者的意见和建议的基础上，并借鉴国内、外同类优秀教材的长处而展开的。

修订工作侧重以下几方面：

1）因考虑多数高校对控制工程基础课程的教学安排一般在48学时左右，为节省篇幅，前两版没有编入“根轨迹分析法”的内容。本次修订补充了“根轨迹分析法”，并将其列为第4章，以使本书的体系更为完整。

2）为保持全书章节的平衡协调，对原第7章状态空间分析法进行适当“瘦身”，删除部分繁杂内容。

3）更新了书中一些陈旧内容，补充了若干新的应用实例和习题。

本次修订工作由东南大学王积伟全面主持完成，东南大学许飞云也参加了部分修订（第4章）。

由于作者水平所限，书中仍难免存在错误和疏漏之处，恳请广大读者指正。

作　者

2018年10月于北京

第二版前言

本书第二版是“十二五”普通高等教育本科国家级规划教材，机械设计制造及其自动化专业系列教材之一，也是教育部新世纪网络课程的主要参考书。

本书第一版自2000年出版以来，受到读者普遍欢迎，先后重印14次，被众多高等院校选为教材，并用作考研主要参考书。近几年来，控制理论的工程应用越来越广泛，教育改革越来越深入，对控制工程基础课程教材的要求越来越高，而且MATLAB与SIMULINK软件的使用越来越普及。因此，在这种背景下对本书进行一次全面修订是适时和必要的。

本次教材修订工作是在总结作者和一线授课教师多年来教学经验的基础上，结合使用本书读者的意见与建议，借鉴同类优秀教材的长处而展开的。

修订工作的思路和做法如下：

1）考虑到教材的连贯性和读者的使用习惯，本次修订尽可能保持原有特色和风格。全书的编排体系、章节和习题基本不变，仅根据教学要求作些微调。

2）按照由浅入深、循序渐进的教学规律，根据不同学时的教学要求，采取标注“*”的办法，分40和60两种不同讲课学时安排教学内容，使教材更加好教易学（标注“*”的章节供60讲课学时专业或学生自学使用）。但是仍保持各自教学的系统性和完整性。

3）对教材进行全面梳理，删除一些陈旧的内容和提法。在相应章节中增加了MATLAB与SIMULINK软件在控制工程中应用的实例，使控制系统的分析和设计更直观、更简便、更精确。

4）对书中的插图进行全面审查和清理，更正了第一版中的错误，并使其更加规范化。

本次教材修订工作由王积伟和吴振顺完成。由于作者水平和时间所限，书中仍难免存在错误和不妥之处，恳请广大读者不吝指正。

作　者

2009年5月于南京

第一版前言

本书是机械设计制造及其自动化专业系列教材之一，也是教育部新世纪网络课程的主要参考书。

本书是在编者几十年教学和科研工作的基础上，总结编写同类教材的经验并吸取国内外有关本课程领域内最新的教学和科研成就，精心组织编写而成的。具体内容包括：控制系统的基本概念，数学模型，时域、频域和状态空间分析法，系统设计和校正，线性离散系统，控制系统的应用和分析以及附录等。

本书在编写过程中，始终贯彻少而精、系统性和学以致用的原则，着重考虑了以下几个方面：

(1) 淡化经典控制与现代控制的界限，把两者有机地结合起来；主要介绍基本概念、基本原理和基本方法，突出方法论。

(2) 重点阐述共性问题，符合拓宽专业口径和增强培养人才适应性的需要；采用启发式编写方法，以培养学生的创新能力。

(3) 不苛求严格的数学推证，从比较直观的物理概念出发提出问题、分析问题和解决问题。

(4) 特别重视工程应用。书中除每章附有较多机、电、液、气方面的例题外，还专门辟出一章介绍和分析控制理论在工程中应用的成功实例。

(5) 全书取材新颖，舍弃陈旧的内容。尽量采用 MATLAB 等先进的分析和计算软件，使工程应用真正落到实处。

(6) 编写体系符合教学规律，好教易学。论述深入浅出，层次分明，推理清楚，简单明了。每章配备经过精选的习题，书末附有参考答案。

本书适用于普通工科院校机械类各专业，也适用于其他各类成人高校、职业技术学院、电大、自学考试有关专业，并可供从事自动控制和控制工程的科技工作者参考。

本书由王积伟、吴振顺任主编。参加本书编写的有：东南大学王积伟（第 1、2 章，附录 A 和 E），北京科技大学吕卫阳（第 3 章），天津大学王树新（第 4 章），哈尔滨理工大学王振波（第 5 章），哈尔滨工业大学吴振顺（第 6、7 章，附录 B、C、D），东北大学张健成（第 8 章）。全书由王积伟修改定稿。

本书由西安交通大学博士生导师何钺教授主审。参加审稿的还有清华大学滕云鹤教授、北京工业大学薛文贤教授等。他们对本书提出了许多宝贵意见和建议。哈尔滨工业大学李松晶博士提供了第 6、7 章的习题和参考答案。在此一并表示衷心的感谢。

由于编者水平所限，书中难免有不少缺点和错误，恳请广大读者批评指正。

作　者

2000 年 4 月

目　　录

标有“＊”的章节供多学时专业或学生自学使用。

第 1 章　控制系统的基本概念

1.1　控制系统的工作原理及其组成

1.1.1　工作原理

下面以恒温控制系统为例，分析其控制过程。实现恒温控制有人工控制和自动控制两种方法。图 1.1 为人工控制的恒温箱简图。人工控制的任务是克服外界干扰（如电源电压波动、环境温度变化等），保持箱内温度恒定，以满足物体对温度的要求。操作者可以移动调压器触头改变通过加热电阻丝的电流，以达到控制温度的目的。箱内温度由温度计测量。人工控制过程可归结如下：

（1）观察由测量元件（温度计）测出的恒温箱内的温度（被控制量）。

（2）与要求的温度值（给定值）进行比较，得出偏差的大小和方向。

（3）根据偏差的大小和方向再进行控制。当恒温箱内温度高于所要求的给定值时，调整调压器将电流减小，使温度降到要求范围内。若温度低于给定值，则调整调压器，将电流增加，使温度升到要求范围。

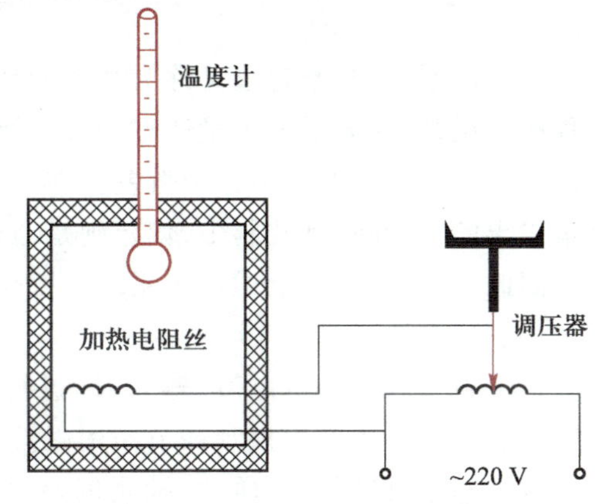

图 1.1　人工控制的恒温箱简图

因此，人工控制的过程就是测量、求偏差、控制以纠正偏差的过程，简单地说就是“检测偏差再纠正偏差”的过程。

这种人工控制要求操作者随时观察箱内温度的变化情况，随时进行调节。对于这样简单的控制形式，当然可以用一个控制器来代替人的职能，把人工控制变成自动控制。

图 1.2 所示是恒温箱的自动控制系统。其中，恒温箱的所需温度由电压信号 u_1 给定。当外界因素引起箱内温度变化时，作为测量元件的热电偶，把温度转换成对应的电压信号 u_2，并反馈回去与给定信号 u_1 相比较，所得结果即为温度的偏差信号 $\Delta u = u_1 - u_2$。该信号经过电压、功率放大后，用以控制执行电动机的转速和方向，并通过传动装置移动调压器触头。当温度偏高时，触头向着减小电流的方向运动，反之加大电流，直到温度达到给定值为止。即只有在偏差信号 $\Delta u = 0$ 时，电动机才停转。这样就完成了所要求的控制任务。上述这些元件便组成了一个自动控制系统。

分析上述恒温箱的两种工作过程可以看出，自动控制系统和人工控制系统非常相似。自动控制系统中，测量装置相当于人的眼睛，控制器类似于人脑，执行机构好比人手。它们的共同特点都是要检测偏差，并用检测到的偏差去纠正偏差。因此，可以说没有偏差就不会有控制调节过程。

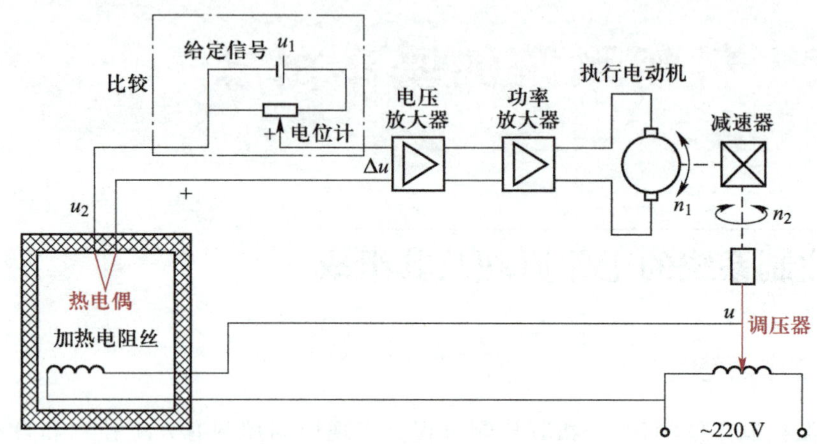

图 1.2　恒温箱的自动控制系统

在控制系统中，给定值又称为系统的输入量，被控制量又称为系统的输出量。输出量的返回过程称为反馈，它表示输出量通过测量装置将信号的全部或一部分返回输入端，使之与输入量进行比较。比较产生的结果称为偏差。在人工控制中，这一偏差是通过人眼观测后，由人脑判断、决策得出的；而在自动控制中，偏差则是通过反馈，由控制器进行比较、计算产生的。

因此，可以归纳出上述控制系统的工作原理如下：

（1）检测输出量的实际值。

（2）将实际值与给定值（输入量）进行比较得出偏差值。

（3）用偏差值产生控制调节作用去消除偏差。

这种基于反馈原理，通过"检测偏差再纠正偏差"的系统称为反馈控制系统。可见，作为反馈控制系统至少应具备检测、比较（或计算）和执行三个基本功能。

控制系统的控制过程可以用系统框图清晰而形象地表示。图 1.3 所示为恒温箱温度自动控制系统框图。⊗代表比较元件，箭头代表作用方向，每个方框代表一个环节，各环节的作用是单向的，其输出受输入控制。从图中可以清楚地看到反馈控制的基本原理。各种不同的控制系统实现自动控制的元件可以不尽相同，但反馈控制的原理却是相同的，可以说，反馈控制是实现自动控制最基本的方法。

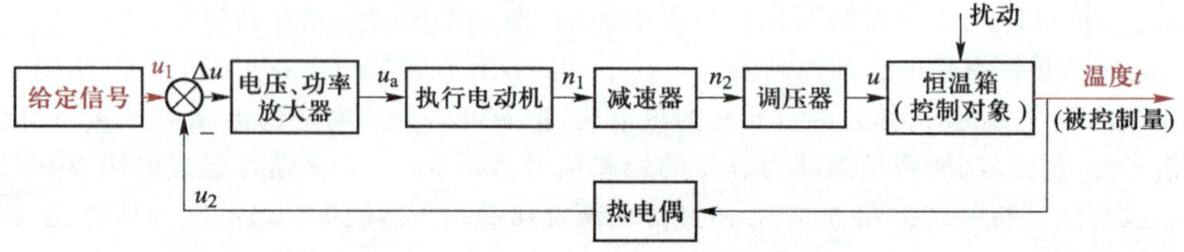

图 1.3　恒温箱温度自动控制系统框图

1.1.2 开环控制和闭环控制

实际的控制系统，根据有无反馈作用和如何反馈可以分为开环控制系统、闭环控制系统和半闭环控制系统三类。

1. 开环控制系统

如果系统只是根据输入量和干扰量进行控制，而输出端和输入端之间不存在反馈回路，输出量在整个控制过程中对系统的控制不产生任何影响，这样的系统称为开环控制系统。如图 1.4 所示，数控机床的进给系统由于没有反馈通道，所以是一个开环控制系统。系统的输出量仅受输入量的控制。

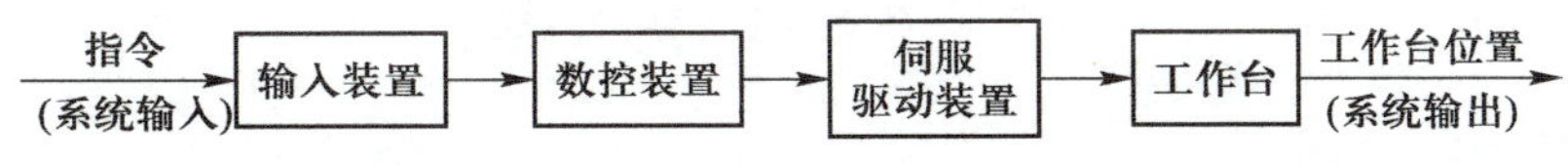

图 1.4　数控机床的开环控制进给系统

开环控制系统用一定的输入量产生一定的输出量，如果由于某种干扰作用使输出量偏离原始值，它没有自动纠偏的能力。要进行补偿，必须再借助人工改变输入量，所以开环系统的控制精度较低。但是如果组成系统的元件特性和参数值比较稳定，而且外界的干扰也比较小，则这种控制系统也可以保证一定的精度。开环控制系统的最大优点是系统简单，一般都能稳定可靠地工作，因此对于要求不高的系统可以采用。

2. 闭环控制系统

如果系统的输出端和输入端之间存在反馈回路，输出量对控制过程产生直接影响，这种系统称为闭环控制系统。这里，闭环的作用就是应用反馈来减小偏差。因此，反馈控制系统必是闭环控制系统。例如，前述的恒温箱温度自动控制系统就是一个闭环控制系统。

闭环控制系统的突出优点是控制精度高，不管遇到什么干扰，只要被控制量的实际值偏离给定值，闭环控制就会产生控制作用来减小这一偏差。因此，高精度数控机床都采用闭环控制。

闭环控制系统也有它的缺点，这类系统是靠偏差进行控制的，因此在整个控制过程中始终存在着偏差，由于元件的惯性（如负载的惯性），若参数配置不当，很容易引起振荡，使系统不稳定，而无法工作。所以，在闭环控制系统中精度和稳定性之间总存在着矛盾，必须合理地解决。

3. 半闭环控制系统

如果控制系统的反馈信号不是直接从系统的输出端引出，而是间接地取自中间的测量元件，例如在数控机床的进给伺服系统中，若将位置检测装置安装在传动丝杠的端部，间接测量工作台的实际位移，则这种系统称为半闭环控制系统。

半闭环控制系统可以获得比开环系统更高的控制精度，但比闭环系统要低；与闭环系统相比，它易于实现系统的稳定。目前大多数一般精度的数控机床都采用这种半闭环控制进给伺服系统，以降低制造成本。

1.1.3 闭环控制系统的组成

图 1.5 所示为一个较完整的闭环控制系统的组成。由图可见，闭环控制系统一般应该包括给定元件、反馈元件、比较元件、放大元件、执行元件及校正元件等。

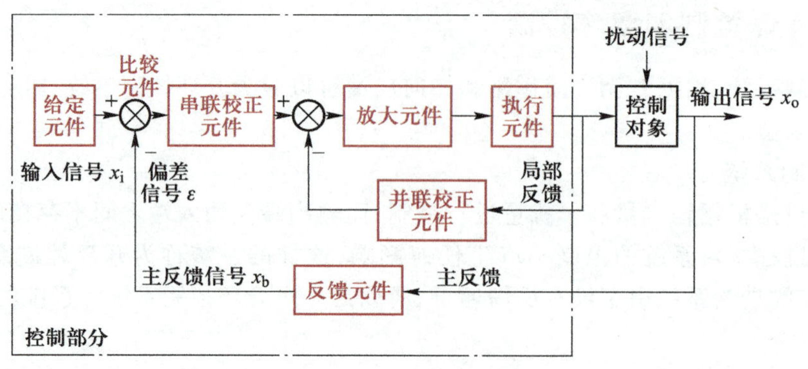

图 1.5　闭环控制系统的组成

1. 给定元件

主要用于产生给定信号或输入信号,例如图 1.2 中电位计里的可变电阻。

2. 反馈元件

它检测被控制信号或输出信号,产生主反馈信号。一般来说,为了便于传输,主反馈信号多为电信号。因此,反馈元件通常是一些用电量来测量非电量的元件。例如,用电位计或旋转变压器将机械转角变换为电压信号;用测速发电机将转速变换为电压信号;用热电偶将温度变换为电压信号和用光栅测量装置将直线位移变换为数字电信号等。

必须指出,在机械、液压、气动、机电、电机等系统中存在着内在反馈。这是一种没有专设反馈元件的信息反馈,是系统内部各参数相互作用而产生的反馈信息流,如作用力与反作用力之间形成的直接反馈。内在反馈回路由系统动力学特性确定,它所构成的闭环系统是一个动力学系统。例如,机床工作台低速爬行等自激振荡现象,都是由具有内在反馈的闭环系统产生的。

3. 比较元件

用来接收输入信号和反馈信号并进行比较,产生反映两者差值的偏差信号,例如图 1.2 中的电位计。

4. 放大元件

对偏差信号进行放大的元件,例如电压放大器、功率放大器等。有些放大元件还兼有能量形式变换的功能,如电液伺服阀、电气比例/伺服阀等。放大元件的输出一定要有足够的能量,才能驱动执行元件,实现控制功能。

5. 执行元件

直接对控制对象进行操纵的元件,例如伺服电动机、液压(气)马达、伺服液压(气)缸等。

6. 校正元件

为保证控制质量,使系统获得良好的动、静态性能而加入系统的元件。校正元件又称校正装置。串接在系统前向通路上的称为串联校正元件,并接在反馈回路上的称为并联校正元件。

尽管一个控制系统是由许多起着不同作用的元件所组成,但从总体来看,给定元件、比较元件、放大元件、执行元件和反馈元件等共同起着控制作用,而剩余部分就是控制对象。因此,控制系统也可以说仅由控制部分和控制对象两部分组成。图 1.5 中点画线所包含的内容就是控制部分。扰动信号不是由元件产生的,而是由系统的外部环境或内部因素造成的,它集中地表现在控制量与被控制量之间的偏差上。而闭环控制系统就是按偏差进行自动调节的，所以采用图 1.5 所示的这种表示方式是合适的。

1.2 控制系统的基本类型

控制系统的种类很多，在实际工程中，可以从不同的角度对控制系统进行分类。

1.2.1 按输入量的特征分类

1. 恒值控制系统

这种控制系统的输入量是一个恒值，一经给定，在运行过程中就不再改变（但可定期校准或更改输入量）。恒值控制系统的任务是保证在任何扰动作用下系统的输出量为恒值。因此，它又称为自动调节系统。

工业生产中温度、压力、流量、液面等参数的控制，有些原动机的速度控制，液压工作台的位置控制，电力系统的电网电压、频率控制等，均属此类。

2. 程序控制系统

这种系统的输入量不为恒值，但其变化规律是预先知道和确定的。可以预先将输入量的变化规律编成程序，由该程序发出控制指令，在输入装置中再将控制指令转换为控制信号，经过全系统的作用，使控制对象按指令的要求运动。计算机绘图仪就是典型的程序控制系统。

工业生产中的过程控制系统按生产工艺的要求编制成特定的程序，由计算机来实现其控制。这就是数字程序控制系统和计算机控制系统。微处理器控制将程序控制系统推向更普遍的应用领域。

图 1.6 表示一个用于机床切削加工的程序控制系统。

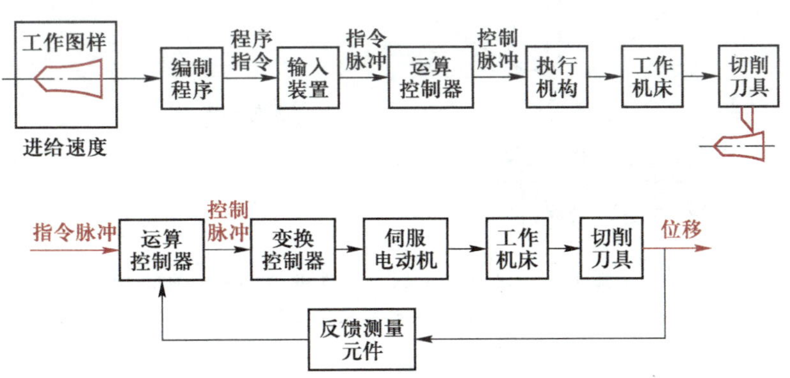

图 1.6 用于机床切削加工的程序控制系统

3. 随动系统

随动系统在工业部门又称伺服系统。这种系统的输入量的变化规律是不能预先确定的。当输入量发生变化时，要求输出量迅速而平稳地跟随着变化，且能排除各种干扰因素的影响，准确地复现控制信号的变化规律（此即伺服的含义）。控制指令可以由操作者根据需要随时发出，也可以由目标物或相应的测量装置发出。

机械加工中的仿形机床和武器装备中的火炮自动瞄准系统以及导弹目标自动跟踪系统等均

属随动系统。

图 1.7 所示为液压仿形车床工作原理图。当与触销 8 相连的阀芯处于图示位置(即中位)时,没有压力油进入液压缸前、后两腔,液压缸不动。当阀芯偏离中位,例如向前伸出时,节流口 2、4 保持关闭,节流口 1、3 打开,压力油经节流口 3 进入液压缸前腔,而其后腔的油液经节流口 1 流回油箱 9,缸体带动刀具向前运动;同样,当阀芯偏离中位向后收缩时,节流口 1、3 关闭,2、4 打开,压力油经节流口 2 进入液压缸后腔,而缸前腔的油液则经节流口 4 流回油箱,缸体带动刀具向后运动。图中,液压缸缸体和控制阀阀体连成一体,形成液压缸运动的负反馈,使液压缸缸体与阀芯的运动距离和方向始终保持一致,所以液压缸缸体(刀具)完全跟随阀芯(触销 8)运动。因此,这是一个随动(伺服)系统。

另外,多自由度控制器、模拟机器人等也都是随动系统。

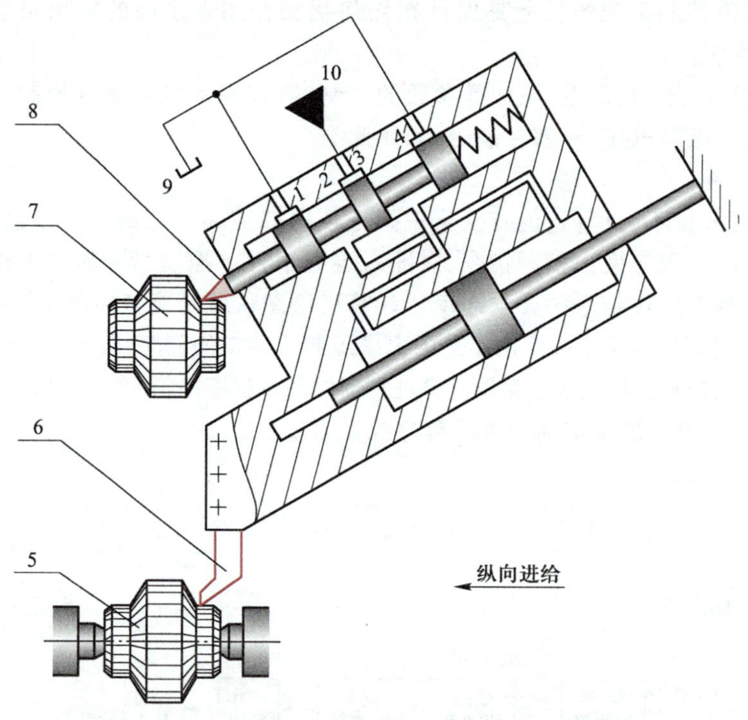

1、2、3、4—节流口;5—工件;6—刀具;7—样件;8—触销;9—油箱;10—油源

图 1.7 液压仿形车床工作原理图

1.2.2 按系统中传递信号的性质分类

1. 连续控制系统

系统中各部分传递的信号都是连续时间变量的系统称为连续控制系统。连续控制系统又有线性系统和非线性系统之分。用线性微分方程描述的系统称为线性系统,不能用线性微分方程描述、存在着非线性部件的系统称为非线性系统。

2. 离散控制系统

系统中某一处或数处的信号是脉冲序列或数字量传递的系统称为离散控制系统(也称数字

控制系统)。在离散控制系统中,信号的测量、放大、比较、给定等一般由微处理器实现,计算机的输出信号经数/模(D/A)转换后传送至伺服放大器,然后驱动执行元件;或由计算机直接输出数字信号,经数字放大器后驱动数字式执行元件。

由于连续控制系统和离散控制系统的信号形式有较大差别,因此在分析方法上也有明显的不同。连续控制系统以微分方程来描述系统的运动状态,并用拉普拉斯变换(简称拉氏变换)法求解微分方程;而离散系统则用差分方程来描述系统的运动状态,用 $\mathscr{Z}$ 变换法引出脉冲传递函数来研究系统的动态特性。

此外,还可按系统部件的物理属性分为机械、电气、机电、液压、气动、热力等控制系统。

1.3 对控制系统的基本要求

控制系统应用于不同场合,对它有不同的性能要求。但从控制工程的角度来看,对控制系统有一些共同的要求,一般可归结为稳定性、精确性、快速性。

1. 稳定性

由于控制系统都包含储能元件,若系统参数匹配不当,便可能引起振荡。稳定性就是指系统动态过程的振荡倾向及其恢复平衡状态的能力。当输出量偏离平衡状态时,稳定的系统应能随着时间收敛并且最后回到初始的平衡状态。稳定性是保证控制系统正常工作的先决条件。

2. 精确性

控制系统的精确性即控制精度,一般以稳态误差来衡量。所谓稳态误差,是指以一定变化规律的输入信号作用于系统后,当调整过程结束而趋于稳定时,输出量的实际值与期望值之间的误差值,它反映了动态过程后期的性能。这种误差一般是很小的,如高精度数控机床的加工误差可小于 0.002 mm,一般恒速、恒温控制系统的稳态误差都在给定值的 1%以内。

3. 快速性

快速性是指当系统的输出量与输入量之间产生偏差时,消除这种偏差的快慢程度。快速性好的系统消除偏差的过渡过程时间短,能复现快速变化的输入信号,因而具有较好的动态性能。

由于控制对象的具体情况不同,各种系统对稳定性、精确性、快速性这三方面的要求是各有侧重的。例如,调速系统对稳定性要求较严格,而随动系统则对快速性提出较高的要求。

即使对于同一个系统,稳、准、快也是相互制约的。提高快速性,可能会引起强烈振荡;改善了稳定性,控制过程又可能过于迟缓,甚至精度也会变差。分析和解决这些矛盾,正是本书所要讨论的主要内容之一。

1.4 控制工程发展概况与发展方向

1. 控制工程发展概况

控制工程是一门新兴的技术科学,也是一门边缘科学。它的理论基础是工程控制论。

早在一千多年以前,我国就先后发明了铜壶滴漏计时器、指南针以及天文仪器等多种自动控制装置,这些发明促进了当时社会经济的发展。即使从 1788 年瓦特(J.Watt)发明蒸汽机飞球调速器算起,控制工程也已有了二百多年的历史。然而,控制工程作为一门学科,它的形成且迅速发展是最近七八十年的事。

第二次世界大战前，控制系统的设计因缺乏系统的理论指导而多采用试凑法。“二战”期间，由于建造飞机自动驾驶仪、雷达跟踪系统、火炮瞄准系统等军事装备的需要，推动了控制理论的飞跃发展。1948 年，威纳(N.Wiener)出版了著名的《控制论》，基本上形成了经典控制理论，使控制工程有了扎实的理论支撑。经典控制理论以传递函数为基础，主要研究单输入-单输出系统的分析和控制问题。

除了威纳之外，以下学者在经典控制理论的形成和发展过程中也作出了重大贡献。1868 年，麦克斯韦(J.C.Maxwell)发表了《论调速器》一文，首先提出了“反馈控制”的概念；劳思(E.J.Routh)和赫维茨(A.Hurwitz)分别于 1877 年、1895 年独立地提出了判别系统稳定性的代数判据；1932 年，奈奎斯特(H.Nyquist)提出了著名的奈奎斯特稳定性判据；此后，伯德(H.W.Bode)总结了负反馈放大器，至 1945 年，控制系统设计的频域方法——伯德图(Bode diagram)方法已基本确立；1948 年，埃文斯(W.R.Evans)提出了根轨迹法，进一步充实了经典控制理论。

第二次世界大战后，控制理论扩展到民用，在化工、炼油、冶金等工业部门得到了进一步的应用，控制理论也日渐成熟。1954 年，我国科学家钱学森出版了《工程控制论》这一名著，为控制工程这门技术科学奠定了理论基础。

20 世纪 50 年代末和 60 年代，控制工程又出现了一个迅猛发展时期，这时由于导弹制导、数控技术、空间技术发展的需要和计算机技术的成熟，控制理论发展到了一个新的阶段，产生了现代控制理论。它是以状态空间分析法为基础，主要分析和研究多输入-多输出、时变、非线性等系统的最优控制问题。特别是近三十年来，在计算机技术和现代应用数学高速发展的推动下，现代控制理论在最优滤波、系统辨识、自适应控制、智能控制等方面又有重大进展。

对现代控制理论作出贡献的有：1892 年，俄国的李雅普诺夫(A.M.Лияпунов)提出的判定系统稳定性的方法被广泛应用于现代控制理论；1956 年，苏联的蓬特里亚金(Л.С.Понтрягин)提出了极大值原理；1957 年，美国的贝尔曼(R.Bellman)提出了动态规划理论；1960 年，美国的卡尔曼(R.E.Kalman)提出了卡尔曼滤波理论。

纵观控制工程发展历程，它是与控制理论、计算机技术、现代应用数学的发展息息相关的。目前，控制理论正在与模糊数学、分形几何、混沌理论、灰色理论、人工智能、神经网络、遗传算法等学科的交叉、渗透和结合中不断发展。

2. 控制工程发展方向

随着科学技术的不断发展，控制工程也将不断突破和发展。未来，控制工程基础将朝着以下几个方向发展。

(1) 模型预测控制。模型预测控制(model predictive control, MPC)是一种基于数学模型的先进控制方法，能够对未来系统状态进行预测，以优化系统性能。

(2) 自适应控制。自适应控制系统能够随着时间和环境变化自动调整控制参数来提高系统动态响应能力和稳定性。

(3) 事件驱动控制。事件驱动控制可以将控制信号的更新与系统事件相关联，以提高系统效率和性能。

(4) 统计控制理论。统计控制理论主要用于描述和控制随机过程，广泛应用于自然和工程系统中。

（5）智能控制。智能控制利用人工智能、机器学习和大数据分析等技术来实现控制过程的自动化和优化。

习　题

1–1　什么是闭环控制系统的基本工作原理？

1–2　试举几个日常生活中的开环控制和闭环控制系统，并说明它们的工作原理。

1–3　仓库大门自动控制系统的原理如图 1.8 所示。试说明自动控制大门开启和关闭的工作原理并画出系统框图。

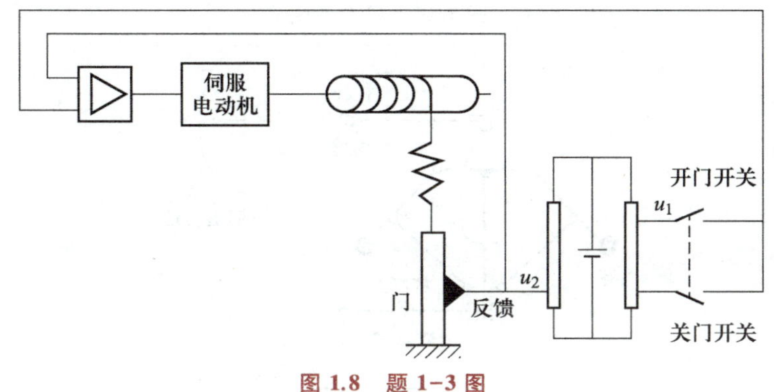

图 1.8　题 1–3 图

1–4　图 1.9 所示为两个液位控制系统，试分别绘出其组成框图，并说明其工作原理。

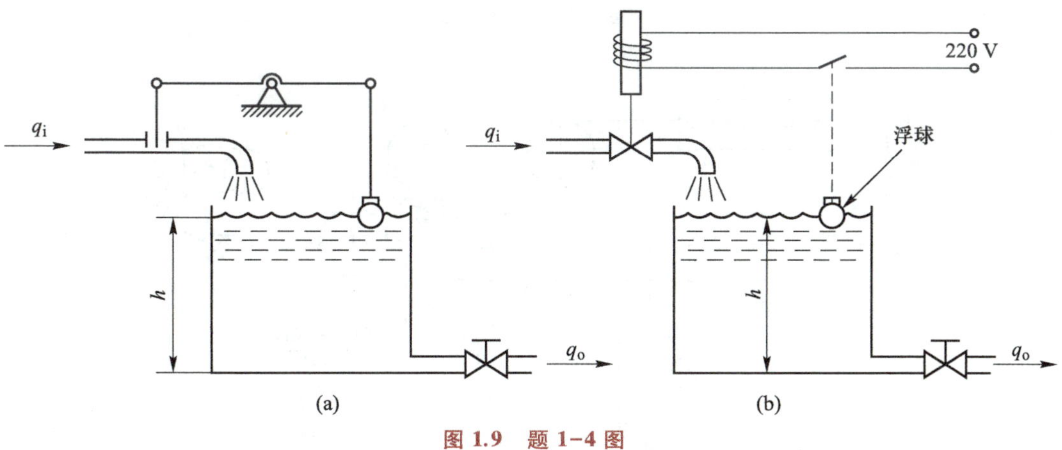

图 1.9　题 1–4 图

1–5　图 1.10 所示为伺服阀控制的机液伺服控制系统，试阐述其工作原理，画出系统框图，并求其输出 y 与输入 u 之比。

1–6　图 1.11 所示为离心式调速器控制系统，试说明蒸汽机转速控制的工作原理，指出控制系统的类型，并画出系统框图。

1–7　图 1.12 所示为钢带张力电液伺服控制系统，图中牵引辊 2 牵引钢带移动，加载装置 6 使钢带产生一定的张力。试说明系统张力控制过程，并绘制系统框图。

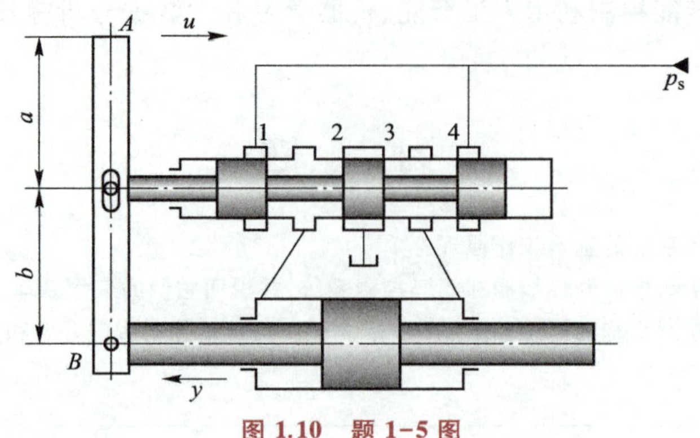

图 1.10　题 1-5 图

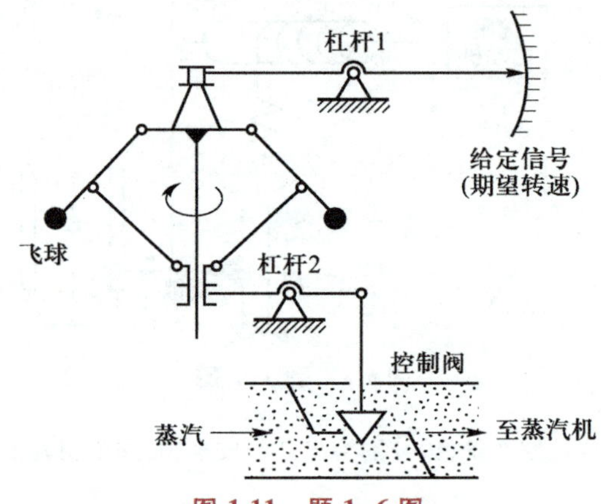

图 1.11　题 1-6 图

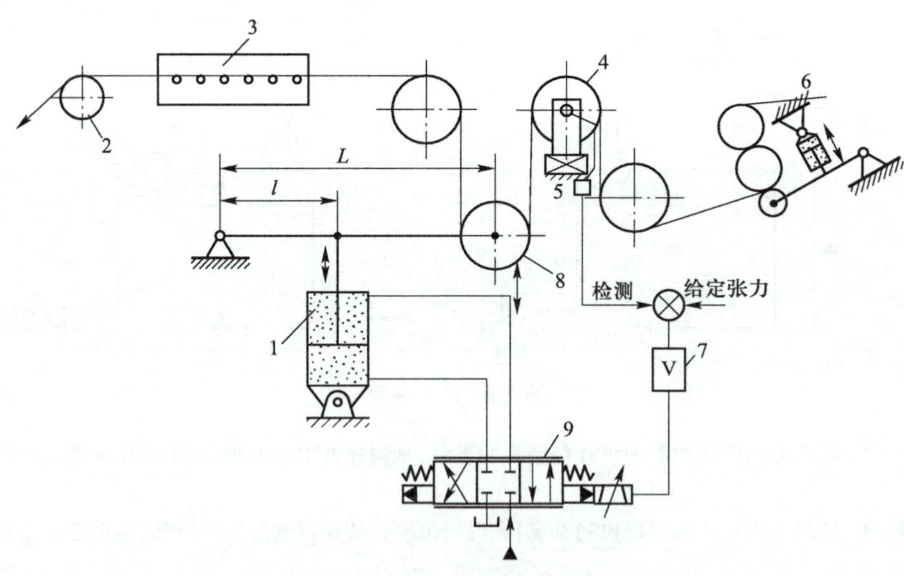

1—张力调整液压缸；2—牵引辊；3—热处理炉；4—转向辊；5—力传感器；
6—加载装置；7—伺服放大器；8—浮动辊；9—电液伺服阀

图 1.12　题 1-7 图

1-8 图 1.13 所示为汽车在驾驶过程中，将行车的预期路径与实际路径相比较的情况。试简述汽车的操纵过程及控制原理，并画出汽车驾驶控制系统框图。

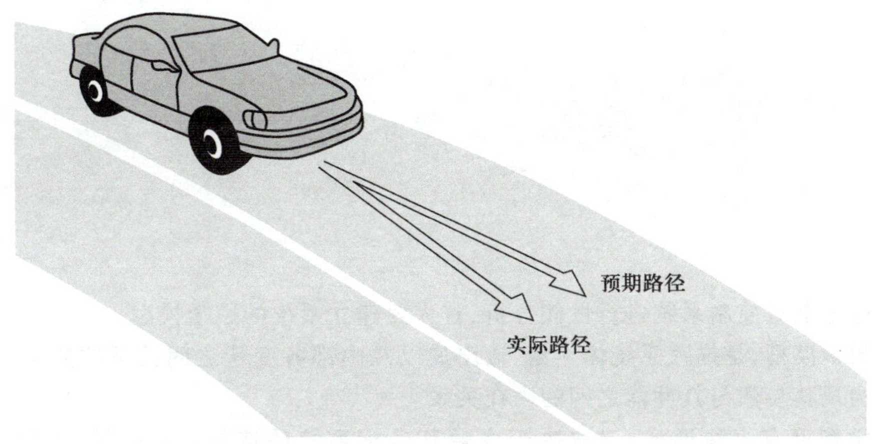

图 1.13 题 1-8 图

1-9 图 1.14 所示为三坐标半导体晶片镀膜层检测系统，该系统采用伺服电动机带动丝杠螺母副，分别控制 x，y，z 方向，将每个轴驱动到预定的位置，并保证每个轴的运动既平稳又精确。z 轴上的检测探头是一高灵敏度镜头，能够检测出半导体晶片上是否带有瑕疵。试画出三坐标控制系统控制原理框图。

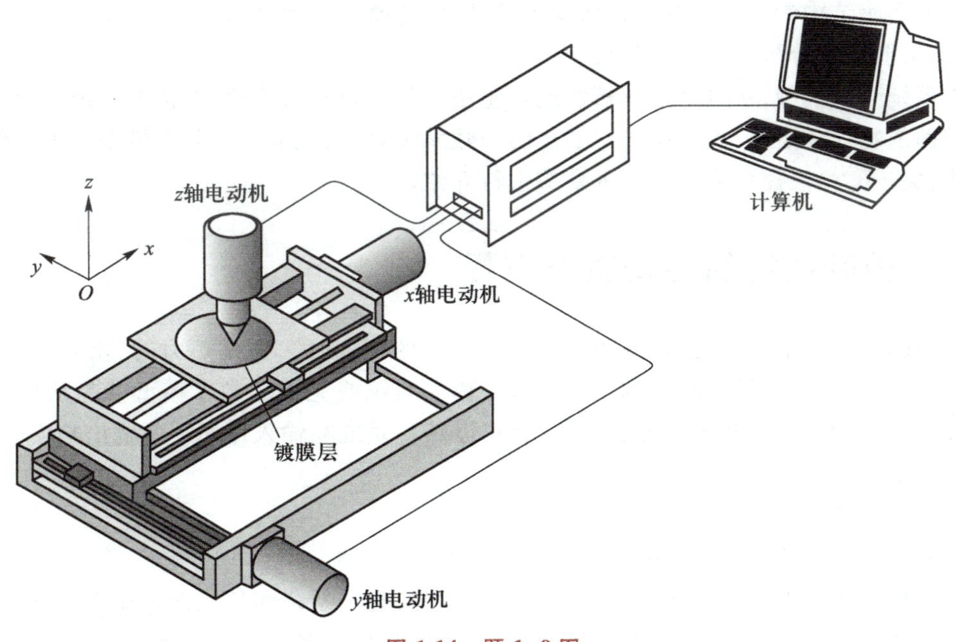

图 1.14 题 1-9 图

第 2 章　数学模型

为了从理论上对控制系统进行性能分析，首先要建立系统的数学模型。

系统的数学模型，是描述系统输入量、输出量以及内部各变量之间关系的数学表达式，它揭示了系统结构及其参数与其性能之间的内在关系。

系统数学模型有多种形式，这取决于变量和坐标系统的选择。在时域，通常采用微分方程或一阶微分方程组（状态方程）的形式；在复数域，采用传递函数形式；在频域采用频率特性形式。

必须指出，建立合理的数学模型，对于系统的分析和研究极为重要。由于不可能将系统实际的错综复杂的物理现象完全表达出来，因而要对模型的简洁性与精确性进行折中的考虑。一般根据系统的实际结构参数和系统分析所要求的精度，忽略一些次要因素，建立既能反映系统内在本质特性，又能简化分析计算工作的模型。

建立系统数学模型，一般采用解析法或实验法。所谓解析法建模，即依据系统及元件各变量之间所遵循的物理学定律，理论推导出变量间的数学关系式，从而建立数学模型。本章仅讨论解析法建模，关于实验法建模将在后面的章节进行介绍。

2.1　控制系统的运动微分方程

工程中的控制系统，不管是机械的、电气的、液压的、气动的，还是热力的、化学的，其运动规律都可以用微分方程加以描述。因此，用解析法建立系统或元件的数学模型就是从列写它们的运动微分方程开始。对这些微分方程求解，就可以获得系统在输入作用下的输出响应。

2.1.1　建立数学模型的一般步骤

用解析法列写系统或元件微分方程的一般步骤如下：

（1）分析系统的工作原理和信号传递变换的过程，确定系统和各元件的输入量、输出量。

（2）从系统的输入端开始，按照信号传递变换过程，依据各变量所遵循的物理学定律，依次列写出各元件、部件的动态微分方程。

（3）消去中间变量，得到一个描述元件或系统输入量、输出量之间关系的微分方程。

（4）写成标准化形式。将与输入量有关的项放在等式右侧，与输出量有关的项放在等式的左侧，且各阶导数项按降幂排列。

2.1.2 控制系统微分方程的列写

1. 机械系统

任何机械系统的数学模型都可以应用牛顿运动定律来建立。机械系统中以各种形式出现的物理现象,都可以使用质量、弹性和阻尼三个要素来描述。

(1) 机械平移系统

图 2.1 所示的质量-弹簧-阻尼系统为机械平移系统,图中的 m、K、B 分别表示质量、弹簧刚度系数和黏性阻尼系数。以系统在静止平衡时的那一点为零点,即平衡工作点,这样的零位选择消除了重力的影响。设系统的输入量为外作用力 $f_i(t)$,输出量为质量块的位移 $x_o(t)$。现研究外力$f_i(t)$与位移 $x_o(t)$之间的关系。

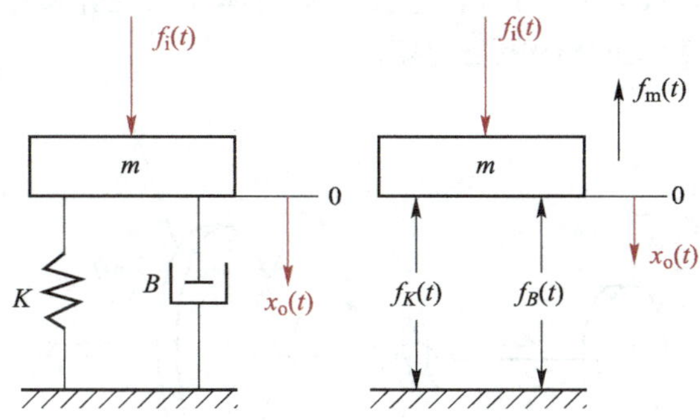

图 2.1 机械平移系统力学模型

在输入 $f_i(t)$ 力的作用下,质量块 m 将产生加速度,从而产生速度和位移。质量块的速度和位移使阻尼器和弹簧产生黏性阻尼力 $f_B(t)$ 和弹性力 $f_K(t)$。这两个力反馈作用于质量块上,影响输入 $f_i(t)$ 的作用效果,从而使质量块的速度和位移随时间发生变化,产生动态过程。

根据牛顿第二定律,有

$$f_i(t)-f_B(t)-f_K(t)=m\frac{d^2}{dt^2}x_o(t)$$

由阻尼器、弹簧的特性,可写出

$$f_B(t)=B\frac{d}{dt}x_o(t)$$

$$f_K(t)=Kx_o(t)$$

由以上三个式子,消去 $f_B(t)$ 和 $f_K(t)$,并写成标准形式,得

$$m\frac{d^2}{dt^2}x_o(t)+B\frac{d}{dt}x_o(t)+Kx_o(t)=f_i(t) \tag{2.1}$$

m、B、K 一般为常数,故式(2.1)为二阶常系数线性微分方程,它描述了输入 $f_i(t)$ 和输出 $x_o(t)$之间的动态关系。方程的系数取决于系统的结构参数,而方程的阶次等于系统中独立的储能元件(惯性质量、弹簧)的数量。

当质量 m 很小可忽略不计时，系统由并联的弹簧和阻尼器组成，如图 2.2 所示。此时，系统的运动方程为一阶常系数微分方程

$$B\frac{\mathrm{d}}{\mathrm{d}t}x_{\mathrm{o}}(t)+Kx_{\mathrm{o}}(t)=f_{\mathrm{i}}(t)$$

这说明，同一系统由于简化程度的不同，可以有不同的数学模型。

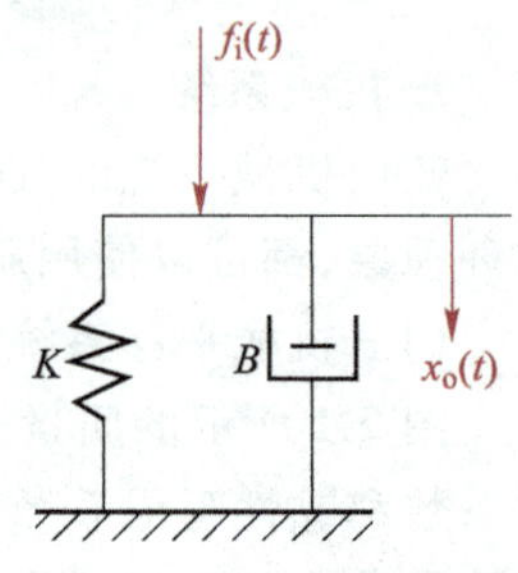

图 2.2 弹簧-阻尼系统力学模型

（2）机械旋转系统

包含定轴旋转的机械系统用途极其广泛。其建模方法与机械平移系统非常相似，只是这里将质量、弹簧、阻尼分别变成转动惯量、扭转弹簧、旋转阻尼。

图 2.3 所示为一机械旋转系统力学模型，旋转体通过柔性轴（用扭转弹簧表示，其扭转刚度系数为 K）与齿轮连接。旋转体在黏性介质中旋转，因而承受与旋转速度成正比的阻尼力矩。

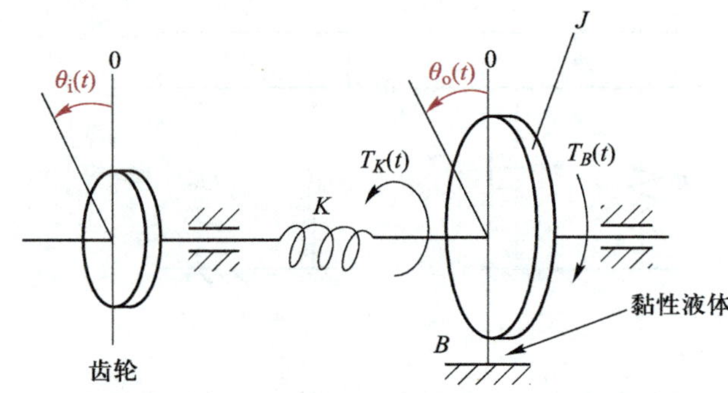

J—旋转体转动惯量；K—扭转刚度系数；B—黏性阻尼系数

图 2.3 机械旋转系统力学模型

设齿轮转角 $\theta_{\mathrm{i}}(t)$ 为系统输入量，旋转体转角 $\theta_{\mathrm{o}}(t)$ 为系统输出量，据此建立系统的运动微分方程（忽略轴承上的摩擦）。扭转弹簧左、右端的转角分别为 $\theta_{\mathrm{i}}(t)$、$\theta_{\mathrm{o}}(t)$，设它加给旋转体的扭矩为 $T_K(t)$，则

$$T_K(t)=K[\theta_{\mathrm{i}}(t)-\theta_{\mathrm{o}}(t)]$$

旋转体上除了受弹簧的扭矩外，也受阻尼扭矩 $T_B(t)$ 作用，因而有扭矩平衡方程

$$J\frac{\mathrm{d}^2}{\mathrm{d}t^2}\theta_{\mathrm{o}}(t)=T_K(t)-T_B(t)$$

和旋转阻尼特性方程

$$T_B(t)=B\frac{\mathrm{d}}{\mathrm{d}t}\theta_{\mathrm{o}}(t)$$

由以上三式整理可得机械旋转系统运动微分方程

$$J\frac{\mathrm{d}^2}{\mathrm{d}t^2}\theta_{\mathrm{o}}(t)+B\frac{\mathrm{d}}{\mathrm{d}t}\theta_{\mathrm{o}}(t)+K\theta_{\mathrm{o}}(t)=K\theta_{\mathrm{i}}(t) \tag{2.2}$$

2. 电气系统

电阻 R、电感 L 和电容器 C 是电路中的三个基本元件。通常利用基尔霍夫定律来建立电气

系统的数学模型。

RLC 无源电网络如图 2.4 所示，设输入端电压$u_i(t)$为系统输入量。电容器 *C* 两端电压 $u_o(t)$ 为系统输出量。现研究输入电压 $u_i(t)$ 和输出电压 $u_o(t)$ 之间的关系。电路中的电流为中间变量。

根据基尔霍夫定律，有

$$u_i = Ri(t) + L\frac{\mathrm{d}i(t)}{\mathrm{d}t} + \frac{1}{C}\int i(t)\,\mathrm{d}t$$

$$u_o = \frac{1}{C}\int i(t)\,\mathrm{d}t$$

消去中间变量 $i(t)$，稍加整理，即得

$$LC\frac{\mathrm{d}^2}{\mathrm{d}t^2}u_o(t) + RC\frac{\mathrm{d}}{\mathrm{d}t}u_o(t) + u_o(t) = u_i(t) \tag{2.3}$$

一般假定 *R*、*L*、*C* 都是常数，则上式为二阶常系数线性微分方程。若 $L=0$，系统也可简化为一阶常系数微分方程

$$RC\frac{\mathrm{d}}{\mathrm{d}t}u_o(t) + u_o(t) = u_i(t) \tag{2.4}$$

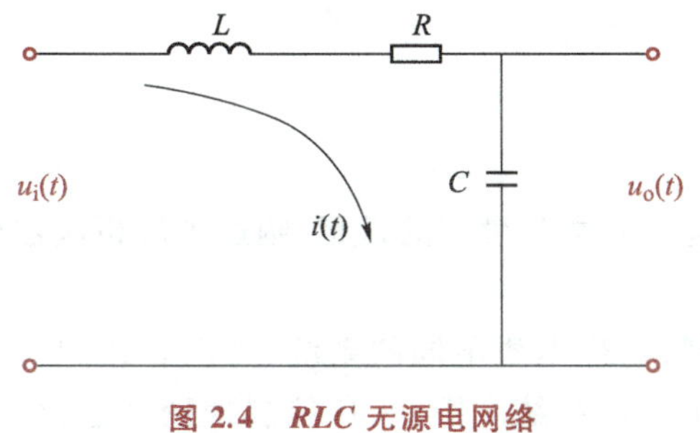

图 2.4 *RLC* 无源电网络

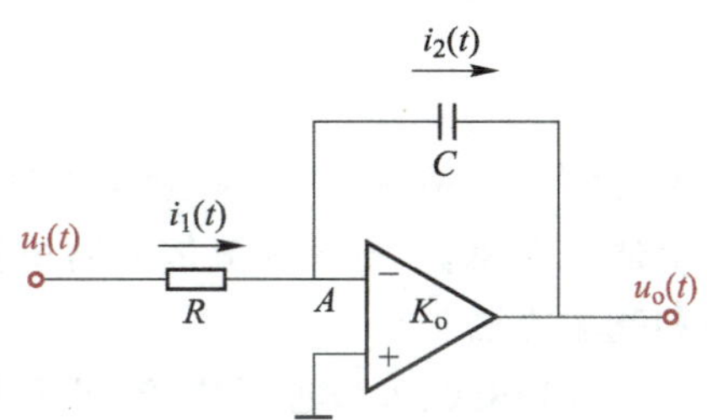

图 2.5 有源电网络

有源电网络如图 2.5 所示，设电压 $u_i(t)$ 为系统输入量，电压 $u_o(t)$ 为系统输出量。现建立 $u_i(t)$ 与 $u_o(t)$ 之间的关系式。图中 *A* 点为运算放大器的反相输入端，K_o 为运算放大器的开环放大系数。因为

$$u_o(t) = -K_o u_A(t)$$

且 K_o 值一般很大，所以 *A* 点电位

$$u_A(t) = -\frac{u_o}{K_o} \approx 0$$

运算放大器的输入阻抗一般都很高，故而可认为

$$i_1(t) \approx i_2(t)$$

因此，可以得到

$$\frac{u_i(t)}{R} = -C\frac{\mathrm{d}u_o(t)}{\mathrm{d}t}$$

即

$$RC\frac{\mathrm{d}u_{o}(t)}{\mathrm{d}t}=-u_{i}(t) \tag{2.5}$$

3. 流体系统

流体系统比较复杂,但经过适当的简化也可以用微分方程来加以描述。

图 2.6 所示为一简单的液位控制系统。在此系统中,箱体通过输出端的节流阀对外供液。设流入箱体的流量 $q_i(t)$ 为系统输入量,液面高度 $H(t)$ 为输出量,下面列写液位波动的运动微分方程。

根据流体连续方程,可得

$$A\frac{\mathrm{d}H(t)}{\mathrm{d}t}=q_{i}(t)-q_{o}(t) \tag{2.6}$$

式中:A——箱体的截面积。

设液体是不可压缩的,且通过输出端节流阀的液流是湍流,则其流量公式为

$$q_{o}(t)=a\sqrt{H(t)} \tag{2.7}$$

式中:a——由节流阀通流面积和通流口结构形式决定的系数,通流面积不变时 a 为常数。

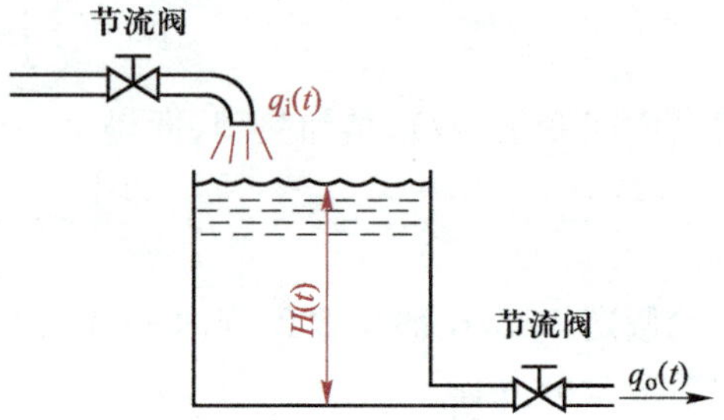

图 2.6 液位控制系统

消去中间变量 $q_o(t)$ 得液位波动方程为

$$A\frac{\mathrm{d}H(t)}{\mathrm{d}t}+a\sqrt{H(t)}=q_{i}(t) \tag{2.8}$$

显然,式(2.8)是一个非线性微分方程。

以上通过对机械、电气和流体的简单物理系统建立数学模型的过程,阐述了解析法建模的基本思路和基本方法。

将式(2.1)和式(2.3)进行比较,可清楚地看到,物理本质不同的系统,可以有相同的数学模型。反之,同一数学模型可以描述物理性质完全不同的系统。因此,从控制理论来说,可抛开系统的物理属性,用同一方法进行普遍意义的分析研究,这就是信息方法,从信息在系统中传递、转换的方面来研究系统的功能。而从动态性能来看,在相同形式的输入作用下,数学模型相同而物理本质不同的系统其输出响应相似,若方程系数等值则响应完全一样,这样就有可能利用电系统来模拟其他系统,进行实验研究。这就是控制理论中的功能模拟方法的基础。

应强调指出:在通常情况下,元件或系统的微分方程的阶次,等于元件或系统中所包含的独立储能元件的个数。惯性质量、弹性要素、电感、电容、液感、液容都是储能元件。每当系统中增加一个储能元件时,其内部就增多一层能量的交换,即增多一层信息的交换,描述系统的微分方程将增高一阶。

分析式(2.1)和式(2.3)还可以看出,描述系统运动的微分方程的系数都是系统的结构参数及其组合,这就说明系统的动态特性是系统的固有特性,取决于系统结构及其参数。

以上建立的一些物理系统的数学模型还表明,按描述系统运动的微分方程,可将系统分成线性系统和非线性系统两类。

用线性微分方程描述的系统,称为线性系统。如果方程的系数为常数,则称为线性定常系统;如果方程的系数不是常数,而是时间 t 的函数,则称为线性时变系统。线性系统的特点是具

有线性性质，即服从叠加原理。这个原理是说，多个输入同时作用于线性系统的总响应，等于各个输入单独作用时产生的响应之和。

用非线性微分方程描述的系统称为非线性系统，如前述的液位控制系统。非线性系统一般不能应用叠加原理，因此数学上处理比较困难。为了便于理论研究，通常可将非线性问题在合理的条件下进行简化，或采用线性化方法处理成线性问题。

在工程实践中，可实现的线性定常系统，均能用 n 阶常系数线性微分方程来描述其运动特性。设系统的输入量为 $x_i(t)$，系统的输出量为 $x_o(t)$，则单输入、单输出 n 阶系统常系数线性微分方程有如下的一般形式：

$$a_0\frac{d^n x_o}{dt^n}+a_1\frac{d^{n-1}x_o}{dt^{n-1}}+\cdots+a_{n-1}\frac{dx_o}{dt}+a_n x_o$$

$$=b_0\frac{d^m x_i}{dt^m}+b_1\frac{d^{m-1}x_i}{dt^{m-1}}+\cdots+b_{m-1}\frac{dx_i}{dt}+b_m x_i \tag{2.9}$$

式中：$a_0,a_1,\cdots,a_n$ 和 $b_0,b_1,\cdots,b_m$——由系统结构参数决定的实常数。

由于实际系统中总含有惯性元件以及受到能源能量的限制，所以总是

$$m\leqslant n$$

2.2 拉氏变换和逆变换

控制工程所涉及的数学问题较多，经常要解算一些线性微分方程。按照一般方法解算比较麻烦，如果用拉氏变换求解线性微分方程，可将经典数学中的微积分运算转化为代数运算，又能够单独地表明初始条件的影响，并有变换表可查找，因而是一种较为简便的工程数学方法。更重要的是，由于采用了拉氏变换，能够把描述系统运动状态的微分方程很方便地转换为系统的传递函数，并由此发展出用传递函数的零、极点分布，频率特性等间接地分析和设计控制系统的工程方法。

2.2.1 拉氏变换的定义

如果有一个以时间 t 为自变量的实变函数 $f(t)$，它的定义域是 $t\geqslant 0$，那么 $f(t)$ 的拉普拉斯变换定义为

$$F(s)=\mathscr{L}[f(t)]\overset{\text{def}}{=\!=\!=}\int_0^{\infty}f(t)e^{-st}dt \tag{2.10}$$

式中，s 是复变数，$s=\sigma+j\omega$（σ、ω 均为实数），$\int_0^{\infty}e^{-st}dt$ 称为拉普拉斯积分；$F(s)$ 是函数 $f(t)$ 的拉氏变换，它是一个复变函数，通常称 $F(s)$ 为 $f(t)$ 的象函数，而称 $f(t)$ 为 $F(s)$ 的原函数；$\mathscr{L}$ 是表示进行拉氏变换的符号。

式(2.10)表明：在一定条件下，拉氏变换能把一实数域中的实变函数 $f(t)$ 变换为一个在复数域内与之等价的复变函数 $F(s)$。

在拉氏变换中，s 的量纲是时间的倒数，即 t^{-1}，$F(s)$ 的量纲则是 $f(t)$ 的量纲与时间 t 量纲的乘积。

2.2.2 几种典型函数的拉氏变换

1. 单位阶跃函数 $1(t)$ 的拉氏变换

单位阶跃函数是控制工程中最常用的典型输入信号函数之一，常以它作为评价系统性能的标准输入，这一函数定义为

$$1(t) \overset{\text{def}}{=\!=\!=} \begin{cases} 0 & (t < 0) \\ 1 & (t \geqslant 0) \end{cases}$$

单位阶跃函数如图 2.7 所示，它表示在 $t=0$ 时刻突然作用于系统一个幅值为 1 的不变量。

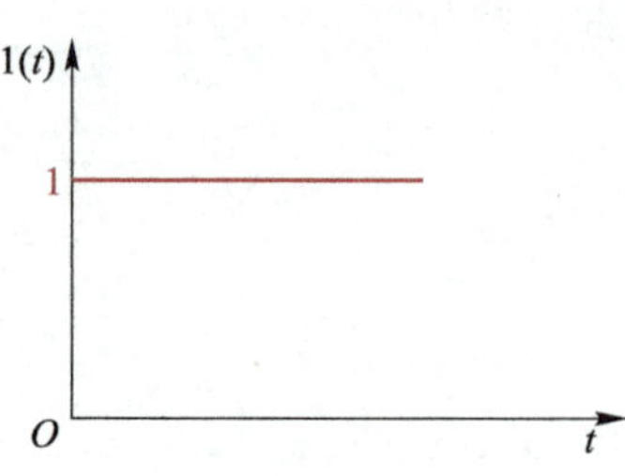

图 2.7 单位阶跃函数

单位阶跃函数的拉氏变换为

$$F(s) = \mathscr{L}[1(t)] = \int_0^{\infty} 1(t)\mathrm{e}^{-st}\mathrm{d}t = -\frac{1}{s}\mathrm{e}^{-st}\Big|_0^{\infty}$$

当 $\mathrm{Re}(s)>0$ 时，$\lim\limits_{t\to\infty}\mathrm{e}^{-st}\to 0$。所以

$$\mathscr{L}[1(t)] = -\frac{1}{s}\mathrm{e}^{-st}\Big|_0^{\infty} = 0 - \left(-\frac{1}{s}\right) = \frac{1}{s} \tag{2.11}$$

2. 指数函数 $f(t)=\mathrm{e}^{-at}$ 的拉氏变换

指数函数也是控制工程中经常用到的函数，其中 a 是常数。

$$F(s) = \mathscr{L}(\mathrm{e}^{-at}) = \int_0^{\infty} \mathrm{e}^{-at}\mathrm{e}^{-st}\mathrm{d}t = \int_0^{\infty} \mathrm{e}^{-(s+a)t}\mathrm{d}t$$

令

$$s_1 = s + a$$

则与求单位阶跃函数同理，就可求得

$$F(s) = \mathscr{L}(\mathrm{e}^{-at}) = \frac{1}{s_1} = \frac{1}{s+a} \tag{2.12}$$

3. 正弦函数和余弦函数的拉氏变换

设 $f_1(t)=\sin(\omega t)$，$f_2(t)=\cos(\omega t)$，则

$$F_1(s) = \mathscr{L}[\sin(\omega t)] = \int_0^{\infty} \sin(\omega t)\mathrm{e}^{-st}\mathrm{d}t$$

由欧拉公式，有

$$\sin(\omega t) = \frac{\mathrm{e}^{\mathrm{j}\omega t} - \mathrm{e}^{-\mathrm{j}\omega t}}{2\mathrm{j}}$$

所以

$$\begin{aligned} F_1(s) &= \frac{1}{2\mathrm{j}}\left(\int_0^{\infty}\mathrm{e}^{\mathrm{j}\omega t}\mathrm{e}^{-st}\mathrm{d}t - \int_0^{\infty}\mathrm{e}^{-\mathrm{j}\omega t}\mathrm{e}^{-st}\mathrm{d}t\right) \\ &= \frac{1}{2\mathrm{j}}\left(\int_0^{\infty}\mathrm{e}^{-(s-\mathrm{j}\omega)t}\mathrm{d}t - \int_0^{\infty}\mathrm{e}^{-(s+\mathrm{j}\omega)t}\mathrm{d}t\right) \\ &= \frac{1}{2\mathrm{j}}\left(-\frac{1}{s-\mathrm{j}\omega}\mathrm{e}^{-(s-\mathrm{j}\omega)t}\Big|_0^{\infty} + \frac{1}{s+\mathrm{j}\omega}\mathrm{e}^{-(s+\mathrm{j}\omega)t}\Big|_0^{\infty}\right) \end{aligned}$$

$$= \frac{1}{2j}\left(\frac{1}{s - j\omega} - \frac{1}{s + j\omega}\right) = \frac{\omega}{s^2 + \omega^2} \tag{2.13}$$

同理

$$F_2(s) = \mathscr{L}[\cos(\omega t)] = \frac{s}{s^2 + \omega^2} \tag{2.14}$$

4. 单位脉冲函数 $\delta(t)$ 的拉氏变换

单位脉冲函数是在持续时间 $t=\varepsilon(\varepsilon\to 0)$ 期间幅值为 $\frac{1}{\varepsilon}$ 的矩形波。其幅值和作用时间的乘积等于 1，即 $\frac{1}{\varepsilon}\times\varepsilon=1$，如图 2.8 所示。

单位脉冲函数的数学表达式为

$$\delta(t) = \begin{cases} 0 & (t < 0 \text{ 和 } t > \varepsilon) \\ \lim\limits_{\varepsilon\to 0}\frac{1}{\varepsilon} & (0 \leqslant t \leqslant \varepsilon) \end{cases}$$

其拉氏变换为

$$\Delta(s) = \mathscr{L}[\delta(t)] = \int_0^{\infty}\lim_{\varepsilon\to 0}\frac{1}{\varepsilon}e^{-st}dt = \lim_{\varepsilon\to 0}\frac{1}{\varepsilon}\int_0^{\varepsilon}e^{-st}dt$$

此处因为 $t>\varepsilon$ 时，$\delta(t)=0$，故积分限变为 $0\to\varepsilon$。

$$\begin{aligned}\Delta(s) &= \lim_{\varepsilon\to 0}\frac{1}{\varepsilon}\cdot\left.\frac{-e^{-st}}{s}\right|_0^{\varepsilon} = \lim_{\varepsilon\to 0}\frac{1}{\varepsilon s}(1 - e^{-s\varepsilon}) \\ &= \lim_{\varepsilon\to 0}\frac{1}{\varepsilon s}\left[1 - \left(1 - \varepsilon s + \frac{\varepsilon^2 s^2}{2!} - \cdots\right)\right] \\ &= \lim_{\varepsilon\to 0}\frac{1}{\varepsilon s}\left(\varepsilon s - \frac{\varepsilon^2 s^2}{2!} + \cdots\right) = 1 \end{aligned} \tag{2.15}$$

5. 单位速度函数的拉氏变换

单位速度函数又称为单位斜坡函数，其数学表达式为

$$f(t) = \begin{cases} 0 & (t < 0) \\ t & (t \geqslant 0) \end{cases}$$

如图 2.9 所示。

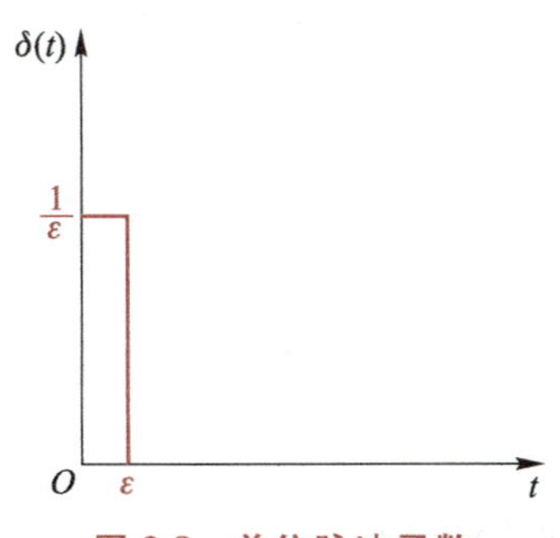

图 2.8　单位脉冲函数

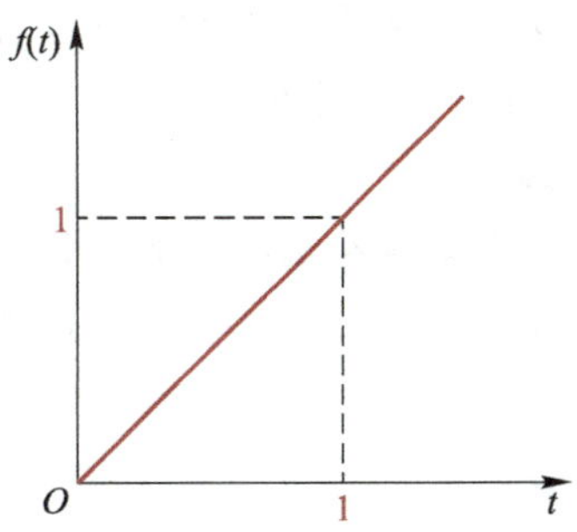

图 2.9　单位速度函数

单位速度函数的拉氏变换为

$$F(s)=\mathscr{L}(t)=\int_0^{\infty} t\mathrm{e}^{-st}\mathrm{d}t$$

利用分部积分法

$$\int_0^{\infty} u\mathrm{d}v=uv\Big|_0^{\infty}-\int_0^{\infty} v\mathrm{d}u$$

令

$$t=u,\quad \mathrm{e}^{-st}\mathrm{d}t=\mathrm{d}v$$

则

$$\mathrm{d}t=\mathrm{d}u,\quad v=-\frac{1}{s}\mathrm{e}^{-st}$$

所以

$$F(s)=-\frac{t}{s}\mathrm{e}^{-st}\Big|_0^{\infty}-\int_0^{\infty}\left(-\frac{1}{s}\mathrm{e}^{-st}\right)\mathrm{d}t$$

当 $\mathrm{Re}(s)>0$ 时,$\lim\limits_{t\to\infty} t\mathrm{e}^{-st}\to 0$,则

$$F(s)=0+\frac{1}{s}\int_0^{\infty}\mathrm{e}^{-st}\mathrm{d}t=\frac{1}{s^2} \tag{2.16}$$

6. 单位加速度函数的拉氏变换

单位加速度函数的数学表达式为

$$f(t)=\begin{cases}0 & (t<0)\\ \dfrac{1}{2}t^2 & (t\geqslant 0)\end{cases}$$

如图 2.10 所示。

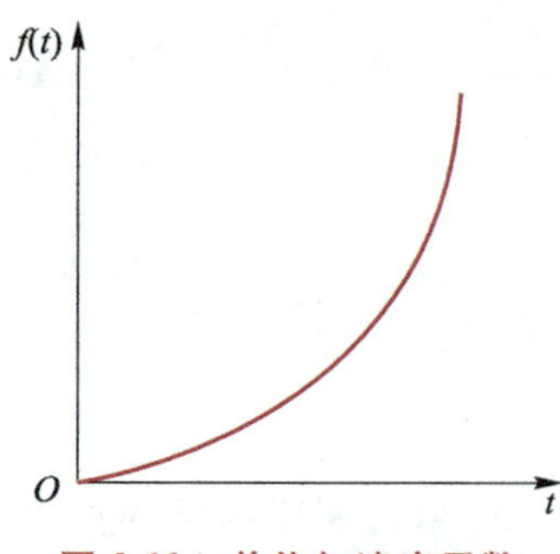

图 2.10　单位加速度函数

其拉氏变换为

$$F(s)=\mathscr{L}\left(\frac{1}{2}t^2\right)=\frac{1}{s^3}\quad[\mathrm{Re}(s)>0] \tag{2.17}$$

通常并不根据定义来求解象函数和原函数,而可从拉氏变换表(见附录 A)中直接查出。

2.2.3　拉氏变换的主要定理

根据拉氏变换定义或查表能对一些标准的函数进行拉氏变换和逆变换。对一般的函数,利用以下的定理,可以使运算简化。

1. 叠加定理

拉氏变换也服从线性函数的齐次性和叠加性。

(1) 齐次性　设 $\mathscr{L}[f(t)]=F(s)$,则

$$\mathscr{L}[af(t)]=aF(s) \tag{2.18}$$

式中:a——常数。

(2) 叠加性　设 $\mathscr{L}[f_1(t)]=F_1(s)$, $\mathscr{L}[f_2(t)]=F_2(s)$,则

$$\mathscr{L}[f_1(t)+f_2(t)]=F_1(s)+F_2(s) \tag{2.19}$$

式(2.18)、式(2.19)结合起来,就有

$$\mathscr{L}[af_1(t)+bf_2(t)]=aF_1(s)+bF_2(s)$$

式中:a 和 b——常数。

这说明拉氏变换是线性变换。

2. 微分定理

设 $\mathscr{L}[f(t)]=F(s)$,则

$$\mathscr{L}\left[\frac{\mathrm{d}f(t)}{\mathrm{d}t}\right]=sF(s)-f(0)$$

式中:$f(0)$——函数 $f(t)$ 在 $t=0$ 时刻的值,即初始值。

同样,可得 $f(t)$ 的各阶导数的拉氏变换是

$$\left.\begin{aligned}\mathscr{L}\left[\frac{\mathrm{d}^2f(t)}{\mathrm{d}t^2}\right]&=s^2F(s)-sf(0)-f'(0)\\ \mathscr{L}\left[\frac{\mathrm{d}^3f(t)}{\mathrm{d}t^3}\right]&=s^3F(s)-s^2f(0)-sf'(0)-f''(0)\\ &\vdots\\ \mathscr{L}\left[\frac{\mathrm{d}^nf(t)}{\mathrm{d}t^n}\right]&=s^nF(s)-s^{n-1}f(0)-s^{n-2}f'(0)-\cdots-f^{(n-1)}(0)\end{aligned}\right\}\tag{2.20}$$

式中:$f'(0),f''(0),\cdots,f^{(n-1)}(0)$——原函数各阶导数在 $t=0$ 时刻的值。

如果函数 $f(t)$ 及其各阶导数的初始值均为零(称为零初始条件),则 $f(t)$ 各阶导数的拉氏变换为

$$\left.\begin{aligned}\mathscr{L}[f'(t)]&=sF(s)\\ \mathscr{L}[f''(t)]&=s^2F(s)\\ \mathscr{L}[f'''(t)]&=s^3F(s)\\ &\vdots\\ \mathscr{L}[f^{(n)}(t)]&=s^nF(s)\end{aligned}\right\}\tag{2.21}$$

3. 复微分定理

若 $f(t)$ 可以进行拉氏变换,且 $\mathscr{L}[f(t)]=F(s)$,则除了在 $F(s)$ 的极点以外,有

$$\frac{\mathrm{d}}{\mathrm{d}s}F(s)=-\mathscr{L}[tf(t)]\tag{2.22}$$

同样有

$$\frac{\mathrm{d}^2}{\mathrm{d}s^2}F(s)=\mathscr{L}[t^2f(t)]$$

一般的,有

$$\frac{\mathrm{d}^i}{\mathrm{d}s^i}F(s)=(-1)^i\mathscr{L}[t^if(t)]\quad(i=1,2,3,\cdots,n)\tag{2.23}$$

4. 积分定理

设 $\mathscr{L}[f(t)]=F(s)$,则

$$\mathscr{L}\left[\int f(t)\,\mathrm{d}t\right]=\frac{1}{s}F(s)+\frac{1}{s}f^{(-1)}(0) \tag{2.24}$$

式中：$f^{(-1)}(0)$——积分 $\int f(t)\,\mathrm{d}t$ 在 $t=0$ 时刻的值。

当初始条件为零时

$$\mathscr{L}\left[\int f(t)\,\mathrm{d}t\right]=\frac{1}{s}F(s) \tag{2.25}$$

对多重积分是

$$\mathscr{L}\left[\underbrace{\int\cdots\int}_{n} f(t)(\mathrm{d}t)^{n}\right]=\frac{1}{s^{n}}F(s)+\frac{1}{s^{n}}f^{(-1)}(0)+\cdots+\frac{1}{s}f^{(-n)}(0) \tag{2.26}$$

式中：$f^{(-1)}(0)$，$f^{(-2)}(0)$，…，$f^{(-n)}(0)$——原函数的各重积分在 $t=0$ 时刻的值。

当初始条件为零时，则

$$\mathscr{L}\left[\underbrace{\int\cdots\int}_{n} f(t)(\mathrm{d}t)^{n}\right]=\frac{1}{s^{n}}F(s) \tag{2.27}$$

5. 延迟定理

设 $\mathscr{L}[f(t)]=F(s)$，且 $t<0$ 时，$f(t)=0$，则

$$\mathscr{L}[f(t-\tau)]=\mathrm{e}^{-\tau s}F(s) \tag{2.28}$$

函数 $f(t-\tau)$ 为原函数 $f(t)$ 沿时间轴延迟了 τ，如图 2.11 所示。

6. 位移定理

在控制理论中，经常遇到 $\mathrm{e}^{-at}f(t)$ 一类的函数，它的象函数只需把 s 用 $(s+a)$ 代替即可，这相当于在复数 s 坐标中，有一位移 a。

设 $\mathscr{L}[f(t)]=F(s)$，则

$$\mathscr{L}[\mathrm{e}^{-at}f(t)]=F(s+a) \tag{2.29}$$

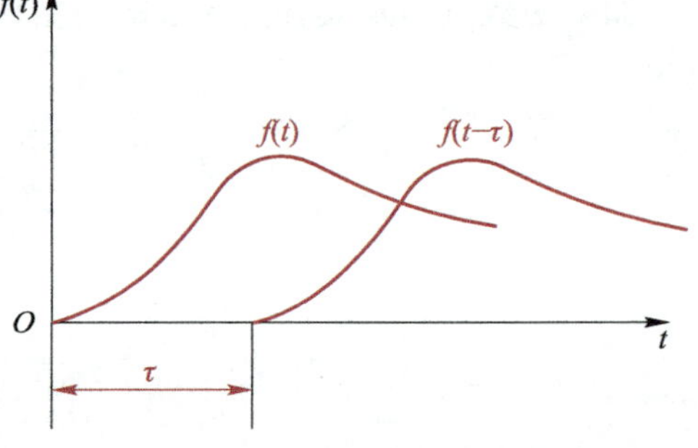

图 2.11　函数 $f(t-\tau)$

例如，$\cos(\omega t)$ 的象函数 $\mathscr{L}[\cos(\omega t)]=\dfrac{s}{s^{2}+\omega^{2}}$，则 $\mathrm{e}^{-at}\cos(\omega t)$ 的象函数为

$$\mathscr{L}[\mathrm{e}^{-at}\cos(\omega t)]=\frac{s+a}{(s+a)^{2}+\omega^{2}}$$

7. 初值定理

它表明原函数在 $t=0^{+}$ 时的数值。

$$\lim_{t\to 0}f(t)=\lim_{s\to\infty}sF(s) \tag{2.30}$$

即原函数的初值等于 s 乘以象函数的终值。

8. 终值定理

设 $\mathscr{L}[f(t)]=F(s)$，并且 $\lim\limits_{t\to\infty}f(t)$ 存在，则

$$\lim_{t\to\infty}f(t)=f(\infty)=\lim_{s\to 0}sF(s) \tag{2.31}$$

即原函数的终值等于 s 乘以象函数的初值。

这一定理对于求瞬态响应的稳态值是很有用的。

9. 卷积定理

设 $\mathscr{L}[f(t)]=F(s)$，$\mathscr{L}[g(t)]=G(s)$，则有

$$\mathscr{L}[f(t)*g(t)] = F(s)G(s) \tag{2.32}$$

即两个原函数的卷积的拉氏变换等于它们象函数的乘积。

式(2.32)中，$f(t)*g(t)$ 为卷积的数学表示，定义为

$$f(t)*g(t) \xlongequal{\text{def}} \int_0^t f(t-\tau)g(\tau)\mathrm{d}\tau$$

另外，改变时间比例尺也可以使运算更加方便，因为

$$\mathscr{L}\left[f\left(\frac{t}{c}\right)\right] = cF(cs) \tag{2.33}$$

式中：c——比例系数。

例如，$f(t)=\mathrm{e}^{-t}$ 的象函数 $\mathscr{L}[\mathrm{e}^{-t}]=F(s)=\dfrac{1}{s+1}$，则 $f(t/2)=\mathrm{e}^{-0.5t}$ 的象函数为

$$\mathscr{L}\left[f\left(\frac{t}{2}\right)\right] = \mathscr{L}[\mathrm{e}^{-0.5t}] = 2F(2s) = \frac{2}{2s+1}$$

必须指出，在某些情况下，$f(t)$ 在 $t=0$ 处有一个脉冲函数。这时应该明确拉氏变换的积分下限是 0^- 还是 0^+，因为对于这两种下限，$f(t)$ 的拉氏变换是不同的。为此，可采用如下符号予以区分：

$$\mathscr{L}_+[f(t)] = \int_{0^+}^{\infty} f(t)\mathrm{e}^{-st}\mathrm{d}t \tag{2.34}$$

$$\mathscr{L}_-[f(t)] = \int_{0^-}^{\infty} f(t)\mathrm{e}^{-st}\mathrm{d}t = \mathscr{L}_+[f(t)] + \int_{0^-}^{0^+} f(t)\mathrm{e}^{-st}\mathrm{d}t \tag{2.35}$$

若在 $t=0$ 处 $f(t)$ 包含一个脉冲函数，则

$$\mathscr{L}_+[f(t)] \neq \mathscr{L}_-[f(t)]$$

因为在这种情况下

$$\int_{0^-}^{0^+} f(t)\mathrm{e}^{-st}\mathrm{d}t \neq 0$$

显然，如果 $f(t)$ 在 $t=0$ 处没有脉冲函数，则有

$$\mathscr{L}_+[f(t)] = \mathscr{L}_-[f(t)]$$

2.2.4 拉氏逆变换

拉普拉斯逆变换(拉氏逆变换)的公式为

$$f(t) = \mathscr{L}^{-1}[F(s)] = \frac{1}{2\pi\mathrm{j}}\int_{c-\mathrm{j}\infty}^{c+\mathrm{j}\infty} F(s)\mathrm{e}^{st}\mathrm{d}s \tag{2.36}$$

式中：$\mathscr{L}^{-1}$——拉氏逆变换的符号。

根据定义计算拉氏逆变换，要进行复变函数积分，一般很难直接计算，通常用部分分式展开法将复变函数展开成有理分式函数之和，然后由拉氏变换表一一查出对应的逆变换函数，即得所求的原函数 $f(t)$。

1. 部分分式展开法

在控制理论中，常遇到的象函数是 s 的有理分式

$$F(s)=\frac{B(s)}{A(s)}=\frac{b_0s^m+b_1s^{m-1}+\cdots+b_{m-1}s+b_m}{a_0s^n+a_1s^{n-1}+\cdots+a_{n-1}s+a_n}\quad(n\geqslant m)$$

为了将 $F(s)$ 写成部分分式，首先将 $F(s)$ 的分母因式分解，则有

$$F(s)=\frac{b_0s^m+b_1s^{m-1}+\cdots+b_{m-1}s+b_m}{(s+p_1)(s+p_2)\cdots(s+p_n)}$$

式中，p_1、p_2、…、p_n 是 $A(s)=0$ 的根的负值，称为 $F(s)$ 的极点。按照这些根的性质，可分为以下几种情况来研究。

（1）$F(s)$ 的极点为各不相同的实数时的拉氏逆变换

$$F(s)=\frac{B(s)}{A(s)}=\frac{b_0s^m+b_1s^{m-1}+\cdots+b_{m-1}s+b_m}{(s+p_1)(s+p_2)\cdots(s+p_n)}$$

$$=\frac{A_1}{s+p_1}+\frac{A_2}{s+p_2}+\cdots+\frac{A_n}{s+p_n}=\sum_{i=1}^{n}\frac{A_i}{s+p_i}\tag{2.37}$$

式中，A_i 是待定系数，它是 $s=-p_i$ 处的留数，其求法如下：

$$A_i=[F(s)(s+p_i)]_{s=-p_i}\tag{2.38}$$

再根据拉氏变换的叠加定理，求原函数

$$f(t)=\mathscr{L}^{-1}[F(s)]=\mathscr{L}^{-1}\left(\sum_{i=1}^{n}\frac{A_i}{s+p_i}\right)=\sum_{i=1}^{n}A_i\mathrm{e}^{-p_it}$$

例 2.1 求 $F(s)=\dfrac{s^2-s+2}{s(s^2-s-6)}$ 的原函数。

解 首先将 $F(s)$ 的分母因式分解，则有

$$F(s)=\frac{s^2-s+2}{s(s^2-s-6)}=\frac{s^2-s+2}{s(s-3)(s+2)}=\frac{A_1}{s}+\frac{A_2}{s-3}+\frac{A_3}{s+2}$$

$$A_1=[F(s)s]_{s=0}=\left[\frac{s^2-s+2}{s(s-3)(s+2)}s\right]_{s=0}=-\frac{1}{3}$$

$$A_2=[F(s)(s-3)]_{s=3}=\left[\frac{s^2-s+2}{s(s-3)(s+2)}(s-3)\right]_{s=3}=\frac{8}{15}$$

$$A_3=[F(s)(s+2)]_{s=-2}=\left[\frac{s^2-s+2}{s(s-3)(s+2)}(s+2)\right]_{s=-2}=\frac{4}{5}$$

即得

$$F(s)=-\frac{1}{3}\frac{1}{s}+\frac{8}{15}\frac{1}{s-3}+\frac{4}{5}\frac{1}{s+2}$$

$$f(t)=\mathscr{L}^{-1}[F(s)]=\mathscr{L}^{-1}\left(-\frac{1}{3}\frac{1}{s}\right)+\mathscr{L}^{-1}\left(\frac{8}{15}\frac{1}{s-3}\right)+\mathscr{L}^{-1}\left(\frac{4}{5}\frac{1}{s+2}\right)$$

$$=-\frac{1}{3}+\frac{8}{15}\mathrm{e}^{3t}+\frac{4}{5}\mathrm{e}^{-2t}\qquad(t\geqslant 0)$$

(2) $F(s)$含有共轭复数极点时的拉氏逆变换

如果$F(s)$有一对共轭复数极点$-p_1$、$-p_2$，而其余极点均为各不相同的实数极点。将$F(s)$展成

$$F(s)=\frac{b_0s^m+b_1s^{m-1}+\cdots+b_{m-1}s+b_m}{(s+p_1)(s+p_2)(s+p_3)\cdots(s+p_n)}=\frac{A_1s+A_2}{(s+p_1)(s+p_2)}+\frac{A_3}{s+p_3}+\cdots+\frac{A_n}{s+p_n}$$

式中，A_1 和 A_2 可按下式求解：

$$[F(s)(s+p_1)(s+p_2)]_{\substack{s=-p_1\\ 或s=-p_2}}=\left\{\left[\frac{A_1s+A_2}{(s+p_1)(s+p_2)}+\frac{A_3}{s+p_3}+\cdots+\frac{A_n}{s+p_n}\right](s+p_1)(s+p_2)\right\}_{\substack{s=-p_1\\ 或s=-p_2}}$$

即

$$[F(s)(s+p_1)(s+p_2)]_{\substack{s=-p_1\\ 或s=-p_2}}=[A_1s+A_2]_{\substack{s=-p_1\\ 或s=-p_2}}\tag{2.39}$$

因为$-p_1$(或$-p_2$)是复数，故式(2.39)两边都应是复数，令等号两边的实部、虚部分别相等，得两个方程式，联立求解，即得 A_1、A_2 两个系数。

例 2.2 已知 $F(s)=\dfrac{\omega_n^2}{s(s+\zeta\omega_n+j\omega_d)(s+\zeta\omega_n-j\omega_d)}$，试求其部分分式。

解 因为

$$F(s)=\frac{\omega_n^2}{s(s+\zeta\omega_n+j\omega_d)(s+\zeta\omega_n-j\omega_d)}\tag{2.40}$$

含有一对共轭复数极点 $p_1=-\zeta\omega_n-j\omega_d$，$p_2=-\zeta\omega_n+j\omega_d$ 和一个极点 $p_3=0$，故可将式(2.40)因式分解成

$$F(s)=\frac{A_1s+A_2}{(s+\zeta\omega_n+j\omega_d)(s+\zeta\omega_n-j\omega_d)}+\frac{A_3}{s}\tag{2.41}$$

以下求系数 A_1、A_2 和 A_3。

由式(2.40)和式(2.41)相等，有

$$\frac{\omega_n^2}{s(s+\zeta\omega_n+j\omega_d)(s+\zeta\omega_n-j\omega_d)}=\frac{A_1s+A_2}{(s+\zeta\omega_n+j\omega_d)(s+\zeta\omega_n-j\omega_d)}+\frac{A_3}{s}\tag{2.42}$$

将上式两边乘以$(s+\zeta\omega_n+j\omega_d)(s+\zeta\omega_n-j\omega_d)$，并令 $s=-\zeta\omega_n-j\omega_d$，得到

$$\left(\frac{\omega_n^2}{s}\right)_{s=-\zeta\omega_n-j\omega_d}=\left(A_1s+A_2\right)_{s=-\zeta\omega_n-j\omega_d}$$

$$\frac{\omega_n^2}{-\zeta\omega_n-j\omega_d}=A_1(-\zeta\omega_n-j\omega_d)+A_2$$

上式可进一步写成

$$-\zeta\omega_n+j\omega_d=-A_1\zeta\omega_n+A_2-jA_1\omega_d$$

由上式两边实部和虚部分别相等,可得

$$\begin{cases} -\zeta\omega_n = -A_1\zeta\omega_n + A_2 \\ \omega_d = -A_1\omega_d \end{cases}$$

联立以上两式,可求得

$$A_1 = -1$$

$$A_2 = -2\zeta\omega_n$$

为了求出系数 A_3,将方程(2.42)两边乘以 s,并令 $s=0$,将 $\omega_d=\omega_n\sqrt{1-\zeta^2}$ 代入,得

$$A_3 = \left[\frac{\omega_n^2}{(s+\zeta\omega_n+j\omega_d)(s+\zeta\omega_n-j\omega_d)}\right]_{s=0} = \frac{\omega_n^2}{(\zeta\omega_n+j\omega_d)(\zeta\omega_n-j\omega_d)} = 1$$

将所求得的 A_1、A_2、A_3 值代入式(2.41),整理后得 $F(s)$ 的部分分式

$$F(s) = \frac{1}{s} + \frac{-s-2\zeta\omega_n}{(s+\zeta\omega_n+j\omega_d)(s+\zeta\omega_n-j\omega_d)}$$

$$= \frac{1}{s} - \frac{s+\zeta\omega_n}{(s+\zeta\omega_n)^2+\omega_d^2} - \frac{\zeta\omega_n}{(s+\zeta\omega_n)^2+\omega_d^2}$$

查拉氏变换表(附录 A)便得 $\mathscr{L}^{-1}[F(s)]=f(t)$,结果见式(3.10)。

例 2.3 已知 $F(s)=\dfrac{s+1}{s(s^2+s+1)}$,求 $f(t)$。

解 将 $F(s)$ 的分母因式分解,得

$$F(s) = \frac{s+1}{s\left(s+\frac{1}{2}+j\frac{\sqrt{3}}{2}\right)\left(s+\frac{1}{2}-j\frac{\sqrt{3}}{2}\right)} = \frac{A_0}{s} + \frac{A_1 s + A_2}{s^2+s+1}$$

$$A_0 = \left[\frac{s+1}{s(s^2+s+1)}s\right]_{s=0} = 1$$

$$\left[\frac{s+1}{s(s^2+s+1)}(s^2+s+1)\right]_{s=-\frac{1}{2}-j\frac{\sqrt{3}}{2}} = [A_1 s + A_2]_{s=-\frac{1}{2}-j\frac{\sqrt{3}}{2}}$$

$$\frac{-\frac{1}{2}-j\frac{\sqrt{3}}{2}+1}{-\frac{1}{2}-j\frac{\sqrt{3}}{2}} = A_1\left(-\frac{1}{2}-j\frac{\sqrt{3}}{2}\right) + A_2$$

利用方程两边实部、虚部分别相等得

$$\begin{cases} -\frac{1}{2}(A_1+A_2) = \frac{1}{2} \\ -\frac{\sqrt{3}}{2}(A_1-A_2) = \frac{\sqrt{3}}{2} \end{cases}$$

解得 $A_1=-1$,$A_2=0$。

所以

$$F(s)=\frac{s+1}{s(s^2+s+1)}=\frac{1}{s}-\frac{s}{s^2+s+1}$$

这种形式再作适当变换得

$$\begin{aligned}F(s)&=\frac{1}{s}-\frac{s}{s^2+s+1}\\&=\frac{1}{s}-\frac{s}{\left(s+\frac{1}{2}\right)^2+\left(\frac{\sqrt{3}}{2}\right)^2}\\&=\frac{1}{s}-\frac{s+\frac{1}{2}}{\left(s+\frac{1}{2}\right)^2+\left(\frac{\sqrt{3}}{2}\right)^2}+\frac{\frac{1}{2}}{\left(s+\frac{1}{2}\right)^2+\left(\frac{\sqrt{3}}{2}\right)^2}\\&=\frac{1}{s}-\frac{s+\frac{1}{2}}{\left(s+\frac{1}{2}\right)^2+\left(\frac{\sqrt{3}}{2}\right)^2}+\frac{\frac{1}{2}}{\frac{\sqrt{3}}{2}}\cdot\frac{\frac{\sqrt{3}}{2}}{\left(s+\frac{1}{2}\right)^2+\left(\frac{\sqrt{3}}{2}\right)^2}\end{aligned}$$

所以

$$\begin{aligned}f(t)&=\mathscr{L}^{-1}\left[\frac{s+1}{s(s^2+s+1)}\right]\\&=\mathscr{L}^{-1}\left[\frac{1}{s}-\frac{s+\frac{1}{2}}{\left(s+\frac{1}{2}\right)^2+\left(\frac{\sqrt{3}}{2}\right)^2}+0.58\frac{\frac{\sqrt{3}}{2}}{\left(s+\frac{1}{2}\right)^2+\left(\frac{\sqrt{3}}{2}\right)^2}\right]\\&=\mathscr{L}^{-1}\left(\frac{1}{s}\right)-\mathscr{L}^{-1}\left[\frac{s+\frac{1}{2}}{\left(s+\frac{1}{2}\right)^2+\left(\frac{\sqrt{3}}{2}\right)^2}\right]+\mathscr{L}^{-1}\left[0.58\frac{\frac{\sqrt{3}}{2}}{\left(s+\frac{1}{2}\right)^2+\left(\frac{\sqrt{3}}{2}\right)^2}\right]\end{aligned}$$

查拉氏变换表得

$$f(t)=1-\mathrm{e}^{-\frac{1}{2}t}\cos\frac{\sqrt{3}}{2}t+0.58\mathrm{e}^{-\frac{1}{2}t}\sin\frac{\sqrt{3}}{2}t\quad(t\geqslant 0)$$

（3）$F(s)$中包含有重极点时的拉氏逆变换

设$A(s)=0$有r个重根，则

$$F(s)=\frac{b_0s^m+b_1s^{m-1}+\cdots+b_{m-1}s+b_m}{(s+p_0)^r(s+p_{r+1})\cdots(s+p_n)}$$

将上式展开成部分分式

$$F(s)=\frac{A_{01}}{(s+p_0)^r}+\frac{A_{02}}{(s+p_0)^{r-1}}+\cdots+\frac{A_{0r}}{s+p_0}+\frac{A_{r+1}}{s+p_{r+1}}+\cdots+\frac{A_n}{s+p_n} \tag{2.43}$$

式中,A_{r+1}、A_{r+2}、…、A_n 的求法与单实数极点情况下相同。

A_{01}、A_{02}、…、A_{0r}的求法如下：

$$A_{01}=[F(s)(s+p_0)^r]_{s=-p_0}$$

$$A_{02}=\left\{\frac{\mathrm{d}}{\mathrm{d}s}[F(s)(s+p_0)^r]\right\}_{s=-p_0}$$

$$A_{03}=\frac{1}{2!}\left\{\frac{\mathrm{d}^2}{\mathrm{d}s^2}[F(s)(s+p_0)^r]\right\}_{s=-p_0}$$

$$\vdots$$

$$A_{0r}=\frac{1}{(r-1)!}\left\{\frac{\mathrm{d}^{(r-1)}}{\mathrm{d}s^{(r-1)}}[F(s)(s+p_0)^r]\right\}_{s=-p_0}$$

则

$$f(t)=\mathscr{L}^{-1}[F(s)]=\left[\frac{A_{01}}{(r-1)!}t^{(r-1)}+\frac{A_{02}}{(r-2)!}t^{(r-2)}+\cdots+A_{0r}\right]\mathrm{e}^{-p_0t}+A_{r+1}\mathrm{e}^{-p_{r+1}t}+\cdots+A_n\mathrm{e}^{-p_nt}\quad(t\geqslant 0) \tag{2.44}$$

例 2.4 设 $F(s)=\dfrac{\omega_{\mathrm{n}}^2}{s(s+\omega_{\mathrm{n}})^2}$,试求 $F(s)$的部分分式。

解 已知

$$F(s)=\frac{\omega_{\mathrm{n}}^2}{s(s+\omega_{\mathrm{n}})^2} \tag{2.45}$$

含有 2 个重极点。将式(2.45)的分母因式分解得

$$F(s)=\frac{A_{01}}{(s+\omega_{\mathrm{n}})^2}+\frac{A_{02}}{s+\omega_{\mathrm{n}}}+\frac{A_3}{s} \tag{2.46}$$

以下求系数 A_{01}、A_{02}和 A_3：

$$A_{01}=\left[\frac{\omega_{\mathrm{n}}^2}{s(s+\omega_{\mathrm{n}})^2}(s+\omega_{\mathrm{n}})^2\right]_{s=-\omega_{\mathrm{n}}}=-\omega_{\mathrm{n}}$$

$$A_{02}=\left\{\frac{\mathrm{d}}{\mathrm{d}s}\left[\frac{\omega_{\mathrm{n}}^2}{s(s+\omega_{\mathrm{n}})^2}(s+\omega_{\mathrm{n}})^2\right]\right\}_{s=-\omega_{\mathrm{n}}}=\left[-\frac{\omega_{\mathrm{n}}^2}{s^2}\right]_{s=-\omega_{\mathrm{n}}}=-1$$

$$A_3=\left[\frac{\omega_{\mathrm{n}}^2}{s(s+\omega_{\mathrm{n}})^2}s\right]_{s=0}=1$$

将所求得的 A_{01}、A_{02}、A_3 值代入式(2.46),即得 $F(s)$的部分分式

$$F(s)=\frac{-\omega_{\mathrm{n}}}{(s+\omega_{\mathrm{n}})^2}+\frac{-1}{s+\omega_{\mathrm{n}}}+\frac{1}{s}$$

查拉氏变换表可得 $\mathscr{L}^{-1}[F(s)]=f(t)$。

例 2.5 求 $F(s)=\dfrac{s+3}{(s+2)^2(s+1)}$的拉氏逆变换。

解 将 $F(s)$展开为部分分式

$$F(s)=\frac{A_{01}}{(s+2)^2}+\frac{A_{02}}{s+2}+\frac{A_3}{s+1}$$

上式中各项系数为

$$A_{01}=\left[\frac{s+3}{(s+2)^2(s+1)}(s+2)^2\right]_{s=-2}=\frac{-2+3}{-2+1}=-1$$

$$A_{02}=\left\{\frac{\mathrm{d}}{\mathrm{d}s}\left[\frac{s+3}{(s+2)^2(s+1)}(s+2)^2\right]\right\}_{s=-2}$$

$$=\left[\frac{(s+3)'(s+1)-(s+3)(s+1)'}{(s+1)^2}\right]_{s=-2}=-2$$

$$A_3=\left[\frac{s+3}{(s+2)^2(s+1)}(s+1)\right]_{s=-1}=2$$

于是

$$F(s)=\frac{-1}{(s+2)^2}-\frac{2}{s+2}+\frac{2}{s+1}$$

查拉氏变换表,得

$$f(t)=-(t+2)\mathrm{e}^{-2t}+2\mathrm{e}^{-t}\quad(t\geqslant 0)$$

应当指出,对于在 $F(s)$分母中包含有较高阶次多项式的复杂函数,用人工算法进行部分分式展开会相当费时费力。这种情况下,采用 MATLAB 工具就方便多了。

2. 用 MATLAB 展开部分分式

(1) 概述

MATLAB 是一个高级的数值分析、处理和计算的软件,其强大的矩阵运算能力和完美的图形可视化功能,使它成为应用广泛的计算工具。

MATLAB 具有良好的可扩展性,其函数大多为 ASCII 文件,可以直接进行编辑、修改;其工具箱可以任意增减,使用者能方便地生成自己的 MATLAB 工具箱。因此,很多研究成果被直接做成 MATLAB 工具箱。

SIMULINK 是基于模型化图形的动态系统仿真软件,是 MATLAB 的一个工具箱,它不需要过多地了解数值问题,而是侧重于系统的建模、分析和设计。其良好的人机界面及周到的帮助功能使它广为科技界和工程界所采用。

因此,本书将尽可能把 MATLAB 和 SIMULINK 工具应用于控制系统的分析和计算中。

(2) 用 MATLAB 进行部分分式展开

MATLAB 有一个命令用于求 $B(s)/A(s)$的部分分式展开式。

设 s 的有理分式为

$$F(s)=\frac{B(s)}{A(s)}=\frac{\text{num}}{\text{den}}=\frac{b_0s^n+b_1s^{n-1}+\cdots+b_n}{s^n+a_1s^{n-1}+\cdots+a_n}$$

式中 $a_i(i=1,2,\cdots,n)$和 $b_j(j=0,1,\cdots,n)$的某些值可能为零。在 MATLAB 的行向量中,num 和

den 分别表示 $F(s)$分子和分母的系数,即

$$\text{num} = [b_0 \quad b_1 \quad \cdots \quad b_n]$$
$$\text{den} = [1 \quad a_1 \quad \cdots \quad a_n]$$

命令

```
[r,p,k] = residue(num,den)
```

MATLAB 将按下式给出 $F(s)$部分分式展开式中的留数、极点和余项:

$$F(s) = \frac{r(1)}{s-p(1)} + \frac{r(2)}{s-p(2)} + \cdots + \frac{r(n)}{s-p(n)} + k(s)$$

上式与式(2.37)比较,显然有 $p(1)=-p_1, p(2)=-p_2, \cdots, p(n)=-p_n$;$r(1)=A_1, r(2)=A_2, \cdots, r(n)=A_n$;$k(s)$是余项。

例 2.6 试求下列函数的部分分式展开式:

$$F(s) = \frac{s^4+11s^3+39s^2+52s+26}{s^4+10s^3+35s^2+50s+24}$$

解 对此函数有

$$\text{num} = [1 \quad 11 \quad 39 \quad 52 \quad 26]$$
$$\text{den} = [1 \quad 10 \quad 35 \quad 50 \quad 24]$$

命令

```
[r,p,k] = residue(num,den)
```

于是得到下列结果:

```
[r,p,k] = residue(num,den)
r=
    1.000 0
    2.500 0
   -3.000 0
    0.500 0
p=
   -4.000 0
   -3.000 0
   -2.000 0
   -1.000 0
k=
    1
```

则得

$$F(s) = \frac{s^4+11s^3+39s^2+52s+26}{s^4+10s^3+35s^2+50s+24} = \frac{1}{s+4} + \frac{2.5}{s+3} + \frac{-3}{s+2} + \frac{0.5}{s+1} + 1$$

如果 $F(s)$ 中包含有重极点，则部分分式展开式将包括下列诸项：

$$\frac{r(j)}{s-p(j)}+\frac{r(j+1)}{[s-p(j)]^2}+\cdots+\frac{r(j+q-1)}{[s-p(j)]^q}$$

其中，$p(j)$ 为一个 q 重极点。

例 2.7 试将下列函数展开成部分分式：

$$F(s)=\frac{s^2+4s+6}{(s+1)^3}=\frac{s^2+4s+6}{s^3+3s^2+3s+1}$$

解 对于该函数有

```
num = [0  1  4  6]
den = [1  3  3  1]
```

命令

```
[r,p,k] = residue(num,den)
```

将得到如下结果：

```
[r,p,k] = residue(num,den)
r=
    1.000 0
    2.000 0
    3.000 0
p=
   -1.000 0
   -1.000 0
   -1.000 0
k=
    [  ]
```

所以可得

$$F(s)=\frac{s^2+4s+6}{(s+1)^3}=\frac{1}{s+1}+\frac{2}{(s+1)^2}+\frac{3}{(s+1)^3}$$

注意，本例的余项 k 为零。

2.2.5 应用拉氏变换求解线性微分方程

应用拉氏变换求解线性微分方程时，采用下列步骤：

(1) 对线性微分方程中每一项进行拉氏变换，使微分方程变为 s 的代数方程；

(2) 解代数方程，得到有关变量 s 的拉氏变换表达式；

(3) 用拉氏逆变换得到微分方程的时域解。

整个求解过程如图 2.12 所示。

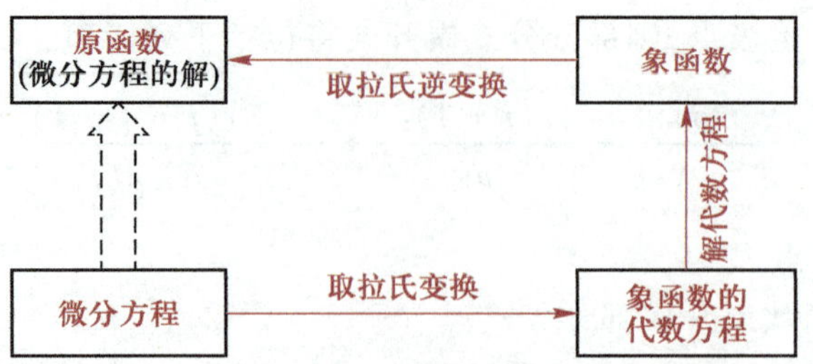

图 2.12　应用拉氏变换求解线性微分方程的过程

例 2.8　设系统微分方程为

$$\frac{\mathrm{d}^2x_o(t)}{\mathrm{d}t^2}+5\frac{\mathrm{d}x_o(t)}{\mathrm{d}t}+6x_o(t)=x_i(t)$$

若 $x_i(t)=1(t)$,初始条件分别为 $x_o'(0)$、$x_o(0)$,试求 $x_o(t)$。

解　对微分方程左边进行拉氏变换

$$\mathscr{L}\left[\frac{\mathrm{d}^2x_o(t)}{\mathrm{d}t^2}\right]=s^2X_o(s)-sx_o(0)-x_o'(0)$$

$$\mathscr{L}\left[5\frac{\mathrm{d}x_o(t)}{\mathrm{d}t}\right]=5sX_o(s)-5x_o(0)$$

$$\mathscr{L}[6x_o(t)]=6X_o(s)$$

利用叠加定理将上式逐项相加,即得方程左边的拉氏变换

$$\mathscr{L}\left[\frac{\mathrm{d}^2x_o(t)}{\mathrm{d}t^2}+5\frac{\mathrm{d}x_o(t)}{\mathrm{d}t}+6x_o(t)\right]=(s^2+5s+6)X_o(s)-[(s+5)x_o(0)+x_o'(0)]$$

对方程右边进行拉氏变换

$$\mathscr{L}[x_i(t)]=\mathscr{L}[1(t)]=\frac{1}{s}$$

得

$$(s^2+5s+6)X_o(s)-[(s+5)x_o(0)+x_o'(0)]=\frac{1}{s}$$

$$X_o(s)=\frac{1}{s^2+5s+6}\frac{1}{s}+\frac{(s+5)x_o(0)+x_o'(0)}{s^2+5s+6}$$

写成一般形式

$$X_o(s)=\frac{1}{D(s)}X_i(s)+\frac{N(s)}{D(s)}$$

应该强调指出,$D(s)=s^2+5s+6=0$ 是微分方程的特征方程,也是该系统的特征方程。

利用部分分式将 $X_o(s)$ 展开为

$$X_o(s)=\frac{1}{s(s+2)(s+3)}+\frac{(s+5)x_o(0)+x_o'(0)}{(s+2)(s+3)}$$

$$=\frac{A_1}{s}+\frac{A_2}{s+2}+\frac{A_3}{s+3}+\frac{B_1}{s+2}+\frac{B_2}{s+3}$$

求待定系数 A_1、A_2、A_3、B_1、B_2：

$$A_1=\left[\frac{1}{s(s+2)(s+3)}s\right]_{s=0}=\frac{1}{6}$$

$$A_2=\left[\frac{1}{s(s+2)(s+3)}(s+2)\right]_{s=-2}=-\frac{1}{2}$$

$$A_3=\left[\frac{1}{s(s+2)(s+3)}(s+3)\right]_{s=-3}=\frac{1}{3}$$

$$B_1=\left[\frac{(s+5)x_o(0)+x_o'(0)}{(s+2)(s+3)}(s+2)\right]_{s=-2}=3x_o(0)+x_o'(0)$$

$$B_2=\left[\frac{(s+5)x_o(0)+x_o'(0)}{(s+2)(s+3)}(s+3)\right]_{s=-3}=-2x_o(0)-x_o'(0)$$

代入原式得

$$X_o(s)=\frac{\frac{1}{6}}{s}+\frac{-\frac{1}{2}}{s+2}+\frac{\frac{1}{3}}{s+3}+\frac{3x_o(0)+x_o'(0)}{s+2}+\frac{-2x_o(0)-x_o'(0)}{s+3}$$

查拉氏变换表得

$$x_o(t)=\frac{1}{6}-\frac{1}{2}\mathrm{e}^{-2t}+\frac{1}{3}\mathrm{e}^{-3t}+[3x_o(0)+x_o'(0)]\mathrm{e}^{-2t}-[2x_o(0)+x_o'(0)]\mathrm{e}^{-3t}\quad(t\geqslant 0)$$

当初始条件为零时，得

$$x_o(t)=\frac{1}{6}-\frac{1}{2}\mathrm{e}^{-2t}+\frac{1}{3}\mathrm{e}^{-3t}\quad(t\geqslant 0)$$

2.3 传递函数

在控制工程中，直接求解系统微分方程是研究、分析系统的基本方法。系统方程的解就是系统的输出响应，通过方程解的表达式，可以分析系统的动态特性，绘出输出响应曲线，直观地反映系统的动态过程。但是，由于求解过程较为烦琐，手工计算复杂费时，而且难以直接从微分方程本身研究和判断系统的动态性能，因此这种方法有很大的局限性。显然，仅用微分方程这一数学模型来进行系统分析设计，显得十分不便。

对于线性定常系统，传递函数是常用的一种数学模型，它是在拉氏变换的基础上建立的。用传递函数描述系统可以免去求解微分方程的麻烦，间接地分析系统结构及参数与系统性能的关系，并且可以根据传递函数在复平面上的形状直接判断系统的动态性能，找出改善系统品质的方法。因此，传递函数是经典控制理论的基础，是一个极其重要的基本概念。

2.3.1 传递函数的概念和定义

对于线性定常系统，在零初始条件下，系统输出量的拉氏变换与引起该输出的输入量的拉氏变换之比，称为系统的传递函数。

图 2.1 所示的质量-弹簧-阻尼系统，由二阶微分方程式(2.1)来描述它的动态特性，即

$$m\frac{d^2}{dt^2}x_o(t)+B\frac{d}{dt}x_o(t)+Kx_o(t)=f_i(t)$$

在所有初始条件均为零的情况下，对上式进行拉氏变换，得

$$ms^2X_o(s)+BsX_o(s)+KX_o(s)=F_i(s)$$

按定义，传递函数为

$$G(s)=\frac{X_o(s)}{F_i(s)}=\frac{1}{ms^2+Bs+K} \tag{2.47}$$

系统输出量的拉氏变换 $X_o(s)$ 为

$$X_o(s)=G(s)F_i(s)=\frac{1}{ms^2+Bs+K}F_i(s) \tag{2.48}$$

同样，在零初始条件下，对式(2.3)进行拉氏变换，可得图 2.4 所示 *RLC* 无源电网络的传递函数为

$$G(s)=\frac{U_o(s)}{U_i(s)}=\frac{1}{LCs^2+RCs+1} \tag{2.49}$$

式(2.47)和式(2.49)表明，传递函数是复数 s 域中的系统数学模型，它仅取决于系统本身的结构及参数；而与输入、输出的形式无关。

由式(2.48)可知，如果 $F_i(s)$ 给定，则输出 $X_o(s)$ 的特性完全由传递函数 $G(s)$ 决定，因此传递函数 $G(s)$ 表征了系统本身的动态本质。这是容易理解的，因为 $G(s)$ 是由微分方程式经过拉氏变换得来的，而拉氏变换是一种线性变换，只是将变量从时域变换到复数域，将微分方程变换为复数 s 域中的代数方程来处理，所以不会改变所描述的系统的动态本质。

必须强调指出，根据传递函数的定义，传递函数是通过系统的输入量与输出量之间的关系来描述系统固有特性的，即以系统的外部特性来揭示系统的内部特性，这就是传递函数的基本思想。之所以能够用系统外部的输入-输出特性来描述系统内部特性，是因为传递函数通过系统结构参数使线性定常系统的输出和输入建立了联系。传递函数的概念和基本思想在控制理论中具有特别重要的意义，当一个系统内部结构不清楚，或者根本无法弄清楚时，借助从系统的输入来看系统的输出，也可以研究系统的功能和固有特性。现在，对系统输入、输出动态观测的方法，已发展成为控制理论研究方法的一个重要的分支，这就是系统辨识，即通过外部观测所获得的数据，辨识系统的结构及参数，从而建立系统的数学模型。

设线性定常系统的微分方程的一般形式为

$$\begin{aligned}&a_0\frac{d^n}{dt^n}x_o(t)+a_1\frac{d^{n-1}}{dt^{n-1}}x_o(t)+\cdots+a_{n-1}\frac{d}{dt}x_o(t)+a_n x_o(t)\\&=b_0\frac{d^m}{dt^m}x_i(t)+b_1\frac{d^{m-1}}{dt^{m-1}}x_i(t)+\cdots+b_{m-1}\frac{d}{dt}x_i(t)+b_m x_i(t)\end{aligned} \tag{2.50}$$

式中：$x_o(t)$——系统输出量；

$x_i(t)$——系统输入量；

$a_0,a_1,\cdots,a_n$ 及 $b_0,b_1,\cdots,b_m$——系统结构参数所决定的实常数。

设初始条件为零，对式(2.50)进行拉氏变换，可得线性定常系统传递函数的一般形式

$$G(s)=\frac{X_o(s)}{X_i(s)}=\frac{b_0s^m+b_1s^{m-1}+\cdots+b_{m-1}s+b_m}{a_0s^n+a_1s^{n-1}+\cdots+a_{n-1}s+a_n}\quad(n\geqslant m) \tag{2.51}$$

2.3.2 特征方程、零点和极点

若在式(2.51)中,令

$$M(s)=b_0s^m+b_1s^{m-1}+\cdots+b_{m-1}s+b_m$$
$$D(s)=a_0s^n+a_1s^{n-1}+\cdots+a_{n-1}s+a_n$$

则式(2.51)可表示为

$$G(s)=\frac{X_o(s)}{X_i(s)}=\frac{M(s)}{D(s)} \tag{2.52}$$

$D(s)=0$ 称为系统的特征方程,其根称为系统特征根。特征方程决定着系统的稳定性。

根据多项式定理,线性定常系统传递函数的一般形式即式(2.51),也可写成

$$G(s)=\frac{b_0(s+z_1)(s+z_2)\cdots(s+z_m)}{a_0(s+p_1)(s+p_2)\cdots(s+p_n)}=\frac{M(s)}{D(s)} \tag{2.53}$$

式中,$M(s)=0$ 的根 $s=-z_i(i=1,2,\cdots,m)$,称为传递函数的零点;$D(s)=0$ 的根 $s=-p_j(j=1,2,\cdots,n)$ 称为传递函数的极点。显然,系统传递函数的极点就是系统的特征根。零点和极点的数值完全取决于系统诸参数 b_0、b_1、…、b_m 和 a_0、a_1、…、a_n,即取决于系统的结构参数。一般地,零点和极点可为实数(包括零)或复数。若为复数,必共轭成对出现,这是因为系统结构参数均为正实数。把传递函数的零点、极点表示在复平面上的图形称为传递函数的零点、极点分布图,如图 2.13 所示。图中零点用“○”表示,极点用“×”表示。

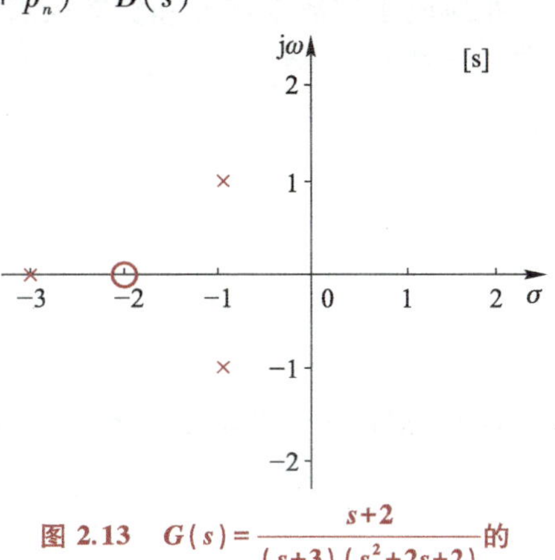

图 2.13 $G(s)=\dfrac{s+2}{(s+3)(s^2+2s+2)}$ 的零点、极点分布图

2.3.3 关于传递函数的几点说明

(1) 传递函数是经拉氏变换导出的,而拉氏变换是一种线性积分运算,因此传递函数的概念只适用于线性定常系统。

(2) 传递函数中各项系数值和相应微分方程中各项系数对应相等,完全取决于系统的结构参数。如前所述,传递函数是系统在复数域中的动态数学模型。传递函数本身是 s 的复变函数。

(3) 传递函数是在零初始条件下定义的,即在零时刻之前,系统对所给定的平衡工作点是处于相对静止状态的。因此,传递函数原则上不能反映系统在非零初始条件下的全部运动规律。

(4) 一个传递函数只能表示一个输入对一个输出的关系,所以只适合于单输入单输出系统的描述,而且传递函数也无法反映系统内部的中间变量的变化情况。

(5) 当两个元件串联时,若两者之间存在负载效应,必须将它们归并在一起求传递函数;如果能够做到它们彼此之间没有负载效应(如在电器元件之间加入隔离放大器),则可以分别求传递函数,然后相乘。

2.3.4 典型环节及其传递函数

控制系统一般由若干元件以一定形式连接而成,这些元件的物理结构和工作原理可以是多种多样的,但从控制理论来看,物理本质和工作原理不同的元件,可以有完全相同的数学模型,即具有相同的动态性能。在控制工程中,常常将具有某种确定信息传递关系的元件、元件组或元件的一部分称为一个环节,经常遇到的环节则称为典型环节。这样,任何复杂的系统总可归结为由一些典型环节组成的,从而给建立数学模型、研究系统特性带来方便,使问题简化。

1. 环节的分类

如前所述,线性定常系统的传递函数可用式(2.53)所示的零-极点形式表示,即

$$G(s)=\frac{b_0(s+z_1)(s+z_2)\cdots(s+z_m)}{a_0(s+p_1)(s+p_2)\cdots(s+p_n)}\quad (n\geqslant m)$$

假设系统有 b 个实数零点,c 对复数零点,d 个实数极点,e 对复数极点和 ν 个零极点,则

$$b+2c=m$$

$$\nu+d+2e=n$$

把对应于实数零点 z_i 和实数极点 p_j 的因式变换成如下形式:

$$s+z_i=\frac{1}{\tau_i}(\tau_i s+1)$$

$$s+p_j=\frac{1}{T_j}(T_j s+1)$$

式中

$$\tau_i=\frac{1}{z_i},\quad T_j=\frac{1}{p_j}$$

同时,把对应于共轭复数零点、极点的因式变换成如下形式:

$$(s+z_l)(s+z_{l+1})=\frac{1}{\tau_l^2}(\tau_l^2 s^2+2\zeta_l\tau_l s+1)$$

式中

$$\tau_l=\frac{1}{\sqrt{z_l z_{l+1}}},\quad \zeta_l=\frac{z_l+z_{l+1}}{2\sqrt{z_l z_{l+1}}}$$

而

$$(s+p_k)(s+p_{k+1})=\frac{1}{T_k^2}(T_k^2 s^2+2\zeta_k T_k s+1)$$

式中

$$T_k=\frac{1}{\sqrt{p_k p_{k+1}}},\quad \zeta_k=\frac{p_k+p_{k+1}}{2\sqrt{p_k p_{k+1}}}$$

于是系统传递函数的一般形式可以写成

$$G(s)=\frac{K\prod\limits_{i=1}^{b}(\tau_i s+1)\prod\limits_{l=1}^{c}(\tau_l^2 s^2+2\zeta_l\tau_l s+1)}{s^{\nu}\prod\limits_{j=1}^{d}(T_j s+1)\prod\limits_{k=1}^{e}(T_k^2 s^2+2\zeta_k T_k s+1)}\tag{2.54}$$

式中：K——系统增益，即

$$K=\frac{b_0}{a_0}\prod_{i=1}^{b}\frac{1}{\tau_i}\prod_{l=1}^{c}\frac{1}{\tau_l^2}\prod_{j=1}^{d}T_j\prod_{k=1}^{e}T_k^2$$

由于传递函数这种表达式含有六种不同的因子，因此一般说来，任何系统都可以看作是由这六种因子表示的环节的串联组合，这六种因子就是前面提到的典型环节。

与分子三种因子相对应的环节分别称为

比例环节　K

一阶微分环节　$\tau s+1$

二阶微分环节　$\tau^2s^2+2\zeta\tau s+1$

与分母三种因子相对应的环节分别称为

积分环节　$\dfrac{1}{s}$

惯性环节　$\dfrac{1}{Ts+1}$

振荡环节　$\dfrac{1}{T^2s^2+2\zeta Ts+1}$

实际上，在各类系统特别是机械、液压或气动系统中均会遇到纯时间延迟现象，这种现象可用延迟函数 $g(t-\tau)$ 描述，其时间起点在 τ 时刻，因而有

$$\mathscr{L}[g(t-\tau)]=\mathscr{L}[g(t)]\mathrm{e}^{-\tau s}=G(s)\mathrm{e}^{-\tau s}$$

所以典型环节还应增加一个延迟环节 $\mathrm{e}^{-\tau s}$。

2. 典型环节示例

为了方便研究系统，熟悉和掌握典型环节的数学模型是十分必要的。下面对各种环节分别进行研究。

（1）比例环节　输出量不失真、无惯性地跟随输入量，且两者成比例关系的环节称为比例环节。比例环节又称无惯性环节，其运动方程式为

$$x_o(t)=Kx_i(t) \tag{2.55}$$

式中：$x_o(t)$，$x_i(t)$——环节的输出量和输入量；

K——环节的比例系数，等于输出量与输入量之比。

比例环节的传递函数为

$$G(s)=\frac{X_o(s)}{X_i(s)}=K \tag{2.56}$$

图 2.14 所示的齿轮传动副，若忽略齿侧间隙的影响，则

$$n_i(t)z_1=n_o(t)z_2$$

式中：$n_i(t)$——输入轴转速；

$n_o(t)$——输出轴转速；

z_1，z_2——齿轮齿数。

上式经拉氏变换后得

$$N_i(s)z_1=N_o(s)z_2$$

则
$$G(s)=\frac{N_o(s)}{N_i(s)}=\frac{z_1}{z_2}=K \tag{2.57}$$

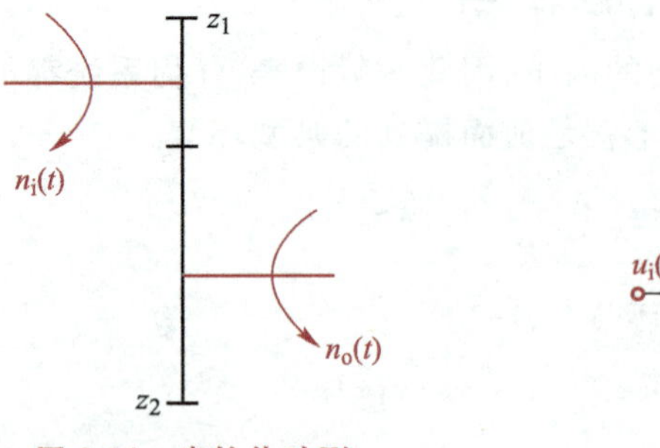

图 2.14　齿轮传动副

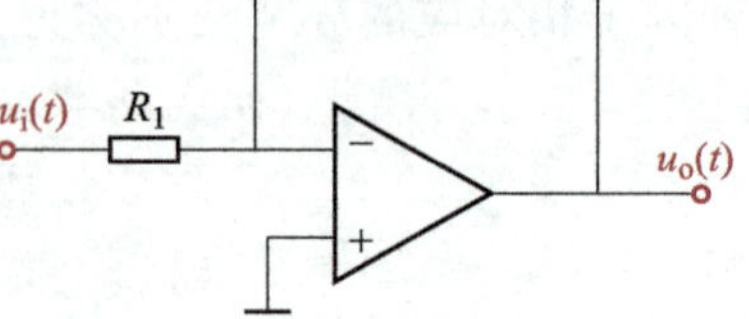

图 2.15　运算放大器

图 2.15 所示为一运算放大器。图中 $u_i(t)$ 为输入电压，$u_o(t)$ 为输出电压，R_1、R_2 为电阻。已知

$$u_o(t)=-\frac{R_2}{R_1}u_i(t)$$

将上式经拉氏变换后得

$$U_o(s)=-\frac{R_2}{R_1}U_i(s)$$

故
$$G(s)=\frac{U_o(s)}{U_i(s)}=-\frac{R_2}{R_1}=K \tag{2.58}$$

（2）惯性环节　凡运动方程为一阶微分方程

$$T\frac{\mathrm{d}}{\mathrm{d}t}x_o(t)+x_o(t)=Kx_i(t) \tag{2.59}$$

形式的环节为惯性环节。显然，其传递函数为

$$G(s)=\frac{X_o(s)}{X_i(s)}=\frac{K}{Ts+1} \tag{2.60}$$

式中：K——惯性环节的增益；

T——惯性环节的时间常数，表征了环节的惯性，它和环节结构参数有关。

由于惯性环节中含有一个储能元件，所以当输入量突然变化时，输出量不能跟着突变，而是按指数规律逐渐变化，惯性环节的名称就由此而来。

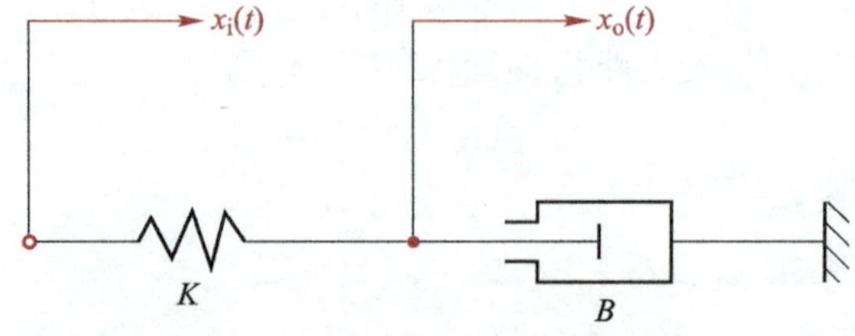

图 2.16　弹簧-阻尼器组成的环节

图 2.16 所示为弹簧(刚度系数为 K)和阻尼器(阻尼系数为 B)组成的一个环节,其运动方程为

$$B\frac{dx_o}{dt}+Kx_o(t)=Kx_i(t)$$

传递函数为

$$G(s)=\frac{K}{Bs+K}=\frac{1}{Ts+1}$$

式中:T——惯性环节的时间常数,$T=B/K$。

图 2.17 所示的液压缸驱动刚度系数为 K 的弹性负载和阻尼系数为 B 的阻尼负载。设流入油缸的油液压力 p 为输入量,活塞的位移 x 为输出量。液压缸的作用力为

$$F=pA$$

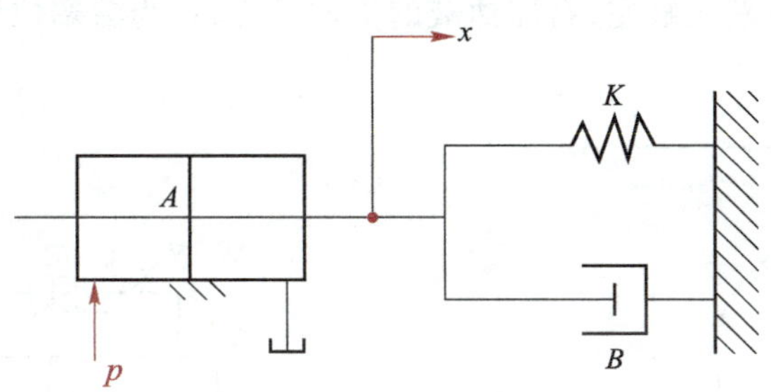

图 2.17 液压缸与弹簧和阻尼器组成的环节

该力用于克服阻尼负载和弹性负载,即

$$F=B\frac{dx}{dt}+Kx$$

合并以上两式,得其运动方程式

$$B\frac{dx}{dt}+Kx=Ap$$

传递函数

$$G(s)=\frac{X(s)}{P(s)}=\frac{A}{Bs+K}=\frac{A/K}{Ts+1}$$

式中:T——惯性环节的时间常数,$T=B/K$;

$\frac{A}{K}$——惯性环节的增益。

(3) 微分环节 凡输出量正比于输入量的微分的环节称为微分环节,其运动方程式为

$$x_o(t)=T\frac{dx_i}{dt} \tag{2.61}$$

传递函数为

$$G(s)=\frac{X_o(s)}{X_i(s)}=Ts \tag{2.62}$$

式中:T——微分环节的时间常数。

在工程中，测量转速的测速发电机实质上是一台直流发电机，如图 2.18 所示。当以发电机转角 θ_i 为输入量，电枢电压 u_o 为输出量时，有

$$u_o(t)=K_i\frac{d\theta_i}{dt}$$

式中：K_i——发电机常数。

传递函数为

$$G(s)=\frac{U_o(s)}{\Theta_i(s)}=K_i s$$

微分环节的输出量是输入量的微分，当输入量为单位阶跃函数时，输出量就是脉冲函数，这在实际中是不可能的。因此，理想的微分环节难以实现，它总是与其他环节同时出现。

图 2.19 所示为机械-液压阻尼器的原理图。图中 A 为活塞面积，K 为弹簧的刚度系数，R 为节流阀液阻，p_1、p_2 分别为液压缸左、右腔油液的工作压力，x_i 为活塞位移，是输入量，x_o 为液压缸位移，是输出量。

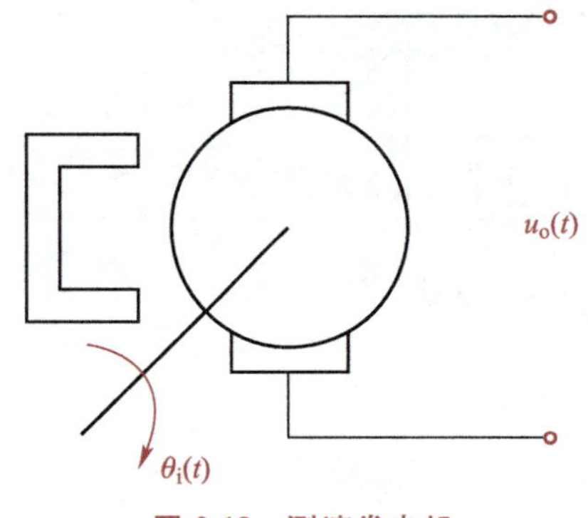

图 2.18 测速发电机

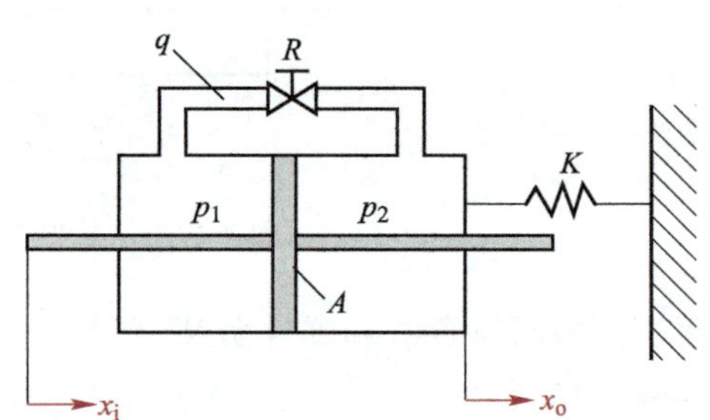

图 2.19 机械-液压阻尼器原理图

当活塞作位移 x_i 时，液压缸瞬时位移 x_o 力图与 x_i 相等，但由于弹簧被压缩，弹簧恢复力加大，液压缸右腔油压 p_2 增大，迫使油液以流量 q 通过节流阀反流到液压缸左腔，从而使液压缸左移，直到液压缸受力平衡时为止。

液压缸的力平衡方程为

$$A(p_2-p_1)=Kx_o$$

通过节流阀的流量为

$$q=\frac{p_2-p_1}{R}=A(\dot{x}_i-\dot{x}_o)$$

由上两式得

$$\dot{x}_i-\dot{x}_o=\frac{K}{A^2R}x_o$$

其传递函数为

$$G(s)=\frac{X_o(s)}{X_i(s)}=\frac{s}{s+\dfrac{K}{A^2R}}=\frac{Ts}{Ts+1}$$

式中：T——时间常数，$T=\frac{A^2R}{K}$。

由此可知，此阻尼器为包括惯性环节和微分环节的系统，此系统也称为惯性微分环节。仅当 $|Ts| \ll 1$ 时，$G(s) \approx Ts$，才近似成为微分环节。

图 2.20 所示为无源微分电网络。设电压 $u_i(t)$ 为输入量，电阻 R 两端电压 $u_o(t)$ 为输出量。现研究输入电压 $u_i(t)$ 和输出电压 $u_o(t)$ 之间的关系。电路中的电流 $i(t)$ 为中间变量。

根据电压方程，可写出

$$\left.\begin{aligned} u_i(t) &= \frac{1}{C}\int i(t)\,\mathrm{d}t + i(t)R \\ u_o(t) &= i(t)R \end{aligned}\right\} \tag{2.63}$$

将式(2.63)进行拉氏变换，消去 $I(s)$，整理后得

$$G(s) = \frac{U_o(s)}{U_i(s)} = \frac{RCs}{RCs+1} = \frac{Ts}{Ts+1}$$

式中：T——时间常数，$T=RC$。

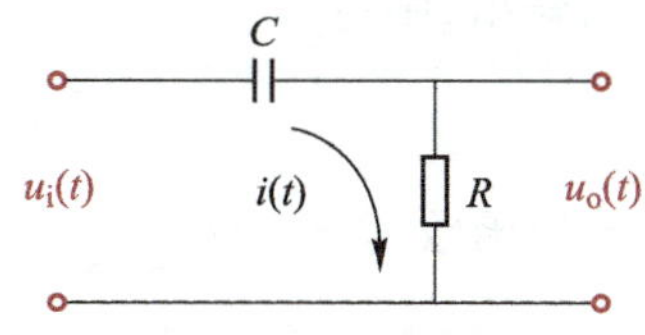

图 2.20　无源微分电网络

显然，它也是一个惯性微分环节。但当 $\frac{1}{C}\int i(t)\,\mathrm{d}t \gg i(t)R$，即 C 很小时，可得 $U_o(s) \approx TsU_i(s)$。故工程技术中经常将 CR 串联电路作微分器用。

此外，还有一种微分环节，称为一阶微分环节，其传递函数为

$$G(s) = \frac{X_o(s)}{X_i(s)} = \tau s + 1 \tag{2.64}$$

式中：τ——一阶微分环节的时间常数。

微分环节的输出量是输入量的导数，即输出量反映了输入量的变化趋势，所以也等于对系统做有关输入量变化趋势的预告。因而，微分环节常用来改善控制系统的动态性能。

(4) 积分环节　积分环节的输出量 $x_o(t)$ 与输入量 $x_i(t)$ 对时间的积分成正比，即

$$x_o(t) = \frac{1}{T}\int_0^t x_i(t)\,\mathrm{d}t \tag{2.65}$$

其传递函数为

$$G(s) = \frac{X_o(s)}{X_i(s)} = \frac{1}{Ts} \tag{2.66}$$

式中：T——积分环节的时间常数。

积分环节的一个显著特点是输出量取决于输入量对时间的积累过程。输入量作用一段时间后，即使输入量变为零，输出量仍将保持在已达到的数值，故有记忆功能。另一个特点是有明显的滞后作用，从图 2.21 可以看出，输入量为常值 A 时，由于

$$x_o(t) = \frac{1}{T}\int_0^t A\,\mathrm{d}t = \frac{1}{T}At$$

$x_o(t)$ 是一斜线，输出量需经过时间 T 的滞后，才能达到输入量 $x_i(t)$ 在 $t=0$ 时的数值。因此，积分环节常被用来改善控制系统

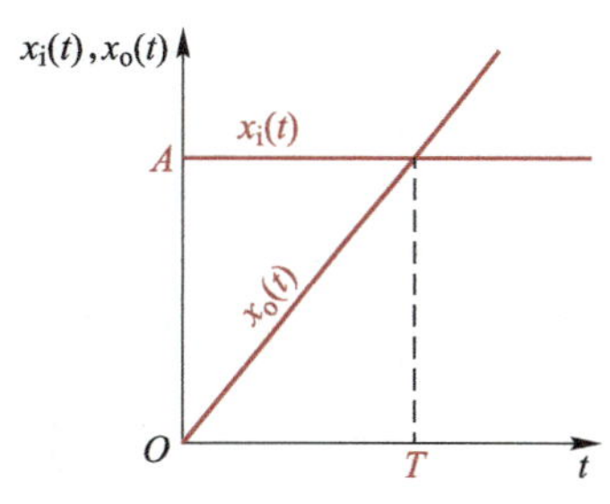

图 2.21　积分环节的性质

的稳态性能。

图 2.22a 所示为电枢控制式小功率电动机。略去电枢绕组中的电阻 R_a 和电感 L_a 的影响，在无负载条件下，近似有

$$\frac{\mathrm{d}}{\mathrm{d}t}\theta_o(t)=K_m u_a$$

式中：θ_o——电动机轴转角；

K_m——电动机增益；

u_a——作用在电枢两端的电压。

上式说明，若输入一电压 u_a，则电动机轴将以角速度 $\frac{\mathrm{d}\theta_o}{\mathrm{d}t}$ 一直转动下去。现以电动机轴转角 θ_o 为输出，则有

$$\theta_o(t)=K_m\int u_a\mathrm{d}t \tag{2.67}$$

其传递函数为

$$G(s)=\frac{\Theta_o(s)}{U_a(s)}=\frac{K_m}{s} \tag{2.68}$$

对于图 2.22b 所示的液压缸，A 为活塞面积，以流量 $q_i(t)$ 为输入量，活塞位移 $x_o(t)$ 为输出量，则有

$$x_o(t)=\frac{1}{A}\int q_i(t)\mathrm{d}t \tag{2.69}$$

其传递函数为

$$G(s)=\frac{X_o(s)}{Q_i(s)}=\frac{1}{As} \tag{2.70}$$

式(2.67)和式(2.69)表明，图 2.22 所示的元件都可看作积分环节。

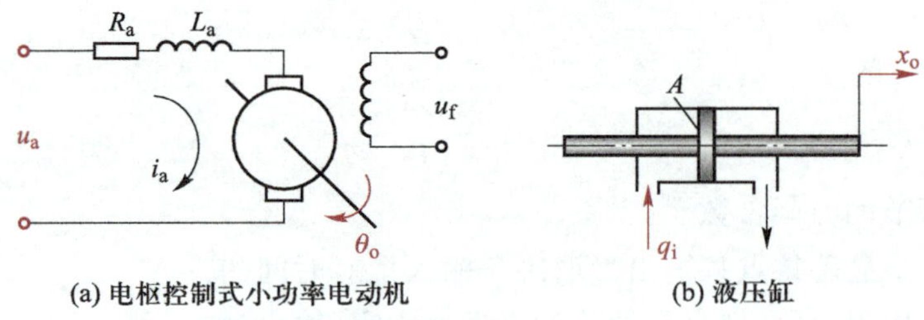

图 2.22 积分环节举例

(5) 振荡环节 振荡环节含有两个独立的储能元件，并且所储存的能量能够互相转换，从而导致输出量带有振荡的性质。这种环节的微分方程式为

$$T^2\frac{\mathrm{d}^2x_o(t)}{\mathrm{d}t^2}+2\zeta T\frac{\mathrm{d}x_o(t)}{\mathrm{d}t}+x_o(t)=Kx_i(t) \tag{2.71}$$

其传递函数为

$$G(s)=\frac{X_o(s)}{X_i(s)}=\frac{K}{T^2s^2+2\zeta Ts+1} \tag{2.72}$$

式中：T——振荡环节的时间常数；

ζ——阻尼比；

K——比例系数。

振荡环节传递函数的另一种常用标准形式（$K=1$）为

$$G(s)=\frac{X_o(s)}{X_i(s)}=\frac{\omega_n^2}{s^2+2\zeta\omega_n s+\omega_n^2} \tag{2.73}$$

式中：ω_n——无阻尼固有频率，$\omega_n=\frac{1}{T}$。

2.1 节中讨论过的质量-弹簧-阻尼系统（见图 2.1），其运动微分方程为

$$m\frac{d^2}{dt^2}x_o(t)+B\frac{d}{dt}x_o(t)+Kx_o(t)=f_i(t)$$

故得传递函数为

$$G(s)=\frac{X_o(s)}{F_i(s)}=\frac{1}{ms^2+Bs+K}=\frac{1/K}{T^2s^2+2\zeta Ts+1}$$

式中

$$T=\sqrt{\frac{m}{K}},\quad \zeta=\frac{B}{2\sqrt{mK}}$$

当 $B<2\sqrt{mK}$ 时，它是一个振荡环节。

在 2.1 节中，图 2.3 和图 2.4 所示的系统都可看作为振荡环节。但必须指出，只有当 $0<\zeta<1$ 时，二阶特征方程才有共轭复根。这时二阶系统才能称为振荡环节。当 $\zeta>1$ 时，二阶系统有两个实数根，该系统为两个惯性环节的串联。

（6）二阶微分环节　二阶微分环节的输出量 $x_o(t)$ 不仅取决于输入量 $x_i(t)$ 本身，而且还取决于输入量的一阶导数和二阶导数。这种环节的微分方程式为

$$x_o(t)=K\left[\tau^2\frac{d^2x_i(t)}{dt^2}+2\zeta\tau\frac{dx_i(t)}{dt}+x_i(t)\right] \tag{2.74}$$

式中：K——比例系数；

τ——二阶微分环节的时间常数；

ζ——阻尼比。

其传递函数为

$$G(s)=\frac{X_o(s)}{X_i(s)}=K(\tau^2s^2+2\zeta\tau s+1) \tag{2.75}$$

同样必须指出，只有当式（2.75）中 $\tau^2s^2+2\zeta\tau s+1=0$ 具有一对共轭复根时，才能称为二阶微分环节。如果上式具有两个实根，则可以认为这个环节是由两个一阶微分环节串联而成的。

二阶微分环节在 PID 控制和校正电网络中会出现，主要用于改善系统的动态品质。

（7）延迟环节　延迟环节是加上输入量以后，输出量要等待一段时间 τ 后，才能不失真地复现输入量的环节。它不单独存在，一般与其他环节同时出现。

延迟环节的输入量 $x_i(t)$ 与输出量 $x_o(t)$ 之间有如下关系：

$$x_o(t)=x_i(t-\tau) \tag{2.76}$$

式中：τ——纯延迟时间；

$x_i(t-\tau)$——$x_i(t)$ 的延迟函数，或称平移函数。

延迟环节是线性环节，故其传递函数为

$$G(s)=\frac{\mathscr{L}[x_o(t)]}{\mathscr{L}[x_i(t)]}=\frac{\mathscr{L}[x_i(t-\tau)]}{\mathscr{L}[x_i(t)]}=\frac{X_i(s)e^{-\tau s}}{X_i(s)}=e^{-\tau s} \tag{2.77}$$

延迟环节与惯性环节的区别在于：惯性环节从输入开始时刻起就已有输出，仅由于惯性，输出量要滞后一段时间才接近于所要求的输出值；延迟环节从输入开始之初，在 0 到 τ 的区间内，并无输出，但在 $t=\tau$ 之后，输出量就完全等于输入量，如图 2.23 所示。

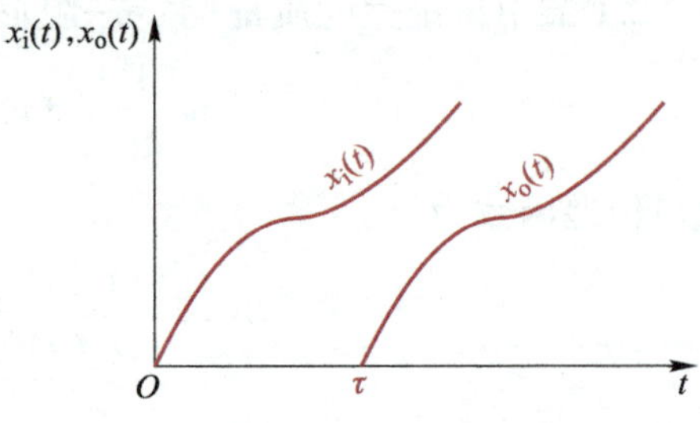

图 2.23　延迟环节输入量-输出量关系

延迟环节常见于液压、气动系统中，施加输入后，往往由于管道长度而延迟了信号传递的时间。图 2.24 所示的延迟环节举例是纯时间延迟例子。图 2.24a 所示为轧制钢板的厚度控制装置，带钢在 A 点轧出时，厚度为 h_i，但是这一厚度在到达 B 点时才被测厚仪检测到。测厚仪检测到的厚度 h_o 即为输出量，A 点处厚度 h_i 为输入量。若测厚仪距 A 点的距离为 L，带钢速度为 v，则延迟时间 $\tau=L/v$。

输出量与输入量之间有如下关系：

$$h_o(t)=h_i(t-\tau)$$

此式表示，在 $t<\tau$ 时，$h_o(t)=0$，即测厚仪不反映 h_i 的值；$t\geqslant\tau$ 时，测厚仪在延时 τ 后，立即反映 h_i 在 $t=0$ 时的值及其以后的值。因而有

$$G(s)=\frac{H_o(s)}{H_i(s)}=e^{-\tau s}$$

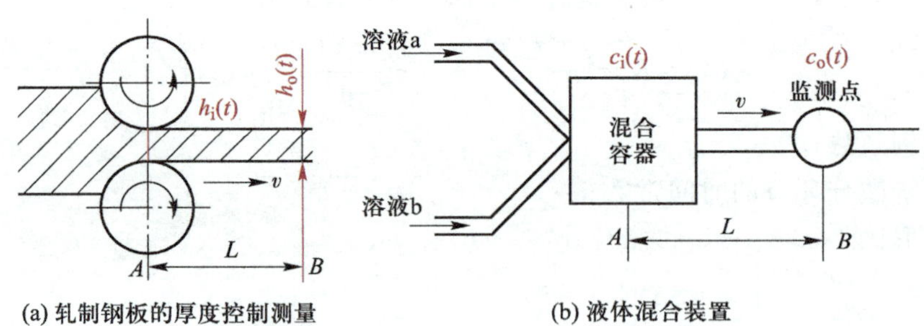

(a) 轧制钢板的厚度控制测量　　(b) 液体混合装置

图 2.24　延迟环节举例

图 2.24b 所示是把两种不同液体按一定比例进行混合的一种装置。为了保证能测到均匀的溶液，监测点应离开混合点一定距离。因此，混合点与浓度监测点之间就存在着传输延迟，延迟时间为 $\tau=L/v$。

假定混合点的浓度为 $c_i(t)$，而且在时间 τ 之后，溶液在监测点时，浓度没有变化，则被测量 $c_o(t)$ 为

$$c_o(t) = c_i(t - \tau)$$

因此,$c_o(t)$与$c_i(t)$之间的传递函数为

$$G(s) = \frac{C_o(s)}{C_i(s)} = e^{-\tau s}$$

以上是线性定常系统中,按数学模型区分的几个最基本的典型环节。掌握这些典型环节,在以后的系统分析和设计中将十分有用。

综上所述,环节是根据运动微分方程划分的,一个环节不一定代表一个元件,也许是几个元件之间的运动特性才组成一个环节。此外,同一元件在不同系统中的作用不同,输入、输出的物理量不同,可起到不同环节的作用。

2.4 系统框图和信号流图

2.4.1 系统框图

控制系统一般是由许多元件组成的,为了表明元件在系统中的功能,形象直观地描述系统中信号传递、变换的过程,以及便于进行系统分析和研究,经常要用到系统框图。系统框图是系统数学模型的图解形式,在控制工程中得到了广泛的应用。此外,采用框图更容易求取系统的传递函数。

1. 框图的结构要素

图 2.25 为一控制系统的框图。从图中可以看出,框图是由一些符号组成的,有表示信号输入和输出的通路及箭头,有表示信号进行加减的求和点,还有一些表示环节的方框和将信号引出的引出线。一般认为系统框图由三种要素组成:函数方框、求和点和引出线。

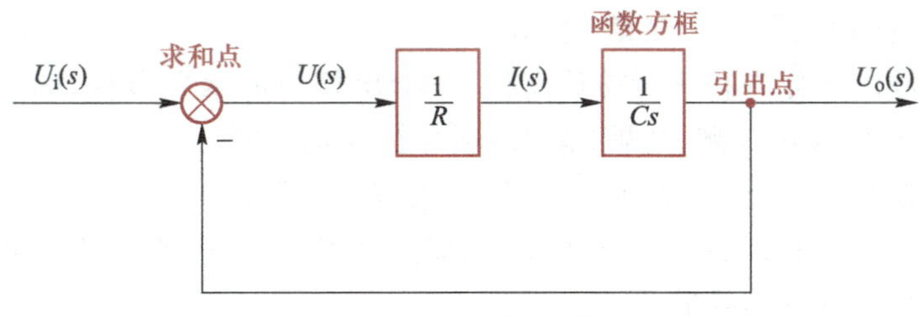

图 2.25 系统框图举例

(1) 函数方框 函数方框是传递函数的图解表示。如图 2.26所示,方框两侧为输入量和输出量,方框内写入该输入、输出之间的传递函数。函数方框具有运算功能,即

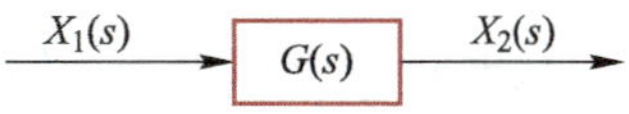

$X_1(s)$ → $G(s)$ → $X_2(s)$

图 2.26 函数方框

$$X_2(s) = G(s)X_1(s)$$

应当指出,输出信号的量纲等于输入信号的量纲与传递函数量纲的乘积。

(2) 求和点 求和点是信号之间代数加减运算的图解,用符号⊗及相应的信号箭头表示,每一个箭头前方的+号或-号表示加上此信号或减去此信号。几个相邻的求和点可以互换、合并、分解,即满足代数加减运算的交换律、结合律、分配律,如图 2.27 所示,它们都是等效的。显然,只有性质和因次相同的信号才能进行比较、叠加。

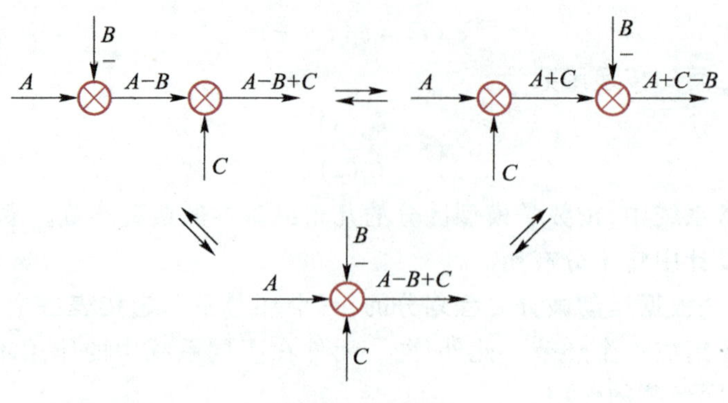

图 2.27　求和点

（3）信号引出线　同一个信号需要输送到不同地方去时，可用引出线表示，它表示信号引出或测量的位置和传递方向，如图 2.28 所示。从同一信号线上引出的信号，其性质、大小完全一样。

任何线性系统都可以由函数方框、求和点和引出线组成的框图来表示。

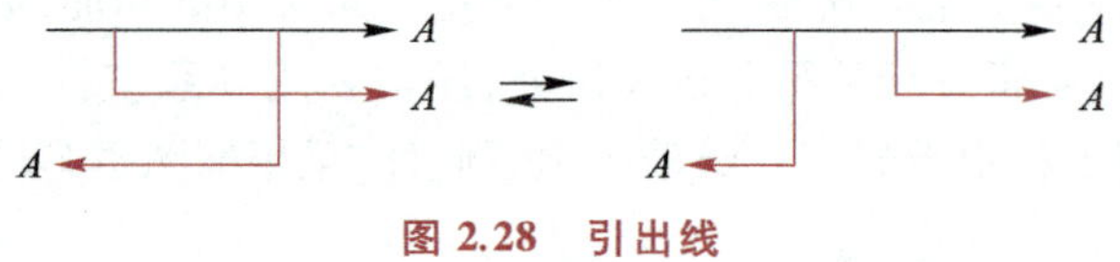

图 2.28　引出线

2. 系统框图的建立

建立系统框图的步骤如下：

（1）建立系统各元部件的微分方程。列写方程时，应特别注意明确信号的因果关系，即分清元部件方程的自变量（输入量）、因变量（输出量）。

（2）对各元部件的微分方程进行拉氏变换，并绘出相应的函数方框，为便于绘制，一般规定原因（输入）项写在方程等式右侧，结果（输出）项写在等式左侧。

（3）按照信号在系统中传递、变换的过程，依次将各元部件的函数方框连接起来（同一变量的信号通路连接在一起），系统输入量置于左端，输出量置于右端，便得到系统的框图。

下面举例说明系统框图的绘制。

图 2.29 所示为 RC 无源电网络。设输入端电压 $u_i(t)$、输出端电压 $u_o(t)$ 分别为系统的输入量、输出量。

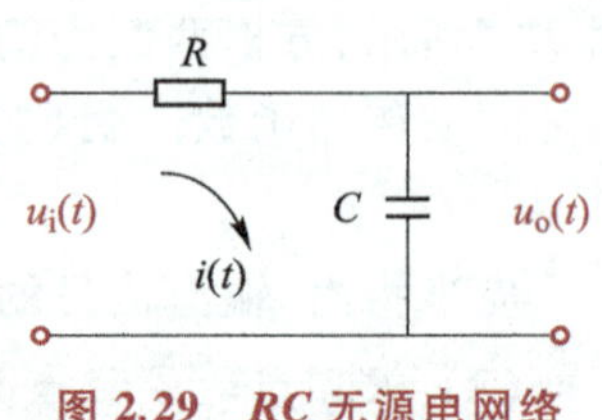

图 2.29　RC 无源电网络

从电容 C 充电过程可知，输入端施加电压 $u_i(t)$ 后，在电阻 R 上将有压降，从而产生电流 $i(t)$，因此对电阻 R 而言，$u_i(t)$ 是因，$i(t)$ 是果。$i(t)$ 流经电容 C 后，电容两端才有电压 $u_o(t)$，即对于电容 C 来说，$i(t)$ 是因，$u_o(t)$ 是果。由于 $u_o(t)$ 的存在，将使电阻上的压降减小，从而使 $i(t)$ 减小，当 $u_o(t)$ 等于 $u_i(t)$ 时，$i(t)$ 等于零，系统达到稳态。

根据上述讨论，依据基尔霍夫定律，系统的因果方程组为

$$Ri(t) = u_i(t) - u_o(t)$$

$$u_o(t)=\frac{1}{C}\int i(t)\,dt$$

在零初始条件下，对上两式进行拉氏变换，得

$$RI(s)=U_i(s)-U_o(s)$$

$$U_o(s)=\frac{1}{Cs}I(s)$$

为清楚起见，还可表示成

$$I(s)=\frac{1}{R}[U_i(s)-U_o(s)]$$

$$U_o(s)=\frac{1}{Cs}I(s)$$

根据上两式，按其正确的因果关系，绘得相应的方框单元，如图 2.30 所示。

最后将各方框单元按信号传递关系正确连接起来，可得图 2.31 所示的系统框图。

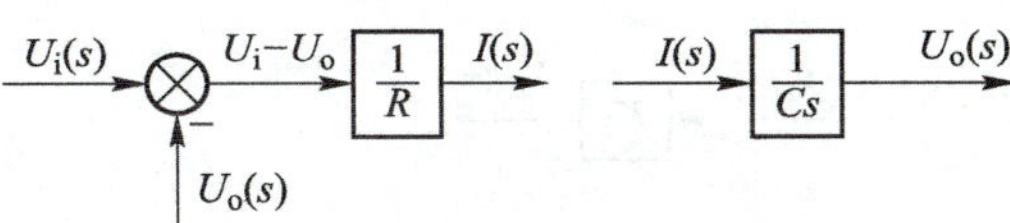

图 2.30　*RC* 电网络方框单元

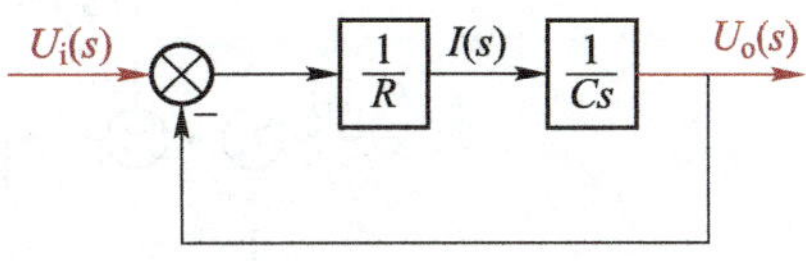

图 2.31　*RC* 无源电网络系统框图

图 2.32 所示为一机械系统。设作用力 $f_i(t)$、位移 $x_o(t)$ 分别为系统的输入量、输出量。

外力 $f_i(t)$ 的作用使质量块 m_1 产生速度并有位移 $x(t)$，m_1 的速度和位移分别使阻尼器和弹簧产生黏性阻尼力 $f_B(t)$ 和弹性力 $f_{K_1}(t)$。$f_B(t)$、$f_{K_1}(t)$ 一方面作用于质量块 m_2，使之产生速度并有位移 $x_o(t)$；另一方面，依牛顿第三定律，又反馈作用于 m_1，从而影响到力 $f_i(t)$ 的作用效果。m_2 位移 $x_o(t)$ 的结果是使刚度系数为 K_2 的弹簧产生弹性力 $f_{K_2}(t)$，它反作用于 m_2 上。

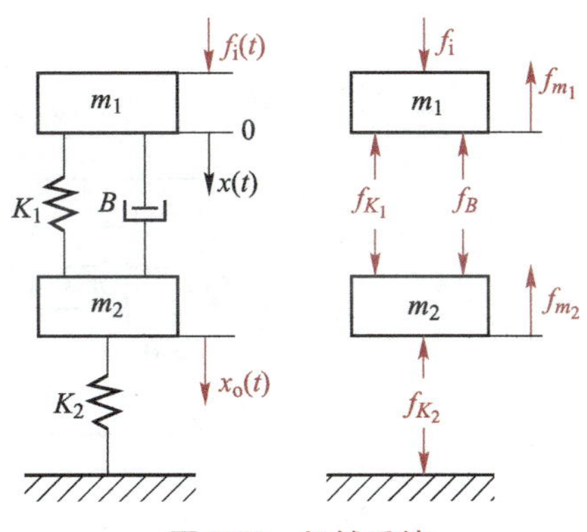

图 2.32　机械系统

根据以上分析，按牛顿第二定律，系统方程组为

$$m_1\ddot{x}(t)=f_i(t)-f_B(t)-f_{K_1}(t)$$

$$f_{K_1}(t)=K_1[x(t)-x_o(t)]$$

$$f_B(t)=B\left[\frac{dx(t)}{dt}-\frac{dx_o(t)}{dt}\right]$$

$$m_2\ddot{x}_o(t)=f_{K_1}(t)+f_B(t)-f_{K_2}(t)$$

$$f_{K_2}(t)=K_2x_o(t)$$

上面的各方程中，等式右边包含了原因项，等式左侧包含着结果项（各元件的输出）。

对系统方程组进行拉氏变换，得

$$X(s)=\frac{1}{m_1s^2}[F_i(s)-F_B(s)-F_{K_1}(s)]$$

$$F_{K_1}(s)=K_1[X(s)-X_o(s)]$$
$$F_B(s)=Bs[X(s)-X_o(s)]$$
$$X_o(s)=\frac{1}{m_2s^2}[F_{K_1}(s)+F_B(s)-F_{K_2}(s)]$$
$$F_{K_2}(s)=K_2X_o(s)$$

各方程对应的方框单元如图 2.33 所示。然后将各方框单元按信号传递顺序及关系连接起来，如图 2.34 所示，即得到该机械系统的框图。

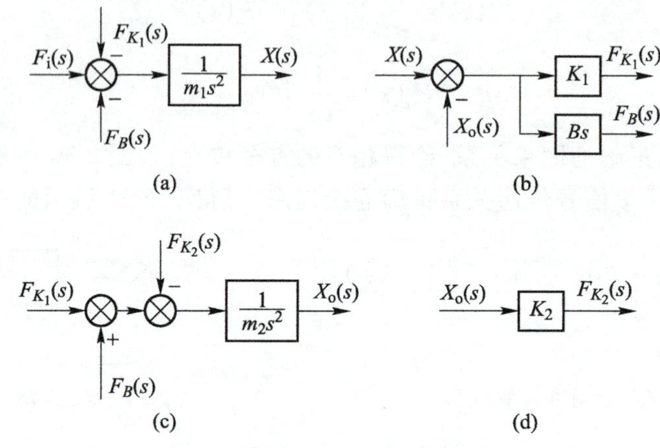

图 2.33　机械系统方框单元

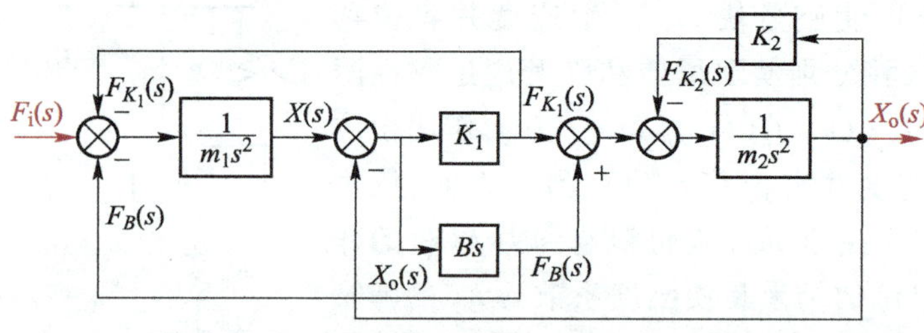

图 2.34　机械系统框图

图 2.35 所示为电枢控制直流伺服电动机。在此系统中，R_a、L_a 分别为电枢绕组的电阻和电感；i_a 为电枢电流；i_f 为磁场励磁电流；u_i 为加到电枢上的电压，而 e_b 为电枢中的反电动势；θ_o 为电动机轴的角位移；T_M 为电动机产生的转矩，而 T_N 为负载转矩；J、B 则分别为电动机和负载折算到电动机轴上的等效转动惯量和黏性阻尼系数。

通常，伺服电动机在磁化曲线的线性范围内使用，因而气隙磁通 ϕ 正比于励磁电流，即

$$\phi=K_fi_f$$

式中：K_f ——常数。

由电动机产生的转矩 T_M 正比于电枢电流和气隙磁通的乘积，即

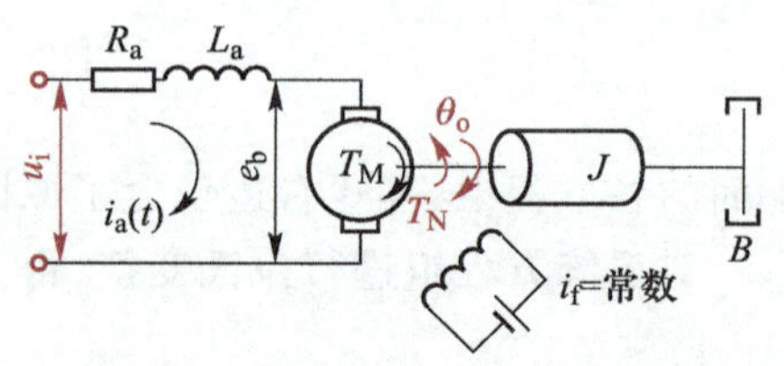

图 2.35　电枢控制直流伺服电动机

$$T_M = K_1 K_f i_f i_a$$

式中：K_1 ——常数。

在电枢控制的直流电动机中，励磁电流为常数，故上式可写成

$$T_M = K_T i_a$$

式中：K_T ——电动机的转矩常数，$K_T = K_1 K_f i_f$。

由控制输入电压 $u_i(t)$ 开始，系统的因果方程为

电枢电压方程 $$L_a \frac{di_a}{dt} + R_a i_a = u_i - e_b$$

电动机转矩 $$T_M = K_T i_a$$

转矩平衡方程 $$J \frac{d^2\theta_o}{dt^2} + B \frac{d\theta_o}{dt} = T_M - T_N$$

电动机的反电动势正比于速度 $$e_b = K_b \frac{d\theta_o}{dt}$$

式中：K_b——反电动势常数。

显然，u_i 为全部起因，i_a 为 u_i 的直接结果，i_a 使电动机产生了转矩 T_M，而 T_M 引起角位移 θ_o（或角速度 $\dot{\theta}_o$），角速度又产生了反电动势 e_b。

假设零初始条件，系统因果方程的拉氏变换为

$$(L_a s + R_a) I_a(s) = U_i(s) - E_b(s)$$

$$T_M(s) = K_T I_a(s)$$

$$(Js^2 + Bs)\Theta_o(s) = T_M(s) - T_N(s)$$

$$E_b(s) = K_b s \Theta_o(s)$$

由此，可绘得直流伺服电动机的系统框图如图 2.36 所示。

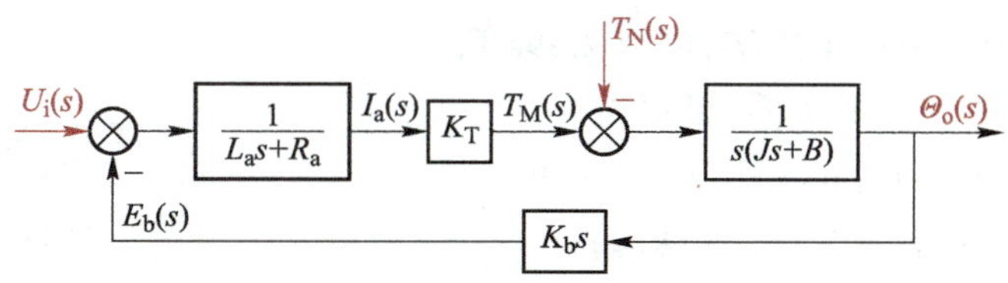

图 2.36 直流伺服电动机的系统框图

当负载转矩 $T_N(s) = 0$ 时，由上式消去中间变量，可得到该伺服电动机以 $u_i(t)$ 为输入量、$\theta_o(t)$ 为输出量的传递函数，即

$$G(s) = \frac{\Theta_o(s)}{U_i(s)} = \frac{K_T}{s[(L_a s + R_a)(Js + B) + K_T K_b]}$$

最后必须指出，同一系统的框图不是唯一的，当选择的输入量、输出量不同时，系统框图可以变换。

2.4.2 系统框图的简化

为了分析系统的动态性能，需要对系统框图进行运算和变换，求出总的传递函数。这种运算

和变换，就是设法将系统框图化为一个等效的方框，而方框中的数学表达式即为系统的总传递函数。系统框图的变换应按等效原则进行。所谓等效，即对系统框图的任一部分进行变换时，变换前、后输入量与输出量之间总的数学关系应保持不变。显然，变换的实质相当于对所描述系统的方程组进行消元，求出系统输入量与输出量的总关系式。

1. 方框的运算法则

从前述的一些示例中可以看出，方框的基本连接形式可分为三种：串联、并联和反馈连接。

(1) 串联连接　方框与方框首尾相连，前一方框的输出量就是后一方框的输入量，如图 2.37a所示，前、后方框之间无负载效应。

方框串联后总的传递函数，等于每个方框单元传递函数的乘积，见图 2.37b。

(2) 并联连接　多个方框具有同一个输入量，而以各方框单元输出量的代数和作为总输出，如图 2.38a 所示。

方框并联后总的传递函数，等于所有并联方框单元传递函数之和，见图 2.38b。

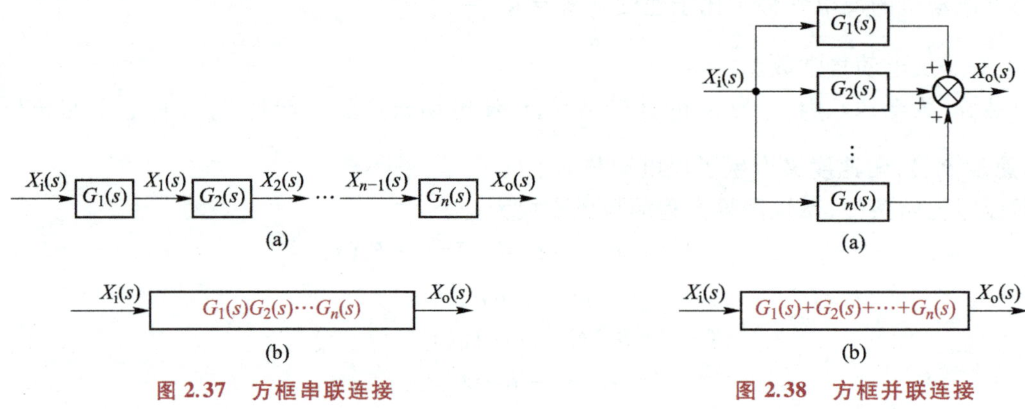

图 2.37　方框串联连接

图 2.38　方框并联连接

(3) 反馈连接　一个方框的输出量输入到另一个方框，得到的输出再返回作用于前一个方框的输入端，这种结构称为反馈连接，如图 2.39a 所示。

由图 2.39a，按信号传递的关系，可写出

$$X_o(s) = G(s)E(s)$$

$$E(s) = X_i(s) \mp B(s)$$

$$B(s) = H(s)X_o(s)$$

消去 $E(s)$、$B(s)$，得

$$X_o(s) = G(s)[X_i(s) \mp H(s)X_o(s)]$$

$$[1 \pm G(s)H(s)]X_o(s) = G(s)X_i(s)$$

因此，得闭环传递函数

$$\Phi(s) = \frac{X_o(s)}{X_i(s)} = \frac{G(s)}{1 \pm G(s)H(s)}$$

式中，分母上的加号对应于负反馈，减号对应于正反馈。

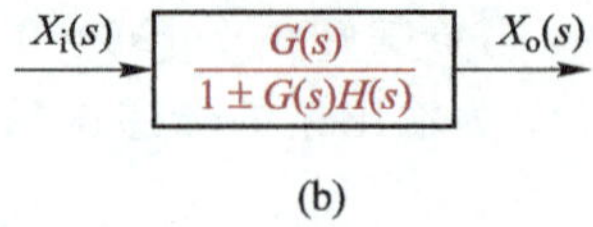

图 2.39　方框反馈连接

方框反馈连接后，其闭环传递函数等于前向通道的传递函数除以 1 加(或减)前向通道与反馈通道传递函数的乘积，见图 2.39b。

任何复杂系统的框图,都不外乎是由串联、并联和反馈连接三种基本连接方式的方框交织组成的,但要实现上述三种运算,则必须将复杂的交织状况变换为可运算的状态,这就要进行方框的等效变换。

2. 方框的等效变换法则

方框变换就是将求和点或引出点的位置,在等效原则下作适当的移动,消除方框之间的交叉连接,然后一步步运算,求出系统总的传递函数。

(1) 求和点的移动　图 2.40 表示了求和点后移的等效结构。将 $G(s)$ 方框前的求和点后移到 $G(s)$ 的输出端,而且仍要保持信号 A、B、C 的关系不变,则在被移动的通路上必须串入 $G(s)$ 方框,如图 2.40b 所示。

移动前,信号关系为

$$C = G(s)(A \pm B)$$

移动后,信号关系为

$$C = G(s)A \pm G(s)B$$

因为 $G(s)(A \pm B) = G(s)A \pm G(s)B$,所以它们是等效的。

图 2.41 表示了求和点前移的等效结构。

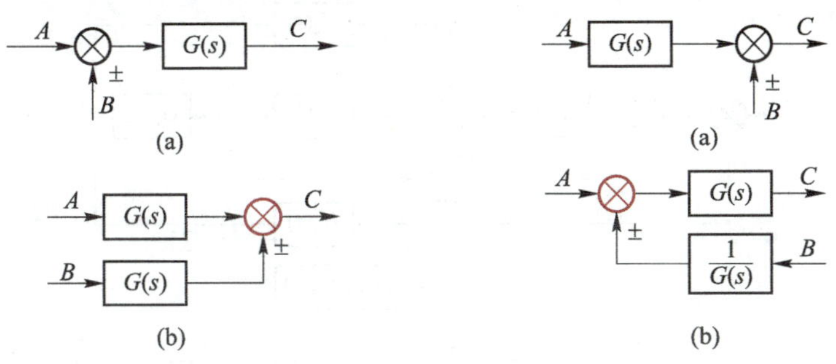

图 2.40　求和点后移　　图 2.41　求和点前移

移动前,有

$$C = G(s)A \pm B$$

移动后,有

$$C = G(s)\left[A \pm \frac{1}{G(s)}B\right] = G(s)A \pm B$$

两者是完全等效的。

(2) 引出点的移动　图 2.42 给出了引出点前移的等效结构。将 $G(s)$ 方框输出端的引出点移动到 $G(s)$ 的输入端,仍要保持总的信号不变,则在被移动的通路上应该串入 $G(s)$ 的方框,如图 2.42b 所示。

移动前,引出点引出的信号为

$$C = G(s)A$$

移动后,引出点引出的信号仍要保证为 C,即

$$C = G(s)A$$

图 2.43 给出了引出点后移的等效变换。显然,移动后的输出 A 仍为

$$A=\frac{1}{G(s)}G(s)A=A$$

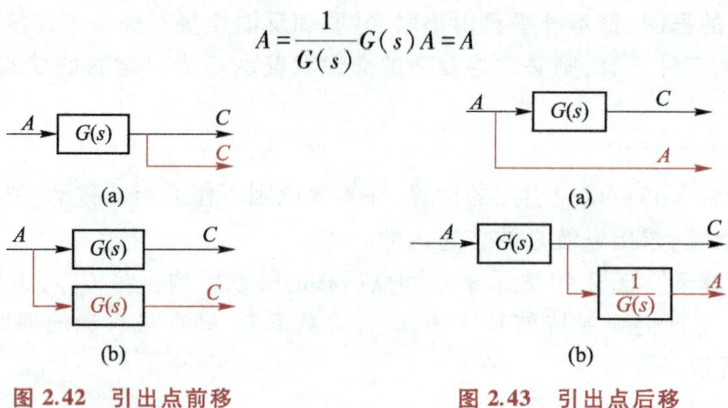

图 2.42　引出点前移　　　　图 2.43　引出点后移

为了便于计算，建议读者尽可能采用求和点后移和引出点前移的等效变换法则。

3. 由系统框图求传递函数

下面以图 2.44a 所示的多回路系统为例，具体说明如何运用等效变换法则，逐步将一个比较复杂的系统简化为一个方框，最后求得其传递函数。简化的关键是移动求和点和引出点，消去交叉回路，变换成可以运算的反馈连接回路。

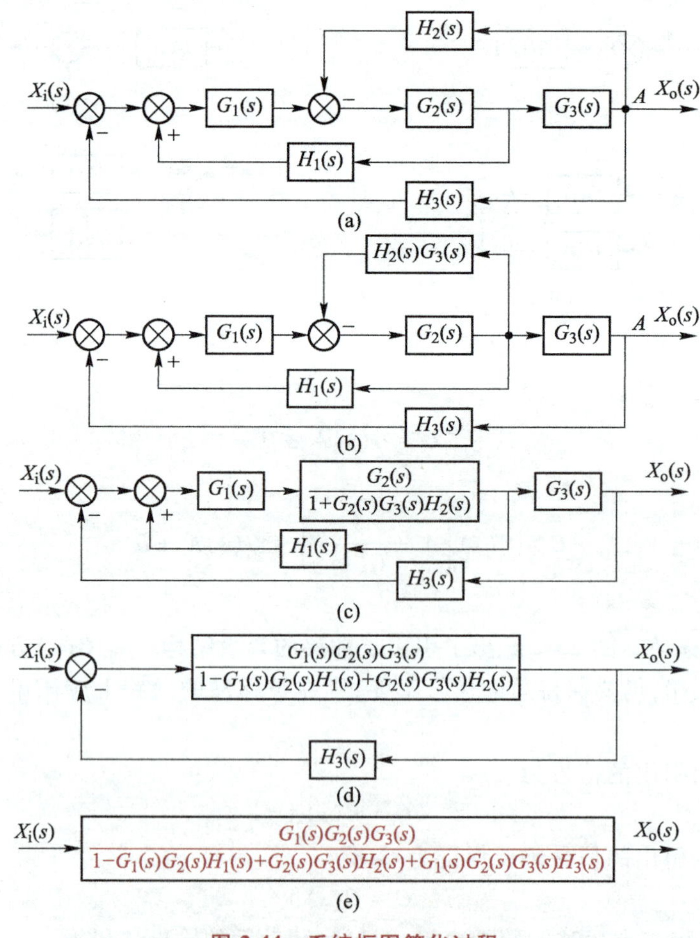

图 2.44　系统框图简化过程

这里的步骤是：首先将引出点 A 前移到 $G_3(s)$ 输入端，消去交叉回路，得图 2.44b。然后，由里向外逐个消去内反馈回路，得图 2.44c、d。最后得图 2.44e 所示的系统传递函数，即

$$G(s)=\frac{X_o(s)}{X_i(s)}=\frac{G_1(s)G_2(s)G_3(s)}{1-G_1(s)G_2(s)H_1(s)+G_2(s)G_3(s)H_2(s)+G_1(s)G_2(s)G_3(s)H_3(s)}$$

必须说明，系统框图简化的途径不是唯一的，但总有一条路径是最简单的。

2.4.3 系统信号流图和梅森公式

对于复杂的系统，框图的简化过程是冗长的。梅森(S.J.Mason)提出了一种信号流图法，可以不需要经过任何简化，直接确定系统输入量和输出量间的联系，再利用梅森公式求出系统的传递函数。

1. 信号流图及其术语

与图 2.45 所示系统框图对应的系统信号流图如图 2.46 所示。由图可以看出，信号流图中的网络是由一些定向线段将一些节点连接起来组成的。下面说明这些线段和节点的含义。

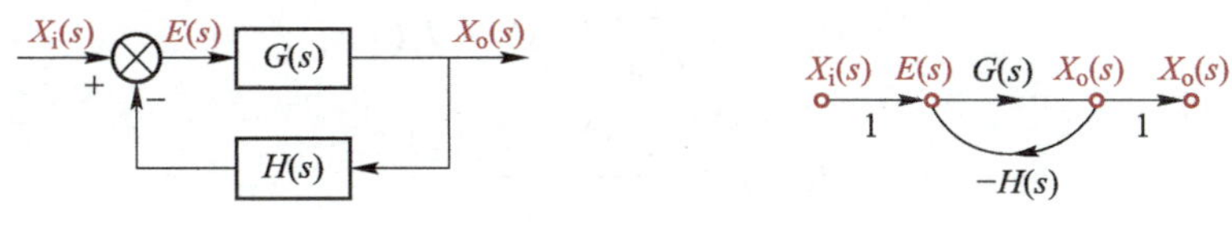

图 2.45 系统框图　　图 2.46 与图 2.45 对应的信号流图

(1) 节点　表示变量或信号，其值等于所有进入该节点的变量或信号之和。例如，$X_i(s)$、$E(s)$ 和 $X_o(s)$ 是图 2.46 中的节点。

(2) 输入节点　它是只有输出的节点，也称源点。例如，图 2.46 中 $X_i(s)$ 是一个输入节点。

(3) 输出节点　它是只有输入的节点，也称汇点。然而这个条件并不总是能满足的。为了满足定义的要求可引进增益为 1 的线段。例如，图 2.46 中右端点 $X_o(s)$ 为输出节点。

(4) 混合节点　它是既有输入又有输出的节点。例如，图 2.46 中 $E(s)$ 是一个混合节点。

(5) 支路　定向线段称为支路，其上的箭头表明信号的流向，各支路上还标明了增益，即支路的传递函数。例如，图 2.46 中从节点 $E(s)$ 到 $X_o(s)$ 为一支路，其中 $G(s)$ 为该支路的增益。

(6) 通路　沿支路箭头方向穿过各相连支路的路径称为通路。

(7) 前向通道　从输入节点到输出节点的通路上通过任何节点不多于一次的通路称为前向通道。例如，图 2.46 中的 $X_i(s)$—$E(s)$—$X_o(s)$ 是前向通道。

(8) 回路　始端与终端重合且与任何节点相交不多于一次的通道称为回路。例如，图 2.46 中 $E(s)$—$X_o(s)$—$E(s)$ 是一条回路。

(9) 不接触回路　没有任何公共节点的回路称为不接触回路。

2. 信号流图的绘制

绘制系统的信号流图，首先必须将描述系统的线性微分方程变换成以 s 为变量的代数方程；然后，线性代数方程组中每一个方程都要写成因果关系式，且在书写时将作为“因”的一些变量写在等式右端，而把“果”的变量写在等式左端。

下面以图 2.47 所示的二级 RC 电网络为例说明信号流图的绘制步骤。

对于由两个环节(这里是两个 RC 电路)串联而成的系统，由于后一环节的存在，影响前一环

节的输出，因此两相邻环节间存在着负载效应。这时必须将它们视为一个整体来考虑。所以，根据基尔霍夫定律，可写出下列原始方程：

$$i_1(t)=\frac{u_i(t)-u_A(t)}{R_1}$$

$$u_A(t)=\frac{1}{C_1}\int[i_1(t)-i_2(t)]\mathrm{d}t$$

$$i_2(t)=\frac{u_A(t)-u_o(t)}{R_2}$$

$$u_o(t)=\frac{1}{C_2}\int i_2(t)\mathrm{d}t$$

图 2.47 二级 *RC* 电网络

将以上各式作拉氏变换，得方程组

$$I_1(s)=\frac{U_i(s)-U_A(s)}{R_1}$$

$$U_A(s)=\frac{1}{C_1s}[I_1(s)-I_2(s)]$$

$$I_2(s)=\frac{U_A(s)-U_o(s)}{R_2}$$

$$U_o(s)=\frac{1}{C_2s}I_2(s)$$

取 $U_i(s)$、$I_1(s)$、$U_A(s)$、$I_2(s)$、$U_o(s)$为信号流图的节点，其中把 $U_i(s)$作为输入节点，$U_o(s)$作为输出节点。确定各节点的位置，如图 2.48a 所示。然后，按方程组中方程式的顺序逐个绘制其信号流向，分别示于图 2.48b、c、d 和 e 中。将这些图综合起来，就形成了完整的系统信号流图，如图 2.48f 所示。

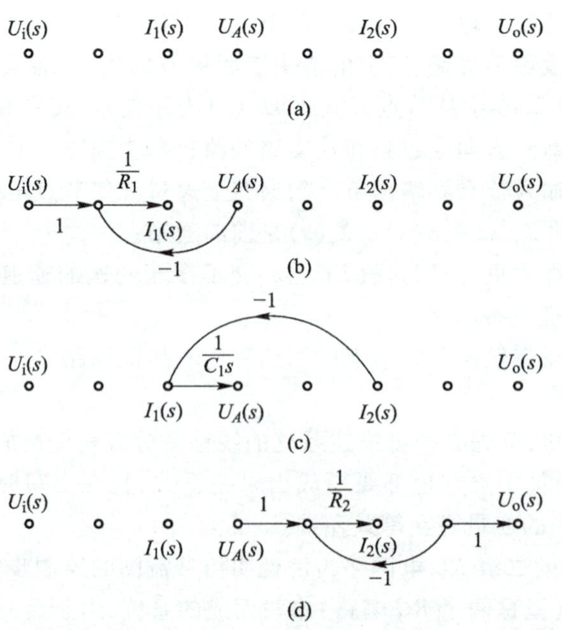

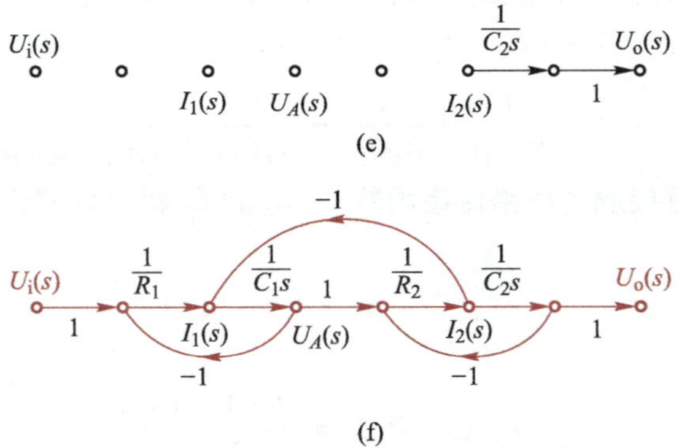

图 2.48　二级 *RC* 电网络信号流图的绘制步骤

3. 梅森公式

对于一个确定的信号流图或系统框图,应用梅森公式可以直接求得输入量到输出量的系统传递函数。梅森公式可表示为

$$P = \frac{1}{\Delta}\sum_{k} P_k \Delta_k \tag{2.78}$$

式中:P——系统总传递函数;

P_k——第 k 条前向通路的传递函数;

Δ——流图的特征式;

Δ_k——第 k 条前向通路特征式的余因子,即对于流图的特征式 Δ,将与第 k 条前向通路相接触的回路传递函数代以零值,余下的 Δ 即为 Δ_k。

而且
$$\Delta = 1 - \sum_{a} L_a + \sum_{b,c} L_b L_c - \sum_{d,e,f} L_d L_e L_f + \cdots$$

式中:$\sum_{a} L_a$—— 所有不同回路的传递函数之和;

$\sum_{b,c} L_b L_c$—— 每两个互不接触回路传递函数乘积之和;

$\sum_{d,e,f} L_d L_e L_f$—— 每三个互不接触回路传递函数乘积之和;

下面通过求图 2.48f 所示二级 *RC* 电网络信号流图的传递函数来说明梅森公式的用法。

这个系统中,输入量 $U_i(s)$ 与输出量 $U_o(s)$ 之间只有一条前向通道,其传递函数为

$$P_1 = \frac{1}{R_1}\frac{1}{C_1 s}\frac{1}{R_2}\frac{1}{C_2 s}$$

信号流图里有三个不同回路,它们的传递函数分别为

$$L_1 = -\frac{1}{R_1}\frac{1}{C_1 s}$$

$$L_2 = -\frac{1}{R_2}\frac{1}{C_2 s}$$

$$L_3 = -\frac{1}{R_2}\frac{1}{C_1 s}$$

回路 L_1 不接触回路 L_2（回路 L_1 接触回路 L_3，并且回路 L_2 接触回路 L_3），因此流图特征式为

$$\begin{aligned}\Delta &= 1-(L_1+L_2+L_3)+L_1L_2\\&=1+\frac{1}{R_1C_1s}+\frac{1}{R_2C_2s}+\frac{1}{R_2C_1s}+\frac{1}{R_1C_1s}\frac{1}{R_2C_2s}\end{aligned}\tag{2.79}$$

从 Δ 中将与前向通道接触的回路传递函数 L_1、L_2 和 L_3 都代以零值，即可获得余因子 Δ_1。因此，得到

$$\Delta_1=1$$

所以

$$\sum_k P_k\Delta_k=P_1\Delta_1=\frac{1}{R_1}\frac{1}{C_1s}\frac{1}{R_2}\frac{1}{C_2s}\tag{2.80}$$

将式(2.79)和式(2.80)代入式(2.78)便可得到二级 RC 电网络系统的传递函数，即

$$\frac{U_o(s)}{U_i(s)}=\frac{1}{\Delta}\sum_k P_k\Delta_k=\frac{1}{R_1R_2C_1C_2s^2+(R_1C_1+R_2C_2+R_1C_2)s+1}$$

2.4.4　控制系统的传递函数

控制系统在工作过程中会受到两类信号的作用，统称外作用。一类是有用信号，或称输入信号、给定值、指令以及参考输入等，依系统的输入信号形式的不同而有不同的称呼。另一类则是扰动，或称干扰。输入量 $x_i(t)$ 通常是加在系统控制装置的输入端，也就是系统的输入端。而干扰量 $n(t)$ 一般是作用在控制对象上，但也可能出现在其他元部件上，甚至夹杂在指令之中。一个考虑扰动的闭环控制系统的典型结构可用图 2.49 所示的框图表示。图中 $X_i(s)$ 到 $X_o(s)$ 的信号传递通路称为前向通道，而 $X_o(s)$ 到 $B(s)$ 的通路称为反馈通道。

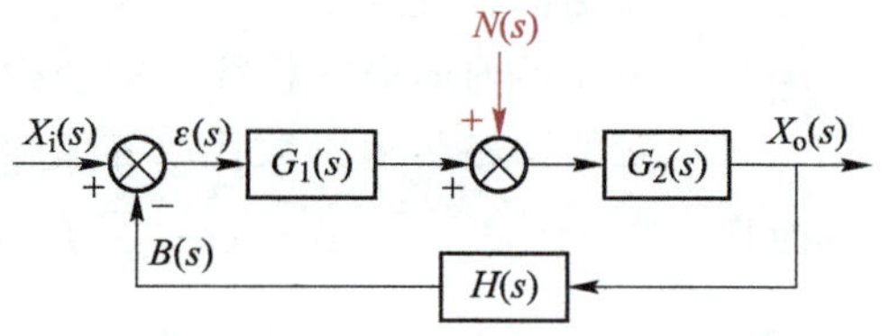

图 2.49　考虑扰动的闭环控制系统

研究系统输出量 $x_o(t)$ 的运动规律，只考虑输入量 $x_i(t)$ 的作用是不完全的，往往还需要考虑干扰量 $n(t)$ 的影响。

1. 系统开环传递函数

在图 2.49 中，将 $H(s)$ 的输出通道断开，即将系统的主反馈通道断开，这时前向通道传递函数与反馈通道传递函数的乘积 $G_1(s)G_2(s)H(s)$，称为该系统的开环传递函数。闭环系统的开环传递函数也可定义为偏差信号 $\varepsilon(s)$ 和反馈信号 $B(s)$ 之间的传递函数，即

$$G_k(s)=\frac{B(s)}{\varepsilon(s)}=G_1(s)G_2(s)H(s)\tag{2.81}$$

式中：$G_k(s)$——闭环系统的开环传递函数。

必须强调指出，开环传递函数是闭环控制系统的一个重要概念，它并不是开环系统的传递函数，而是指闭环系统的开环。

2. $x_i(t)$ 作用下系统的闭环传递函数

令 $n(t)=0$，这时图 2.49 简化为图 2.50a。输入量 $X_i(s)$ 与输出量 $X_{o1}(s)$ 之间的传递函数

$$\Phi_{i}(s)=\frac{X_{o1}(s)}{X_{i}(s)}=\frac{G_{1}(s)G_{2}(s)}{1+G_{1}(s)G_{2}(s)H(s)} \tag{2.82}$$

称 $\Phi_{i}(s)$ 为输入量 $X_{i}(s)$ 作用下系统的闭环传递函数。而此时输出的拉氏变换为

$$X_{o1}(s)=\Phi_{i}(s)X_{i}(s)=\frac{G_{1}(s)G_{2}(s)}{1+G_{1}(s)G_{2}(s)H(s)}X_{i}(s) \tag{2.83}$$

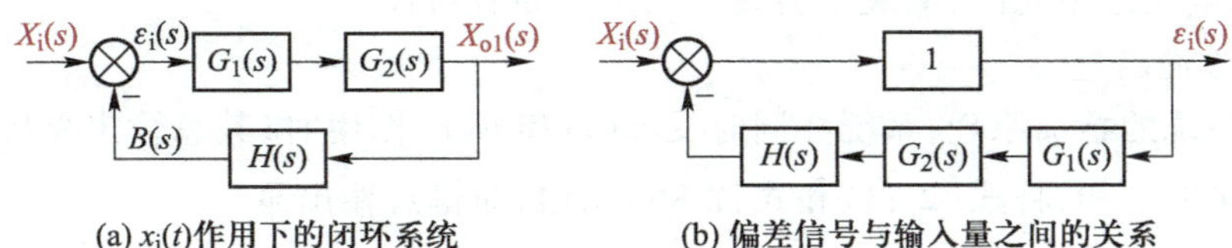

(a) $x_i(t)$作用下的闭环系统　(b) 偏差信号与输入量之间的关系

图 2.50　闭环系统图

为了分析系统偏差信号 $\varepsilon(t)$ 的变化规律，寻求偏差信号与输入量之间的关系，将系统框图变换成图 2.50b。列写出输入量 $X_{i}(s)$ 与偏差信号 $\varepsilon_{i}(s)$ 之间的传递函数，称为输入作用下的偏差信号传递函数，用 $\Phi_{\varepsilon i}(s)$ 表示。

$$\Phi_{\varepsilon i}(s)=\frac{\varepsilon_{i}(s)}{X_{i}(s)}=\frac{1}{1+G_{1}(s)G_{2}(s)H(s)} \tag{2.84}$$

3. $n(t)$ 作用下系统的闭环传递函数

为研究干扰对系统的影响，需要求出以 $N(s)$ 作为输入量，与输出量 $X_{o2}(s)$ 之间的传递函数。这时，令 $x_{i}(t)=0$，则图 2.49 简化为图 2.51a。由图可得

$$\Phi_{n}(s)=\frac{X_{o2}(s)}{N(s)}=\frac{G_{2}(s)}{1+G_{1}(s)G_{2}(s)H(s)} \tag{2.85}$$

$\Phi_{n}(s)$ 为在扰动作用下的闭环传递函数，简称干扰传递函数。而系统在扰动作用下所引起的输出为

$$X_{o2}(s)=\Phi_{n}(s)N(s)=\frac{G_{2}(s)}{1+G_{1}(s)G_{2}(s)H(s)}N(s) \tag{2.86}$$

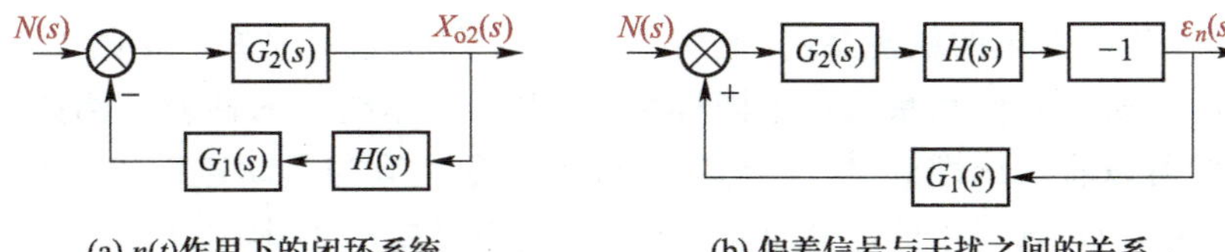

(a) $n(t)$作用下的闭环系统　(b) 偏差信号与干扰之间的关系

图 2.51　闭环系统图

同理，扰动作用下的偏差传递函数，称干扰偏差传递函数，用 $\Phi_{\varepsilon n}(s)$ 表示。以 $N(s)$ 作为输入量，$\varepsilon_{n}(s)$ 作为输出量的系统框图，如图 2.51b 所示。由图可得

$$\Phi_{\varepsilon n}(s)=\frac{\varepsilon_{n}(s)}{N(s)}=\frac{-G_{2}(s)H(s)}{1+G_{1}(s)G_{2}(s)H(s)} \tag{2.87}$$

从式(2.82)、式(2.84)、式(2.85)及式(2.87)看出，控制系统的闭环传递函数 $\Phi_{i}(s)$、$\Phi_{n}(s)$、$\Phi_{\varepsilon i}(s)$ 及 $\Phi_{\varepsilon n}(s)$ 均具有相同的特征项 $1+G_{1}(s)G_{2}(s)H(s)$，其中 $G_{1}(s)G_{2}(s)H(s)$ 为系统的开环

传递函数。因此，这些闭环传递函数的极点相同。这说明，系统的极点与外部输入信号的形式和在系统中的作用位置无关，同时也和输出信号的形式以及提取输出信号的位置无关。换言之，系统极点(特征根)不变，即系统固有特性不变，它与输入信号、输出信号的形式、位置均无关。另外，这四个传递函数的分子各不相同，且与前向通道上的传递函数有关。因此，闭环传递函数的分子随着输入量的作用点和输出量的引出点不同而不同。显然，同一个外作用加在系统不同的位置上，系统的响应是不同的，但决不会改变系统的固有特性。

4. 系统的总输出量

根据线性系统的叠加原理，系统在同时受 $x_i(t)$ 和 $n(t)$ 作用时，其总输出量应为各外作用分别引起的输出量的总和，将式(2.83)和式(2.86)相加，即得总输出量

$$X_o(s) = X_{o1}(s) + X_{o2}(s) = \frac{G_1(s)G_2(s)}{1 + G_1(s)G_2(s)H(s)}X_i(s) + \frac{G_2(s)}{1 + G_1(s)G_2(s)H(s)}N(s)$$

如果系统中的参数设置能满足 $|G_1(s)G_2(s)H(s)| \gg 1$ 及 $|G_1(s)H(s)| \gg 1$，则系统总输出量表达式可近似为

$$X_o(s) \approx \frac{1}{H(s)}X_i(s)$$

上式表明，采用反馈控制的系统，适当选择元、部件的结构参数，系统就具有很强的抑制干扰的能力。同时，系统的输出量只取决于反馈通道上的传递函数及输入量，而与前向通道上的传递函数无关。特别是当 $H(s)=1$ 时，即系统为单位反馈时，$X_o(s) \approx X_i(s)$，表明系统几乎实现了对输入量的完全复现，即获得较高的工作精度。

最后指明一点，在式(2.87)中，$\Phi_{\varepsilon n}(s)$ 为负值传递函数，是因为扰动总是使实际输出在负的方向上偏离希望值的缘故。

*2.5 非线性数学模型的线性化

2.5.1 线性化问题的提出

自然界中并不存在真正的线性系统，而所谓的线性系统，也只是在一定的工作范围内保持其线性关系。实际上，所有元件和系统在不同程度上，均具有非线性的性质。例如，机械系统中的阻尼器，在低速时可以看作线性的，但在高速时，黏性阻尼力则与运动速度的平方成正比，而为非线性函数关系。又例如，电路中的电感，由于磁路中铁心受饱和的影响，电感值与流过的电流成非线性函数关系。对于包含非线性函数关系的系统来说，非线性数学模型的建立和求解，其过程是非常复杂的。

为了绕过非线性系统在数学处理上的困难，对于大部分元件和系统来说，当信号或变量变化范围不大或非线性不太严重时，都可以近似地线性化，即用线性化数学模型来代替非线性数学模型。一旦用线性化数学模型来近似地表示非线性系统，就可以运用线性理论对系统进行分析和设计。

所谓线性化，就是在一定的条件下作某种近似，或者缩小一些工作范围，而将非线性微分方程近似地作为线性微分方程来处理。

2.5.2 非线性数学模型的线性化

假设有一个输入量为 $x(t)$、输出量为 $y(t)$、其输入-输出关系为 $y=f(x)$ 的系统，如图 2.52 所示，$y(t)$ 与 $x(t)$ 之间具有非线性关系。$A(x_0,y_0)$ 为系统的工作点，即 $y_0=f(x_0)$，在 A 点附近，当输入量 $x(t)$ 作 Δx 变化时，对应的输出量的增量为 Δy。而对于通过 A 点的切线，x 变化 Δx 时，y 的增量为 $\Delta y'$。显然，当 x 在平衡工作点 A 附近只作微小的变化 Δx 时，则 $\Delta y\approx\Delta y'$，故可近似地认为

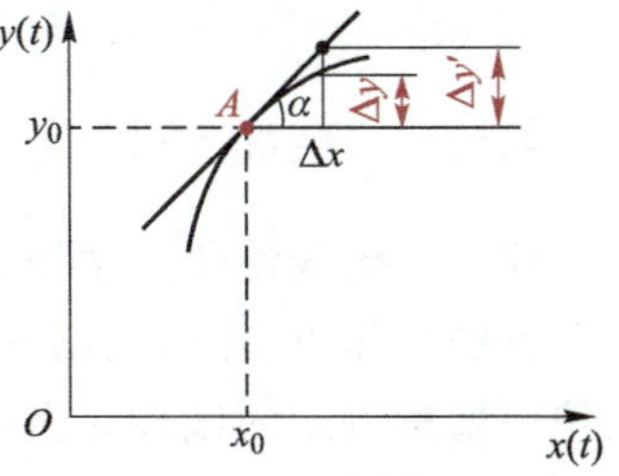

图 2.52 非线性关系线性化

$$\Delta y \approx \Delta y' = \Delta x\tan\alpha \tag{2.88}$$

式中：$\tan\alpha$——函数 $y=f(x)$ 在 $A(x_0,y_0)$ 点处的导数。

以增量为变量的微分方程，称为增量方程，故式(2.88)为线性增量方程。由此可见，在滑动范围内，Δy 可用 $\Delta y'$ 近似而和 Δx 有线性关系，即可用切线代替原来的非线性曲线，从而把非线性问题线性化了。这种线性化方法，称为滑动线性化法，或切线法。

滑动线性化的近似，对大多数控制系统来说都是可行的。首先，控制系统在通常情况下，都有一个正常的稳定的工作状态，称为平衡工作点。例如，恒温控制系统的正常工作状态是输入、输出为常值（输出为被控温度，输入为期望值）。其次，当系统的输入或输出相对于正常工作状态发生微小偏差时，系统会立即进行控制调节，力图消除此偏差，因此可以看出，这种偏差是"小偏差"，不会很大。

滑动线性化的近似，用数学方法来处理，就是将变量的非线性函数展开成泰勒级数，分解成这些变量在某工作状态附近的小增量的表达式，然后略去高于一次小增量的项，便可获得近似的线性函数。

对于以一个自变量作为输入量的非线性函数 $y=f(x)$，在平衡工作点 (x_0,y_0) 附近展开成泰勒级数，则有

$$y=f(x)=f(x_0)+\left.\frac{\mathrm{d}f(x)}{\mathrm{d}x}\right|_{x=x_0}(x-x_0)+\frac{1}{2!}\left.\frac{\mathrm{d}^2f(x)}{\mathrm{d}x^2}\right|_{x=x_0}(x-x_0)^2+\frac{1}{3!}\left.\frac{\mathrm{d}^3f(x)}{\mathrm{d}x^3}\right|_{x=x_0}(x-x_0)^3+\cdots$$

略去高于一次增量 $\Delta x=x-x_0$ 的项，便有

$$y=f(x_0)+\left.\frac{\mathrm{d}f(x)}{\mathrm{d}x}\right|_{x=x_0}(x-x_0) \tag{2.89}$$

或

$$y-y_0=\Delta y=K\Delta x \tag{2.90}$$

式中：$y_0=f(x_0)$——系统的静态方程；$K=\left.\frac{\mathrm{d}f(x)}{\mathrm{d}x}\right|_{x=x_0}$。

式(2.89)或式(2.90)就是非线性系统的线性化数学模型。式(2.90)为增量方程。

若输出量 y 与输入量 x_1、x_2 有非线性关系，即 $y=f(x_1,x_2)$，那么同样地将这个方程式在平衡工作点 (x_{10},x_{20}) 附近展开成泰勒级数，并忽略二阶和高阶导数项，便可得到 y 的线性化方程为

$$y=f(x_{10},x_{20})+\left.\frac{\partial f}{\partial x_1}\right|_{\substack{x_1=x_{10}\\x_2=x_{20}}}(x_1-x_{10})+\left.\frac{\partial f}{\partial x_2}\right|_{\substack{x_1=x_{10}\\x_2=x_{20}}}(x_2-x_{20}) \tag{2.91}$$

写成增量方程，则有

$$y-y_0=\Delta y=K_1\Delta x_1+K_2\Delta x_2 \tag{2.92}$$

式中：$y_0=f(x_{10},x_{20})$为系统静态方程；$K_1=\left.\frac{\partial f}{\partial x_1}\right|_{\substack{x_1=x_{10}\\x_2=x_{20}}}$，$K_2=\left.\frac{\partial f}{\partial x_2}\right|_{\substack{x_1=x_{10}\\x_2=x_{20}}}$；$\Delta x_1=x_1-x_{10}$，$\Delta x_2=x_2-x_{20}$。

2.5.3 系统线性化微分方程的建立

建立系统线性化数学模型的步骤是：首先确定系统处于正常工作状态（平衡工作点）时各组成元件的工作点，然后列出各组成元件在平衡工作点附近的增量方程，最后消去中间变量，得到系统以增量表示的线性化微分方程。如果系统中的某些元件方程本来就是线性方程，为了变量统一，可对线性方程两端直接取增量，就可得到以增量表示的方程。增量方程的数学含义就是将参考坐标的原点移到系统或元件的平衡工作点上，对于实际系统就是以正常工作状态为研究系统运动的起始点，这时系统所有的初始条件均为零。

图 2.6 所示的液位系统的波动函数式(2.8)是一个非线性方程，即

$$A\frac{\mathrm{d}H(t)}{\mathrm{d}t}+a\sqrt{H(t)}=q_i(t)$$

现在对它进行线性化，导出液位系统的线性化微分方程。在稳定工作状态，设 q_{i0} 为流入箱体的流量，q_{o0}为流出的流量，而 H_0 为箱内稳态液位高度。系统的静态方程为

$$q_{o0}=a\sqrt{H_0}=q_{i0}$$

把式(2.8)中的非线性项$\sqrt{H(t)}$展开成泰勒级数，则为

$$\sqrt{H}=\sqrt{H_0}+\left.\frac{\mathrm{d}\sqrt{H}}{\mathrm{d}H}\right|_{H_0}(H-H_0)+\frac{1}{2!}\left.\frac{\mathrm{d}^2\sqrt{H}}{\mathrm{d}H^2}\right|_{H_0}(H-H_0)^2+\cdots$$

略去高于一次小增量（$\Delta H=H-H_0$）的项，则有

$$\sqrt{H}=\sqrt{H_0}+\left.\frac{\mathrm{d}\sqrt{H}}{\mathrm{d}H}\right|_{H_0}\Delta H=\sqrt{H_0}+\frac{1}{2\sqrt{H_0}}\Delta H$$

式(2.8)中的变量用平衡工作点的值加增量表示，则为

$$\frac{\mathrm{d}(H_0+\Delta H)}{\mathrm{d}t}+\frac{a}{A}\left(\sqrt{H_0}+\frac{1}{2\sqrt{H_0}}\Delta H\right)=\frac{1}{A}(q_{i0}+\Delta q_i)$$

注意

$$\frac{\mathrm{d}(H_0+\Delta H)}{\mathrm{d}t}=\frac{\mathrm{d}H_0}{\mathrm{d}t}+\frac{\mathrm{d}\Delta H}{\mathrm{d}t}=\frac{\mathrm{d}\Delta H}{\mathrm{d}t}$$

由于

$$a\sqrt{H_0}=q_{i0}$$

所以

$$\frac{\mathrm{d}\Delta H}{\mathrm{d}t}+\frac{a}{A}\frac{1}{2\sqrt{H_0}}\Delta H=\frac{1}{A}\Delta q_i \tag{2.93}$$

这就是液位系统的线性化增量微分方程。在实际使用中，为简单计，常略去增量符号而写成

$$\frac{\mathrm{d}H(t)}{\mathrm{d}t}+\frac{a}{A}\frac{1}{2\sqrt{H_0}}H(t)=\frac{1}{A}q_i(t) \tag{2.94}$$

但必须明确，$H(t)$、$q_i(t)$ 均为平衡工作点的增量。

图 2.53 所示为一液压伺服机构。其工作原理是：当滑阀右移时液压缸左腔与高压油路连通，右腔则与回油管路连通，于是高压油进入液压缸左腔，而从右腔流出的油液则是低压的。在液压缸两腔的压力差作用下，活塞向右方运动。反之，当滑阀向左移动时，活塞将向左方运动。这样，便实现了活塞对滑阀的随动和功率放大。操纵滑阀只要很小的功率，而活塞可以输出很大的功率。

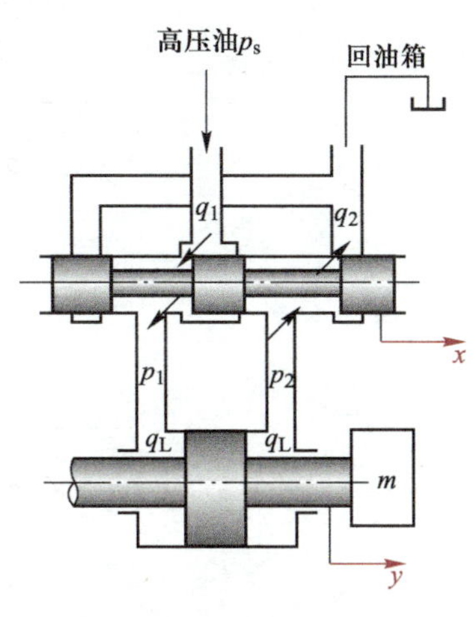

x—滑阀的位移输入；y—液压缸活塞位移输出；q_L—负载流量；p_L—负载压力，$p_L=p_1-p_2$；m—负载质量

图 2.53　液压伺服机构

对于滑阀来说，流经其阀口的流量 q_L 与阀的开口量 x 和负载压力 p_L 有关，即 q_L 是 x 和 p_L 的函数。一般地说，变量 q_L 与 x 和 p_L 间的关系，可以用下面的非线性方程表示：

$$q_L=f(x,p_L)$$

把这一非线性方程在平衡工作点 (q_{L0},x_0,p_{L0}) 附近线性化，按式(2.92)，可得

$$q_L-q_{L0}=\Delta q_L=\left.\frac{\partial f}{\partial x}\right|_{\substack{x=x_0\\p_L=p_{L0}}}\Delta x+\left.\frac{\partial f}{\partial p_L}\right|_{\substack{x=x_0\\p_L=p_{L0}}}\Delta p_L$$

上式可写成

$$\Delta q_L=K_q\Delta x-K_c\Delta p_L$$

即

$$q_L=K_qx-K_cp_L \tag{2.95}$$

上式即为滑阀的线性化微分方程。

式中：K_q——流量增益，它表示因滑阀位移而引起的流量变化，$K_q=\left.\frac{\partial f}{\partial x}\right|_{\substack{x=x_0\\p_L=p_{L0}}}$；

K_c——流量-压力系数，它表示因压力变化而引起的流量变化，$K_c=-\left.\frac{\partial f}{\partial p_L}\right|_{\substack{x=x_0\\p_L=p_{L0}}}$。

对于任何结构形式的阀来说，负载压力增大，负载流量 q_L 总是减小的，为使定义的系数本身为正，故 K_c 前冠以负号。

最后，必须指出，线性化处理应注意下列几点：

(1) 必须确定系统处于平衡状态时各组成元件的工作点，因为在不同的工作点，线性化方程的系数值有所不同，即非线性曲线上各点的斜率(导数)是不同的。

(2) 线性化是以直线代替曲线，略去了泰勒级数展开式中的二阶以上无穷小项，这是一种近似处理。如果系统输入量工作在较大范围内，所建立的线性化数学模型势必会带来较大的误差。所以，非线性数学模型线性化是有条件的。

(3) 对于某些典型的本质非线性，如饱和、死区、间隙、库仑摩擦特性、继电器特性等(见图 2.54)，其非线性特性是不连续的，则在不连续点附近不能得出收敛的泰勒级数，这时就不能进行

线性化。当它们对系统影响很小时,可予简化而忽略不计;当它们不能不考虑时,只能作为非线性问题处理,就需应用非线性理论。

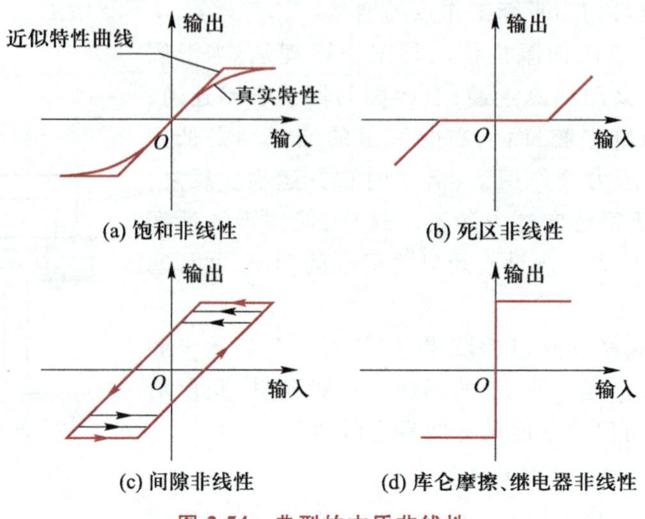

图 2.54 典型的本质非线性

2.6 控制系统传递函数推导举例

以上论述了控制系统数学模型的基本概念、解析建模的方法和步骤,以及数学模型的图解表示方法。下面通过实例进一步说明如何把实际系统抽象为数学模型,如何用解析方法和图解方法来推导系统的传递函数。必须重申,建立系统数学模型是关键性的步骤。

2.6.1 机械系统

在控制系统中,经常要将旋转运动变换成直线运动。例如用电动机和丝杠螺母装置可控制工作台沿直线运动,见图 2.55,这时可以用一等效转动惯量直接连接到驱动电动机的简单系统来表示。将工作台等直线运动部件的质量 m,按等功原理折算到电动机轴上,如图 2.55b 所示,其等效转动惯量为

$$J = m\left(\frac{L}{2\pi}\right)^2 \tag{2.96}$$

式中:L——丝杠螺距,定义为丝杠每转一周工作台移动的直线距离。

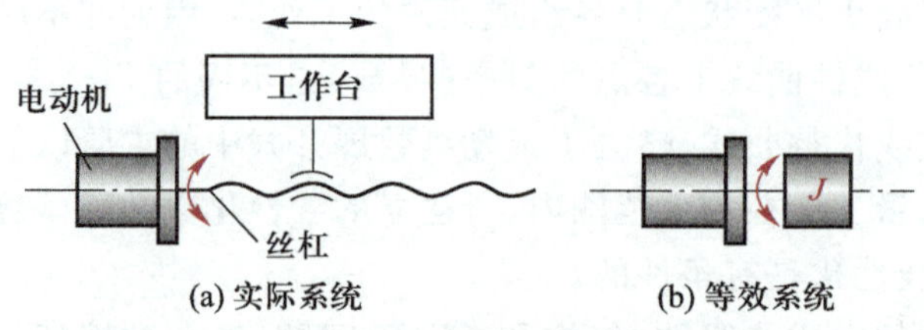

图 2.55 机械进给装置

此外,在控制系统中常用齿轮传动装置来改变转矩、转速和角位移,使系统的能量从一处传递到系统的另一处。图 2.56a 表示一对啮合的齿轮副,在理想情况下,转动惯量和摩擦均忽略不计。显然,齿轮副中转矩 T_1 和 T_2,角位移 θ_1 和 θ_2,角速度 ω_1 和 ω_2,齿数 z_1 和 z_2 以及分度圆半径 r_1 和 r_2 间存在如下关系:

$$\frac{T_1}{T_2}=\frac{\theta_2}{\theta_1}=\frac{z_1}{z_2}=\frac{\omega_2}{\omega_1}=\frac{r_1}{r_2} \tag{2.97}$$

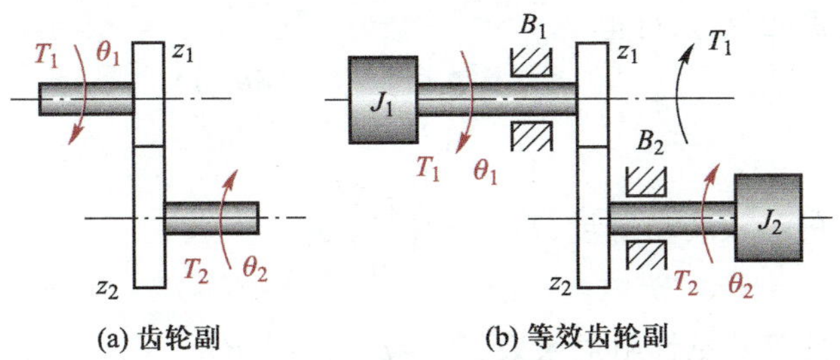

图 2.56　齿轮传动装置

事实上,实际的齿轮副是具有转动惯量的,且啮合齿轮之间和支承中存在黏性阻尼,这些常常是不能忽略的。图 2.56b 是实际齿轮副的等效表示,它把黏性阻尼、转动惯量都当成集中参数。图中符号的意义是:

θ_1,θ_2——角位移;

T_1,T_2——齿轮传递转矩;

J_1,J_2——齿轮(包括轴)转动惯量;

z_1,z_2——齿数;

B_1,B_2——黏性阻尼系数。

齿轮 2 的转矩方程可写成

$$T_2(t)=J_2\frac{\mathrm{d}^2\theta_2(t)}{\mathrm{d}t^2}+B_2\frac{\mathrm{d}\theta_2(t)}{\mathrm{d}t} \tag{2.98}$$

齿轮 1 的转矩方程为

$$T(t)=J_1\frac{\mathrm{d}^2\theta_1(t)}{\mathrm{d}t^2}+B_1\frac{\mathrm{d}\theta_1(t)}{\mathrm{d}t}+T_1(t) \tag{2.99}$$

式中:$T(t)$——作用转矩,即齿轮 1 的输入转矩。

利用式(2.97)中 $T_1=\frac{z_1}{z_2}T_2,\theta_2=\frac{z_1}{z_2}\theta_1$ 可将式(2.98)变成

$$T_1(t)=\left(\frac{z_1}{z_2}\right)^2J_2\frac{\mathrm{d}^2\theta_1(t)}{\mathrm{d}t^2}+\left(\frac{z_1}{z_2}\right)^2B_2\frac{\mathrm{d}\theta_1(t)}{\mathrm{d}t} \tag{2.100}$$

式(2.100)表明,可以把转动惯量、黏性阻尼、转矩、转速和角位移从齿轮副的一侧折算到另一侧。因此,可以得出齿轮 2 折算到齿轮 1 的下列各量:

转动惯量	$\left(\frac{z_1}{z_2}\right)^2 J_2$	黏性阻尼系数	$\left(\frac{z_1}{z_2}\right)^2 B_2$
转矩	$\frac{z_1}{z_2}T_2$	角位移	$\frac{z_2}{z_1}\theta_2$
转速	$\frac{z_2}{z_1}\omega_2$		

将式(2.100)代入式(2.99),可得

$$T(t) = J_{\mathrm{I}} \frac{\mathrm{d}^2\theta_1(t)}{\mathrm{d}t^2} + B_{\mathrm{I}} \frac{\mathrm{d}\theta_1(t)}{\mathrm{d}t} \tag{2.101}$$

式中:J_{I}——齿轮 1 上的等效转动惯量,$J_{\mathrm{I}} = J_1+\left(\frac{z_1}{z_2}\right)^2 J_2$;

B_{I}——齿轮 1 上的等效黏性阻尼系数,$B_{\mathrm{I}} = B_1+\left(\frac{z_1}{z_2}\right)^2 B_2$。

如果考虑扭转弹性变形效应,则由齿轮 2 折算到齿轮 1 时,刚度系数也应乘以$(z_1/z_2)^2$。也就是说,若齿轮 2 上的扭转刚度系数为 K_2,齿轮 1 上的扭转刚度系数为 K_1,则折算后齿轮 1 上的等效刚度 K_{I} 为

$$K_{\mathrm{I}} = \frac{1}{\frac{1}{K_1} + \frac{1}{(z_1/z_2)^2 K_2}} \tag{2.102}$$

1. 数控机床进给传动链

图 2.57 所示为数控机床进给传动链,伺服电动机通过二级减速齿轮及丝杠螺母驱动工作台。这种传动链常用于工作台的位置伺服控制系统中。为研究机床工作台的定位精度和机床的加工精度,必须建立机床进给传动链的数学模型,以了解其动态性能对加工精度的影响。

图中,J_1、J_2、J_3 分别为Ⅰ、Ⅱ、Ⅲ轴上的转动惯量;B_1、B_2、B_3 分别为Ⅰ、Ⅱ、Ⅲ轴上的黏性阻尼系数;K_1、K_2、K_3 分别为Ⅰ、Ⅱ、Ⅲ轴上的刚度系数;m 为工作台等移动部件的质量;B_m 为工作台移动时的黏性阻尼系数;K_m 为丝杠螺母副的刚度系数;T 为作用转矩。

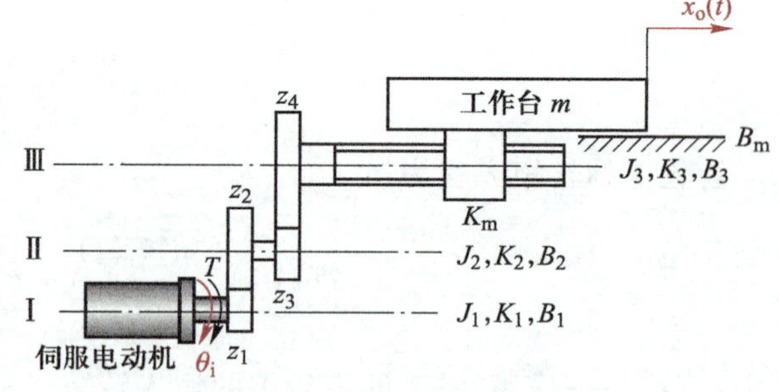

图 2.57 数控机床进给传动链

下面推导以伺服电动机的转角 $\theta_i(t)$ 为输入量、工作台的位移 $x_o(t)$ 为输出量时该进给传动链的传递函数。为了推导其传递函数,首先可将其抽象为图 2.57 所示的一个简单的动力学系统模型,抽象的过程就是质量、转动惯量、黏性阻尼系数、刚度系数等的折算过程。

当负载为零时,Ⅰ轴的转矩平衡方程式为

$$J \frac{\mathrm{d}^2\theta_m(t)}{\mathrm{d}t^2} + B \frac{\mathrm{d}\theta_m(t)}{\mathrm{d}t} + K[\theta_m(t) - \theta_i(t)] = 0 \tag{2.103}$$

式中：$\theta_i(t)$——伺服电动机输入至Ⅰ轴的转角；

$\theta_m(t)$——工作台位移 $x_o(t)$ 折算到Ⅰ轴上的等效当量转角，且为

$$\theta_m(t)=\frac{1}{i_1 i_2}\frac{2\pi}{L}x_o(t) \tag{2.104}$$

其中，$i_1=z_1/z_2$；$i_2=z_3/z_4$；L 为丝杠螺距。

$\theta_m(t)-\theta_i(t)$ 为Ⅰ轴在转矩作用下的相对转角；J、B、K 分别为工作台及各轴折算到Ⅰ轴上的等效总转动惯量、等效总黏性阻尼系数和等效总刚度系数，其值可分别按下式计算

$$J=J_1+i_1^2J_2+(i_1i_2)^2J_3+\left(\frac{L}{2\pi}i_1i_2\right)^2 m \tag{2.105}$$

$$B=B_1+i_1^2B_2+(i_1i_2)^2B_3+\left(\frac{L}{2\pi}i_1i_2\right)^2 B_m \tag{2.106}$$

$$K=\frac{1}{\dfrac{1}{K_1}+\dfrac{1}{i_1^2K_2}+\dfrac{1}{(i_1i_2)^2K_3}+\dfrac{1}{\left(\dfrac{L}{2\pi}i_1i_2\right)^2K_m}} \tag{2.107}$$

将式(2.104)代入式(2.103)，可得

$$J\frac{d^2x_o(t)}{dt^2}+B\frac{dx_o(t)}{dt}+Kx_o(t)=\frac{L}{2\pi}i_1i_2K\theta_i(t) \tag{2.108}$$

对式(2.108)两边进行拉氏变换，整理后可得系统传递函数为

$$G(s)=\frac{X_o(s)}{\Theta_i(s)}=\frac{\dfrac{L}{2\pi}i_1i_2K}{Js^2+Bs+K}=\frac{\dfrac{L}{2\pi}i_1i_2}{\dfrac{J}{K}s^2+\dfrac{B}{K}s+1} \tag{2.109}$$

由式(2.109)可见，这是一个二阶系统，由比例环节$\left(\dfrac{L}{2\pi}i_1i_2\right)$和振荡环节组成。

2. 汽车悬挂系统

图 2.58a 所示为汽车悬挂系统原理图。当汽车在道路上行驶时，轮胎的竖直位移是一个运动激励，作用在汽车的悬挂系统上。该系统的运动，由质心的平移运动和围绕质心的旋转运动组成。要建立整个系统的精确模型相当复杂。下面仅建立车体在竖直方向上运动的简化的数学模型，见图 2.58b。

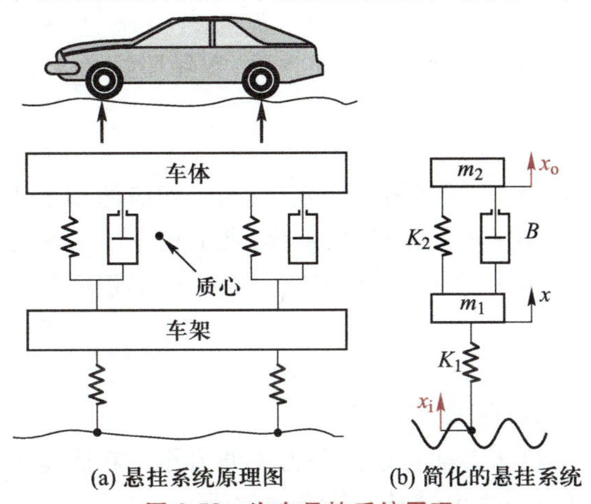

图 2.58　汽车悬挂系统原理

设汽车轮胎的竖直运动 x_i 为系统的输入量，车体的竖直运动 x_o 为系统的输出量，则根据牛顿第二定律，得到系统运动方程为

$$m_1\ddot{x}=B(\dot{x}_o-\dot{x})+K_2(x_o-x)+K_1(x_i-x)$$

$$m_2\ddot{x}_o=-B(\dot{x}_o-\dot{x})-K_2(x_o-x)$$

因此，有

$$m_1\ddot{x} + B\dot{x} + (K_1 + K_2)x = B\dot{x}_o + K_2x_o + K_1x_i \tag{2.110}$$

$$m_2\ddot{x}_o + B\dot{x}_o + K_2x_o = B\dot{x} + K_2x \tag{2.111}$$

假设初始条件为零,对式(2.110)和式(2.111)进行拉氏变换,得到

$$[m_1s^2 + Bs + (K_1 + K_2)]X(s) = (Bs + K_2)X_o(s) + K_1X_i(s) \tag{2.112}$$

$$(m_2s^2 + Bs + K_2)X_o(s) = (Bs + K_2)X(s) \tag{2.113}$$

将式(2.113)代入式(2.112),消去中间变量 $X(s)$,整理后即得简化的汽车悬挂系统的传递函数

$$\frac{X_o(s)}{X_i(s)} = \frac{K_1(Bs + K_2)}{m_1m_2s^4 + (m_1 + m_2)Bs^3 + [K_1m_2 + (m_1 + m_2)K_2]s^2 + K_1Bs + K_1K_2} \tag{2.114}$$

由式(2.112)和式(2.113)可画出系统框图,如图 2.59 所示。

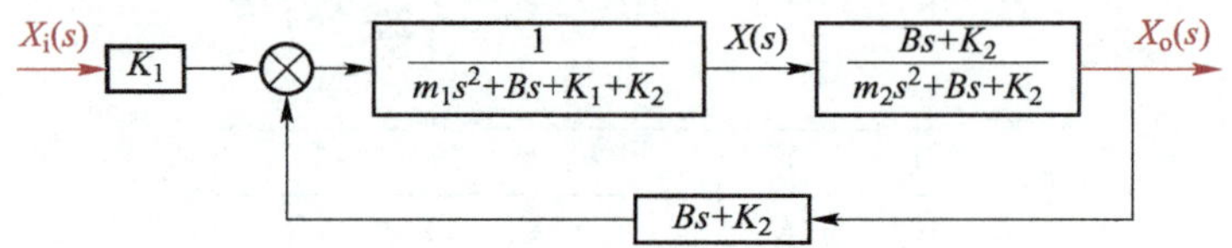

图 2.59 简化的汽车悬挂系统框图

由式(2.114)和图 2.59 可见,这个简化的汽车悬挂系统是四阶系统。

3. 车削过程

图 2.60 所示为机床的车削过程。由图可知,实际切削深度 u 引起切削力 $f(t)$,切削力 $f(t)$ 作用于刀具、机床,引起刀具、机床和工件的变形,可将它们都折算到刀架上,看成是刀架产生位移 $x_o(t)$。刀架变形 $x_o(t)$ 又反馈回来引起切削深度 u 变化,从而使工件-刀具-机床构成一闭环系统。忽略切削过程中工件上前次切纹对切削深度的影响,若以名义切削深度 u_i 作为输入量,以刀架变形 x_o 作为输出量,则车削过程的传递函数可推导如下:

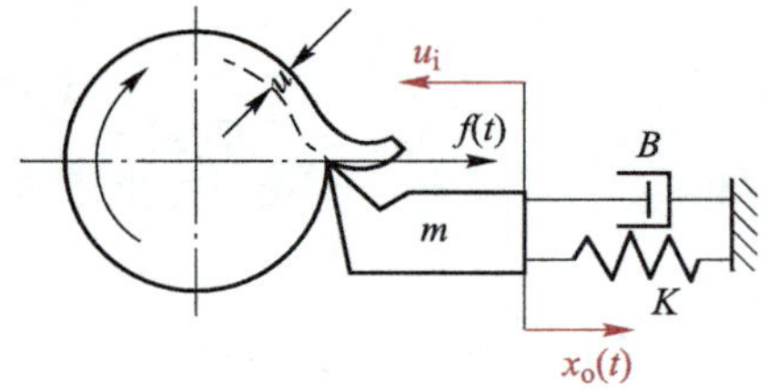

图 2.60 机床的车削过程

实际切削深度为 $u=u_i-x_o$,其拉氏变换为

$$U(s) = U_i(s) - X_o(s) \tag{2.115}$$

根据切削力动力学方程,实际切除量 u 引起的切削力 $f(t)$ 为

$$f(t) = K_cu(t) + B_c\frac{\mathrm{d}u(t)}{\mathrm{d}t} \tag{2.116}$$

式中:K_c——切削过程系数,表示相应的切削力与切除量之比;

B_c——切削阻尼系数,表示相应的切削力与切除量变化率 $\mathrm{d}u(t)/\mathrm{d}t$ 之比。

将式(2.116)进行拉氏变换,可得切削深度 $U(s)$ 与切削力 $F(s)$ 之间的传递函数

$$G_c(s) = \frac{F(s)}{U(s)} = K_c(Ts + 1) \tag{2.117}$$

式中,时间常数 $T=B_c/K_c$。

机床刀架可以抽象为一外力作用在质量上的质量-弹簧-阻尼系统。所以,$F(s)$ 为输入量,$X_o(s)$ 为输出量时的传递函数为

$$G_m(s)=\frac{X_o(s)}{F(s)}=\frac{1}{ms^2+Bs+K} \tag{2.118}$$

根据式(2.115)、式(2.117)和式(2.118)可绘出系统框图,如图 2.61 所示。

对于车削加工过程这一系统来说,其开环传递函数为

$$G_K(s)=G_c(s)G_m(s)=\frac{K_c(Ts+1)}{ms^2+Bs+K} \tag{2.119}$$

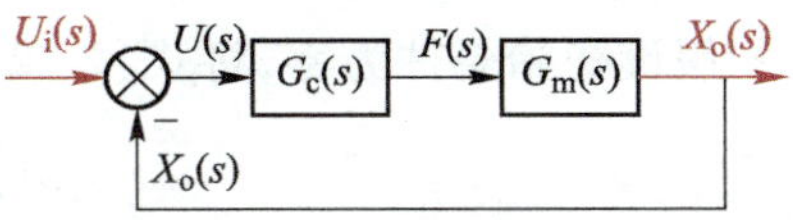

图 2.61 车削过程系统框图

它由比例环节、一阶微分环节和二阶振荡环节组成。

系统闭环传递函数为

$$\Phi(s)=\frac{X_o(s)}{U_i(s)}=\frac{G_c(s)G_m(s)}{1+G_c(s)G_m(s)}=\frac{K_c(Ts+1)}{ms^2+(K_cT+B)s+(K_c+K)} \tag{2.120}$$

它是一个二阶系统。

2.6.2 液压系统

采用液压传递动力的控制系统是很多的,如仿形机床、加工中心、机械手、机器人等。各行各业中日益增多的自动生产线,以及柔性制造系统等,其中含有很多电液比例或液压伺服系统。液压系统的主要优点是功率质量比大,动作迅速灵敏。液压控制通常用于功率控制,但也常见于位置控制和速度控制。

图 2.62 所示为液压缸驱动外负载的系统简图。这个系统所要研究的问题是:当液压缸的输入流量不变、负载发生变化或负载不变、输入流量发生变化时,活塞运动速度产生变化的动态过程。为简单起见,假定液压缸回油腔直通油箱,而且进油管较短,只需考虑其容积的影响。

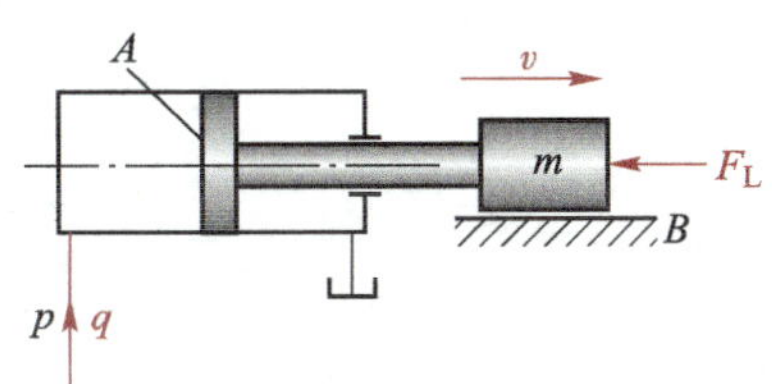

图 2.62 液压缸驱动外负载的系统简图

根据液压缸工作腔的流量连续方程有

$$q=Av+k_1p+\frac{V}{K}\frac{dp}{dt} \tag{2.121}$$

式中:A——活塞有效工作面积;

v——活塞移动速度;

k_1——液压缸工作腔的泄漏系数;

p——液压缸工作腔的压力;

V——液压缸工作腔和进油管内油液的体积;

K——油液的体积弹性模量。

式(2.121)中等号右边第一项 Av 是活塞移动所需流量,第二项 k_1p 是泄漏量,第三项$\frac{V}{K}\frac{dp}{dt}$是因油液被压缩所引起的体积变化率。

活塞上的动力平衡方程为

$$Ap=m\frac{dv}{dt}+Bv+F_L \tag{2.122}$$

式中:m——液压缸所驱动的工作部件质量(包括活塞、活塞杆等移动部件质量);

B——黏性阻尼系数。

式(2.122)等号左边 Ap 为液压缸产生的推力;等号右边第一项 $m\dfrac{\mathrm{d}v}{\mathrm{d}t}$为惯性力,第二项 Bv 为阻尼力,第三项 F_L 为外负载力。

假设初始条件为零,将式(2.121)和式(2.122)取拉氏变换并整理后得

$$q(s)=Av(s)+\left(k_1+\frac{V}{K}s\right)p(s) \tag{2.123}$$

$$Ap(s)=(ms+B)v(s)+F_L(s) \tag{2.124}$$

根据式(2.123)①和式(2.124)可作出液压缸的系统框图,如图 2.63 所示,并综合成下式:

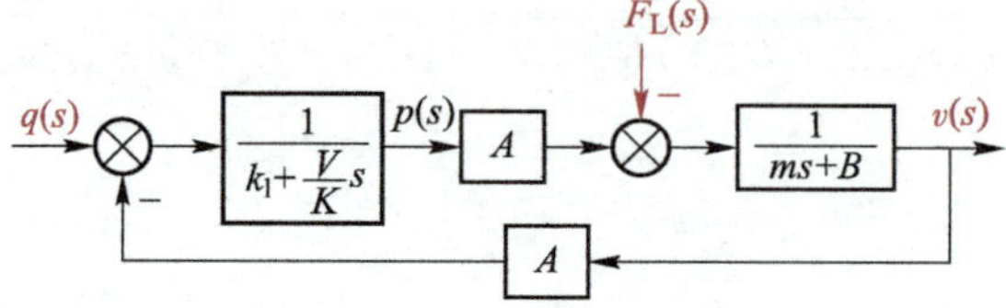

图 2.63　液压缸系统框图

$$\begin{aligned}v(s)&=\frac{Aq(s)-\left(k_1+\dfrac{V}{K}s\right)F_L(s)}{\dfrac{V}{K}ms^2+\left(k_lm+\dfrac{V}{K}B\right)s+(A^2+k_1B)}\\&=\frac{1}{A^2+k_1B}\frac{Aq(s)-\left(k_1+\dfrac{V}{K}s\right)F_L(s)}{\dfrac{s^2}{\omega_n^2}+\dfrac{2\zeta}{\omega_n}s+1}\end{aligned} \tag{2.125}$$

上式中的 ω_n 和 ζ 分别代表液压缸系统的无阻尼固有频率和阻尼比,其值为

$$\omega_n=\sqrt{\frac{(A^2+k_1B)K}{Vm}} \tag{2.126}$$

$$\zeta=\frac{\omega_n}{2K}\frac{Kk_1m+VB}{A^2+k_1B} \tag{2.127}$$

由式(2.125)得出输入流量恒定,即 $q(s)=0$ 时,液压缸系统的闭环传递函数为

$$\Phi_1(s)=\frac{v(s)}{F_L(s)}=\left(\frac{-1}{A^2+k_1B}\right)\frac{k_1+\dfrac{V}{K}s}{\left(\dfrac{s}{\omega_n}\right)^2+2\dfrac{\zeta}{\omega_n}s+1} \tag{2.128}$$

外负载恒定,即 $F_L(s)=0$ 时,液压缸系统的闭环传递函数为

$$\Phi_2(s)=\frac{v(s)}{q(s)}=\left(\frac{A}{A^2+k_1B}\right)\frac{1}{\left(\dfrac{s}{\omega_n}\right)^2+2\dfrac{\zeta}{\omega_n}s+1} \tag{2.129}$$

---

① 式(2.123)~式(2.129)中 $q(s)$、$v(s)$、$p(s)$应分别为 $Q(s)$、$V(s)$、$P(s)$,为避免 $V(s)$与体积 V 符号相同,此处均用小写字母表示。

由系统框图和传递函数可以看出，该液压缸系统是一个二阶系统。

2.6.3 液位系统

图 2.64 所示为具有两个容器的液位系统。由于容器之间相互有影响，因此必须作整体考虑。在稳定状态时，系统的输入和输出流量均为 $\overline{Q}$，而两个容器之间的流量为零。容器 1 和容器 2 的稳态液位高度分别为 $\overline{H}_1$ 和 $\overline{H}_2$。$t=0$ 时，输入流量从 $\overline{Q}$ 变化到 $\overline{Q}+q$，其中 q 为流量变化量。假设变量（h_1 和 h_2，q、q_1 和 q_2）相对于它们的稳态值的变化均很小，并假定液体流过阀门的液态为层流（即阀门的液阻与其压差成正比），那么就可以写出系统的下列方程：

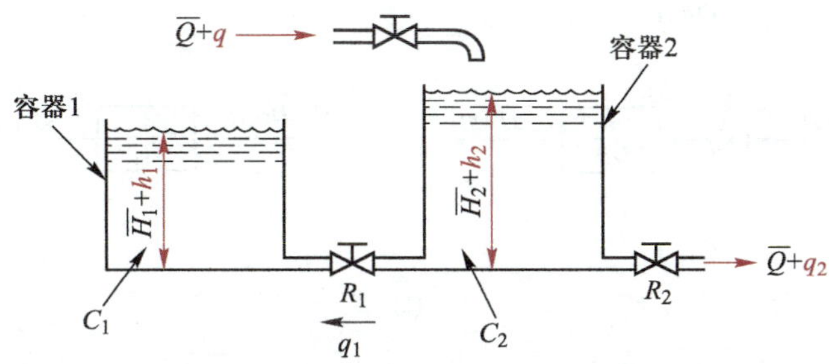

图 2.64　具有两个容器的液位系统

对于容器 1，有

$$C_1 \mathrm{d}h_1 = q_1 \mathrm{d}t \quad 或 \quad C_1 \frac{\mathrm{d}h_1}{\mathrm{d}t} = q_1 \tag{2.130}$$

$$q_1 = \frac{h_2 - h_1}{R_1} \tag{2.131}$$

对于容器 2，有

$$C_2 \mathrm{d}h_2 = (q - q_1 - q_2)\mathrm{d}t \quad 或 \quad C_2 \frac{\mathrm{d}h_2}{\mathrm{d}t} = q - q_1 - q_2 \tag{2.132}$$

$$q_2 = \frac{h_2}{R_2} \tag{2.133}$$

式中：C_1，C_2——容器 1、2 的液容，$C=\mathrm{d}V/\mathrm{d}H$，其中 V 为容器中液体的容积；

R_1，R_2——两个容器之间阀门的液阻和输出端阀门的液阻，$R=\mathrm{d}H/\mathrm{d}Q$。

对式(2.130)～式(2.133)取拉氏变换，并假设初始条件为零，得

$$C_1 s H_1(s) = Q_1(s) \tag{2.134}$$

$$Q_1(s) = \frac{1}{R_1}[H_2(s) - H_1(s)] \tag{2.135}$$

$$C_2 s H_2(s) = Q(s) - Q_1(s) - Q_2(s) \tag{2.136}$$

$$Q_2(s) = \frac{1}{R_2} H_2(s) \tag{2.137}$$

通过式(2.134)～式(2.137)，可以得到系统框图的各组成方框单元，如图 2.65a 所示。将各信号适当地连接起来，就构成了系统的框图，如图 2.65b 所示。将该框图进行等效变换，得到简

化的系统框图，如图 2.65c 和 d 所示。

由图 2.65d 便可得到以 $Q(s)$ 为输入量、以 $H_2(s)$ 为输出量的系统传递函数

$$\frac{H_2(s)}{Q(s)}=\frac{R_2(R_1C_1s+1)}{R_1C_1R_2C_2s^2+(R_1C_1+R_2C_2+R_2C_1)s+1} \tag{2.138}$$

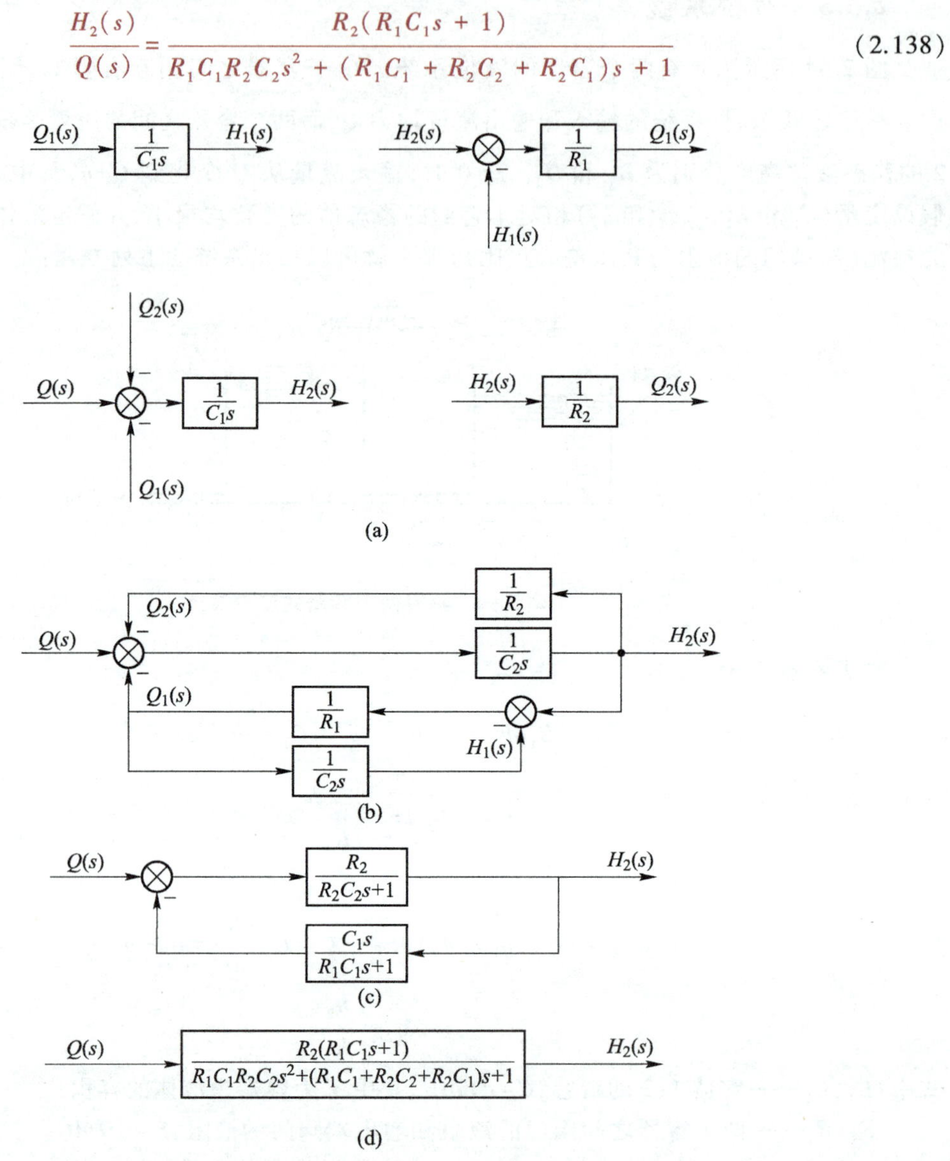

图 2.65　液位系统方框单元和系统框图

将式(2.137)代入式(2.138)可得以 $Q(s)$ 为输入量、以 $Q_2(s)$ 为输出量的系统传递函数

$$\frac{Q_2(s)}{Q(s)}=\frac{R_1C_1s+1}{R_1C_1R_2C_2s^2+(R_1C_1+R_2C_2+R_2C_1)s+1} \tag{2.139}$$

把式(2.134)代入式(2.135)，整理后得

$$H_2(s)=(R_1C_1s+1)H_1(s) \tag{2.140}$$

将式(2.140)代入式(2.138)就可得到以 $Q(s)$ 为输入量、以 $H_1(s)$ 为输出量的系统传递函数

$$\frac{H_1(s)}{Q(s)}=\frac{R_2}{R_1C_1R_2C_2s^2+(R_1C_1+R_2C_2+R_2C_1)s+1} \tag{2.141}$$

综观式(2.138)、式(2.139)和式(2.141)可知,这个具有两个容器的液位系统是二阶系统。该系统中,输出量不同,其传递函数的分子不同,即系统的零点不同;而传递函数的分母是一样的,即系统的极点相同。

2.6.4 机电系统

图2.66所示为工业产品打印机中打印轮控制系统的原理图。系统由打印轮(负载)、直流电动机及用于速度反馈与位置反馈的编码器等组成。打印轮一般有96个字符位置。控制打印轮的位置,就是使需要的字符放在硬拷贝打印锤前。打印轮直接安装在电动机轴上,能正反两个方向旋转。编码器是一种将直线或旋转位移变换为数码或脉冲信号的装置。

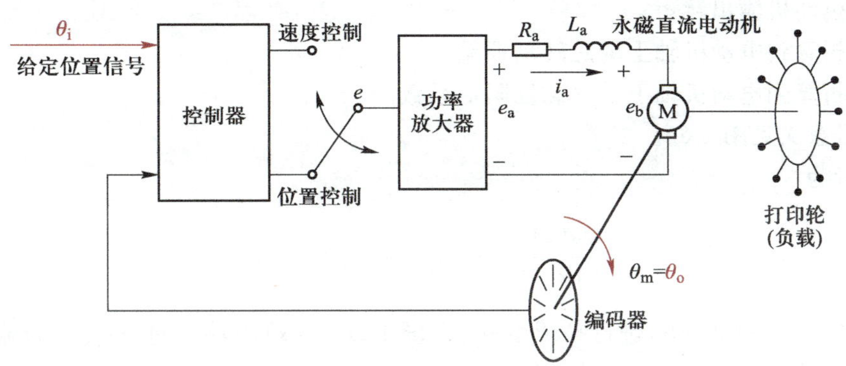

图2.66 打印轮控制系统的原理图

打印轮控制系统的控制目标是控制打印轮的位置。其原理是:当给出打印某个字符的指令时,通过指令传输电路,控制系统首先将它转换成总距离及行进方向信号,然后命令电动机驱动打印轮去校正位置。这种控制系统通常包括两种运行方式:速度控制方式及位置控制方式。当给出某个字符位置的指令时,速度控制方式通道首先工作,驱动电动机按速度曲线规定的转速旋转,该速度曲线存储在控制器内。在负载驱动到希望位置附近以后,这时系统换接到位置控制方式通道。位置控制方式的主要目的是把位置误差控制到零,或者驱动打印轮在没有延迟或过大振荡的条件下尽快精确到位。

下面讨论系统处于位置控制方式时的传递函数。

对于编码器-误差检测器,有

$$\theta_e(t)=\theta_i(t)-\theta_o(t) \tag{2.142}$$

$$e(t)=K_s\theta_e(t) \tag{2.143}$$

式中:K_s——编码器增益。

在位置控制方式中,控制器只不过把编码器的输出量与给定参考位置进行比较,再送出与该两信号之差成比例的误差信号。

对于增益为 K_A 的功率放大器,有

$$e_a(t) = K_A e(t) \tag{2.144}$$

对于永磁直流电动机，有

$$\left.\begin{aligned} &L_a \frac{\mathrm{d}i_a(t)}{\mathrm{d}t} + R_a i_a(t) = e_a(t) - e_b(t) \\ &e_b(t) = K_b \omega_M(t) \\ &T_M(t) = K_T i_a(t) \\ &J \frac{\mathrm{d}\omega_M(t)}{\mathrm{d}t} + B\omega_M(t) = T_M(t) \end{aligned}\right\} \tag{2.145}$$

式中：K_b——电动机反电动势常数；

K_T——电动机转矩常数；

ω_M——电动机转速；

T_M——电动机输出转矩；

J——折算到电动机轴上的总转动惯量；

B——折算到电动机轴上的总黏性阻尼系数。

其余符号意义见图 2.66。

电动机输出量为

$$\frac{\mathrm{d}\theta_M(t)}{\mathrm{d}t} = \omega_M(t),\ \theta_o(t) = \theta_M(t) \tag{2.146}$$

对式(2.142)~式(2.146)进行拉氏变换，可画出以 $\Theta_i(s)$ 为输入量、$\Theta_o(s)$ 为输出量的系统框图，如图2.67所示。

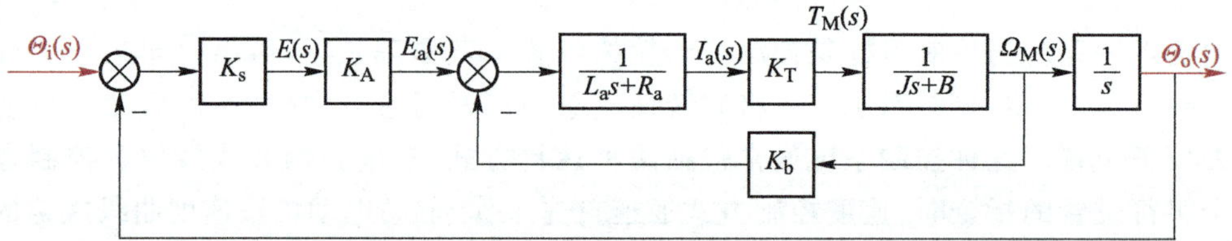

图 2.67　打印轮位置控制系统框图

由此可求出系统闭环传递函数为

$$\Phi(s) = \frac{\Theta_o(s)}{\Theta_i(s)} = \frac{K_s K_A K_T}{R_a B s(T_a s + 1)(Ts + 1) + K_b K_T s + K_s K_A K_T} \tag{2.147}$$

式中，$T_a = L_a/R_a$；$T = J/B$。

式(2.147)表明，打印轮位置控制系统是一个三阶系统。

但由于 $T_a \approx 0$，式(2.147)可简化为

$$\Phi(s) = \frac{\Theta_o(s)}{\Theta_i(s)} = \frac{K_s K_A K_T}{R_a J s^2 + (K_b K_T + R_a B)s + K_s K_A K_T} \tag{2.148}$$

这个传递函数是二阶的。于是，它可写成标准形式。

因此，系统的无阻尼固有频率为

$$\omega_n = \sqrt{\frac{K_s K_A K_T}{R_a J}}$$

阻尼比为

$$\zeta = \frac{K_b K_T + R_a B}{2R_a J\omega_n} = \frac{K_b K_T + R_a B}{2\sqrt{K_s K_A K_T R_a J}}$$

2.6.5 热力系统

凡是能将热量从一种物质传递到另一种物质的系统，称为热力系统。为了简化分析，下面采用集中参数模型来表示图 2.68a 所示的热力系统，并假定当用热阻描述物质的特性时，可以忽略热容；当用热容描述物质的特性时，可以忽略热阻。

热量从一种物质传递到另一种物质可以通过传导、对流和辐射三种不同途径，这里只考虑传导和对流。因为只有在辐射体的温度比接收体的温度高得多时，辐射热的传递才是值得考虑的。

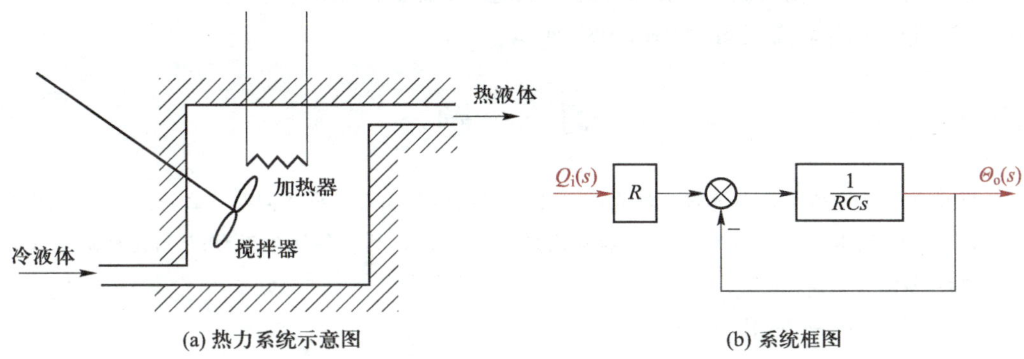

(a) 热力系统示意图　　(b) 系统框图

图 2.68　热力系统

图 2.68 所示的热力系统是一个通过液体来传递热量的系统。假设容器处于绝热状态，与周围环境没有热量交换。又假设容器中的液体混合均匀，其各点温度是相同的。这样，就可以用同一个温度去表示容器中液体的温度和从容器中流出的液体的温度。

假设输入容器的液体的温度保持恒定，由加热器提供的输入到系统的热流量由 $\overline{Q}$ 突然改变到 $\overline{Q}+q_i$，其中 q_i 为热流量的微小变化量。这时，输出的热流量将逐渐地从 $\overline{Q}$ 改变到 $\overline{Q}+q_o$。输出液体的温度也将从 $\overline{\Theta}_o$ 上升到 $\overline{\Theta}_o+\theta_o$。在这种情况下，可以列出系统的微分方程如下：

$$C\frac{d\theta_o}{dt} = q_i - q_o \tag{2.149}$$

其中

$$C = mc \tag{2.150}$$

$$q_o = Q_m c\theta_o \tag{2.151}$$

而

$$R = \frac{\theta_o}{q_o} \tag{2.152}$$

式中：Q_m——稳态液体的质量流量（kg/s）；

m——容器内液体的质量（kg）；

c——液体的比热容[J/(kg·℃)];

R——热阻(℃·s/J),R=温度的变化量/热流量的变化量;

C——热容(J/℃),C=被存储的热量的变化量/温度的变化量。

把式(2.152)代入式(2.149)有

$$RC\frac{\mathrm{d}\theta_o}{\mathrm{d}t}+\theta_o=Rq_i \tag{2.153}$$

将上式取拉氏变换,得

$$\frac{\Theta_o(s)}{Q_i(s)}=\frac{R}{RCs+1} \tag{2.154}$$

式中,$\Theta_o(s)=\mathscr{L}[\theta_o(t)]$,$Q_i(s)=\mathscr{L}[q_i(t)]$。

从式(2.154)可以看出,该热力系统为一阶系统,由比例环节和惯性环节所组成,系统的时间常数等于RC,即m/Q_m。因此,容器内液体的质量越大,系统时间常数越大,温度变化越慢;反之,输入容器的液体的稳态流量越大,系统时间常数越小,温度变化越快。

由式(2.154)得出系统框图,如图2.68b所示。

习　题

2-1　试建立图2.69所示各系统的动态微分方程,并说明这些动态方程之间有什么特点。图中,电压u_1和位移x_1为系统输入量;电压u_2和位移x_2为系统输出量;K、K_1和K_2为弹簧刚度系数;B为黏性阻尼系数;R、R_1和R_2为电阻;C为电容。

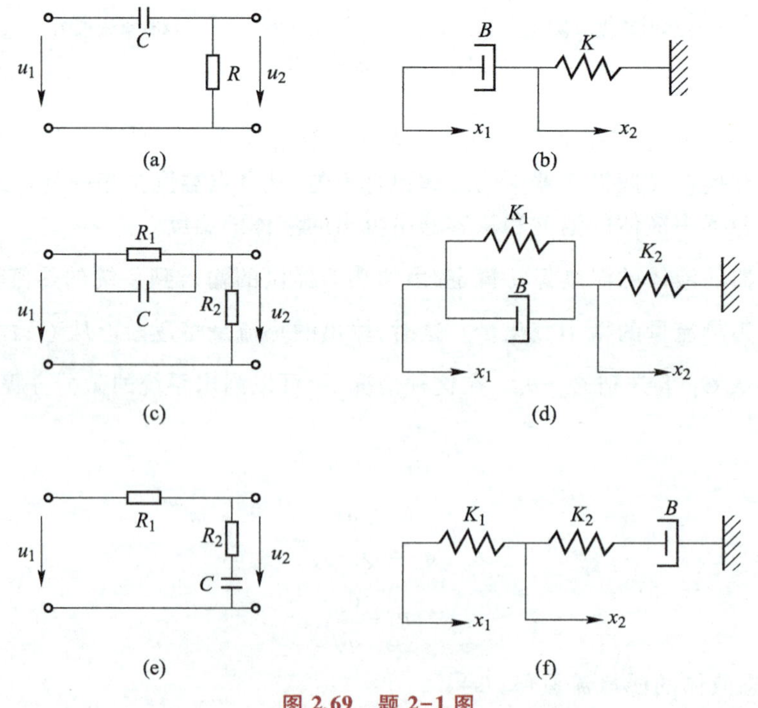

图2.69　题2-1图

2-2 写出图2.70所示机械系统的运动微分方程式。图中，外加力 $f(t)$ 为输入，位移 x_2 为输出。

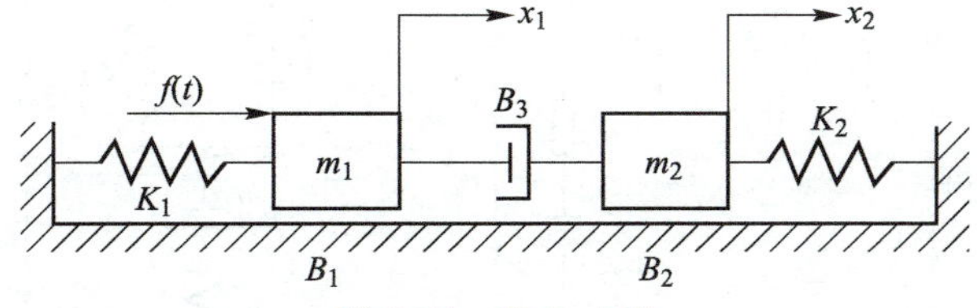

图 2.70 题 2-2 图

2-3 试用部分分式法求下列函数的拉氏逆变换：

(1) $G(s)=\dfrac{s}{(s+a)(s-b)}$　　(2) $G(s)=\dfrac{s+3}{(s+1)(s+2)}$

(3) $G(s)=\dfrac{s+c}{(s+a)(s+b)^2}$　　(4) $G(s)=\dfrac{1}{(s+1)^2(s+4)}$

(5) $G(s)=\dfrac{s}{(s+1)^2(s+2)}$　　(6) $G(s)=\dfrac{10}{s(s^2+4)(s+1)}$

(7) $G(s)=\dfrac{s+2}{s(s+1)^2(s+3)}$　　(8) $G(s)=\dfrac{3s^2+2s+8}{s(s+2)(s^2+2s+4)}$

(9) $G(s)=\dfrac{s+d}{s(s+a)(s+b)(s+c)}$　　(10) $G(s)=\dfrac{s^2+a_1s+a_2}{s^2(s+a)}$

(11) $G(s)=\dfrac{1}{s(s^2+s+2)}$　　(12) $G(s)=\dfrac{2(s+1)}{s(s^2+s+2)}$

(13) $G(s)=\dfrac{1}{s(s^2+\omega^2)}$　　(14) $G(s)=\dfrac{2s+12}{s^2+2s+5}$

(15) $G(s)=\dfrac{s^2+2s+3}{(s+1)^3}$　　(16) $G(s)=\dfrac{(s+3)(s+4)(s+5)}{(s+1)(s+2)}$

(17) $G(s)=\dfrac{s^3+5s^2+9s+7}{(s+1)(s+2)}$　　(18) $G(s)=\dfrac{s^4+2s^3+3s^2+4s+5}{s(s+1)}$

2-4 使用拉氏变换求解下列微分方程：

(1) $\ddot{x}(t)+3\dot{x}(t)+2x(t)=0, x(0)=a, \dot{x}(0)=b$，式中 a 和 b 均为常数

(2) $\ddot{x}(t)-x(t)=4\sin t+5\cos 2t, x(0)=1, \dot{x}(0)=-2$

(3) $\ddot{x}(t)+2\dot{x}(t)+5x(t)=3, x(0)=0, \dot{x}(0)=0$

(4) $\ddot{x}(t)+3\dot{x}(t)+6x(t)=0, x(0)=0, \dot{x}(0)=3$

(5) $\dddot{x}(t)+3\ddot{x}(t)+3\dot{x}(t)+x(t)=1, x(0)=\dot{x}(0)=\ddot{x}(0)=0$

2-5 试求下列传递函数的极点和零点(包括在无穷远处的)：

(1) $G(s)=\dfrac{5(s+1)}{s^2(s+2)(s+5)}$　　(2) $G(s)=\dfrac{s^2(s+1)}{(s+2)(s^2+3s+(2)}$

(3) $G(s)=\dfrac{K(s+2)}{s(s^2+s+1)}$　　(4) $G(s)=\dfrac{Ke^{-2s}}{(s+1)(s+2)}$

2-6 证明图 2.71a、b 所示的系统具有相同形式的传递函数。

2-7 一齿轮系如图 2.72 所示。z_1、z_2、z_3 和 z_4 分别为各齿轮齿数；J_1、J_2 和 J_3 表示各传动轴上的转动惯量；θ_1、θ_2 和 θ_3 为各轴的角位移；T_m 是电动机输出转矩。试列写折算到电动机轴上的齿轮系的运动方程。

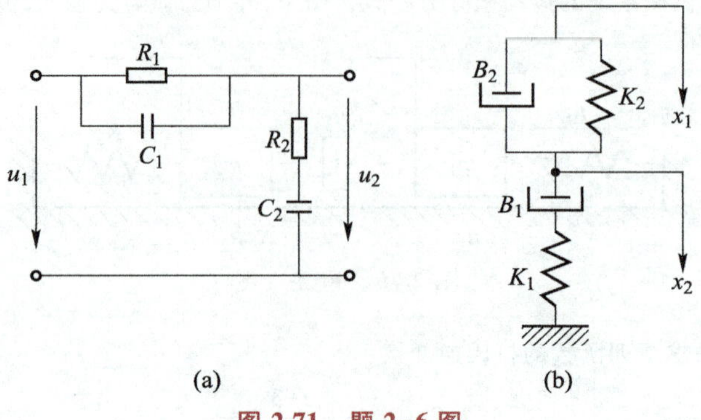

图 2.71 题 2-6 图

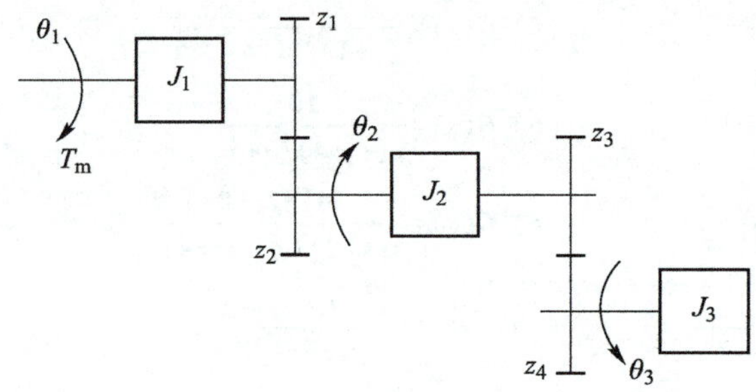

图 2.72 题 2-7 图

2-8 按信号传递和转换过程,绘出图 2.73 所示机械系统的框图。

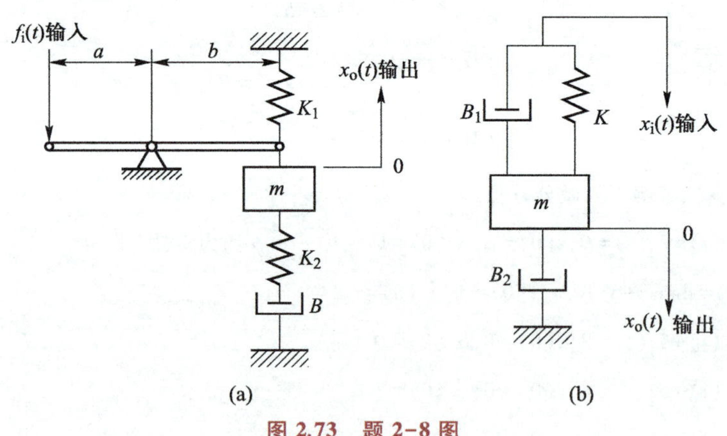

图 2.73 题 2-8 图

2-9 试求图 2.74 所示有源电网络各自的传递函数。

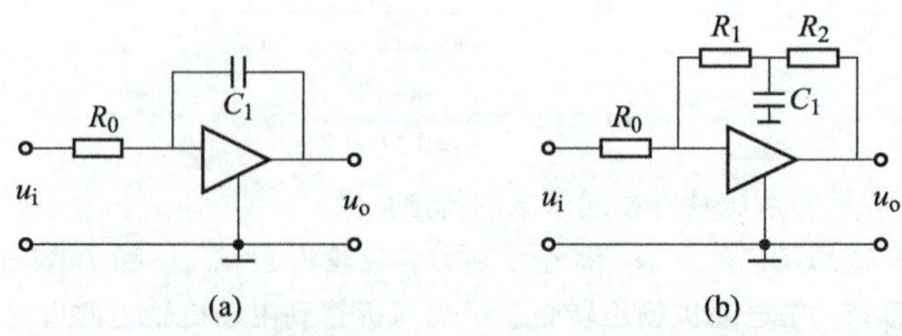

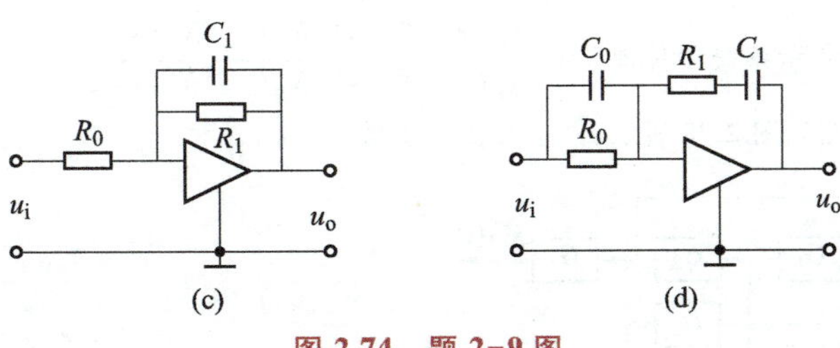

图 2.74　题 2-9 图

2-10　绘出图 2.75 所示无源电网络的系统框图，并求出各自的传递函数 $U_o(s)/U_i(s)$。

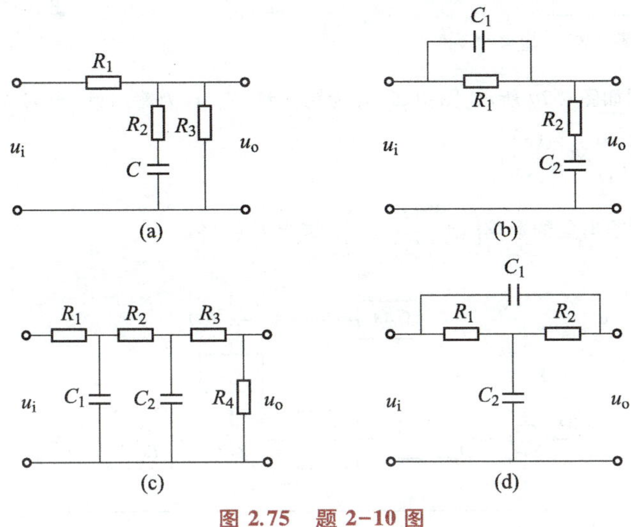

图 2.75　题 2-10 图

2-11　基于方框简化法则，求取图 2.76 所示框图对应的系统闭环传递函数。

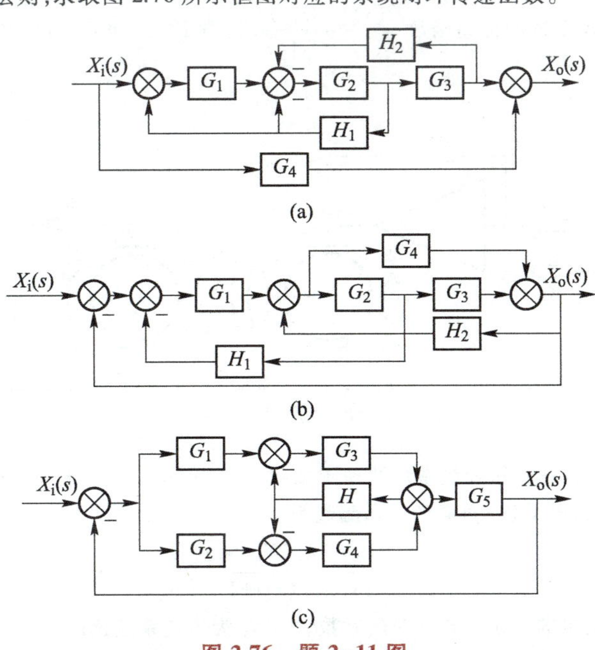

图 2.76　题 2-11 图

2-12 试求取图 2.77 所示系统的传递函数 $\frac{X_{o1}(s)}{X_{i1}(s)}$、$\frac{X_{o2}(s)}{X_{i1}(s)}$、$\frac{X_{o1}(s)}{X_{i2}(s)}$、$\frac{X_{o2}(s)}{X_{i2}(s)}$。

2-13 系统的信号流图如图 2.78 所示，试求其传递函数。

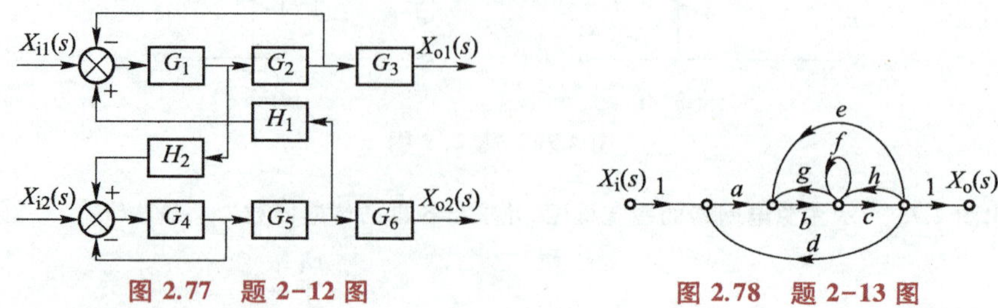

图 2.77 题 2-12 图　　图 2.78 题 2-13 图

2-14 已知系统框图如图 2.79 所示，图中 $X_i(s)$ 为输入量，$X_o(s)$ 为输出量，$N(s)$ 为扰动量。

（1）试求传递函数 $\frac{X_o(s)}{X_i(s)}$ 和 $\frac{X_o(s)}{N(s)}$；

（2）若要消除扰动对输出量的影响 $\left(\text{即}\frac{X_o(s)}{N(s)}=0\right)$，试求 $G_o(s)$ 值。

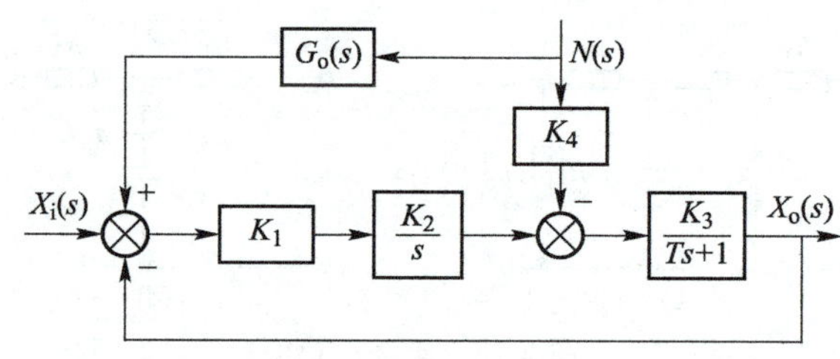

图 2.79 题 2-14 图

2-15 试求图 2.80 所示系统的传递函数 $\frac{\Omega(s)}{U_i(s)}$ 和 $\frac{\Omega(s)}{T_N(s)}$，其中 $T_N(s)$ 和 $\Omega(s)$ 分别为负载力矩和输出转速的拉氏变换。

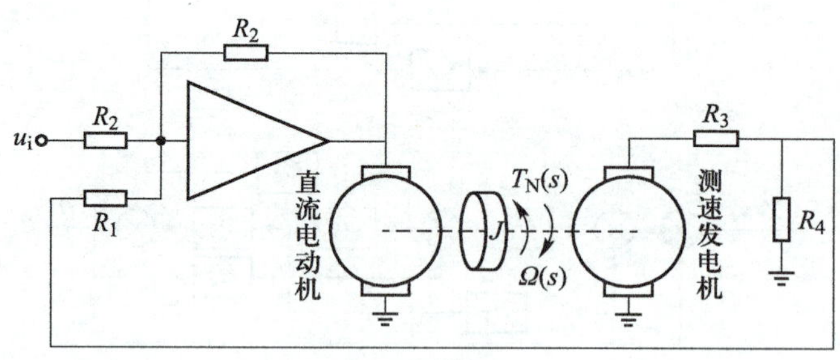

图 2.80 题 2-15 图

2-16 电视卫星天线的位置伺服控制系统原理图如图 2.81 所示。已知输入、输出电位计的增益均为 $K_p=U/\theta_{max}$；忽略负载力矩影响后，电动机-负载的传递函数为

$$\frac{\Theta(s)}{U_2(s)}=\frac{k_m(N_1/N_2)}{s(\tau_L s+1)}$$

其中，k_m、τ_L 分别为直流电动机的力矩常数和时间常数，N_1/N_2 为齿轮系速比。

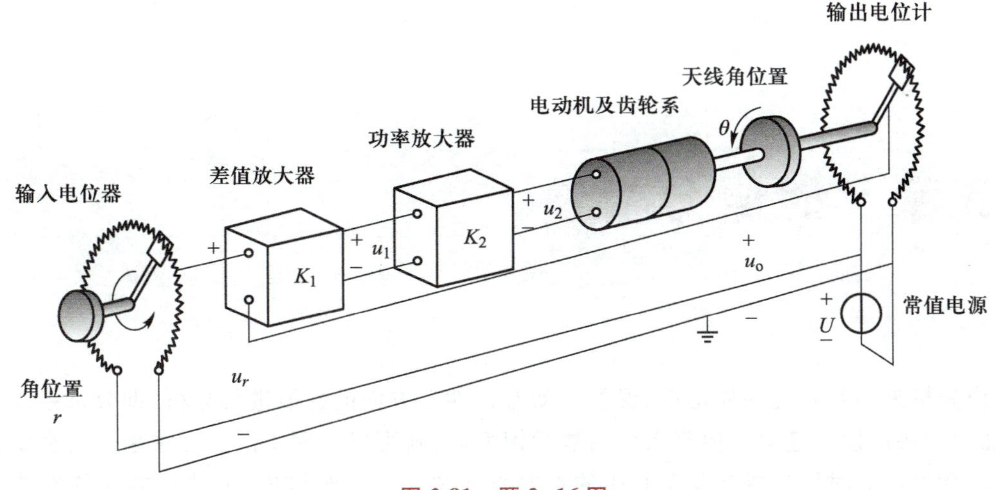

图 2.81　题 2-16 图

试画出系统框图和信号流图，并求系统传递函数$\dfrac{\Theta(s)}{R(s)}$，其中 $R(s)=\mathscr{L}[r(t)]$、$\Theta(s)=\mathscr{L}[\theta(t)]$。

2-17　图 2.82 所示为纸张张力控制系统原理图。纸张的张力随卷取半径的变化而变化，为此需要控制卷取机的转速，以保持纸张具有恒定的张力。卷取机转速 ω_0 受控制器输出电压 u_o 控制，满足如下关系：

$$U_o(s)=\frac{1}{K_m}(\tau s+1)\Omega_0(s)+K_3\Delta T(s)$$

式中：$\tau=L_a/R_a$；

K_m——电动机力矩常数；

$\Delta T(s)$——作用在电动机上的张力干扰量；

K_3——干扰增益。

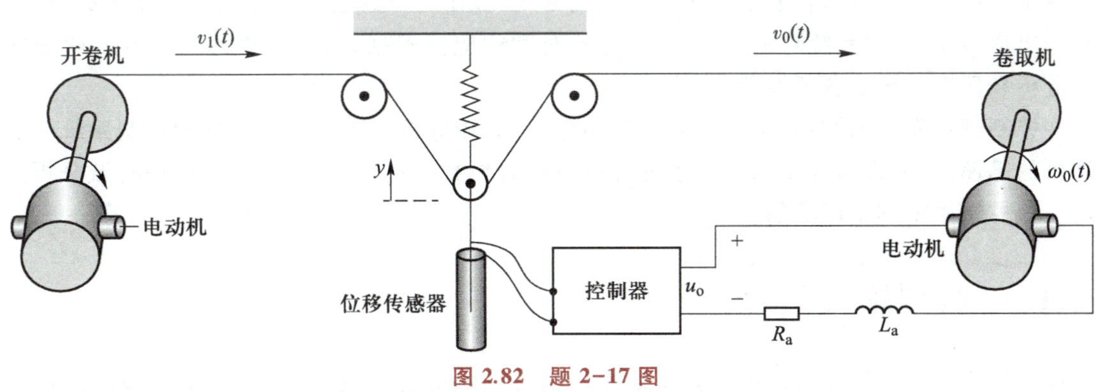

图 2.82　题 2-17 图

弹簧压缩量 y 与张力 F 之间的关系为 $F=K_1y/2$，其中 K_1 为弹簧刚度系数。位移传感器的输出 $u_f=K_2y$，K_2 为比例系数。卷取机的角速度 ω_0 与线速度 v_0 之间的关系为 $v_0=2\omega_0$。控制器给定张力控制信号 $u_r(t)$ 与输出电压$u_o(t)$之间的关系满足：$U_o(s)=[U_r(s)-U_f(s)]G(s)$。

试求：

(1) 建立包括张力干扰信号 $\Delta T(s)$、开卷机速度干扰信号 $\Delta V_1(s)$ 在内的闭环控制系统框图；

(2) 系统总输出量 $F(s)$。

第3章 时域分析法

系统分析是指对系统的稳定性、误差和动态特性三方面的性能进行分析，即分析系统的稳定性、准确性和快速性。建立了控制系统的数学模型后，就可以采用不同的方法来分析和研究控制系统。本章讨论的时域分析法就是其中的重要方法之一。在时域内，上述三方面的性能都可以通过求解描述控制系统的微分方程来获得，而微分方程的解则由控制系统的结构参数、初始条件以及输入信号所决定。

时域分析是指在时域内研究系统在一定输入信号的作用下，其输出信号随时间的变化情况。具体地说，如果系统可用以下的线性常系数微分方程来描述

$$a_0\frac{\mathrm{d}^n x_o(t)}{\mathrm{d}t^n}+a_1\frac{\mathrm{d}^{n-1}x_o(t)}{\mathrm{d}t^{n-1}}+\cdots+a_{n-1}\frac{\mathrm{d}x_o(t)}{\mathrm{d}t}+a_n x_o(t)$$

$$=b_0\frac{\mathrm{d}^m x_i(t)}{\mathrm{d}t^m}+b_1\frac{\mathrm{d}^{m-1}x_i(t)}{\mathrm{d}t^{m-1}}+\cdots+b_{m-1}\frac{\mathrm{d}x_i(t)}{\mathrm{d}t}+b_m x_i(t) \tag{3.1}$$

其中，$x_i(t)$为输入信号，$x_o(t)$为输出信号，a_0、a_1、…、a_n及b_0、b_1、…、b_m为实常数，则该微分方程的解就是输出信号$x_o(t)$，它表示系统在输入信号$x_i(t)$作用下其输出信号随时间变化的过程，并且称输出信号$x_o(t)$为系统对输入信号$x_i(t)$的时间响应。根据$x_o(t)$的表达式及其变化曲线就可以分析和研究系统的各项性能。

在控制理论发展的初期，由于计算工具的滞后，时域分析只限于阶次较低的控制系统。随着计算机的迅速发展，许多复杂的控制系统都可以在时域直接进行分析和计算，使得时域分析法在现代工程控制中得到了广泛的应用。

3.1 典型输入信号

控制系统的动态性能可以通过系统对输入信号的响应过程来评价，而系统的响应过程不仅取决于系统本身的特性，而且还与输入信号的形式有关。只有在一些特殊的情况下，控制系统的输入信号才是确定的。在一般情况下，控制系统的实际输入信号可能预先是不知道的，而且在大多数情况下是随机的。例如在金属切削过程中，工件材料硬度和切削余量的不均匀、切削刀具的磨损以及切削角度的变化等都会引起切削力的变化；又例如在机电设备的运行过程中，电网电压的变化、设备负载的波动以及环境因素的干扰等都是无法预先知道的。因此，控制系统的实际输入信号通常难以用简单的数学表达式表示出来。

在分析和设计控制系统时，需要有一个对各种控制系统的性能进行比较的基础，这个基础就是预先规定一些具有典型意义的实验信号作为系统的输入信号，然后比较各种控制系统对这些典型输入信号的响应，来进行分析和评价。因此，系统的时域分析就是建立在系统接收典型输入信号的基础上的。

选取典型输入信号时，必须考虑下列原则：所选输入信号应当反映系统在工作过程中的大部分实际情况；应当在形式上尽可能简单，以便于对系统响应的分析；应当能够使系统工作在最不利的情况下；应当在实际中可以得到或近似地得到，等等。

在控制工程中，通常使用的典型信号有：阶跃信号、速度信号、加速度信号、脉冲信号和正弦信号等。这些典型输入信号都是简单的时间函数，数学处理很方便，而且在实际工程中也可以实现或近似地实现，即可以进行实验研究。

至于究竟采用哪种典型信号来分析和研究系统，可以参照系统正常工作时的实际情况。例如，如果系统的实际输入信号具有突变的性质，就可以选用阶跃信号；如果系统的实际输入信号具有随时间逐渐变化的性质，则可以选用速度信号等。这样，这些典型输入信号既与系统的实际输入信号有着良好的对应关系，又代表了最恶劣的输入情况，因而当系统的设计基于典型输入信号来进行时，那么在实际输入的情况下，系统响应的特性一般是能够满足要求的。

同时，对于同一个系统，无论采用哪种输入信号，由时域分析所表示的系统本身固有的特性是一致的，即

$$G(s)=\frac{X_{o1}(s)}{X_{i1}(s)}=\frac{X_{o2}(s)}{X_{i2}(s)} \tag{3.2}$$

或写成

$$x_{i1}(t)*x_{o2}(t)=x_{i2}(t)*x_{o1}(t) \tag{3.3}$$

其中，$G(s)$为系统的传递函数，$x_{i1}(t)$和$x_{i2}(t)$分别为输入信号1和输入信号2，$x_{o1}(t)$和$x_{o2}(t)$分别为输出信号1和输出信号2。所以，只要知道系统对典型输入信号的响应，再利用式(3.2)或式(3.3)，也能够方便地求出系统对任何输入信号的时间响应。

单位阶跃、单位速度、单位加速度、单位脉冲和正弦等典型输入信号的数学表达式、图形及其拉氏变换式已在第2章中详述，这里不再重复。

3.2 一阶系统的时间响应

凡是能够用一阶微分方程描述的系统称为一阶系统，它的典型形式是一阶惯性环节，其传递函数为

$$G(s)=\frac{X_o(s)}{X_i(s)}=\frac{1}{Ts+1}$$

式中：T——时间常数。

下面分析一阶惯性环节在典型输入信号作用下的时间响应。

3.2.1 一阶惯性环节的单位阶跃响应

系统在单位阶跃信号作用下的输出称为单位阶跃响应。单位阶跃信号 $x_i(t)=1(t)$ 的拉氏

变换为 $X_i(s)=\frac{1}{s}$,则一阶惯性环节在单位阶跃信号作用下的输出的拉氏变换为

$$X_o(s)=G(s)X_i(s)=\frac{1}{Ts+1}\cdot\frac{1}{s}=\frac{1}{s}-\frac{1}{s+\frac{1}{T}}$$

将上式进行拉氏逆变换,得出一阶惯性环节的单位阶跃响应为

$$x_o(t)=\mathscr{L}^{-1}[X_o(s)]=1-e^{-\frac{1}{T}t}\quad(t\geqslant 0)\tag{3.4}$$

根据式(3.4),当 t 取 T 的不同倍数时,可得出表 3.1 所列的数据。

表 3.1　一阶惯性环节的单位阶跃响应

t	0	T	$2T$	$3T$	$4T$	$5T$	…	∞
$x_o(t)$	0	0.632	0.865	0.950	0.982	0.993	…	1

一阶惯性环节在单位阶跃信号作用下的时间响应曲线如图 3.1 所示,它是一条单调上升的指数曲线,其值随着自变量的增大而趋近于稳态值 1。从式(3.4)和图 3.1 中可以得出:

(1) 一阶惯性环节是稳定的,无振荡。

(2) 当 $t=T$ 时,$x_o(t)=0.632$,即经过时间 T,曲线上升到 0.632 的高度。反过来,如果用实验的方法测出响应曲线达到 0.632 高度点时所用的时间,则该时间就是一阶惯性环节的时间常数 T。

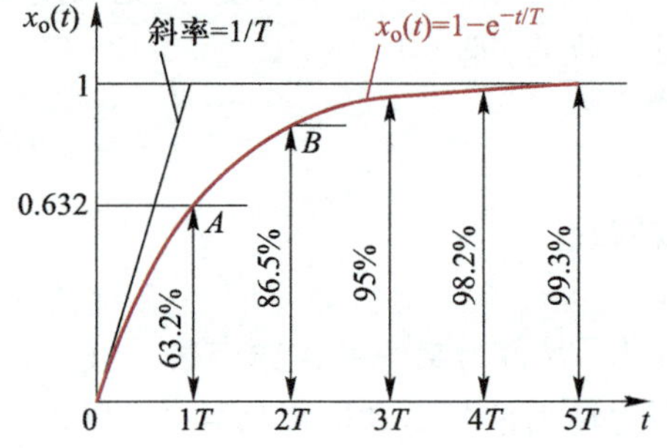

图 3.1　一阶惯性环节的单位阶跃响应曲线

(3) 经过时间 $3T\sim4T$,响应曲线已达稳态值的 95%~98%,在工程上可以认为其瞬态响应过程基本结束,系统进入稳态过程。由此可见,时间常数 T 反映了一阶惯性环节的固有特性,其值越小,系统惯性越小,响应越快。

(4) 因为

$$\left.\frac{dx_o(t)}{dt}\right|_{t=0}=\left.\frac{1}{T}e^{-\frac{1}{T}t}\right|_{t=0}=\frac{1}{T}$$

所以,在 $t=0$ 处,响应曲线的切线斜率为$\frac{1}{T}$。

(5) 将式(3.4)改写为

$$e^{-\frac{1}{T}t}=1-x_o(t)$$

两边取对数,得

$$\left(-\frac{1}{T}\lg e\right)t=\lg[1-x_o(t)]$$

式中:$-\frac{1}{T}\lg e$——常数。

由上式可知，$\lg[1-x_o(t)]$与时间 t 为线性比例关系，以时间 t 为横坐标，$\lg[1-x_o(t)]$为纵坐标，则可以得到如图 3.2 所示的一条经过原点的直线。因此，可以得出如下的一阶惯性环节的识别方法：通过实测得出某系统的单位阶跃响应 $x_o(t)$，将值$[1-x_o(t)]$标在半对数坐标纸上，如果得出一条直线，则可以认为该系统为一阶惯性环节。

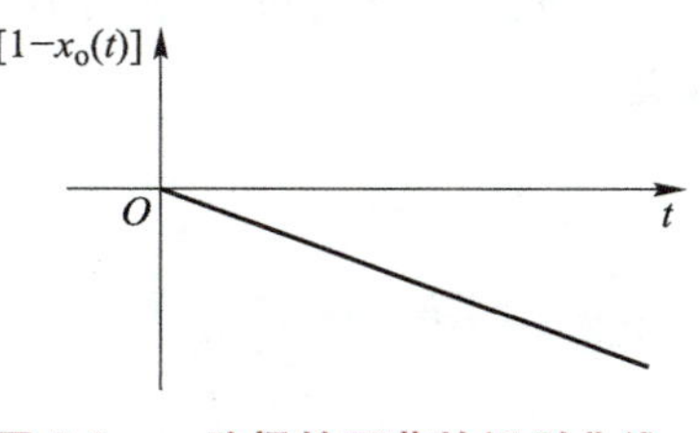

图 3.2　一阶惯性环节的识别曲线

3.2.2　一阶惯性环节的单位速度响应

系统在单位速度信号作用下的输出称为单位速度响应。单位速度信号 $x_i(t)=t$ 的拉氏变换为 $X_i(s)=\dfrac{1}{s^2}$，则一阶惯性环节在单位速度信号作用下的输出的拉氏变换为

$$X_o(s)=G(s)X_i(s)=\frac{1}{Ts+1}\cdot\frac{1}{s^2}=\frac{1}{s^2}-\frac{T}{s}+\frac{T}{s+\dfrac{1}{T}}$$

将上式进行拉氏逆变换，得出一阶惯性环节的单位速度响应为

$$x_o(t)=\mathscr{L}^{-1}[X_o(s)]=t-T+Te^{-\frac{1}{T}t}\quad(t\geqslant 0)\tag{3.5}$$

根据式(3.5)，可以求得其单位速度响应曲线，如图 3.3 所示，仍是一条单调上升的指数曲线。

一阶惯性环节在单位速度信号作用下的输入 $x_i(t)$ 与输出$x_o(t)$之间的误差 $e(t)$ 为

$$\begin{aligned}e(t)=x_i(t)-x_o(t)&=t-\left(t-T+Te^{-\frac{1}{T}t}\right)\\&=T\left(1-e^{-\frac{1}{T}t}\right)\end{aligned}$$

则有$\lim\limits_{t\to\infty}e(t)=T$。这就是说，一阶惯性环节在单位速度信号作用下的稳态误差为 T。显然，时间常数 T 越小，其稳态误差就越小。

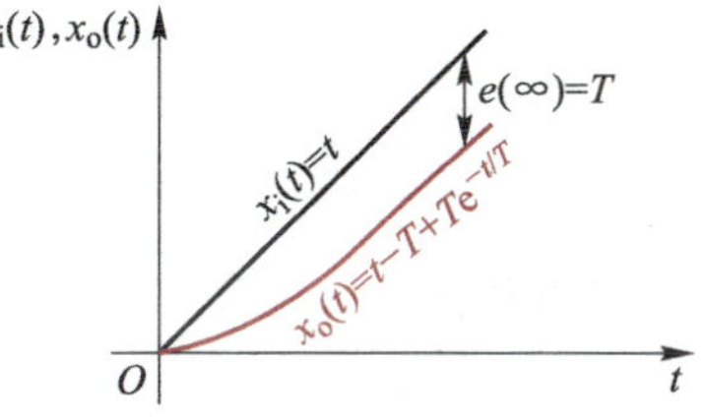

图 3.3　一阶惯性环节的单位速度响应曲线

3.2.3　一阶惯性环节的单位脉冲响应

系统在单位脉冲信号作用下的输出称为单位脉冲响应。单位脉冲信号 $x_i(t)=\delta(t)$ 的拉氏变换为 $X_i(s)=1$，则一阶惯性环节在单位脉冲信号作用下的输出的拉氏变换为

$$X_o(s)=G(s)X_i(s)=\frac{1}{Ts+1}\cdot 1=\frac{\dfrac{1}{T}}{s+\dfrac{1}{T}}$$

将上式进行拉氏逆变换，得出一阶惯性环节的单位脉冲响应为

$$x_o(t)=\mathscr{L}^{-1}[X_o(s)]=\frac{1}{T}e^{-\frac{1}{T}t}\quad(t\geqslant 0)\tag{3.6}$$

根据式(3.6),可以求得其单位脉冲响应曲线,如图 3.4 所示,它是一条单调下降的指数曲线。

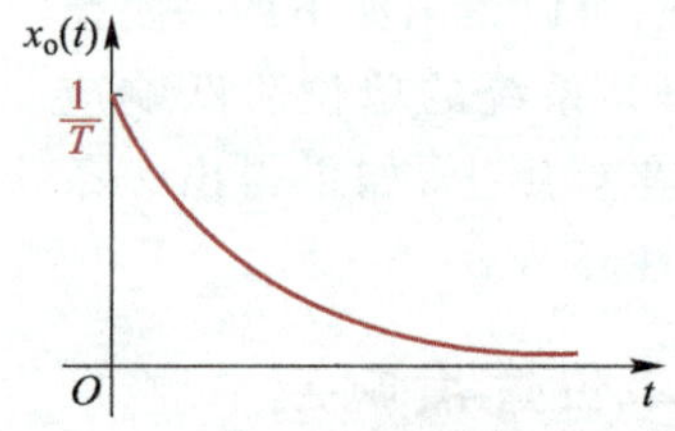

图 3.4 一阶惯性环节的单位脉冲响应曲线

3.2.4 线性定常系统时间响应的性质

已知单位脉冲信号 $\delta(t)$、单位阶跃信号 $1(t)$ 以及单位速度信号 t 之间的关系为

$$\left.\begin{aligned} \delta(t) &= \frac{\mathrm{d}}{\mathrm{d}t}[1(t)] \\ 1(t) &= \frac{\mathrm{d}}{\mathrm{d}t}t \end{aligned}\right\} \tag{3.7}$$

又已知一阶惯性环节在这三种典型输入信号作用下的时间响应分别为

$$x_{o\delta}(t) = \frac{1}{T}\mathrm{e}^{-\frac{1}{T}t}$$

$$x_{o1}(t) = 1 - \mathrm{e}^{-\frac{1}{T}t}$$

$$x_{ot}(t) = t - T + T\mathrm{e}^{-\frac{1}{T}t}$$

显然可以得出

$$\left.\begin{aligned} x_{o\delta}(t) &= \frac{\mathrm{d}}{\mathrm{d}t}[x_{o1}(t)] \\ x_{o1}(t) &= \frac{\mathrm{d}}{\mathrm{d}t}[x_{ot}(t)] \end{aligned}\right\} \tag{3.8}$$

由式(3.7)和式(3.8)可见,单位脉冲、单位阶跃和单位速度三个典型输入信号之间存在着微分和积分的关系,而且一阶惯性环节的单位脉冲响应、单位阶跃响应和单位速度响应之间也存在着同样的微分和积分的关系。因此,系统对输入信号导数的响应,可以通过系统对该输入信号响应的导数来求得;而系统对输入信号积分的响应,可以通过系统对该输入信号响应的积分来求得,其积分常数由初始条件确定。这是线性定常系统时间响应的一个重要性质,即如果系统的输入信号存在微分和积分关系,则系统的时间响应也存在对应的微分和积分关系。

3.3 二阶系统的时间响应

凡是能够用二阶微分方程描述的系统称为二阶系统。从物理上讲,二阶系统总包含两个独立的储能元件,能量在两个元件之间交换,使系统具有往复振荡的趋势。当阻尼不够充分大时,系统呈现出振荡的特性，所以二阶系统也称为二阶振荡环节。二阶系统对控制工程来说是非常重要的，因为很多实际控制系统都是二阶系统，而且许多高阶系统在一定条件下也可以将其简化为二阶系统来近似求解。因此，分析二阶系统的时间响应及其特性具有重要的实际意义。

二阶系统的典型传递函数为

$$G(s)=\frac{X_o(s)}{X_i(s)}=\frac{1}{T^2s^2+2\zeta Ts+1}$$

式中：T——时间常数，也称为无阻尼自由振荡周期；

ζ——阻尼比。

令 $\omega_n=\frac{1}{T}$，ω_n 称为二阶系统的无阻尼固有频率，或称自然频率，则二阶系统的典型传递函数又可以写为

$$G(s)=\frac{X_o(s)}{X_i(s)}=\frac{\omega_n^2}{s^2+2\zeta\omega_n s+\omega_n^2}$$

二阶系统的特征方程为

$$s^2+2\zeta\omega_n s+\omega_n^2=0$$

有两个极点

$$s_{1,2}=-\zeta\omega_n\pm\omega_n\sqrt{\zeta^2-1}$$

显然，二阶系统的极点与二阶系统的阻尼比 ζ 和固有频率 ω_n 有关，尤其是阻尼比 ζ 更为重要。随着阻尼比 ζ 取值的不同，二阶系统的极点也各不相同。

（1）当 $0<\zeta<1$ 时，二阶系统称为欠阻尼系统，其特征方程的根是一对共轭复根，即系统具有一对共轭复数极点

$$s_{1,2}=-\zeta\omega_n\pm j\omega_n\sqrt{1-\zeta^2}$$

令 $\omega_d=\omega_n\sqrt{1-\zeta^2}$，$\omega_d$ 称为有阻尼振荡角频率，则有

$$s_{1,2}=-\zeta\omega_n\pm j\omega_d$$

（2）当 $\zeta=1$ 时，二阶系统称为临界阻尼系统，其特征方程的根是两个相等的负实根，即系统具有两个相等的负实数极点

$$s_{1,2}=-\omega_n$$

（3）当 $\zeta>1$ 时，二阶系统称为过阻尼系统，其特征方程的根是两个不相等的负实根，即系统具有两个不相等的负实数极点

$$s_{1,2}=-\zeta\omega_n\pm\omega_n\sqrt{\zeta^2-1}$$

（4）当 $\zeta=0$ 时，二阶系统称为零阻尼系统，其特征方程的根是一对共轭虚根，即系统具有一对共轭虚数极点

$$s_{1,2}=\pm j\omega_n$$

（5）当 $\zeta<0$ 时，二阶系统称为负阻尼系统，此时系统不稳定。

3.3.1 二阶系统的单位阶跃响应

单位阶跃信号 $x_i(t)=1(t)$ 的拉氏变换为 $X_i(s)=\dfrac{1}{s}$，则二阶系统在单位阶跃信号作用下的输出的拉氏变换为

$$X_o(s)=G(s)X_i(s)=\frac{\omega_n^2}{s(s^2+2\zeta\omega_n s+\omega_n^2)}$$

将上式进行拉氏逆变换，得出二阶系统的单位阶跃响应为

$$x_o(t)=\mathscr{L}^{-1}[X_o(s)]=\mathscr{L}^{-1}\left[\frac{\omega_n^2}{s(s^2+2\zeta\omega_n s+\omega_n^2)}\right] \tag{3.9}$$

下面根据阻尼比 ζ 的不同取值情况来分析二阶系统的单位阶跃响应。

1. 欠阻尼状态 $(0<\zeta<1)$

在欠阻尼状态下，二阶系统传递函数的特征方程的根是一对共轭复根，则二阶系统在单位阶跃信号作用下的输出的拉氏变换可展开成部分分式，由例 2.2 可得

$$\begin{aligned}X_o(s)&=\frac{\omega_n^2}{s(s^2+2\zeta\omega_n s+\omega_n^2)}\\&=\frac{1}{s}-\frac{s+\zeta\omega_n}{(s+\zeta\omega_n)^2+\omega_d^2}-\frac{\zeta}{\sqrt{1-\zeta^2}}\cdot\frac{\omega_d}{(s+\zeta\omega_n)^2+\omega_d^2}\end{aligned}$$

式中，$\omega_d=\omega_n\sqrt{1-\zeta^2}$。

将上式进行拉氏逆变换，得出二阶系统在欠阻尼状态时的单位阶跃响应为

$$x_o(t)=1-e^{-\zeta\omega_n t}\cos(\omega_d t)-\frac{\zeta}{\sqrt{1-\zeta^2}}e^{-\zeta\omega_n t}\sin(\omega_d t)$$

即

$$x_o(t)=1-\frac{e^{-\zeta\omega_n t}}{\sqrt{1-\zeta^2}}\left[\sqrt{1-\zeta^2}\cos(\omega_d t)+\zeta\sin(\omega_d t)\right]\quad(t\geqslant 0) \tag{3.10}$$

令 $\tan\varphi=\dfrac{\sqrt{1-\zeta^2}}{\zeta}$，根据图 3.5 的关系可知，$\sin\varphi=\sqrt{1-\zeta^2}$，$\cos\varphi=\zeta$，则有

$$\begin{aligned}&\sqrt{1-\zeta^2}\cos(\omega_d t)+\zeta\sin(\omega_d t)\\&=\sin\varphi\cos(\omega_d t)+\cos\varphi\sin(\omega_d t)=\sin(\omega_d t+\varphi)\end{aligned}$$

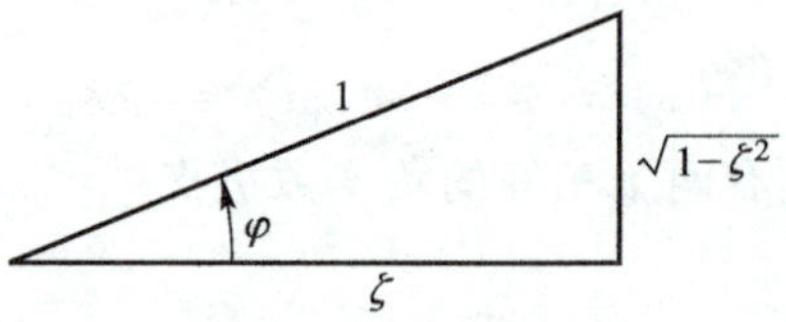

图 3.5 ζ 与 φ 的关系

所以，式(3.10)可以写成

$$x_o(t)=1-\frac{e^{-\zeta\omega_n t}}{\sqrt{1-\zeta^2}}\sin(\omega_d t+\varphi)\quad(t\geqslant 0) \tag{3.11}$$

其中，$\varphi=\arctan\dfrac{\sqrt{1-\zeta^2}}{\zeta}$。

二阶系统在欠阻尼状态下的单位阶跃响应曲线如图 3.6 所示，它是一条以 ω_d 为频率的衰减振荡曲线。从图中可以看出，随着阻尼比 ζ 的减小，其振荡幅值增大。

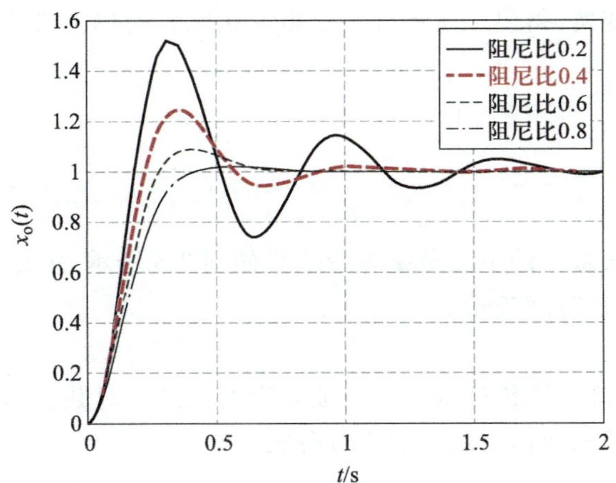

图 3.6　欠阻尼二阶系统单位阶跃响应曲线

2. 临界阻尼状态($\zeta=1$)

在临界阻尼状态下,二阶系统传递函数的特征方程的根是二重负实根,则二阶系统在单位阶跃信号作用下的输出的拉氏变换可展开成部分分式,由例2.4可得

$$X_o(s)=\frac{\omega_n^2}{s(s^2+2\omega_n s+\omega_n^2)}$$

$$=\frac{\omega_n^2}{s(s+\omega_n)^2}=\frac{1}{s}-\frac{1}{s+\omega_n}-\frac{\omega_n}{(s+\omega_n)^2}$$

将上式进行拉氏逆变换,得出二阶系统在临界阻尼状态时的单位阶跃响应为

$$x_o(t)=1-e^{-\omega_n t}-\omega_n t e^{-\omega_n t}$$

即

$$x_o(t)=1-e^{-\omega_n t}(1+\omega_n t)\quad(t\geqslant 0)\tag{3.12}$$

二阶系统在临界阻尼状态下的单位阶跃响应曲线如图 3.7 所示,它是一条无振荡、无超调的单调上升曲线。

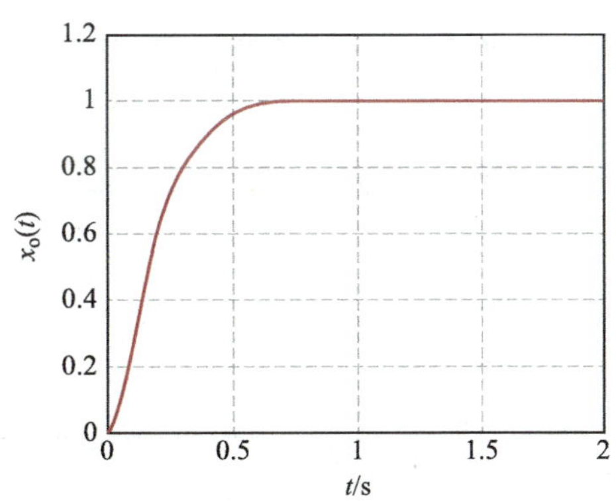

图 3.7　临界阻尼二阶系统的单位阶跃响应曲线

3. 过阻尼状态($\zeta>1$)

在过阻尼状态下,二阶系统传递函数的特征方程的根是两个不相等的负实根,则二阶系统在单位阶跃信号作用下的输出的拉氏变换可展开成部分分式

$$X_o(s)=\frac{\omega_n^2}{s(s^2+2\zeta\omega_n s+\omega_n^2)}$$

$$=\frac{1}{s}-\frac{1}{2(1+\zeta\sqrt{\zeta^2-1}-\zeta^2)(s+\zeta\omega_n-\omega_n\sqrt{\zeta^2-1})}-$$

$$\frac{1}{2(1-\zeta\sqrt{\zeta^2-1}-\zeta^2)(s+\zeta\omega_n+\omega_n\sqrt{\zeta^2-1})}$$

将上式进行拉氏逆变换，得出二阶系统在过阻尼状态时的单位阶跃响应为

$$x_o(t)=1-\frac{1}{2(1+\zeta\sqrt{\zeta^2-1}-\zeta^2)}e^{-(\zeta-\sqrt{\zeta^2-1})\omega_n t}-\frac{1}{2(1-\zeta\sqrt{\zeta^2-1}-\zeta^2)}e^{-(\zeta+\sqrt{\zeta^2-1})\omega_n t}\quad(t\geqslant 0)\tag{3.13}$$

二阶系统在过阻尼状态下的单位阶跃响应曲线如图 3.8 所示，仍是一条无振荡、无超调的单调上升曲线，而且过渡过程时间较长。

4. 无阻尼状态（$\zeta=0$）

在无阻尼状态下，二阶系统传递函数的特征方程的根是一对共轭虚根，则二阶系统在单位阶跃信号作用下的输出的拉氏变换可展开成部分分式

$$X_o(s)=\frac{\omega_n^2}{s(s^2+\omega_n^2)}=\frac{1}{s}-\frac{s}{s^2+\omega_n^2}$$

将上式进行拉氏逆变换，得出二阶系统在无阻尼状态时的单位阶跃响应为

$$x_o(t)=1-\cos(\omega_n t)\quad(t\geqslant 0)\tag{3.14}$$

二阶系统在零阻尼状态下的单位阶跃响应曲线如图 3.9 所示，它是一条无阻尼等幅振荡曲线。

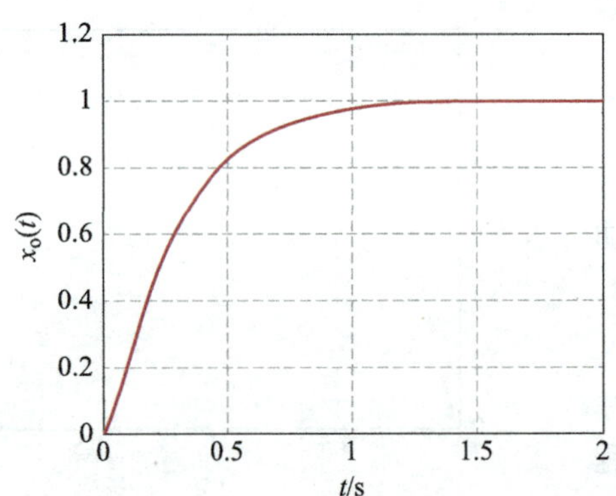

图 3.8　过阻尼（$\zeta=1.5$）二阶系统的单位阶跃响应曲线

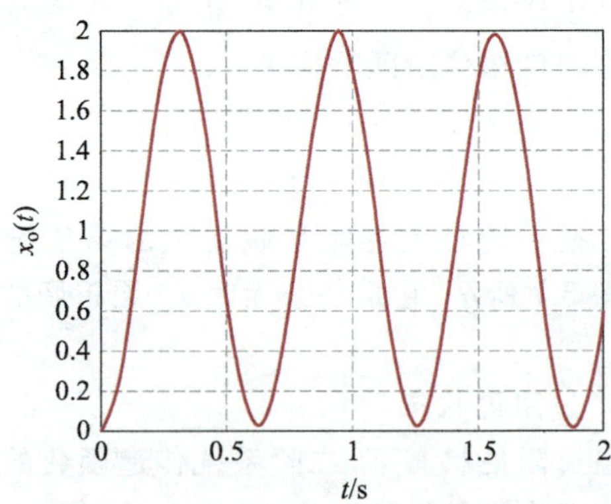

图 3.9　零阻尼二阶系统的单位阶跃响应曲线

5. 负阻尼状态（$\zeta<0$）

在负阻尼状态下，考察式（3.11）

$$x_o(t)=1-\frac{e^{-\zeta\omega_n t}}{\sqrt{1-\zeta^2}}\sin(\omega_d t+\varphi)\qquad(t\geqslant 0)$$

当 $\zeta<0$ 时，有 $-\zeta\omega_n t>0$，因此当 $t\to\infty$ 时，$e^{-\zeta\omega_n t}\to\infty$，这说明 $x_o(t)$ 是发散的。也就是说，当 $\zeta<0$ 时，系统的输出无法达到与输入形式一致的稳定状态。所以负阻尼的二阶系统不能正常工作，称为不稳定的系统。

综上所述，二阶系统的单位阶跃响应就其振荡特性而言，当 $\zeta<0$ 时，系统是发散的，将引起系统不稳定，应当避免产生。当 $\zeta\geqslant 1$ 时，响应不存在超调，没有振荡，但过渡过程时间较长。当 $0<\zeta<1$ 时，产生振荡，且 ζ 越小，振荡越严重，当 $\zeta=0$ 时出现等幅振荡。但就响应的快速性而言，ζ 越小，响应越快。也就是说，阻尼比 ζ 过大或过小都会带来某一方面的问题。对于欠阻尼二阶系统，如果阻尼比 ζ 为 0.4~0.8，其响应曲线能较快地达到稳态值，同时振荡也不严重。因此对于二阶系统，除了一些不允许产生振荡的应用情况外，通常希望系统既有相当的快速性，又有足够的阻尼使其只有一定程度的振荡，因此实际的工程系统常常设计成欠阻尼状态，且阻尼比 ζ 选择为 0.4~0.8 为宜。过阻尼状态响应迟缓，在实际控制系统中几乎不采用。

此外，当阻尼比 ζ 一定时，固有频率 ω_n 越大，系统能更快达到稳定值，响应的快速性越好。

二阶系统对单位脉冲、单位速度输入信号的时间响应，其分析方法相同，这里不再作详细说明，仅将它们的响应表达式列于表 3.2 中。

表 3.2　二阶系统典型输入信号的时间响应

输入信号	阻尼比	时间响应函数
单位阶跃函数	$\zeta>1$	$x_o(t)=1-\dfrac{1}{2(1+\zeta\sqrt{\zeta^2-1}-\zeta^2)}e^{-(\zeta-\sqrt{\zeta^2-1})\omega_n t}-\dfrac{1}{2(1-\zeta\sqrt{\zeta^2-1}-\zeta^2)}e^{-(\zeta+\sqrt{\zeta^2-1})\omega_n t}\quad(t\geqslant 0)$
	$\zeta=1$	$x_o(t)=1-e^{-\omega_n t}(1+\omega_n t)\quad(t\geqslant 0)$
	$0<\zeta<1$	$x_o(t)=1-\dfrac{e^{-\zeta\omega_n t}}{\sqrt{1-\zeta^2}}\sin(\omega_d t+\varphi)\quad(t\geqslant 0)$ $\omega_d=\omega_n\sqrt{1-\zeta^2},\ \varphi=\arctan\dfrac{\sqrt{1-\zeta^2}}{\zeta}$
	$\zeta=0$	$x_o(t)=1-\cos\omega_n t\quad(t\geqslant 0)$
单位脉冲函数	$\zeta>1$	$x_o(t)=\dfrac{\omega_n}{2\sqrt{\zeta^2-1}}[e^{-(\zeta-\sqrt{\zeta^2-1})\omega_n t}-e^{-(\zeta+\sqrt{\zeta^2-1})\omega_n t}]\quad(t\geqslant 0)$
	$\zeta=1$	$x_o(t)=\omega_n^2 te^{-\omega_n t}\quad(t\geqslant 0)$
	$0<\zeta<1$	$x_o(t)=\dfrac{\omega_n}{\sqrt{1-\zeta^2}}e^{-\zeta\omega_n t}\sin(\omega_d t)\quad(t\geqslant 0)$ $\omega_d=\omega_n\sqrt{1-\zeta^2}$
	$\zeta=0$	$x_o(t)=\omega_n\sin(\omega_n t)\quad(t\geqslant 0)$

续表

输入信号	阻尼比	时间响应函数
单位速度函数	$\zeta>1$	$x_o(t)=t-\dfrac{2\zeta}{\omega_n}+\dfrac{2\zeta^2-1+2\zeta\sqrt{\zeta^2-1}}{2\omega_n\sqrt{\zeta^2-1}}e^{-(\zeta-\sqrt{\zeta^2-1})\omega_n t}-\dfrac{2\zeta^2-1-2\zeta\sqrt{\zeta^2-1}}{2\omega_n\sqrt{\zeta^2-1}}e^{-(\zeta+\sqrt{\zeta^2-1})\omega_n t}\quad(t\geqslant0)$
	$\zeta=1$	$x_o(t)=t-\dfrac{2}{\omega_n}+\dfrac{2}{\omega_n}\left(1+\dfrac{\omega_n t}{2}\right)e^{-\omega_n t}\quad(t\geqslant0)$
	$0<\zeta<1$	$x_o(t)=t-\dfrac{2\zeta}{\omega_n}+\dfrac{e^{-\omega_n t}}{\omega_d}\sin(\omega_d t+\varphi)\quad(t\geqslant0)$ $\omega_d=\omega_n\sqrt{1-\zeta^2},\ \varphi=\arctan\dfrac{2\zeta\sqrt{1-\zeta^2}}{2\zeta^2-1}$
	$\zeta=0$	$x_o(t)=t-\dfrac{1}{\omega_n}\sin(\omega_n t)\quad(t\geqslant0)$

例 3.1 已知系统的传递函数为 $G(s)=\dfrac{2s+1}{s^2+2s+1}$，试求系统的单位阶跃响应和单位脉冲响应。

解 (1) 当单位阶跃信号输入时，$x_i(t)=1(t)$，$X_i(s)=\dfrac{1}{s}$，则系统在单位阶跃信号作用下输出的拉氏变换为

$$X_o(s)=G(s)X_i(s)=\frac{2s+1}{s(s^2+2s+1)}=\frac{1}{s}+\frac{1}{(s+1)^2}-\frac{1}{s+1}$$

将上式进行拉氏逆变换，得出系统的单位阶跃响应为

$$x_o(t)=\mathscr{L}^{-1}[X_o(s)]=1+te^{-t}-e^{-t}$$

(2) 当单位脉冲信号输入时，$x_i(t)=\delta(t)$，由式(3.7)可知，$\delta(t)=\dfrac{d}{dt}[1(t)]$，根据线性定常系统时间响应的性质，如果系统的输入信号存在微分关系，则系统的时间响应也存在对应的微分关系，因此系统的单位阶跃响应为

$$x_o(t)=\frac{d}{dt}[1+te^{-t}-e^{-t}]=2e^{-t}-te^{-t}$$

3.3.2 二阶系统的性能指标

1. 控制系统的时域性能指标

对控制系统的基本要求是其响应的稳定性、准确性和快速性。控制系统的性能指标是评价系统动态品质的定量指标，是系统定量分析的基础。性能指标往往用几个特征量来表示，既可以

在时域提出，也可以在频域提出。时域性能指标比较直观，是以系统对单位阶跃输入信号的时间响应形式给出的，如图 3.10 所示，主要有上升时间 t_r、峰值时间 t_p、最大超调量 M_p、调整时间 t_s 以及振荡次数 N 等。

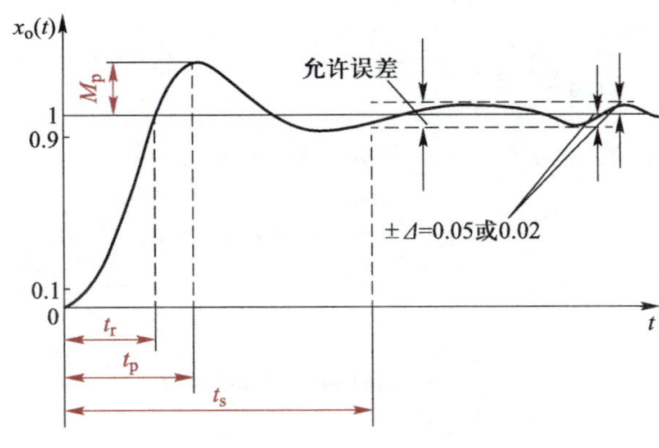

图 3.10 控制系统的时域性能指标

（1）上升时间 t_r

响应曲线从零时刻出发首次到达稳态值所需的时间称为上升时间 t_r。对于没有超调的系统，从理论上讲，其响应曲线到达稳态值的时间需要无穷大，因此一般将其上升时间 t_r 定义为响应曲线从稳态值的 10%上升到稳态值的 90%所需的时间。

（2）峰值时间 t_p

响应曲线从零时刻出发超过稳态值到达第一个峰值所需的时间称为峰值时间 t_p。

（3）最大超调量 M_p

响应曲线的最大峰值与稳态值的差称为最大超调量 M_p，即

$$M_p = x_o(t_p) - x_o(\infty)$$

或者用百分数（%）表示

$$M_p = \frac{x_o(t_p) - x_o(\infty)}{x_o(\infty)} \times 100\%$$

（4）调整时间 t_s

在响应曲线的稳态值上，用稳态值的±Δ 作为允许误差范围，响应曲线到达并将永远保持在这一允许误差范围内所需的时间称为调整时间 t_s。允许误差范围±Δ 一般取稳态值的±5%或±2%。

（5）振荡次数 N

振荡次数 N 在调整时间 t_s 内定义，实测时可按响应曲线穿越稳态值的次数的一半来计数。

在以上各项性能指标中，上升时间 t_r、峰值时间 t_p 和调整时间 t_s 反映系统时间响应的快速性，而最大超调量 M_p 和振荡次数 N 则反映系统时间响应的平稳性。

2. 二阶系统的时域性能指标

过阻尼状态的二阶系统，其传递函数可看作两个一阶惯性环节的串联。因此，对于二阶系统，最重要的是研究欠阻尼状态的情况。下面推导在欠阻尼状态下，二阶系统各项时域性能指标的计算公式。

(1) 上升时间 t_r

二阶系统在欠阻尼状态下的单位阶跃响应由式(3.11)给出,即

$$x_o(t) = 1 - \frac{e^{-\zeta\omega_n t}}{\sqrt{1-\zeta^2}}\sin(\omega_d t + \varphi) \qquad (t \geqslant 0)$$

其中,$\omega_d = \omega_n\sqrt{1-\zeta^2}$, $\varphi = \arctan\frac{\sqrt{1-\zeta^2}}{\zeta}$。

根据上升时间 t_r 的定义,有 $x_o(t_r) = 1$,代入上式,可得

$$1 = 1 - \frac{e^{-\zeta\omega_n t_r}}{\sqrt{1-\zeta^2}}\sin(\omega_d t_r + \varphi)$$

即

$$\frac{e^{-\zeta\omega_n t_r}}{\sqrt{1-\zeta^2}}\sin(\omega_d t_r + \varphi) = 0$$

因为 $e^{-\zeta\omega_n t_r} \neq 0$,且 $0<\zeta<1$,所以必须

$$\sin(\omega_d t_r + \varphi) = 0$$

故有

$$\omega_d t_r + \varphi = k\pi, \quad k = 0, \pm 1, \pm 2, \cdots$$

由于 t_r 被定义为第一次到达稳态值的时间,因此上式中应取 $k=1$,于是得

$$t_r = \frac{\pi - \varphi}{\omega_d} \tag{3.15}$$

将 $\omega_d = \omega_n\sqrt{1-\zeta^2}$,$\varphi = \arctan\frac{\sqrt{1-\zeta^2}}{\zeta}$代入上式,得

$$t_r = \frac{\pi - \arctan\frac{\sqrt{1-\zeta^2}}{\zeta}}{\omega_n\sqrt{1-\zeta^2}} \tag{3.16}$$

由上式可见,当 ζ 一定时,ω_n 增大,t_r 就减小;当 ω_n 一定时,ζ 增大,t_r 就增大。

(2) 峰值时间 t_p

根据峰值时间 t_p 的定义,有$\left.\frac{dx_o(t)}{dt}\right|_{t=t_p} = 0$,将式(3.11)求导并代入 t_p 可得

$$\frac{\zeta\omega_n}{\sqrt{1-\zeta^2}}e^{-\zeta\omega_n t_p}\sin(\omega_d t_p + \varphi) - \frac{\omega_d}{\sqrt{1-\zeta^2}}e^{-\zeta\omega_n t_p}\cos(\omega_d t_p + \varphi) = 0$$

因为 $e^{-\zeta\omega_n t_p} \neq 0$,且 $0<\zeta<1$,所以

$$\tan(\omega_d t_p + \varphi) = \frac{\omega_d}{\zeta\omega_n} = \frac{\sqrt{1-\zeta^2}}{\zeta} = \tan\varphi$$

从而有

$$\omega_d t_p + \varphi = \varphi + k\pi, \quad k = 0, \pm 1, \pm 2, \cdots$$

由于 t_p 被定义为到达第一个峰值的时间,因此上式中应取 $k=1$,于是得

$$t_p = \frac{\pi}{\omega_d} = \frac{\pi}{\omega_n\sqrt{1-\zeta^2}} \tag{3.17}$$

由此式可见，当 ζ 一定时，ω_n 增大，t_p 就减小；当 ω_n 一定时，ζ 增大，t_p 就增大。t_p 与 t_r 随 ω_n 和 ζ 的变化规律相同。

将有阻尼振荡周期 T_d 定义为 $T_d=\frac{2\pi}{\omega_d}=\frac{2\pi}{\omega_n\sqrt{1-\zeta^2}}$，则峰值时间 t_p 是有阻尼振荡周期 T_d 的一半。

(3) 最大超调量 M_p

根据最大超调量 M_p 的定义，有 $M_p=x_o(t_p)-1$，将峰值时间 $t_p=\frac{\pi}{\omega_d}$ 代入，整理后可得

$$M_p = e^{-\frac{\zeta\pi}{\sqrt{1-\zeta^2}}} \tag{3.18}$$

由此式可见，最大超调量 M_p 只与系统的阻尼比 ζ 有关，而与固有频率 ω_n 无关，所以 M_p 是系统阻尼特性的描述。因此，当二阶系统的阻尼比 ζ 确定后，就可以求出相应的最大超调量 M_p；反之，如果给定系统所要求的最大超调量 M_p，则可以由它来确定相应的阻尼比 ζ。M_p 与 ζ 的关系如表 3.3 所示。

表 3.3　不同阻尼比的最大超调量

ζ	0	0.1	0.2	0.3	0.4	0.5	0.6	0.7	0.8	0.9	1
M_p/%	100	72.9	52.7	37.2	25.4	16.3	9.5	4.6	1.5	0.2	0

由式(3.18)和表 3.3 可知，阻尼比 ζ 越大，则最大超调量 M_p 就越小，系统的平稳性就越好。当取 $\zeta=0.4\sim0.8$ 时，相应的 $M_p=(25.4\sim1.5)\%$。

(4) 调整时间 t_s

在欠阻尼状态下，二阶系统的单位阶跃响应是幅值随时间按指数衰减的振荡过程，响应曲线的幅值包络线为 $1\pm\frac{e^{-\zeta\omega_n t}}{\sqrt{1-\zeta^2}}$，整个响应曲线总是包容在这一对包络线之内，同时，这两条包络线对称于响应特性的稳态值，如图 3.11 所示。响应曲线的调整时间 t_s 可以近似地认为是响应曲线的幅值包络线进入允许误差范围±Δ 之内的时间，因此有

$$1 \pm \frac{e^{-\zeta\omega_n t_s}}{\sqrt{1-\zeta^2}} = 1 \pm \Delta$$

也即

$$\frac{e^{-\zeta\omega_n t_s}}{\sqrt{1-\zeta^2}} = \Delta$$

或写成

$$e^{-\zeta\omega_n t_s} = \Delta\sqrt{1-\zeta^2}$$

将上式两边取对数，可得

$$t_s = \frac{-\ln\Delta - \ln\sqrt{1-\zeta^2}}{\zeta\omega_n} \tag{3.19}$$

在欠阻尼状态下，当 $0<\zeta<0.7$ 时，$0<-\ln\sqrt{1-\zeta^2}<0.34$；而 $0.02<\Delta<0.05$ 时，$3<-\ln\Delta<4$。因此，

$-\ln\sqrt{1-\zeta^2}$相对于$-\ln\Delta$可以忽略不计，所以有

$$t_s=\frac{-\ln\Delta}{\zeta\omega_n} \tag{3.20}$$

故取$\Delta=0.05$时，$t_s=\dfrac{3}{\zeta\omega_n}$；取$\Delta=0.02$时，$t_s=\dfrac{4}{\zeta\omega_n}$。

当ζ一定时，ω_n越大，t_s就越小，即系统的响应速度就越快。若ω_n一定，以ζ为自变量，对t_s求极值，当$\zeta=0.707$时，t_s为极小值，即系统的响应速度最快；而当$\zeta<0.707$时，ζ越小则t_s越大；当$\zeta>0.707$时，ζ越大则t_s越大。

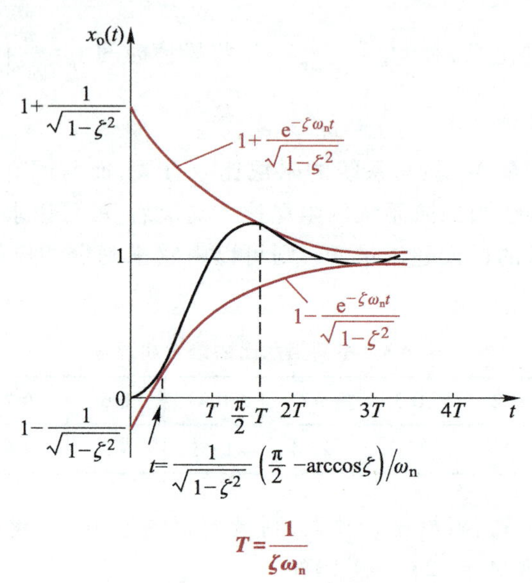

图 3.11 欠阻尼二阶系统单位阶跃响应曲线的幅值包络线

（5）振荡次数 N

根据振荡次数N的定义，振荡次数N可以用调整时间t_s除以有阻尼振荡周期T_d来近似地求得，即

$$N=\frac{t_s}{T_d}=t_s\cdot\frac{\omega_n\sqrt{1-\zeta^2}}{2\pi} \tag{3.21}$$

取$\Delta=0.05$时，$t_s=\dfrac{3}{\zeta\omega_n}$，$N=\dfrac{3\sqrt{1-\zeta^2}}{2\zeta\pi}$；取$\Delta=0.02$时，$t_s=\dfrac{4}{\zeta\omega_n}$，$N=\dfrac{2\sqrt{1-\zeta^2}}{\zeta\pi}$。由此可见，振荡次数$N$只与系统的阻尼比$\zeta$有关，而与固有频率$\omega_n$无关。阻尼比$\zeta$越大，振荡次数$N$越小，系统的平稳性就越好。所以，振荡次数$N$也直接反映了系统的阻尼特性。

综上所述，二阶系统的固有频率ω_n和阻尼比ζ与系统过渡过程的性能有着密切的关系。要使二阶系统具有满意的动态性能，必须选取合适的固有频率ω_n和阻尼比ζ。增大阻尼比ζ，可以减弱系统的振荡性能，即减小最大超调量M_p和振荡次数N，但是增大了上升时间t_r和峰值时间t_p。如果阻尼比ζ过小，系统的平稳性又不能符合要求。所以，通常要根据所允许的最大超调量M_p来选择阻尼比ζ。一般先选择阻尼比ζ为0.4~0.8，然后再调整固有频率ω_n的值以改变瞬态

响应时间。当阻尼比 ζ 一定时，固有频率 ω_n 越大，系统响应的快速性越好，即上升时间 t_r、峰值时间 t_p 和调整时间 t_s 越小。

关于系统的准确性和稳定性问题，将在本章稍后论述。

例 3.2 图 3.12a 所示为一机械系统，当在质量 m 上施加 8.9 N 的阶跃力后，其位移的时间响应曲线如图 3.12b 所示，试求系统的质量 m、弹簧刚度系数 K 和黏性阻尼系数 B。

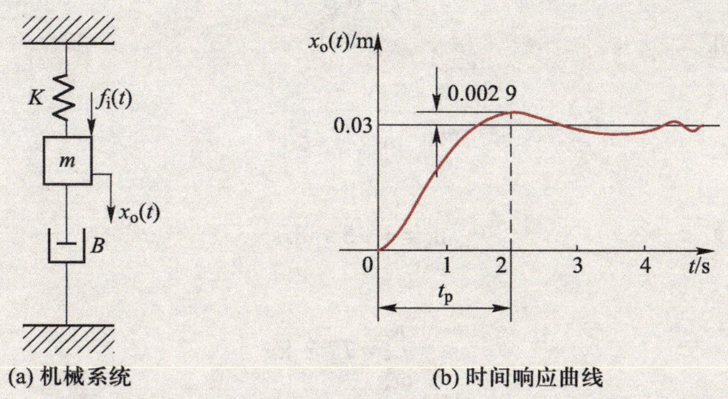

(a) 机械系统　　(b) 时间响应曲线

图 3.12　例 3.2 图

解　根据牛顿第二定律，列出系统的微分方程

$$m\frac{\mathrm{d}^2x_o(t)}{\mathrm{d}t^2}=f_i(t)-Kx_o(t)-B\frac{\mathrm{d}x_o(t)}{\mathrm{d}t}$$

在零初始条件下进行拉氏变换，整理后可得系统的传递函数

$$G(s)=\frac{X_o(s)}{F_i(s)}=\frac{1}{ms^2+Bs+K}=\frac{1}{K}\frac{\frac{K}{m}}{s^2+\frac{B}{m}s+\frac{K}{m}}$$

此系统为比例环节与二阶振荡环节的串联，其中

$$\frac{K}{m}=\omega_n^2$$

$$\frac{B}{m}=2\zeta\omega_n$$

已知系统的输入为阶跃力，其拉氏变换为

$$F_i(s)=\frac{8.9}{s}$$

又已知系统的稳态响应为

$$\lim_{t\to\infty}x_o(t)=0.03$$

根据拉氏变换的终值定理，有

$$\lim_{t\to\infty}x_o(t)=\lim_{s\to0}sX_o(s)=\lim_{s\to0}sG(s)F_i(s)=\lim_{s\to0}s\frac{1}{ms^2+Bs+K}\frac{8.9}{s}=0.03$$

可解得

$$K=297\ \text{N/m}$$

已知系统的最大超调量

$$M_p=e^{-\frac{\zeta\pi}{\sqrt{1-\zeta^2}}}=\frac{0.002\,9}{0.03}$$

可解得

$$\zeta=0.6$$

已知系统的峰值时间

$$t_p=\frac{\pi}{\omega_d}=\frac{\pi}{\omega_n\sqrt{1-\zeta^2}}=2\ \text{s}$$

可解得

$$\omega_n=1.96\ \text{rad/s}$$

则

$$m=\frac{K}{\omega_n^2}=77.3\ \text{kg}$$

$$B=2\zeta\omega_n m=181.8\ \text{N}\cdot\text{s/m}$$

3.4 高阶系统的时间响应

实际上,大量的系统都应该用高阶微分方程来描述。这种用高阶微分方程描述的系统称为高阶系统。一般来说,对于高阶系统的研究和分析是比较复杂的,这就要求在分析高阶系统时,抓住主要矛盾,忽略次要因素,使问题简化。

对于单输入单输出的线性定常高阶系统,其闭环传递函数 $\Phi(s)$ 一般可以表示为

$$\Phi(s)=\frac{X_o(s)}{X_i(s)}=\frac{b_0s^m+b_1s^{m-1}+\cdots+b_{m-1}s+b_m}{a_0s^n+a_1s^{n-1}+\cdots+a_{n-1}s+a_n}$$

$$=\frac{K\prod_{i=1}^{m}(s+z_i)}{\prod_{j=1}^{q}(s+p_j)\prod_{k=1}^{r}(s^2+2\zeta_k\omega_k s+\omega_k^2)}\quad(m\leqslant n,\ q+2r=n)$$

在单位阶跃信号 $X_i(s)=\frac{1}{s}$ 的作用下,该高阶系统的输出为

$$X_o(s)=\frac{K\prod_{i=1}^{m}(s+z_i)}{s\prod_{j=1}^{q}(s+p_j)\prod_{k=1}^{r}(s^2+2\zeta_k\omega_k s+\omega_k^2)}$$

如果其极点互不相同,则上式可以展开成部分分式的形式

$$X_o(s)=\frac{a}{s}+\sum_{j=1}^{q}\frac{a_j}{s+p_j}+\sum_{k=1}^{r}\frac{b_k(s+\zeta_k\omega_k)+c_k\omega_k\sqrt{1-\zeta_k^2}}{(s+\zeta_k\omega_k)^2+(\omega_k\sqrt{1-\zeta_k^2})^2}$$

其中，b_k、c_k 是与 $X_o(s)$ 在复数极点 $s_{k1,k2}=-\zeta_k\omega_k\pm j\omega_k\sqrt{1-\zeta_k^2}$ 处留数有关的常系数。

对上式进行拉氏逆变换，得该高阶系统的单位阶跃响应 $x_o(t)$ 为

$$x_o(t)=a+\sum_{j=1}^{q}a_je^{-p_jt}+\sum_{k=1}^{r}b_ke^{-\zeta_k\omega_kt}\cos(\omega_k\sqrt{1-\zeta_k^2}t)+\sum_{k=1}^{r}c_ke^{-\zeta_k\omega_kt}\sin(\omega_k\sqrt{1-\zeta_k^2}t)\quad(t\geqslant 0)\tag{3.22}$$

由上式可以看出，高阶系统的单位阶跃响应是由一阶系统的单位阶跃响应和二阶系统的单位阶跃响应叠加而成的。下面分析高阶系统单位阶跃响应的特点。

(1) 由式(3.22)可见，如果所有闭环极点都在[s]平面左半平面内，即所有闭环极点都具有负实部，也即 p_j 和 $\zeta_k\omega_k$ 都为正值，则随着时间 $t\to\infty$，指数项分量和阻尼指数项分量都将趋于零，则系统是稳定的，其稳态分量 $x_o(\infty)=a$。

(2) 由式(3.22)可见，高阶系统的各个闭环极点对系统时间响应的影响程度是不相同的。在[s]平面左半平面内，距离虚轴越远的极点，其负实部的绝对值就越大，也即 p_j 和 $\zeta_k\omega_k$ 的数值越大，与这些极点相对应的指数项分量和阻尼指数项分量衰减越快。因此，对高阶系统的时间响应进行近似分析时，可以忽略这些分量的影响。相反地，距离虚轴很近的极点则对系统的时间响应起主导作用，因而这种极点就被称为主导极点。在工程上，一般将高阶系统的闭环极点中周围没有闭环零点、距离虚轴最近、其实部的绝对值为其他极点实部绝对值的$\frac{1}{5}$或更小的极点作为主导极点。例如，某一系统的闭环极点在[s]平面上的分布如图 3.13a 所示，可见极点 s_1、s_2 即是系统的主导极点，图 3.13b 表示了该系统的单位脉冲响应的各个分量。

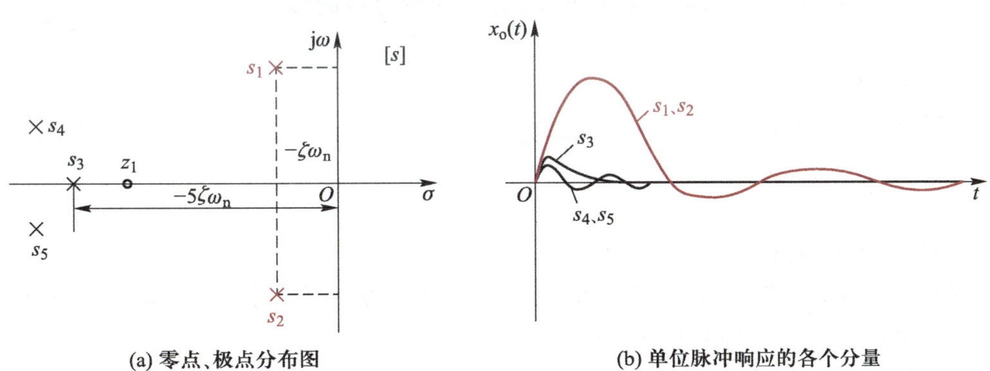

(a) 零点、极点分布图　　(b) 单位脉冲响应的各个分量

图 3.13　高阶系统的零点、极点分布及其单位脉冲响应的各个分量

(3) 由式(3.22)可见，高阶系统的各个闭环极点对系统时间响应的影响程度还取决于在各个闭环极点上留数的相对大小。如果有一对靠得很近的零点和极点，那么就会使此极点上的留数很小，这可以从计算留数的公式

$$a_j=\frac{K(s+z_1)(s+z_2)\cdots(s+z_m)}{s(s+p_1)(s+p_2)\cdots(s+p_j)(s+p_{j+1})\cdots(s+p_n)}(s+p_j)\bigg|_{s=-p_j}$$

中看出。所以，一对靠得很近的零点和极点，在输出量 $x_o(t)$ 中与该极点相对应的分量会很小而可以忽略，也即这一对靠得很近的零点和极点可以一起消掉，这种情况称为偶极子相消。经验指

出，如果闭环零点和极点之间的距离比它们本身的模值小一个数量级，则这一对零点和极点就构成了偶极子。偶极子对控制系统的分析和综合设计是有影响的，应合理地加以应用。

综上所述，对于高阶系统，如果能够找到一对共轭复数主导极点，就可以忽略其他远离虚轴的极点和那些偶极子的影响，从而把它近似成二阶系统来处理，相应的性能指标都可以按二阶系统来估计，这样就大大简化了系统的分析和设计工作。但是，采用这种方法时必须注意条件。在精确分析中，其他极点和零点对系统时间响应的影响则不能忽略。

3.5 误差分析和计算

准确性，即系统的精度，是对控制系统的基本要求之一。系统的精度是用系统的误差来度量的。系统的误差可以分为动态误差和稳态误差，动态误差是指误差随时间变化的过程值，而稳态误差是指误差的终值。本节只讨论常用的稳态误差。

3.5.1 稳态误差的基本概念

与误差有关的概念都是建立在反馈控制系统基础之上的，反馈控制系统的一般模型如图3.14所示。

1. 偏差信号 $\varepsilon(s)$

控制系统的偏差信号 $\varepsilon(s)$ 被定义为控制系统的输入信号 $X_i(s)$ 与控制系统的主反馈信号 $B(s)$ 之差，即

$$\varepsilon(s)=X_i(s)-B(s)=X_i(s)-H(s)X_o(s) \tag{3.23}$$

其中，$X_o(s)$ 为控制系统的实际输出信号，$H(s)$ 为主反馈通道的传递函数。

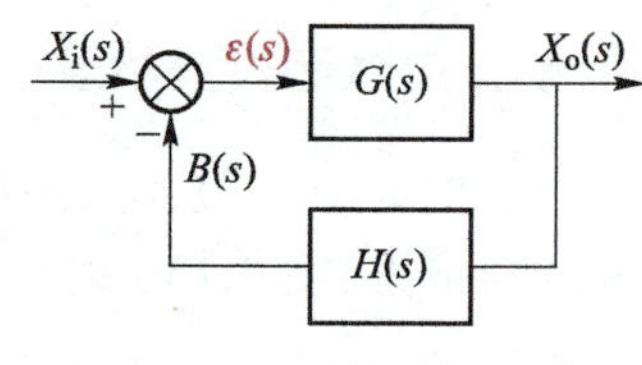

图 3.14 反馈控制系统

2. 误差信号 $E(s)$

控制系统的误差信号 $E(s)$ 被定义为控制系统的希望输出信号 $X_{or}(s)$ 与控制系统的实际输出信号 $X_o(s)$ 之差，即

$$E(s)=X_{or}(s)-X_o(s) \tag{3.24}$$

3. 希望输出信号 $X_{or}(s)$ 的确定

当偏差信号 $\varepsilon(s)=0$ 时，控制系统的输出信号完全复现输入信号，此时的实际输出信号 $X_o(s)$ 就是希望输出信号 $X_{or}(s)$，即 $X_{or}(s)=X_o(s)$。

当偏差信号 $\varepsilon(s)\neq 0$ 时，实际输出信号 $X_o(s)$ 与希望输出信号 $X_{or}(s)$ 不同，因为

$$\varepsilon(s)=X_i(s)-H(s)X_o(s)$$

将 $\varepsilon(s)=0, X_{or}(s)=X_o(s)$ 代入上式，得

$$0=X_i(s)-H(s)X_{or}(s)$$

即

$$X_{or}(s)=\frac{X_i(s)}{H(s)} \tag{3.25}$$

此式说明，控制系统的输入信号 $X_i(s)$ 是希望输出信号 $X_{or}(s)$ 的 $H(s)$ 倍。

对于单位反馈系统，因为 $H(s)=1$，所以 $X_{or}(s)=X_i(s)$

4. 偏差信号 $\varepsilon(s)$ 与误差信号 $E(s)$ 的关系

将式(3.25)代入式(3.24),并考虑式(3.23),得

$$E(s)=X_{or}(s)-X_o(s)=\frac{X_i(s)}{H(s)}-X_o(s)=\frac{X_i(s)-H(s)X_o(s)}{H(s)}=\frac{\varepsilon(s)}{H(s)}$$

即

$$E(s)=\frac{\varepsilon(s)}{H(s)} \tag{3.26}$$

这就是偏差信号 $\varepsilon(s)$ 与误差信号 $E(s)$ 之间的关系式。由此式可知,对于一般的控制系统,误差不等于偏差,求出偏差后,由式(3.26)即可求出误差。

对于单位反馈系统,因为 $H(s)=1$,所以 $E(s)=\varepsilon(s)$。

5. 稳态误差 e_{ss}

控制系统的稳态误差 e_{ss} 被定义为控制系统误差信号 $e(t)$ 的稳态分量,即

$$e_{ss}=\lim_{t\to\infty}e(t)$$

根据拉氏变换的终值定理,得

$$e_{ss}=\lim_{t\to\infty}e(t)=\lim_{s\to 0}sE(s) \tag{3.27}$$

3.5.2 稳态误差的计算

控制系统误差信号 $e(t)$ 的拉氏变换 $E(s)$ 与控制系统输入信号 $x_i(t)$ 的拉氏变换 $X_i(s)$ 之比被定义为控制系统的误差传递函数,记作 $\Phi_e(s)$,即

$$\Phi_e(s)=\frac{E(s)}{X_i(s)} \tag{3.28}$$

根据控制系统的误差传递函数 $\Phi_e(s)$ 可以求出控制系统的稳态误差,将式(3.28)代入式(3.27),得

$$e_{ss}=\lim_{t\to\infty}e(t)=\lim_{s\to 0}sE(s)=\lim_{s\to 0}s\Phi_e(s)X_i(s) \tag{3.29}$$

对于图 3.14 所示的反馈控制系统,其误差传递函数 $\Phi_e(s)$ 根据式(3.26)可计算如下:

$$\begin{aligned}\Phi_e(s)&=\frac{E(s)}{X_i(s)}=\frac{\varepsilon(s)}{H(s)X_i(s)}=\frac{X_i(s)-H(s)X_o(s)}{H(s)X_i(s)}=\frac{1}{H(s)}-\frac{X_o(s)}{X_i(s)}\\&=\frac{1}{H(s)}-\frac{G(s)}{1+G(s)H(s)}=\frac{1}{H(s)}\cdot\frac{1}{1+G(s)H(s)}\end{aligned}$$

即

$$\Phi_e(s)=\frac{1}{H(s)}\cdot\frac{1}{1+G(s)H(s)} \tag{3.30}$$

将式(3.30)代入式(3.29)得该反馈控制系统的稳态误差 e_{ss} 为

$$e_{ss}=\lim_{s\to 0}s\Phi_e(s)X_i(s)=\lim_{s\to 0}s\cdot\frac{1}{H(s)}\cdot\frac{1}{1+G(s)H(s)}\cdot X_i(s) \tag{3.31}$$

由此式可见,控制系统的稳态误差 e_{ss} 取决于系统的结构参数 $G(s)$ 和 $H(s)$ 以及输入信号 $X_i(s)$ 的性质。

对于单位反馈控制系统，因为 $H(s)=1$，所以其稳态误差 e_{ss} 为

$$e_{ss}=\lim_{s\to 0} s\cdot\frac{1}{1+G(s)}\cdot X_i(s) \tag{3.32}$$

例 3.3 某单位反馈控制系统如图 3.15 所示，试求在单位阶跃输入信号作用下的稳态误差。

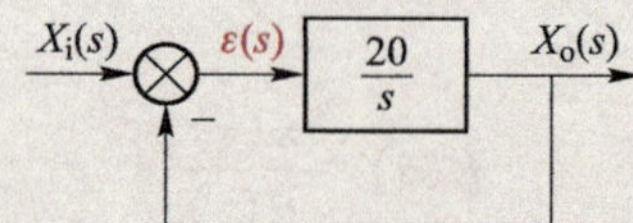

图 3.15 例 3.3 单位反馈控制系统

解 该单位反馈控制系统的误差传递函数 $\Phi_e(s)$ 为

$$\Phi_e(s)=\frac{1}{1+G(s)}=\frac{1}{1+\dfrac{20}{s}}=\frac{s}{s+20}$$

则在单位阶跃输入信号作用下的稳态误差为

$$e_{ss}=\lim_{s\to 0} s\cdot\frac{1}{1+G(s)}\cdot X_i(s)=\lim_{s\to 0} s\cdot\frac{s}{s+20}\cdot\frac{1}{s}=0$$

3.5.3 稳态误差系数

以上是运用拉氏变换的终值定理来求稳态误差。下面将引出稳态误差系数的定义，用稳态误差系数来表达稳态误差的大小，并进一步阐明稳态误差与系统结构参数及输入信号类型之间的关系。

1. 稳态误差系数的定义

对于图 3.14 所示的反馈控制系统，当不同类型的典型信号输入时，其稳态误差不同。因此，可以根据不同的输入信号来定义不同的稳态误差系数，进而用稳态误差系数来表示稳态误差。

(1) 单位阶跃输入

根据式(3.31)，反馈控制系统在单位阶跃输入信号 $X_i(s)=\dfrac{1}{s}$作用下的稳态误差 e_{ss} 为

$$e_{ss}=\lim_{s\to 0} s\cdot\frac{1}{H(s)}\cdot\frac{1}{1+G(s)H(s)}\cdot\frac{1}{s}=\frac{1}{H(0)}\cdot\frac{1}{1+\lim\limits_{s\to 0} G(s)H(s)}$$

定义 $K_p=\lim\limits_{s\to 0} G(s)H(s)=G(0)H(0)$ 为稳态位置误差系数，于是可用 K_p 来表示反馈控制系统在单位阶跃输入时的稳态误差，即

$$e_{ss}=\frac{1}{H(0)}\cdot\frac{1}{1+K_p} \tag{3.33}$$

对于单位反馈控制系统，有

$$K_p=\lim_{s\to 0} G(s)=G(0),\quad e_{ss}=\frac{1}{1+K_p}$$

(2) 单位速度输入

根据式(3.31)，反馈控制系统在单位速度输入信号 $X_i(s)=\dfrac{1}{s^2}$ 作用下的稳态误差 e_{ss} 为

$$e_{ss}=\lim_{s\to0}s\cdot\frac{1}{H(s)}\cdot\frac{1}{1+G(s)H(s)}\cdot\frac{1}{s^2}$$

$$=\frac{1}{H(0)}\cdot\lim_{s\to0}\frac{1}{s+sG(s)H(s)}=\frac{1}{H(0)}\cdot\frac{1}{\lim_{s\to0}sG(s)H(s)}$$

定义 $K_v=\lim_{s\to0}sG(s)H(s)$ 为稳态速度误差系数，于是可用 K_v 来表示反馈控制系统在单位速度输入时的稳态误差，即

$$e_{ss}=\frac{1}{H(0)}\cdot\frac{1}{K_v} \tag{3.34}$$

对于单位反馈控制系统，有

$$K_v=\lim_{s\to0}sG(s),\quad e_{ss}=\frac{1}{K_v}$$

(3) 单位加速度输入

根据式(3.31)，反馈控制系统在单位加速度输入信号 $X_i(s)=\frac{1}{s^3}$ 作用下的稳态误差 e_{ss} 为

$$e_{ss}=\lim_{s\to0}s\cdot\frac{1}{H(s)}\cdot\frac{1}{1+G(s)H(s)}\cdot\frac{1}{s^3}$$

$$=\frac{1}{H(0)}\cdot\lim_{s\to0}\frac{1}{s^2+s^2G(s)H(s)}=\frac{1}{H(0)}\cdot\frac{1}{\lim_{s\to0}s^2G(s)H(s)}$$

定义 $K_a=\lim_{s\to0}s^2G(s)H(s)$ 为稳态加速度误差系数，于是可用 K_a 来表示反馈控制系统在单位加速度输入时的稳态误差，即

$$e_{ss}=\frac{1}{H(0)}\cdot\frac{1}{K_a} \tag{3.35}$$

对于单位反馈控制系统，有

$$K_a=\lim_{s\to0}s^2G(s),\quad e_{ss}=\frac{1}{K_a}$$

以上说明了反馈控制系统在三种不同的典型输入信号的作用下，其稳态误差可以分别用稳态误差系数 K_p、K_v 和 K_a 来表示。这三个稳态误差系数只与反馈控制系统的开环传递函数 $G(s)H(s)$ 有关，而与输入信号无关，即只取决于系统的结构和参数。

2. 系统的类型

图 3.14 所示的反馈控制系统，其开环传递函数一般可以写成时间常数乘积的形式，即

$$G(s)H(s)=\frac{K(\tau_1s+1)(\tau_2s+1)\cdots(\tau_ms+1)}{s^\nu(T_1s+1)(T_2s+1)\cdots(T_{n-\nu}s+1)} \tag{3.36}$$

式中：K——系统的开环增益；

τ_1、τ_2、…、τ_m 和 T_1、T_2、…、$T_{n-\nu}$——时间常数。

式(3.36)的分母中包含 s^ν 项，其 ν 为系统中积分环节的个数。当 s 趋近于零时，积分环节 s^ν 项在确定控制系统稳态误差方面起主导作用，因此控制系统可以按其开环传递函数中的积分环节的个数来分类。

当 $\nu=0$，即没有积分环节时，称系统为 0 型系统，其开环传递函数可以表示为

$$G(s)H(s)=\frac{K_0(\tau_1 s+1)(\tau_2 s+1)\cdots(\tau_m s+1)}{(T_1 s+1)(T_2 s+1)\cdots(T_n s+1)} \tag{3.37}$$

式中：K_0——0 型系统的开环增益。

当 $\nu=1$，即有一个积分环节时，称系统为 Ⅰ 型系统，其开环传递函数可以表示为

$$G(s)H(s)=\frac{K_1(\tau_1 s+1)(\tau_2 s+1)\cdots(\tau_m s+1)}{s(T_1 s+1)(T_2 s+1)\cdots(T_{n-1} s+1)} \tag{3.38}$$

式中：K_1—— Ⅰ 型系统的开环增益。

当 $\nu=2$，即有两个积分环节时，称系统为 Ⅱ 型系统，其开环传递函数可以表示为

$$G(s)H(s)=\frac{K_2(\tau_1 s+1)(\tau_2 s+1)\cdots(\tau_m s+1)}{s^2(T_1 s+1)(T_2 s+1)\cdots(T_{n-2} s+1)} \tag{3.39}$$

式中：K_2—— Ⅱ 型系统的开环增益。

依此类推。

3. 不同类型反馈控制系统的稳态误差系数

(1) 0 型系统

对于 0 型反馈控制系统，可以计算出上述三种稳态误差系数 K_p、K_v 和 K_a，分别为

$$K_p=\lim_{s\to 0} G(s)H(s)=K_0$$

$$K_v=\lim_{s\to 0} s\ G(s)H(s)=0$$

$$K_a=\lim_{s\to 0} s^2 G(s)H(s)=0$$

(2) Ⅰ 型系统

对于 Ⅰ 型反馈控制系统，可以计算出上述三种稳态误差系数 K_p、K_v 和 K_a，分别为

$$K_p=\lim_{s\to 0} G(s)H(s)=\infty$$

$$K_v=\lim_{s\to 0} s\ G(s)H(s)=K_1$$

$$K_a=\lim_{s\to 0} s^2 G(s)H(s)=0$$

(3) Ⅱ 型系统

对于 Ⅱ 型反馈控制系统，可以计算出上述三种稳态误差系数 K_p、K_v 和 K_a，分别为

$$K_p=\lim_{s\to 0} G(s)H(s)=\infty$$

$$K_v=\lim_{s\to 0} s\ G(s)H(s)=\infty$$

$$K_a=\lim_{s\to 0} s^2 G(s)H(s)=K_2$$

4. 不同类型单位反馈控制系统在三种典型输入信号作用下的稳态误差

(1) 单位阶跃输入

在单位阶跃输入信号的作用下，不同类型单位反馈控制系统的稳态误差分别为

对于 0 型系统，$K_p=K_0$，则 $e_{ss}=\dfrac{1}{1+K_p}=\dfrac{1}{1+K_0}$

对于Ⅰ型系统，$K_p=\infty$，则 $e_{ss}=\dfrac{1}{1+K_p}=0$

对于Ⅱ型系统，$K_p=\infty$，则 $e_{ss}=\dfrac{1}{1+K_p}=0$

以上计算表明，0型系统能够跟踪单位阶跃输入，但是具有一定的稳态误差 $e_{ss}=\dfrac{1}{1+K_0}$，其中 K_0 是0型系统的开环增益，跟踪情况如图3.16所示。Ⅰ型和Ⅱ型系统能够准确地跟踪单位阶跃输入，因为其稳态误差 $e_{ss}=0$。

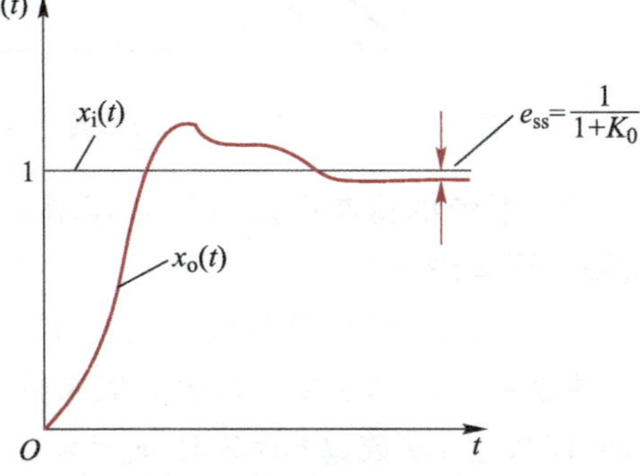

图3.16　0型系统的单位阶跃响应

（2）单位速度输入

在单位速度输入信号的作用下，不同类型单位反馈控制系统的稳态误差分别为

对于0型系统，$K_v=0$，　则 $e_{ss}=\dfrac{1}{K_v}=\infty$

对于Ⅰ型系统，$K_v=K_1$，则 $e_{ss}=\dfrac{1}{K_v}=\dfrac{1}{K_1}$

对于Ⅱ型系统，$K_v=\infty$，则 $e_{ss}=\dfrac{1}{K_v}=0$

以上计算表明，0型系统不能跟踪单位速度输入，因为其稳态误差 $e_{ss}=\infty$。Ⅰ型系统能够跟踪单位速度输入，但是具有一定的稳态误差 $e_{ss}=\dfrac{1}{K_1}$，其中 K_1 是Ⅰ型系统的开环增益，跟踪情况如图3.17所示。Ⅱ型系统能够准确地跟踪单位速度输入，因为其稳态误差 $e_{ss}=0$。

（3）单位加速度输入

在单位加速度输入信号的作用下，不同类型单位反馈控制系统的稳态误差分别为

对于0型系统，$K_a=0$，则 $e_{ss}=\dfrac{1}{K_a}=\infty$

对于Ⅰ型系统，$K_a=0$，　则 $e_{ss}=\dfrac{1}{K_a}=\infty$

对于Ⅱ型系统，$K_a=K_2$，则 $e_{ss}=\dfrac{1}{K_a}=\dfrac{1}{K_2}$

以上计算表明，0型系统和Ⅰ型系统都不能跟踪单位加速度输入，因为其稳态误差 $e_{ss}=\infty$。Ⅱ型系统能够跟踪单位加速度输入，但是具有一定的稳态误差 $e_{ss}=\dfrac{1}{K_2}$，其中 K_2 是Ⅱ型系统的开环增益，跟踪情况如图3.18所示。

表3.4综合了0型、Ⅰ型和Ⅱ型单位反馈控制系统在不同输入信号作用下的稳态误差。在表的对角线上，稳态误差为有限值；在对角线以上部分，稳态误差为无穷大；在对角线以下部分，稳态误差为零。由表3.4可得如下结论：

（1）同一个系统，如果输入的控制信号不同，其稳态误差也不同。

（2）同一个控制信号作用于不同的控制系统，其稳态误差也不同。

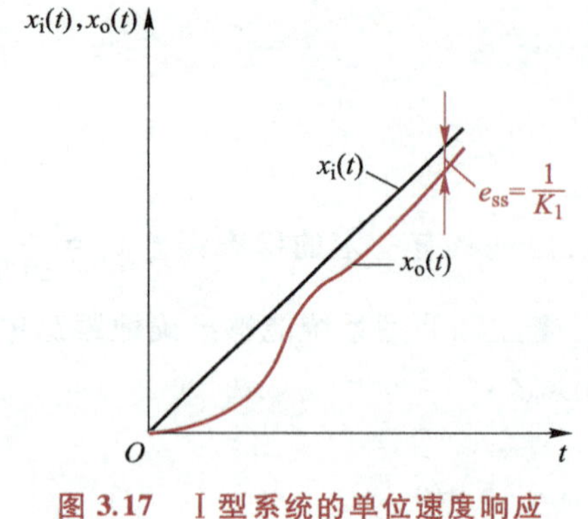

图 3.17　Ⅰ型系统的单位速度响应

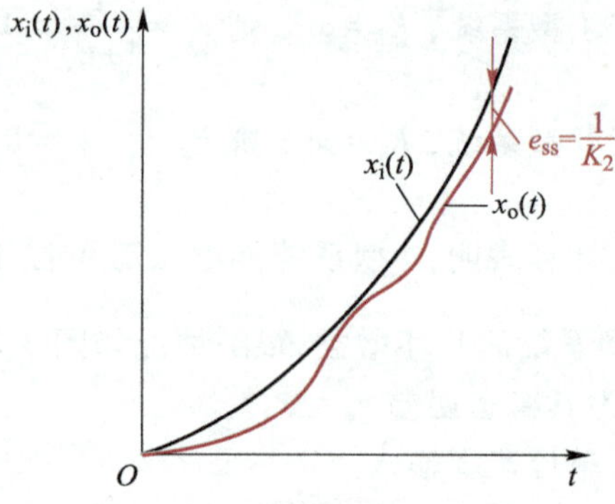

图 3.18　Ⅱ型系统的单位加速度响应

(3) 系统的稳态误差与其开环增益有关,开环增益越大,稳态误差越小;反之,开环增益越小,稳态误差越大。

(4) 系统的稳态误差与系统类型和控制信号的关系,可以通过系统类型的 ν 值和控制信号拉氏变换后拉氏算子 s 的阶次 L 值来分析。当 $L\leqslant\nu$ 时,无稳态误差;当 $L>\nu$ 时,有稳态误差,且 $L-\nu=1$时,$e_{ss}=$常数,$L-\nu=2$ 时,$e_{ss}=\infty$ 。

表 3.4　单位反馈控制系统在不同输入信号作用下的稳态误差

系统类型	单位阶跃输入	单位速度输入	单位加速度输入
0 型	$\frac{1}{1+K_0}$	∞	∞
Ⅰ型	0	$\frac{1}{K_1}$	∞
Ⅱ型	0	0	$\frac{1}{K_2}$

下面再说明几个问题。

用稳态误差系数 K_p、K_v 和 K_a 表示的稳态误差分别称为位置误差、速度误差和加速度误差,都表示系统的过渡过程结束后,虽然输出能够跟踪输入,但是存在位置误差。速度误差和加速度误差并不是指速度上或加速度上的误差,而是指系统在速度输入或加速度输入时所产生的在位置上的误差。位置误差、速度误差和加速度误差的量纲是一样的。

在以上的分析中,习惯地称输出量是"位置",输出量的变化率是"速度",但是,对于误差分析所得到的结论同样适用于输出量为其他物理量的系统。例如在温度控制中,上述的"位置"就表示温度,"速度"就表示温度的变化率,等等。因此,对于"位置""速度"等名词应当广义地理解。

如果系统的输入是阶跃函数、速度函数和加速度函数三种输入的线性组合,即

$$x_i(t)=A+Bt+Ct^2$$

其中,A、B、C 为常数。根据线性叠加原理可以证明,系统的稳态误差为

$$e_{ss}=\frac{A}{1+K_p}+\frac{B}{K_v}+\frac{2C}{K_a}$$

例 3.4 已知两个系统如图 3.19 所示，当系统输入的控制信号为 $x_i(t)=4+6t+3t^2$ 时，试分别求出两个系统的稳态误差。

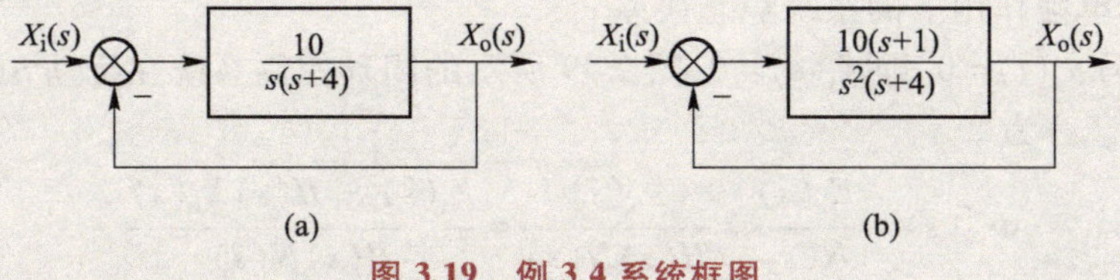

图 3.19 例 3.4 系统框图

解 (1) 图 3.19a 所示系统的开环传递函数的时间常数表达式为

$$G_a(s)=\frac{2.5}{s(0.25s+1)}$$

该系统为 I 型系统，其开环增益为 $K_1=2.5$，则有 $K_p=\infty$，$K_v=K_1=2.5$，$K_a=0$，可得该系统的稳态误差为

$$e_{ss}=\frac{A}{1+K_p}+\frac{B}{K_v}+\frac{2C}{K_a}=\frac{4}{1+\infty}+\frac{6}{2.5}+\frac{2\times3}{0}=\infty$$

也就是说，因为 $K_a=0$，该系统的输出不能跟踪输入 $x_i(t)=4+6t+3t^2$ 中的加速度分量 $3t^2$，稳态误差为无穷大。

(2) 图 3.19b 所示系统的开环传递函数的时间常数表达式为

$$G_b(s)=\frac{2.5(s+1)}{s^2(0.25s+1)}$$

该系统为Ⅱ型系统，其开环增益为 $K_2=2.5$，则有 $K_p=\infty$，$K_v=\infty$，$K_a=K_2=2.5$，可得该系统的稳态误差为

$$e_{ss}=\frac{A}{1+K_p}+\frac{B}{K_v}+\frac{2C}{K_a}=\frac{4}{1+\infty}+\frac{6}{\infty}+\frac{2\times3}{2.5}=2.4$$

3.5.4 扰动引起的稳态误差和系统总误差

如第 2 章所述，在实际的控制系统中，不但存在给定的输入信号 $x_i(t)$，而且还存在着扰动 $n(t)$，如图 2.49 所示。因此，在计算系统总误差时必须考虑扰动 $n(t)$ 所引起的误差。根据线性系统的叠加原理，系统总误差等于输入信号和扰动单独作用于系统时分别引起的系统稳态误差的代数和。

1. 输入信号 $x_i(t)$ 单独作用下的系统稳态误差 e_{ssi}

假设扰动 $n(t)=0$，即 $N(s)=0$，图 2.49 所示的闭环控制系统在输入信号 $x_i(t)$ 单独作用下的误差传递函数 $\Phi_{ei}(s)$ 为

$$\Phi_{ei}(s)=\frac{E_i(s)}{X_i(s)}=\frac{\varepsilon_i(s)}{H(s)X_i(s)}=\frac{X_i(s)-H(s)X_o(s)}{H(s)X_i(s)}=\frac{1}{H(s)}-\frac{X_o(s)}{X_i(s)}$$

$$=\frac{1}{H(s)}-\frac{G_1(s)G_2(s)}{1+G_1(s)G_2(s)H(s)}=\frac{1}{H(s)[1+G_1(s)G_2(s)H(s)]}$$

则此时系统的稳态误差 e_{ssi} 为

$$e_{ssi}=\lim_{s\to0}s\Phi_{ei}(s)X_i(s)=\lim_{s\to0}s\cdot\frac{1}{H(s)[1+G_1(s)G_2(s)H(s)]}\cdot X_i(s) \tag{3.40}$$

2. 扰动 $n(t)$ 单独作用下的系统稳态误差 e_{ssn}

假设输入信号 $x_i(t)=0$，即 $X_i(s)=0$，图 2.49 所示的闭环控制系统在扰动 $n(t)$ 单独作用下的误差传递函数 $\Phi_{en}(s)$ 为

$$\Phi_{en}(s)=\frac{E_n(s)}{N(s)}=\frac{\varepsilon_n(s)}{H(s)N(s)}=\frac{X_i(s)-H(s)X_o(s)}{H(s)N(s)}$$

$$=-\frac{X_o(s)}{N(s)}=-\frac{G_2(s)}{1+G_1(s)G_2(s)H(s)}$$

则此时系统的稳态误差 e_{ssn} 为

$$e_{ssn}=\lim_{s\to0}s\Phi_{en}(s)N(s)=-\lim_{s\to0}s\cdot\frac{G_2(s)}{1+G_1(s)G_2(s)H(s)}\cdot N(s) \tag{3.41}$$

3. 系统总误差 e_{ss}

根据线性叠加原理，系统总误差 e_{ss} 为

$$e_{ss}=e_{ssi}+e_{ssn} \tag{3.42}$$

例 3.5 图 3.20 所示为一直流他励电动机调速系统，其中 K_1、K_2 为开环增益，T_M 为时间常数，K_c 为测速负反馈系数。若 R 是电动机电枢电阻，C_M 是力矩系数，试求系统在常值阶跃扰动力矩 $n(t)=-\dfrac{R}{C_M}1(t)$ 作用下所引起的稳态误差。

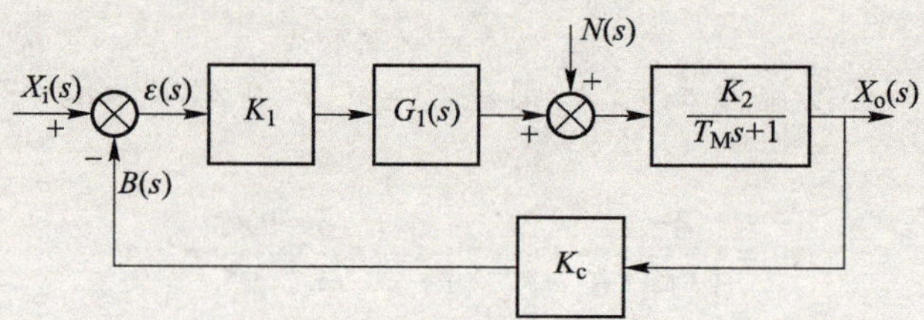

图 3.20　例 3.5 系统框图

解　该系统是一个非单位反馈控制系统，在扰动力矩单独作用下的误差传递函数 $\Phi_{en}(s)$ 为

$$\Phi_{en}(s)=\frac{E_n(s)}{N(s)}=-\frac{\dfrac{K_2}{T_Ms+1}}{1+K_1G_1(s)\dfrac{K_2}{T_Ms+1}K_c}=-\frac{K_2}{T_Ms+1+K_1K_2K_cG_1(s)}$$

则系统的稳态误差 e_{ssn} 为

$$e_{ssn}=\lim_{s\to0}s\Phi_{en}(s)N(s)$$

$$=\lim_{s\to0}s\cdot\frac{-K_2}{T_Ms+1+K_1K_2K_cG_1(s)}\cdot\left(-\frac{R}{C_M}\cdot\frac{1}{s}\right)$$

$$=\frac{K_2}{1+K_1K_2K_c\lim\limits_{s\to0}G_1(s)}\cdot\frac{R}{C_M}$$

当 $G_1(s)=1$ 时，系统的稳态误差为 $e_{ssn}=\dfrac{K_2}{1+K_1K_2K_c}\cdot\dfrac{R}{C_M}$；当回路增益 $K_1K_2K_c\gg1$ 时，有 $e_{ssn}=\dfrac{R}{K_1K_cC_M}$。这就是说，扰动作用点与偏差信号间的开环增益 K_1 越大，则稳态误差越小。

当 $G_1(s)=1+\dfrac{K_3}{s}$ 时，称为比例加积分控制（详见第 6 章），其中为 K_3 常数，此时系统的稳态误差为

$$e_{ssn}=\frac{K_2}{1+K_1K_2K_c\lim\limits_{s\to0}\left(1+\dfrac{K_3}{s}\right)}\cdot\frac{R}{C_M}=0$$

3.6 稳定性分析

控制系统能够在工程实际中应用的首要条件是系统必须稳定。控制系统的稳定性分析是控制理论的重要组成部分。分析系统的稳定性，提出保证系统稳定的措施，是控制工程的基本任务之一。

3.6.1 稳定的概念

1. 不稳定现象举例

在给出系统的稳定性的定义之前，先看下面的例子。

图 3.21a 所示为一个单摆。假设在外界扰动力的作用下，单摆由原来的平衡位置 A 向左偏离到新的位置 B。当外界扰动力消失以后，单摆在重力作用下由位置 B 向右回到位置 A，并在惯性力作用下继续向右运动到位置 C，此后又开始向左运动，这样，单摆将在平衡位置 A 附近作反复振荡运动。经过一定时间之后，由于空气介质的阻尼作用，单摆将重新回到原来的平衡位置 A 上，此时称单摆是稳定的。

图 3.21b 所示为一个倒立摆，该倒立摆在位置 A 也是平衡的。当倒立摆受到扰动力作用使其偏离平衡位置 A 后，即使扰动力消失了，该倒立摆也不会回到原来的平衡位置 A，此时称倒立摆是不稳定的。

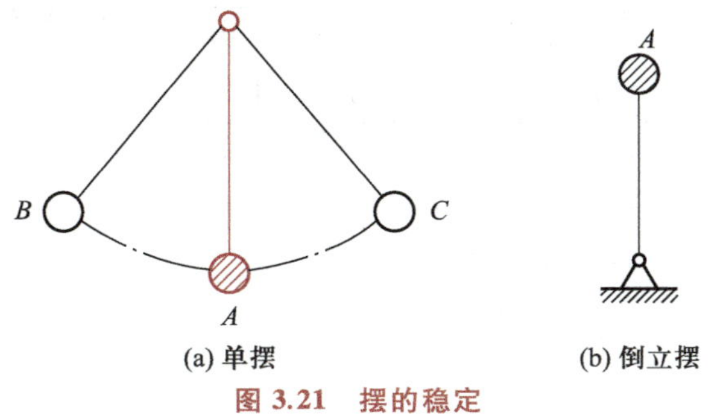

图 3.21 摆的稳定

2. 稳定的定义

上面的例子说明系统的稳定性反映在扰动力消失后的时间响应的性质上。扰动力消失后单

摆与其平衡位置的偏差可以认为是初始偏差。因此,系统的稳定性可以这样来定义:系统在任何足够小的初始偏差的作用下,其时间响应随着时间的推移而逐渐衰减并能够恢复到原平衡状态,则该系统是稳定的;否则,该系统是不稳定的。稳定性是控制系统自身的固有特性,它取决于系统本身的结构和参数,而与输入无关。

必须指出,上述关于稳定的定义只适用于线性定常系统,而不适用于其他系统。

3. 稳定程度

如前所述,如果系统的时间响应逐渐衰减并能够恢复到原平衡状态,则系统稳定。如果系统的时间响应是发散的,则系统不稳定。如果系统的时间响应不能回到原平衡状态或成为等幅振荡,则系统处于稳定的边缘,即临界稳定状态。

显然,对于实际的系统,临界稳定状态一般是不能工作的。而且即使没有在临界稳定状态,只要与临界稳定状态接近到某一程度,系统在实际工作中就可能变成不稳定。造成这种情况的原因是多方面的,一般可以从以下几点来说明:

(1) 建立系统的数学模型时,忽略了一些次要因素,用简化的数学模型近似地代表实际系统。

(2) 用一些物理学基本定律来推导元件的运动方程时,运用了线性化的方法,而某些元件的实际运动方程可能是非线性的。

(3) 元件的运动方程中包含的参数都不可能精确求得,例如阻尼系数、增益、时间常数等。

(4) 如果系统的数学模型是用实验方法求得的,那么实验仪器精度、实验技术水平和数据处理误差等因素都会使求出的系统特性与实际的系统特性有差别。

(5) 控制系统中各元件的参数在系统工作过程中可能产生变化。

因此,对于一个实际系统,只知道系统是稳定的还不够,还要了解系统的稳定程度,即系统必须具有稳定性储备。系统离开临界稳定状态的程度,反映了系统稳定的程度。

3.6.2 稳定的条件

根据上述稳定性的定义,可用以下方法得出线性定常系统稳定的条件。

设线性定常系统的微分方程为

$$a_0 \frac{\mathrm{d}^n x_o(t)}{\mathrm{d}t^n} + a_1 \frac{\mathrm{d}^{n-1} x_o(t)}{\mathrm{d}t^{n-1}} + \cdots + a_{n-1} \frac{\mathrm{d}x_o(t)}{\mathrm{d}t} + a_n x_o(t)$$

$$= b_0 \frac{\mathrm{d}^m x_i(t)}{\mathrm{d}t^m} + b_1 \frac{\mathrm{d}^{m-1} x_i(t)}{\mathrm{d}t^{m-1}} + \cdots + b_{m-1} \frac{\mathrm{d}x_i(t)}{\mathrm{d}t} + b_m x_i(t) \quad (n \geqslant m) \tag{3.43}$$

式中: $x_i(t)$——输入信号;

$x_o(t)$——输出信号;

a_0、a_1、…、a_n 和 b_0、b_1、…、b_m——常系数。

设

$$D(s) = a_0 s^n + a_1 s^{n-1} + a_2 s^{n-2} + \cdots + a_{n-1} s + a_n$$

$$M(s) = b_0 s^m + b_1 s^{m-1} + b_2 s^{m-2} + \cdots + b_{m-1} s + b_m$$

考虑初始条件不为零,对式(3.43)两边作拉氏变换,得

$$X_o(s)=\frac{M(s)}{D(s)}X_i(s)+\frac{N(s)}{D(s)} \tag{3.44}$$

式中：$\frac{M(s)}{D(s)}=G(s)$——系统的传递函数；

$N(s)$——与初始条件有关的 s 多项式。

根据定义，研究稳定性是分析不存在外作用、仅在初始状态影响下系统的时间响应，也称为零输入响应。因此，可在式(3.44)中取 $X_i(s)=0$，得到仅在初始状态影响下系统的零输入时间响应为

$$X_o(s)=\frac{N(s)}{D(s)} \tag{3.45}$$

系统的特征方程为

$$D(s)=a_0s^n+a_1s^{n-1}+a_2s^{n-2}+\cdots+a_{n-1}s+a_n=0 \tag{3.46}$$

设 $p_i(i=1,2,\cdots,n)$ 为系统的特征根，也即系统传递函数的极点，当 p_i 各不相同时，有零输入响应

$$x_o(t)=\mathscr{L}^{-1}[X_o(s)]=\mathscr{L}^{-1}\left[\frac{N(s)}{D(s)}\right]=\sum_{i=1}^{n}A_i e^{p_i t} \tag{3.47}$$

其中，$A_i=\left[\frac{N(s)}{D(s)}(s+p_i)\right]_{s=-p_i}$。可见，$A_i$ 是与初始条件有关的系数。

由式(3.47)可知，如果系统所有特征根 p_i 的实部均为负数，即

$$\mathrm{Re}[p_i]<0$$

则零输入响应最终将衰减到零，即

$$\lim_{t\to\infty}x_o(t)=0$$

这样的系统就是稳定的。反之，如果系统的特征根 p_i 中有一个或多个根具有正实部，则零输入响应就会随着时间的推移而发散，即

$$\lim_{t\to\infty}x_o(t)=\infty$$

这样的系统就是不稳定的。

这一结论对于任何线性定常系统都是成立的，而且可以证明，当系统的特征根具有相同值时，只要满足 $\mathrm{Re}[p_i]<0$，都有 $\lim\limits_{t\to\infty}x_o(t)=0$，即系统是稳定的。

综上所述，不论系统的特征根是否相同，系统稳定的充分必要条件是系统的全部特征根都必须具有负实部；反之，如果系统的特征根中只要有一个或多个根具有正实部，则系统就是不稳定的。

因为系统的特征根就是系统闭环传递函数的极点，所以系统稳定的充分必要条件也可以表述为：如果系统闭环传递函数的全部极点均位于[s]平面的左半平面，则系统稳定；反之，如果系统有一个或多个极点位于[s]平面的右半平面，则系统不稳定。

如果有一对共轭复数极点位于虚轴上，而其余极点均位于[s]平面的左半平面，则零输入响应 $x_o(t)$ 趋于等幅振荡；如果有一个极点位于原点，而其余极点均位于[s]平面的左半平面，则零输入响应 $x_o(t)$ 趋于某一定值，而回不到原平衡状态时的值。这两种情况就是前述的临界稳定状

态，在工程上也视为系统不稳定。

由式(3.47)可以进一步看到，式(3.43)右端的各项系数对系统的稳定性没有影响，这说明系统传递函数的各个零点对系统的稳定性没有影响。因为这些系数仅仅反映系统与外界作用的关系，而不是系统本身的固有特性。初始状态只是决定了各个指数项的系数 A_i，与系统稳定与否无关。因此，线性定常系统是否稳定，完全取决于系统的特征根 p_i，即取决于系统本身的固有特性。

3.6.3 劳思稳定判据

线性定常系统稳定的充分必要条件是其特征根全部具有负实部。因此，判别系统的稳定性，就要解出系统特征方程的根，并检验这些特征根是否都具有负实部。但是，通过直接求解特征方程，并根据其特征根来分析系统稳定性的方法是不方便的。于是，就提出了这样的问题，是否可以不用直接求解特征方程的根，而是根据特征方程的根与系数的关系去判别系统的特征根是否全部具有负实部，并以此来分析系统的稳定性。回答是肯定的，而且为此形成了一系列的稳定性判据，其中最著名的一个判据是 1877 年由劳思（E.J.Routh）提出的判据，称之为劳思稳定判据。这种判据是基于特征方程的根与系数的关系，通过特征方程的系数来直接判别系统的稳定性。

1. 系统稳定的必要条件

设系统的特征方程为

$$
\begin{aligned}
D(s) &= a_0 s^n + a_1 s^{n-1} + a_2 s^{n-2} + \cdots + a_{n-1} s + a_n \\
&= a_0\left(s^n + \frac{a_1}{a_0}s^{n-1} + \frac{a_2}{a_0}s^{n-2} + \cdots + \frac{a_{n-1}}{a_0}s + \frac{a_n}{a_0}\right) \\
&= a_0(s-p_1)(s-p_2)\cdots(s-p_n) = 0
\end{aligned} \tag{3.48}
$$

其中，p_1、p_2、…、p_n 为系统的特征根。

由根与系数的关系可以求得

$$
\left.\begin{aligned}
\frac{a_1}{a_0} &= -(p_1 + p_2 + \cdots + p_n) \\
\frac{a_2}{a_0} &= +(p_1p_2 + p_1p_3 + \cdots + p_{n-1}p_n) \\
\frac{a_3}{a_0} &= -(p_1p_2p_3 + p_1p_2p_4 + \cdots + p_{n-2}p_{n-1}p_n) \\
&\vdots \\
\frac{a_n}{a_0} &= (-1)^n(p_1p_2\cdots p_n)
\end{aligned}\right\} \tag{3.49}
$$

由上式可知，如果使全部特征根 p_1、p_2、…、p_n 均具有负实部，就必须满足以下两个条件：

(1) 特征方程的各项系数 a_0、a_1、a_2、…、a_n 都不等于零。因为如果有一个系数为零，则必然要出现实部为零或实部有正有负的特征根，则此时系统就处于临界稳定状态或不稳定状态。

(2) 特征方程的各项系数 a_0、a_1、a_2、…、a_n 的符号都相同。

在控制工程中，一般取 a_0 为正值，则上述结论可以归纳为：要使全部特征根 p_1、p_2、…、p_n 都

具有负实部，则特征方程的各项系数 a_0、a_1、a_2、…、a_n 均必须为正值，即

$$a_0 > 0,\ a_1 > 0,\ a_2 > 0,\ \cdots,\ a_n > 0$$

如果 a_0 为负值，则可在特征方程的两边同乘以-1 使 a_0 变成正值。

需要指出的是，此结论只是系统稳定的必要条件，而不是充分条件，因为特征方程的各项系数都为正值还不能保证特征方程的根都具有负实部，也许特征根的实部有正有负，组合起来仍然可以满足上述特征方程的根与系数的关系。

2. 系统稳定的充分必要条件

以下说明劳思稳定判据，证明从略。

设系统的特征方程为

$$a_0s^n + a_1s^{n-1} + a_2s^{n-2} + \cdots + a_{n-1}s + a_n = 0 \tag{3.50}$$

并且所有系数 a_0、a_1、a_2、…、a_n 均为正值，即满足稳定性的必要条件。劳思稳定判据指出，系统稳定的充分条件是：劳思阵列中第一列所有元素的符号均为正号。

将系统特征方程的 $n+1$ 个系数排列成下面形式的行和列，称为劳思阵列，即

$$\begin{array}{l|lllll}
s^n & a_0 & a_2 & a_4 & a_6 & \cdots \\
s^{n-1} & a_1 & a_3 & a_5 & a_7 & \cdots \\
s^{n-2} & b_1 & b_2 & b_3 & b_4 & \cdots \\
s^{n-3} & c_1 & c_2 & c_3 & c_4 & \cdots \\
\cdots & \cdots & \cdots & \cdots & \cdots & \\
s^2 & e_1 & e_2 & & & \\
s^1 & f_1 & & & & \\
s^0 & g_1 & & & &
\end{array}$$

其中，各个未知元素 b_1、b_2、b_3、b_4、…，c_1、c_2、c_3、c_4、…，e_1、e_2、f_1、g_1 根据下列公式计算得出

$$b_1 = -\frac{1}{a_1}\begin{vmatrix} a_0 & a_2 \\ a_1 & a_3 \end{vmatrix} = -\frac{a_0a_3 - a_1a_2}{a_1}$$

$$b_2 = -\frac{1}{a_1}\begin{vmatrix} a_0 & a_4 \\ a_1 & a_5 \end{vmatrix} = -\frac{a_0a_5 - a_1a_4}{a_1}$$

$$b_3 = -\frac{1}{a_1}\begin{vmatrix} a_0 & a_6 \\ a_1 & a_7 \end{vmatrix} = -\frac{a_0a_7 - a_1a_6}{a_1}$$

$$\vdots$$

$$c_1 = -\frac{1}{b_1}\begin{vmatrix} a_1 & a_3 \\ b_1 & b_2 \end{vmatrix} = -\frac{a_1b_2 - b_1a_3}{b_1}$$

$$c_2 = -\frac{1}{b_1}\begin{vmatrix} a_1 & a_5 \\ b_1 & b_3 \end{vmatrix} = -\frac{a_1b_3 - b_1a_5}{b_1}$$

$$c_3 = -\frac{1}{b_1}\begin{vmatrix} a_1 & a_7 \\ b_1 & b_4 \end{vmatrix} = -\frac{a_1b_4 - b_1a_7}{b_1}$$

$$\vdots$$

每一行的各个元素均计算到等于零为止。

在劳思阵列中，行由上向下，第一行标以 s^n，n 为特征方程的阶数，最后一行标以 s^0，总共有 $n+1$行。以上计算一直进行到 $n+1$ 行为止，即完成了劳思阵列。系数的完整阵列呈三角形。在展开阵列时，为了简化其后的数值计算，可用一个正整数去除或乘某一整行，并不改变稳定性的结论。

劳思稳定判据还指出：在系统的特征方程中，其实部为正的特征根的个数，等于劳思阵列中第一列元素的符号改变的次数。

例 3.6 设系统的特征方程为

$$s^3+4s^2+100s+500=0$$

试应用劳思稳定判据判别系统的稳定性。

解 首先，特征方程的各项系数均大于零，满足系统稳定的必要条件。

其次，排列劳思阵列

$$\begin{array}{c|cc} s^3 & 1 & 100 \\ s^2 & 4 & 500 \\ s^1 & -25 & 0 \\ s^0 & 500 & 0 \end{array}$$

由劳思阵列的第一列可以看出，第一列中元素的符号不全为正号，所以系统不稳定。而且第一列中元素的符号改变了两次，即从 4 到-25 和从-25 到 500，这说明系统的特征方程有两个正实部的根，即在[s]平面的右半平面有两个闭环极点。

3. 低阶系统的劳思稳定判据

对于二阶和三阶等低阶系统，可以简化劳思稳定判据，以便直接进行稳定性判别。

(1) 二阶系统($n=2$)

二阶系统的特征方程为

$$a_0s^2 + a_1s + a_2 = 0 \tag{3.51}$$

劳思阵列为

$$\begin{array}{c|cc} s^2 & a_0 & a_2 \\ s^1 & a_1 & 0 \\ s^0 & b = a_2 & \end{array}$$

可得二阶系统稳定的充分必要条件是：$a_0>0, a_1>0, a_2>0$。即对于二阶系统，如果各项系数均为正值，则系统稳定。

(2) 三阶系统($n=3$)

三阶系统的特征方程为

$$a_0s^3 + a_1s^2 + a_2s + a_3 = 0 \tag{3.52}$$

劳思阵列为

$$
\begin{array}{c|ccc}
s^3 & & a_0 & a_2 \\
s^2 & & a_1 & a_3 \\
s^1 & b_1 = & \dfrac{a_1 a_2 - a_0 a_3}{a_1} & 0 \\
s^0 & & c_1 = a_3 & 0
\end{array}
$$

可得三阶系统稳定的充分必要条件是:$a_0>0, a_1>0, a_2>0, a_3>0, a_1a_2>a_0a_3$。即对于三阶系统,如果各项系数均为正值,而且中间两项系数之积大于首尾两项之积,则系统稳定。

例 3.7 设某控制系统如图 3.22 所示,试确定 K 为何值时系统稳定。

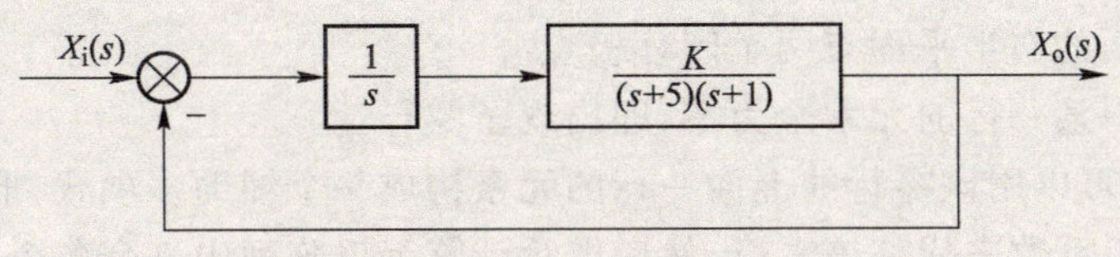

图 3.22 例 3.7 系统框图

解 系统的闭环传递函数为

$$\frac{X_o(s)}{X_i(s)}=\frac{\dfrac{K}{s(s+5)(s+1)}}{1+\dfrac{K}{s(s+5)(s+1)}}=\frac{K}{s^3+6s^2+5s+K}$$

则系统的特征方程为

$$s^3+6s^2+5s+K=0$$

此系统为三阶系统,根据三阶系统稳定的充分必要条件可得:$K>0$, $6\times5>1\times K$,即当 $0<K<30$ 时系统稳定。

4. 特殊情况的处理

在应用劳思稳定判据中,有时会遇到一些特殊的情况,使判别无法进行下去。一般有以下两种情况。

(1) 劳思阵列中某一行的第一列元素为零,而该行其余元素至少有一个不为零。

在这种情况下,因为这一行的第一列元素为零,则在计算下一行时,就会使下一行的各个元素变为无穷大,从而使劳思阵列无法计算下去。为了克服这一困难,可以用一个很小的正数 ε 来代替第一列等于零的元素,然后继续计算劳思阵列中其余各个元素,最后令正数 ε 趋于零,然后再按照前述方法进行判别。

例 3.8 设系统的特征方程为

$$s^4+2s^3+s^2+2s+1=0$$

试应用劳思稳定判据判别系统的稳定性。

解 首先,特征方程的各项系数均大于零,满足系统稳定的必要条件。

其次,排列劳思阵列

$$\begin{array}{c|ccc} s^4 & 1 & 1 & 1 \\ s^3 & 2 & 2 & 0 \\ s^2 & 0\approx\varepsilon & 1 & 0 \\ s^1 & 2-\dfrac{2}{\varepsilon} & 0 & \\ s^0 & 1 & 0 & \end{array}$$

当 $\varepsilon\to 0$ 时，$\lim\limits_{\varepsilon\to 0}\left(2-\dfrac{2}{\varepsilon}\right)<0$，由劳思阵列的第一列可以看出，第一列中元素的符号不全为正号，所以系统不稳定。而且第一列中元素的符号改变了两次，这说明系统的特征方程有两个正实部的根，即在[s]平面的右半平面有两个闭环极点。

（2）劳思阵列中某一行的元素全为零，即出现了零行。

在这种情况下，可以用该零行的上面一行的元素构成一个辅助多项式，取此辅助多项式的一阶导数所得到的一组系数来代替该零行，然后继续计算劳思阵列中其余各个元素，最后再按照前述方法进行判别。令辅助多项式等于零可得辅助方程，解此辅助方程可以得到一些成对的特征根，因为这些特征根的总数是偶数，所以辅助多项式的阶数总是偶数。

例 3.9 设系统的特征方程为

$$s^6+2s^5+8s^4+12s^3+20s^2+16s+16=0$$

试应用劳思稳定判据判别系统的稳定性。

解 首先，特征方程的各项系数均大于零，满足系统稳定的必要条件。

其次，排列劳思阵列

$$\begin{array}{c|cccc} s^6 & 1 & 8 & 20 & 16 \\ s^5 & 2 & 12 & 16 & 0 \\ s^4 & 2 & 12 & 16 & 0 \\ s^3 & 0 & 0 & 0 & \end{array}$$

因为 s^3 行的元素全为零，所以需要构造辅助多项式

$$A(s)=2s^4+12s^2+16$$

将 $A(s)$ 对 s 求导，得导数多项式

$$\frac{\mathrm{d}A(s)}{\mathrm{d}s}=8s^3+24s$$

将该导数多项式的系数代替上述全零行的元素，并继续劳思阵列的计算，得劳思阵列

$$\begin{array}{c|cccc} s^6 & 1 & 8 & 20 & 16 \\ s^5 & 2 & 12 & 16 & 0 \\ s^4 & 2 & 12 & 16 & 0 \\ s^3 & 0\to 8 & 0\to 24 & 0 & \\ s^2 & 6 & 16 & 0 & \\ s^1 & 8/3 & 0 & & \\ s^0 & 16 & 0 & & \end{array}$$

由上述劳思阵列的第一列可以看出,第一列中元素的符号全为正号,说明系统的特征方程没有正实部的根,即在[s]平面的右半平面没有闭环极点。但是,由于 s^3 行的元素全为零,则说明在虚轴上有共轭虚根,该共轭虚根可由辅助多项式 $A(s)$ 构成的辅助方程 $A(s)=0$ 来求得

$$A(s)=2s^4+12s^2+16=0$$

解上述辅助方程,可求得两对共轭虚根

$$p_{1,2}=\pm\sqrt{2}\mathrm{j},\quad p_{3,4}=\pm 2\mathrm{j}$$

系统存在共轭虚根,表明系统处于临界稳定状态。

3.7 基于 MATLAB 与 SIMULINK 的时域特性分析

3.7.1 基于 MATLAB 的时域特性分析

在 MATLAB 中,控制系统的传递函数用两个数组描述,即用数组 num 和数组 den 描述,数组 num 和数组 den 由相应多项式系数组成,它们分别描述传递函数分子多项式和分母多项式,并且它们以 s 的降幂排列,例如某控制系统的闭环传递函数为

$$\frac{X_o(s)}{X_i(s)}=\frac{15}{s^2+5s+15}$$

则在 MATLAB 中,可以表示成

num=[0 0 15]

den=[1 5 15]

注意,需要时必须补加数字 0,例如系统传递函数为

$$\frac{s^2+s+1}{s^4+3s^2+25}$$

则在 MATLAB 上,应表示成

num=[0 0 1 1 1]

den=[1 0 3 0 25]

如果已知控制系统的传递函数,可以应用表 3.5 所列命令产生系统时域响应。

表 3.5 连续系统时域响应函数

函数	功能	调用格式	说明
impulse	计算连续系统的单位脉冲响应	impulse(num,den)	得到以传递函数$\frac{\mathrm{num}(s)}{\mathrm{den}(s)}$表示的脉冲响应曲线
		impulse(num,den,t)	得到以传递函数$\frac{\mathrm{num}(s)}{\mathrm{den}(s)}$表示的脉冲响应曲线,并可指定时间向量 t

续表

函数	功能	调用格式	说明
step	计算连续系统的单位阶跃响应	step(num,den)	得到以传递函数$\frac{num(s)}{den(s)}$表示的阶跃响应曲线
		step(num,den,t)	得到以传递函数$\frac{num(s)}{den(s)}$表示的阶跃响应曲线,并可指定时间向量 t
lsim	计算连续系统的任意输入响应	lsim(num,den,u,t)	得到以传递函数$\frac{num(s)}{den(s)}$表示的 u 输入信号向量,并可指定时间向量 t

例 3.10 已知某系统的闭环传递函数为

$$\Phi(s)=\frac{2s^2+20s+50}{s^6+15s^5+84s^4+223s^3+309s^2+240s+100}$$

试求该系统的单位脉冲、单位阶跃、单位速度、单位加速度响应。

解 在 MATLAB 中,其单位阶跃响应计算程序为

```
num=[2  20  50];
den=[1  15  84  223  309  240  100];
step(num,den)
grid
```

单位阶跃响应曲线如图 3.23a 所示。应当指出,当初始条件为零时,传递函数 $\Phi(s)$ 的单位脉冲响应与 $s\Phi(s)$ 的单位阶跃响应是相同的。传递函数 $\Phi(s)$ 的单位速度响应与$\frac{\Phi(s)}{s}$的单位阶跃响应是相同的。传递函数 $\Phi(s)$ 的单位加速度响应与$\frac{\Phi(s)}{s^2}$的单位阶跃响应是相同的。因此,在 MATLAB 中可以编写出如下计算程序

(1) 单位脉冲响应

```
num=[2  20  50  0];
den=[1  15  84  223  309  240  100];
step(num,den)
grid
```

(2) 单位速度响应

```
num=[2  20  50];
den=[1  15  84  223  309  240  100  0];
step(num,den)
grid
```

（3）单位加速度响应

```
num=[2  20  50];
den=[1  15  84  223  309  240  100  0  0];
step(num,den)
grid
```

其计算结果如图 3.23b、c、d 所示。

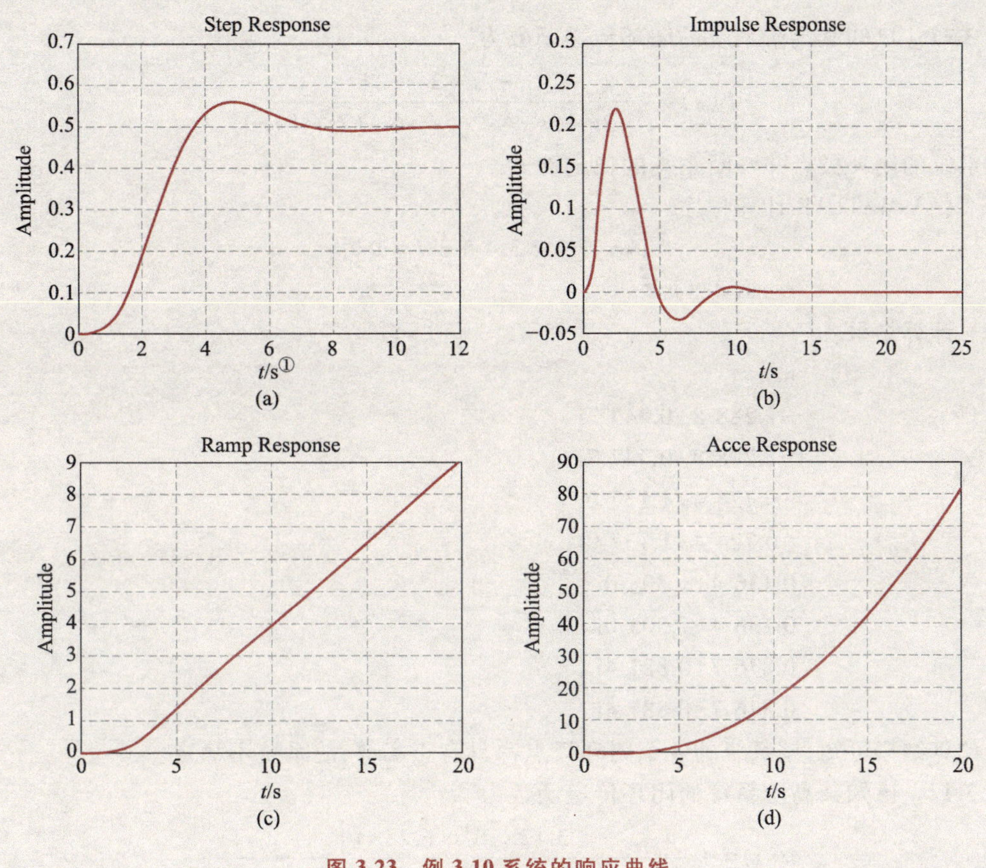

图 3.23　例 3.10 系统的响应曲线

求解线性连续系统稳定性问题的直接方法是求出系统的所有极点，并观察是否含有实部大于 0 的极点。如果有这样的极点，则系统不稳定；否则系统稳定。如果稳定系统中存在实部等于 0 的极点，则系统为临界稳定系统。MATLAB 软件用于计算连续系统所有极点的主要函数如表 3.6 所示。

表 3.6　MATLAB 软件用于计算连续系统所有极点的主要函数

函数	功能	调用格式	说明
roots	计算多项式的根	roots(den)	得到以多项式 den 的根所组成的列向量，多项式 den 按降幂排列

① 图中原单位为 sec。

续表

函数	功能	调用格式	说明
pzmap	在复平面内绘制出系统的零、极点图	pzmap(num,den)	得到以传递函数$\frac{num(s)}{den(s)}$表示的系统零、极点图,"×"表示极点,"○"表示零点

例 3.11 已知某高阶系统的闭环传递函数为

$$\Phi(s)=\frac{s^3+7s^2+24s+24}{s^8+2s^7+3s^6+4s^5+5s^4+6s^3+7s^2+8s+9}$$

试求该系统的闭环极点并判断系统的稳定性。

解 (1) MATLAB 计算程序

```
den=[1 2 3 4 5 6 7 8 9];
roots(den)
```

(2) 计算结果

```
ans=
-1.288 8+0.447 7i
-1.288 8-0.447 7i
-0.724 4+1.137 0i
-0.724 4-1.137 0i
0.136 4+1.305 0i
0.136 4-1.305 0i
0.876 7+0.881 4i
0.876 7-0.881 4i
```

由计算结果可知,该系统的 4 个闭环极点都具有正实部,故系统不稳定。

例 3.12 已知某高阶系统的闭环传递函数为

$$\Phi(s)=\frac{3.12\times10^5s+6.25\times10^6}{s^4+1.0\times10^2s^3+8.0\times10^3s^2+4.4\times10^5s+6.24\times10^6}$$

试求该系统的闭环零、极点并判断系统的稳定性。

解 (1) MATLAB 计算程序

```
num=[3.12*10^5  6.25*10^6];
den=[1  1.0*10^2  8.0*10^3  4.4*10^5  6.24*10^6];
[p,z]=pzmap(num,den);
pzmap(num,den);
title('Pole-Zero Map');
hold on;
```

(2) 计算结果

系统的闭环极点为:

p =

−10.000 0+71.414 3i

−10.000 0−71.414 3i

−60.000 0

−20.000 0

系统的闭环零点为:

z =

−20.032 1

由计算结果可知,该系统的 4 个闭环极点均具有负实部,故系统稳定。系统的闭环零、极点分布如图 3.24 所示。

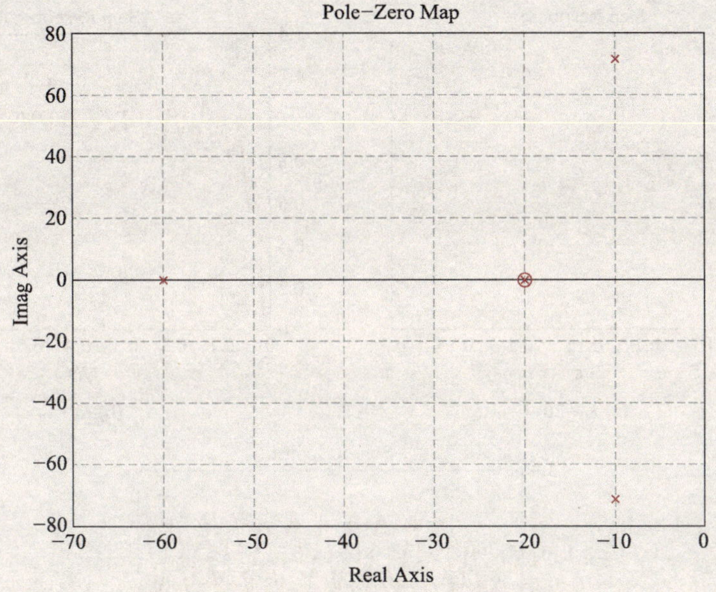

图 3.24 例 3.12 系统的闭环零、极点分布

例 3.13 设有某控制系统,其闭环传递函数为

$$\Phi(s)=\frac{K_v\omega_n^2}{s^3+2\zeta\omega_n s^2+\omega_n^2 s+K_v\omega_n^2}$$

当固有频率 $\omega_n=180$ rad/s,试分别分析

(1) 阻尼比 $\zeta=0.1$,开环增益 $K_v=20$、30、36 时对系统动态特性的影响。

(2) 开环增益 $K_v=20$,阻尼比 $\zeta=0.045$、0.056、0.1 时对系统动态特性的影响。

解 (1) 根据给定系统,在 MATLAB 中 $\zeta=0.1$,$K_v=20$、30、36 时的时域特性仿真程序为

```
num=[20*180*180];
den=[1  2*0.1*180  180*180  20*180*180];
step(num,den)
grid
```

```
num=[30*180*180];
den=[1  2*0.1*180  180*180  30*180*180];
step(num,den)
grid
num=[36*180*180];
den=[1  2*0.1*180  180*180  36*180*180];
step(num,den)
grid
```

当固有频率 $\omega_n=180$ rad/s,开环增益 $K_v=20$、30、36,阻尼比 $\zeta=0.1$ 时,系统在单位阶跃函数作用下,仿真曲线如图 3.25 所示。

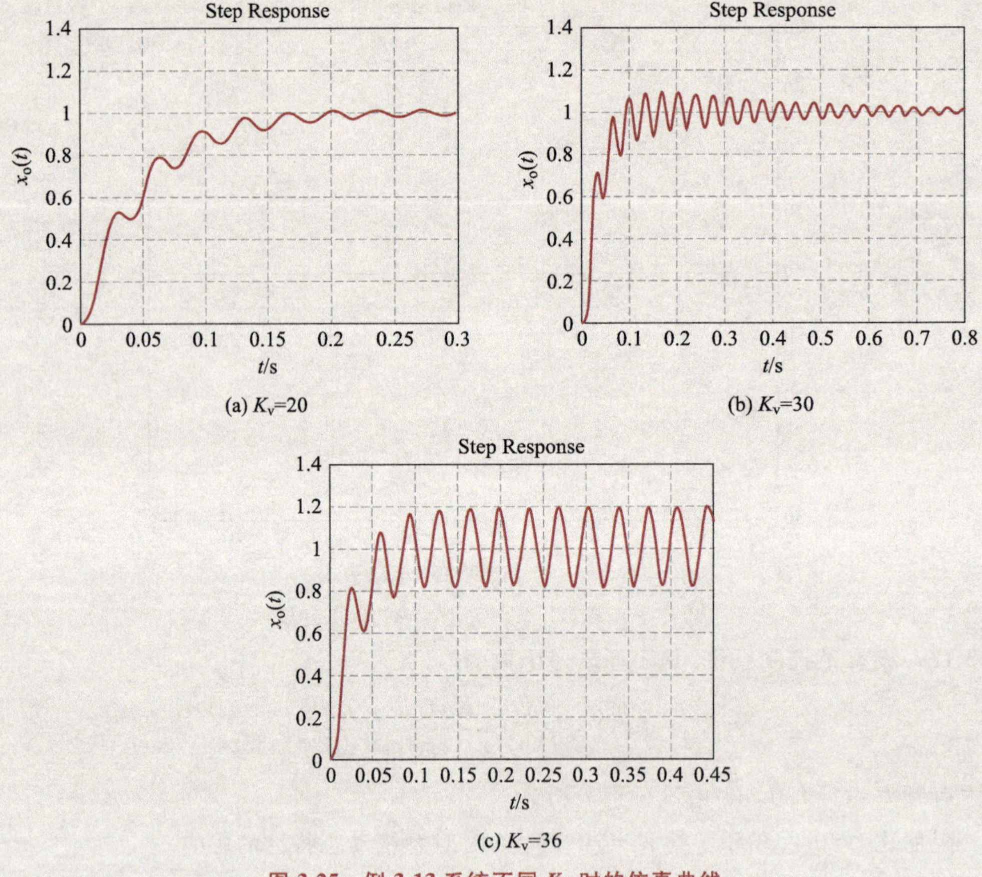

(a) K_v=20 (b) K_v=30 (c) K_v=36

图 3.25 例 3.13 系统不同 K_v 时的仿真曲线

由图 3.25 可知,系统开环增益对系统的动态特性影响较大,开环增益越大,系统稳定性越差,系统快速性越好。当开环增益 $K_v=36$ 时有 $K_v=2\zeta\omega_n=2\times0.1\times180=36$,系统处于临界稳定状态。

(2) 在 MATLAB 中 $K_v=20$,$\zeta=0.045$、0.056、0.1 时的时域特性仿真程序为

```
num=[20*180*180];
```

```
den=[1  2*0.045*180  180*180  20*180*180];
step(num,den,0.5)
grid
num=[20*180*180];
den=[1  2*0.056*180  180*180  20*180*180];
step(num,den,0.5)
grid
num=[20*180*180];
den=[1  2*0.1*180  180*180  20*180*180];
step(num,den,0.5)
grid
```

当固有频率 $\omega_n=180$ rad/s，开环增益 $K_v=20$，阻尼比 $\zeta=0.045$、0.056、0.1 时，系统在单位阶跃函数作用下，仿真曲线如图 3.26 所示。

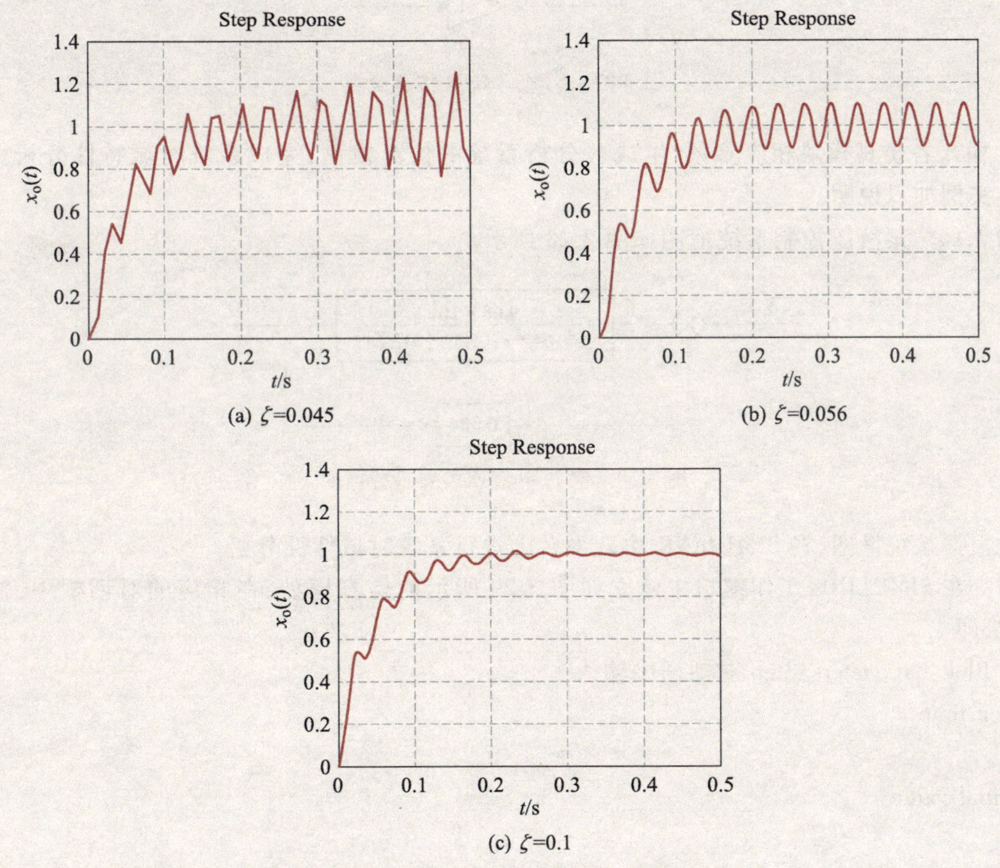

图 3.26　例 3.13 系统不同 ζ 时的仿真曲线

由图 3.26 可知，系统阻尼比直接影响系统的稳定性，阻尼比越小，系统稳定性越差。当阻尼比 $\zeta=0.1$ 时系统虽为稳定，但在过渡过程特性曲线的初始阶段也有振荡，这是由阻尼比较小时靠近虚轴附近极点的影响所致。阻尼比继续减小，系统的振荡加剧，当 $\zeta=0.056$ 时，有 $K_v/2\zeta\omega_n=\frac{20}{2\times0.056\times200}\approx1$，即系统处于临界稳定；当 $\zeta=0.045$ 时系统不稳定。

3.7.2　基于 SIMULINK 的时域特性分析

控制系统的时域特性分析，也可以直接根据系统框图在 SIMULINK 仿真平台上进行，在分析过程中，需先在 SIMULINK 工作窗口上建立以系统框图表示的仿真模型，其方法如下：

1. 分别在 Continuous、Sources、Sinks、Math 模块中选 Transfer Fcn、Step、Scope、Sum 和 Gain 模块，在 SIMULINK 工作窗口中连接成如图 3.27 所示的数学模型。

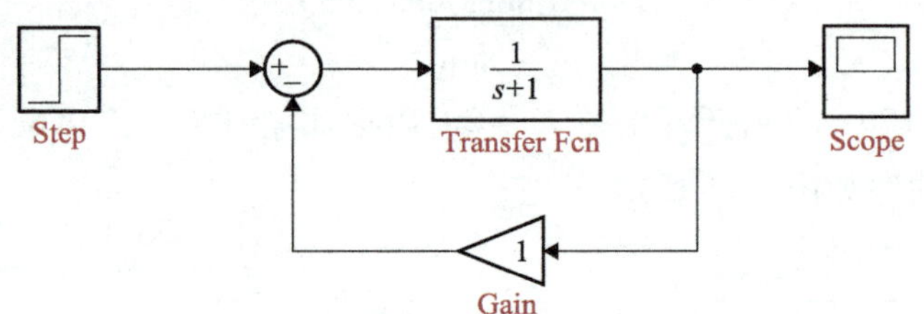

图 3.27　SIMULINK 仿真模型

2. 输入各仿真模块相应参数，生成被分析系统的仿真模型，完成系统时域特性分析。下面以具体实例加以说明。

例 3.14　某液压控制系统框图如图 3.28 所示。

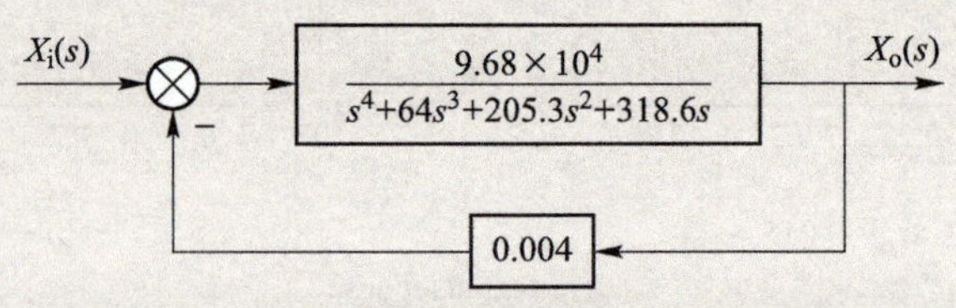

图 3.28　例 3.14 液压控制系统框图

试根据系统框图，在 SIMULINK 仿真平台上进行系统时域特性分析。

解　在 SIMULINK 工作窗口中建立如图 3.29 所示的仿真模型，在相应的对话框中，输入系统参数，即

1. Blok Parameters：Step 对话框中输入

Step time

0

Initial value

0

Final value

5

Sample time

0

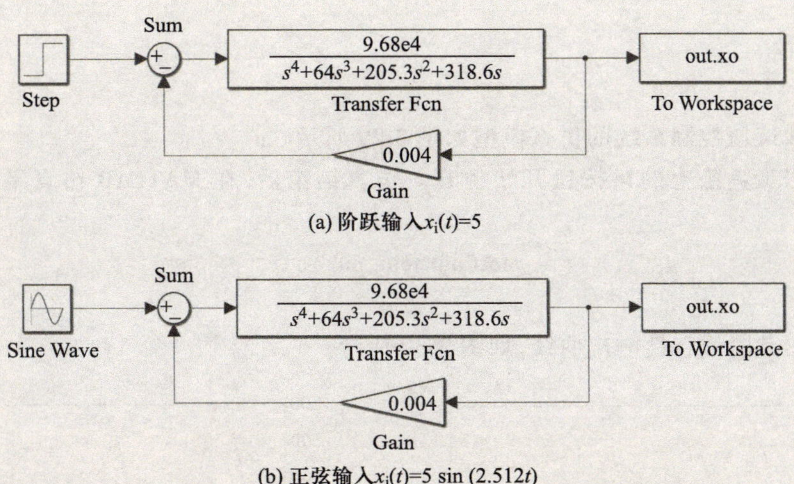

(a) 阶跃输入$x_i(t)=5$

(b) 正弦输入$x_i(t)=5\sin(2.512t)$

图 3.29 例 3.14 液压控制系统的仿真模型

2. Blok Parameters：Transfer Fcn 对话框中输入

Numerator：

[9.68e4]

Denominator：

[1 64 205.3 318.6 0]

3. Blok Parameters：Gain 对话框中输入

Gain

0.004

4. Sum 对话框中输入

List of signs

\+ −

5. 在 To Workspace 对话框中输入

Variable name：

xo

Save format：

选 Array

6. Sine Wave 对话框中输入

Amplitude：

5

Bias：

0

Frequenxy(rad/s)：

2.512

Phase(rad)：

0

Sample Time：

0

则构成了该液压控制系统的仿真模型如图 3.29 所示。

用鼠标点击工具条上的▶按钮开始仿真。仿真结束后，在 MATLAB 仿真平台上输入下列命令

```
plot(out.tout,out.xo)
grid
```

可直接作出其时域特性响应曲线，如图 3.30 所示。

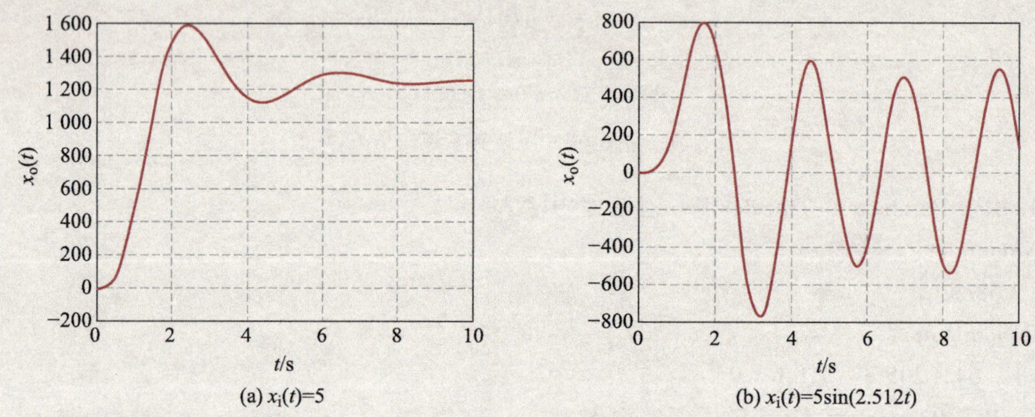

图 3.30　例 3.14 液压控制系统时域特性曲线

例 3.15　已知二阶系统的闭环传递函数为

$$\Phi(s)=\frac{\omega_n^2}{s^2+2\zeta\omega_n s+\omega_n^2}$$

式中，二阶系统固有频率 $\omega_n=10$ rad/s，试求该系统在欠阻尼、临界阻尼、过阻尼、零阻尼及负阻尼状态下的单位阶跃响应。

解　(1) 欠阻尼。当取二阶系统阻尼比 $\zeta=0.2$、0.4、0.6、0.8 时，可在 SIMULINK 仿真平台上作出仿真模型如图 3.31 所示，欠阻尼二阶系统单位阶跃响应曲线如图 3.32 所示。

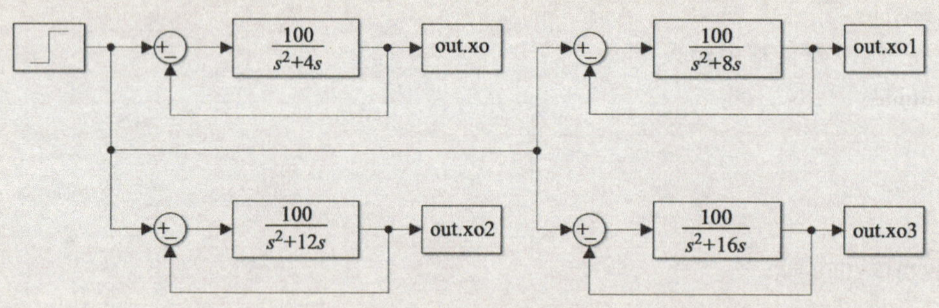

图 3.31　例 3.15 二阶系统 $\zeta=0.2$、0.4、0.6、0.8 时的 SIMULINK 仿真模型

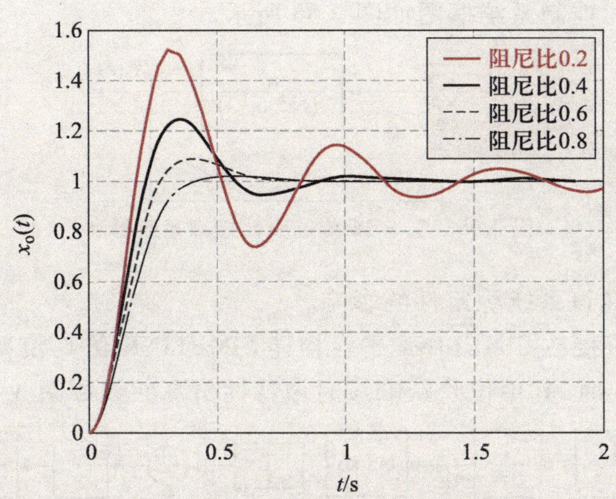

图 3.32　例 3.15 欠阻尼二阶系统单位阶跃响应曲线

（2）临界阻尼、过阻尼、零阻尼及负阻尼状态下的单位阶跃响应。当阻尼比 $\zeta=1.0$、1.5、0.0、−0.2时，可在 SIMULINK 仿真平台上作出仿真模型如图 3.33 所示，临界阻尼、过阻尼、零阻尼及负阻尼状态下二阶系统单位阶跃响应曲线如图 3.34 所示。

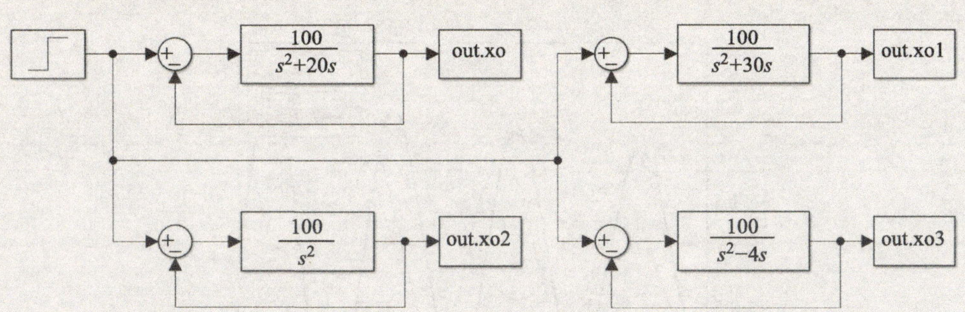

图 3.33　例 3.15 二阶系统 $\zeta=1$、1.5、0、−0.2 时的 SIMULINK 仿真模型

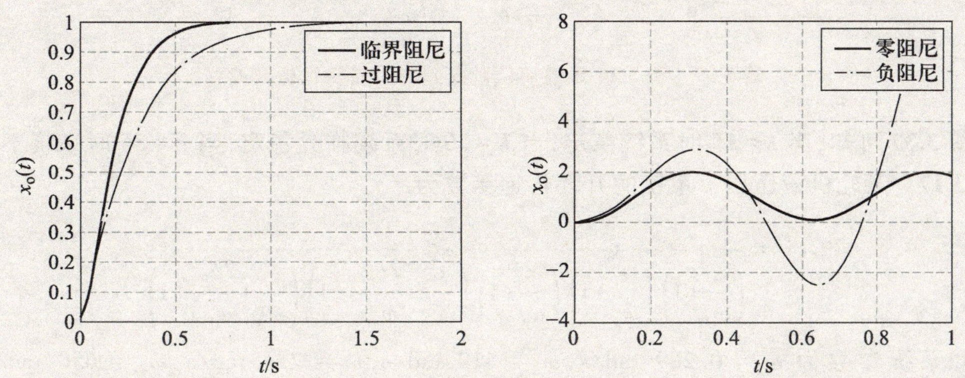

图 3.34　临界阻尼、过阻尼、零阻尼及负阻尼状态下例 3.15 二阶系统的单位阶跃响应曲线

例 3.16 某单位反馈控制系统框图如图 3.35 所示。

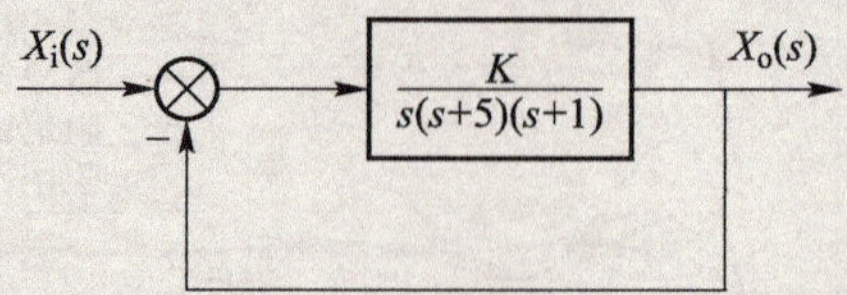

图 3.35 例 3.16 单位反馈控制系统框图

试分析开环增益 K 对该系统稳定性的影响。

解 根据给定系统直接在 SIMULINK 平台构建 SIMULINK 仿真模型如图 3.36 所示，当开环增益 $K=15$、$K=30$、$K=35$ 时，其单位阶跃响应时域特性仿真曲线如图 3.37 所示。

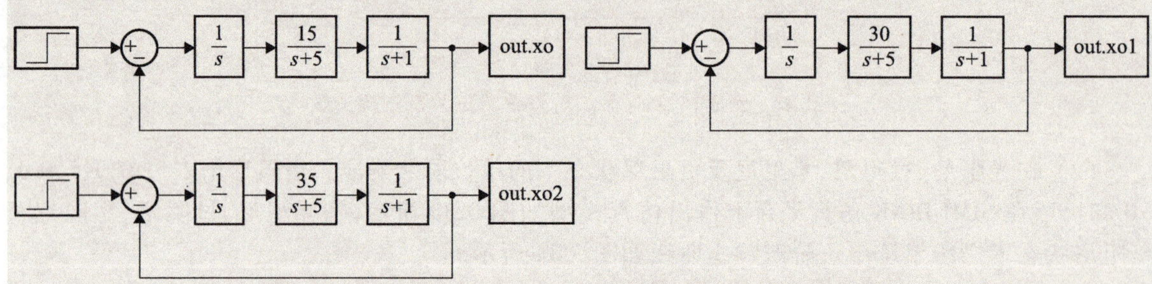

图 3.36 例 3.16 系统 $K=15$、30、35 时的 SIMULINK 仿真模型

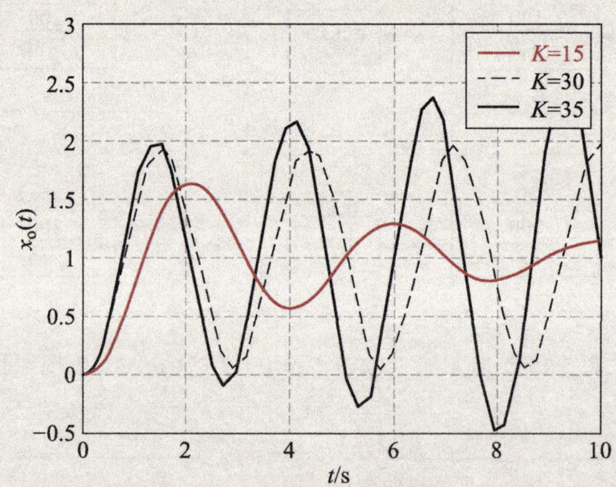

图 3.37 例 3.16 系统单位阶跃响应时域特性仿真曲线

由图 3.37 可知，当 $K=15$ 时系统稳定，当 $K=30$ 时系统临界稳定，当 $K=35$ 时系统不稳定。

例 3.17 某轧机液压压下系统的开环传递函数为

$$G(s)=\frac{K_0}{\left(\frac{s}{\omega_r}+1\right)\left(\frac{s}{\omega_a}+1\right)\left(\frac{s}{\omega_f}+1\right)\left(\frac{s^2}{\omega_{sv}^2}+\frac{2\zeta_{sv}}{\omega_{sv}}s+1\right)\left(\frac{s^2}{\omega_0^2}+\frac{2\zeta_0}{\omega_0}s+1\right)}$$

已知系统参数为 $\omega_r=0.289$ rad/s，$\omega_a=412$ rad/s，$\omega_f=234$ rad/s，$\omega_{sv}=650$ rad/s，$\omega_0=2\,086$ rad/s，$\zeta_{sv}=0.7$，$\zeta_0=0.15$，$K_0=245$。试求该系统在方波信号 $x_i(t)=\pm5$、正弦信号 $x_i(t)=5\sin(31.4t)$ 作用下的时域特性响应。

解 根据给定系统，在仿真平台上直接作出 SIMULINK 仿真模型如图 3.38a 所示。其仿真结果如图 3.38b 所示。

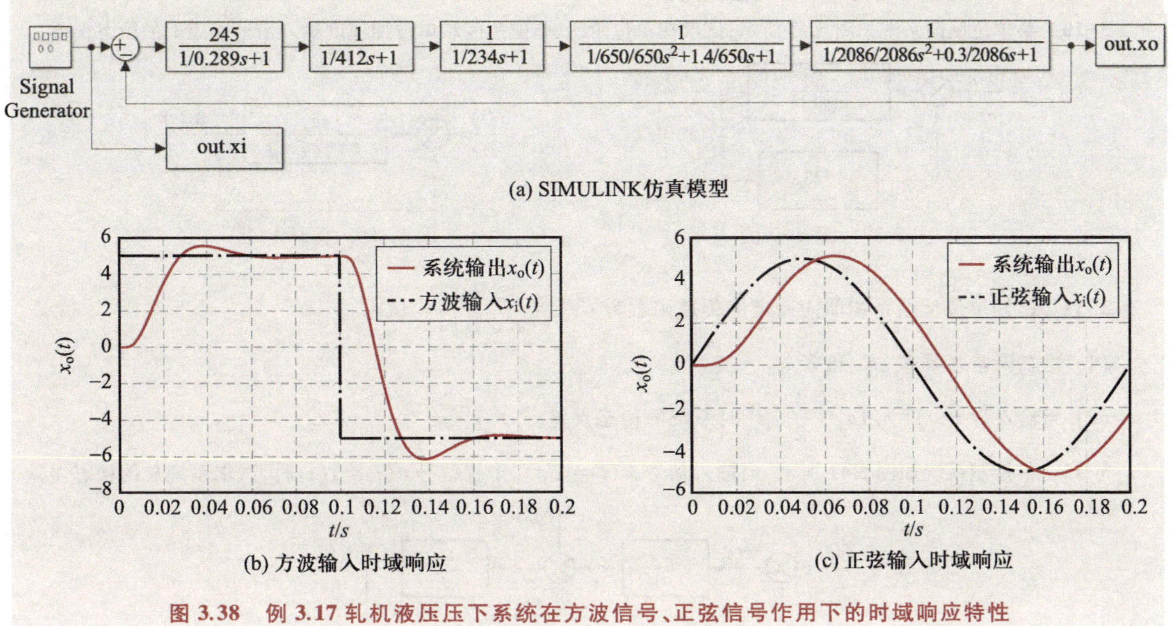

图 3.38　例 3.17 轧机液压压下系统在方波信号、正弦信号作用下的时域响应特性

习　题

3-1　温度计的传递函数为$\dfrac{1}{Ts+1}$，现在用该温度计测量一容器内水的温度，发现需要 1 min 的时间才能指示出实际水温的 98%的数值，试求此温度计的时间常数 T。如果给容器加热，使水温以 10 ℃/min 的速度变化，此温度计的稳态误差是多少？

3-2　已知系统的单位脉冲响应为 $x_o(t)=7-5e^{-6t}$，试求系统的传递函数。

3-3　已知系统的传递函数为 $G(s)=\dfrac{13s^2}{(s+5)(s+6)}$，输入信号为 $x_i(t)=\dfrac{1}{2}t^2$，试求系统的输出信号。

3-4　已知单位反馈系统的开环传递函数为 $G(s)=\dfrac{4}{s(s+5)}$，试求该系统的单位阶跃响应和单位脉冲响应。

3-5　已知系统的单位阶跃响应为 $x_o(t)=1+0.2e^{-60t}-1.2e^{-10t}$，试求：

（1）系统的闭环传递函数；

（2）系统的阻尼比 ζ 和无阻尼固有频率 ω_n。

3-6　设单位反馈系统的开环传递函数为 $G(s)=\dfrac{1}{s(s+1)}$，试求系统的上升时间 t_r、峰值时间 t_p、调整时间 t_s、最大超调量 M_p 和振荡次数 N。

3-7　如图 3.39 所示的系统，要使系统的最大超调量为 0.2，峰值时间为 1 s，试确定增益 K 和 K_h 的数值，并确定在此 K 和 K_h 数值下系统的上升时间 t_r 和调整时间 t_s。

3-8　已知单位反馈系统的开环传递函数为 $G(s)=\dfrac{5K}{s(s+34.5)}$，试求当 $K=200$ 时，系统单位阶跃响应的动态性能指标。如果 K 增大到 1 500 时，或减小到 13.5 时，试分析系统动态性能指标的变化情况。

3-9 已知单位反馈系统的开环传递函数为 $G(s)=\frac{20}{(0.5s+1)(0.04s+1)}$，试分别求出系统在单位阶跃输入、单位速度输入和单位加速度输入时的稳态误差。

3-10 某单位反馈系统如图 3.40 所示，试求在单位阶跃、单位速度和单位加速度输入信号作用下的稳态误差。

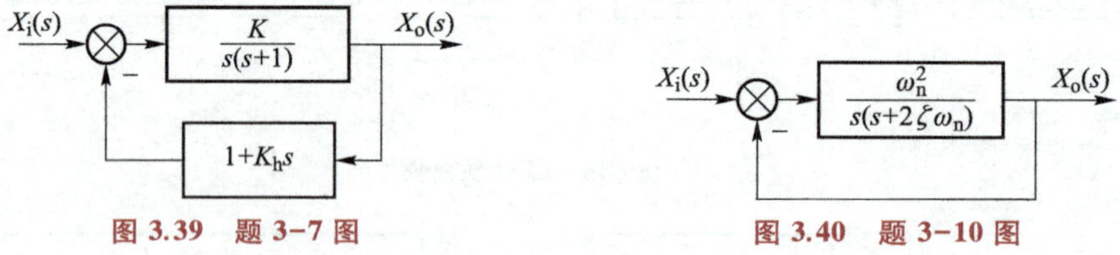

图 3.39 题 3-7 图　　图 3.40 题 3-10 图

3-11 已知单位反馈系统前向通道的传递函数为 $G(s)=\frac{100}{s(0.1s+1)}$，试求：

（1）稳态误差系数 K_p、K_v 和 K_a；

（2）当输入为 $x_i(t)=a_0+a_1t+\frac{1}{2}a_2t^2$ 时系统的稳态误差。

3-12 某控制系统如图 3.41 所示，当输入信号 $x_i(t)=1(t)$，干扰信号 $n(t)=1(t)$ 时，试求系统总的稳态误差。

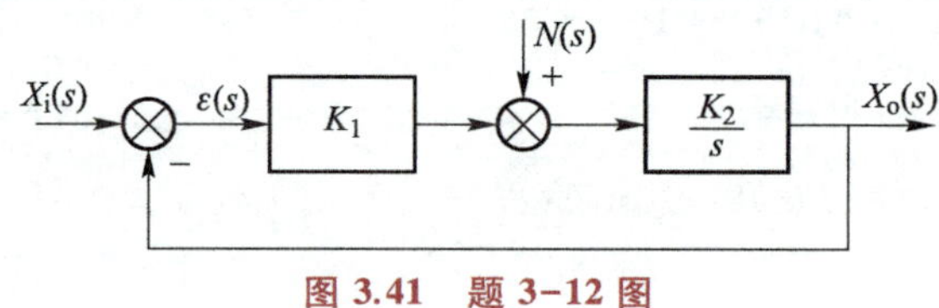

图 3.41 题 3-12 图

3-13 在波浪的作用下，船舶会发生摇摆，大多数船舶采用如图 3.42a 所示的水平舵来保证摆动的平稳性。船舶摆动角控制系统框图如图 3.42b 所示，图中船舶特性的传递函数为 $G(s)=\omega_n^2/(s^2+2\zeta\omega_n s+\omega_n^2)$。若阻尼比 $\zeta=0.1$，摆动周期为 3 s，船舶平稳后的倾斜角 $\theta=18°$。试求：

（1）在幅度 $N=(1+K_1K_a)\pi/10$ 的干扰信号 $T_d(s)$ 作用下的稳态倾斜角；

（2）系统在阶跃输入信号以及阶跃干扰作用下的总稳态误差；

（3）比较系统闭环前、后干扰对系统输出的影响。

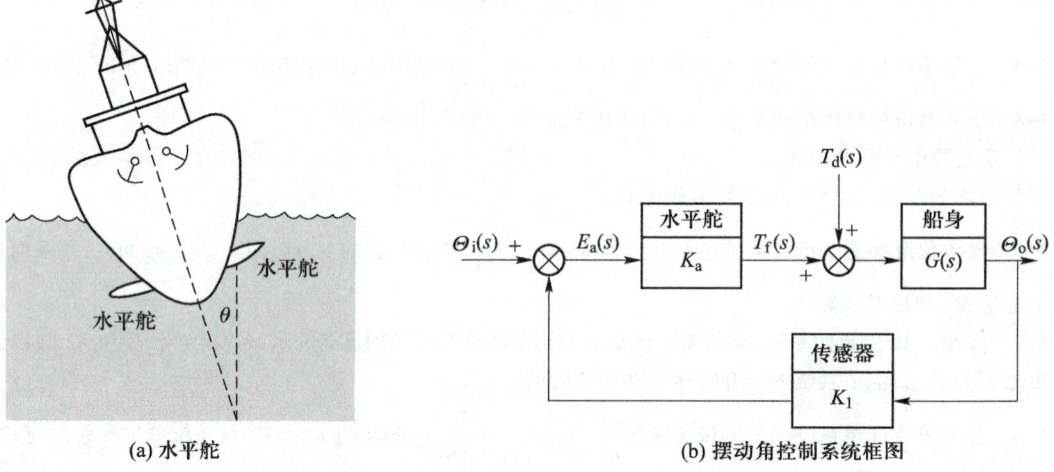

(a) 水平舵　　(b) 摆动角控制系统框图

图 3.42 题 3-13 图

3-14 已知某系统的闭环传递函数为$\frac{X_o(s)}{X_i(s)}=\frac{(s+6)(s+16)}{(s+8)(s+9)(s+4-j5)(s+4+j5)}$，试说明系统是否稳定。

3-15 已知某单位反馈系统的开环传递函数为 $G(s)=\frac{K}{s(Ts+1)}$，试说明系统是否稳定。

3-16 对于具有如下特征方程的反馈控制系统，试应用劳思稳定判据判别系统的稳定性：

(1) $s^3-15s+126=0$

(2) $s^4+8s^3+18s^2+16s+5=0$

(3) $s^3+4s^2+5s+10=0$

(4) $s^5+s^4+2s^3+2s^2+3s+5=0$

(5) $s^3+10s^2+16s+160=0$

3-17 对于具有如下特征方程的反馈控制系统，试应用劳思稳定判据确定使系统稳定的 K 的取值范围。

(1) $s^4+22s^3+10s^2+2s+K=0$

(2) $s^4+20Ks^3+5s^2+(K+10)s+15=0$

(3) $s^3+(K+0.5)s^2+4Ks+50=0$

(4) $s^4+Ks^3+s^2+s+1=0$

(5) $s^3+5Ks^2+(2K+3)s+10=0$

3-18 已知单位反馈控制系统的开环传递函数为 $G(s)=K\frac{K_1}{T_1s+1}\frac{K_2}{s(T_2s+1)}K_h$，输入信号为 $u(t)=a+bt$，其中 K、K_1、K_2、K_h、T_1、T_2、a、b 为常数，要使闭环系统稳定，且稳态误差 $e_{ss}<\Delta$，试求系统各个参数应满足的条件。

3-19 机器人常用的手爪如图 3.43a 所示，它由直流电动机驱动，以改变两个手指间的夹角 θ。手爪控制系统模型如图 3.43b 所示，相应的系统框图如图 3.43c 所示。图中 $K_m=30$，$R_f=1\ \Omega$，$K_f=K_t=1$，$J=0.1$，$b=1$。试求：

(1) 当功率放大器增益 $K_a=20$ 时，应用 MATLAB 绘制单位阶跃和单位速度输入下的响应曲线以及单位阶跃扰动作用下的响应曲线；

(2) 当 $\theta_d=0$，$n(t)=1(t)$ 时，确定干扰对系统的影响；

(3) 当 $n(t)=0$，$\theta_d(t)=t(t>0)$ 时，确定系统的稳态误差。

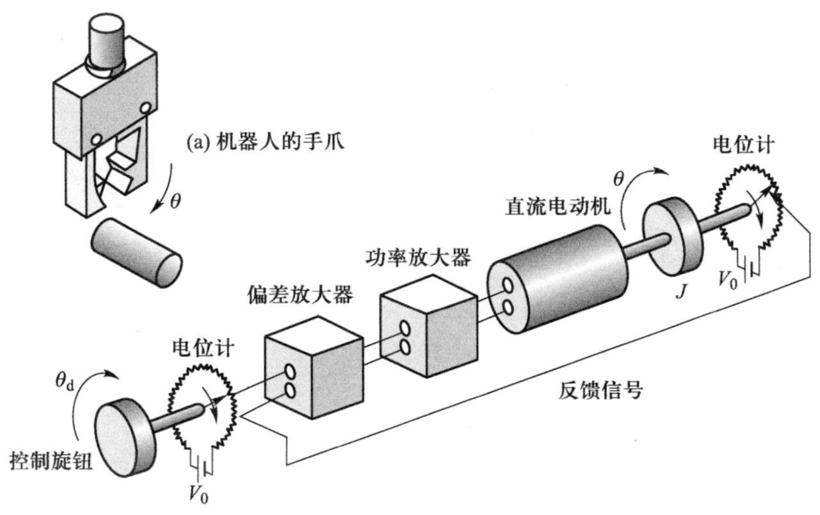

(b) 手爪控制系统模型

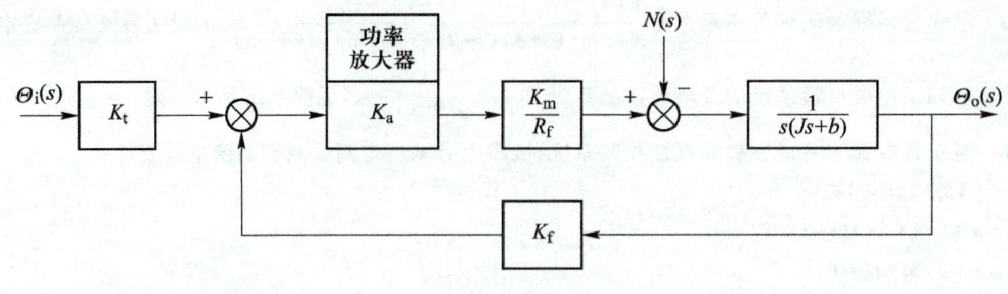

(c) 控制系统框图

图 3.43　题 3-19 图

第 4 章　根轨迹分析法

闭环控制系统的性能取决于其特征根(闭环极点)在[s]平面上的分布。控制系统的设计本质上可以归结为通过调整系统一个或多个参数的取值使其闭环特征根处于[s]平面上的合适位置。因此,研究闭环系统的特征根在[s]平面上位置随参数变化的规律就显得尤为必要。闭环系统特征根在[s]平面上的位置随参数变化的轨迹称为根轨迹。根轨迹法是分析和设计线性定常控制系统的图解方法,它直观、方便,在工程实践中得到了广泛应用。本章介绍根轨迹的基本概念、控制系统的根轨迹绘制方法以及应用根轨迹法对系统进行分析。

4.1　基本概念

4.1.1　根轨迹

确定闭环控制系统的极点在[s]平面上的位置,原则上需要求解系统的特征方程,但对高阶系统,尤其是 4 阶以上的系统,求解特征方程通常只能采用诸如牛顿迭代等数值计算方法,当系统的某些参数(如开环增益等)发生改变时需要重复求解,十分不便。1948 年,埃文斯(W.R. Evans)在《控制系统的图解分析》一文中提出了根轨迹方法。该方法根据反馈控制系统的开、闭环传递函数之间的关系,结合特征根随参数变化所需满足的一些规则或准则,可以直接由开环传递函数的零、极点来确定闭环极点随参数变化的轨迹,避免了对高阶方程直接求根,极大提高了控制系统分析和设计的效率。

通常,根轨迹分析法变化的参数为系统的开环增益,其变化范围取为 0~∞,但根轨迹分析法并不局限于开环增益,可以是系统的任一参数,此时的根轨迹有时称为广义根轨迹。

下面具体说明根轨迹的概念。

如图 4.1 所示开环增益 K 可变的闭环控制系统,其开环传递函数为

$$G(s)H(s)=\frac{K}{s(s+2)}$$

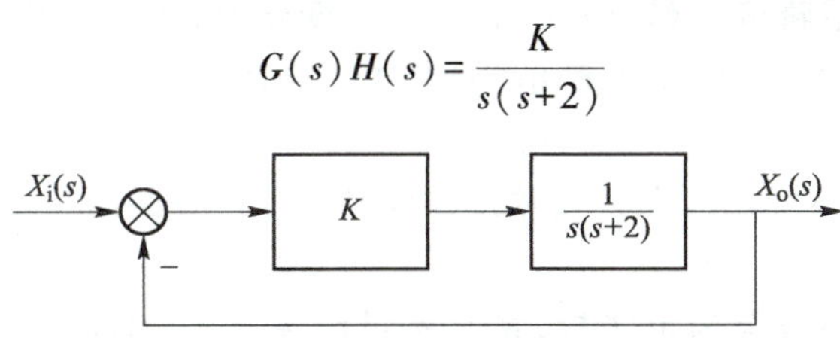

图 4.1　开环增益 K 可变的闭环控制系统

系统闭环传递函数为

$$\Phi(s)=\frac{X_i(s)}{X_o(s)}=\frac{K}{s^2+2s+K}$$

闭环特征方程为 $s^2+2s+K=0$，闭环特征根（闭环极点）

$$s_{1,2}=-1\pm\sqrt{1-K}$$

当开环增益 K 值从 0 变到∞时，可以用解析法求出闭环极点的全部数值，将这些数值在[s]平面上根据 K 的取值有序连成光滑的实线示于图 4.2 中，相应的实线即为开环增益 K 变化时的根轨迹。根轨迹线上的箭头表示随 K 值增加根轨迹变化的方向，标注的数值表示与闭环极点位置对应的开环增益 K 的取值。

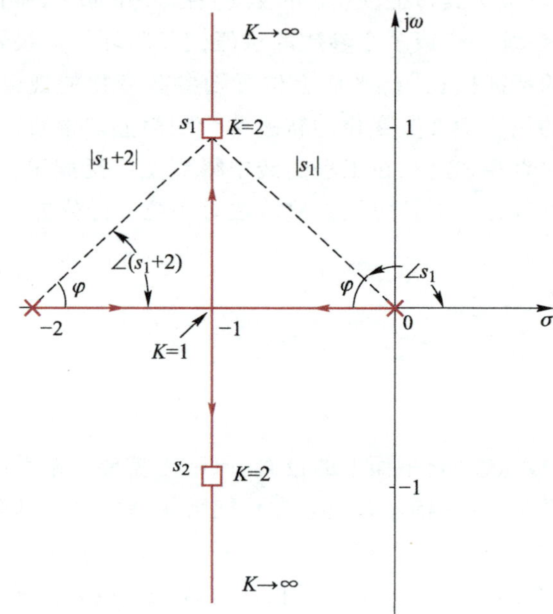

图 4.2　二阶系统的根轨迹

由图可见，当 $K=0$ 时，$s_1=0$ 和 $s_2=-2$，即为两个开环极点位置；当 $0<K<1$ 时，s_1 和 s_2 为两个负实根，随着 K 值增加，s_1 和 s_2 相对靠近移动；当 $K=1$ 时，$s_1=s_2=-1$；当 $1<K<\infty$ 时，s_1 和 s_2 离开负实轴，分别沿 $s=-1$ 的直线向上和向下移动，这时闭环系统具有一对共轭复根。图中共有两条根轨迹，对应两个特征根。系统开环增益 K 一旦确定，系统闭环极点在[s]平面上的位置也随之确定。例如，当 $K=2$ 时，极点 s_1 和 s_2 的位置如图中“□”所示。

由图 4.2 可以看出，根轨迹直观地表示了参数 K 变化时，闭环特征根的变化情况。因此，根轨迹图全面地描述了开环增益 K 对系统闭环特征根分布的影响。

根据根轨迹便可对这个系统的动态性能进行分析。

1）当开环增益 K 由零变化到无穷大时，根轨迹均在[s]平面的左半部，因此系统对所有的 K 值都是稳定的。

2）当 $0<K<1$ 时，闭环极点为负实根，系统呈过阻尼状态，阶跃响应为非周期过程，且单调上升。

3）当 $K=1$ 时，系统阻尼比为 1，出现重根，系统呈临界阻尼状态，阶跃响应也为单调上升。

4）当 $K>1$ 时，闭环特征根为共轭复根，系统呈欠阻尼状态，阶跃响应为有阻尼振荡过程。图 4.2 中纵横坐标比例尺相同，则由坐标原点作与负实轴夹角为±45°的直线，得出根为

$$s_1=-1+\mathrm{j}1,\quad s_2=-1-\mathrm{j}1$$

显然，这时为最佳阻尼比 0.707，此时 $K=2$。

5）因为开环传递函数有一个位于坐标原点的极点，所以系统为 I 型系统，阶跃信号作用下的稳态误差 $e_{ss}=0$，而稳态误差系数可根据根轨迹对应的 K 值求得。

而且，当 K 值确定之后，根据闭环极点的位置，该系统的阶跃响应指标便可求出。

以上分析表明，根轨迹与系统性能间存在密切的关系。但上述解析绘图方法对高阶系统显然并不合适。

4.1.2 系统开、闭环零、极点之间的关系

4.1.1 节中通过实例说明了根轨迹绘制的基本过程，但对任意的系统，绘制根轨迹需要更为一般的指导性原则或准则，为此需要研究系统闭环零、极点与开环零、极点之间的关系。图 4.3 所示为单回路闭环控制系统，其闭环传递函数为

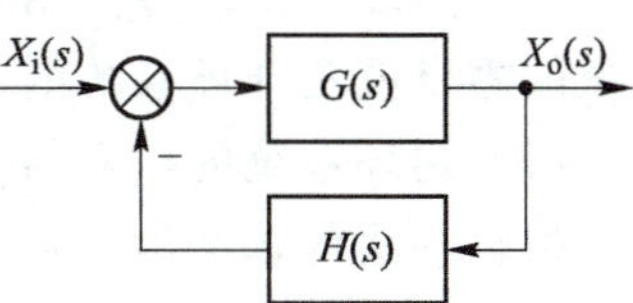

图 4.3 单回路闭环控制系统

$$\Phi(s)=\frac{G(s)}{1+G(s)H(s)}$$

系统前向通道传递函数 $G(s)$ 和反馈通道传递函数 $H(s)$ 可分别表示为

$$G(s)=\frac{K_G(\tau_1 s+1)(\tau_2^2 s^2+2\xi_2\tau_2 s+1)\cdots}{s^v(T_1 s+1)(T_2^2 s^2+2\zeta_2 T_2 s+1)\cdots}=K'_G\frac{\prod\limits_{i=1}^{f}(s-z_i)}{\prod\limits_{i=1}^{q}(s-p_i)}\tag{4.1}$$

式中，K_G 为前向通道增益，K'_G为前向通道根轨迹增益，两者之间有关系如下

$$K'_G=K_G\frac{\tau_1\tau_2^2\cdots}{T_1T_2^2\cdots}$$

而

$$H(s)=K'_H\frac{\prod\limits_{j=1}^{l}(s-z_j)}{\prod\limits_{j=1}^{h}(s-p_j)}$$

式中，K'_H为反馈通道的根轨迹增益。

系统的开环传递函数为

$$G(s)H(s)=K'\frac{\prod\limits_{i=1}^{f}(s-z_i)\prod\limits_{j=1}^{l}(s-z_j)}{\prod\limits_{i=1}^{q}(s-p_i)\prod\limits_{j=1}^{h}(s-p_j)}\tag{4.2}$$

式中，$K'=K'_GK'_H$，称为系统开环根轨迹增益。z_i、z_j 分别为前向通道和反馈通道传递函数的零点，而 p_i、p_j 分别为前向通道和反馈通道传递函数的极点。对于 m 个零点、n 个极点的系统，有

$$f+l=m$$

$$q+h=n$$

系统闭环传递函数为

$$\Phi(s)=\frac{K'_G\prod_{i=1}^{f}(s-z_i)\prod_{j=1}^{h}(s-p_j)}{\prod_{i=1}^{q}(s-p_i)\prod_{j=1}^{h}(s-p_j)+K'\prod_{i=1}^{f}(s-z_i)\prod_{j=1}^{l}(s-z_j)} \tag{4.3}$$

由式(4.1)、式(4.2)和式(4.3)可见:

(1) 当 $n>m$ 时,闭环系统根轨迹增益等于开环系统前向通道的根轨迹增益。对于单位反馈系统,闭环系统的根轨迹增益就等于开环系统的根轨迹增益。

(2) 闭环系统的零点由前向通道的零点和反馈通道的极点组成。对于单位反馈系统,闭环系统的零点就是开环系统的零点。

(3) 闭环系统的极点与开环系统的极点、零点及其根轨迹增益均有关。

根轨迹法的基本出发点就是不求解闭环特征方程,而是根据已知的开环零、极点分布及其根轨迹增益,通过图解的方法确定闭环极点,进而对控制系统进行分析。

4.1.3 根轨迹方程

分析图 4.3 所示的系统,由其闭环特征方程 $1+G(s)H(s)=0$,得

$$G(s)H(s)=-1 \tag{4.4}$$

显然,所有闭环极点均满足上述方程,该方程称为根轨迹方程。将系统的开环传递函数写成零、极点形式

$$G(s)H(s)=K'\frac{\prod_{i=1}^{m}(s-z_i)}{\prod_{j=1}^{n}(s-p_j)}=-1 \tag{4.5}$$

式中,K'为系统开环根轨迹增益,z_i、p_j 分别为开环零、极点。上式是关于 s 的复数方程,可将其分解为幅值条件和幅角条件。

幅值条件

$$K'\frac{\prod_{i=1}^{m}|s-z_i|}{\prod_{j=1}^{n}|s-p_j|}=1 \tag{4.6}$$

幅角条件

$$\sum_{i=1}^{m}\angle(s-z_i)-\sum_{j=1}^{n}\angle(s-p_j)=\pm(2k+1)\times180^\circ\quad(k=0,1,2,\cdots) \tag{4.7}$$

易见,幅值条件不但与开环零、极点有关,还与开环根轨迹增益有关,而幅角条件只与开环零、极点有关。幅值条件仅是根轨迹的必要条件而非充分必要条件,即满足幅值条件的点不一定是系统的闭环极点;而幅角条件则是决定系统闭环根轨迹的充分必要条件。因此,通常用幅角条件来绘制系统的根轨迹,用幅值条件来确定已知根轨迹上某一点对应的 K'值。但直接根据幅角

条件绘制系统根轨迹还是很烦琐和复杂的，在实际应用中，一般根据根轨迹的特点及其遵循的基本规则概略绘制系统的根轨迹（见 4.2）。

4.1.4 广义根轨迹

系统的其他参数发生改变时，同样可以用作图的方法获得系统的根轨迹。如系统的开环传递函数为

$$G(s)H(s)=\frac{K}{s(s+\alpha)}$$

则系统的特征方程为：$s^2+\alpha s+K=0$

考察 α 改变时的根轨迹，可将特征方程改写成如下形式

$$1+\frac{\alpha s}{s^2+K}=0$$

此时根轨迹对应的幅值条件和幅角条件分别为

$$\frac{\alpha\cdot|s|}{|s^2+K|}=1$$

$$\angle\frac{\alpha s}{s^2+K}=\angle s-\angle(s+\mathrm{j}\sqrt{K})-\angle(s-\mathrm{j}\sqrt{K})=180°\pm k360° \quad (k=0,\pm1,\pm2,\cdots)$$

根据幅角条件，可绘制参数 α 变化时的根轨迹如图 4.4 所示。显然，当参数 K 不同时，也将对应不同的根轨迹，此时由多个参数变化绘制出的根轨迹称为根轨迹簇。

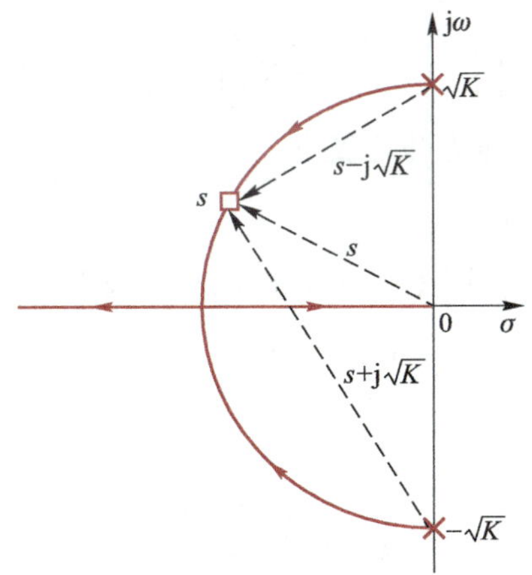

图 4.4　二阶系统参数 α 变化时的根轨迹

4.2 根轨迹绘制的一般步骤及其基本规则

本节介绍根轨迹绘制的一般步骤及其基本规则，需要说明的是，这些规则针对的幅角满足 $180°\pm k360°$ 条件，因此可称之为 180°根轨迹绘制规则。

4.2.1 预备步骤

步骤 1:将系统的特征方程表示为

$$1+KP(s)=0$$

其中 K 为根轨迹绘制对应的可变参数,通常为开环增益。$P(s)$为相应的多项式乘积因子,其分子和分母多项式中 s 的最高阶次项系数等于 1,若非 1,则需进一步将特征方程转化为

$$1+aKP'(s)=0$$

的形式,式中 a 为 $P(s)$分子和分母多项式中 s 的最高阶次项系数之比,$P'(s)$为分子和分母多项式最高阶次项系数等于 1 的乘积因子。令 $K'=aK$ 为新的根轨迹增益,即

$$1+K'P'(s)=0$$

继续下述步骤。

步骤 2:将 $P(s)$表示为零极点形式

$$1+K\frac{\prod_{i=1}^{m}(s-z_i)}{\prod_{j=1}^{n}(s-p_j)}=0 \tag{4.8}$$

步骤 3:在[s]平面上标识出 $P(s)$的零、极点。当可变参数为开环增益 K 时,$P(s)$的零、极点即为系统的开环零、极点,下文直接简称为开环零点和开环极点。

规则 1:当 K 从 0 变化至∞大时,根轨迹起始于开环极点($K=0$),终止于开环零点($K=\infty$)。

事实上,由式(4.8)可得

$$\prod_{j=1}^{n}(s-p_j)+K\prod_{i=1}^{m}(s-z_i)=0$$

当 $K=0$ 时,系统的闭环极点即为开环极点。

另一方面,由式(4.8)可得

$$\frac{1}{K}\prod_{j=1}^{n}(s-p_j)+\prod_{i=1}^{m}(s-z_i)=0$$

当 K 趋于∞时,系统的闭环极点趋于开环零点。

此外,根据根轨迹的幅值关系有

$$K=\frac{\prod_{j=1}^{n}|s-p_j|}{\prod_{i=1}^{m}|s-z_i|}$$

当 $K\to\infty$ 时,对 $n=m$ 的系统,有 $s\to z_i$;对 $n>m$ 的系统,有 $s\to z_i$ 或者 $s\to\infty$。注意到:

$$K=\lim_{s\to\infty}\frac{\prod_{j=1}^{n}|s-p_j|}{\prod_{i=1}^{m}|s-z_i|}=\lim_{s\to\infty}|s|^{n-m}\to\infty$$

因此,有$(n-m)$条根轨迹将终止于无穷远处,通常将无穷远处视为无限零点,有限大小的零点称为有限零点,则系统根轨迹必终止于开环零点。

对 $n<m$ 的系统,当 $K=0$ 时,由于

$$\frac{1}{K}=\lim_{s\to\infty}\frac{\prod_{i=1}^{m}|s-z_i|}{\prod_{j=1}^{n}|s-p_j|}=\lim_{s\to\infty}|s|^{m-n}\to\infty$$

此时,有$(m-n)$条根轨迹将起始于无穷远处。若将该无穷远处视为无限极点,有限大小的极点称为有限极点,则系统的根轨迹必起始于开环极点。

4.2.2 根轨迹绘制

步骤 4:确定实轴上的根轨迹。

规则 2:若实轴上某一段右边的开环实数零、极点个数之和为奇数,则该段实轴必为根轨迹。

规则 2 可根据幅角条件进行验证。由图 4.5 可见,对实轴上的测试点 s,其左侧实极点或实零点至该点的向量对应的幅角均为 0,而其右侧实极点或实零点至该点的向量对应的幅角均为 180°,且共轭复极点和共轭复零点至该点的向量对应的幅角之和均为 360°。因此,只有当测试点 s 右侧位于实轴上的零、极点个数之和为奇数时,才能满足根轨迹所要求的$\pm(2k+1)\times180°$幅角条件,即此时测试点所处实轴为根轨迹。根据规则 2,图 4.5 中,$[p_3,p_2]$和$[z_1,p_1]$段实轴为根轨迹。

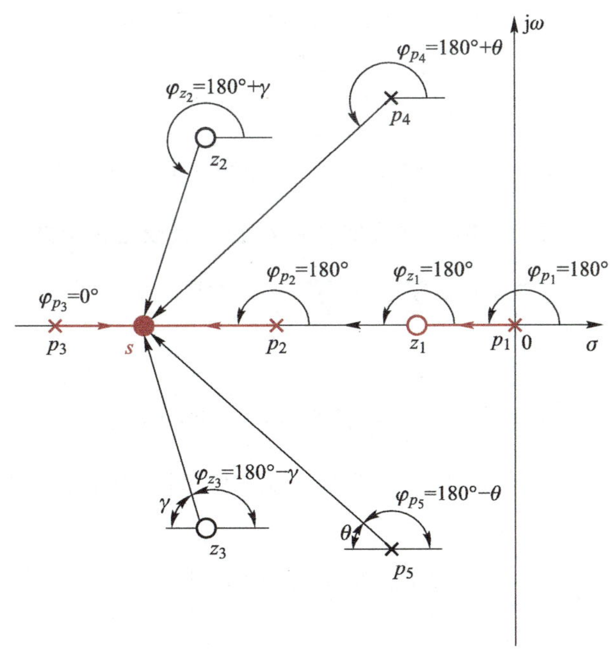

图 4.5 实轴上的根轨迹

步骤 5:确定根轨迹的分支数。

规则 3:根轨迹的分支数等于开环有限极点数 n 和开环有限零点数 m 中的大者。

此规则显而易见,因为根轨迹的分支数必等于闭环特征根的数目。

步骤 6:确定根轨迹的连续性和对称性。

规则 4:根轨迹为连续曲线,且对称于实轴。

因为,实系数特征方程的根是关于其系数的连续函数,同时又由于实系数特征方程的根必为实根或共轭复根,故根轨迹对称于实轴。

步骤 7:确定根轨迹的渐近线。

规则 5:无穷远处根轨迹的渐近线与实轴的交角 ϕ_a 和交点 σ_a 分别为

$$\phi_a=\frac{(2k+1)}{n-m}\times 180^\circ \quad (k=0,1,\cdots,n-m-1) \tag{4.9}$$

$$\sigma_a=\frac{1}{n-m}\left(\sum_{j=1}^{n}p_j-\sum_{i=1}^{m}z_i\right) \tag{4.10}$$

下面对规则 5 作简要说明。将式(4.8)展开为

$$1+K\frac{s^m+\left(-\sum_{i=1}^{m}z_i\right)s^{m-1}+\cdots}{s^n+\left(-\sum_{j=1}^{n}p_j\right)s^{n-1}+\cdots}=0$$

即

$$\frac{s^n+\left(-\sum_{j=1}^{n}p_j\right)s^{n-1}+\cdots}{s^m+\left(-\sum_{i=1}^{m}z_i\right)s^{m-1}+\cdots}=-K$$

多项式长除,可得

$$s^{n-m}+\left(-\sum_{j=1}^{n}p_j+\sum_{i=1}^{m}z_i\right)s^{n-m-1}+\cdots=-K \tag{4.11}$$

当 $|s|$ 趋于无穷时,上式左边可用前两项近似,将 $-K$ 表示成极坐标形式,有

$$s^{n-m}+\left(-\sum_{j=1}^{n}p_j+\sum_{i=1}^{m}z_i\right)s^{n-m-1}=K\mathrm{e}^{\mathrm{j}(2k+1)\pi}$$

上式两边开 $(n-m)$ 次方

$$s\left[1+\frac{1}{s}\left(-\sum_{j=1}^{n}p_j+\sum_{i=1}^{m}z_i\right)\right]^{\frac{1}{n-m}}=K^{\frac{1}{n-m}}\mathrm{e}^{\frac{\mathrm{j}(2k+1)\pi}{n-m}}$$

对上式左边开 $(n-m)$ 次方运算并用牛顿二项式定理展开,同时由于 $|s|$ 趋于无穷大,故可仅取展开式的前两项近似,即

$$s\left[1+\frac{1}{n-m}\frac{1}{s}\left(-\sum_{j=1}^{n}p_j+\sum_{i=1}^{m}z_i\right)\right]=K^{\frac{1}{n-m}}\mathrm{e}^{\frac{\mathrm{j}(2k+1)\pi}{n-m}}$$

从而有

$$s-\frac{1}{n-m}\left(\sum_{j=1}^{n}p_j-\sum_{i=1}^{m}z_i\right)=K^{\frac{1}{n-m}}\mathrm{e}^{\frac{\mathrm{j}(2k+1)\pi}{n-m}} \tag{4.12}$$

上式即为根轨迹在无穷远处的渐近线方程。下面求渐近线与实轴的交点:

令 $s=\sigma+\mathrm{j}\omega,\sigma_a=\frac{1}{n-m}\left(\sum_{j=1}^{n}p_j-\sum_{i=1}^{m}z_i\right),\phi_a=\frac{(2k+1)\pi}{n-m}\quad(k=0,1,\cdots,n-m-1)$,

并代入式(4.12),有

$$\sigma-\sigma_{a}+j\omega=K^{\frac{1}{n-m}}(\cos\phi_{a}+j\sin\phi_{a})$$

即

$$\begin{cases}\sigma-\sigma_{a}=K^{\frac{1}{n-m}}\cos\phi_{a}\\ \omega=K^{\frac{1}{n-m}}\sin\phi_{a}\end{cases}$$

解得

$$\omega=(\sigma-\sigma_{a})\tan\phi_{a} \tag{4.13}$$

令 $\omega=0$,即得渐近线与实轴的交点

$$\sigma=\sigma_{a}=\frac{1}{n-m}\left(\sum_{j=1}^{n}p_{j}-\sum_{i=1}^{m}z_{i}\right)$$

在[s]平面上,式(4.13)表示直线方程,其斜率为 $\tan\phi_{a}$,即渐近线与实轴的交角为

$$\phi_{a}=\frac{(2k+1)\pi}{n-m}\quad(k=0,1,\cdots,n-m-1)$$

当 k 取不同值时,ϕ_{a} 有$(n-m)$个不同取值,因此根轨迹的渐近线为$(n-m)$条与实轴交点为 σ_{a}、交角为 ϕ_{a} 的射线。常见根轨迹的渐近线如图 4.6 所示。需要注意的是,在根轨迹绘制过程中,为了方便图解测量幅角和幅值,实轴与虚轴须采用相同的坐标比例尺。

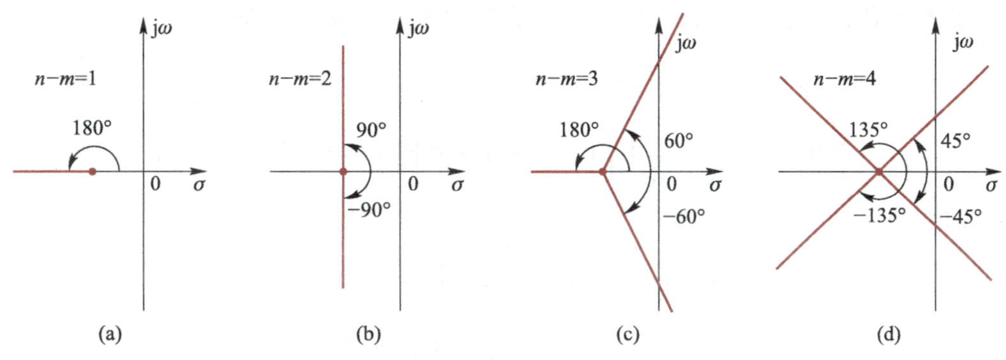

图 4.6 常见根轨迹的渐近线

步骤 8:确定根轨迹的分离点和分离角。

两条或两条以上的根轨迹分支在[s]平面上的某一点相遇后又立即分开,这一点称为分离点(或汇合点)。由于根轨迹是对称的,所以根轨迹的分离点或位于实轴上,或以共轭形式成对出现在复平面上。分离点必然是重根点。例如,图 4.2 所示的二阶系统的根轨迹,当 $K=1$ 时,系统出现重根,$s_1=s_2=-1$,对应的点即为根轨迹分离点。

规则 6:根轨迹分离点 σ_{b} 是下列方程的解:

$$\sum_{i=1}^{m}\frac{1}{\sigma_{b}-z_{i}}=\sum_{j=1}^{n}\frac{1}{\sigma_{b}-p_{j}} \tag{4.14}$$

式中,z_i、p_j 分别为开环零、极点值。根轨迹进入分离点的切线方向与离开分离点的切线方向之间的夹角即分离角为

$$\varphi_{b}=\frac{(2k+1)\pi}{l}\quad(k=0,1,\cdots,l-1) \tag{4.15}$$

其中 l 为进入/离开分离点处的根轨迹分支数。

图 4.7 所示为两个系统的根轨迹分离点示例。

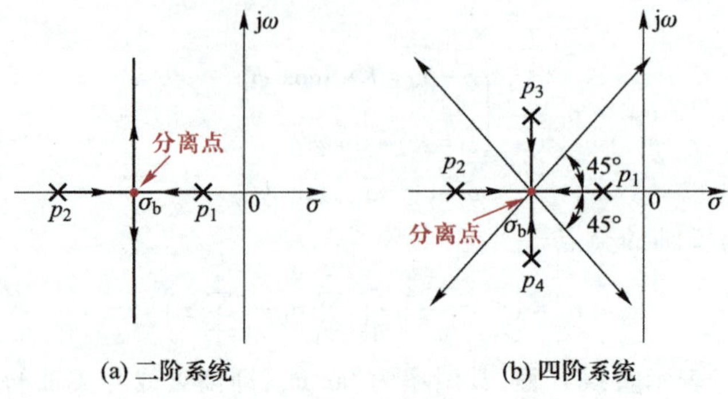

图 4.7　根轨迹分离点示例

分离角公式可根据幅角条件获得。分离点坐标位置的求解公式简要说明如下：

由式(4.8)可知系统闭环特征方程为

$$D(s)=\prod_{j=1}^{n}(s-p_j)+K\prod_{i=1}^{m}(s-z_i)=0$$

在分离点处系统必有重根,设重根为 σ_b。则根据代数中的重根条件,有

$$D(s)\Big|_{s=\sigma_b}=\left[\prod_{j=1}^{n}(s-p_j)+K\prod_{i=1}^{m}(s-z_i)\right]\Big|_{s=\sigma_b}=0$$

$$\frac{\mathrm{d}}{\mathrm{d}s}D(s)\Big|_{s=\sigma_b}=\frac{\mathrm{d}}{\mathrm{d}s}\left[\prod_{j=1}^{n}(s-p_j)+K\prod_{i=1}^{m}(s-z_i)\right]\Big|_{s=\sigma_b}=0$$

将上两式简写为

$$\prod_{j=1}^{n}(s-p_j)=-K\prod_{i=1}^{m}(s-z_i)$$

$$\frac{\mathrm{d}}{\mathrm{d}s}\left[\prod_{j=1}^{n}(s-p_j)\right]=-K\frac{\mathrm{d}}{\mathrm{d}s}\left[\prod_{i=1}^{m}(s-z_i)\right]$$

两式相除有

$$\frac{\dfrac{\mathrm{d}}{\mathrm{d}s}\left[\prod_{j=1}^{n}(s-p_j)\right]}{\prod_{j=1}^{n}(s-p_j)}=\frac{\dfrac{\mathrm{d}}{\mathrm{d}s}\left[\prod_{i=1}^{m}(s-z_i)\right]}{\prod_{i=1}^{m}(s-z_i)}$$

上式可进一步写为

$$\frac{\mathrm{d}}{\mathrm{d}s}\ln\left[\prod_{j=1}^{n}(s-p_j)\right]=\frac{\mathrm{d}}{\mathrm{d}s}\ln\left[\prod_{i=1}^{m}(s-z_i)\right]$$

$$\sum_{j=1}^{n}\frac{\mathrm{d}}{\mathrm{d}s}\ln(s-p_j)=\sum_{i=1}^{m}\frac{\mathrm{d}}{\mathrm{d}s}\ln(s-z_i)$$

即

$$\sum_{i=1}^{m}\frac{1}{s-z_i}=\sum_{j=1}^{n}\frac{1}{s-p_j}$$

由上式解出 s,即为分离点 σ_b。

求解分离点最为直接的方法是将特征方程 $1+KP(s)=0$ 重新整理为 $K=p(s)$ 形式,如某反馈系统的特征方程

$$1+G(s)H(s)=1+\frac{K}{(s-p_1)(s-p_2)}=0$$

则

$$K=p(s)=-(s-p_1)(s-p_2)$$

将上式求导,直接求解方程 $\frac{dK}{ds}=0$,即可得分离点。

上述求解方法可借助图 4.7a 说明如下:当测试点 s 沿实轴从极点 p_1 移向 p_2(或从 p_2 移向 p_1)时,增益 K 从 0 逐渐加大,并在分离点 σ_b 处达到最大值,越过分离点后,增益 K 则逐渐减小至 0,由此表明,根轨迹分离点处所对应的增益 K 具有极大值,根据极值条件 $\frac{dK}{ds}=0$,即可直接求得分离点坐标。需要注意的是,当求得的分离点坐标有多个解时,只有对应的 K 值为正实数时才为有效的分离点坐标。

如果两个相邻的开环实极点之间(其中一个极点可为无限极点)的实轴为根轨迹,则在这两个极点间至少存在一个分离点;同样,如果两个相邻的开环实零点之间(其中一个零点可为无限零点)的实轴为根轨迹,则在这两个零点间也至少有一个分离点。

例 4.1 试概略绘制图 4.8 所示系统的根轨迹。

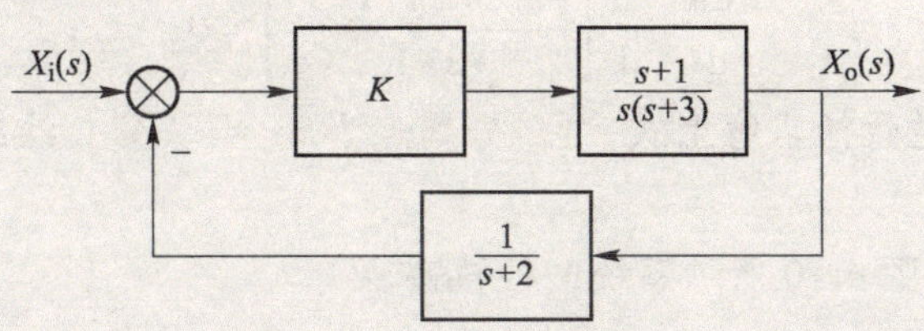

图 4.8 例 4.1 系统框图

解 系统的特征方程为

$$1+G(s)H(s)=1+K\frac{s+1}{s(s+2)(s+3)}=0$$

系统开环零、极点分布如图 4.9 所示。

由规则 1~4,根轨迹有三条分支,分别起始于开环极点 0,-2,-3,终止于一个开环有限零点-1和两个无限零点。实轴上区间[-3,-2]和[-1,0]为根轨迹。根轨迹对称于实轴。

根据规则 5,根轨迹有两条渐近线($n-m=2$),它们与实轴的交角为

$$\phi_a=\frac{(2k+1)}{n-m}\times180°=\begin{cases}90° & k=0\\270°(-90°) & k=1\end{cases}$$

与实轴的交点

$$\sigma_a=\frac{1}{n-m}\left(\sum_{j=1}^{n}p_j-\sum_{i=1}^{m}z_i\right)=\frac{0+(-2)+(-3)-(-1)}{2}=-2$$

渐近线如图 4.9 中虚线所示。

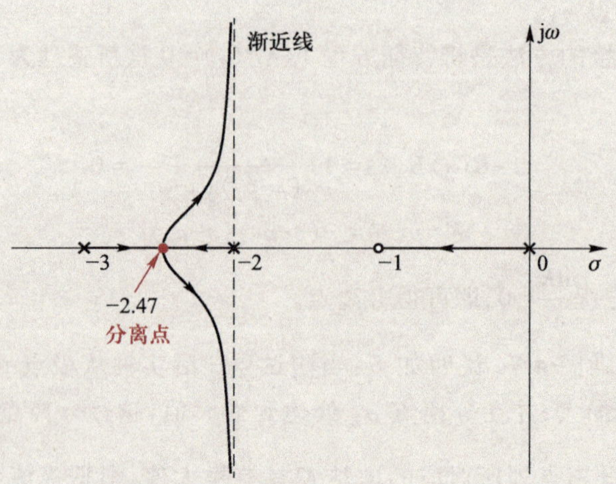

图 4.9　例 4.1 系统零、极点分布图及根轨迹

根据规则 6，实轴上有根轨迹分离点，由零、极点分布图可见，分离点位于区间(−3,−2)内，求分离点：

$$\frac{1}{\sigma_b+1}=\frac{1}{\sigma_b-0}+\frac{1}{\sigma_b+2}+\frac{1}{\sigma_b+3}$$

或

$$\frac{\mathrm{d}K}{\mathrm{d}s}=\frac{\mathrm{d}}{\mathrm{d}s}\left[\frac{-s(s+2)(s+3)}{s+1}\right]=0$$

通过试凑法或牛顿迭代法求解上式，可得分离点为 $\sigma_b=-2.47$。绘出的系统根轨迹如图 4.9 所示。

例 4.2　试概略绘制图 4.10 所示系统的根轨迹。

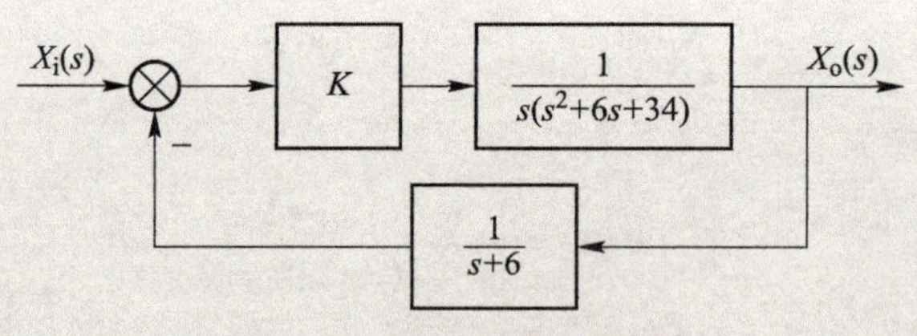

图 4.10　例 4.2 系统框图

解　系统的闭环特征方程为

$$1+G(s)H(s)=1+K\frac{1}{s(s+6)(s^2+6s+34)}=0$$

系统开环零、极点分布如图 4.11 所示。

根据规则 1~4，根轨迹对称于实轴，有四条根轨迹分支，分别起始于极点 0，−6 和 −3±j5，终止于 4 个无限零点。实轴上区间[−6,0]为根轨迹。

根据规则 5，根轨迹有四条渐近线($n-m=4$)，它们与实轴的交角为

$$\phi_a=\frac{2k+1}{n-m}\times 180^\circ=\begin{cases}45^\circ & k=0\\135^\circ & k=1\\225^\circ & k=2\\315^\circ & k=3\end{cases}$$

与实轴的交点

$$\sigma_a=\frac{1}{n-m}\left(\sum_{j=1}^{n}p_j-\sum_{i=1}^{m}z_i\right)=\frac{0+(-6)+(-3+\mathrm{j}5)+(-3-\mathrm{j}5)}{4}=-3$$

渐近线如图 4.11 中点画线所示。

根据规则 6 求根轨迹的分离点

$$\frac{\mathrm{d}K}{\mathrm{d}s}=\frac{\mathrm{d}}{\mathrm{d}s}[-s(s+6)(s^2+6s+34)]=0$$

通过试凑法或牛顿迭代法求解上式，可得分离点为 $\sigma_{b1}=-3$，σ_{b2}、$\sigma_{b3}=-3\pm \mathrm{j}2.83$。绘出的系统根轨迹如图 4.11 所示。

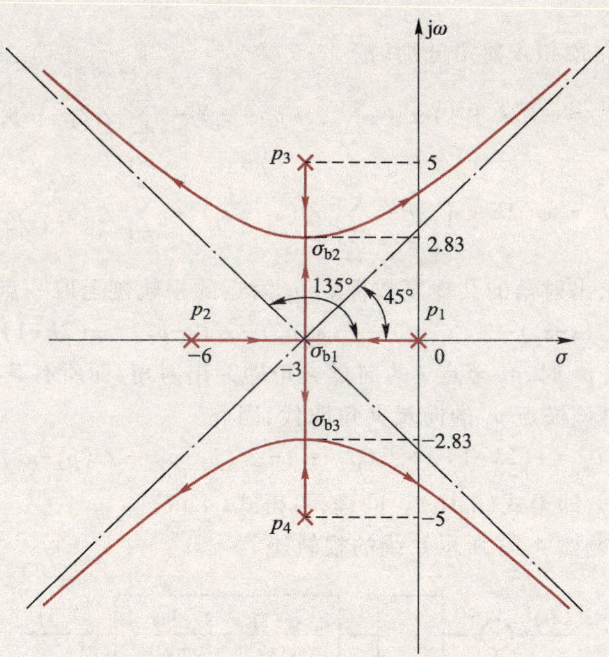

图 4.11　例 4.2 系统零、极点分布图及根轨迹

步骤 9：应用幅角条件，确定根轨迹在开环共轭复数极点处的出射角和在开环共轭复数零点处的入射角。

根轨迹离开开环复数极点处的切线与正实轴的夹角称为出射角或起始角，用 θ_{p_j} 表示。根轨迹进入开环复数零点处的切线与正实轴的夹角称为入射角或终止角，用 θ_{z_i} 表示。出射角与入射角示例如图 4.12a 所示。

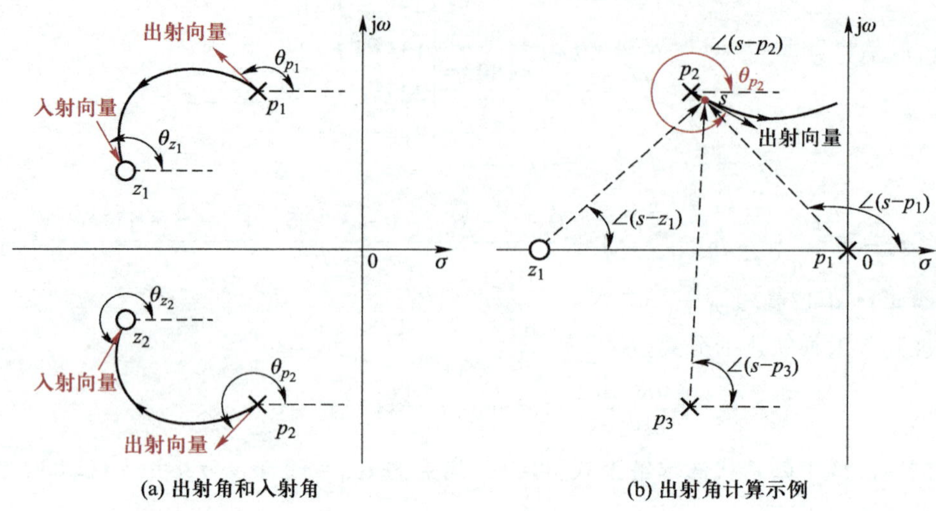

图 4.12 出射角和入射角及其计算

规则 7:根轨迹出射角和入射角分别为

$$\theta_{p_j} = \pm(2k+1)\pi + \sum_{i=1}^{m} \angle(p_j - z_i) - \sum_{\substack{j=1 \\ j\neq i}}^{n} \angle(p_j - p_i) \tag{4.16}$$

$$\theta_{z_i} = \pm(2k+1)\pi - \sum_{\substack{i=1 \\ i\neq j}}^{m} \angle(z_i - z_j) + \sum_{j=1}^{n} \angle(z_i - p_j) \tag{4.17}$$

由图 4.12b,在待求出射角的共轭复数极点 p_2 附近的根轨迹上取一点 s,由幅角条件有

$$\angle(s-z_1)-\angle(s-p_1)-\angle(s-p_2)-\angle(s-p_3)=\pm(2k+1)\pi$$

当 s 无限接近极点 p_2 时,p_2 至点 s 的向量夹角即为出射角,而所有其他零点或极点至点 s 的向量夹角都可用它们至该极点 p_2 的向量夹角取代,因此

$$\theta_{p_2}=\pm(2k+1)\pi+\angle(p_2-z_1)-\angle(p_2-p_1)-\angle(p_2-p_3)$$

将上式推广到一般情形,即得式(4.16)。同理,可得式(4.17)。

例 4.3 试概略绘制图 4.13 所示系统的根轨迹。

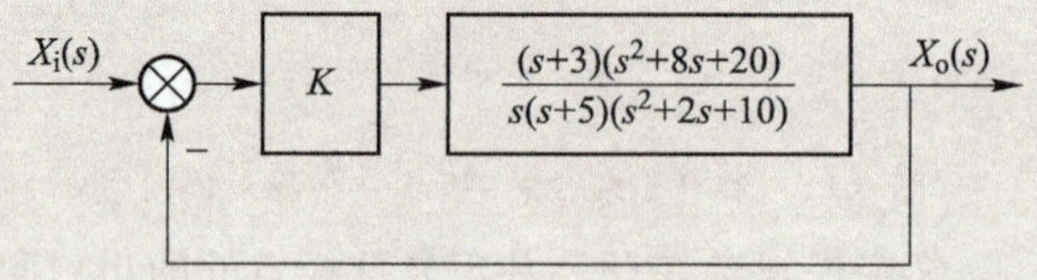

图 4.13 例 4.3 系统框图

解 系统的闭环特征方程为

$$1+G(s)H(s)=1+K\frac{(s+3)(s^2+8s+20)}{s(s+5)(s^2+2s+10)}=0$$

系统开环零、极点分布如图 4.14 所示。

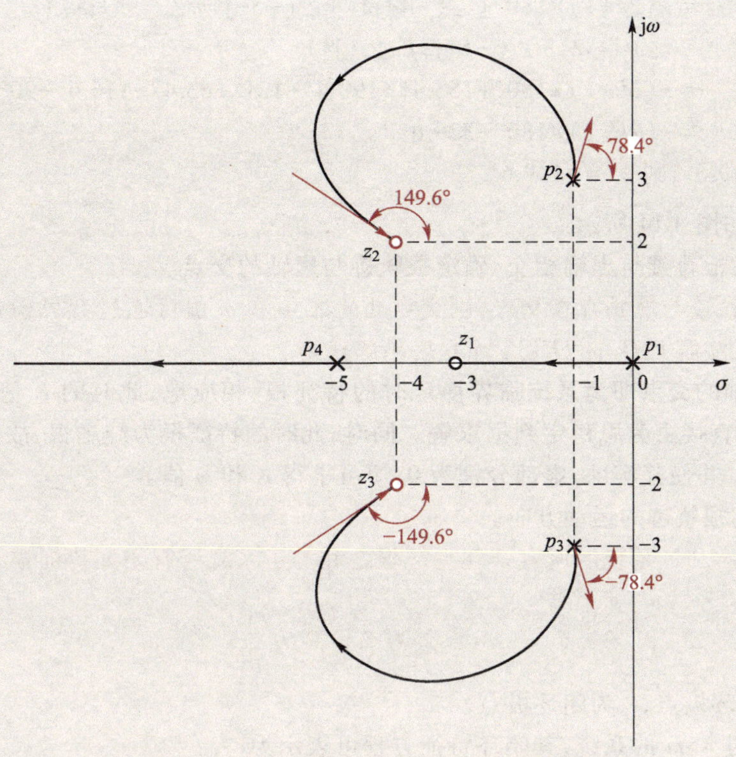

图 4.14　例 4.3 系统零、极点分布图及根轨迹

根据规则 1~4，根轨迹对称于实轴，有四条根轨迹分支，分别起始于极点 $p_1=0$、$p_{2,3}=-1\pm j3$ 和 $p_4=-5$，对应的终止点分别为零点 $z_1=-3$、$z_{2,3}=-4\pm j2$ 和 $-\infty$。实轴上 $[-3,\ 0]$ 和 $[-\infty\ ,\ -5]$ 两区段为根轨迹。

确定 p_2 的出射角（起始角）

$$
\begin{aligned}
\theta_{p_2} &= \pm(2k+1)\times180^\circ+\angle(p_2-z_1)+\angle(p_2-z_2)+\angle(p_2-z_3)-\\
&\quad \angle(p_2-p_1)-\angle(p_2-p_3)-\angle(p_2-p_4)\\
&= \pm(2k+1)\times180^\circ+\angle(2+j3)+\angle(3+j)+\angle(3+j5)-\\
&\quad \angle(-1+j3)-\angle(j6)-\angle(4+j3)\\
&= \pm(2k+1)\times180^\circ+56.3^\circ+18.4^\circ+59^\circ-108.4^\circ-90^\circ-36.9^\circ\\
&= \pm(2k+1)\times180^\circ-101.6^\circ
\end{aligned}
$$

取 $k=0$，得 $\theta_{p_2}=180^\circ-101.6^\circ=78.4^\circ$。

由于 p_2 和 p_3 为共轭复数，这两个根轨迹起始角对称，故 p_3 的起始角 $\theta_{p_3}=-78.4^\circ$ 或 $\theta_{p_3}=360^\circ-78.4^\circ=281.6^\circ$。

同样，z_2 的终止角为

$$
\begin{aligned}
\theta_{z_2} &= \pm(2k+1)\times180^\circ+\angle(z_2-p_1)+\angle(z_2-p_2)+\angle(z_2-p_3)+\\
&\quad \angle(z_2-p_4)-\angle(z_2-z_1)-\angle(z_2-z_3)
\end{aligned}
$$

$$= \pm(2k+1)\times180^\circ+\angle(-4+j2)+\angle(-3-j)+\angle(-3+j5)+$$
$$\angle(1+j2)-\angle(-1+j2)-\angle(j4)$$
$$= \pm(2k+1)\times180^\circ+153.4^\circ+198.4^\circ+121^\circ+63.4^\circ-116.6^\circ-90^\circ$$
$$= \pm(2k+1)\times180^\circ+329.6^\circ$$

取 $k=0$,得 $\theta_{z_2}=149.6^\circ$,则 $\theta_{z_3}=-149.6^\circ$。

系统根轨迹如图 4.14 所示。

步骤 10:如果根轨迹与虚轴相交,确定根轨迹与虚轴的交点。

规则 8:若根轨迹与虚轴存在交点,则交点处的 K 值和 ω 值可通过劳思稳定判据确定,也可令 $s=\mathrm{j}\omega$ 代入特征方程 $1+G(\mathrm{j}\omega)H(\mathrm{j}\omega)=0$ 后求解获得。

根轨迹与虚轴的交点即为系统临界稳定时的特征根,相应地,此时的 K 值使得系统处于临界稳定状态,故可直接由劳思稳定判据求解。同时,此时的特征根为纯虚根,故也可令特征根 $s=\mathrm{j}\omega$,代入特征方程,并使其实部、虚部分别为 0,便可求得 K 和 ω 值。

步骤 11:判别根轨迹的运动方向。

规则 9:$n-m\geqslant2$ 时,系统的所有开环特征根之和等于系统所有闭环特征根之和,即

$$\sum_{j=1}^{n} s_j = \sum_{j=1}^{n} p_j \tag{4.18}$$

式中,p_j 分别为开环极点,s_j 为闭环极点。

由式(4.8),对 $n>m$ 的系统,其闭环特征方程可表示为

$$\prod_{j=1}^{n}(s-s_j)=\prod_{j=1}^{n}(s-p_j)+K\prod_{i=1}^{m}(s-z_i)=0$$

上式两边连乘项展开有

$$\prod_{j=1}^{n}(s-s_j)=s^n+\left(-\sum_{j=1}^{n}s_j\right)s^{n-1}+\cdots+\prod_{j=1}^{n}(-s_j)$$

$$\prod_{j=1}^{n}(s-p_j)+K\prod_{i=1}^{m}(s-z_i)=s^n+\left(-\sum_{j=1}^{n}p_j\right)s^{n-1}+\cdots+\prod_{j=1}^{n}(-p_j)$$
$$+K\left[s^m+\left(-\sum_{i=1}^{m}z_i\right)s^{m-1}+\cdots+\prod_{i=1}^{m}(-z_i)\right]$$

利用多项式相等其对应指数项系数必相等的条件可知,当 $n-1>m$ 即 $n-m>1$ 或 $n-m\geqslant2$ 时,式(4.18)成立。

规则 9 表明,对 $n-m\geqslant2$ 的系统,在开环极点已知的条件下,闭环极点之和为不变的常数,所以当开环增益 K 增大时,若某些闭环特征根在[s]平面上向左(右)移动,则必有另外的特征根向右(左)移动,以维持所有闭环极点之和不变。因此,借助规则 9 即可判别根轨迹分支的运动方向。

步骤 12:根据幅角条件,确定所有闭环特征根 s_j 的位置,根据幅值条件,确定指定闭环特征根 s_j 处 K_{s_j} 的取值。

表 4.1 给出了根轨迹绘制的全部步骤及其相关的方程或规则。

表 4.1 根轨迹绘制的全部步骤及其相关的方程或规则

步骤	相关方程或规则
1. 整理系统的特征方程，将根轨迹参数 K 转化为乘积因子的形式	$1+KP(s)=0$
2. 将步骤 1 特征方程中的另一乘积因子 $P(s)$ 表示为零、极点形式	$1+K\dfrac{\prod_{i=1}^{m}(s-z_i)}{\prod_{j=1}^{n}(s-p_j)}=0$
3. 在[s]平面上标识出 $P(s)$ 的零、极点	**规则 1**：根轨迹起始于开环极点（包括无限极点），终止于开环零点（包括无限零点）。
4. 确定实轴上的根轨迹	**规则 2**：若实轴上某一段右边的开环实数零、极点个数之和为奇数，则该段实轴必为根轨迹。
5. 确定根轨迹的分支数	**规则 3**：根轨迹的分支数等于开环有限极点数 n 和开环有限零点数 m 中的大者。
6. 确定根轨迹的连续性和对称性	**规则 4**：根轨迹为连续曲线，且对称于实轴。
7. 确定根轨迹的渐近线	**规则 5**：无穷远处渐近线与实轴的交角 ϕ_a 和交点 σ_a 分别为 $\phi_a=\dfrac{2k+1}{n-m}\times180^\circ \quad (k=0,1,\cdots,n-m-1)$ $\sigma_a=\dfrac{1}{n-m}\left(\sum_{j=1}^{n}p_j-\sum_{i=1}^{m}z_i\right)$
8. 确定根轨迹的分离点和分离角	**规则 6**：根轨迹分离点满足 $\sum_{i=1}^{m}\dfrac{1}{\sigma_b-z_i}=\sum_{j=1}^{n}\dfrac{1}{\sigma_b-p_j}$ 或 $\dfrac{d}{ds}K=0$ 分离角 $\varphi_b=\dfrac{(2k+1)\pi}{l} \quad (k=0,1,\cdots,l-1)$
9. 确定根轨迹在开环共轭复数极点处的出射角和在开环共轭复数零点处的入射角	**规则 7**：根轨迹出射角和入射角分别为 $\theta_{p_j}=\pm(2k+1)\pi+\sum_{i=1}^{m}\angle(p_j-z_i)-\sum_{j=1, j\neq i}^{n}\angle(p_j-p_i)$ $\theta_{z_i}=\pm(2k+1)\pi-\sum_{i=1, i\neq j}^{m}\angle(z_i-z_j)+\sum_{j=1}^{n}\angle(z_i-p_j)$
10. 确定根轨迹与虚轴的交点（若存在）	**规则 8**：根轨迹与虚轴交点处的 K 值和 ω 值可通过劳思稳定判据确定，也可令 $s=j\omega$ 代入特征方程 $1+G(j\omega)H(j\omega)=0$ 后求解获得。

续表

步骤	相关方程或规则
11. 判别根轨迹的运动方向	**规则 9**：$n-m\geqslant 2$ 时，系统的所有开环特征根之和等于系统所有闭环特征根之和，即 $$\sum_{j=1}^{n} s_j = \sum_{j=1}^{n} p_j$$
12. 确定满足幅角条件的根轨迹。根据幅值条件，确定指定闭环极点 s_j 处 K_{s_j} 的取值	$$K_{s_j} = \frac{\prod_{j=1}^{n} \lvert s_j - p_j \rvert}{\prod_{i=1}^{m} \lvert s_j - z_i \rvert}$$

例 4.4 控制系统的开环传递函数为

$$G(s)H(s) = \frac{K}{s(s+4)(s^2+6s+25)}$$

试概略绘制系统根轨迹。

解 (1) 系统的闭环特征方程为

$$1 + G(s)H(s) = 1 + K\frac{1}{s(s+4)(s^2+6s+25)} = 0$$

系统开环零、极点分布如图 4.15 所示。

(2) 根轨迹对称于实轴，有四条根轨迹分支，分别起始于开环极点 $p_1=0$，$p_2=-4$ 和 $p_{3,4}=-3\pm j4$，所有分支均终止于四个无限远零点。

(3) 实轴上[-4, 0]区间为根轨迹。

(4) $n-m=4$，根轨迹有四条渐近线，与实轴的交角为

$$\phi_a = \frac{\pm(2k+1)180^\circ}{4} \qquad k=0,\ 1,\ 2$$

即±45°和±135°。

渐近线与实轴交点为

$$\sigma_a = \frac{0+(-4)+(-3+j4)+(-3-j4)}{4} = -2.5$$

(5) 确定根轨迹的分离点

$$\frac{d}{ds}K = \frac{d}{ds}[-(s^2+4s)(s^2+6s+25)] = 0$$

即
$$2s^3+15s^2+49s+50=0$$

用牛顿迭代法求根，令

$$f(s) = 2s^3+15s^2+49s+50$$

则其根可用下式迭代获得

$$s_{k+1} = s_k - \frac{f(s_k)}{f'(s_k)} \quad k=0,1,2,\cdots$$

式中，s_k 为上一次迭代值，s_{k+1}为更新后的迭代值，s_0 为迭代初始值。

对此例

$$f'(s)=6s^2+30s+49$$

$$s_{k+1}=s_k-\left[\frac{2s^3+15s^2+49s+50}{6s^2+30s+49}\right]_{s=s_k}\quad k=0,1,2,\cdots$$

实轴[-4, 0]区间上存在分离点，取迭代初值为-2，可得迭代序列如下

$$-2\to-1.692\ 3\to-1.714\ 5\to-1.714\ 7\to-1.714\ 7$$

即实轴[-4, 0]区间上的分离点为-1.71。

(6) 根轨迹中有两条根轨迹分支起始于共轭复数极点 $p_{3,4}=-3\pm\mathrm{j}4$，其出射角为

$$\begin{aligned}\theta_{p_3}&=\pm(2k+1)\times180°-\angle(p_3-p_1)-\angle(p_3-p_2)-\angle(p_3-p_4)\\&=\pm(2k+1)\times180°-\angle(-3+\mathrm{j}4)-\angle(1+\mathrm{j}4)-\angle(\mathrm{j}8)\\&=\pm(2k+1)\times180°-292.9°\\&=-112.9°\end{aligned}$$

则 $\theta_{p_4}=112.9°$。

(7) 由于根轨迹渐近线与虚轴存在交点，即根轨迹与虚轴相交，故系统特征方程为

$$s^4+10s^3+49s^2+100s+K=0$$

劳思阵列如下

$$\begin{array}{c|ccc}s^4&1&49&K\\s^3&10&100&\\s^2&39&K&\\s^1&100-10K/39&&\\s^0&K&&\end{array}$$

令劳思阵列中 s^1 行第一列元素为零，即$100-\dfrac{10K}{39}=0$，解得 $K=390$。再由 s^2 项系数构成辅助方程

$$39s^2+K=0$$

将 $K=390$ 代入上式，解得根轨迹与虚轴的交点 $s=\pm\mathrm{j}3.16$。

(8) 从闭环特征方程可知，所有闭环极点之和为-10。由两个共轭复数极点 $p_{3,4}=-3\pm\mathrm{j}4$ 的出射角±112.9°可发现从该两极点出发的根轨迹分支将沿±135°的渐近线趋于无穷远处的零点，故从实极点 $p_1=0$ 和 $p_2=-4$ 出发的两条根轨迹分支将沿±45°的渐近线趋于无穷远处的零点。

根据上述分析，可绘出系统完整的根轨迹如图 4.15 所示。

绘制出系统的根轨迹后，即可根据系统性能的指标要求确定期望极点位置，进而由幅值条件求得此时对应的参数 K 值。

最后需要注意的是，即使系统的零、极点个数相同，由于其零、极点分布位置不同(有时即使是很小的差异)，也会使根轨迹形状有很大的不同，如图 4.11 和图 4.15，实际绘图时需结合出射角、入射角和根轨迹分支运动方向分析判别根轨迹图的形状。

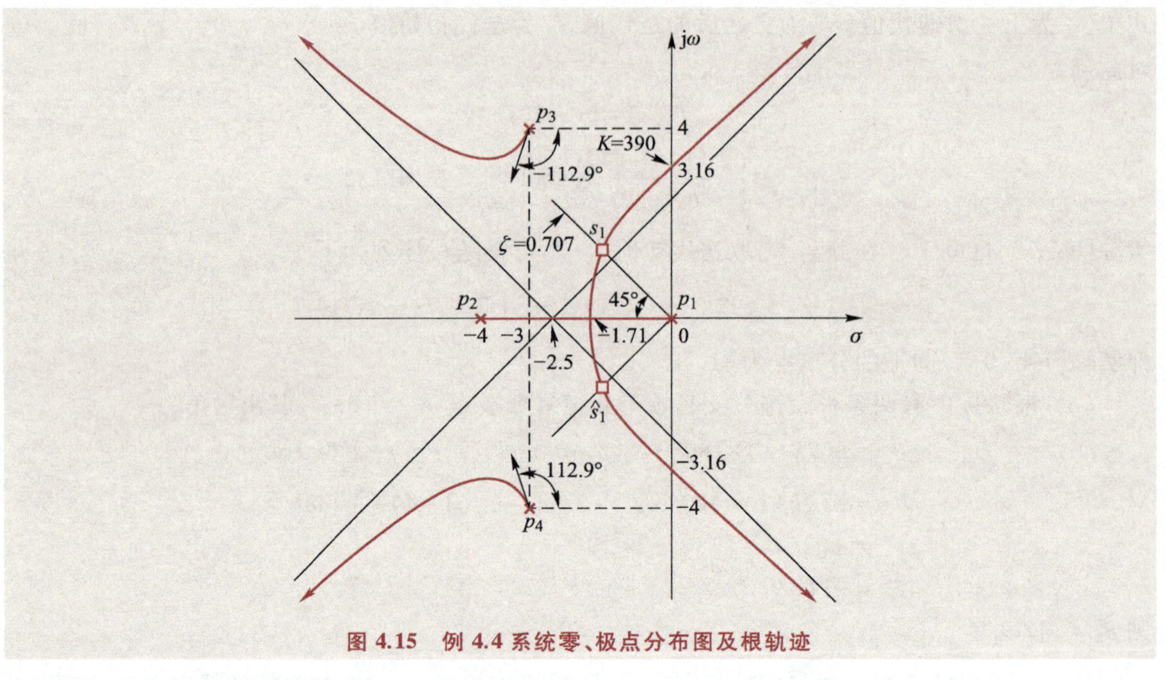

图 4.15　例 4.4 系统零、极点分布图及根轨迹

4.3　控制系统的根轨迹分析

4.3.1　系统闭环极点的期望位置

控制系统的性能取决于其闭环极点的位置，采用根轨迹法分析控制系统时，可以直观地看出系统可变参数的改变对闭环极点位置的影响。上一章给出了控制系统的时域性能指标，如超调量 M_p、上升时间 t_r、调整时间 t_s 和稳态误差 e_{ss}（或稳态误差系数）等。对典型的二阶系统，其动态性能指标可直接转换成阻尼比 ζ 和无阻尼固有频率 ω_n。对于高阶系统，利用主导极点的概念同样可将动态性能指标转换成 ζ 和 ω_n。

图 4.16 给出了欠阻尼二阶系统闭环极点（对具有主导极点的高阶系统，可视其为主导极点）位置与系统性能之间的关系。由图可见，共轭复数极点距虚轴的距离等于 $-\zeta\omega_n$，该距离决定了系统的调整时间，距离越远，系统的调整时间越短，响应速度越快，将 $\sigma=-\zeta\omega_n$ 的连线称为等 t_s 线，所有位于此直线上的极点对应系统的调整时间相同；极点向量与负实轴的夹角为 $\varphi=\arccos\zeta$，夹角越大，阻尼比 ζ 越小，系统超调越大，振荡越剧烈，与负实轴夹角固定的射线称为等 ζ 线；极点距坐标原点的距离等于无阻尼固有频率 ω_n，等阻尼比状态下，距离越远，系统响应速度越快；极点距实轴的距离等于有阻尼振荡频率，决定了系统的峰值时间。对于给定的系统性能指标，根据上述关系即可确定系统闭环极点的可行域。例如，若要求系统的超调量 $M_p\leqslant 4.3\%$，峰值时间 $t_p\leqslant 1$ s，调整时间 $t_s\leqslant 4$ s $(\Delta=0.02)$，则根据二阶系统阻尼比 ζ 和固有频率 ω_n 与性能指标之间的关系，有

$$\begin{cases} \zeta \geqslant 0.707 & M_p \leqslant 4.3\% \\ \omega_n \sqrt{1-\zeta^2} \geqslant \pi & t_p \leqslant 1 \\ \zeta\omega_n \geqslant 1 & t_s \leqslant 1 \quad (\Delta = 0.02) \end{cases}$$

系统闭环极点可行域如图 4.17 中阴影部分所示，图中极点 p_1 和 p_2 为恰好满足超调量 $M_p = 4.3\%$，峰值时间 $t_p = 1\text{s}$ 的共轭复数极点。获得了闭环极点可行域，再结合根轨迹图即可选择合适的闭环极点，进而确定可变参数的取值。

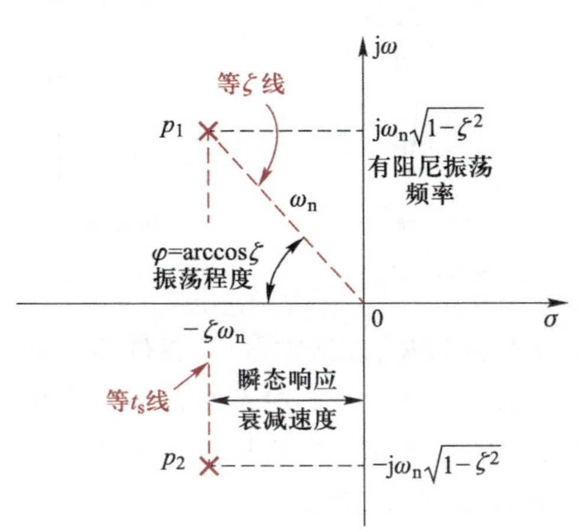

图 4.16　闭环极点位置与系统性能之间的关系

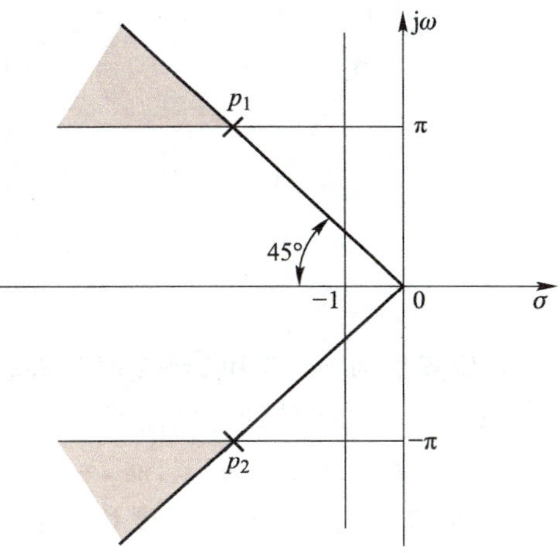

图 4.17　某系统闭环极点可行域

4.3.2　增加开环零、极点对根轨迹的影响

控制系统设计时经常需要在[s]平面适当位置增加开环零点、开环极点或零极点对来改变系统根轨迹的运动方向，从而改善系统的性能。因此，有必要研究增加开环零点和开环极点对根轨迹的影响。本节仅介绍新增位于[s]平面左半平面零、极点的情况。

1. 增加开环零点

开环传递函数新增零点 z 相当于引入一个一阶微分环节。此时，由于增加的零点成为新的根轨迹终止点，将使得原有向右趋于无穷远的根轨迹分支向左边弯曲，提高了系统的相对稳定性。图 4.18 为系统

$$G(s)H(s) = \frac{K}{(s+1)(s^2+8s+25)}$$

根轨迹新增零点从负实轴 $-\infty$ 远处（无新增零点）逐渐右移时系统根轨迹的变化状态。由图可见，根轨迹向左弯曲的趋势随着零点右移而加剧，其原因在于新增零点后，渐近线与实轴交角增大，同时，随着零点右移，渐近线与实轴交点左移。当零点移至−8 及其右侧后，系统根轨迹将完全处于[s]平面左侧，即系统对所有 K 值均稳定，故适当配置新增零点位置可以有效改善系统的稳定程度。

图 4.19b、c 为系统

$$G(s)H(s)=\frac{K}{s(s^2+6s+8)}$$

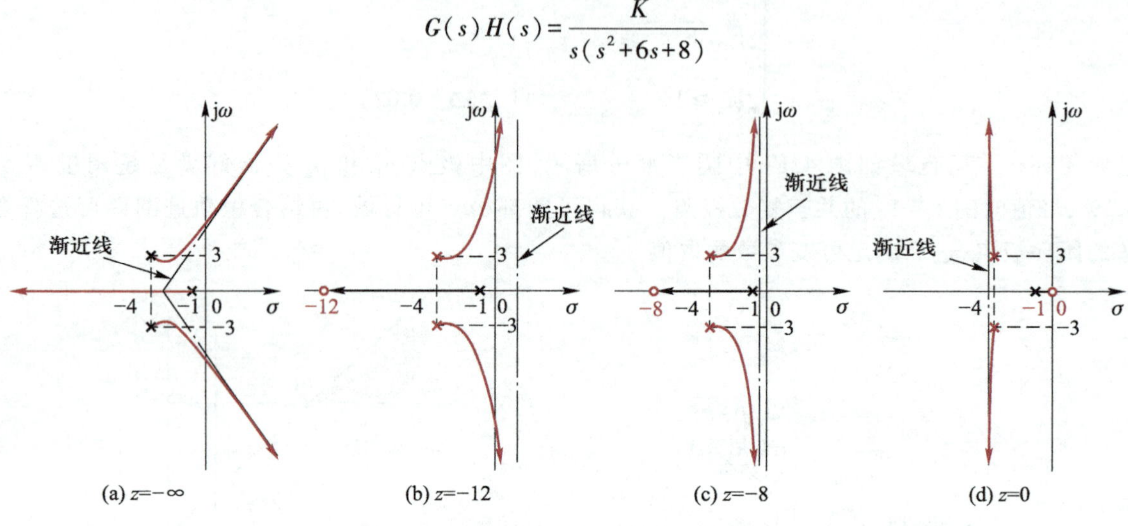

图 4.18　开环零点位置对根轨迹的影响

新增零点位置取为 $z=-3$ 和 $z=-1$ 时的根轨迹图。由图 4.19 可见，新增零点后，系统稳定性得到改善，但 $z=-3$ 时的系统动态性能明显优于 $z=-1$ 时的系统，因为 $z=-3$ 时系统起主导作用的极点为一对共轭复数极点 s_1 和 s_2，而 $z=-1$ 时系统起主导作用的极点为靠近原点的实极点 s_3。因此，为了同时获得满意的稳定程度和动态性能，零点位置需要仔细选配。

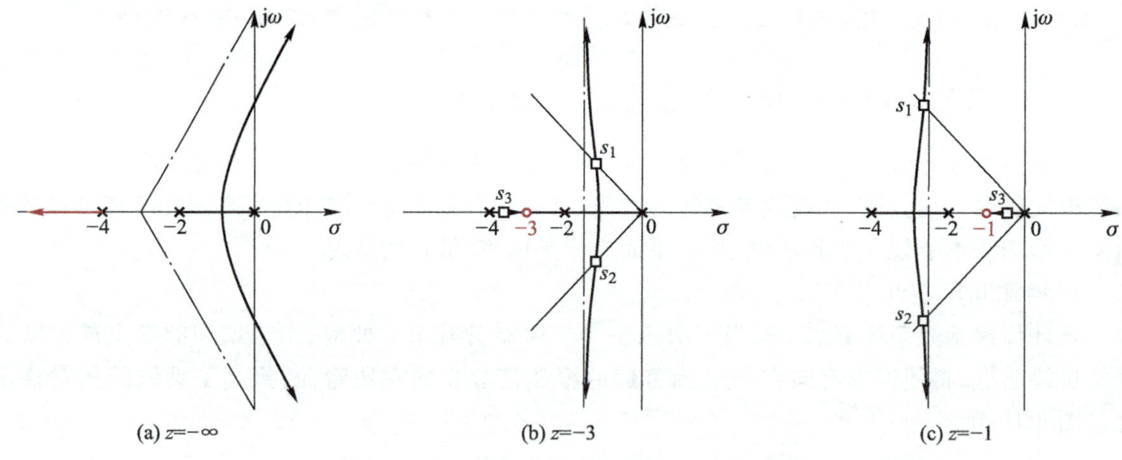

图 4.19　开环零点位置对系统动态性能的影响

2. 增加开环极点

与新增开环零点相反，开环传递函数新增极点 p，将使根轨迹向右方弯曲，降低系统的稳定程度，并且随着新增极点逐渐右移，向右弯曲的趋势更为明显，其原因在于新增极点后，渐近线交角减小，同时，随着新增极点右移，渐近线与实轴交点也逐渐右移。图 4.20 给出了某二阶系统随新增极点逐渐右移后根轨迹的变化状态。

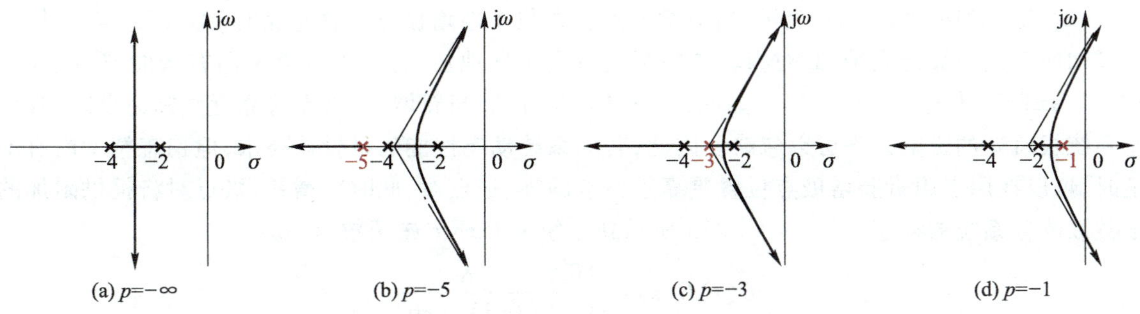

图 4.20　开环极点位置对系统根轨迹的影响

3. 增加一对开环零、极点

新增一对开环零、极点 z 和 p，相当于开环传递函数新增环节

$$G_c(s)=\frac{s-z}{s-p}$$

这是控制系统常用的设计方法，随着 z 和 p 相对位置的改变可起到不同的调节作用。

图 4.21 给出了二阶系统

$$G(s)H(s)=\frac{K}{(s+3)(s+6)}$$

新增一对开环零、极点后对系统根轨迹的影响。

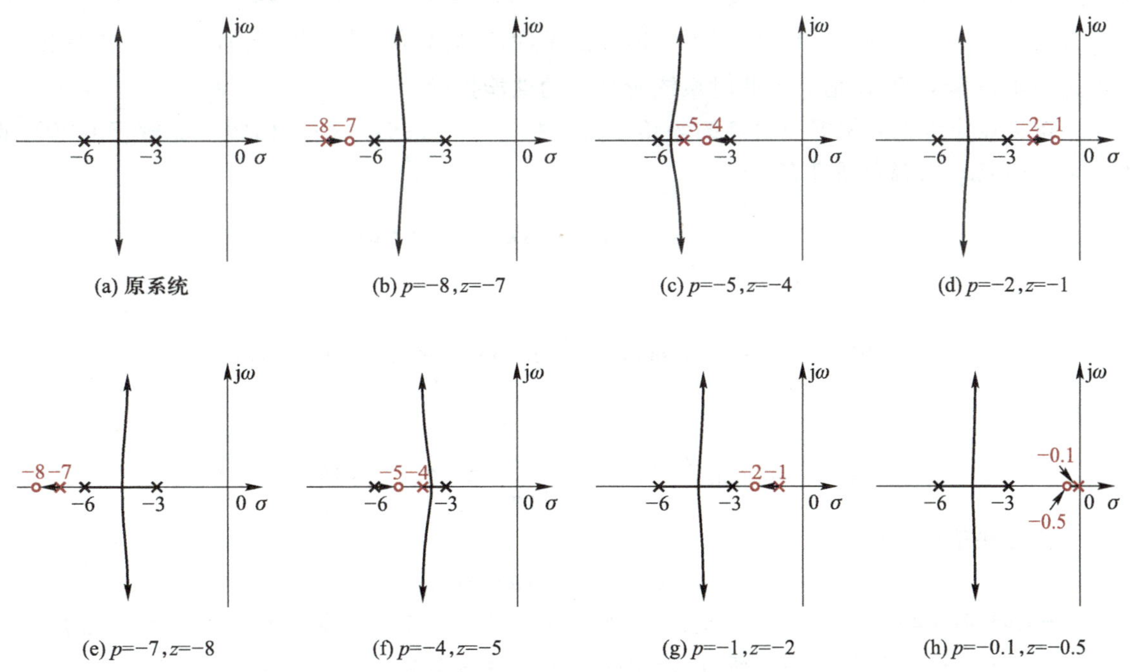

图 4.21　开环零、极点对位置对系统根轨迹的影响

（1）图 4.21b～图 4.21d 表示，当新增零点位置位于新增极点位置右侧（即 $|z|<|p|$）时，由于增加的零点更靠近虚轴，其对根轨迹的影响占据主导地位，将使得根轨迹向左弯曲或左移（图 4.21c），从而可改善系统稳定性及其动态性能。

(2) 图 4.21e~图 4.21h 表示,当新增零点位置位于新增极点位置左侧时(即 $|z|>|p|$)时,由于增加的极点更靠近虚轴,其对根轨迹的影响占据主导地位,将使得根轨迹向右弯曲或右移(图 4.21f),降低系统的稳定性。尽管如此,由图 4.21h 可见,当新增零、极点对靠近坐标原点时,其对原系统根轨迹的影响几乎可以忽略。因此,若原系统动态性能满足设计要求,但稳态精度尚有不足时,可以在原点附近新增极点位置更靠近原点的零、极点对,此时新增零、极点对将提供附加的增益以改善系统的稳态性能。图 4.21h 所示新系统的开环传递函数为

$$G(s)H(s)=\frac{s+0.5}{s+0.1}\frac{K}{(s+3)(s+6)}$$

系统的稳态位置误差系数由原来的 $K/18$ 提高到 $5K/18$。

4.3.3 单参数可变系统的根轨迹分析举例

上节定性分析了新增零、极点对系统性能的影响。事实上,应用根轨迹法设计控制系统参数的过程,就是通过新增零、极点的方法来改变原系统根轨迹的走向,使得新系统的根轨迹经过满足系统性能指标要求的期望闭环极点区域或位置。这样,只要在闭环极点可行域内(或位置处)选择根轨迹上的点作为闭环极点即能满足系统的性能指标要求。

如例 4.4 中,当要求最靠近虚轴复极点的阻尼比等于 0.707 时,过坐标原点作阻尼比等于 0.707的射线,射线上的点即为期望闭环极点的可行域,该射线与向右运动的根轨迹分支的交点即为系统的期望极点(图 4.15 中的 s_1 和 $\hat{s}_1$,符号"^"表示共轭)。从图 4.15 中确定出期望极点位置至其他所有零极点的向量长度,即可根据幅值条件计算出所需的 K 值,若 s_1 和 $\hat{s}_1$ 为主导极点,则可进一步根据 s_1 和 $\hat{s}_1$ 估计出此时系统所具有的性能指标。

期望极点位置也可根据根轨迹的幅角条件直接求解。在例 4.4 中,因阻尼比等于 0.707,故可令 $s_1=-\sigma+\mathrm{j}\sigma$,由幅角条件有

$$-\sum_{j=1}^{4}\angle(s-p_j)=\pm(2k+1)\times180^\circ$$

即

$$-135^\circ-\arctan\frac{\sigma}{4-\sigma}-\arctan\frac{\sigma-4}{3-\sigma}-\arctan\frac{\sigma+4}{3-\sigma}=\pm(2k+1)\times180^\circ$$

移项后有

$$\arctan\frac{\sigma}{4-\sigma}+\arctan\frac{\sigma-4}{3-\sigma}+\arctan\frac{\sigma+4}{3-\sigma}=\mp(2k+1)\times180^\circ-135^\circ$$

两边取正切并整理后有

$$20\sigma^2-98\sigma+100=0$$

解得 $\sigma=1.45$ 和 3.45。由图 4.15 易见,3.45 为阻尼比等于 0.707 的射线与向左运动的根轨迹的交点坐标,非所求结果,故舍去。所以,期望极点为 $-1.45\pm\mathrm{j}1.45$。相应的 K 值由幅值条件可得

$$\begin{aligned}K&=\prod_{j=1}^{4}|s_1-p_j|\\&=|-1.45+\mathrm{j}1.45|\cdot|2.55+\mathrm{j}1.45|\cdot|1.55-\mathrm{j}2.55|\cdot|1.55-\mathrm{j}5.45|\\&=101.68\end{aligned}$$

系统的另外两个极点需根据上述 K 值和已知的两个极点 $-1.45\pm j1.45$ 由闭环特征方程另行求解。最终系统的极点为：$-1.45\pm j1.45$ 和 $-3.55\pm j3.41$。此时 s_1 和 $\hat{s}_1$ 非主导极点。

4.3.4 多参数可变系统的根轨迹分析举例

根轨迹法的初衷是确定系统开环增益变化时闭环特征根的轨迹。若系统的可变参数不是开环增益，则只要将系统的闭环特征方程重新整理为可变参数乘积因子的形式，即 $1+KP(s)=0$，（K 为可变参数，参见根轨迹绘制步骤 1），就同样可以用根轨迹法对其进行分析设计。但对于两个或两个以上可变参数的系统，应用根轨迹法进行分析和设计时需引入根轨迹簇的概念分步处理。

下面以两个可变参数的三阶系统为例加以说明。若系统的闭环特征方程为

$$s^3+4s^2+\beta s+\alpha=0$$

其中，α、β 为可变参数。

按先 α 后 β 的顺序研究其对根轨迹的影响，将特征方程改写为

$$1+\frac{\beta s}{s^3+4s^2+\alpha}=0 \tag{4.19}$$

当 $\beta=0$ 时，上式中的分母即为系统的特征方程，故可先令 $\beta=0$ 研究 α 变化时系统的根轨迹，此时，系统特征方程可写为

$$1+\frac{\alpha}{s^2(s+4)}=0$$

对应的根轨迹如图 4.22a 所示。在图 4.22a 中，选择不同的极点位置（对应不同的 α，如 $\alpha=20$，$\alpha=50$ 或 $\alpha=100$），再根据式（4.19）绘制 β 变化时系统的根轨迹，便得图 4.22b 所示的根轨迹簇。为清晰起见，图 4.22c 给出了 $\alpha=20$ 时 β 变化的根轨迹。获得根轨迹簇后，即可进一步根据系统性能指标要求确定 α 和 β 的取值。

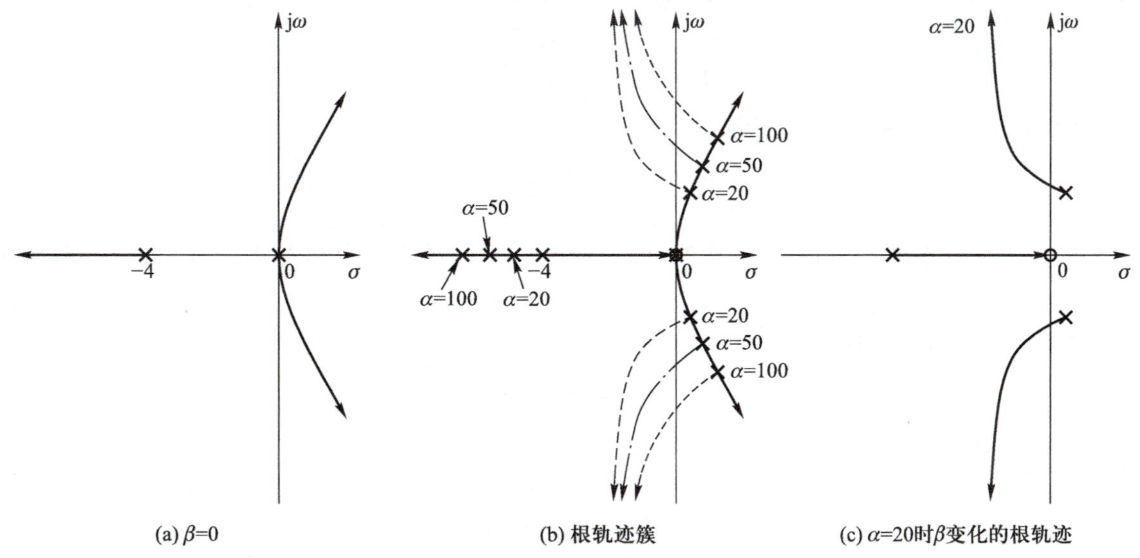

图 4.22 两个可变参数系统的根轨迹簇

例 4.5 自动焊接头定位控制系统框图如图 4.23 所示，图中 K_1 为放大器增益，K_2 为测速反馈系数。系统的性能指标要求如下：

（1）系统对速度输入响应的相对稳态误差小于等于 0.2；

（2）系统主导极点的阻尼比 $\zeta \geqslant 0.707$；

（3）系统调整时间 $t_s \leqslant 1\ \mathrm{s}(\Delta=0.02)$。

试应用根轨迹法选择合适的 K_1 和 K_2 值。

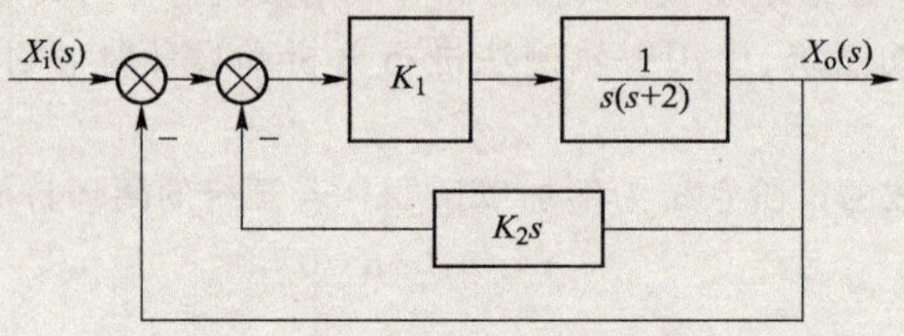

图 4.23 自动焊接头定位控制系统

解 由图 4.23 可知，系统的开环传递函数为

$$G(s)=\frac{K_1}{s(s+2+K_1K_2)}$$

系统稳态速度误差系数

$$K_v=\frac{K_1}{2+K_1K_2}$$

对幅值为 R 的速度输入，其稳态误差为

$$e_{ssv}=\frac{R}{K_v}=\frac{2+K_1K_2}{K_1}R$$

根据相对稳态误差要求，K_1 应尽可能大，而 K_2 应尽可能小。

$$\frac{e_{ssv}}{R}=\frac{2+K_1K_2}{K_1}=\frac{2}{K_1}+K_2 \leqslant 0.2$$

根据系统调整时间的要求（$\Delta=0.02$）

$$t_s=\frac{4}{\zeta\omega_n} \leqslant 1$$

有 $\zeta\omega_n \geqslant 4$。结合主导极点阻尼比要求，可获得系统闭环极点的可行域如图 4.24 中阴影部分所示。

系统的闭环特征方程为

$$s^2+(2+K_1K_2)s+K_1=0$$

设 $\alpha=K_1, \beta=K_1K_2$，则

$$s^2+2s+\beta s+\alpha=0$$

系统根轨迹方程为

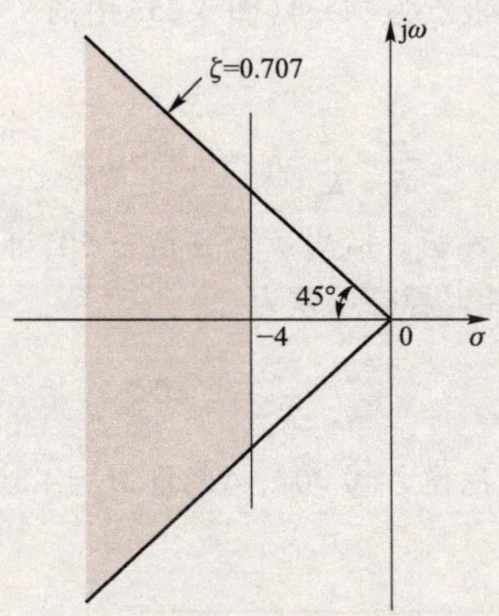

图 4.24　例 4.5 闭环极点可行域

$$1+\frac{\beta s}{s^2+2s+\alpha}=0$$

首先考虑参数 α，令 $\beta=0$，α 变化时的根轨迹方程为

$$1+\frac{\alpha}{s(s+2)}=0$$

根轨迹如图 4.25a 所示。取 $\alpha=10$，$\alpha=25$，$\alpha=50$ 可得 β 变化时的根轨迹簇如图 4.25b 所示，图中阴影区域为系统闭环极点可行域。显然 $\alpha=10$ 或 25 均无法满足系统性能指标要求。对此例，由图可以求得满足动态性能指标要求的最小 α 值为 32，对应的根轨迹如图4.25c所示。

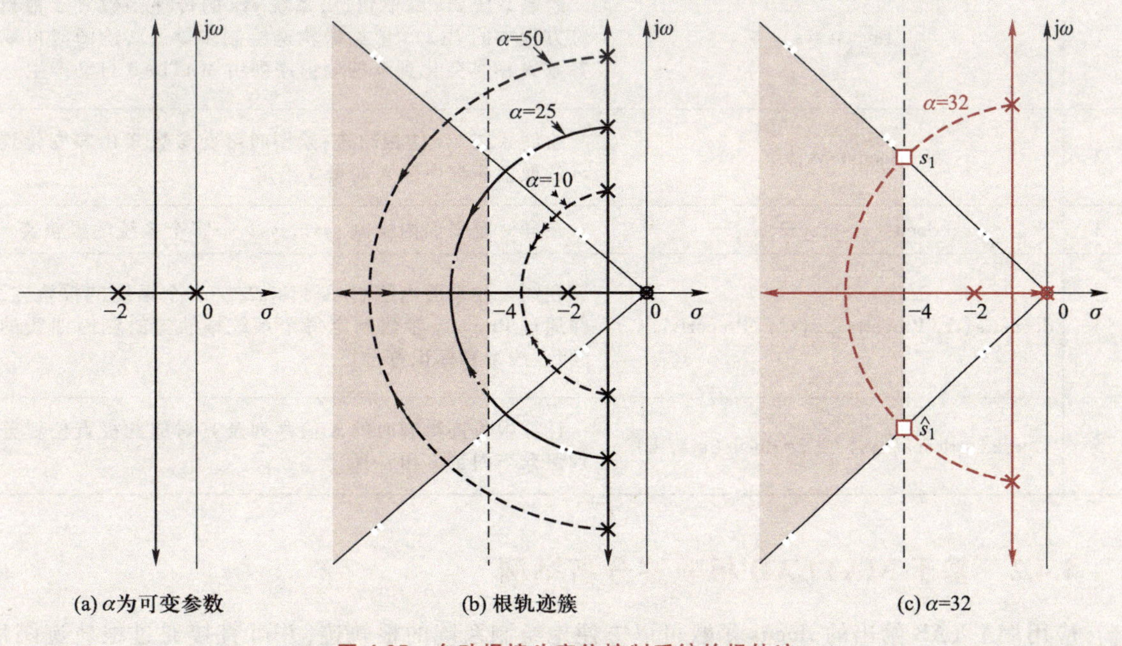

(a) α为可变参数　(b) 根轨迹簇　(c) α=32

图 4.25　自动焊接头定位控制系统的根轨迹

若选择 $\alpha=K_1=32$，系统闭环极点为 $-4\pm j4$（图 4.25c 中的 s_1 和 $\hat{s}_1$），可求得 $\beta=6, K_2=\beta/K_1=0.1875$，此时系统稳态误差

$$\frac{e_{ssv}}{R}=\frac{2}{K_1}+K_2=0.25>0.2$$

不满足要求。为此需要重新选择参数。适当放大 α 值至 50，可求得 $\zeta=0.707$ 对应的闭环极点为 $-5\pm j5$，$\beta=8$，$K_2=0.16$，对应的相对稳态误差为

$$\frac{e_{ssv}}{R}=\frac{2}{K_1}+K_2=0.2$$

满足稳态误差要求。主导极点阻尼比 $\zeta=0.707$，超调量 $M_p=4.3\%$，调整时间 $t_s=0.8$ s。满足系统性能指标要求。

4.4 基于 MATLAB 的根轨迹分析

4.4.1 MATLAB 根轨迹分析函数

MATLAB 软件提供了 rlocus 函数用于绘制系统的根轨迹，其调用格式及其功能如表 4.2 所示。

表 4.2 rlocus 函数调用格式及其功能

序号	调用格式	功能
1	rlocus(sys)	绘制系统 sys 的根轨迹，系统 sys 的传递函数等于根轨迹方程中的 $P(s)$（参见根轨迹绘制步骤 1），绘图时可变参数 K 由零变化到∞的取值序列由 MATLAB 自动产生
2	rlocus(sys,k)	绘制系统 sys 的根轨迹，绘图时可变参数 K 由零变化到∞的取值序列由输入向量 k 给定
3	rlocus(sys1,sys2,...)	在同一复平面内绘制 sys1，sys2，…多个系统的根轨迹
4	rlocus(sys1,'Property', sys2, 'Property',...)	在同一复平面内绘制 sys1，sys2，…多个系统的根轨迹，并通过 Property 参数制定每个系统根轨迹绘制时曲线的颜色、线型和标识符号等
5	[r,k]=rlocus(sys) 或 r=rlocus(sys, k)	计算根轨迹绘制时的 K 值序列及其对应的极点位置分别保存于向量 k 和 r 中

4.4.2 基于 MATLAB 根轨迹分析举例

应用 MATLAB 给出的 rlocus 函数可以方便地绘制系统的根轨迹，并可直接通过根轨迹图形界面选择合适的闭环极点，完成系统参数设定。

例 4.6　图 4.26 为一自动平衡称。称重时，由一电动反馈环节控制其平衡，图中所示为无重物时的平衡状态，x 为砝码 W_c 与枢轴的距离，待称重物 W 置于距枢轴 $l_w = 50$ mm 处，重物下方安装有黏性阻尼器，其到枢轴的距离 $l_i = 200$ mm。平衡称系统的其他参数见表 4.3。

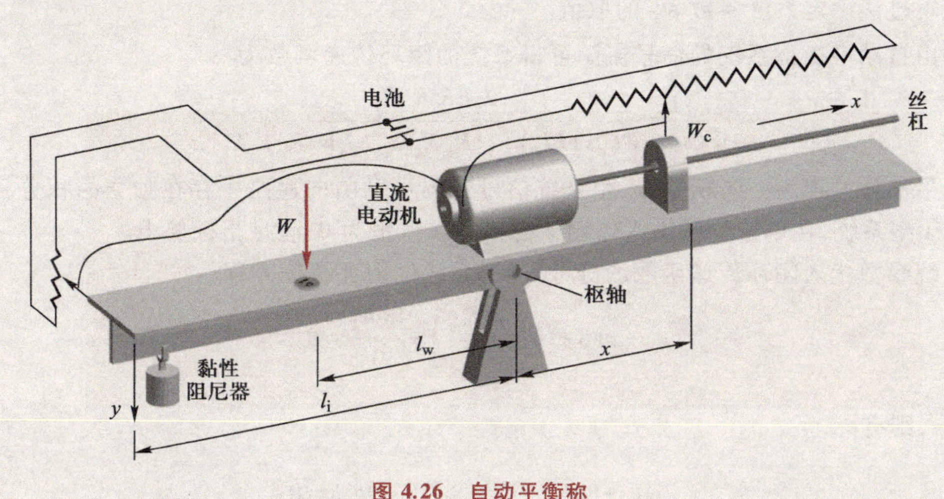

图 4.26　自动平衡称

表 4.3　自动平衡称系统参数

参数名称	数值
枢轴惯量 $J/(\text{kg}\cdot\text{m}^2)$	0.05
电池电压 U_{bb}/V	24
砝码重 W_c	2 N（根据称重范围选择，此例选为 2 N）
黏性阻尼器阻尼系数 $B/(\text{N}\cdot\text{s/m})$	$100\sqrt{3}$
丝杠增益 K_s/(m/rad)	$\dfrac{1}{4\ 000\pi}$
输入电位计增益 K_i/(V/m)	4 800
反馈电位计增益 K_f/(V/m)	400

自动平衡称系统信号流图如图 4.27 所示，图中 K_m 为电动机常数，θ_m 为电动机输出轴转角。其性能指标要求为：

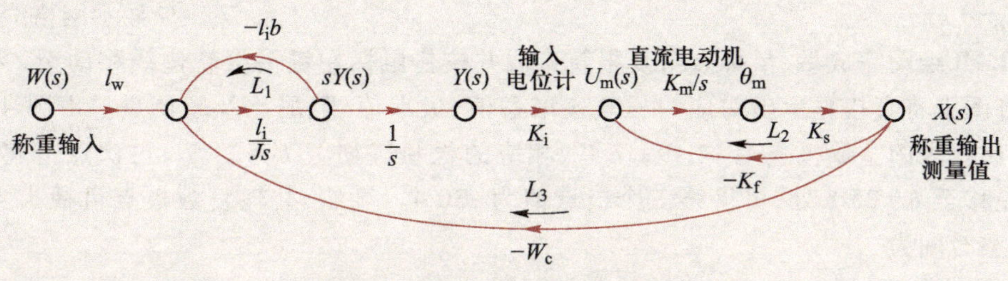

图 4.27　自动平衡称系统信号流图

（1）系统在单位阶跃输入作用下的稳态误差等于 0；

（2）系统主导极点的阻尼比 $\zeta=0.5$；

（3）调整时间 $t_s \leqslant 2\ \mathrm{s}(\Delta=0.02)$。

试应用根轨迹法确定系统参数 K_m 的取值。

解 由自动平衡称系统的信号流图可得系统的闭环传递函数为

$$\frac{X(s)}{W(s)}=\frac{l_w l_i K_i K_m K_s}{s^2(Js+Bl_i^2)(s+K_m K_s K_f)+l_i W_c K_m K_i K_s}$$

重物放入平衡称可视为一阶跃输入，由系统信号流图可见前向通路中存在独立的积分环节 $1/s$，即系统为 I 型系统，在单位阶跃输入作用下的稳态误差恒为 0，满足指标要求。

将系统参数代入闭环传递函数的分母，可得系统的闭环特征方程

$$s(s+8\sqrt{3})\left(s+\frac{K_m}{10\pi}\right)+\frac{96K_m}{10\pi}=0$$

令 $K=\dfrac{K_m}{10\pi}$，则有

$$s^2(s+8\sqrt{3})+Ks^2+8\sqrt{3}Ks+96K=0$$

从而可得关于 K 的根轨迹方程

$$1+\frac{K(s^2+8\sqrt{3}s+96)}{s^2(s+8\sqrt{3})}=0$$

执行下述 MATLAB 程序，即可得系统的根轨迹如图 4.28 所示。在 MATLAB 中，根轨迹图的网格线为等 ζ 线和等 ω_n 圆。

```
sys=tf([1 8*sqrt(3) 96],[1 8*sqrt(3) 0 0]);     %输入传递函数 P(s)
rlocus(sys);                                     %绘制根轨迹
axis([-25 5 -15 15]);                            %设置坐标范围
hold on
x=-25:1:0;
yp=-x*tan(acos(0.5));
yn=x*tan(acos(0.5));
plot(x,yp,'k',x,yn,'k');                         %绘制等阻尼比线
hold off
grid on                                          %显示网格线
```

MATLAB 绘图完成后，鼠标点击复根轨迹线并按住鼠标左键沿根轨迹线移动至 $\zeta=0.5$ 的位置，根轨迹图上将直接显示出对应的根轨迹增益值、极点值、阻尼比及超调量。由图 4.28 可见，满足阻尼比要求的主导极点为 $-4.49\pm j7.77$，相应的根轨迹增益 $K=25.5$。再次点击实轴上的根轨迹线，左移至 $K=25.5$ 处，可得第三个极点值为 -30.4。显然，共轭复数极点可视为主导极点，系统的调整时间为

$$t_s=\frac{4}{\zeta\omega_n}=\frac{4}{4.49}\mathrm{s}\approx 0.891\ \mathrm{s}$$

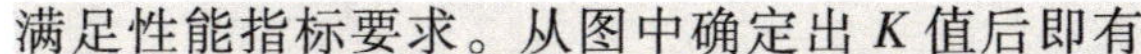
满足性能指标要求。从图中确定出 K 值后即有

$$K_m = 10\pi K = 801.1\ \text{rad} \cdot \text{V/s}$$

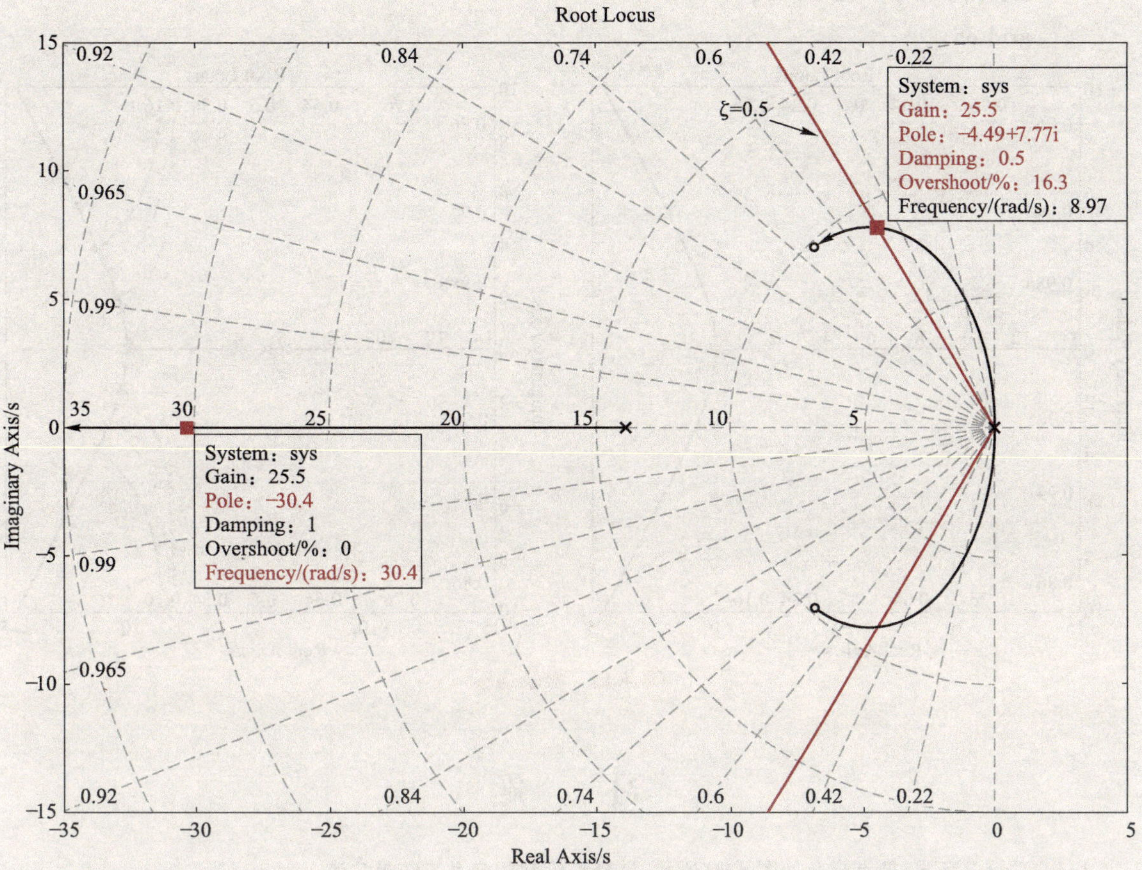

图 4.28　自动平衡称系统根轨迹

4.4.3　MATLAB 根轨迹簇的绘制

以式(4.19)对应的系统为例,绘制其根轨迹簇的 MATLAB 程序如下,图 4.29 为程序执行结果。

```
sys = tf([1],  [1 4 0 0]);                    %产生系统传递函数,β=0
sys1 = tf([1 0], [1 4 0 10])                  %产生系统传递函数,α=10
sys2 = tf([1 0], [1 4 0 20])                  %产生系统传递函数,α=20
sys3 = tf([1 0], [1 4 0 50])                  %产生系统传递函数,α=50
sys4 = tf([1 0], [1 4 0 100])                 %产生系统传递函数,α=100
subplot(1,2,1);
rlocus(sys);                                  %绘制 α 变化时的根轨迹
axis([-15 5 -10 10]);
grid on;
```

```
subplot(1,2,2)
rlocus(sys,'k',sys1,'b--',sys2,'r-.',sys3,'g:', sys4,'m-');   %绘制根轨迹簇
axis([-15 5 -10 10]);
grid on;
```

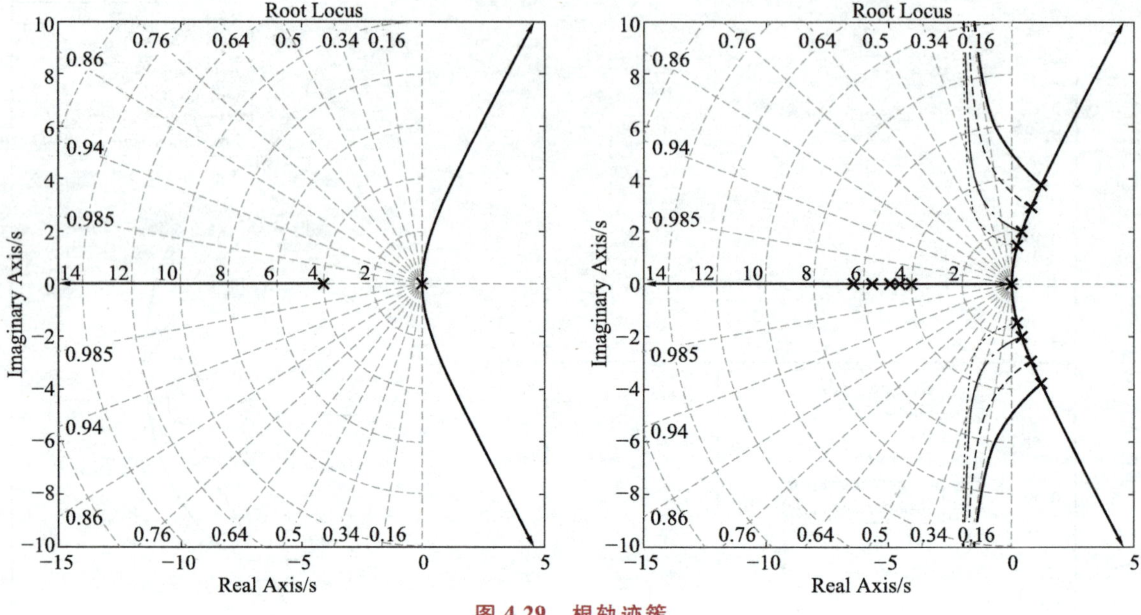

图 4.29　根轨迹簇

习　题

4-1　系统开环零、极点分布如图 4.30 所示，试概略绘制相应系统的根轨迹。

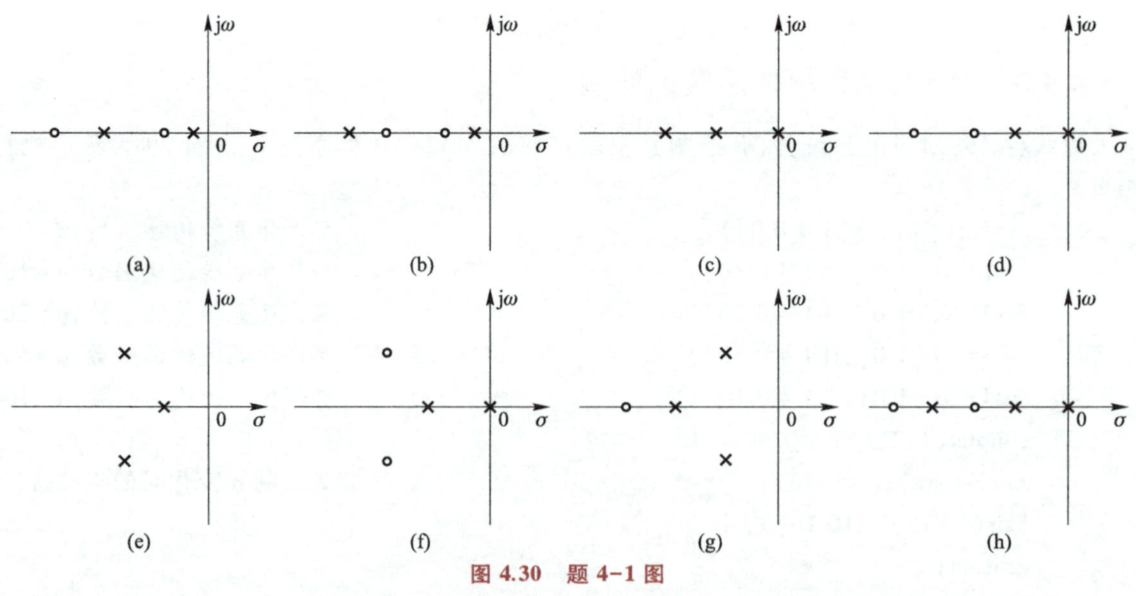

图 4.30　题 4-1 图

4-2 系统开环传递函数如下，试绘制系统的根轨迹，并确定出射角、入射角、分离点或与虚轴的交点坐标（若存在）。

（1）$G(s)H(s)=\dfrac{K}{s(0.2s+1)(0.5s+1)}$

（2）$G(s)H(s)=\dfrac{K}{s(s+4)(s^2+4s+20)}$

（3）$G(s)H(s)=\dfrac{K(s+1)}{s(s+4)(s^2+4s+20)}$

（4）$G(s)H(s)=\dfrac{K(s^2+4s+8)}{s^2(s+4)}$

4-3 系统开环传递函数如下，试绘制参数 α 从零变化至∞时系统的根轨迹。

（1）$G(s)H(s)=\dfrac{20}{(s+4)(s+\alpha)}$

（2）$G(s)H(s)=\dfrac{4(s^2+1)}{s(s+\alpha)}$

4-4 单位反馈控制系统的开环传递函数为

$$G(s)H(s)=\frac{K(s+1)}{s(s-1)(s+4)}$$

（1）试用根轨迹法确定系统稳定时 K 的取值范围；

（2）试确定系统的最大阻尼比及其对应的共轭复根。

4-5 空间站姿态控制对保障空间站的能源供给和与地球的通信至关重要。图 4.31 所示的某空间姿态控制系统采用单位反馈控制，其前向通道传递函数为

$$G(s)=\frac{K(s+25)}{s(s^2+24s+100)}$$

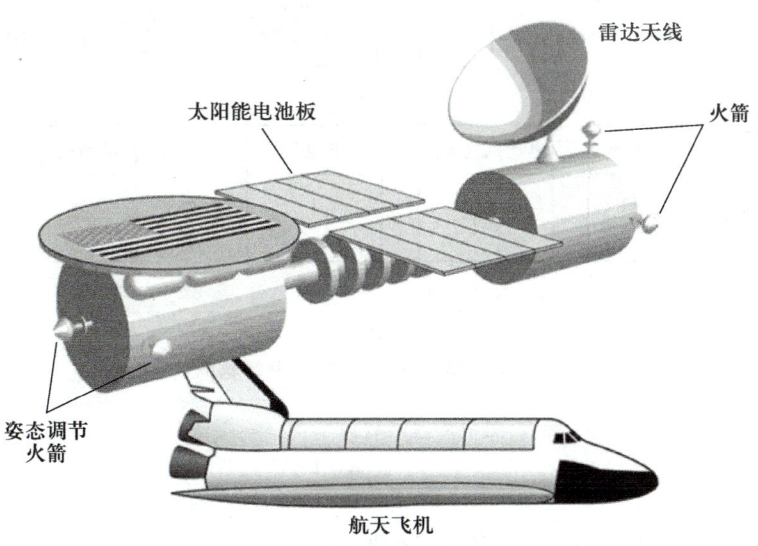

图 4.31　题 4-5 图

试绘制系统的根轨迹，并确定使系统输出出现振荡时的 K 值范围。

4-6 大气层内运行的卫星姿态控制系统框图如图 4.32 所示，其中 $G(s)$ 为卫星动力学模型，$G_c(s)$ 为控制器，若系统各传递函数如下

$$G(s)=\frac{K(s+0.2)}{(s+0.9)(s-0.6)(s-0.1)}$$

$$G_c(s)=\frac{(s+2+j1.5)(s+2-j1.5)}{(s+4)}$$

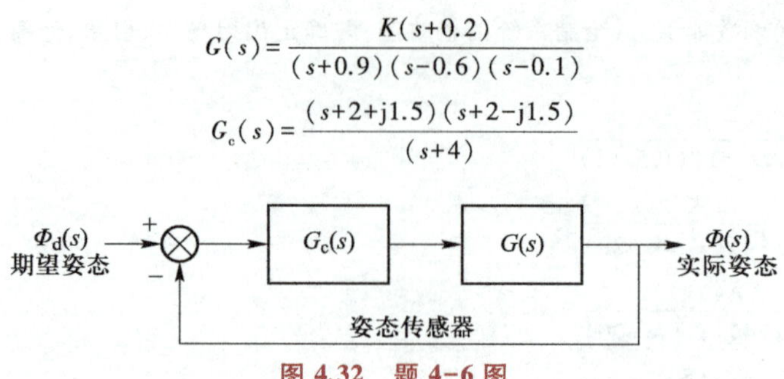

图 4.32　题 4-6 图

（1）试绘制参数 K 从 0 变化至∞时系统的根轨迹；

（2）试确定增益 K 的取值，使系统的调整时间小于 12 s（$\Delta=0.02$）且共轭复根的阻尼比 $\zeta>0.5$。

4-7　轧钢机控制系统中用于维持张力恒定的控制系统称为环轮，其典型结构如图 4.33 所示，环轮上带有一个 0.6~0.9 m 长的臂，其末端有一卷轴。通过电动机可控制环轮升起，以挤压带钢，调节张力。带钢通过环轮的典型速度为 10 m/s。假设环轮位移变化与带钢张力变化成正比，并假设滤波器时间常数 T 可忽略不计。

（1）试概略绘制 $0<K_a<\infty$ 时系统的根轨迹；

（2）试确定增益 K_a 的取值，使系统闭环极点的阻尼比 $\zeta\geqslant0.707$；

（3）若滤波器时间常数 T 逐渐加大，试分析其对系统性能的影响。

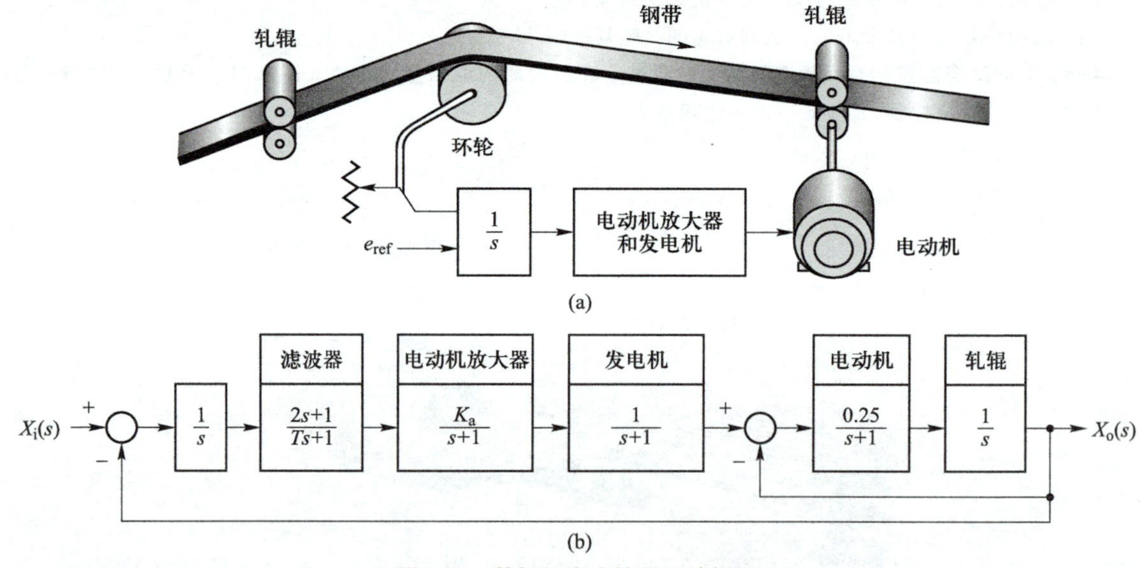

图 4.33　轧钢机张力控制系统框图

4-8　某控制系统框图如图 4.34 所示，图中传递函数为

$$G_c(s)=\frac{\alpha s+1}{\beta s+1}$$

的装置用于改善控制系统的性能。试应用根轨迹法分析参数 α 和 β 对系统性能的影响，并选择合适的参数，使系统在 $\Delta=0.02$ 准则下的调整时间小于 4 s，主导极点的阻尼比 $\zeta>0.6$。

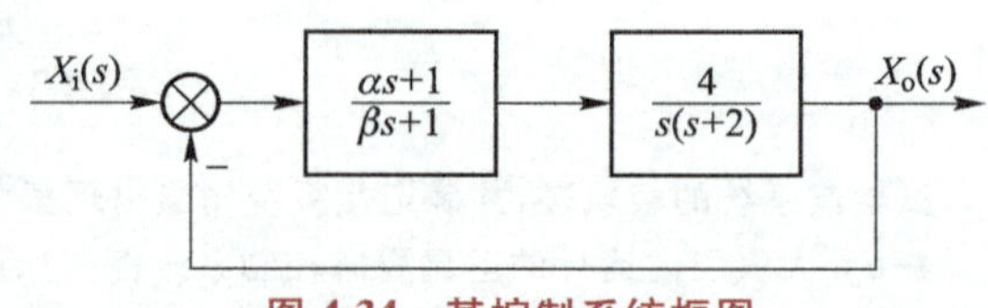

图 4.34　某控制系统框图

第 5 章　频域分析法

通过求解微分方程分析时域性能是十分有用的，但对于高阶系统，除非借助计算机软件，否则这种办法就比较麻烦。因为微分方程的求解计算工作量将随着微分方程阶数的增加而增大。另外，当方程已经求解而系统的响应不能满足技术要求时，也不容易确定应该如何调整系统来获得预期结果。从工程角度来看，希望找出一种方法，使之不必求解微分方程就可以预示出系统的性能。同时，又能指出如何调整系统性能指标。频域分析法具有上述特点。该方法以输入信号的频率为变量，对系统的性能在频率域内进行研究。这种分析法有利于系统设计，能够估计影响系统性能的频率范围。特别地，当系统中存在难以用数学模型描述的某些元部件时，可用实验方法求出系统的频率特性，从而对系统和元件进行准确而有效的分析。本章主要研究线性定常系统的频率特性。

5.1　频率特性的基本概念

5.1.1　频率响应和频率特性

设系统传递函数为 $G(s)$。给系统输入一个正弦信号

$$x_{i}(t) = X_{im}\sin(\omega t) \tag{5.1}$$

式中：X_{im}——正弦输入信号的振幅；

ω——正弦输入信号的频率。

系统的稳态输出量写成

$$x_{o}(t) = A(\omega)X_{im}\sin[\omega t + \varphi(\omega)] \tag{5.2}$$

比较系统稳态输出量和输入量的波形时发现，稳态输出量的频率与输入量相同，但其振幅及相位都与输入量不同。若改变输入量 $x_{i}(t)$ 的 ω 而保持其振幅 X_{im} 恒定，输出量与输入量的振幅比 $A(\omega)$ 及输出量与输入量的相位差 $\varphi(\omega)$ 都是频率 ω 的函数。

以图 5.1 所示 RC 电网络为例，进一步说明频率特性的基本概念。其传递函数为

$$G(s) = \frac{U_{o}(s)}{U_{i}(s)} = \frac{1}{Ts + 1}$$

式中：T——RC 电网络的时间常数，$T = RC$。

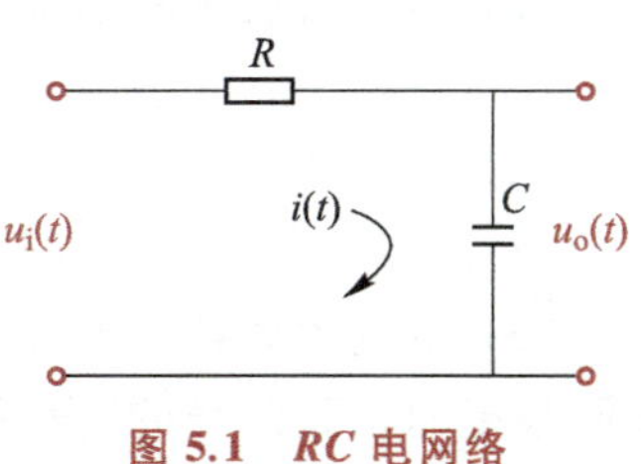

图 5.1　RC 电网络

若输入电压为正弦信号 $u_i(t)=U_{im}\sin\omega t$，其拉氏变换为

$$U_i(s)=\frac{U_{im}\omega}{s^2+\omega^2}$$

则 RC 电网络输出量 $u_o(t)$ 的拉氏变换为

$$U_o(s)=\frac{1}{Ts+1}\frac{U_{im}\omega}{s^2+\omega^2}$$

通过拉氏逆变换，得

$$u_o(t)=\frac{U_{im}T\omega}{1+T^2\omega^2}e^{-\frac{t}{T}}+\frac{U_{im}}{\sqrt{1+T^2\omega^2}}\sin[\omega t-\arctan(T\omega)]$$

由上式可见，第一项为输出电压的瞬态分量，第二项为稳态分量，当 $t\to\infty$ 时，式中第一项趋于零。于是稳态输出电压为

$$\lim_{t\to\infty}u_o(t)=\frac{U_{im}}{\sqrt{1+T^2\omega^2}}\sin[\omega t-\arctan(T\omega)]$$

写成复数形式有

$$\dot{U}_o=\frac{U_{im}}{\sqrt{1+T^2\omega^2}}e^{j[-\arctan(T\omega)]} \tag{5.3}$$

同样，输入电压 $u_i(t)=U_{im}\sin(\omega t)$ 的复数形式为

$$\dot{U}_i=U_{im}e^{j0}$$

定义系统的稳态输出电压和输入电压的复数比为 $G(j\omega)$，便有

$$G(j\omega)\overset{\text{def}}{=\!=}\frac{\dot{U}_o}{\dot{U}_i}=\frac{1}{\sqrt{1+T^2\omega^2}}e^{j[-\arctan(T\omega)]}=A(\omega)e^{j\varphi(\omega)} \tag{5.4}$$

式中，幅值比为

$$A(\omega)=\frac{1}{\sqrt{1+T^2\omega^2}} \tag{5.5}$$

相位差为

$$\varphi(\omega)=-\arctan(T\omega) \tag{5.6}$$

$G(j\omega)$ 称为 RC 电网络的频率特性。

从这一简单系统的频率特性，也可以看出 $G(j\omega)$ 的物理意义：

(1) 频率特性反映系统的内在性质，与外界因素无关。当系统结构参数(R、C)给定，频率特性 $G(j\omega)$ 随频率 ω 的变化规律也随之完全确定。

(2) 频率特性随频率变化而变化。这是因为实际系统中往往含有弹簧、电容、电感等储能元件，它们在能量交换时，不同频率的信号使系统显示出不同的特性。

(3) 系统频率特性的幅值 $A(\omega)$ 随着频率的升高而衰减，换而言之，频率特性表示了系统对不同频率的正弦信号的“复现能力”或“跟踪能力”。对于低频信号(即 $\omega T\ll1$)，有

$$A(\omega) \approx 1,\ \varphi(\omega) \approx 0°$$

这表明在输入信号频率较低时，输出量与输入量的幅值几乎相等，相位近似相同。系统输入信号基本上可以按原比例在输出端复现出来；而对于高频信号（即 $\omega T \gg 1$），有

$$A(\omega) \approx \frac{1}{T\omega},\ \varphi(\omega) \approx -90°$$

这表明输入量频率较高时，输出量幅值只有输入量幅值的$\frac{1}{T\omega}$，相位滞后近 90°。输入量被抑制而不能传递出去。实际中的系统，虽然形式不同，但一般都有这样的“低通”滤波及相位滞后作用。

5.1.2 频率特性的求取方法

频率特性一般可以通过如下三种方法得到：

(1) 根据已知系统的微分方程，把输入以正弦函数代入，求其稳态解，取输出稳态分量和输入正弦的复数之比求得。

(2) 根据系统的传递函数来求取。将 $s=\mathrm{j}\omega$ 代入传递函数中，可直接得到系统的频率特性。

(3) 通过实验测得。

一般经常采用的是后两种方法。这里主要讨论如何根据传递函数求取系统的频率特性。仍以图 5.1 所示系统为例，其传递函数为 $G(s)=\frac{1}{1+RCs}$，将传递函数中的复变量 s 用纯虚数 $\mathrm{j}\omega$ 代替，便可得到频率特性的表达式 $G(\mathrm{j}\omega)=\frac{1}{1+\mathrm{j}\omega RC}$，取它的模 $A(\omega)$ 和幅角 $\varphi(\omega)$，正是式(5.5)和式(5.6)。这种以 $\mathrm{j}\omega$ 代替 s 由传递函数获得频率特性的方法，对于线性定常系统是普遍适用的。频率特性是传递函数的一种特殊情况，即频率特性是定义在[s]平面虚轴上的传递函数。

5.1.3 频率特性的图示方法

系统的频率特性可分解为实部和虚部，即

$$G(\mathrm{j}\omega) = U(\omega) + \mathrm{j}V(\omega) \tag{5.7}$$

也可以表示为幅值和相位关系，即

$$G(\mathrm{j}\omega) = A(\omega)\mathrm{e}^{\mathrm{j}\varphi(\omega)} \tag{5.8}$$

式中：$U(\omega)$——$G(\mathrm{j}\omega)$的实部，称为实频特性；

$V(\omega)$——$G(\mathrm{j}\omega)$的虚部，称为虚频特性；

$A(\omega)$——$G(\mathrm{j}\omega)$的模，它等于稳态输出量与输入量的振幅比，称为幅频特性；

$\varphi(\omega)$——$G(\mathrm{j}\omega)$的幅角，它等于稳态输出量与输入量的相位差，称为相频特性。

这些频率特性之间有如下关系：

$$A(\omega) = |G(\mathrm{j}\omega)| = \sqrt{[U(\omega)]^2 + [V(\omega)]^2} \tag{5.9}$$

$$\varphi(\omega) = \angle G(\mathrm{j}\omega) = \arctan\left[\frac{V(\omega)}{U(\omega)}\right] \tag{5.10}$$

$$U(\omega) = \mathrm{Re}\ G(\mathrm{j}\omega) = A(\omega)\cos\varphi(\omega) \tag{5.11}$$

$$V(\omega) = \mathrm{Im}\ G(\mathrm{j}\omega) = A(\omega)\sin\varphi(\omega) \tag{5.12}$$

因此,系统频率特性采用下面三种图示表达形式:

(1) 幅相频率特性(奈奎斯特图)　系统频率特性 $G(j\omega)$ 是个向量。按式(5.9)和式(5.10)可以求出幅频特性 $|G(j\omega)|$ 和相频特性 $\angle G(j\omega)$。给出不同 ω 值,即可算出相应 $|G(j\omega)|$ 和 $\angle G(j\omega)$ 值。这样就可以在极坐标复平面上画 ω 值由零到无穷大时的 $G(j\omega)$ 向量,把各向量端点连成曲线即得到系统的极坐标幅相频率特性曲线,通常称它为奈奎斯特曲线或奈奎斯特图。当然,也可根据式(5.11)和式(5.12)通过求出不同 ω 时的实频特性和虚频特性,来获得幅相频率特性曲线。

(2) 对数频率特性(伯德图)　对数频率特性由两幅图组成:一幅是对数幅频特性,另一幅是对数相频特性。对数频率特性又称为伯德图。

考虑系统任意环节的频率特性表达式

$$G(j\omega) = |G(j\omega)| e^{j\varphi(\omega)} \tag{5.13}$$

取它的自然对数,得到

$$\ln G(j\omega) = \ln|G(j\omega)| + j\varphi(\omega) \tag{5.14}$$

上式对数的实部 $\ln|G(j\omega)|$ 是频率特性模的对数,虚部是频率特性的幅角。用这种办法表示的频率特性包含两条曲线:一是 $\ln|G(j\omega)|$ 与 ω 之间关系曲线,称为对数幅频特性;一是 $\varphi(\omega)$ 与 ω 之间关系曲线,称为对数相频特性。而在实际应用中,往往不是用自然对数来表达对数幅频特性,而是采用以 10 为底的对数来表示。$G(j\omega)$ 对数幅频特性的表达式可写为

$$L(\omega) = 20\lg|G(j\omega)| \tag{5.15}$$

表达式中采用的单位是分贝,以“dB”(decibel)表示。在对数表达式中,对数幅频特性曲线和对数相频特性曲线画在半对数坐标纸上,频率采用对数分度,而幅值(单位:dB)和角度(单位:度),则采用线性分度。

需要注意的是,在以 $\lg\omega$ 划分的频率轴(横坐标轴)上,一般只标注 ω 的自然数值。该坐标轴的特点是:若在横轴上任意取两点使其满足 $\frac{\omega_2}{\omega_1}=10$,则在对数频率轴上两点的距离为 $\lg\frac{\omega_2}{\omega_1}=\lg 10=1$。因此,不论起点如何,只要频率变化 10 倍,在横轴上线段长均等于一个单位,称为一个 10 倍频程,以“dec”(decade)表示。当频率变化 10 倍时,即频率变化了一个 10 倍频程。

(3) 对数幅相频率特性[尼科尔斯(Nichols)图]　在所需要的频率范围内,以频率 ω 作为参数来表示的对数幅值和相角关系的图。对数幅相频率特性也称为尼科尔斯图。

5.2　典型环节的频率特性

5.2.1　比例环节

比例环节的传递函数为 $G(s)=K$,其频率特性为

$$G(j\omega) = K \tag{5.16}$$

其幅频特性和相频特性为

$$|G(j\omega)| = \sqrt{U^2 + V^2} = \sqrt{K^2 + 0} = K \tag{5.17}$$

$$\angle G(\mathrm{j}\omega) = \arctan \frac{V}{U} = \arctan \frac{0}{K} = 0° \tag{5.18}$$

对数幅频特性和对数相频特性为

$$L(\omega) = 20\lg K \tag{5.19}$$

$$\varphi(\omega) = 0° \tag{5.20}$$

比例环节的幅相频率特性是复平面实轴上一个点，如图 5.2 所示。幅频特性是 K，相频特性是 0°。比例环节的对数幅频特性为幅值等于 20lg K(dB)的一条水平直线。相角为零，与频率无关。比例环节的伯德图如图 5.3 所示。

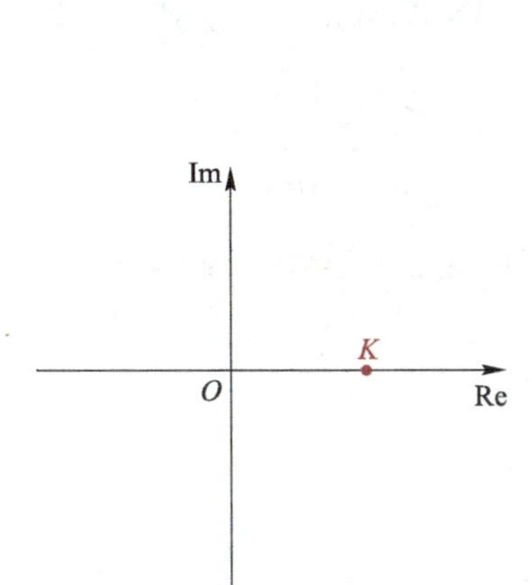

图 5.2　比例环节幅相频率特性

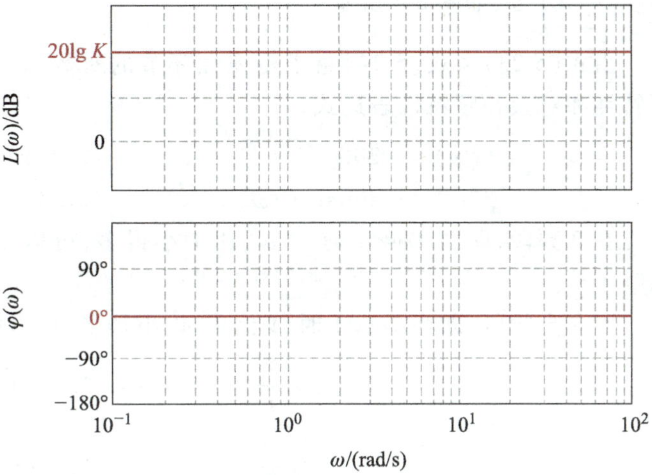

图 5.3　比例环节对数幅频特性和对数相频特性

5.2.2　惯性环节

惯性环节的传递函数为

$$G(s) = \frac{1}{Ts + 1} \tag{5.21}$$

其实频特性和虚频特性可表示为

$$G(\mathrm{j}\omega) = \frac{1}{\mathrm{j}\omega T + 1} = U(\omega) + \mathrm{j}V(\omega) = \frac{1}{T^2\omega^2 + 1} - \mathrm{j}\frac{\omega T}{T^2\omega^2 + 1} \tag{5.22}$$

所以有

$$|G(\mathrm{j}\omega)| = \sqrt{U^2 + V^2} = \sqrt{\frac{1 + T^2\omega^2}{(1 + T^2\omega^2)^2}} = \frac{1}{\sqrt{1 + T^2\omega^2}} \tag{5.23}$$

$$\angle G(\mathrm{j}\omega) = \arctan \frac{V(\omega)}{U(\omega)} = -\arctan(T\omega) \tag{5.24}$$

在 $\omega = 0$ 和 $\omega = \frac{1}{T}$ 时，$G(\mathrm{j}\omega)$ 值分别为

$$G(\mathrm{j}0) = 1\angle 0°, \quad G\left(\mathrm{j}\frac{1}{T}\right) = \frac{\sqrt{2}}{2}\angle -45° \tag{5.25}$$

当 ω 趋于无穷大时，$G(j\omega)$ 的幅值趋于零，相角趋于 $-90°$。当 ω 由 $0\to\infty$ 时，惯性环节幅相频率特性为一个半圆。这一点可以证明如下：

虚频特性与实频特性之比为 $\frac{V}{U}=-T\omega$，将其代入实频特性表达式中，得

$$\left(U-\frac{1}{2}\right)^2+V^2=\left(\frac{1}{2}\right)^2 \tag{5.26}$$

式(5.26)代表一个圆的方程式，圆的半径为 $\frac{1}{2}$，圆心在 $\left(\frac{1}{2},0\right)$ 处，如图 5.4 所示。

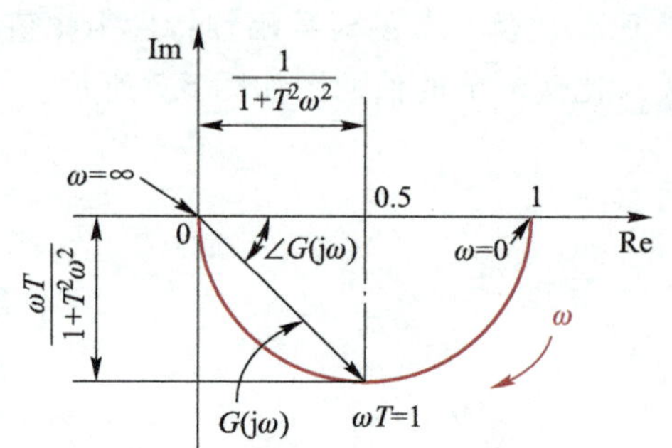

图 5.4　惯性环节的幅相频率特性

由式(5.23)和式(5.24)可求得惯性环节的对数幅频特性和对数相频特性表达式

$$L(\omega)=-20\lg\sqrt{1+T^2\omega^2} \tag{5.27}$$

$$\varphi(\omega)=-\arctan(T\omega) \tag{5.28}$$

在低频段，即当 $T\omega\ll1$ 时，$T^2\omega^2$ 比 1 小得多，可以忽略不计。

而在高频段，即当 $T\omega\gg1$ 时，1 比 $T^2\omega^2$ 小很多，可以忽略不计。因此，可得

$$\left.\begin{aligned}&\omega\ll\frac{1}{T} && L(\omega)=-20\lg\sqrt{1+T^2\omega^2}\approx0\\ &\omega\gg\frac{1}{T} && L(\omega)\approx-20\lg T\omega\\ &\omega=\frac{1}{T} && L(\omega)=-3\text{ dB}\end{aligned}\right\} \tag{5.29}$$

因此，可以用两条渐近线来近似表示对数幅频特性曲线：当频率为 $0<\omega<\frac{1}{T}$ 时，是一条幅值等于 0 的水平线，称为低频渐近线；当频率 $\frac{1}{T}<\omega<\infty$ 时，是一条斜率为 -20 dB/dec 的直线，称为高频渐近线。精确的对数幅频特性曲线及渐近线如图 5.5 所示。两条渐近线相交处的频率 $\omega=\frac{1}{T}$ 称为转折频率。

由式(5.28)确定相频特性曲线。当 $\omega=0$ 时，$\varphi(\omega)=0°$。在转折频率 $\omega=\frac{1}{T}$ 处

$$\varphi(\omega)=-\arctan\frac{T}{T}=-45°$$

当频率 ω 趋于无穷大时，$\varphi(\omega)=-90°$。

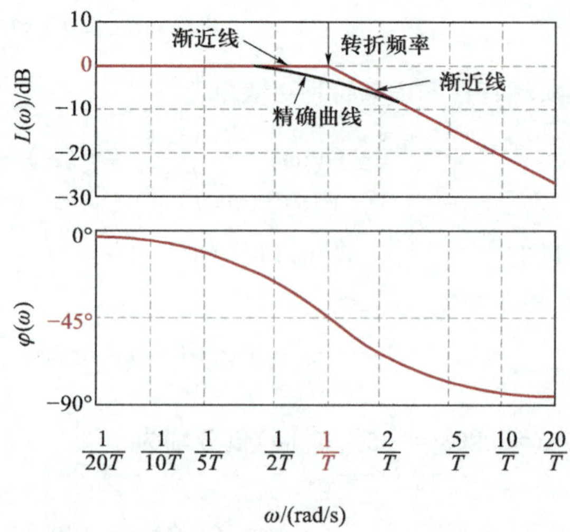

图 5.5　惯性环节的对数幅频特性和对数相频特性

上述分析表明，惯性环节的对数相频特性

由于相角是以反正切函数来表示的，所以相角对$\varphi=-45°$弯角是对称的。

对于初步设计，利用渐近线画出伯德图已经够用了，且很方便。如需要画出精确的频率特性曲线，可参照图 5.6 所示的曲线在渐近线的基础上进行修正。

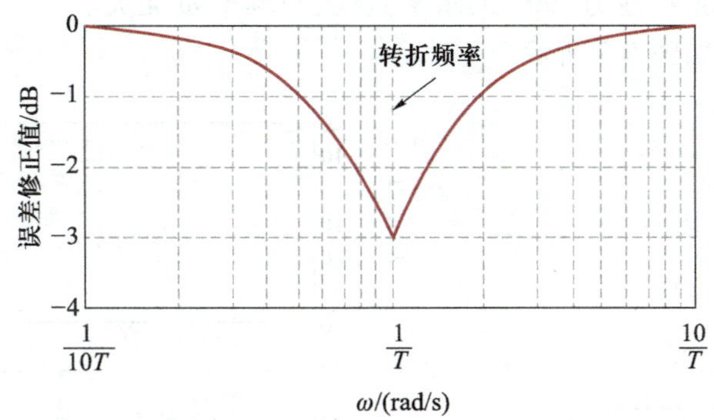

图 5.6 惯性环节的频率特性用渐近线表示时所引起的对数幅值误差曲线

由此可见：由于采用渐近线而在幅值上产生的最大误差发生在转折频率$\omega=\dfrac{1}{T}$处，并近似等于 3 dB。

由惯性环节的伯德图可以看出，$1/(1+\mathrm{j}\omega T)$具有低通滤波器的作用。高于$\omega=\dfrac{1}{T}$的频率，其对数幅值迅速衰减。

5.2.3 积分环节

积分环节的传递函数为

$$G(s)=\frac{1}{s} \tag{5.30}$$

积分环节的频率特性为

$$G(\mathrm{j}\omega)=\frac{1}{\mathrm{j}\omega}=-\mathrm{j}\frac{1}{\omega} \tag{5.31}$$

其幅频特性为

$$A(\omega)=|G(\mathrm{j}\omega)|=\sqrt{U^2+V^2}=\frac{1}{\omega} \tag{5.32}$$

相频特性为

$$\varphi(\omega)=\angle G(\mathrm{j}\omega)=\arctan\frac{-\dfrac{1}{\omega}}{0}=\arctan(-\infty)=-90° \tag{5.33}$$

由于$\angle G(\mathrm{j}\omega)=-90°$是常数，而$|G(\mathrm{j}\omega)|$随$\omega$增加而减小。因此，积分环节的幅相频率特性是一条与虚轴负段相重合的直线，如图 5.7 所示。

积分环节的对数幅频特性可表示为

$$L(\omega)=-20\lg\omega \tag{5.34}$$

由式(5.34)不难看出,积分环节的对数幅频特性是一条斜率为-20 dB/dec 的直线,且与0 dB线相交于 $\omega=1$ rad/s 这一点,即

$$L(1) = -20\lg 1 = 0$$

积分环节的对数相频特性为-90° 的水平直线,与频率 ω 无关。

积分环节的伯德图如图 5.8 所示。

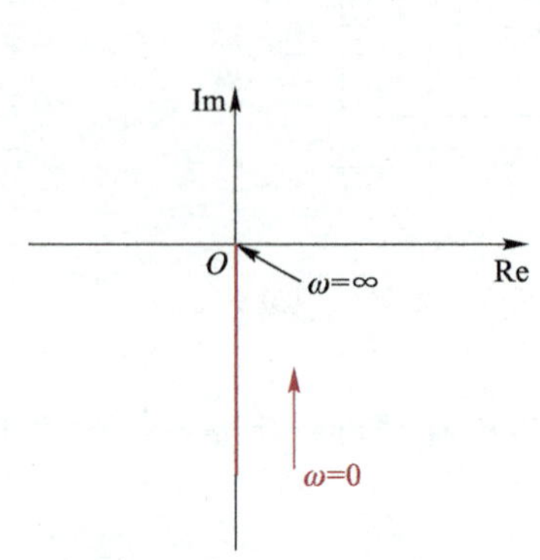

图 5.7　积分环节的幅相频率特性

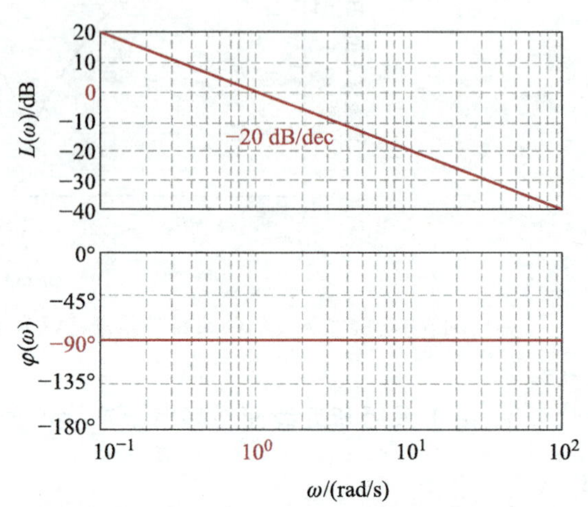

图 5.8　积分环节的对数幅频特性和对数相频特性

5.2.4　理想微分环节

理想微分环节的传递函数为

$$G(s) = s \tag{5.35}$$

其频率特性为

$$G(\mathrm{j}\omega) = \mathrm{j}\omega \tag{5.36}$$

幅频特性为

$$A(\omega) = |G(\mathrm{j}\omega)| = \omega \tag{5.37}$$

相频特性为

$$\varphi(\omega) = \angle G(\mathrm{j}\omega) = \arctan\frac{\omega}{0} = 90^\circ \tag{5.38}$$

显然,理想微分环节的幅相频率特性是一条与正虚轴相重合的直线,如图 5.9 所示。

理想微分环节对数幅频特性为

$$L(\omega) = 20\lg\omega \tag{5.39}$$

显然,$\mathrm{j}\omega$ 和$\dfrac{1}{\mathrm{j}\omega}$的频率特性不同之处就是对数幅频特性曲线的斜率和相角都相差一个符号,因此理想微分环节的对数幅频特性是一条通过 $\omega=1$ rad/s 与 0 dB 线的交点,且斜率为 20 dB/dec 的直线。而对数相频特性为 $\varphi(\omega)=90^\circ$ 的一条水平线,如图 5.10 所示。

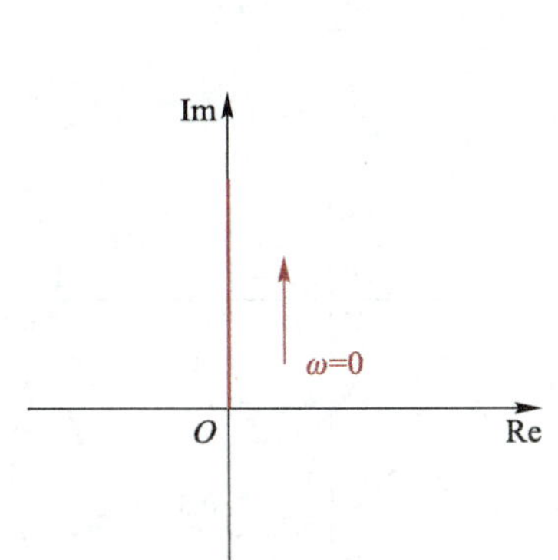

图 5.9　理想微分环节的幅相频率特性

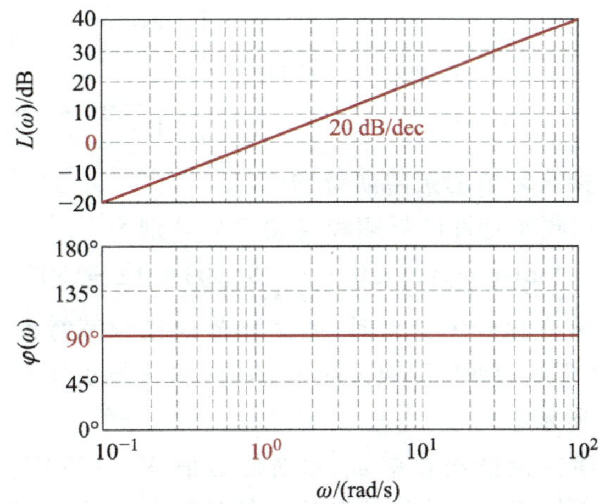

图 5.10　理想微分环节的对数幅频特性和对数相频特性

这里需要说明的是:如果频率特性包含着$(\mathrm{j}\omega)^n$或$\left(\dfrac{1}{\mathrm{j}\omega}\right)^n$因子,那么对数幅频特性分别为

$$20\lg\left|(\mathrm{j}\omega)^n\right| = 20n\lg\omega \tag{5.40}$$

及

$$20\lg\left|\left(\frac{1}{\mathrm{j}\omega}\right)^n\right| = -20n\lg\omega \tag{5.41}$$

而对数相频特性分别为

$$\varphi(\omega) = +n\frac{\pi}{2}\ \text{和}\ \varphi(\omega) = -n\frac{\pi}{2} \tag{5.42}$$

5.2.5　振荡环节

振荡环节的传递函数为

$$G(s) = \frac{1}{T^2s^2 + 2\zeta Ts + 1} = \frac{\omega_n^2}{s^2 + 2\omega_n\zeta s + \omega_n^2} \quad (0 < \zeta < 1)$$

频率特性为

$$G(\mathrm{j}\omega) = \frac{1}{T^2(\mathrm{j}\omega)^2 + 2\zeta T(\mathrm{j}\omega) + 1} = \frac{1}{(1 - T^2\omega^2) + 2\mathrm{j}\zeta T\omega} = \frac{1 - T^2\omega^2}{(1 - T^2\omega^2)^2 + (2\zeta T\omega)^2} - \mathrm{j}\frac{2\zeta T\omega}{(1 - T^2\omega^2)^2 + (2\zeta T\omega)^2} \tag{5.43}$$

幅频特性为

$$A(\omega) = |G(\mathrm{j}\omega)| = \frac{1}{\sqrt{(1 - T^2\omega^2)^2 + (2\zeta T\omega)^2}} \tag{5.44}$$

相频特性为

$$\varphi(\omega)=\angle G(\mathrm{j}\omega)=\begin{cases}-\arctan\dfrac{2\zeta T\omega}{1-T^2\omega^2} & (T\omega\leqslant 1)\\ -\left(180^\circ-\arctan\dfrac{2\zeta T\omega}{T^2\omega^2-1}\right) & (T\omega>1)\end{cases}\tag{5.45}$$

1. 振荡环节的奈奎斯特图

幅相频率特性的低频和高频部分分别为

$$\lim_{\omega\to 0}G(\mathrm{j}\omega)=1\angle 0^\circ;\ \lim_{\omega\to\infty}G(\mathrm{j}\omega)=0\angle -180^\circ$$

当 ω 从零变化到无穷大时，振荡环节幅相频率特性由 $1\angle 0^\circ$ 开始，到 $0\angle -180^\circ$ 结束。因此，高频部分与负实轴相切，如图 5.11 所示。

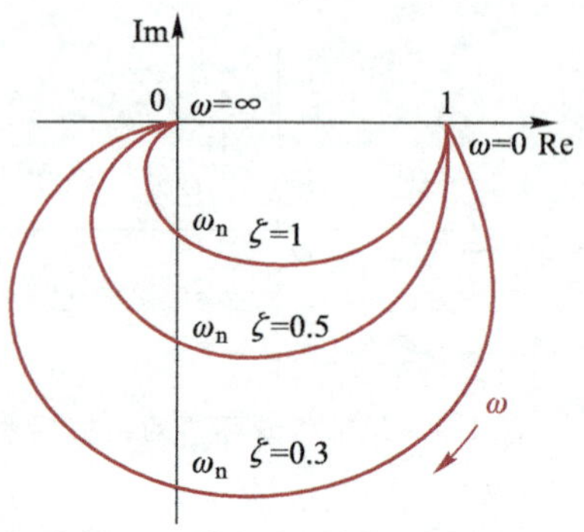

图 5.11　振荡环节的幅相频率特性

下面讨论谐振频率 ω_r 和谐振峰值 M_r 的确定。振荡环节的幅相频率特性曲线的形状不仅与频率 ω 有关，而且还与阻尼比 ζ 有关，ζ 越小，振幅越大。当 ζ 小到一定程度时，$|G(\mathrm{j}\omega)|$将会出现谐振峰值 M_r。此时所对应的频率称为谐振频率 ω_r，令

$$\frac{\mathrm{d}|G(\mathrm{j}\omega)|}{\mathrm{d}\omega}=0\tag{5.46}$$

即可求得$|G(\mathrm{j}\omega)|$的谐振峰值 M_r。将$|G(\mathrm{j}\omega)|$值代入式(5.46)，有

$$-\frac{-4\omega T^2+4\omega^3T^4+8\zeta^2\omega T^2}{2\sqrt{[(1-T^2\omega^2)^2+(2\zeta T\omega)^2]^3}}=0$$

即

$$\omega^2-\frac{1}{T^2}+\frac{2\zeta^2}{T^2}=0\tag{5.47}$$

解方程(5.47)，得产生谐振峰值的谐振频率为

$$\omega_r=\frac{1}{T}\sqrt{1-2\zeta^2}=\omega_n\sqrt{1-2\zeta^2}\tag{5.48}$$

就是说，当 $\omega=\omega_r$ 时，$|G(\mathrm{j}\omega)|$出现谐振峰值。仅当 $1-2\zeta^2\geqslant 0$，即 $\zeta\leqslant 0.707$ 时，式(5.48)才有意义，$|G(\mathrm{j}\omega)|$才有谐振峰值。其谐振峰值

$$\begin{aligned}M_r&=|G(\mathrm{j}\omega)|_{\max}=|G(\mathrm{j}\omega_r)|\\&=\left.\frac{1}{\sqrt{(1-T^2\omega^2)^2+(2\zeta T\omega)^2}}\right|_{\omega=\omega_r}=\frac{1}{2\zeta\sqrt{1-\zeta^2}}\end{aligned}\tag{5.49}$$

当阻尼 $\zeta\to 0$ 时，$\omega_r\to\dfrac{1}{T}=\omega_n$。由式(5.43)得

$$G(\mathrm{j}\omega_n)=-\mathrm{j}\frac{1}{2\zeta}\tag{5.50}$$

即在其无阻尼固有频率 ω_n 上引起振荡，$\zeta\to 0$ 时的幅值 $G(\mathrm{j}\omega_n)$将趋于无穷大。由图 5.11 可以看出，$G(\mathrm{j}\omega)$的轨迹与虚轴交点处的频率为 ω_n。图 5.12 为 M_r 与阻尼比 ζ 之间的关系曲线。

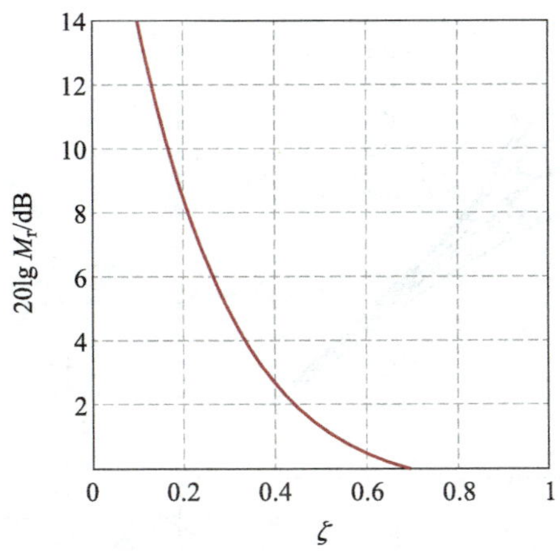

图 5.12　M_r 与阻尼比 ζ 之间的关系曲线

2. 振荡环节的伯德图

振荡环节的对数幅频特性为

$$L(\omega)=-20\lg\sqrt{(1-T^2\omega^2)^2+(2\zeta T\omega)^2} \tag{5.51}$$

由式(5.51)和式(5.45)可以看出,振荡环节的对数幅频特性 $L(\omega)$ 和对数相频特性 $\varphi(\omega)$ 不仅与 ω 有关,还与阻尼比 ζ 有关。由式(5.51)求得

在低频段,当 $T\omega\ll1$ 时,$L(\omega)\approx0$

在高频段,当 $T\omega\gg1$ 时,$L(\omega)\approx-20\lg(T\omega)^2=-40\lg T\omega$

当频率 ω 增加 10 倍频程时,则有

$$L(10\omega)\approx-40\lg 10T\omega=-40\lg T\omega-40$$

故振荡环节对数幅频特性可以由两条渐近线近似表示:当 $T\omega\ll1$ 时,是一条 0 dB 的水平线;当 $T\omega\gg1$ 时是一条斜率为每增加 10 倍频程下降-40 dB 的直线,记为-40 dB/dec。

两条渐近线相交于

$$\omega=\frac{1}{T}=\omega_n$$

所以无阻尼固有频率 ω_n 即为振荡环节的转折频率。

上述两条渐近线都与阻尼比 ζ 无关。然而,当频率接近于 $\omega=\frac{1}{T}$时,将产生谐振峰值。阻尼比 ζ 的大小确定了谐振峰值的幅值。很明显,用渐近线来表示时,必然产生误差,误差大小与 ζ 值有关。图 5.13 所示为振荡环节在不同 ζ 值时的对数幅频特性和对数相频特性。如果需要绘出精确曲线,则可根据 ζ 值的大小由图 5.14 所示的修正曲线对渐近线加以修正。

对数相频特性可由式(5.45)求得。$\varphi(\omega)$ 是 ω 和 ζ 的函数。在 $\omega=0$ 时,$\varphi(\omega)=0°$,而在转折频率 $\omega=\frac{1}{T}$ 时,不论 ζ 值的大小,相角 $\varphi(\omega)$ 都等于-90°。因为

$$\varphi(\omega)=-\arctan\left(\frac{2\zeta}{0}\right)=-\arctan\infty=-90°$$

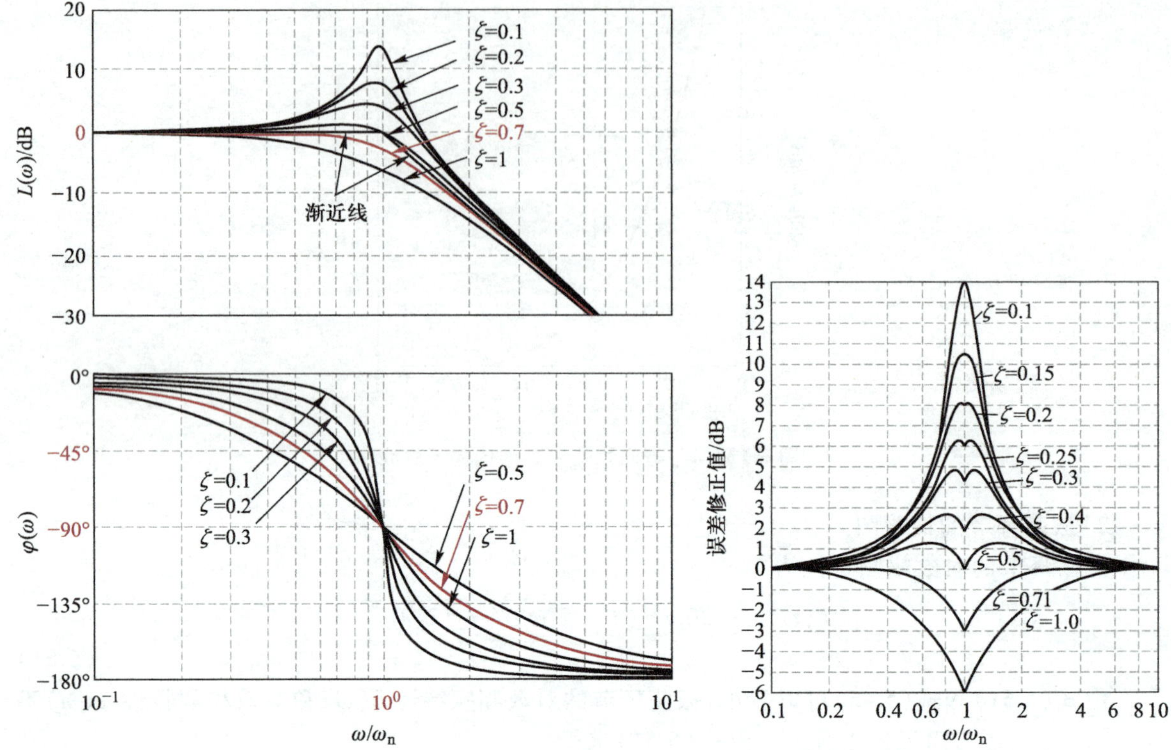

图 5.13 振荡环节在不同 ζ 值时的对数幅频特性和对数相频特性　图 5.14 振荡环节在不同 ζ 值时的修正曲线

当 $\omega=\infty$ 时，$\varphi(\omega)=-180°$，相角曲线关于 $\varphi(\omega)=-90°$ 时的弯曲点斜对称。

5.2.6 一阶微分环节

一阶微分环节的传递函数为

$$G(s)=1+Ts$$

频率特性为

$$G(\mathrm{j}\omega)=1+\mathrm{j}\omega T \tag{5.52}$$

幅频和相频特性分别为

$$A(\omega)=|G(\mathrm{j}\omega)|=\sqrt{1+T^2\omega^2} \tag{5.53}$$

$$\varphi(\omega)=\angle G(\mathrm{j}\omega)=\arctan(T\omega) \tag{5.54}$$

可见一阶微分环节的幅相频率特性是在复平面上通过(1,0)点，且平行于虚轴的一条上半直线，如图 5.15 所示。

对数幅频特性为

$$L(\omega)=20\lg\sqrt{1+T^2\omega^2} \tag{5.55}$$

由上式可知一阶微分环节与惯性环节只相差一个符号。

$$\text{在 } \omega \ll \frac{1}{T} \text{ 时}, L(\omega)\approx 0$$

$$在\ \omega \gg \frac{1}{T}时, L(\omega) \approx 20\lg T\omega$$

一阶微分环节的对数幅频特性可由上述两条渐近线表示，即在 $\omega<\frac{1}{T}$时，是一条 0 dB 线；在 $\omega>\frac{1}{T}$时，是一条斜率为+20 dB/dec 的直线。它们交接出的转折频率是 $\omega=\frac{1}{T}$。一阶微分环节的对数幅频特性和对数相频特性见图 5.16。

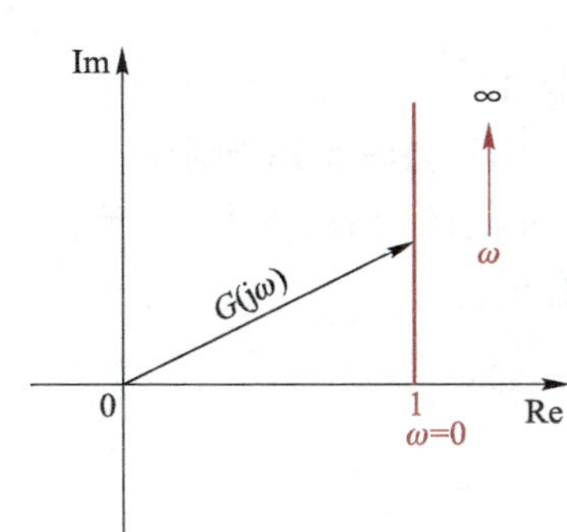

图 5.15　一阶微分环节的幅相频率特性

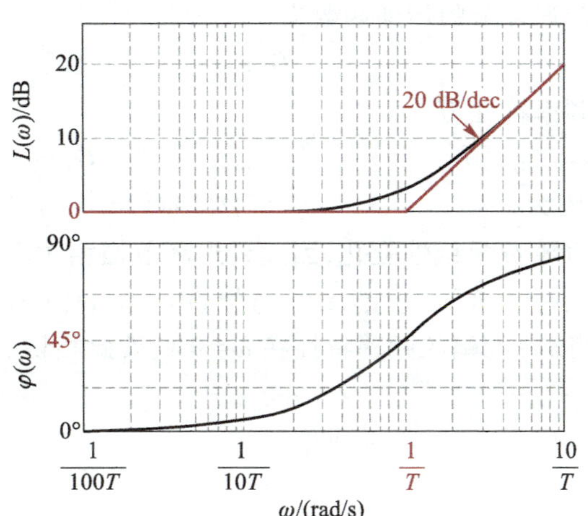

图 5.16　一阶微分环节的对数幅频特性和对数相频特性

5.2.7　二阶微分环节

二阶微分环节的传递函数为

$$G(s)=T^2s^2+2\zeta Ts+1$$

频率特性为

$$G(j\omega)=T^2(j\omega)^2+2\zeta T(j\omega)+1=(1-T^2\omega^2)+j2\zeta T\omega \tag{5.56}$$

幅频特性和相频特性分别为

$$A(\omega)=|G(j\omega)|=\sqrt{(1-T^2\omega^2)^2+4\zeta^2T^2\omega^2} \tag{5.57}$$

$$\varphi(\omega)=\angle G(j\omega)=\arctan\frac{2\zeta T\omega}{1-T^2\omega^2} \tag{5.58}$$

幅相频率特性的低频部分和高频部分分别为

$$\lim_{\omega\to 0}G(j\omega)=1\angle 0^\circ$$

$$\lim_{\omega\to\infty}G(j\omega)=\infty\angle 180^\circ$$

因为，当 $\omega>0$ 时，$G(j\omega)$的虚部正的单调递增，而 $G(j\omega)$的实部则由 1 开始单调递减，所以 $G(j\omega)$的幅相频率特性曲线如图 5.17所示。相角在 0°到 180°之间。

二阶微分环节的对数频率特性

$$L(\omega)=20\lg\sqrt{(1-T^2\omega^2)^2+4\zeta^2T^2\omega^2} \tag{5.59}$$

$$\varphi(\omega)=\arctan\frac{2\zeta T\omega}{1-T^2\omega^2} \tag{5.60}$$

二阶微分环节和振荡环节的对数幅频特性和对数相频特性不同之处仅在于相差一个符号而已。因此，根据式(5.59)、式(5.60)可以绘制二阶微分环节的伯德图。

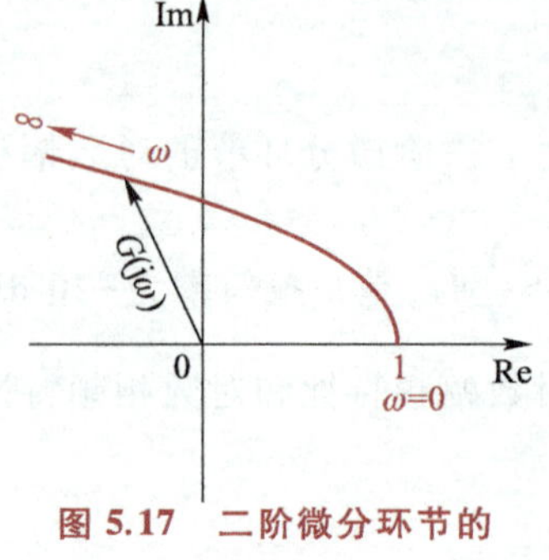

图 5.17　二阶微分环节的幅相频率特性

5.2.8　延迟环节

延迟环节的传递函数为

$$G(s)=e^{-sT}$$

幅相频率特性为

$$G(j\omega)=e^{-j\omega T} \tag{5.61}$$

因为　$|G(j\omega)|=|\cos T\omega-j\sin(T\omega)|=1$

而相角随 ω 呈线性变化，因此延迟环节幅相频率特性是一个单位圆，如图 5.18 所示。

低频时，延迟环节 $e^{-j\omega T}$ 与惯性环节 $1/(1+j\omega T)$ 的特性是近似的，如图 5.19 所示。$e^{-j\omega T}$ 与 $1/(1+j\omega T)$ 的幅相频率特性在 $\omega=0$ 处彼此相切。这可由下式看出：

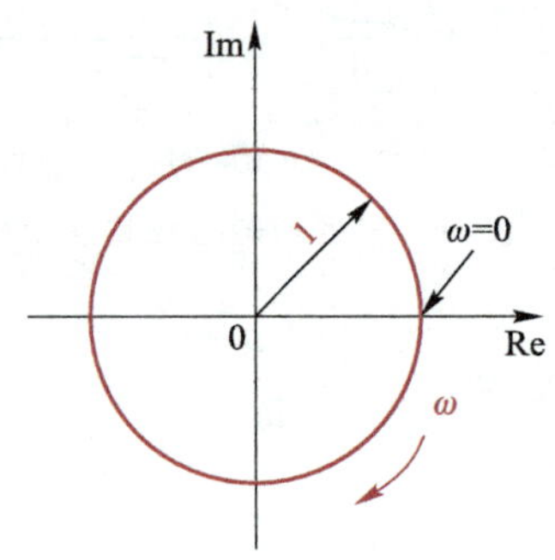

图 5.18　延迟环节的幅相频率特性

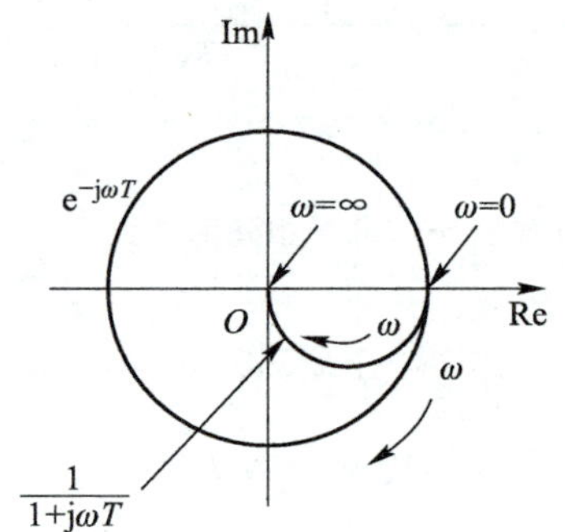

图 5.19　延迟环节和惯性环节的幅相频率特性

$$\omega\ll\frac{1}{T}\text{时},\qquad e^{-j\omega T}\approx 1-j\omega T$$

而　$$\frac{1}{1+j\omega T}\approx 1-j\omega T$$

但是，当 $\omega\gg\frac{1}{T}$ 时，$e^{-j\omega T}$ 与 $1/(1+j\omega T)$ 之间存在着本质的不同，这一点从图 5.19 也可以看出。

由于延迟环节的频率特性为

$$G(j\omega)=e^{-j\omega T}$$

其幅值总是等于 1，所以，延迟环节 $e^{-j\omega T}$ 的对数幅值总等于 0 dB。其相角

$$\begin{aligned}\varphi(\omega)&=-T\omega(\text{rad})\\&=-57.3T\omega(°)\end{aligned} \tag{5.62}$$

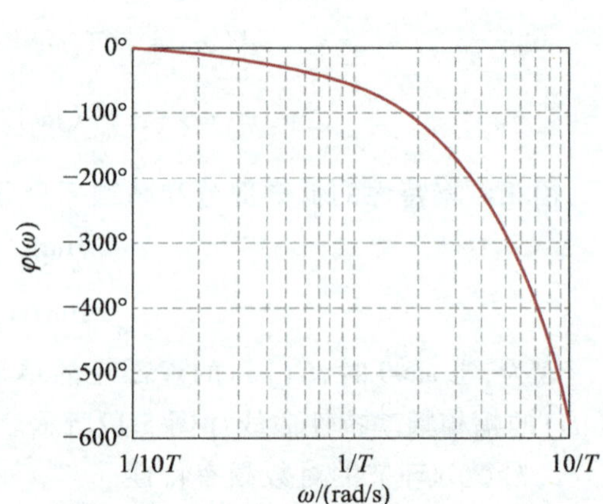

图 5.20　延迟环节的相频特性

因此，相角随频率 ω 呈线性变化。图 5.20 所示为延迟环节的对数相频特性。

例 5.1 设一个一阶系统的传递函数

$$G(s)=\frac{112}{1-0.02s}$$

试画出该系统的幅相频率特性。

解 系统的频率特性可以写成

$$\begin{aligned}G(\mathrm{j}\omega)&=\frac{112}{1-0.02\mathrm{j}\omega}\\&=\frac{112}{1+0.4\times10^{-3}\omega^{2}}+\mathrm{j}\frac{112\times0.02\omega}{1+0.4\times10^{-3}\omega^{2}}\end{aligned}$$

将不同的 ω 值代入 $G(\mathrm{j}\omega)$ 表达式，根据求出的各 ω 值下的 $U(\omega)$ 和 $V(\omega)$ 值就可以画出 $G(\mathrm{j}\omega)$ 的幅相频率特性如图 5.21 所示。

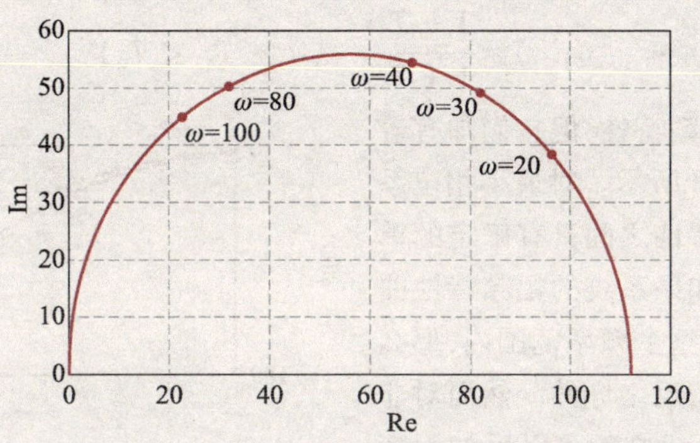

图 5.21 例 5.1 的幅相频率特性

例 5.2 试画出系统频率特性 $G(\mathrm{j}\omega)=\dfrac{1}{1+0.08\mathrm{j}\omega+0.04(\mathrm{j}\omega)^{2}}$ 的对数频率特性曲线（伯德图）。

解 为了画出对数频率特性曲线，必须先求出 ω_{n} 和 ζ。根据给定的振荡环节，则有

$$T^{2}=\left(\frac{1}{\omega_{\mathrm{n}}}\right)^{2}=0.04,\quad 得\ \omega_{\mathrm{n}}=5\ \mathrm{rad/s}$$

$$2\zeta T=2\zeta\frac{1}{\omega_{\mathrm{n}}}=0.08,\quad 得\ \zeta=0.2$$

图 5.22 所示即为求出的对数频率特性。该特性曲线首先用渐近线作出，其转折频率为无阻尼固有频率 $\omega_{\mathrm{n}}=5\ \mathrm{rad/s}$。然后对于 $\zeta=0.2$，可由图 5.14 进行修正，得精确的对数频率特性曲线。

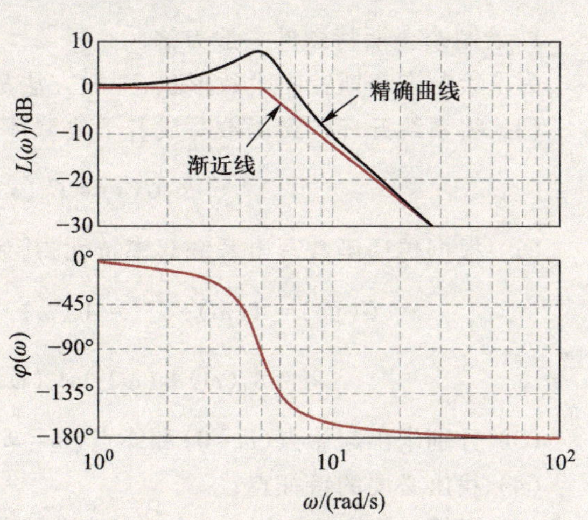

图 5.22 例 5.2 的对数频率特性

5.3 系统开环频率特性

5.3.1 最小相位系统

为了说明幅频特性和相频特性之间的关系，在此提出最小相位系统概念。在复平面[s]右半平面上没有零点和极点的传递函数称为最小相位传递函数；反之，为非最小相位传递函数。具有最小相位传递函数的系统称为最小相位系统。

具有相同幅频特性的系统，最小相位传递函数的相角范围是最小的。例如两个系统的传递函数分别为

$$G_1(s)=\frac{1+T_1 s}{1+T_2 s}\quad(0<T_1<T_2)$$

$$G_2(s)=\frac{1-T_1 s}{1+T_2 s}\quad(0<T_1<T_2)$$

这两个系统具有相同的幅频特性，但它们却有着不同的相频特性，如图 5.23 所示。对最小相位系统而言，幅频特性和相频特性之间具有确定的单值对应关系。这就是说，如果系统的幅频特性曲线规定从 0 变化到无穷大整个频率范围内，那么相频特性曲线就唯一确定，反之亦然。然而对非最小相位系统来说却是不成立的。以后如无特殊说明，一般是指最小相位系统。

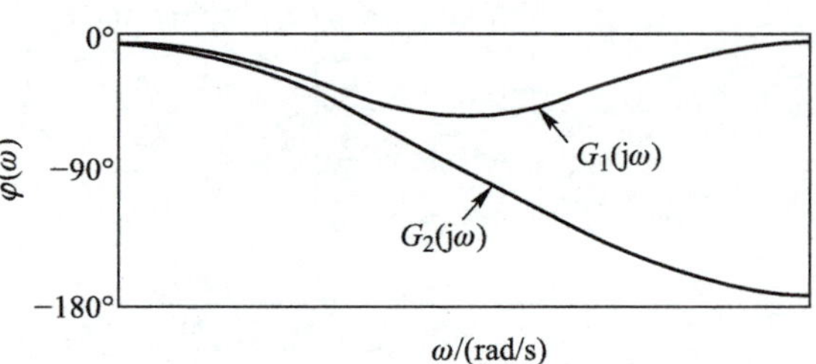

图 5.23 $G_1(s)$ 和 $G_2(s)$ 系统的相频特性

5.3.2 系统开环奈奎斯特图的绘制

1. 绘制奈奎斯特图的一般方法

为了绘制奈奎斯特图大致形状，一般方法是采用描点法。作图基本步骤为：

(1) 将系统开环传递函数写成若干典型环节串联形式，即

$$G(s)=G_1(s)G_2(s)\cdots G_n(s)$$

(2) 根据传递函数写出系统频率特性，并表示为幅频特性和相频特性的形式，即

$$G(\mathrm{j}\omega)=A(\omega)\mathrm{e}^{\mathrm{j}\varphi(\omega)}=A_1(\omega)\mathrm{e}^{\mathrm{j}\varphi_1(\omega)}A_2(\omega)\mathrm{e}^{\mathrm{j}\varphi_2(\omega)}\cdots A_n(\omega)\mathrm{e}^{\mathrm{j}\varphi_n(\omega)}$$

$$=A_1(\omega)A_2(\omega)\cdots A_n(\omega)\mathrm{e}^{\mathrm{j}[\varphi_1(\omega)+\varphi_2(\omega)+\cdots+\varphi_n(\omega)]}$$

(3) 分别求出起始点($\omega=0$)和终点($\omega=\infty$)，并表示于极坐标上；

(4) 找出必要的特征点；

(5) 根据已知点和 $A(\omega)$、$\varphi(\omega)$ 的变化规律，绘制奈奎斯特图的大致形状。

例 5.3 已知系统的传递函数 $G(s)=\dfrac{K}{s(Ts+1)}$，试绘制该系统的奈奎斯特图。

解　系统的频率特性为

$$G(\mathrm{j}\omega)=\frac{K}{\mathrm{j}\omega(\mathrm{j}\omega T+1)}=K\frac{1}{\mathrm{j}\omega}\frac{1}{\mathrm{j}\omega T+1}$$

组成该系统的典型环节有比例环节、积分环节、惯性环节。

幅频特性和相频特性

$$|G(\mathrm{j}\omega)|=\frac{K}{\omega\sqrt{1+(\omega T)^2}}$$

$$\angle G(\mathrm{j}\omega)=-90^\circ-\arctan\ (T\omega)$$

实频特性和虚频特性

$$U(\omega)=\frac{-KT}{1+(\omega T)^2}$$

$$V(\omega)=\frac{-K}{\omega[1+(\omega T)^2]}$$

曲线的起始点和终点为

$$\lim_{\omega\to0}\mathrm{Re}[G(\mathrm{j}\omega)]=\lim_{\omega\to0}\frac{-KT}{1+(T\omega)^2}=-KT$$

$$\lim_{\omega\to0}\mathrm{Im}[G(\mathrm{j}\omega)]=\lim_{\omega\to0}\frac{-K}{\omega[1+(T\omega)^2]}=-\infty$$

$$\lim_{\omega\to\infty}\mathrm{Re}[G(\mathrm{j}\omega)]=\lim_{\omega\to\infty}\frac{-KT}{1+(T\omega)^2}=0$$

$$\lim_{\omega\to\infty}\mathrm{Im}[G(\mathrm{j}\omega)]=\lim_{\omega\to\infty}\frac{-K}{\omega[1+(T\omega)^2]}=0$$

$$\lim_{\omega\to0}|G(\mathrm{j}\omega)|=\infty$$

$$\lim_{\omega\to0}\angle G(\mathrm{j}\omega)=-90^\circ$$

$$\lim_{\omega\to\infty}|G(\mathrm{j}\omega)|=0$$

$$\lim_{\omega\to\infty}\angle G(\mathrm{j}\omega)=-180^\circ$$

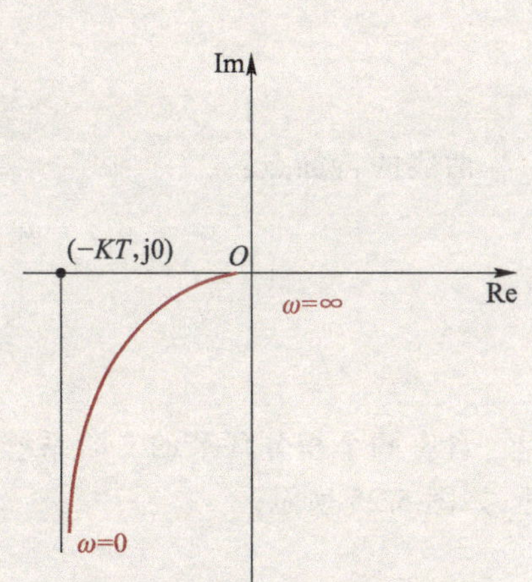

图 5.24　例 5.3 的奈奎斯特图

含有一个积分环节的二阶系统，其频率特性的奈奎斯特图在低频段将沿一条渐近线趋于无穷远处。这条渐近线是经过$(-KT,\mathrm{j}0)$点，平行于虚轴的直线，如图 5.24 所示。

例 5.4　已知系统的传递函数 $G(s)=\dfrac{K}{s^2(T_1s+1)(T_2s+1)}$，试绘制该系统的奈奎斯特图。

解　系统的频率特性为

$$G(\mathrm{j}\omega)=\frac{K}{(\mathrm{j}\omega)^2(\mathrm{j}\omega T_1+1)(\mathrm{j}\omega T_2+1)}$$

组成该系统的典型环节有比例环节、积分环节、惯性环节。

幅频特性和相频特性

$$|G(j\omega)| = \frac{K}{\omega^2\sqrt{1+(T_1\omega)^2}\sqrt{1+(T_2\omega)^2}}$$

$$\angle G(j\omega) = -180° - \arctan T_1\omega - \arctan T_2\omega$$

实频特性和虚频特性

$$U(\omega) = \frac{-K(1-T_1T_2\omega^2)}{\omega^2[1+(T_1\omega)^2][1+(T_2\omega)^2]}$$

$$V(\omega) = \frac{K(T_1+T_2)}{\omega[1+(T_1\omega)^2][1+(T_2\omega)^2]}$$

曲线的起始点和终点为

$$\lim_{\omega\to 0}\text{Re}[G(j\omega)] = -\infty$$

$$\lim_{\omega\to 0}\text{Im}[G(j\omega)] = \infty$$

$$\lim_{\omega\to \infty}\text{Re}[G(j\omega)] = 0$$

$$\lim_{\omega\to \infty}\text{Im}[G(j\omega)] = 0$$

$$\lim_{\omega\to 0}|G(j\omega)| = \infty$$

$$\lim_{\omega\to 0}\angle G(j\omega) = -180°$$

$$\lim_{\omega\to \infty}|G(j\omega)| = 0$$

$$\lim_{\omega\to \infty}\angle G(j\omega) = -360°$$

曲线的特征点：

$$\text{当 Re}[G(j\omega)]=0\text{ 时，}\omega = \frac{1}{\sqrt{T_1T_2}}$$

$$\text{Im}[G(j\omega)] = \frac{K(T_1T_2)^{3/2}}{T_1+T_2}$$

含有两个积分环节的二阶系统，其频率特性的奈奎斯特图在低频段将沿负实轴趋于无穷远处，如图 5.25 所示。

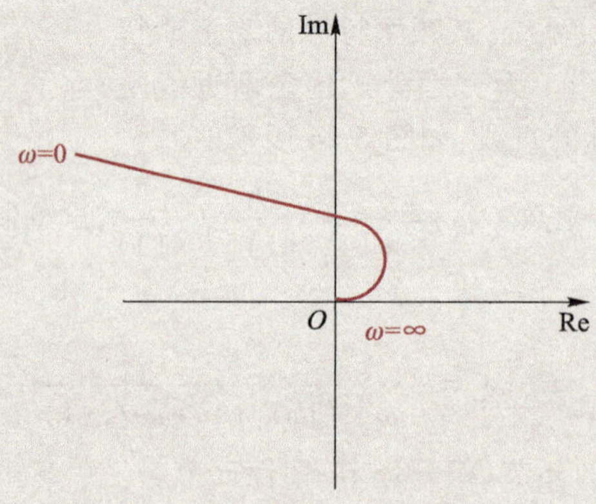

图 5.25　例 5.4 的奈奎斯特图

2. 奈奎斯特图的一般形状

线性定常系统的频率特性为

$$G(\mathrm{j}\omega)=\frac{K(1+\mathrm{j}\tau_1\omega)(1+\mathrm{j}\tau_2\omega)\cdots(1+\mathrm{j}\tau_m\omega)}{(\mathrm{j}\omega)^{\nu}(1+\mathrm{j}T_1\omega)(1+\mathrm{j}T_2\omega)\cdots(1+\mathrm{j}T_{n-\nu}\omega)}\quad(n>m)$$

相应的幅相频率特性曲线为

(1) 0 型系统：$\omega=0$，$|G(\mathrm{j}\omega)|=K$，$\angle G(\mathrm{j}\omega)=0°$，幅相频率特性曲线始于正实轴，且起点处幅相频率特性曲线的切线和正实轴垂直；$\omega=\infty$，$|G(\mathrm{j}\omega)|=0$，$\angle G(\mathrm{j}\omega)=-(n-m)\times 90°$，幅相频率特性曲线趋于原点。

(2) Ⅰ型系统：$\omega=0$，$|G(\mathrm{j}\omega)|=\infty$，$\angle G(\mathrm{j}\omega)=-90°$，低频段渐近线为与负虚轴平行的直线；$\omega=\infty$，$|G(\mathrm{j}\omega)|=0$，$\angle G(\mathrm{j}\omega)=-(n-m)\times 90°$，幅相频率特性曲线趋于原点。

(3) Ⅱ型系统：$\omega=0$，$|G(\mathrm{j}\omega)|=\infty$，$\angle G(\mathrm{j}\omega)=-180°$，低频段幅相频率特性曲线趋于负实轴；$\omega=\infty$，$|G(\mathrm{j}\omega)|=0$，$\angle G(\mathrm{j}\omega)=-(n-m)\times 90°$，幅相频率特性曲线趋于原点。

(4) 当 $G(s)$ 有振荡环节时，上述结论不变。

(5) 当 $G(s)$ 有一阶微分环节时，相位非单调下降，幅相频率特性曲线发生弯曲。

5.3.3 系统开环伯德图的绘制

控制系统开环传递函数的一般表达式是

$$G(s)=\frac{K\prod_{i=1}^{b}(\tau_i s+1)\prod_{l=1}^{c}(\tau_l^2 s^2+2\zeta_l\tau_l s+1)}{s^{\nu}\prod_{j=1}^{d}(T_j s+1)\prod_{k=1}^{e}(T_k^2 s^2+2\zeta_k T_k s+1)}$$

故其对数幅频特性可表示为

$$\begin{aligned}L(\omega)=&20\lg K-\nu\cdot 20\lg\omega-\sum_{j=1}^{d}20\lg\sqrt{1+T_j^2\omega^2}-\\&\sum_{k=1}^{e}20\lg\sqrt{(1-T_k^2\omega^2)^2+(2\zeta_k T_k\omega)^2}+\sum_{i=1}^{b}20\lg\sqrt{1+\tau_i^2\omega^2}+\\&\sum_{l=1}^{c}20\lg\sqrt{(1-\tau_l^2\omega^2)^2+(2\zeta_l\tau_l\omega)^2}\end{aligned}\tag{5.63}$$

由式(5.63)可以看出，单回路系统开环的对数幅频特性 $L(\omega)$，可以用各典型环节的对数幅频特性的纵坐标值相加的办法得到。

与对数幅频特性式(5.63)相对应的相频特性 $\varphi(\omega)$ 的表达式是

$$\begin{aligned}\varphi(\omega)=&-\nu\cdot\frac{\pi}{2}-\sum_{j=1}^{d}\arctan(T_j\omega)-\sum_{k=1}^{e}\arctan\frac{2\zeta_k T_k\omega}{1-T_k^2\omega^2}+\\&\sum_{i=1}^{b}\arctan(\tau_i\omega)+\sum_{l=1}^{c}\arctan\frac{2\zeta_l\tau_l\omega}{1-\tau_l^2\omega^2}\end{aligned}\tag{5.64}$$

上式说明，系统开环的相频特性和幅频特性一样，也可以用各典型环节的相频特性相加的办法得到。

例 5.5 设系统开环传递函数

$$G(s)=\frac{10(s+3)}{s(s+2)(s^2+s+2)}$$

试绘制该系统的伯德图。

解 首先将系统传递函数写成标准形式

$$G(s)=\frac{7.5\left(\frac{s}{3}+1\right)}{s\left(\frac{s}{2}+1\right)\left(\frac{s^2}{2}+\frac{s}{2}+1\right)}$$

根据系统传递函数求得频率特性 $G(\mathrm{j}\omega)$

$$G(\mathrm{j}\omega)=\frac{7.5\left(\frac{\mathrm{j}\omega}{3}+1\right)}{(\mathrm{j}\omega)\left(\frac{\mathrm{j}\omega}{2}+1\right)\left[\frac{(\mathrm{j}\omega)^2}{2}+\frac{\mathrm{j}\omega}{2}+1\right]} \tag{5.65}$$

由式(5.65)可知该系统由下列典型环节组成：

放大环节：7.5

积分环节：$\frac{1}{\mathrm{j}\omega}$

振荡环节：$\frac{1}{\frac{(\mathrm{j}\omega)^2}{2}+\frac{\mathrm{j}\omega}{2}+1}$，转折频率 $\omega_1=\sqrt{2}$

惯性环节：$\frac{1}{\frac{\mathrm{j}\omega}{2}+1}$，转折频率 $\omega_2=2$

一阶微分环节：$\frac{\mathrm{j}\omega}{3}+1$，转折频率 $\omega_3=3$

将转折频率 ω_1、ω_2、ω_3 在横坐标上按照顺序标出，见图 5.26。按式(5.63)求出系统对数幅频特性

$$L(\omega)=20\lg 7.5-20\lg\omega-20\lg\sqrt{1+\left(\frac{\omega}{2}\right)^2}+20\lg\sqrt{1+\left(\frac{\omega}{3}\right)^2}-20\lg\sqrt{\left(1-\frac{\omega^2}{2}\right)^2+\left(\frac{\omega}{2}\right)^2}$$

当 $\omega\ll\omega_1=\sqrt{2}$ 而接近于零时，

$$L(\omega)=20\lg 7.5-20\lg\omega$$

令 $\omega=1$，则

$$L(1)=20\lg 7.5$$

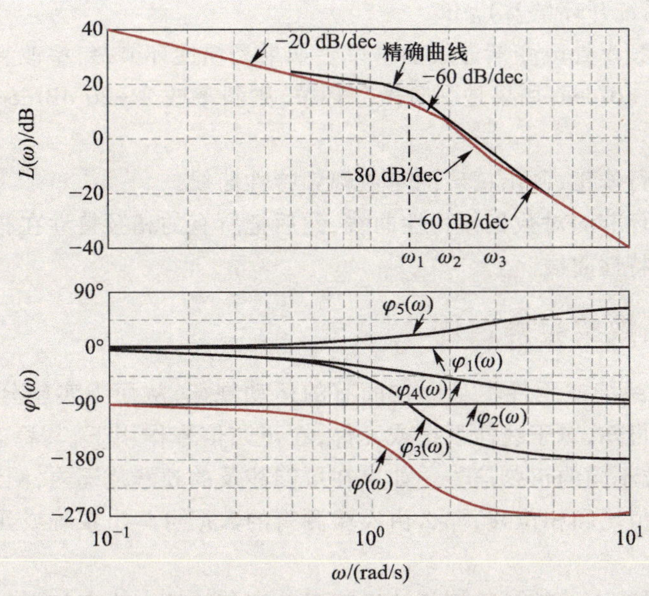

图 5.26 例 5.5 所示系统的伯德图

这样,在横坐标轴 $\omega=1$ 处垂直向上取 20lg 7.5 得到一点,它就是近似曲线要穿过的点。由前知道积分环节对数幅频特性的斜率是-20 dB/dec,所以可以经过上述这一点,绘制 ω 很小时系统开环的近似对数幅频特性曲线,即低频渐近线。将低频渐近线延长至 $\omega_1=\sqrt{2}$ 处,在这以后由于振荡环节的对数幅频特性曲线渐近线的斜率是-40 dB/dec,因此在 ω_1 处,系统的渐近线的斜率经叠加变为-60 dB/dec,该线一直延长到下一个转折频率 $\omega_2=2$ 处。此后,由于惯性环节对数幅频特性曲线的渐近线斜率为-20 dB/dec,所以在 ω_2 处,系统的渐近线的斜率应为-80 dB/dec,一直延长到转折频率 $\omega_3=3$ 处。由于一阶微分环节的对数幅频特性曲线渐近线的斜率为+20 dB/dec,故从 ω_3 处起系统的渐近线斜率又变为-60 dB/dec。如此,就得到了系统开环近似的对数幅频特性,表示在图 5.26 上。为了得到精确曲线,对上述近似曲线加以修正,即在每一转折频率处,以及低于和高于转折频率的一倍频程处加以修正就可以得到精确曲线了,如图5.26所示。

绘制系统的相频特性曲线必须先画出所有环节的相频特性,见图 5.26。$\varphi_1(\omega)$、$\varphi_2(\omega)$ 分别为放大环节和积分环节的相频特性,$\varphi_3(\omega)$ 为振荡环节的相频特性,$\varphi_4(\omega)$ 和 $\varphi_5(\omega)$ 各为惯性环节和一阶微分环节的相频特性。然后将它们的相角在相同的频率下代数相加,这样就画出了完整的相频特性曲线 $\varphi(\omega)$,如图 5.26 所示。

综上所述,绘制系统开环对数幅频特性曲线和对数相频特性曲线的步骤可归纳如下:

(1) 把系统传递函数化为标准形式,即化为典型环节的传递函数乘积。

(2) 根据传递函数获得频率特性,并分析其组成环节。

(3) 求出转折频率 ω_1、ω_2、ω_3 等,并把它们按照由小到大顺序在选定的坐标图上沿频率轴标出。

(4) 画出对数幅频特性 $L(\omega)$ 的低频渐近线。这条渐近线在 $\omega<\omega_1$ 时是一条斜率为每十倍频程 -20ν dB 的直线,其中 $\nu(\nu=0,1,2,\cdots)$ 为系统包含积分环节的个数。在 $\omega=1$ 处,渐近线纵

坐标为 20lg K（K 为系统开环增益）。

(5) 在每个转折频率处改变渐近线的斜率。如果是惯性环节，斜率改变-20 dB/dec；如果是振荡环节，则改变-40 dB/dec；如果是一阶微分环节，则斜率改变+20 dB/dec；而二阶微分环节则改变+40 dB/dec。

(6) 对渐近线进行修正，画出精确的对数幅频特性曲线。

(7) 画出每一个环节的对数相频特性曲线，然后把所有的相频特性在相同的频率下相加，即得到系统开环的相频特性曲线。

5.3.4 传递函数实验确定法

频率特性反映了系统或元件本身内在固有的运动规律，从而为实验分析提供了理论依据。从频率特性基本概念可知，对于线性系统或元件，在正弦信号作用下，其稳态输出是与输入信号频率相同、幅值和相位不同的正弦信号。如果在可能涉及的频率范围内，测量出系统或元件在足够多的频率点上的幅值比和相位移，那么由实验测得的数据可画出系统或元件的伯德图，进而获得系统的传递函数。

对于最小相位系统，由于其对数幅频特性和对数相频特性有确定的对应性，所以只要获得对数幅频特性就可求得系统的传递函数。具体方法如下：

(1) 根据被测系统伯德图的对数幅频特性曲线，用斜率为 0 dB/dec、±20 dB/dec 和±40 dB/dec的直线逼近实验曲线，获得系统或元件的对数幅频特性曲线的渐近线。

(2) 根据渐近线低频段的斜率确定系统或元件包含积分环节（或微分环节）的个数。

(3) 从渐近线低频段开始，随着频率的增加，每遇转折频率，依据渐近线斜率的变化，写出对应的环节。如果实验所得对数幅频特性在 $\omega=\omega_1$ 时，由-20 dB/dec 变化到-40 dB/dec，即斜率变化了-20 dB/dec，那么传递函数中应包含一个 $1/[1+\mathrm{j}(\omega/\omega_1)]$ 的惯性环节；如果在 $\omega=\omega_2$ 处，斜率又变化了-40 dB/dec，那么在传递函数中必含有振荡环节 $\dfrac{1}{1+2\zeta(\mathrm{j}\omega/\omega_2)+(\mathrm{j}\omega/\omega_2)^2}$。振荡环节的无阻尼固有频率就等于转折频率 ω_2，其阻尼比 ζ 可通过测量实验所得对数幅频特性在转折频率 ω_2 附近的谐振峰值，并与图 5.13 所示曲线比较后确定。

(4) 当传递函数中的各个环节确定以后，由对数幅频特性渐近线低频段或其延长线确定增益。由于 ω 趋于零时，

$$\left[1+\mathrm{j}\left(\frac{\omega}{\omega_1}\right)\right]^{\pm1} \text{和} \left[1+2\zeta\left(\mathrm{j}\frac{\omega}{\omega_2}\right)+\left(\mathrm{j}\frac{\omega}{\omega_2}\right)^2\right]^{\pm1}$$

趋近于 1。所以频率特性可以写成

$$\lim_{\omega\to0}G(\mathrm{j}\omega)=\frac{K}{(\mathrm{j}\omega)^{\nu}}$$

在实际工程系统中 ν 等于 0、1 或 2。

对于 0 型系统，由 $20\lg|G(\mathrm{j}\omega)|=20\lg K$ 可知，低频渐近线是一条 20lg K 分贝的水平线，故 K 值可由该水平渐近线求得。

对于 I 型系统，由 $20\lg|G(\mathrm{j}\omega)|=20\lg K-20\lg\omega$ 可知，低频渐近线的斜率为-20 dB/dec。低

频渐近线（或它的延长线）与 0 dB 直线交点处的频率在数值上等于 K。

对于Ⅱ型系统，由 $20\lg|G(\mathrm{j}\omega)|=20\lg K-40\lg\omega$ 可知，低频渐近线的斜率为-40 dB/dec。当 $20\lg|G(\mathrm{j}\omega)|=0$ 时，$\omega=\sqrt{K}$。因此，渐近线（或它的延长线）与 0 dB 直线相交处的频率在数值上等于$\sqrt{K}$。

图 5.27 所示为 0 型、Ⅰ型、Ⅱ型系统的对数幅频特性曲线，同时也表示了频率与增益 K 的关系。

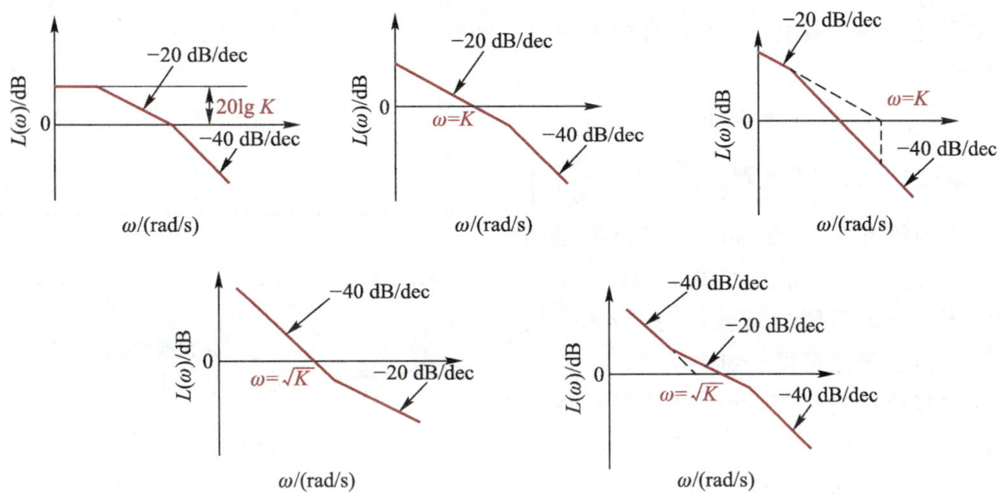

图 5.27 0 型、Ⅰ型和Ⅱ型系统的对数幅频特性曲线

（5）根据上述结果可初步写出系统或元件的传递函数。按照该传递函数可获得相应的对数相频特性曲线。对于最小相位系统，实验所得的相频特性曲线应与用上述方法确定的传递函数所画出的相频特性曲线在一定程度上相符，且在很低和很高的频率范围上，应当严格相符。如果实验所得的相角在高频时不等于$-90°\times(n-m)$，其中 n、m 分别表示传递函数分母和分子的阶次，那么系统必定是一个非最小相位系统。根据实验所得对数幅频特性渐近线和对数相频特性曲线，可估算非最小相位的传递函数。

频率特性实验时应注意以下问题：

（1）在做频率特性实验时，必须采用合适的正弦信号发生器。它可以是机械、电气、液压和气动的形式。对于时间常数比较大的系统，做实验时所取的频率范围可为 0.001～1 000 Hz。正弦信号必须没有谐波和波形畸变。

（2）必须合理地选择正弦信号的幅值。由于物理系统具有某些非线性因素，如果输入信号幅值太大，就要引起系统饱和，得不到频率特性精确的结果，如果输入信号太小，也会因死区引起误差。因此，必须合理选择输入正弦信号幅值的大小。为了保证输入波形确实是正弦波，并使系统工作在线性段上，要求在测试过程中对系统的输出波形进行监测。

（3）用以测量系统输出的测量装置必须有足够的频宽，在其工作范围内应该具有接近平直的幅频特性。

例 5.6 试确定具有图 5.28 所示实验频率特性曲线的系统传递函数。

解 首先，以±20 dB/dec 及其倍数的线段来逼近实验获得的对数幅频特性以获得对数幅频特性曲线的渐近线，如图5.28所示。

然后找出相应的转折频率 $\omega_1=1,\omega_2=2,\omega_3=8$。根据系统对数幅频特性曲线渐近线在各转折频率处的斜率变化，获得具有如下形式的频率特性：

$$G(\mathrm{j}\omega)=\frac{K(1+0.5\mathrm{j}\omega)}{(\mathrm{j}\omega)(1+\mathrm{j}\omega)\left[1+2\zeta\left(\mathrm{j}\dfrac{\omega}{8}\right)+\left(\mathrm{j}\dfrac{\omega}{8}\right)^2\right]}$$

阻尼比 ζ 可由接近于 $\omega=6$ rad/s 处的谐振峰值来求得。参照图 5.14，得到 $\zeta=0.5$。增益 K 在数值上等于低频渐近线的延长线与 0 dB 线交点处的频率值。于是可得$K=10$。

依据初步确定的频率特性，可获得对数相频特性曲线，如图 5.28 所示。由图可以看出，由初步确定的频率特性画出的对数相频特性和实验测得的相频特性是一致的，说明该系统是最小相位系统。

因此，系统的传递函数为

$$G(s)=\frac{320(s+2)}{s(s+1)(s^2+8s+64)}$$

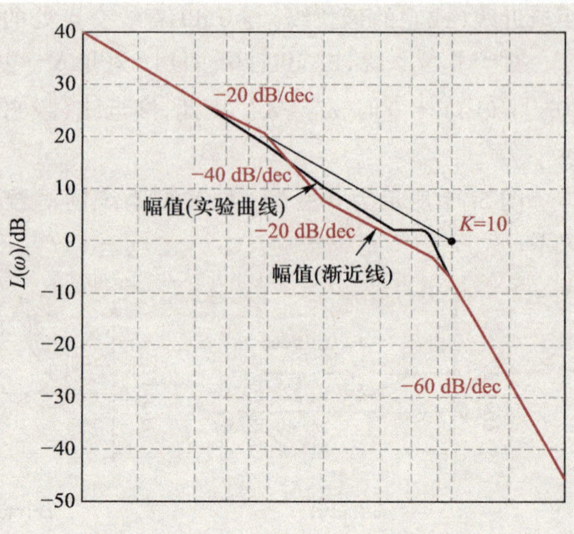

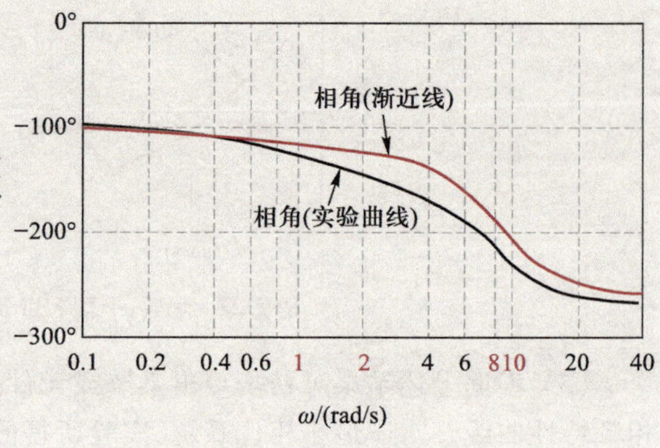

图 5.28 系统的伯德图

5.4 频域稳定性判据

5.4.1 奈奎斯特稳定判据

第 3 章已经得到闭环系统稳定的充分必要条件，即所有的闭环极点位于[s]平面的左半平面或者说特征方程的根都必须具有负实部。奈奎斯特稳定判据仍是根据系统稳定的充分必要条件导出的一种方法。奈奎斯特稳定性判据的特点是根据系统开环频率特性来判断闭环系统的稳定性，也称频域法判据，简称奈氏判据。应用奈奎斯特判据不必求解闭环特征根，同时还可以得知系统的相对稳定性以及改善系统的稳定性的途径。因此该判据在控制工程中得到广泛应用。

1. 幅角定理

奈奎斯特稳定判据是以复变函数中的幅角定理为基础的。下面介绍幅角定理的基本内容。

设 $F(s)$函数为 s 多项式的分式，它在[s]平面上（除有限个奇点外）为单值的连续正则函数。并设[s]平面上解析点 s 映射到[$F(s)$]平面上为点 $F(s)$，或为从原点指向此映射点的向量

$F(s)$。若在$[s]$平面上任意选定一条封闭曲线 L_s，只要此曲线不经过 $F(s)$ 的奇点，就可将$[s]$平面的封闭曲线 L_s 映射到$[F(s)]$平面上，其结果也是一条封闭曲线，记为 L_F。在$[s]$平面上，当解析点 s 顺时针方向沿 L_s 变化一周时，在$[F(s)]$平面上对应映射点的轨迹 $F(s)$ 则顺时针包围原点 $N(N=Z-P)$ 次，即向量 $F(s)$ 以原点为中心顺时针旋转 N 周。其中，Z 为包围于 L_s 内的 $F(s)$ 函数的零点数；P 为包围于 L_s 内的 $F(s)$ 函数的极点数。

幅角定理有严格的数学证明。这里只作一些简单说明。

将 $F(s)$ 写成如下 s 多项式的分式形式

$$F(s)=\frac{K(s-z_1)(s-z_2)\cdots(s-z_m)}{(s-p_1)(s-p_2)\cdots(s-p_n)}=|F(s)|e^{j\angle F(s)} \tag{5.66}$$

式中

$$|F(s)|=K\frac{\prod_{j=1}^{m}|s-z_j|}{\prod_{i=1}^{n}|s-p_i|} \tag{5.67}$$

$$\angle F(s)=\sum_{j=1}^{m}\angle(s-z_j)-\sum_{i=1}^{n}\angle(s-p_i) \tag{5.68}$$

如图 5.29 所示，在 L_s 上选择点 A，使 s 从这点开始沿 L_s 移动，绕 z_j 顺时针旋转一圈，此时，所有位于封闭曲线 L_s 域外的零、极点指向变点 s 的向量转过的角度净变化均为零；而位于封闭曲线 L_s 域内的零、极点指向变点 s 的向量转过-2π（这里定义逆时针旋转的角度为正，顺时针旋转的角度为负）。

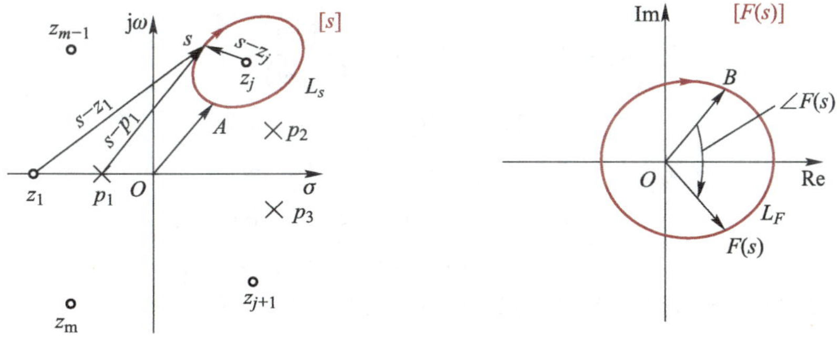

图 5.29 幅角定理说明图

当 s 这样变化时，在$[F(s)]$平面上 $F(s)$ 也相应的发生变化，它是从点 B 出发沿 L_F 顺时针回到点 B 的封闭曲线。这个变化造成了向量 $F(s)$ 的相位角 $\angle F(s)$ 的变化。如果$[s]$平面上 L_s 只包围 $F(s)$ 的一个零点 z_j，不包围极点和其他零点，则根据式(5.68)可知，当 s 从点 A 开始沿 L_s 绕 z_j 顺时针旋转一圈时，除了 $\angle(s-z_j)$ 等于-2π 之外，$\angle(s-z_1)$、$\angle(s-z_2)$、…、$\angle(s-z_m)$、$\angle(s-p_1)$、$\angle(s-p_2)$、…、$\angle(s-p_n)$ 的值均分别为零，所以

$$\angle F(s)=\angle(s-z_j)=-2\pi \tag{5.69}$$

式(5.69)表示，$[F(s)]$平面上的轨迹 L_F 从点 B 开始，绕着原点顺时针旋转了一圈。同样，当 s 从$[s]$平面上的点 A 开始，绕着 $F(s)$ 的一个极点 $p_i(i=1,2,\cdots,n)$ 顺时针转一圈（即此圈内只含有极点 p_i 而不含有零点和其他极点）时，由式(5.68)知，$[F(s)]$平面上的对应轨迹绕原点逆

时针旋转了一圈。因此，若 L_s 包围的是 $F(s)$ 的 Z 个零点和 P 个极点时，则根据式(5.68)有

$$\angle F(s) = -2\pi(Z-P) = -2\pi N \tag{5.70}$$

即映射到$[F(s)]$平面上的对应轨迹 L_F 将顺时针包围原点 $N=(Z-P)$圈。$N>0$ 表示 L_F 顺时针包围原点；$N<0$ 表示 L_F 逆时针包围原点；$N=0$ 表示 L_F 不包围原点。

需要指出的是，应用幅角定理只能确定包围于 L_s 内函数 $F(s)$ 的零点数 Z 与其极点数 P 之间的差值 $Z-P$，即确定 N，并且 N 与 L_s 的形状无关。

2. 基于开环频率特性的线性系统奈奎斯特稳定分析

(1) 系统开环和闭环的特征方程式

闭环系统开环传递函数可写为

$$G(s) = \frac{b_0 s^m + b_1 s^{m-1} + \cdots + b_{m-1}s + b_m}{a_0 s^n + a_1 s^{n-1} + \cdots + a_{n-1}s + a_n} = \frac{M_k(s)}{D_k(s)} \tag{5.71}$$

式中，$s=\sigma+j\omega$，令 $\sigma=0$，即以频率特性表示式(5.71)

$$G(j\omega) = \frac{M_k(j\omega)}{D_k(j\omega)} \tag{5.72}$$

具有单位反馈的闭环系统频率特性为

$$\Phi(j\omega) = \frac{G(j\omega)}{1+G(j\omega)} = \frac{M_k(j\omega)}{D_k(j\omega)+M_k(j\omega)} = \frac{M_k(j\omega)}{D_b(j\omega)} \tag{5.73}$$

式中，$M_k(j\omega)$和 $D_k(j\omega)$分别为开环传递函数中分子和分母的 $j\omega$ 多项式，$D_k(j\omega)$阶数比$M_k(j\omega)$的阶数高，因而 $D_b(j\omega)$和 $D_k(j\omega)$是同次幂。

令

$$\begin{aligned} F(j\omega) &= 1 + G(j\omega) = 1 + \frac{M_k(j\omega)}{D_k(j\omega)} \\ &= \frac{D_k(j\omega)+M_k(j\omega)}{D_k(j\omega)} = \frac{D_b(j\omega)}{D_k(j\omega)} \\ &= \frac{K(j\omega - z_1)(j\omega - z_2)\cdots(j\omega - z_n)}{(j\omega - p_1)(j\omega - p_2)\cdots(j\omega - p_n)} \end{aligned} \tag{5.74}$$

对于具有非单位反馈的闭环系统，可以得到与式(5.74)相同的表达形式。

(2) 奈奎斯特稳定性判据

为了分析线性控制系统的稳定性，令$[s]$平面上的封闭曲线 L_s 包围$[s]$平面的全部右半平面。这时封闭曲线 L_s 由整个 $j\omega$ 轴(从 $\omega=-\infty$ 到 $\omega=+\infty$)和右半平面上半径为无穷大的半圆轨迹构成，并且封闭曲线 L_s 的方向为顺时针方向。因为封闭曲线 L_s 包围$[s]$平面的全部右半平面，所以它包围了 $F(j\omega)=1+G(j\omega)$的所有具有正实部的零点和极点。下面分三种情况来讨论

1) 开环稳定情况

如果系统开环是稳定的，那么，系统开环特征方程

$$D_k(j\omega) = 0 \tag{5.75}$$

的根全部具有负实部。则 $F(j\omega)=1+G(j\omega)$具有正实部的极点数为零，即

$$P = 0 \tag{5.76}$$

由式(5.70)可知，

$$\angle F(\mathrm{j}\omega) = -2\pi(Z - P) = -2\pi N = -2\pi Z \tag{5.77}$$

由式(5.74)可知，$F(\mathrm{j}\omega)=1+G(\mathrm{j}\omega)$的零点即为闭环系统的极点。根据系统稳定的充分必要条件，当且仅当$Z=0$，即$F(\mathrm{j}\omega)=1+G(\mathrm{j}\omega)$在复平面的右半部分无零点时，闭环系统的特征根全部位于左半平面时，闭环系统稳定。由式(5.77)可知，

$$\angle F(\mathrm{j}\omega) = -2\pi(Z - P) = -2\pi N = -2\pi Z = 0 \tag{5.78}$$

$$N = 0 \tag{5.79}$$

因此，当频率ω从$-\infty$变到$+\infty$时，若系统开环是稳定的，闭环系统也要稳定，就要求$F(\mathrm{j}\omega)=1+G(\mathrm{j}\omega)$的幅角变化等于零，即$F(\mathrm{j}\omega)=1+G(\mathrm{j}\omega)$轨迹不包围$[F(s)]$平面原点时，向量$[1+G(\mathrm{j}\omega)]$所绕过的角度才等于0。

而$F(\mathrm{j}\omega)=1+G(\mathrm{j}\omega)$的轨迹曲线很容易变成$G(\mathrm{j}\omega)$的轨迹，即奈奎斯特轨迹。$G(\mathrm{j}\omega)$和$F(\mathrm{j}\omega)=1+G(\mathrm{j}\omega)$是同一曲线，不过向左移了一个单位值，即

$$G(\mathrm{j}\omega) = F(\mathrm{j}\omega) - 1 \tag{5.80}$$

如果奈奎斯特曲线$G(\mathrm{j}\omega)$不包围$(-1,\mathrm{j}0)$这一点，则$[1+G(\mathrm{j}\omega)]$的幅角变化等于零。因为当频率ω从$-\infty$到$+\infty$时，系统开环奈奎斯特图对实轴是镜像对称的，所以，ω从$-\infty$到0与0到$+\infty$的系统开环奈奎斯特曲线对实轴对称。因而一般只需绘出ω从0到$+\infty$的系统开环奈奎斯特曲线即可判别闭环系统的稳定性。

奈奎斯特稳定判据可简述如下：若系统在开环状态下是稳定的，则系统在闭环状态下稳定的充分和必要条件是它的开环幅相频率特性曲线$G(\mathrm{j}\omega)$不包围复平面的$(-1,\mathrm{j}0)$点。

这里应该指出的是，对于最小相位系统和能用实验方法求出开环频率特性的系统，其系统开环都是稳定的。

2）开环不稳定的情况

上面讨论的是开环稳定的（即系统开环特征方程式在$[s]$平面虚轴右边没有根）情况。现在讨论系统开环不稳定的情况。

设系统开环是不稳定的，且知道系统开环的特征方程式$D_k(\mathrm{j}\omega)=0$中有q个根在$[s]$平面虚轴的右边，即

$$P = q \tag{5.81}$$

于是，当ω从$-\infty$变到$+\infty$时，由式(5.70)和式(5.81)可知，

$$\angle F(\mathrm{j}\omega) = -2\pi(Z - P) = -2\pi N = -2\pi(Z - q) \tag{5.82}$$

根据系统稳定的充分必要条件，当且仅当$Z=0$，即$F(\mathrm{j}\omega)=1+G(\mathrm{j}\omega)$在复平面的右半部分无零点，闭环系统的特征根全部位于左半平面时，闭环系统稳定。所以

$$\angle F(\mathrm{j}\omega) = -2\pi N = 2\pi q \tag{5.83}$$

由式(5.70)和式(5.83)可以得出奈奎斯特稳定判据普遍情况的结论：如果系统开环特征方程式有q个根在$[s]$平面虚轴右边（简称为q个右根），那么，当ω从$-\infty$变到$+\infty$时，系统开环频率特性曲线$G(\mathrm{j}\omega)$在正方向（逆时针方向）包围$(-1,\mathrm{j}0)$点q次，闭环系统就是稳定的。反之，闭环系统就不稳定。

考虑到奈奎斯特图关于实轴的对称性，奈奎斯特稳定判据也可以表述如下：如果系统开环特征方程式有q个根在$[s]$平面虚轴右边，那么，当ω从0变到$+\infty$时，系统开环频率特性曲线

$G(\mathrm{j}\omega)$在正方向包围$(-1,\mathrm{j}0)$点$\frac{q}{2}$次,闭环系统就是稳定的。反之,闭环系统就不稳定。

3) 开环传递函数含有零根的处理方法

下面讨论如果系统开环传递函数中含有积分环节,如何处理系统开环的特征方程式$D_k(\mathrm{j}\omega)=0$所含有的零根。

由前述内容可知,频率特性是自变量在虚轴上变化的传递函数。若系统开环的特征方程式$D_k(\mathrm{j}\omega)=0$含有零根,则$[s]$平面的原点是$F(s)$的奇点。当$[s]$平面上的封闭曲线L_s向$[F(s)]$映射时,为了避免L_s经过该奇点,用一个半径无穷小、位于$[s]$右半平面的半圆将$[s]$平面的原点绕过,如图5.30所示。由于绕行半径为无限小,所有不在原点上的右极点和右零点仍能被包围在封闭曲线L_s之内。这样,奈氏判据仍可以用于判断系统开环含有积分环节时闭环系统的稳定性。

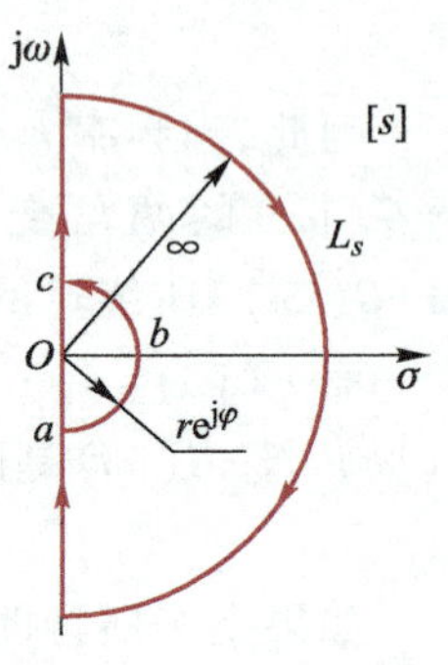

图 5.30 $[s]$平面上避开原点的封闭曲线

由于积分环节在$\omega=0$时的相角为$-90°$,幅值为∞,这将使含有积分环节的开环奈奎斯特图在$\omega=0$时的起点不是实轴上的一个定值点,而是沿某一个坐标轴趋于∞。

图5.31、图5.32和图5.33分别为$D_k(\mathrm{j}\omega)=0$中含有一次零根、二次零根和三次零根时,$G(\mathrm{j}\omega)$曲线的一般形状。由图可知,当ω从$-\infty\to0\to+\infty$时,很难说明$G(\mathrm{j}\omega)$曲线是否包围$(-1,\mathrm{j}0)$点。为此,可以作辅助线以识别$G(\mathrm{j}\omega)$曲线包围$(-1,\mathrm{j}0)$点的情况。辅助曲线是这样做的:以无穷大为半径,从$G(\mathrm{j}\omega)$曲线的起始端沿逆时针方向绕过$\nu\times90°$作圆与实轴相交。这个圆周就是辅助曲线,如图5.31、图5.32和图5.33中的虚线所示。ν是开环传递函数中积分环节的个数。

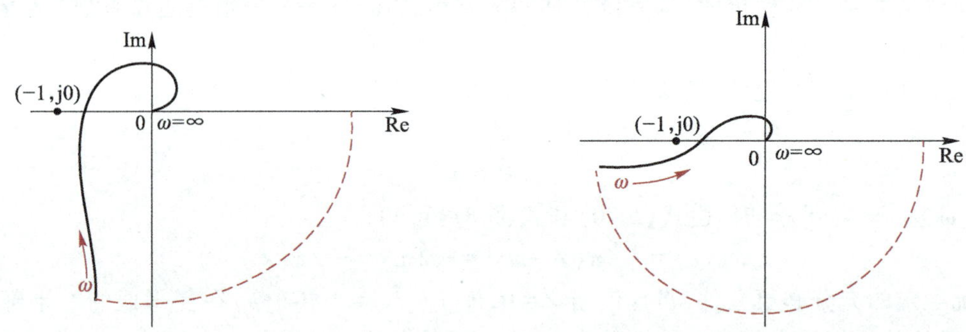

图 5.31 含有一个积分环节的系统开环奈奎斯特图　图 5.32 含有二个积分环节的系统开环奈奎斯特图

下面简要说明辅助线的获得。在复平面的虚轴上,当ω很小时,可以用半径为r的圆弧来代替,如图5.34所示。这段圆弧的数学方程式是$re^{\mathrm{j}\varphi}$,其中当$r\to0$时,φ从0变到$\pi/2$。于是这类具有零根的系统开环频率特性,可以写成:

$$G(\mathrm{j}\omega)=\frac{M_k(\mathrm{j}\omega)}{(\mathrm{j}\omega)^{\nu}D_{k\nu}(\mathrm{j}\omega)} \tag{5.84}$$

式中,ν是零根次数(即积分环节的个数)。在ω相当大时,还是用ω值;当ω接近于零时,应用替换值$re^{\mathrm{j}\varphi}$代入,则

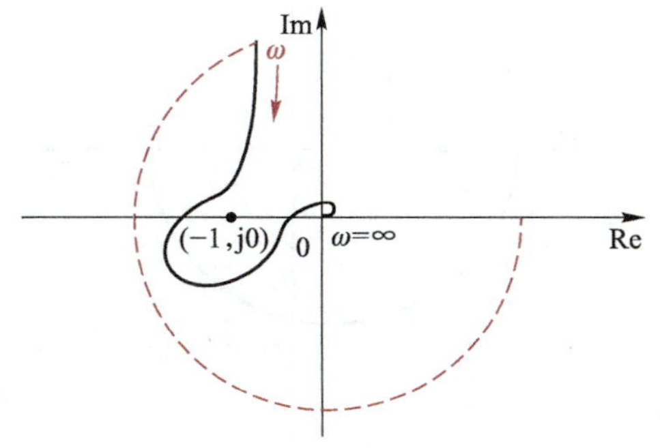

图 5.33　含有三个积分环节的系统开环奈奎斯特图

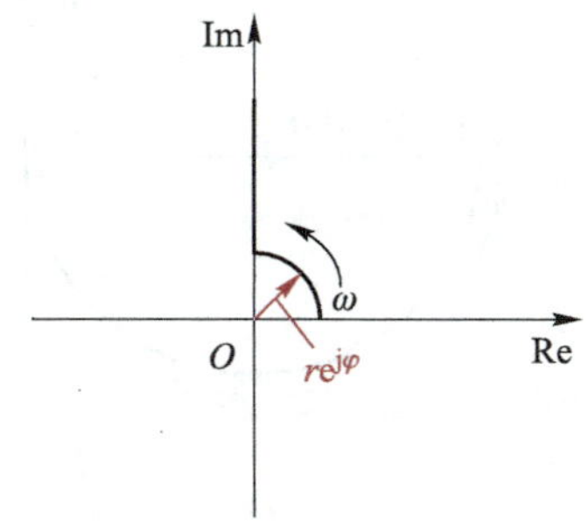

图 5.34　零点以无穷小半径圆弧代替

$$G(j\omega)=\frac{M_k(0)}{r^{\nu}D_{k\nu}(0)}e^{-j\nu\varphi} \tag{5.85}$$

这时，向量 $G(j\omega)$ 的幅值是无穷大；幅角为 $-\frac{\nu\pi}{2}\left(从 0 变到-\frac{\nu\pi}{2}\right)$。因此，一般习惯上把系统开环的零根作左根处理。

4）奈奎斯特图中的“穿越”概念

当开环奈奎斯特曲线逆时针方向包围(-1,j0)点转动的周数比较多时，如图 5.35 所示，可引入“穿越”概念。频率特性曲线 $G(j\omega)$ 穿过(-1,j0)点左边的实轴时，称为“穿越”。若 ω 增大

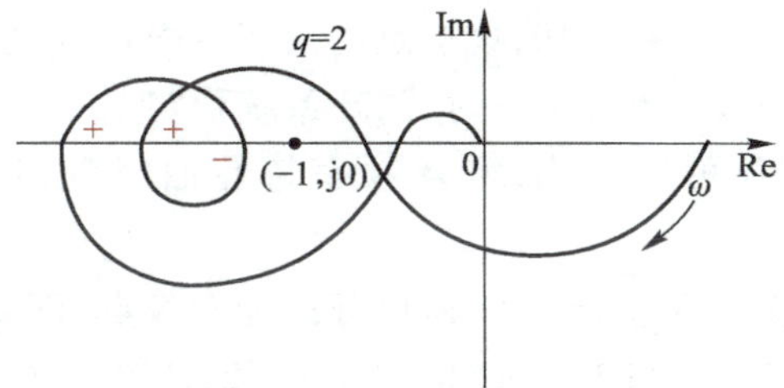

图 5.35　复杂的幅相频率特性曲线

时，奈奎斯特曲线由上而下穿过-1→-∞ 实轴（相角增大）时称“正穿越”；奈奎斯特曲线由下而上穿过时（相角减小）称“负穿越”。穿过(-1,j0)点以左的实轴一次，则穿越次数为 1。若曲线始于或止于(-1,j0)点以左实轴上，则穿越次数为$\frac{1}{2}$，如图 5.36 所示。

这样，奈奎斯特稳定判据可表述成：当 ω 从 0 变到 $+\infty$ 时，开环幅相频率特性 $G(j\omega)$ 在(-1,j0)点以左实轴上的正负穿越次数之差等于$\frac{q}{2}$（其中 q 是系统开环右极点数），那么闭环系统是稳定的。否则闭环系统不稳定。

应用这个判据可知图 5.35 所示的闭环系统是稳定的。图 5.36a 所示的系统，虽然开环不稳定，但闭环系统是稳定的。图 5.36b 所示的系统，虽然开环是稳定的，但闭环系统不稳定。

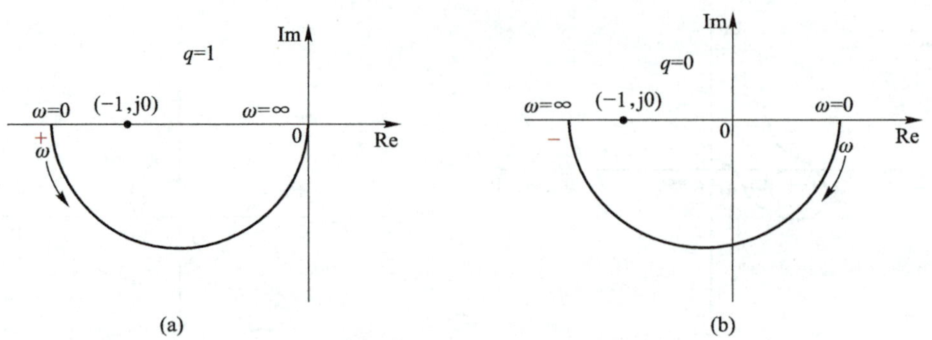

图 5.36　奈奎斯特曲线始于或止于(−1,j0)点以左实轴上的穿越次数

例 5.7　单位负反馈系统的开环传递函数为

$$G(s)=\frac{K}{s+10} \tag{5.86}$$

试用奈奎斯特稳定判据判断 $K=40$ 和 $K=-40$ 情况下闭环系统的稳定性。

解　首先写出开环频率特性 $G(\mathrm{j}\omega)=\dfrac{K}{\mathrm{j}\omega+10}$

然后作出 $K=40$ 和 $K=-40$ 时的开环奈奎斯特图，如图 5.37a 和 5.37b 所示。

当 $K=40$ 时，由图 5.37a 可以看出，开环频率特性曲线不包围(−1,j0)点，所以，$N=0$。

由式(5.86)可知，开环极点为 $s=-10$，该极点为负实数极点，所以开环无右极点，即 $q=0$。

根据奈奎斯特稳定判据可知，当 $K=40$ 时，闭环系统稳定。

当 $K=-40$ 时，由图 5.37b 可以看出，开环频率特性曲线顺时针包围(−1,j0)点半周，所以，$N=-1/2$。

由式(5.86)可知，开环极点仍为 $s=-10$，所以开环无右极点，即 $q=0$。

根据奈奎斯特稳定判据可知，当 $K=-40$ 时，$N\neq -q/2$，闭环系统不稳定。

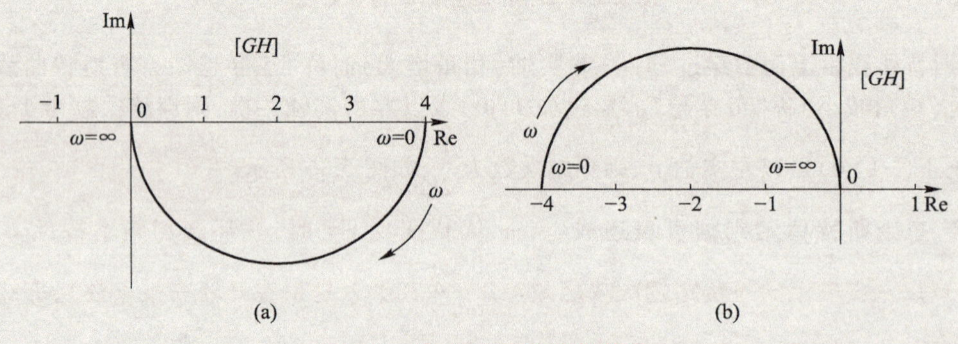

图 5.37　例 5.7 开环奈奎斯特图

例 5.8　Ⅱ型系统开环传递函数分别为

(1)
$$G(s)=\frac{10}{s^2(0.15s+1)} \tag{5.87a}$$

（2）

$$G(s)=\frac{10(2.5s+1)}{s^2(0.15s+1)} \tag{5.87b}$$

试判断闭环系统的稳定性。

解 作出开环奈奎斯特图，如图 5.38a 和 5.38b 所示。由于开环传递函数中含有积分环节，需作辅助线，如图所示。由式(5.87)可知，开环传递函数右极点数为 0，即 $q=0$。

由图 5.38a 可知 $N=-1$。由图 5.38b 可知 $N=0$。根据奈奎斯特稳定判据可知，式(5.87a)所示系统闭环不稳定，而式(5.87b)所示系统闭环稳定。

比较式(5.87a)和式(5.87b)可知，二者相差一个一阶微分环节。本例题也说明，通过串联一阶微分环节，有可能使Ⅱ型系统由不稳定变得稳定。

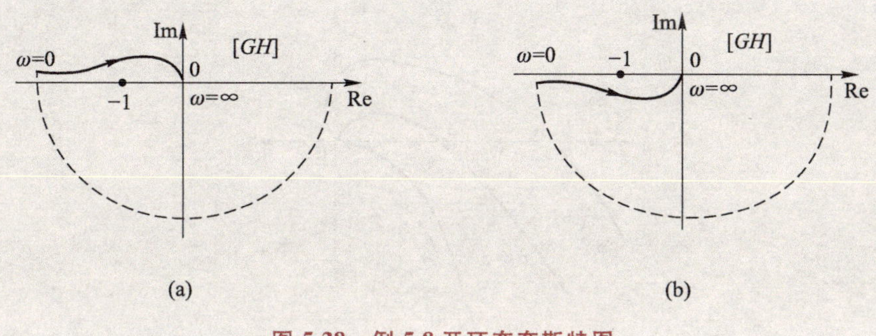

图 5.38 例 5.8 开环奈奎斯特图

3. 滞后系统的奈奎斯特稳定性分析

开环传递函数含有一个延迟环节时，仍然可以采用奈奎斯特稳定判据判断闭环系统稳定性。

图 5.39 所示为具有延迟环节的系统框图，其中 $G_1(s)$ 是除延迟环节之外的开环传递函数。此时整个系统的开环传递函数为

$$G(s)=G_1(s)\mathrm{e}^{-\tau s} \tag{5.88}$$

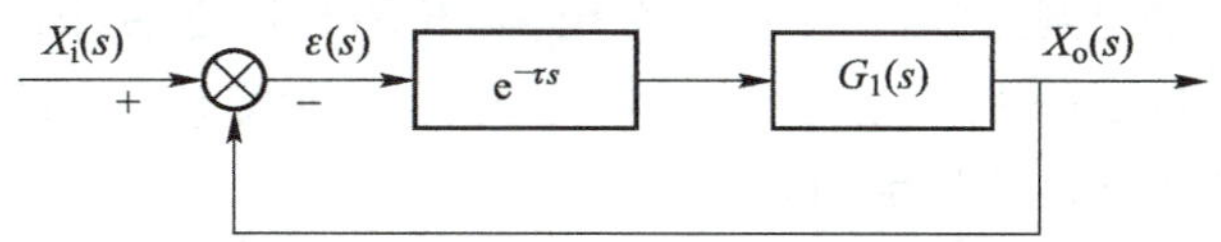

图 5.39 具有延迟环节的系统框图

其开环频率特性、幅频特性和相频特性分别为

$$G(\mathrm{j}\omega)=G_1(\mathrm{j}\omega)\mathrm{e}^{-\mathrm{j}\tau\omega} \tag{5.89}$$

$$|G(\mathrm{j}\omega)|=|G_1(\mathrm{j}\omega)| \tag{5.90}$$

$$\angle G(\mathrm{j}\omega)=\angle G_1(\mathrm{j}\omega)-\tau\omega \tag{5.91}$$

由此可知，延迟环节不改变原系统的幅频特性，而仅使相频特性发生变化。

例 5.9 在图 5.39 所示系统中，设

$$G_1(s)=\frac{1}{s(s+1)} \tag{5.92}$$

试分析闭环系统的稳定性。

解 系统的开环频率特性为

$$G(\mathrm{j}\omega)=\frac{1}{\mathrm{j}\omega(\mathrm{j}\omega+1)}\mathrm{e}^{-\mathrm{j}\tau\omega} \tag{5.93}$$

当 τ 取不同值时，即 $\tau=0,\tau=0.5,\tau=1$，其开环频率特性曲线如图 5.40 所示。由图 5.40 可知，当 $\tau=0$，即系统无延迟环节时，奈奎斯特曲线的相位不超过 $-180°$。随着 τ 值增加，相位滞后也增加，奈奎斯特曲线向左上方偏转，由第三象限进入第二象限和第一象限。当 τ 值增加到使奈奎斯特曲线包围$(-1,\mathrm{j}0)$点时，闭环系统不稳定。所以，系统串联延迟环节对系统稳定性是不利的。虽然，一般情况下一阶系统或二阶系统总是稳定的，但若存在延迟环节，系统也可能变为不稳定。

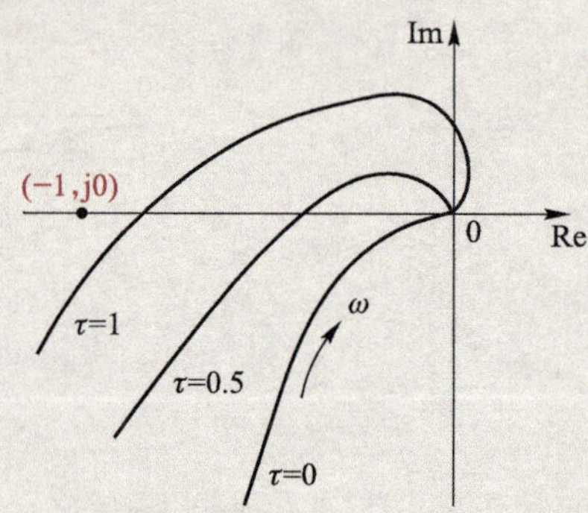

图 5.40 例 5.9 具有延迟环节的开环奈奎斯特图

5.4.2 对数频率特性的稳定性判据

对数频率特性的稳定性判据，实质上是奈奎斯特稳定判据的另一种形式，就是利用系统开环伯德图来判别闭环系统的稳定性。

1. 对数频率特性稳定判据的原理

根据上节奈奎斯特稳定判据，若一个控制系统，其开环是稳定的，闭环系统稳定的充分必要条件是奈奎斯特曲线不包围$(-1,\mathrm{j}0)$点。图 5.41 中的特性曲线 1 对应的闭环系统是稳定的，而特性曲线 2 对应的闭环系统是不稳定的。

如果奈奎斯特曲线与单位圆相交的一点频率为 ω_c，而与实轴相交的一点频率为 ω_g，这样当幅值 $A(\omega)\geqslant 1$ 时（在单位圆上或在单位圆外）就相当于

$$20\lg A(\omega)\geqslant 0$$

当幅值 $A(\omega)<1$ 时（在单位圆内）就相当于

$$20\lg A(\omega)<0$$

所以，对应图 5.41 特性曲线 1（闭环系统是稳定的），在 ω_c 点处

$$L(\omega_c)=20\lg A(\omega_c)=0$$

$$\varphi(\omega_c)>-\pi$$

而在 ω_g 点处

$$L(\omega_g)=20\lg A(\omega_g)<0$$

$$\varphi(\omega_g)=-\pi$$

这样把图 5.41 转变成用对数表示时，可以看出：图 5.41 上的单位圆相当于对数幅频特性的 0 dB 线，而 ω_g 点处相当于对数相频特性的 $-180°$线，如图 5.42 所示。

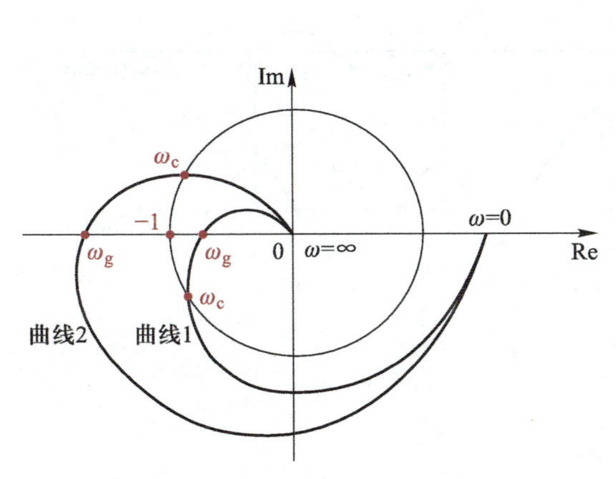

图 5.41　表示稳定性的奈奎斯特图

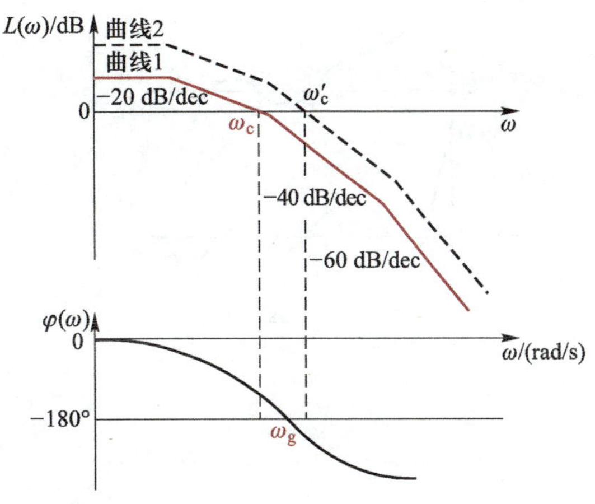

图 5.42　与图 5.41 对应的伯德图

因此，开环奈奎斯特曲线与$(-1,j0)$点以左实轴的穿越就相当于 $L(\omega)\geqslant 0$ 的所有频率范围内的对数相频特性曲线与$-180°$线的穿越点。由穿越的定义可知，当 ω 增加时相角增大为正穿越，所以，在对数相频特性图中，$L(\omega)\geqslant 0$范围内开环对数相频特性曲线由下而上穿过$-180°$线时为正穿越，反之，为负穿越。

2. 对数频率特性的稳定性判据

如果系统开环是稳定的（即 $q=0$），则在$L(\omega)\geqslant 0$ 的所有频率 ω 值下，相角 $\varphi(\omega)$不超过$-\pi$线，那么闭环系统是稳定的。

如果系统在开环状态下的特征方程式有 q 个根在$[s]$平面虚轴的右边，它在闭环状态下稳定的充分必要条件是：在所有 $L(\omega)\geqslant 0$ 的频率范围内，对数相频特性曲线 $\varphi(\omega)$在$-180°$线上的正负穿越之差为$\dfrac{q}{2}$。

例 5.10　已知系统开环特征方程的右根数 q，以及开环伯德图如图 5.43a、b、c 所示，试判断闭环系统的稳定性。

解　从图 5.43a 知正负穿越之差为 $1-2=-1\neq\dfrac{q}{2}$，因 $q=2$，所以这个系统在闭环状态下是不稳定的。

已知系统开环特征方程式有 2 个右根（即 $q=2$），从图 5.43b 知正负穿越之差为 $2-1=\dfrac{2}{2}$，所以这个系统在闭环状态下是稳定的。

在图 5.43c 中，这个系统开环特征方程式没有右根（即 $q=0$），从图知正负穿越之差为 $1-1=0$，所以这个系统在闭环状态下是稳定的。

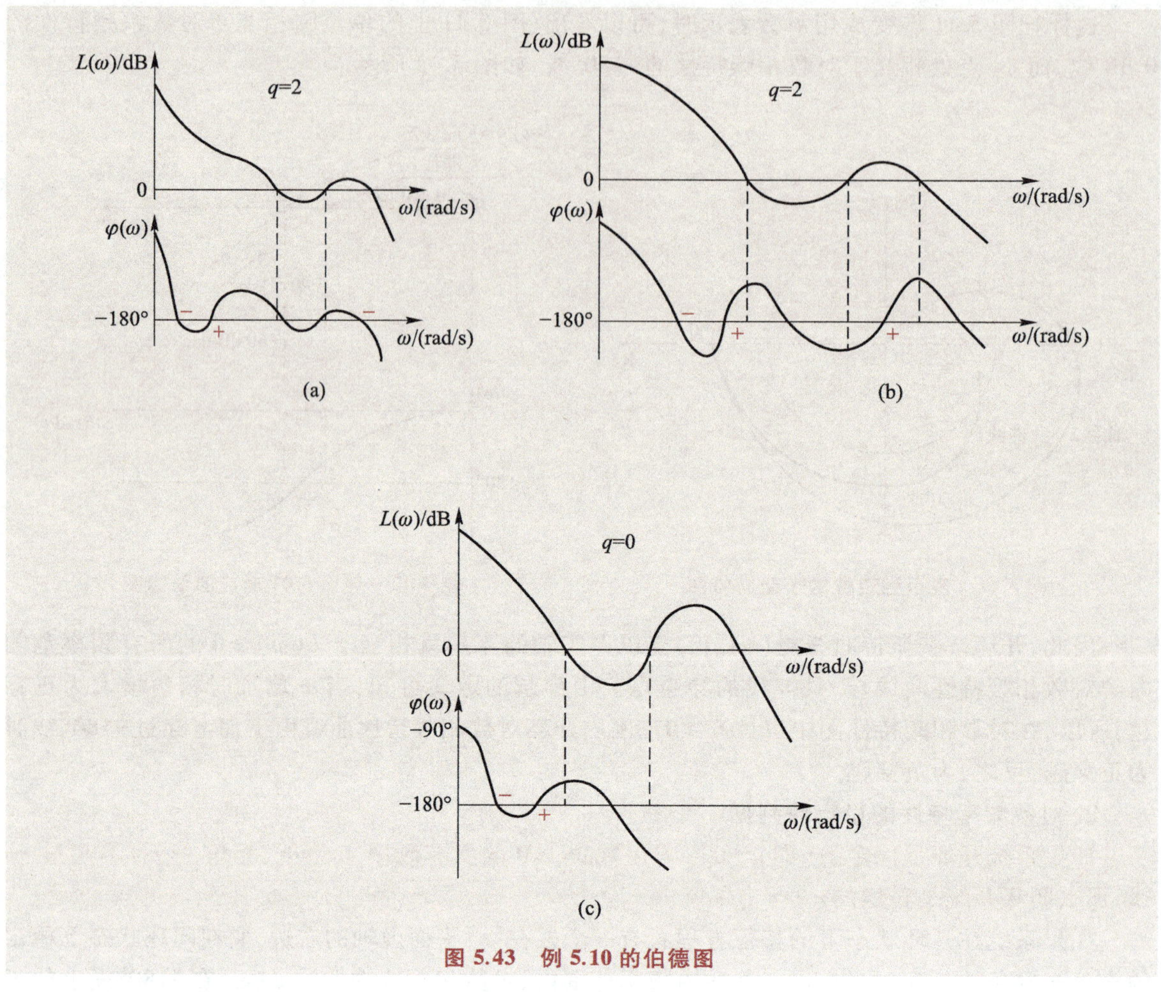

图 5.43 例 5.10 的伯德图

5.4.3 稳定性裕量

在设计控制系统时，不仅要求系统是稳定的，而且希望系统必须具备适当的稳定性裕量。

由奈奎斯特稳定判据可知，对于开环稳定的系统，根据开环系统奈奎斯特曲线对(−1，j0)点的位置不同，闭环系统的稳定性有三种情况：1）当奈奎斯特曲线不包围(−1，j0)点时，闭环系统稳定；2）当奈奎斯特曲线包围(−1，j0)点时，闭环系统不稳定；3）当奈奎斯特曲线通过(−1，j0)点时，闭环系统处于临界稳定状态。如果奈奎斯特曲线不包围(−1，j0)点，但距离此点很近时，由于工作条件变化或其他原因，使系统参数发生变化，闭环系统有可能由稳定状态变成临界稳定或不稳定状态。因此，开环频率特性曲线和(−1，j0)点的接近程度可以用来度量系统稳定裕量的大小，即表征系统的相对稳定性。频域中通常用相位裕量 $\gamma(\omega_c)$ 和幅值裕量 K_g 来表征系统的稳定程度。

1. 相位裕量 $\gamma(\omega_c)$

在奈奎斯特图中，如图 5.44 所示，奈奎斯特曲线与单位圆相交时的频率 ω_c 称为幅值穿越频率。此时

$$A(\omega_c) = |G(j\omega_c)H(j\omega_c)| = 1$$

在幅值穿越频率上，使系统达到不稳定边缘所需要的附加相位滞后量，称为相位裕量。相位裕量 $\gamma(\omega_c)$ 等于 180°加相角 $\varphi(\omega_c)$，即

$$\gamma(\omega_c) = 180° + \varphi(\omega_c) \tag{5.94}$$

式中，$\varphi(\omega_c)$ 是开环频率特性在幅值穿越频率上的相角。

在奈奎斯特图上，从原点到 $G(j\omega)$ 轨迹与单位圆的交点可以作一条直线。从负实轴到这条直线的夹角，就是相位裕量。当 $\gamma(\omega_c)>0$ 时，相位裕量为正值；当 $\gamma(\omega_c)<0°$时，相位裕量为负值。为了使最小相位系统稳定，相位裕量必须为正值。

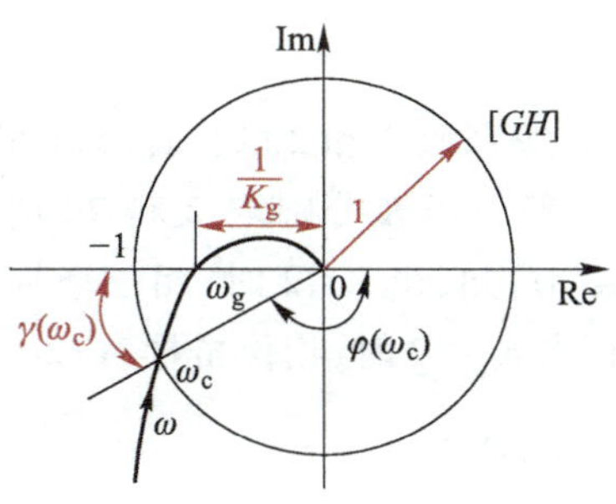

图 5.44 相位裕量和幅值裕量

2. 幅值裕量

如图 5.44 所示，奈奎斯特曲线与 $[G(j\omega)H(j\omega)]$ 平面负实轴的交点频率 ω_g，称为相位穿越频率。在相位等于−180°的频率 ω_g 上，$A(\omega_g)$ [等于 $|G(j\omega_g)H(j\omega_g)|$] 的倒数，称为幅值裕量。根据相位穿越频率，可求得幅值裕量 K_g 为

$$K_g = \frac{1}{A(\omega_g)} = \frac{1}{|G(j\omega_g)H(j\omega_g)|} \tag{5.95}$$

当 K_g 单位以 dB 表示时

$$K_g = 20\lg K_g = -20\lg A(\omega_g) \tag{5.96}$$

当幅值裕量单位以 dB 表示时，如果 K_g 大于 1，则幅值裕量为正值；当 K_g 小于 1，则幅值裕量为负值。正幅值裕量（以 dB 表示）说明系统是稳定的，负幅值裕量（以 dB 表示）说明系统是不稳定的。

3. 关于相位裕量和幅值裕量的几点说明

(1) 控制系统的相位裕量和幅值裕量，是极坐标图对(−1，j0)点靠近程度的度量。因此，这两个裕量可以用来作为设计准则。为了确定系统的相对稳定性，必须同时给出这两个量。

(2) 对于最小相位系统，只有当相位裕量和幅值裕量都是正值时，系统才是稳定的。负的裕量表示系统是不稳定的。

(3) 为了得到满意的性能，相位裕量应当在 30°和 70°之间，而幅值裕量应当大于 6 dB。对于具有这些裕量的最小相位系统，即使开环增益和元件的时间常数在一定范围内发生变化，也能保证系统的稳定性。

(4) 对于最小相位系统，开环频率特性的幅值和相位有确定的关系。要求相位裕量在 30°和 70°之间，即意味着在对数坐标图中，对数幅频特性曲线渐近线在幅值穿越频率上的斜率应大于−40 dB/dec。在大多数实际情况中，为了保证系统稳定，要求对数幅频特性曲线的渐近线幅值穿越频率上的斜率为−20 dB/dec。如果渐近线在幅值穿越频率上的斜率为−40 dB/dec，则系统可能是稳定的，也可能是不稳定的（即使系统是稳定的，相位裕量也比较小）。如果渐近线在幅值穿越频率上的斜率为−60 dB/dec，或者更陡，则系统是不稳定的。

(5) 对于非最小相位系统，除非奈奎斯特曲线不包围(−1，j0)点，否则稳定条件是不能满足的。因此，稳定的非最小相位系统将具有负的相位裕量和幅值裕量。

例 5.11 已知系统开环传递函数为

$$G(s)=\frac{K}{s(s+1)(0.2s+1)}$$

当 K 分别取 2 和 20 时，计算其相位裕量和幅值裕量，并判断闭环系统稳定性。

解 当 K 分别取 2 和 20 时，绘制系统的伯德图，分别如图 5.45a 和图 5.45b 所示。由图 5.45a可知，当 $K=2$ 时，相位裕量为 21°，幅值裕量为 8 dB。此时，闭环系统稳定。由图 5.45b 可知，当 $K=20$ 时，相位裕量为−30°，幅值裕量为−12 dB。此时，闭环系统不稳定。

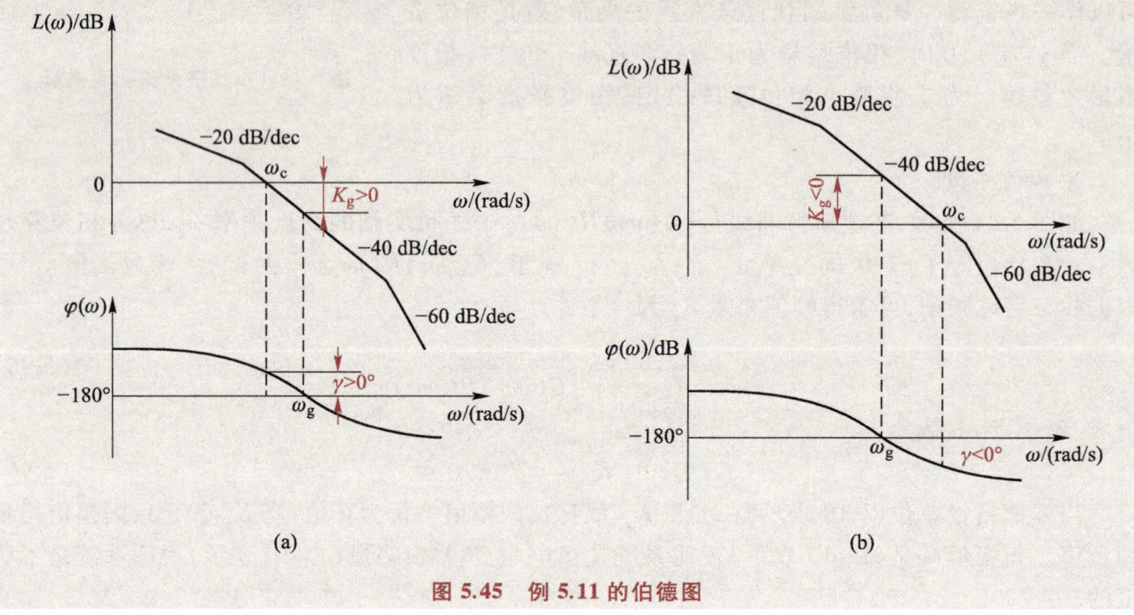

图 5.45 例 5.11 的伯德图

5.5 闭环控制系统的频率特性

前节介绍由闭环系统的开环频率特性来确定系统的闭环频率特性，这对于控制系统的设计来说是非常重要的。但有时为了精确设计和分析控制特性，需要直接应用闭环系统频率特性。求取闭环频率特性的方法一般有解析法、几何法（如等 M 圆、等 N 圆、尼科尔斯图等）和数值计算法。本节着重介绍解析法，数值计算方法在 5.8 节中介绍。

5.5.1 闭环系统频率特性的求取

1. 单位反馈系统的闭环频率特性

具有单位反馈的系统，其闭环传递函数 $\Phi(s)$ 和开环传递函数 $G(s)$ 之间有如下关系

$$\Phi(s)=\frac{X_o(s)}{X_i(s)}=\frac{G(s)}{1+G(s)} \tag{5.97}$$

在图 5.46 所示的奈奎斯特图上，向量 $\overrightarrow{OA}$ 表示 $G(j\omega_1)$，其中 ω_1 为 A 点处的频率，$\overrightarrow{OA}$ 的模为 $|G(j\omega_1)|$，$\overrightarrow{OA}$ 的相角为 $\angle G(j\omega_1)$，由（−1，j0）点到奈奎斯特轨迹的向量 $\overrightarrow{PA}$ 表示 $[1+G(j\omega_1)]$。因

此，$\overrightarrow{OA}$与$\overrightarrow{PA}$之比就表示闭环频率特性，即

$$\frac{OA}{PA}=\frac{G(\mathrm{j}\omega_1)}{1+G(\mathrm{j}\omega_1)}=\frac{X_o(\mathrm{j}\omega)}{X_i(\mathrm{j}\omega)}$$

在 $\omega=\omega_1$ 处，闭环频率特性的幅值就是$\overrightarrow{OA}$与$\overrightarrow{PA}$长度之比值，相角就是$\overrightarrow{OA}$与$\overrightarrow{PA}$的夹角，即$(\varphi-\theta)$，如图 5.46 所示。当测量出不同频率处向量的长度和相角后，就可求出闭环频率特性曲线。

如果用 $M(\omega)$表示闭环频率特性幅值，$\alpha(\omega)$表示相角，则闭环频率特性可表示为

$$\Phi(\mathrm{j}\omega)=\frac{X_o(\mathrm{j}\omega)}{X_i(\mathrm{j}\omega)}=M(\omega)\mathrm{e}^{\mathrm{j}\alpha(\omega)} \tag{5.98}$$

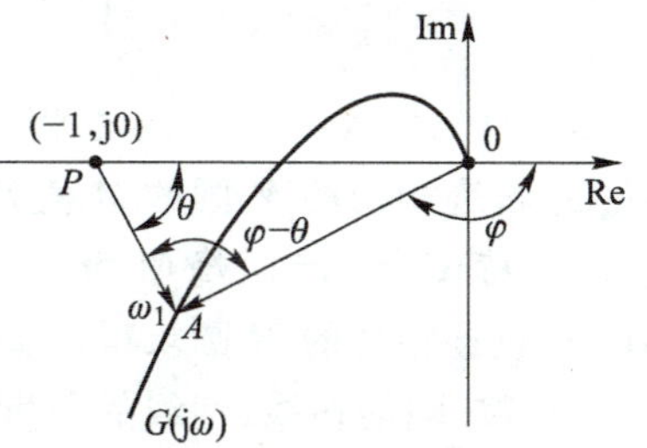

图 5.46　由开环频率特性确定闭环频率特性

2. 非单位反馈系统的闭环频率特性

对于非单位反馈的闭环控制系统，可以按下述方法求取闭环频率特性。图 5.47a 所示的系统闭环频率特性为

$$\Phi(\mathrm{j}\omega)=\frac{G(\mathrm{j}\omega)}{1+G(\mathrm{j}\omega)H(\mathrm{j}\omega)} \tag{5.99}$$

将其改写成

$$\Phi(\mathrm{j}\omega)=\frac{G(\mathrm{j}\omega)H(\mathrm{j}\omega)}{1+G(\mathrm{j}\omega)H(\mathrm{j}\omega)}\cdot\frac{1}{H(\mathrm{j}\omega)} \tag{5.100}$$

令

$$\frac{G(\mathrm{j}\omega)H(\mathrm{j}\omega)}{1+G(\mathrm{j}\omega)H(\mathrm{j}\omega)}=M_1(\omega)\mathrm{e}^{\mathrm{j}\alpha_1(\omega)} \tag{5.101}$$

$$H(\mathrm{j}\omega)=M_2(\omega)\mathrm{e}^{\mathrm{j}\alpha_2(\omega)} \tag{5.102}$$

则

$$\Phi(\mathrm{j}\omega)=\frac{G(\mathrm{j}\omega)H(\mathrm{j}\omega)}{1+G(\mathrm{j}\omega)H(\mathrm{j}\omega)}\cdot\frac{1}{H(\mathrm{j}\omega)}=M(\omega)\mathrm{e}^{\mathrm{j}\alpha(\omega)} \tag{5.103}$$

式中，$M(\omega)=M_1(\omega)/M_2(\omega)$，$\alpha(\omega)=\alpha_1(\omega)-\alpha_2(\omega)$。即把图 5.47a 所示系统变换成了图 5.47b 所示的系统。也就是说，可将系统闭环频率特性化为一个单位反馈系统的闭环频率特性乘以$1/H(\mathrm{j}\omega)$。

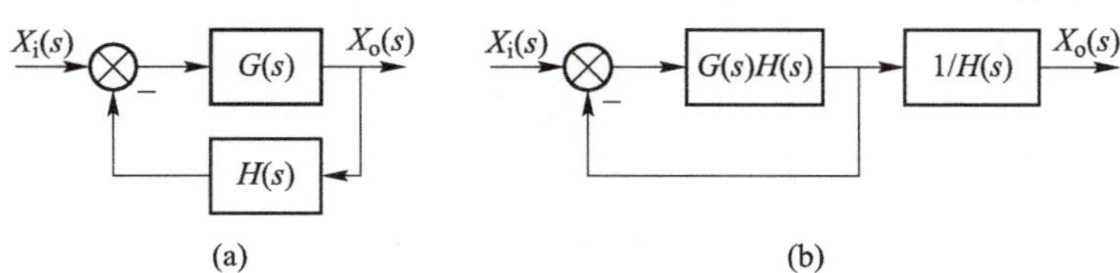

图 5.47　非单位反馈系统变换成单位反馈系统

3. 增益的调整

在系统的分析和设计中，为了获得适当的性能，通常首先考虑调整增益。增益的调整可以给定的谐振峰值为依据。

闭环系统的开环频率特性 $G(\mathrm{j}\omega)$是一个复数量，由式(5.7)可知

$$G(\mathrm{j}\omega)=U(\omega)+\mathrm{j}V(\omega)$$

因此，闭环频率特性幅值 $M(\omega)$ 可写为

$$M(\omega)=\frac{|U(\omega)+\mathrm{j}V(\omega)|}{|1+U(\omega)+\mathrm{j}V(\omega)|}$$

如果 $M(\omega)\neq 1$，则有

$$\left[U(\omega)+\frac{M^2}{M^2-1}\right]^2+V^2(\omega)=\frac{M^2}{(M^2-1)^2} \tag{5.104}$$

式(5.104)表示一个圆的方程，即等 M 圆。由等 M 圆图解方法可知，具有最小半径，且与 $G(\mathrm{j}\omega)$ 轨迹相切的 M 圆的 M 值就是谐振峰值 M_r（详细内容可参阅有关等 M 圆资料）。因此，在奈奎斯特图上，谐振峰值 M_r 和谐振频率 ω_r 可以由与 $G(\mathrm{j}\omega)$ 轨迹相切的 M 圆求得。如果 $M_r>1$，则从原点可以画一条 M_r 圆的切线，切线的角度为 ψ，如图5.48所示。那么，这个角度的正弦值，即 $\sin\psi$ 为

$$\sin\psi=\left|\frac{\dfrac{M_r}{M_r^2-1}}{\dfrac{M_r^2}{M_r^2-1}}\right|=\frac{1}{M_r} \tag{5.105}$$

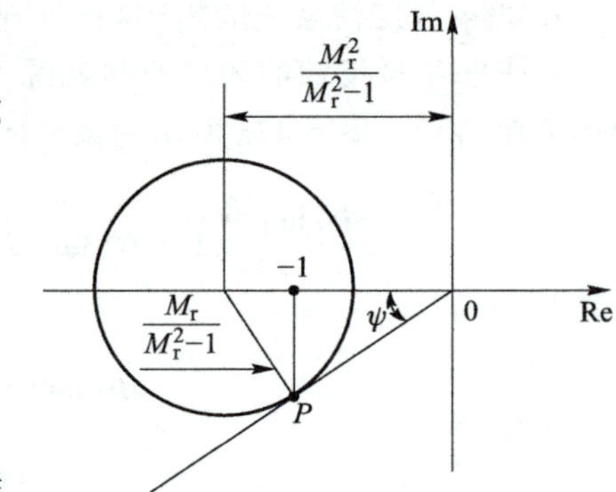

图 5.48　M_r 圆及其切线

设 M_r 圆上切线的切点为 P。由 P 点作负实轴的垂线，容易证明，该垂线与负实轴相交于(−1，j0)点。

如果要求系统在整个频率范围内不超过某一最大值 M_r，根据上述结论，便可以确定系统的开环增益。下面通过一个例子予以说明。

例 5.12　一个单位反馈控制系统，其开环传递函数为

$$G(s)=\frac{K}{s(1+s)} \tag{5.106}$$

试确定增益 K 值，使 $M_r=1.4$。

解　(1) 写出系统的开环频率特性

$$G(\mathrm{j}\omega)=\frac{K}{\mathrm{j}\omega(1+\mathrm{j}\omega)} \tag{5.107}$$

(2) 将式(5.107)写成如下形式

$$G_1(\mathrm{j}\omega)=\frac{G(\mathrm{j}\omega)}{K}=\frac{1}{\mathrm{j}\omega(1+\mathrm{j}\omega)} \tag{5.108}$$

(3) 画出 $G_1(\mathrm{j}\omega)$ 函数的奈奎斯特图，如图 5.49 所示。

(4) 对应于 $M_r=1.4$ 的 ψ 值由下式求得

$$\psi=\arcsin\frac{1}{M_r}=\arcsin\frac{1}{1.4}=45.6°$$

(5) 由原点作一条直线 OP，使得它与负实轴的夹角为 $\psi=\arcsin(1/M_r)=45.6°$。

(6) 作一个圆心在负实轴上的圆,使得它既与 $G_1(\mathrm{j}\omega)$ 轨迹相切,又与直线 OP 相切,设圆与 45.6°线的切点为 P。

(7) 由上述圆与直线 OP 的切点 P 向负实轴作垂线 PA,PA 与负实轴相交于 A 点,A 点坐标为(-0.63,j0)。

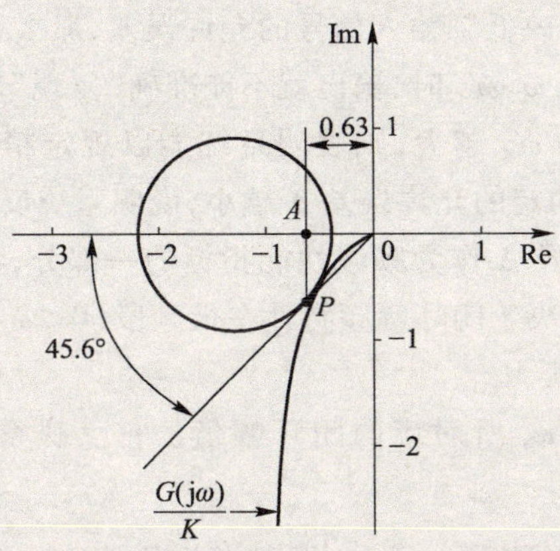

图 5.49　例 5.12 利用 M 圆确定增益

(8) 为了使刚才作出的圆对应于所需要的 M_r 圆,点 A 必须是(-1,j0)点。所希望的增益 K 应当是这样一个值,由于它对比例关系的改变,使得 A 点成为(-1,j0)点。因此,$K=1/\overline{OA}$。于是,系统的增益 K 确定为

$$K=\frac{1}{0.63}=1.59$$

5.5.2　闭环系统的频域指标

图 5.50 为反馈控制系统的典型闭环幅频特性 $M(\omega)$ 曲线,这种典型幅频特性曲线随 ω 的变化而变化。系统的特征可用一些特征量加以概括,这些特征量构成了分析和设计系统的频域性能指标。

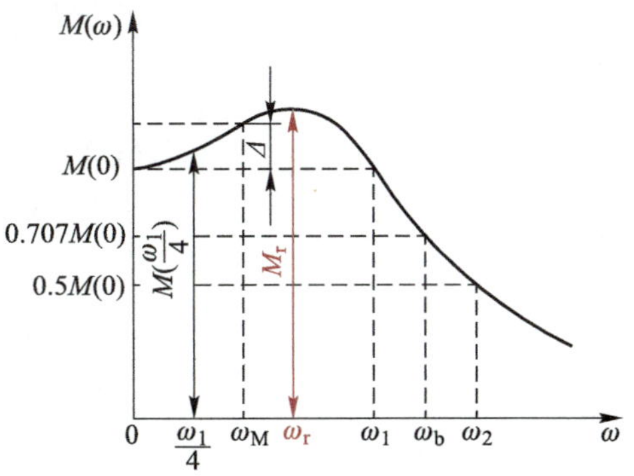

图 5.50　闭环系统频域特性

1. 零频幅值 $M(0)$

零频幅值 $M(0)$ 表示频率接近于零时,系统输出的幅值与输入幅值之比。在频率 $\omega\to0$ 时,若 $M(0)=1$,则输出幅值能完全准确地反映输入幅值。

对于单位反馈系统,若系统为无静差系统,在常值信号作用下,稳态时输出等于输入,有

$$M(0)=\left|\frac{X_o(\mathrm{j}0)}{X_i(\mathrm{j}0)}\right|=1 \tag{5.109}$$

若系统为有差系统,输入为常值信号,稳态时输出不等于输入,有

$$M(0)=\left|\frac{X_o(\mathrm{j}0)}{X_i(\mathrm{j}0)}\right|=\frac{K}{1+K}<1 \tag{5.110}$$

式中：K——系统开环增益。

因此，通过零频幅值 $M(0)$ 是否为 1，可判断系统是否为无静差系统。显然，$M(0)$ 值越接近 1，则有差系统的稳态误差越小。

2. 复现频率 ω_M

若事先规定一个 Δ 作为反映低频输入信号的允许误差，那么 ω_M 就是幅频特性与 $M(0)$ 之差第一次达到 Δ 时的频率值。当 $\omega>\omega_M$ 时，输出就不能准确"复现"输入。所以 $0\sim\omega_M$ 频率范围称为复现带宽。根据 Δ 所确定的 ω_M 越大，则表明系统能以规定精度复现输入信号的频带越宽。反之，若 ω_M 为给定的，由 ω_M 确定的允许误差 Δ 越小，说明系统反映低频输入信号的精度越高。

由上述特征量 $M(0)$、ω_M 及 Δ 作为频域性能指标的一部分，都与时域性能指标中稳态性能有关。系统的稳态性能主要取决于闭环幅频特性在低频段（$0\leqslant\omega\leqslant\omega_M$）的形式。

3. 谐振频率 ω_r 及谐振峰值 M_r

谐振峰值 M_r 为谐振频率 ω_r 所对应的闭环幅值。它反映系统瞬态响应的速度和相对稳定性。

对于二阶系统，由最大超调量 $M_p=e^{-\zeta\pi/\sqrt{1-\zeta^2}}$ 和谐振峰值 $M_r=1/(2\zeta\sqrt{1-\zeta^2})$ 的计算式中可以看出，它们都随着阻尼比 ζ 的增大而减小。可见 M_r 大的系统，相应的 M_p 也大，瞬态响应的相对稳定性不好。为了减弱系统的振荡性，又不失一定的快速性，应适当选取 M_r 值。如果 M_r 值在 $1.0<M_r<1.4$ 范围内，相对于阻尼比 ζ 在 $0.4<\zeta<0.7$ 范围内，这时阶跃响应的超调量 $M_p<25\%$。

4. 截止频率 ω_b 和带宽

所谓截止频率，是指闭环频率特性的振幅 $M(\omega)$ 衰减到 $0.707M(0)$ 时的角频率，即相当于闭环对数幅频特性的幅值下降到 -3 dB 时，对应的频率 ω_b 称为截止频率。闭环系统的幅值不低于 -3 dB 时，对应的频率范围 $0\leqslant\omega\leqslant\omega_b$，称为系统的带宽。

考虑典型二阶系统，其频率特性为

$$\frac{X_o(j\omega)}{X_i(j\omega)}=\frac{\omega_n^2}{(j\omega)^2+2\zeta\omega_n(j\omega)+\omega_n^2} \tag{5.111}$$

其幅值为

$$M(\omega)=\frac{\omega_n^2}{\sqrt{(\omega_n^2-\omega^2)^2+(2\zeta\omega\,\omega_n)^2}} \tag{5.112}$$

由于

$$M(\omega_b)=\frac{1}{\sqrt{2}}M(0) \tag{5.113}$$

并且

$$M(0)=1 \tag{5.114}$$

可以得出二阶系统的截止频率为

$$\omega_b=\omega_n\sqrt{1-2\zeta^2+\sqrt{2-4\zeta^2+4\zeta^4}} \tag{5.115}$$

二阶系统瞬态响应的过渡过程时间 $t_s\approx3/(\zeta\omega_n)$，由此式可得 $\omega_n\approx3/(\zeta t_s)$，代入式（5.115）中有

$$\omega_b t_s \approx \frac{3}{\zeta}\sqrt{1-2\zeta^2+\sqrt{2-4\zeta^2+4\zeta^4}} \tag{5.116}$$

上式表明，当阻尼比 ζ 确定后，系统的截止频率与 t_s 成反比关系，即控制系统的频带宽度越大，则该系统反映输入信号的快速性越好，这说明带宽表征控制系统响应的快速性。带宽还表征系统对高频噪声所具有的滤波特性。频带越宽，对高频噪声信号的抑制能力越差。为了使系统准确地跟踪任意输入信号，需要系统具有很大带宽，而从抑制高频噪声的角度来看，带宽又不宜过大。

5.6 频域指标与时域性能指标间的关系

第 3 章讲述了在时域分析控制系统动态性能的指标，本章所介绍的频域分析则是根据开环频率特性特征量[如相位裕量 $\gamma(\omega_c)$、幅值穿越频率 ω_c]或闭环频率特性特征量（如谐振峰值 M_r、谐振频率 ω_r、截止频率 ω_b）来确定控制系统的动态性能。这些频域性能指标与时域性能指标之间存在一定的关系。首先研究典型二阶系统的频域指标与时域性能指标之间关系，然后近似推广到高阶系统中。

5.6.1 闭环频域指标与时域性能指标之间的关系

对于二阶系统，谐振峰值为

$$M_r = 1/(2\zeta\sqrt{1-\zeta^2}) \tag{5.117}$$

最大超调量为

$$M_p = e^{-\zeta\pi/\sqrt{1-\zeta^2}} \tag{5.118}$$

由上述表达式可得最大超调量和谐振峰值与阻尼比 ζ 的关系曲线，如图 5.51 所示。由图可知，最大超调量和谐振峰值都随着阻尼比 ζ 的增大而减小。因而，随着 M_r 增加，相应的 M_p 也增大。当 $M_r=1.36$ 时，$M_p=25.3\%$；当 $M_r\to\infty$ 时，$M_p\to100\%$。M_p 随着 M_r 变化的物理意义在于：当闭环幅频特性有谐振峰值时，系统的输入信号频谱在 $\omega=\omega_r$ 附近的谐波分量通过系统后显著增强，从而引起振荡。

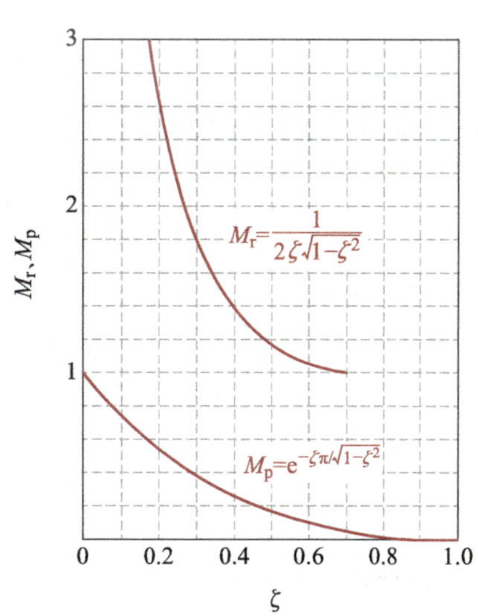

图 5.51 M_r、M_p 与阻尼比 ζ 的关系曲线

二阶系统的谐振频率为

$$\omega_r = \omega_n\sqrt{1-2\zeta^2} \tag{5.119}$$

其过渡过程调整时间为

$$t_s \approx (3\sim4)/(\zeta\omega_n) \tag{5.120}$$

由此可得

$$t_s \approx (3\sim4)\sqrt{1-2\zeta^2}/(\zeta\omega_r) \tag{5.121}$$

可见，对于给定的阻尼比 ζ，调整时间 t_s 与谐振频率 ω_r 成反比，ω_r 大的系统，瞬态响应速度快；ω_r 小则响应速度慢。

高阶系统的阶跃瞬态响应与频率响应之间的关系是很复杂的。如果高阶系统的控制性能主要由一对共轭复数闭环主导极点来支配,则上述二阶系统频域指标与时域指标的关系均可近似采用。对于高阶系统,这里推荐两个经验公式供参考。

$$M_p = 0.16 + 0.4(M_r - 1) \tag{5.122}$$

$$t_s = \frac{k\pi}{\omega_c} \tag{5.123}$$

$$k = 2 + 1.5(M_r - 1) + 2.5(M_r - 1)^2 \tag{5.124}$$

一般来说,从经验公式所得的结论,比近似采用二阶系统有关公式所得结论要精确些。

5.6.2 开环频域指标与时域性能指标之间的关系

对于典型二阶系统,其开环频率特性为

$$G(j\omega) = \frac{\omega_n^2}{j\omega(j\omega + 2\zeta\omega_n)} \tag{5.125}$$

根据幅值穿越频率 ω_c 的定义,有

$$|G(j\omega_c)| = \frac{\omega_n^2}{\omega_c\sqrt{\omega_c^2 + (2\zeta\omega_n)^2}} = 1 \tag{5.126}$$

整理得

$$\omega_c^4 + 4\zeta^2\omega_n^2\omega_c^2 - \omega_n^4 = 0 \tag{5.127}$$

解上面方程得

$$\omega_c = \omega_n\sqrt{\sqrt{1 + 4\zeta^4} - 2\zeta^2} \tag{5.128}$$

由式(5.125)得开环相频特性为

$$\varphi(\omega) = -90° - \arctan\frac{\omega}{2\zeta\omega_n} \tag{5.129}$$

当 $\omega=\omega_c$ 时,由式(5.128)和式(5.129)可得

$$\varphi(\omega_c) = -90° - \arctan\frac{\omega_c}{2\zeta\omega_n} = -90° - \arctan\frac{\sqrt{\sqrt{1 + 4\zeta^4} - 2\zeta^2}}{2\zeta} \tag{5.130}$$

则相位裕量为

$$\gamma(\omega_c) = 180° + \varphi(\omega_c) = 90° - \arctan\frac{\sqrt{\sqrt{1 + 4\zeta^4} - 2\zeta^2}}{2\zeta} \tag{5.131}$$

$$\gamma(\omega_c) = \arctan\frac{2\zeta}{\sqrt{\sqrt{1 + 4\zeta^4} - 2\zeta^2}} \tag{5.132}$$

根据最大超调量 $M_p = e^{-\zeta\pi/\sqrt{1-\zeta^2}}$ 以及式(5.132)可得以阻尼比 ζ 为变量时,M_p 随 γ 变化的曲线,如图 5.52 所示。从图中可知,当 $\gamma=0°$时,$M_p=100\%$;随着 γ 增加,M_p 减小。当 $\gamma=76.35°$时,$M_p=0$。

根据式(5.128)对不同的 ζ 可以计算出 ω_c/ω_n。ω_c/ω_n 随 ζ 变化的曲线如图 5.53 所示。当 $0<\zeta<0.4$时,$0.85<\omega_c/\omega_n<1$,阻尼比在此范围内,用 ω_c 替代 ω_n,误差小于 15%。因此,ω_c 对上升时

间 t_r 和调整时间 t_s 的影响与 ω_n 对 t_r、t_s 的影响近似，即当 ζ 为常数时，ω_c 越大，上升时间 t_r 和调整时间 t_s越小。

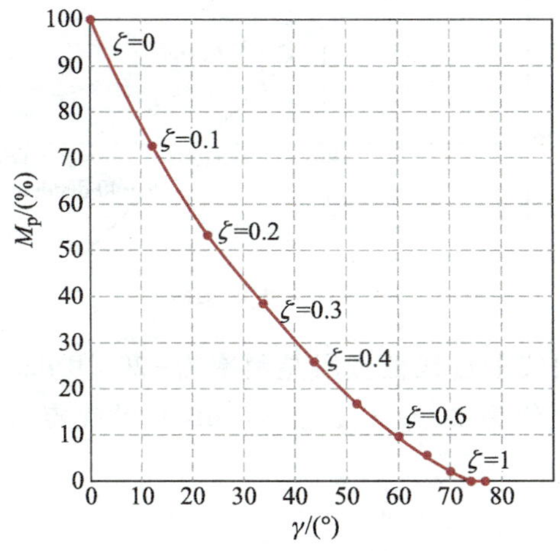

图 5.52　M_p 随 γ 变化的曲线

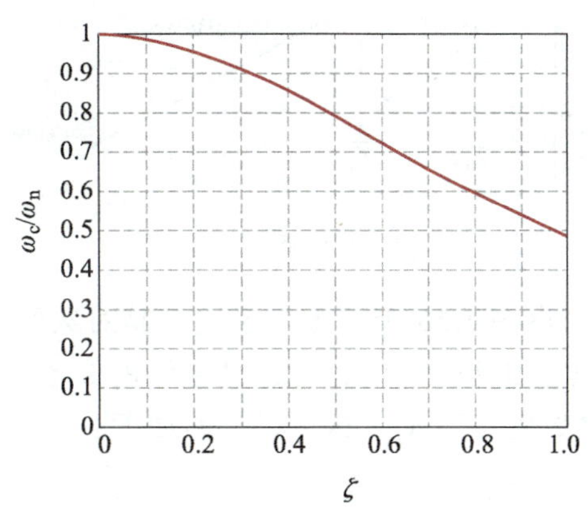

图 5.53　ω_c/ω_n 随 ζ 变化的曲线

5.7　用系统开环频率特性分析闭环系统性能

系统的开环频率特性、对数幅频特性与闭环幅频特性存在密切的关系。稳定系统开环频率特性曲线 $G(\mathrm{j}\omega)$ 距离$(-1,\mathrm{j}0)$点的远近，反映了系统的稳定程度和动态特性，而 $G(\mathrm{j}\omega)$ 曲线靠近$(-1,\mathrm{j}0)$点的部分，相当于系统开环对数幅频特性曲线与 0 dB 线相交点附近的区段。对于最小相位系统，对数幅频特性和对数相频特性是一一对应的。研究对数幅频特性图可知，开环对数频率特性的低频段、中频段、高频段分别表征了系统的稳态精度、动态特性、稳定性和抗干扰能力。三个频段的划分并没有严格的界限，但它反映了对控制系统性能影响的主要方面，为进一步确定开环频域指标与闭环系统性能之间的关系指出了原则和方向。低频段取决于开环增益和开环积分环节的数目，通常是指开环对数幅频特性在第一个转折频率以前的区段。中频段是指开环幅频特性曲线在幅值穿越频率 ω_c 附近的区段。高频段是指开环幅频特性曲线在中频段以后的区段$(\omega>10\omega_c)$，这部分特性是由开环传递函数小时间常数环节决定的。下面着重分析低频段和中频段系统性能。

5.7.1　低频段

在研究稳态误差系数时，已得到重要结论：稳态位置误差系数 K_p、稳态速度误差系数 K_v 和稳态加速度误差系数 K_a，分别是 0 型系统、Ⅰ型系统和Ⅱ型系统的开环增益。在对数幅频特性图上，K_p、K_v 和 K_a 分别描述了 0 型系统、Ⅰ型系统和Ⅱ型系统的低频特性。系统的型号确定了低频时对数幅频特性的斜率。因而，控制系统对给定的输入信号是否引起稳态误差以及误差的量值都可由对数幅频特性的低频段观察确定。

考察图 5.54 所示 0 型系统。其对数幅频特性曲线渐近线低频段的斜率为 0 dB/dec。$L(\omega)$的值在低频时为 $20\lg K_p$(dB)。此时，稳态位置误差系数 $K_p=K_0$。

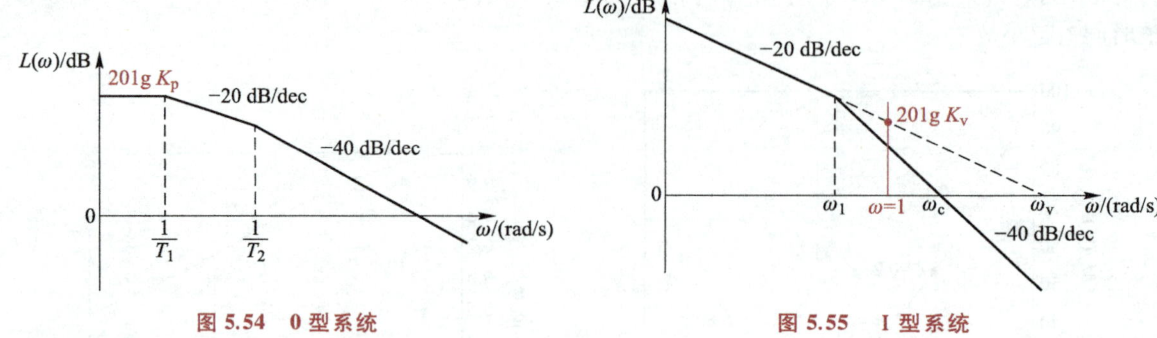

图 5.54　0 型系统

图 5.55　Ⅰ型系统

考察图 5.55 所示Ⅰ型系统。其对数幅频特性曲线渐近线低频段是斜率为−20 dB/dec 的直线(或它的延长线),它与$\omega=1$直线的交点,具有的幅值为 20 lg K_v;它与 0 dB 线的交点频率是ω_v,其数值等于K_v。这可以说明如下:

因为

$$G(\mathrm{j}\omega)=\frac{K_v}{\mathrm{j}\omega}\quad(\omega\ll 1)\tag{5.133}$$

所以

$$20\lg\left|\frac{K_v}{\mathrm{j}\omega}\right|_{\omega=1}=20\lg K_v\tag{5.134}$$

又因为

$$20\lg\left|\frac{K_v}{\mathrm{j}\omega_v}\right|=0$$

所以

$$\lg\left|\frac{K_v}{\mathrm{j}\omega_v}\right|=\lg 1,\quad 即\ K_v=\omega_v\tag{5.135}$$

图 5.56 所示Ⅱ型系统,其对数幅频特性曲线的渐近线低频段是斜率为−40 dB/dec 的直线(或它的延长线),它与$\omega=1$直线交点处的幅值是 20 lg K_a;它与 0 dB 线的交点频率为ω_a,数值上等于$\sqrt{K_a}$。

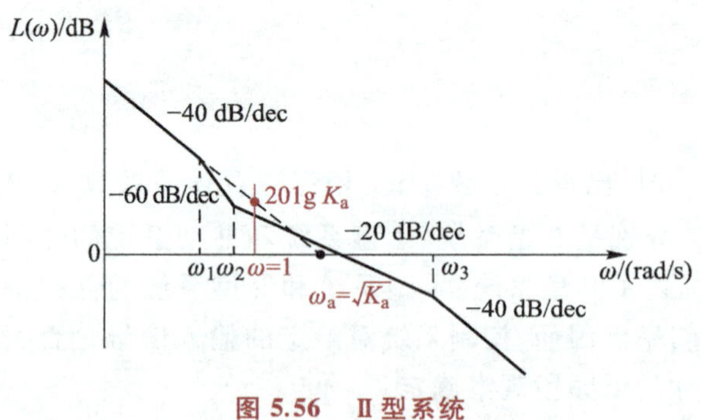

图 5.56　Ⅱ型系统

由于在低频时

$$G(\mathrm{j}\omega)=\frac{K_{\mathrm{a}}}{(\mathrm{j}\omega)^{2}} \tag{5.136}$$

所以

$$20\lg\left|\frac{K_{\mathrm{a}}}{(\mathrm{j}\omega)^{2}}\right|_{\omega=1}=20\lg K_{\mathrm{a}} \tag{5.137}$$

又因为

$$20\lg\left|\frac{K_{\mathrm{a}}}{(\mathrm{j}\omega_{\mathrm{a}})^{2}}\right|=0 \tag{5.138}$$

则

$$\lg\left|\frac{K_{\mathrm{a}}}{(\mathrm{j}\omega_{\mathrm{a}})^{2}}\right|=\lg 1,\quad K_{\mathrm{a}}=\omega_{\mathrm{a}}^{2} \tag{5.139}$$

由此可得

$$\omega_{\mathrm{a}}=\sqrt{K_{\mathrm{a}}} \tag{5.140}$$

5.7.2 中频段

对于最小相位系统。如果通过幅值穿越频率 ω_{c} 的渐近线斜率为-20 dB/dec,假设系统是稳定的,并只考虑系统在幅值穿越频率 ω_{c} 附近的开环特性,则开环传递函数为

$$G(s)=\frac{K}{s}=\frac{\omega_{\mathrm{c}}}{s} \tag{5.141}$$

对单位负反馈系统,其闭环传递函数为

$$\Phi(s)=\frac{G(s)}{1+G(s)}=\frac{\omega_{\mathrm{c}}/s}{1+\omega_{\mathrm{c}}/s}=\frac{1}{\dfrac{s}{\omega_{\mathrm{c}}}+1} \tag{5.142}$$

所以,相位裕量 $\gamma(\omega_{\mathrm{c}})=90°$,幅值裕量无穷大,超调量为零,调整时间 $t_{\mathrm{s}}=(3\sim4)/\omega_{\mathrm{c}}$,$\omega_{\mathrm{c}}$ 越大,t_{s} 越小。显然,系统具有良好的动态品质。

如果通过 ω_{c} 渐近线的斜率为-40 dB/dec,也假设系统是稳定的,并只考虑系统在幅值穿越频率 ω_{c} 附近的开环特性,其相应的开环传递函数为

$$G(s)=\frac{K}{s^{2}}=\frac{\omega_{\mathrm{c}}^{2}}{s^{2}} \tag{5.143}$$

单位负反馈的闭环传递函数

$$\Phi(s)=\frac{\omega_{\mathrm{c}}^{2}/s^{2}}{1+\omega_{\mathrm{c}}^{2}/s^{2}}=\frac{\omega_{\mathrm{c}}^{2}}{s^{2}+\omega_{\mathrm{c}}^{2}} \tag{5.144}$$

所以,$\gamma(\omega_{\mathrm{c}})=0°$,系统处于临界稳定状态。

下面分析对数幅频特性曲线渐近线低频段、高频段斜率变化对相位裕量的影响。设渐近线低频段的斜率为-40 dB/dec,渐近线中、高频段的斜率为-20 dB/dec,如图 5.57 所示。其开环频率特性表达式为

$$G(\mathrm{j}\omega)H(\mathrm{j}\omega)=\frac{K(1+\mathrm{j}T_1\omega)}{(\mathrm{j}\omega)^2} \tag{5.145}$$

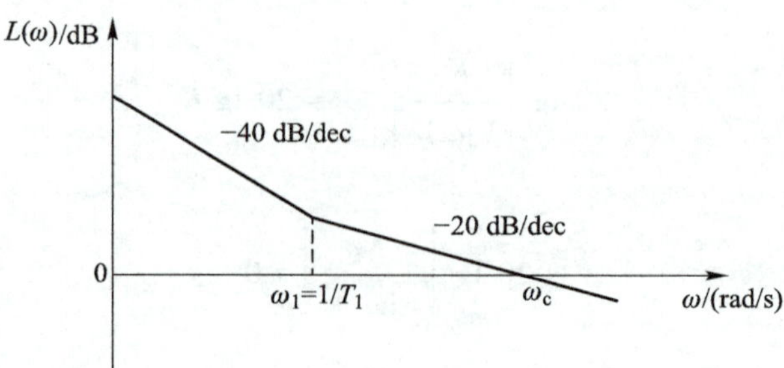

（低频段斜率为-40 dB/dec，中、高频段斜率为-20 dB/dec）

图 5.57　低、高频段斜率变化对相位裕量的影响之一

相频特性为

$$\varphi(\omega)=-180^\circ+\arctan\frac{\omega}{\omega_1}\qquad\left(\omega_1=\frac{1}{T_1}\right)$$

相位裕量为

$$\gamma(\omega_c)=\arctan\frac{\omega_c}{\omega_1} \tag{5.146}$$

因此，在渐近线低频段有更大的斜率时，系统的相位裕量将减小，其减小的程度与$\frac{\omega_c}{\omega_1}$的值有关，$\omega_1$ 离 ω_c 越远影响越小。当 $\omega_1=\frac{\omega_c}{2}$时，相位裕量由 90°减小到 63.6°。由图 5.57 可知，ω_1 不会大于 ω_c，因此相位裕量不会小于 45°。根据这一点可以断定，要保证系统相位裕量 $\gamma(\omega_c)=30^\circ\sim70^\circ$，那么中频段的斜率一般应为-20 dB/dec。

若低、中频段的斜率为-20 dB/dec，高频段斜率为-40 dB/dec，如图 5.58 所示。其频率特性表达式为

$$G(\mathrm{j}\omega)H(\mathrm{j}\omega)=\frac{K}{(\mathrm{j}\omega)(1+\mathrm{j}T_2\omega)} \tag{5.147}$$

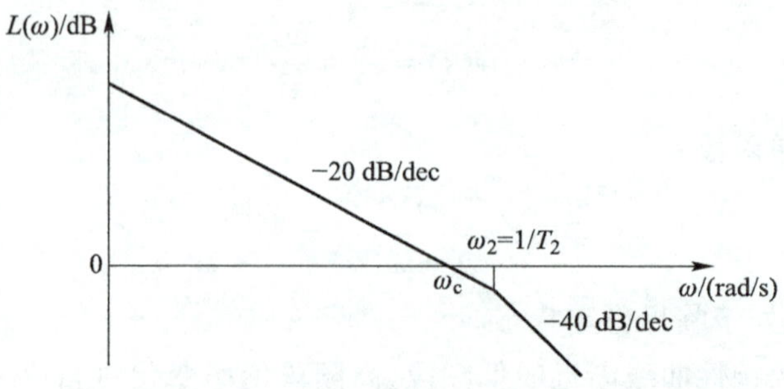

（低、中频段斜率为-20 dB/dec，高频段斜率为-40 dB/dec）

图 5.58　低、高频段斜率变化对相位裕量的影响之二

相频特性为

$$\varphi(\omega) = -90^\circ - \arctan\frac{\omega}{\omega_2} \qquad \left(\omega_2 = \frac{1}{T_2}\right)$$

相位裕量为

$$\gamma(\omega_c) = 90^\circ - \arctan\frac{\omega_c}{\omega_2} = \arctan\frac{\omega_2}{\omega_c} \tag{5.148}$$

由上式可知，高频段斜率更大时，相位裕量将减小，其减小程度与$\frac{\omega_2}{\omega_c}$的比值有关，研究表明 ω_2 不会小于 ω_c，因此 $\gamma(\omega_c)$不会小于 45°，ω_2 离 ω_c 越远，相位裕量越大。

5.7.3 结论

通过以上分析可以得出如下结论：一个设计合理的系统，其开环对数幅频特性在低频段要满足稳态精度的要求；中频段要根据动态过程的要求来确定其形状。各频段的形状大致如下：

（1）渐近线中频段的斜率以-20 dB/dec 为宜。

（2）渐近线低频段和高频段可以有更大的斜率。渐近线低频段位置高、斜率大，可以提高系统的稳态精度；高频段斜率大，可以排除高频干扰。但中频段必须有足够的带宽，以保证系统的相位裕量。中频段带宽越宽，相位裕量越大。

（3）中频段幅值穿越频率 ω_c 的选择，取决于动态过程响应速度的要求。一般来说，要求提高系统的响应速度，ω_c 应选大一些，但 ω_c 过大又会降低系统的抗干扰能力。

以上结论将是控制系统设计和综合的理论基础。

5.8 基于 MATLAB 与 SIMULINK 的频率特性分析

5.8.1 基于 MATLAB 的频率特性分析

1. 用 MATLAB 作开环频率特性曲线（奈奎斯特图和伯德图）

假设已知系统的开环传递函数为

$$G(s) = \frac{b_0 s^m + b_1 s^{m-1} + \cdots + b_{m-1}s + b_m}{a_0 s^n + a_1 s^{n-1} + \cdots + a_{n-1}s + a_n} \tag{5.149}$$

则该系统的开环频率特性为

$$G(j\omega) = \frac{b_0(j\omega)^m + b_1(j\omega)^{m-1} + \cdots + b_{m-1}(j\omega) + b_m}{a_0(j\omega)^n + a_1(j\omega)^{n-1} + \cdots + a_{n-1}(j\omega) + a_n} \tag{5.150}$$

根据式(5.150)，应用表 5.1 中的 MATLAB 命令可绘制出相应的奈奎斯特图和伯德图。

表 5.1　MATLAB 绘制频率响应曲线基本命令表

序号	函数	功能	调用格式	说明
1	nyquist( )	绘制奈奎斯特图	nyquist(num,den,w)	num 和 den 分别表示传递函数的分子和分母中包含以 s 的降幂排列的多项式系数。命令 nyquist(num,den,w)可以按指定的频率向量 ω 绘制系统的奈奎斯特图
2	bode( )	绘制伯德图	bode(num,den,w)	num 和 den 分别表示传递函数的分子和分母中包含以 s 的降幂排列的多项式系数。而命令 bode(num,den,w)可以按指定的频率向量 ω 绘制系统的伯德图
3	margin( )	绘制系统开环频率特性曲线	margin(num,den,w)	num 和 den 分别表示传递函数的分子和分母中包含以 s 的降幂排列的多项式系数。而命令 margin(num,den,w)可以按指定的频率向量 ω 绘制系统开环频率特性曲线,并直接得出幅值裕量、相位裕量及其对应的相位穿越频率、幅值穿越频率

注:MATLAB 程序语言中,用 w 代替 ω。

2. 用 MATLAB 作闭环频率响应曲线

如果用 $M(\omega)$表示闭环频率特性幅值,$\alpha(\omega)$表示相角,则闭环频率特性可表示为

$$\Phi(j\omega)=\frac{X_o(j\omega)}{X_i(j\omega)}=M(\omega)e^{j\alpha(\omega)} \tag{5.151}$$

式中,$M(\omega)$和 $\alpha(\omega)$分别为以 ω 为变量的表达式。其频率响应可直接按式(5.151)计算出不同频率处的 $M(\omega_i)$和 $\alpha(\omega_i)$($i=1,2,\cdots$),即可求得闭环系统频率特性并画出相应的曲线。

如果考虑单位反馈系统,其开环传递函数为 $G(s)$,闭环频率特性表示为

$$\Phi(j\omega)=\frac{G(j\omega)}{1+G(j\omega)} \tag{5.152}$$

若令

$$G(j\omega)=\frac{b_0(j\omega)^m+b_1(j\omega)^{m-1}+\cdots+b_{m-1}(j\omega)+b_m}{a_0(j\omega)^n+a_1(j\omega)^{n-1}+\cdots+a_{n-1}(j\omega)+a_n} \tag{5.153}$$

则

$$\Phi(j\omega)=\frac{b_0(j\omega)^m+b_1(j\omega)^{m-1}+\cdots+b_{m-1}(j\omega)+b_m}{a_0(j\omega)^n+a_1(j\omega)^{n-1}+\cdots+a_{n-1}(j\omega)+a_n+b_0(j\omega)^m+b_1(j\omega)^{m-1}+\cdots+b_{m-1}(j\omega)+b_m} \tag{5.154}$$

同样,根据式(5.154)可以使用表 5.1 中 MATLAB 命令来绘制闭环频率特性曲线。

例 5.13 控制系统的开环传递函数为

$$G(s)=\frac{1}{s^2+0.6s+1}$$

试利用奈奎斯特图函数命令，作出奈奎斯特图。

解 在 MATLAB 仿真界面上输入如下程序

```
num=[1];
den=[1 0.6 1];
nyquist(num,den)
grid
```

该系统的奈奎斯特图如图 5.59 所示。

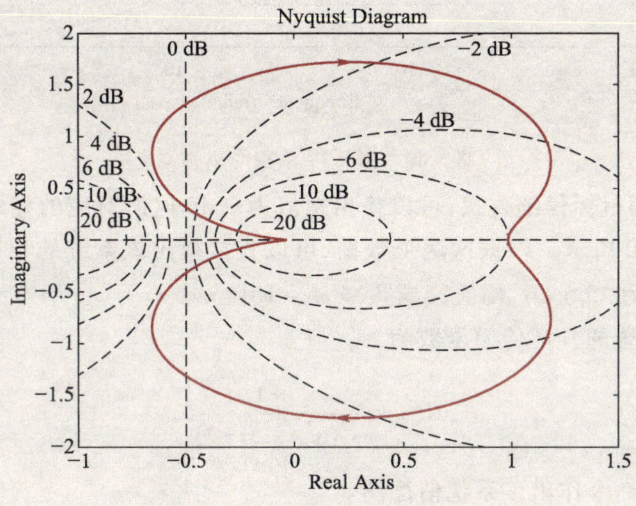

图 5.59 例 5.13 系统的奈奎斯特图

例 5.14 控制系统的开环传递函数为

$$G(s)=\frac{30}{s(s^2+6s+30)}$$

试根据伯德图函数命令作出该系统的伯德图。

解 在 MATLAB 仿真界面上输入如下程序

```
num=[30];
den=[1 6 30 0];
bode(num,den)
grid
```

该系统的伯德图如图 5.60 所示。

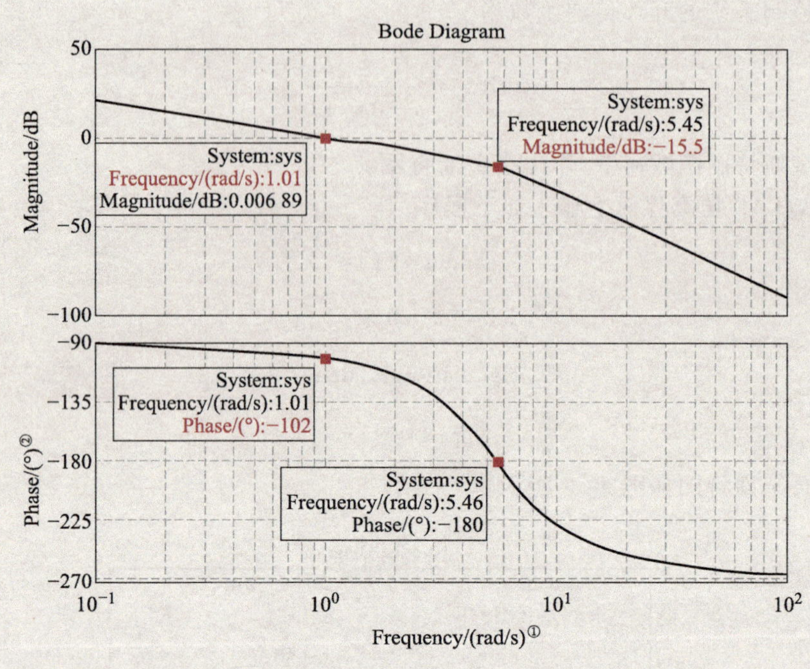

图 5.60 例 5.14 系统的伯德图

在伯德图上,利用鼠标仔细查找,可以找出幅值为 0 dB 时所对应的相角和相角为−180°时所对应的幅值,如图 5.60 所示。根据这两个数据,可以直接得出该系统的相位裕量 $\gamma(\omega_c)=180°-102°=78°$,幅值裕量为 15.5 dB,幅值穿越频率 $\omega_c=1.01$ rad/s。

例 5.15 控制系统的开环传递函数为

$$G(s)=\frac{s+1}{s^2(s^2+2.5s+9)}$$

试根据频率特性函数命令作出该系统伯德图。

解 在 MATLAB 仿真界面上输入如下程序

```
num=[1  1];
den=[1  2.5  9  0  0];
margin(num,den)
grid
```

该系统的伯德图如图 5.61 所示。

该函数命令直接给出系统相位裕量 $\gamma(\omega_c)=13.5°$、幅值裕量为 24.2 dB,幅值穿越频率 $\omega_c=0.344$ rad/s,相位穿越频率 $\omega_g=2.55$ rad/s,如图 5.61 所示。

---

① 原图中横坐标单位为 rad/sec。

② 原图中纵坐标单位为 deg。

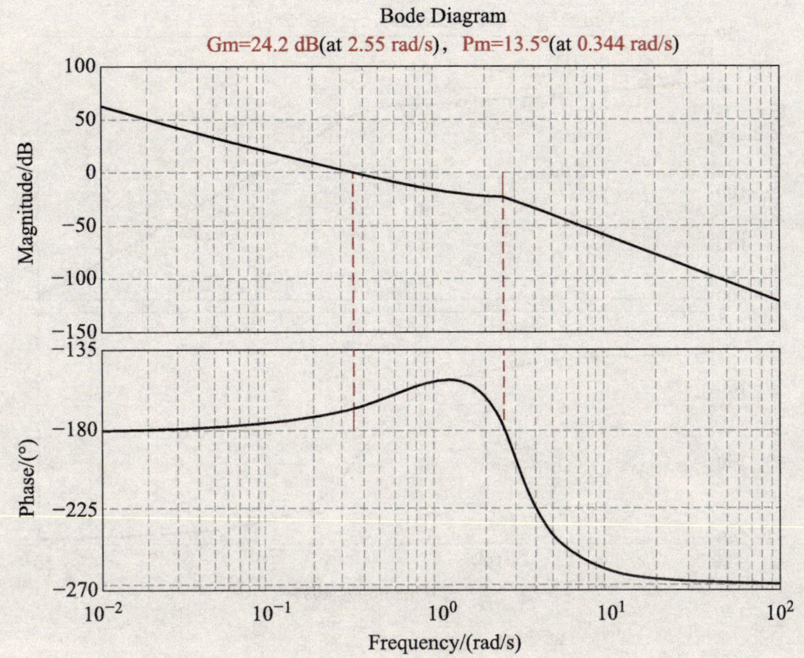

图 5.61　例 5.15 系统的伯德图

例 5.16　控制系统的开环传递函数为

$$G(s)=\frac{100}{s(s^2+2s+16)(s+3)(s^2+2.5s+9)}$$

试作出该系统伯德图。

解　为了减少计算上的麻烦，在 MATLAB 仿真界面上还可以输入如下程序

```
num=[100];
den0=conv([1  2  16],[1  3  0]);
den=conv(den0,[1  2.5  9]);
sys=tf(num,den);
margin(sys)
grid
```

该系统的伯德图如图 5.62 所示。

本系统相位裕量 $\gamma(\omega_c)=80.2°$，幅值裕量为 15.9 dB，幅值穿越频率 $\omega_c=0.232$ rad/s。

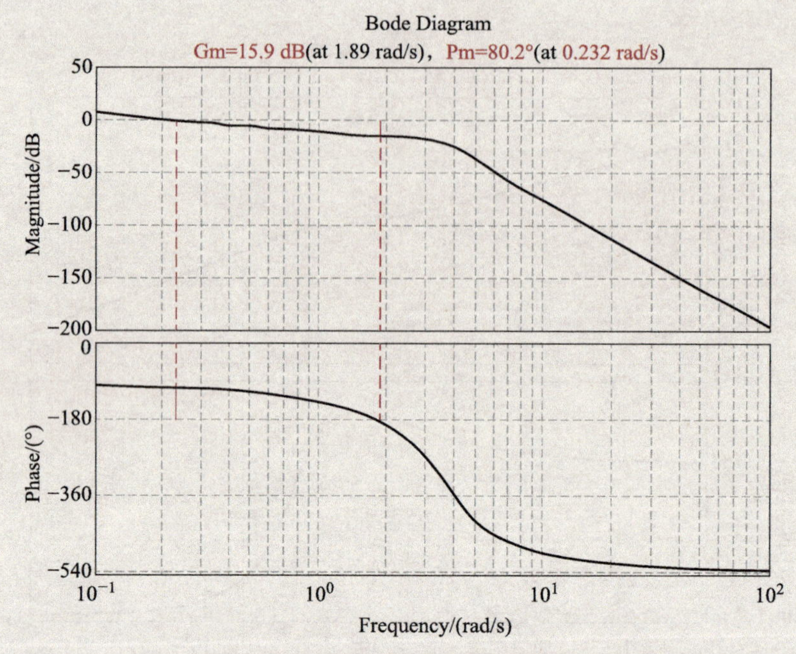

图 5.62　例 5.16 系统的伯德图

例 5.17　某伺服系统的开环传递函数为

$$G(s)=\frac{K_a K_v K_h \omega_v^2 \omega_h^2}{s(s^2+2\zeta_v \omega_v s+\omega_v^2)(s^2+2\zeta_h \omega_h s+\omega_h^2)}$$

式中 $K_a=65$, $K_v=0.001\ 8$, $\omega_v=120$ rad/s, $\zeta_v=0.5$, $\omega_h=65$ rad/s, $\zeta_h=0.15$, $K_h=95$。试分析该系统的相对稳定性。

解　在 MATLAB 仿真界面上输入如下程序

```
ka=65;
kv=0.001 8;
wv=120;
bv=0.5;
wh=65;
bh=0.15;
kh=95;
k=ka*kv*kh*wv*wv*wh*wh;
num=[k];
den=conv([1   2*bv*wv   wv*wv   0],[1   2*bh*wh   wh*wh]);
sys=tf(num,den);
margin(sys)
grid
```

由图 5.63 可知,该系统的幅值穿越频率 $\omega_c=11.5$ rad/s,与其相对应的相位裕量为 $\gamma(\omega_c)=$

$180°+\varphi(\omega_c)=180°-98.7°=81.3°$，与 $\varphi(\omega_g)=-180°$对应的相位穿越频率 $\omega_g=59$ rad/s，其幅值裕量 $K_g=3.84$ dB，由此可知，该系统稳定，且稳定程度较高。

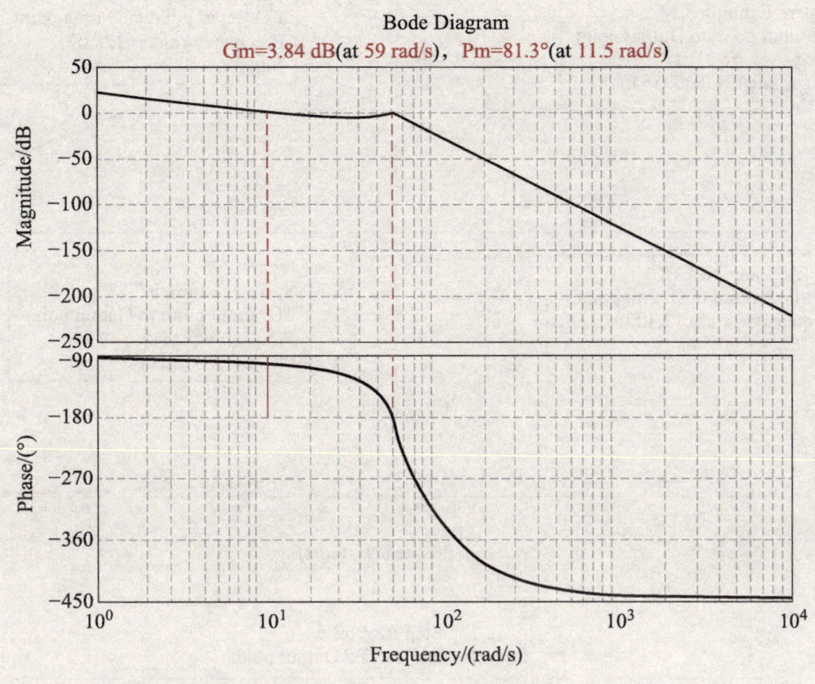

图 5.63　例 5.17 系统的伯德图

5.8.2　基于 SIMULINK 的频率特性分析

对于线性系统，MATLAB 提供一个基于 SIMULINK 的线性系统仿真平台，下面举例说明。

例 5.18　单位反馈控制系统的开环传递函数为

$$G(s)=\frac{K\omega_n^2}{s(s^2+2\zeta\omega_n s+\omega_n^2)}$$

式中，$\omega_n=128$ rad/s，$K=12$。

试根据频率特性分析系统在阻尼比 $\zeta=0.05$ 时的相对稳定性。

解　根据 SIMULINK 仿真平台，可以直接作出系统的 SIMULINK 仿真模型如图 5.64 所示。系统的开环伯德图如图 5.65a 所示，进而，双击反馈路径信号开关，设置为闭环，得到闭环系统在单位阶跃函数作用下的时域响应曲线如图5.65b所示。

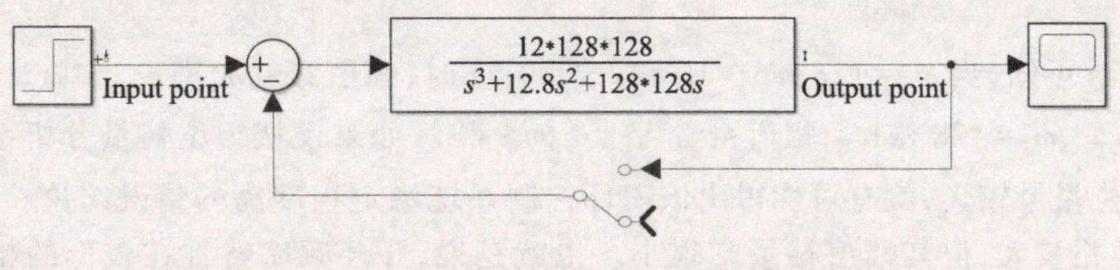

图 5.64　例 5.18 系统的 SIMULINK 仿真模型

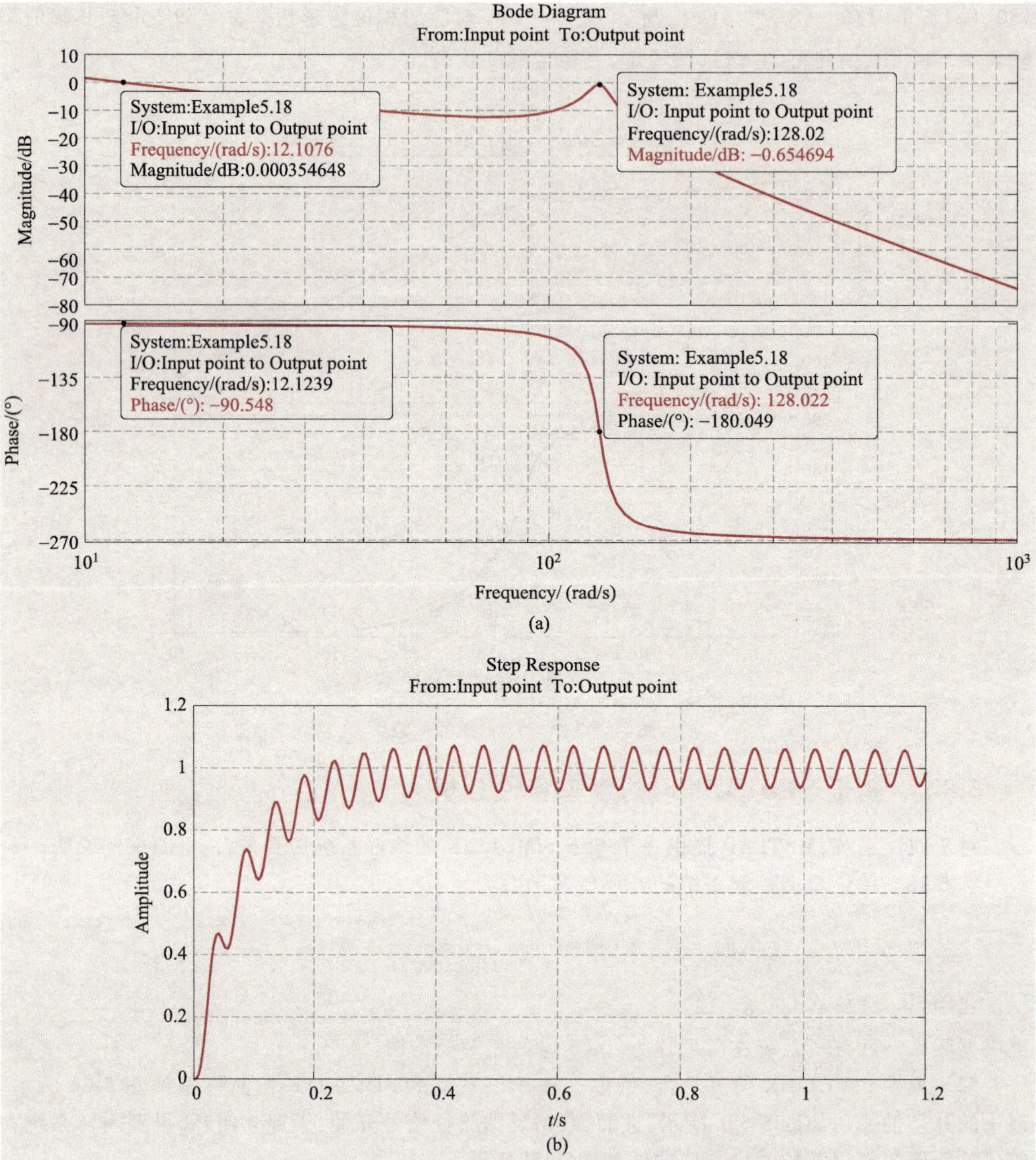

(a)

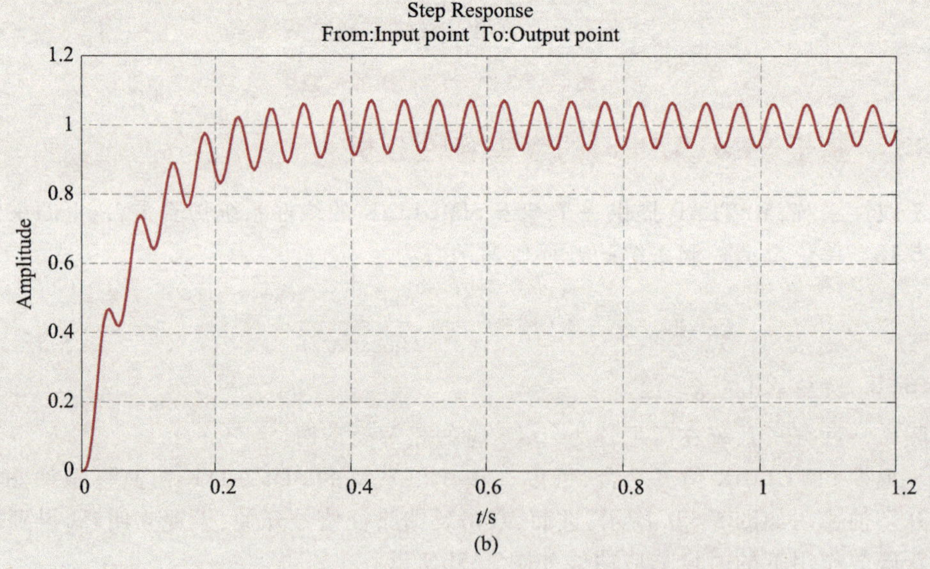

(b)

图 5.65 例 5.18 系统的开环伯德图及闭环系统时域响应曲线

由图 5.65a 可知，当 $\omega_n=128$ rad/s，$K=12$，$\zeta=0.05$ 时，幅值穿越频率 $\omega_c=12.1$ rad/s，相位裕量 $\gamma(\omega_c)=89.5°$，$\omega_g=128$ rad/s，幅值裕量 $K_g=0.655$ dB。如果仅从相位裕量分析系统的相对稳定性，由于相位裕量较大，就有可能得出该闭环控制系统稳定程度高的错误结论。实际上，该系统尽管其相位裕量大，但其幅值裕量却很小。也就是说，开环频率特性在较低的幅值穿越频率 ω_c 处有很大的相位裕量 $\gamma(\omega_c)$，但在频率 ω_g 处，开环频率特性轨迹与 [GH] 平面上的 $(-1,j0)$ 点却靠得很近。因此实际上闭环控制系统的稳定程度是很低的，如图 5.65b 闭环控制系统的时域响应曲线所示。系统在外界干扰环境变化或系统本身参数变化的影响下，就有可能变为不稳定系统。从这个例子可以看出，在设计一个控制系统时，需要同时考虑系统的相位裕量和幅值裕量，以避免得出不符合实际的结论。

例 5.19 单位反馈控制系统的开环传递函数为

$$G(s)=\frac{K}{s(s+2)(s+4)}$$

试分析当 $K=10$ 及 $K=100$ 时的相位裕量和幅值裕量，并给出为使系统为临界稳定时开环放大系数应增加或缩小的倍数。

解 系统 SIMULINK 仿真模型如图 5.66 所示。

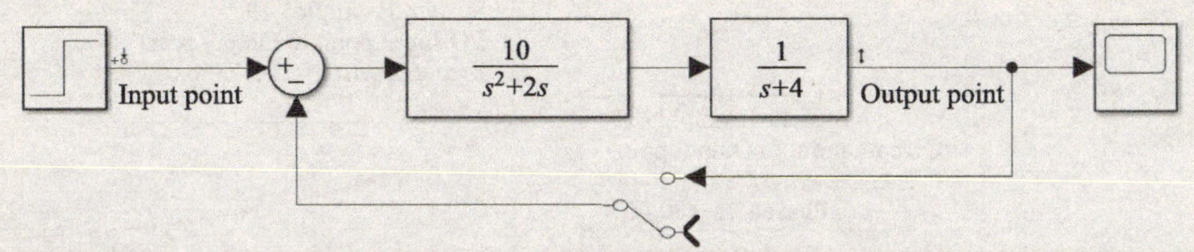

图 5.66 例 5.19 系统的 SIMULINK 仿真模型

$K=10$ 及 $K=100$ 的开环伯德图如图 5.67 所示。

由图 5.67a 得出，当 $K=10$ 时，$\omega_c=1.07$ rad/s，相位裕量 $\gamma(\omega_c)=180°+\varphi(\omega_c)=180°-133°=47°$；$\omega_g=2.83$ rad/s，幅值裕量 $K_g=13.6$ dB。因此该闭环系统稳定，且稳定程度较高。为使系统达到临界稳定，开环放大系数可增加的倍数为 $10^{\frac{13.5}{20}}=4.786$ 倍。

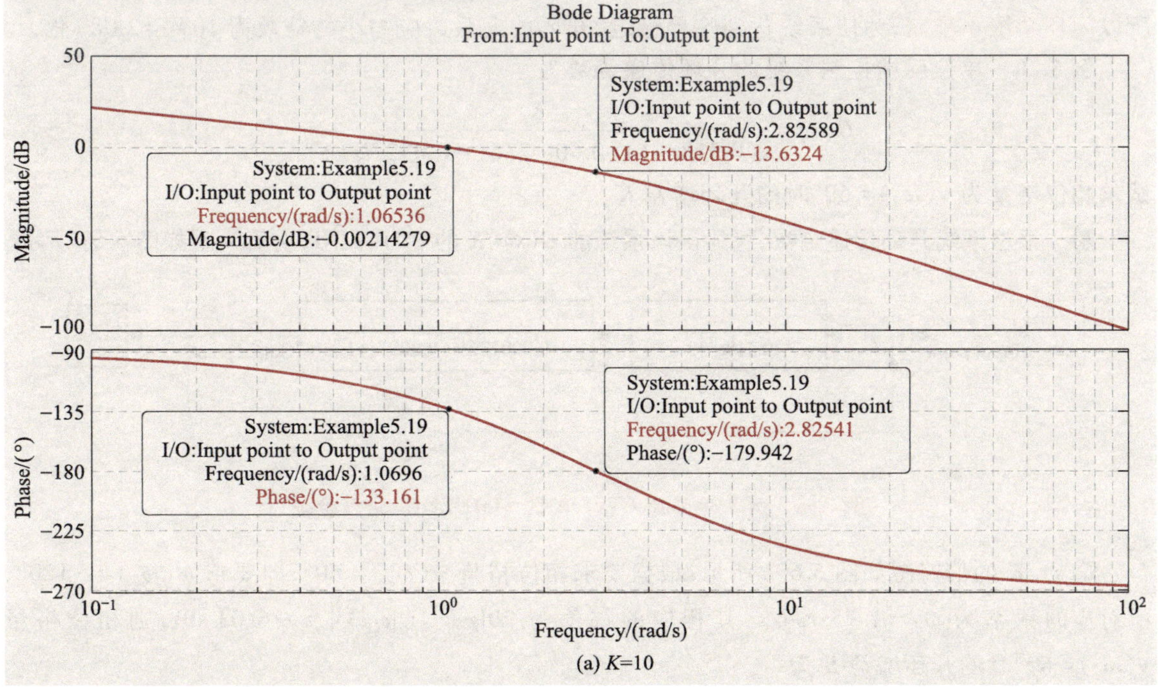

(a) $K=10$

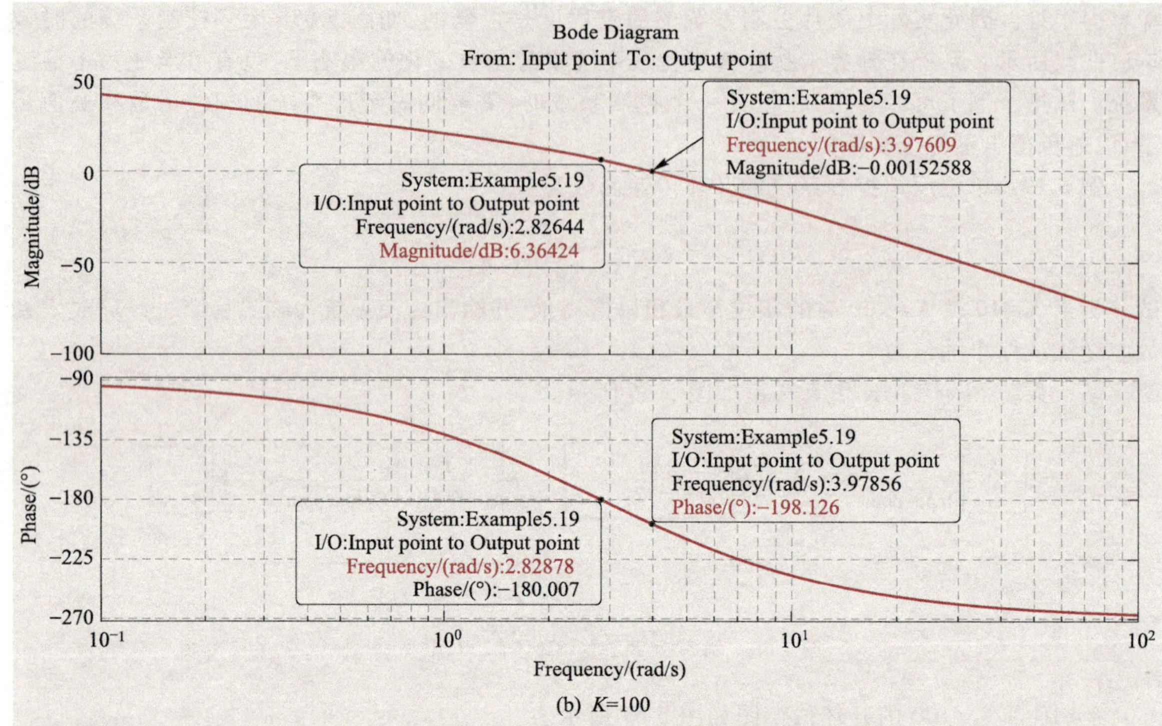

(b) K=100

图 5.67　例 5.19 系统 K = 10 及 K = 100 的开环伯德图

由图 5.67b 可见，当 $K=100$ 时，$\omega_c=4\ \mathrm{rad/s}$，相位裕量 $\gamma(\omega_c)=180°+\varphi(\omega_c)=180°-198°=-18°$；$\omega_g=2.83\ \mathrm{rad/s}$，幅值裕量 $K_g=-6.36\ \mathrm{dB}$。由于此时系统的相位裕量和幅值裕量均为负值，所以闭环系统不稳定，为使系统达到临界稳定，开环放大系数应缩小的倍数为 $10^{\frac{6.36}{20}}=2.080$ 倍。

例 5.20　单位反馈控制系统的开环传递函数为

$$G(s)=\frac{K}{s(0.318s+1)(0.000\ 236s^2+0.008\ 7s+1)}$$

试求相位裕量为 $\gamma(\omega_c)=60°$时的开环增益 K。

解　根据系统开环传递函数，可绘出该系统的 $G(s)/K$ 的 SIMULINK 仿真模型如图 5.68 所示。

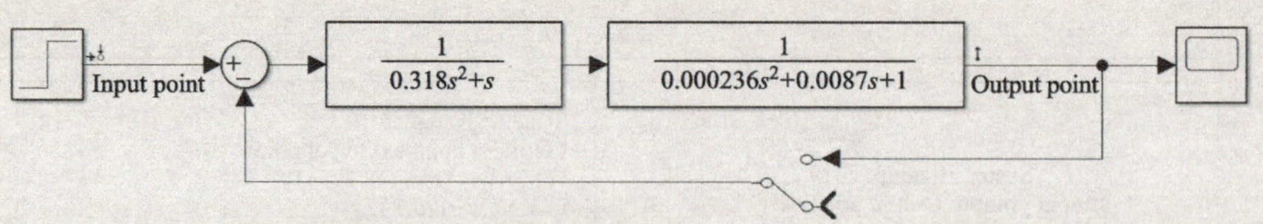

图 5.68　例 5.20 系统 $G(s)/K$ 的 SIMULINK 仿真模型

$G(s)/K$ 的伯德图如图 5.69a 所示，根据要求相位裕量 $\gamma(\omega_c)=60°$，即要求 $\varphi(\omega_c)=-120°$，所对应的频率为 $\omega_c=1.75\ \mathrm{rad/s}$，其相应的幅值为 $20\lg|G(\mathrm{j}\omega_c)|=-6.03\ \mathrm{dB}$，则相位裕量 $\gamma(\omega_c)=60°$时的开环增益 K 为

$$K = 10^{\frac{6.11}{20}} = 2.002\ 2$$

图 5.69b 为 $K = 2.002\ 2$ 时的伯德图，它的相位裕量 $\gamma(\omega_c) = 60°$，幅值裕量 $K_g = 34$ dB。

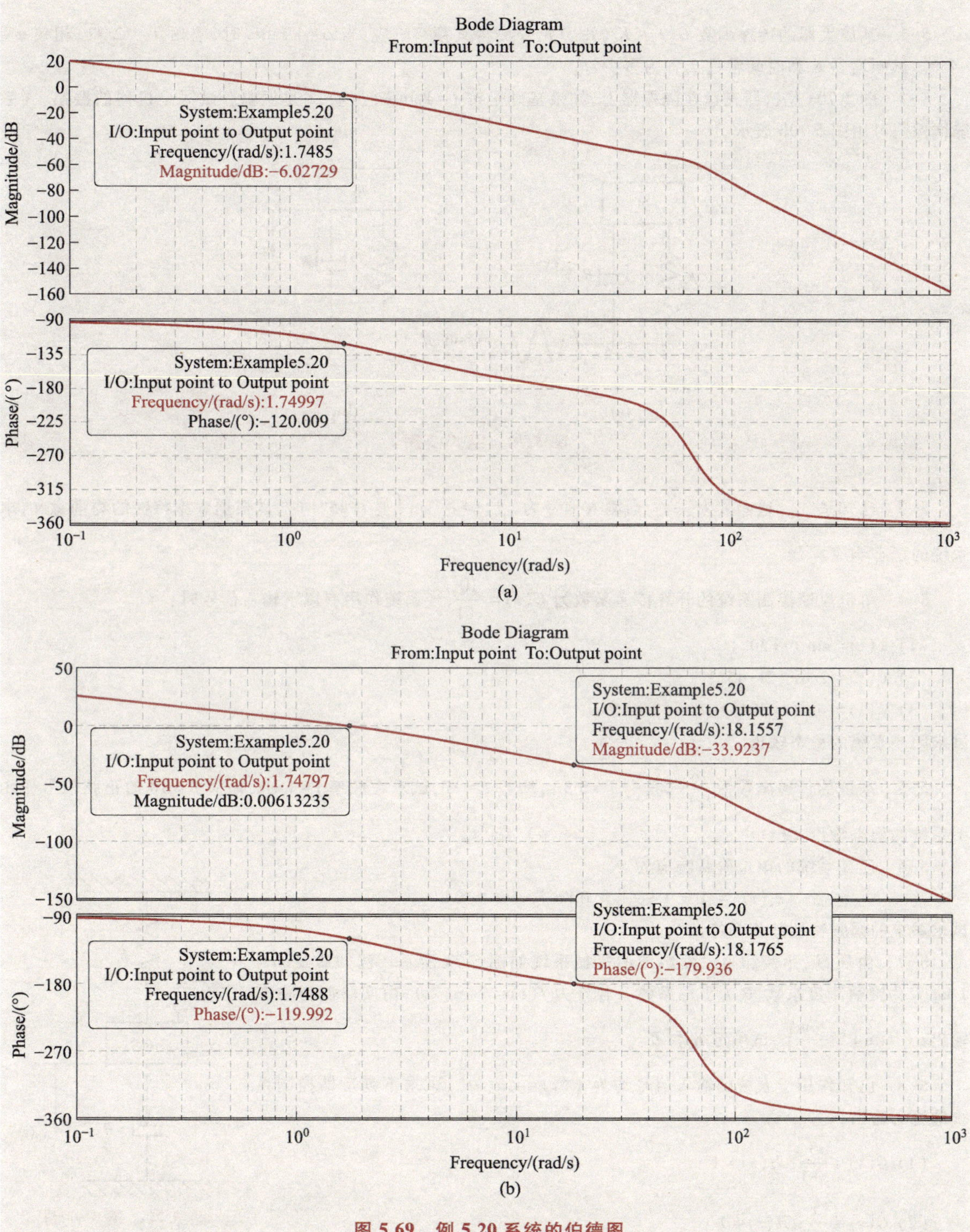

图 5.69 例 5.20 系统的伯德图

习　题

5-1　某放大器的传递函数 $G(s)=K/(Ts+1)$，今测得其频率响应，当 $\omega=1$ rad/s 时，幅频 $A=12/\sqrt{2}$，相频 $\varphi=-45°$。试问增益 K 和时间常数 T 各为多少？

5-2　图 5.70a 是机器支承在隔振器上，如果基础是按 $y=Y\sin\omega t$ 振动，Y 是振幅。试写出机器的振幅。（系统结构图可用图 5.70b 表示。）

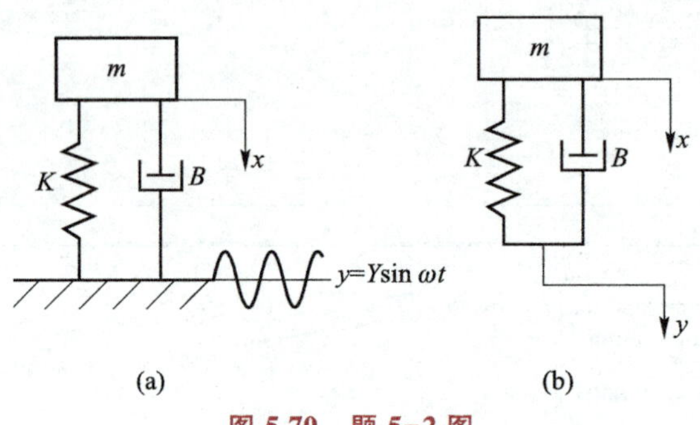

图 5.70　题 5-2 图

5-3　已知系统传递函数为 $\dfrac{7}{3s+2}$，当输入信号为 $x_i(t)=\dfrac{1}{7}\sin\left(\dfrac{2}{3}t+45°\right)$ 时，试根据频率特性的物理意义，求系统的稳态响应。

5-4　单位反馈控制系统的开环传递函数为 $G(s)=\dfrac{10}{s+1}$，当系统作用有以下输入信号时：

（1）$x_i(t)=\sin(t+30°)$

（2）$x_i(t)=2\cos(2t-45°)$

（3）$x_i(t)=\sin(t+30°)-2\cos(2t-45°)$

试求闭环系统的稳态输出。

5-5　系统的传递函数为 $\dfrac{K}{Ts+1}$，其中 $T=0.5$ s，增益 $K=10$，试求在频率 $f=1$ Hz，幅值 $R=10$ 的正弦信号作用下系统的稳态输出 $x_o(t)$。

5-6　已知系统的单位阶跃响应为

$$x_o(t) = 1 - 1.8e^{-4t} + 0.8e^{-9t} \quad (t \geqslant 0)$$

试求系统的幅频特性和相频特性。

5-7　由质量、弹簧和阻尼器组成的机械系统如图 5.71 所示。已知质量 $m=1$ kg，K 为弹簧刚度系数，B 为阻尼系数。若外力 $f(t)=2\sin(2t)$，由实验测得稳态输出 $x_{oss}=\sin\left(2t-\dfrac{\pi}{2}\right)$，试确定 K 和 B。

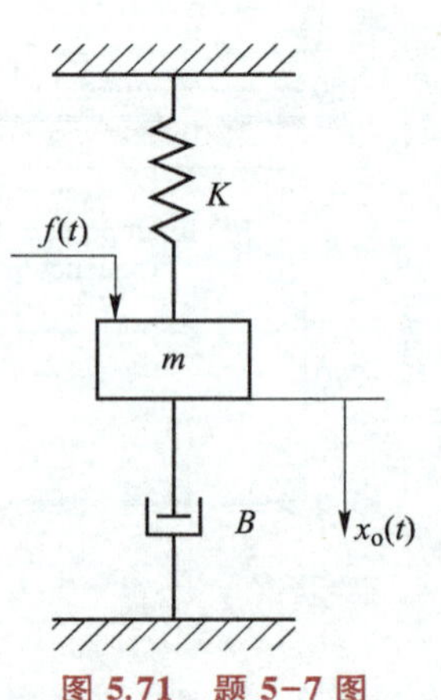

图 5.71　题 5-7 图

5-8　已知作用于系统的输入信号均为 $x_i(t)=\sin(2t)$，试求下列反馈控制系统的稳态输出：

（1）$G(s)=\dfrac{5}{s+1}$；$H(s)=1$

（2）$G(s)=\dfrac{5}{s}$；$H(s)=1$

(3) $G(s)=\frac{5}{s+1}$; $H(s)=2$

5-9 试求下列函数的 $A(\omega)$、$\varphi(\omega)$、$U(\omega)$ 和 $V(\omega)$。

(1) $G(j\omega)=\frac{5}{30j\omega+1}$

(2) $G(j\omega)=\frac{1}{j\omega(0.1j\omega+1)}$

5-10 已知系统开环传递函数如下，试概略绘出奈奎斯特图：

(1) $G(s)=\frac{K}{s}$

(2) $G(s)=\frac{K}{s^2}$

(3) $G(s)=\frac{K}{s^3}$

(4) $G(s)=\frac{K}{s(T_1s+1)(T_2s+1)}$ $(T_1>T_2)$

(5) $G(s)H(s)=\frac{K(T_2s+1)}{s^2(T_1s+1)}$ $(T_1>T_2;T_1=T_2;T_1<T_2)$

(6) $G(s)H(s)=\frac{1\,000(s+1)}{s(s^2+8s+100)}$

(7) $G(s)H(s)=\frac{K(\tau_1s+1)(\tau_2s+1)}{s^3}$ $(\tau_1>\tau_2)$

(8) $G(s)H(s)=\frac{K}{s(Ts-1)}$

(9) $G(s)H(s)=\frac{K(s+3)}{s(s-1)}$

(10) $G(s)=\frac{1}{s}e^{-s}$

(11) $G(s)=\frac{1}{1+0.01s}$

(12) $G(s)=\frac{1}{s(1+0.1s)}$

(13) $G(s)=\frac{50(0.6s+1)}{s^2(4s+1)}$

(14) $G(s)=10e^{-0.1s}$

5-11 试画出传递函数 $G(s)=\frac{\alpha Ts+1}{Ts+1}$ 的奈奎斯特图。其中 $\alpha=0.1, T=1$。

5-12 试画出下列传递函数的伯德图：

(1) $G(s)=\frac{2}{(2s+1)(8s+1)}$

(2) $G(s)H(s)=\frac{200}{s^2(s+1)(10s+1)}$

(3) $G(s)H(s)=\frac{50}{s^2(s^2+s+1)(10s+1)}$

(4) $G(s)H(s)=\frac{10(s+0.2)}{s^2(s+0.1)}$

(5) $G(s)H(s)=\frac{8(s+0.1)}{s(s^2+s+1)(s^2+4s+25)}$

5-13 画出下列传递函数的伯德图并进行比较：

(1) $G(s)=\frac{T_1s+1}{T_2s+1}$ $(T_1>T_2>0)$

(2) $G(s)=\frac{T_1s-1}{T_2s+1}$ $(T_1>T_2>0)$

5-14 试用奈奎斯特稳定判据判别图 5.72(1)~(10)所示曲线对应系统的稳定性。已知该图(1)~(10)所对应的开环传递函数分别为

(1) $G(s)=\frac{K}{(T_1s+1)(T_2s+1)(T_3s+1)}$

(2) $G(s)=\frac{K}{s(T_1s+1)(T_2s+1)}$

(3) $G(s)=\dfrac{K}{s^2(Ts+1)}$　　(4) $G(s)=\dfrac{K(T_1s+1)}{s^2(T_2s+1)}$

(5) $G(s)=\dfrac{K}{s^3}$　　(6) $G(s)=\dfrac{K(T_1s+1)(T_2s+1)}{s^3}$

(7) $G(s)=\dfrac{K(T_5s+1)(T_6s+1)}{s(T_1s+1)(T_2s+1)(T_3s+1)(T_4s+1)}$　　(8) $G(s)=\dfrac{K}{Ts-1}\quad(K>1)$

(9) $G(s)=\dfrac{K}{Ts-1}\quad(K<1)$　　(10) $G(s)=\dfrac{K}{s(Ts-1)}$

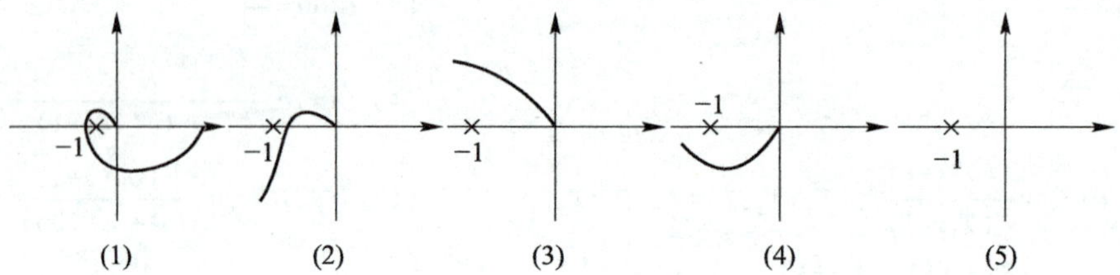

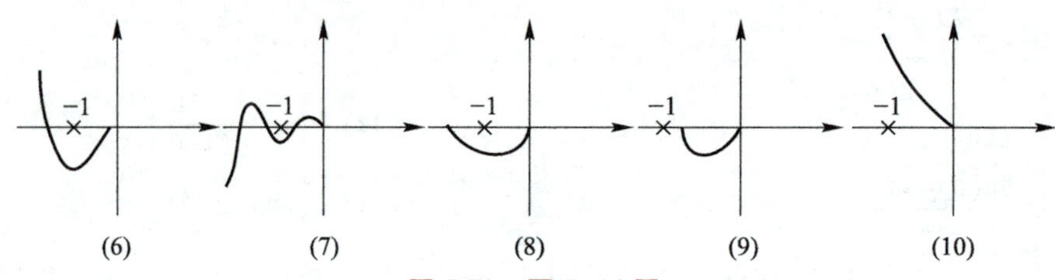

图 5.72　题 5-14 图

5-15　已知某系统的开环传递函数为

$$G(s)H(s)=\frac{10(K_hs+1)}{s(s-1)}$$

试确定闭环系统稳定时 K_h 的临界值。

5-16　单位负反馈控制系统的开环传递函数为

$$G(s)=\frac{K_v}{s\left(\dfrac{s^2}{\omega_n^2}+2\zeta\dfrac{s}{\omega_n}+1\right)}$$

其中，无阻尼固有频率 $\omega_n=90$ rad/s，阻尼比 $\zeta=0.2$。试确定速度误差系数 K_v 值多大时，系统是稳定的。

5-17　单位反馈系统的开环传递函数为

$$G(s)=\frac{K}{s(0.1s+1)(s+1)}$$

(1) 确定使系统的谐振峰值 $M(\omega_r)=1.4$ 的 K 值；

(2) 确定使系统的相位裕量 $\gamma=+60°$ 的 K 值；

(3) 确定使系统的幅值裕量 $K_g=+20$ dB 的 K 值。

5-18　设单位反馈系统的开环传递函数为

$$G(s)=\frac{as+1}{s^2}$$

试确定使相位裕量 $\gamma=+45°$ 的 a 值。

5-19 已知单位反馈系统的开环传递函数

$$G(s)=\frac{13.3}{s\left(\frac{s}{4.59}+1\right)\left(\frac{s^2}{4.05^2}+0.81\frac{s}{4.05}+1\right)}$$

应用奈奎斯特稳定判据,论证系统是否稳定。

5-20 已知系统开环传递函数

$$G(s)=\frac{60}{s(0.001s+1)(0.01s+1)(0.1s+1)}$$

试问单位反馈闭环系统是否稳定。

5-21 已知单位反馈系统开环传递函数

$$G(s)=\frac{775(0.1s+1)(0.2s+1)}{s(0.5s+1)(s+1)(0.655\times10^{-4}s^2+6.55\times10^{-3}s+1)}$$

试求其相位裕量 γ 和幅值裕量 K_g。

5-22 已知单位反馈系统开环传递函数

$$G(s)=\frac{17.7(1+0.374s)}{s^2(1+0.042s)(1+0.020\ 6s)(1+0.007\ 2s)(1+0.001\ 72s)}$$

试求其相位裕量 γ 和幅值裕量 K_g。

5-23 某单位反馈的二阶Ⅰ型系统,其最大超调量 $M_p=16.3\%$,峰值时间 $t_p=114.6$ ms,试求系统开环传递函数 $G(s)$,并求出闭环谐振峰值 $M(\omega_r)$ 和谐振频率 ω_r。

5-24 直升机负载位置控制系统如图 5.73 所示。在直升机缆绳的终端吊有重物负载,图 5.73b 所示系统框图中的 $H(s)$ 表示飞行员的视觉反馈。试应用 MATLAB 软件绘制系统伯德图。

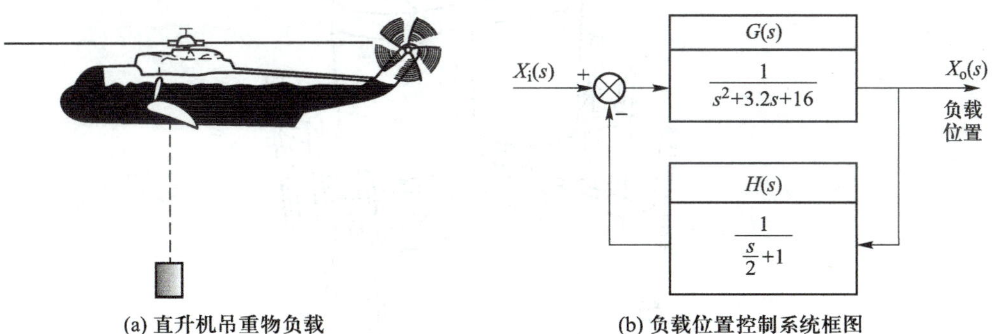

图 5.73 题 5-24 图

5-25 具有两个关节的网球机器人如图 5.74a 所示。用于控制小臂转动角度 $\theta_2(t)$ 的系统框图见图 5.74b。控制系统的要求是在保证系统具有足够的稳定裕量的条件下,提高系统的响应速度。试应用 MATLAB 软件完成:

(1) 绘制系统开环对数频率特性图,并计算相位裕量和幅值裕量。

(2) 绘制系统闭环对数频率特性图,并计算系统带宽。

(3) 绘制闭环系统的单位阶跃响应曲线,并确定调整时间。

5-26 用于星际探索的六足步行机器人如图 5.75a 所示。该机器人单足控制系统框图见图 5.75b。试应用 MATLAB 作如下分析:

(1) 绘制 $K=20$ 和 $K=40$ 时的系统闭环对数频率特性图。

(2) 分别确定 $K=20$ 和 $K=40$ 时,闭环系统的谐振峰值、谐振频率和系统带宽。

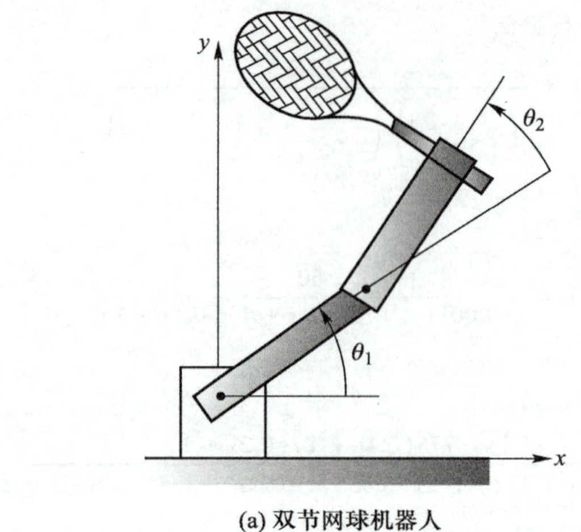

(a) 双节网球机器人

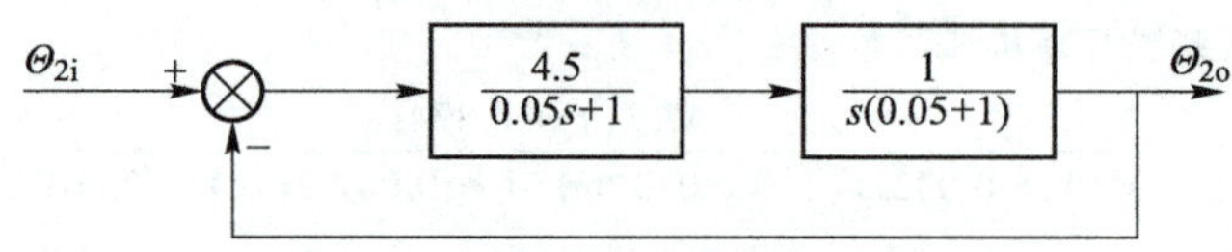

(b) 小臂转动控制系统框图

图 5.74　题 5-25 图

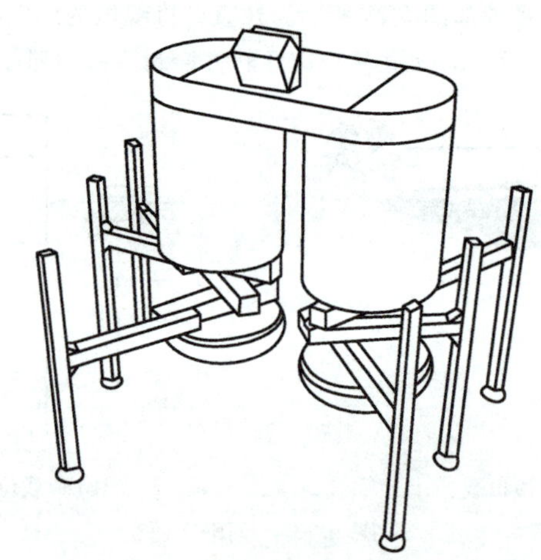
(a) 六足步行机器人

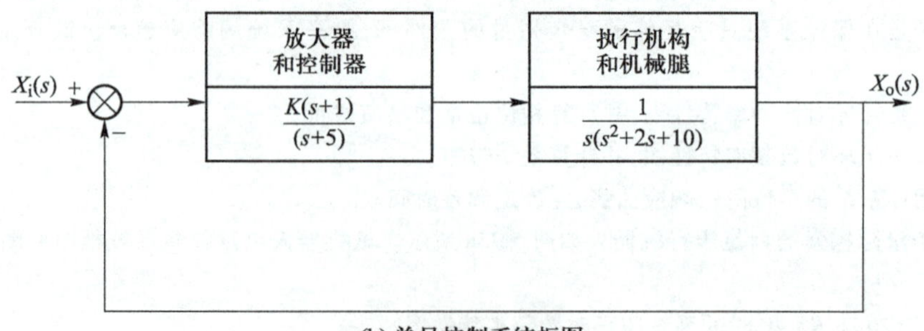

(b) 单足控制系统框图

图 5.75　题 5-26 图

第6章　控制系统的设计和校正

本章主要介绍用频域分析法对单输入单输出线性定常系统进行设计和校正的步骤和方法。频域法设计是目前应用最广泛的工程方法之一。

6.1　概述

在控制系统的设计中,系统的瞬态响应特性通常是最直观、最重要的。在频域法中以频域的一些性能指标来表征系统的瞬态响应特性,如相位裕量 $\gamma(\omega_c)$、幅值裕量 K_g、谐振峰值 M_r、幅值穿越频率 ω_c 或谐振频率 ω_r、截止频率 ω_b 和稳态误差系数等。虽然瞬态响应和频率响应之间的关系是间接的,但是频域指标给在伯德图上进行设计和校正带来了方便。而且时域性能指标可以应用有关公式(见第5章5.6节)转换为频域指标。因此,实际应用时并不困难。

频域法设计还特别适用于某些动态方程推导起来比较困难的元件,如液压和气动元件,这些元件的动态特性通常可以通过频率响应实验来确定。当在伯德图上进行设计时,由实验得到的频率响应图可以容易地与其他频率响应图综合。在涉及高频噪声时,频域法设计也比其他方法更方便。

频域法可以用开环特性来研究闭环。当应用频域法设计出系统开环特性以后,就可以进一步确定闭环极点和零点了。因此,本章主要研究用开环频率特性设计控制系统。

总的来说,控制系统的设计任务是在已知控制对象的特性和系统的性能指标条件下设计系统的控制部分。如图1.5所示,闭环系统的控制部分一般应包括反馈元件、比较元件、放大元件、执行元件等。通常,根据被控制量的形式选择反馈元件,例如电位计、热电偶、测速发电机、光栅尺、编码器以及各类传感器等;然后按输入信号和反馈信号的形式选择比较元件,例如,电位计、旋转变压器、机械式差动装置等;根据控制精度和驱动执行元件的要求在比较元件和执行元件之间配置一个(或几个)增益可调的放大器,例如电压放大器(或电流放大器)、功率放大器等;按控制对象的功率要求和所需能源形式以及控制对象的工作条件来选择执行元件,例如伺服电动机、液压/气动伺服马达、液压/气动伺服缸等。以上各类元件在选择之前都必须根据已知条件和系统要求进行综合考虑和计算。考虑的因素应包括性能、尺寸、质量、环境适应性和经济性等方面。

选择和设计出的上述这些元件与控制对象一起构成了系统的基本组成部分,通常称为系统的固有部分(或称不变部分),固有部分除系统增益可调外,其余结构和参数一般不能任意改变。

显然,由固有部分组成的系统往往不能同时满足各项性能指标的要求,有的甚至还不稳定。为了使控制系统能满足性能指标所提出的各项要求,一般先调整系统的增益。但是,在大多数实际情况中,只调整增益并不能使系统的性能得到充分改变,以满足给定的性能指标。通常情况是:随着增益的增大,系统的稳态性能得到改善,但稳定性却随之变差,甚至有可能造成系统不稳定。因此,需要对系统进行再设计(通过改变系统结构,或在系统中加进附加装置或元件),以改变系统的总体性能,使之满足要求。这种再设计,称为系统的校正。为了满足性能指标而往系统中加入的适当装置,称为校正装置。校正装置补偿原系统的性能缺陷。对控制系统进行校正(设计校正装置)将是本章所要阐述的主要内容。

图 6.1 所示为反馈控制系统中常用的校正方式。图 6.1a 所示的方式,是将校正装置 $G_c(s)$ 串联在系统固有部分的前向通道中,这种校正称为串联校正;图 6.1b 所示的方式,是从某些元件引出反馈信号,构成反馈回路,并在内反馈回路上设置校正装置 $G_c(s)$,这种校正称为反馈校正或并联校正。在校正系统时,究竟采用哪种校正方式,取决于系统中信号的性质、技术上方便程度、可供选择的元件、系统的其他性能要求(如抗干扰性、环境适应性)、经济性以及设计者的经验等诸因素。有时也可将这两种校正方式结合起来使用,称之为复合校正。

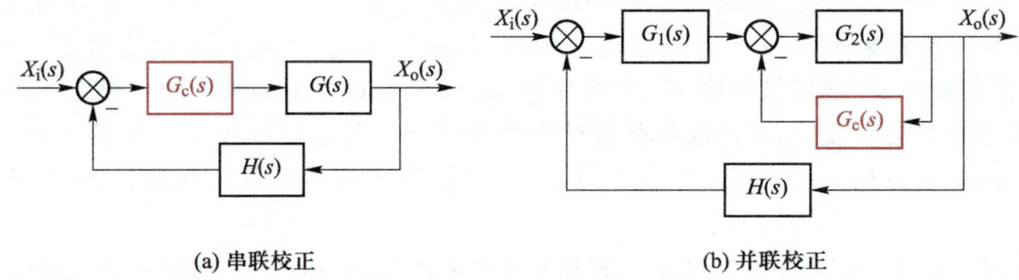

图 6.1 校正方式

6.2 PID 控制规律

PID(proportional integral derivative)控制是控制工程中技术成熟、应用广泛的一种控制策略,经过长期的工程实践,已形成了一套完整的控制方法和典型的结构。它不仅适用于数学模型已知的控制系统,而且对于大多数数学模型难以确定的工业过程也可应用。PID 控制参数整定方便,结构改变灵活,在众多工业过程控制中取得了满意的应用效果。

随着计算机技术的迅速发展,将 PID 控制数字化,在计算机控制系统中实施数字 PID 控制,已成为一个新的发展趋势。因此,PID 控制是一种很重要、很实用的控制规律。

如第 1 章所述,在图 6.2a 所示的反馈控制系统中,偏差信号 $\varepsilon(t)$ 是系统进行控制的最基本、最原始的信号。为了提高系统的控制性能,可对信号 $\varepsilon(t)$ 加以改造,使其按某种函数关系进行变换,形成新的控制规律,即

$$u(t)=f[\varepsilon(t)] \tag{6.1}$$

从而使系统达到所要求的性能指标。加 PID 控制后的系统如图 6.2b 所示。

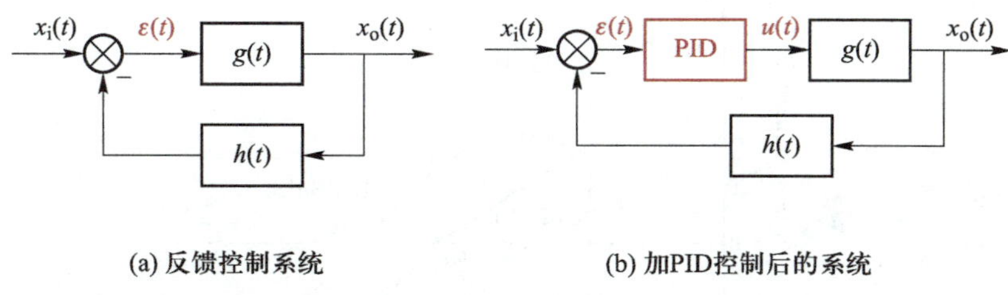

图 6.2　控制系统

所谓 PID 控制，就是对偏差信号 $\varepsilon(t)$ 进行比例、积分和微分运算变换后形成的一种控制规律，即

$$u(t) = K_p\left[\varepsilon(t) + \frac{1}{T_i}\int_0^t \varepsilon(\tau)\mathrm{d}\tau + T_d\frac{\mathrm{d}}{\mathrm{d}t}\varepsilon(t)\right] \tag{6.2}$$

式中：$K_p\varepsilon(t)$——比例控制项，K_p 为比例系数；

$\frac{1}{T_i}\int_0^t \varepsilon(\tau)\mathrm{d}\tau$——积分控制项，$T_i$ 为积分时间常数；

$T_d\frac{\mathrm{d}}{\mathrm{d}t}\varepsilon(t)$——微分控制项，$T_d$ 为微分时间常数。

PID 控制可以方便灵活地改变控制策略，实施 P、PI、PD 或 PID 控制。

下面用频域法分别说明它们的控制作用。

6.2.1　P 控制（比例控制）

P 控制器的框图如图 6.3 所示。控制器的输出 $u(t)$ 与偏差信号 $\varepsilon(t)$ 之间的关系为

$$u(t) = K_p\varepsilon(t) \tag{6.3}$$

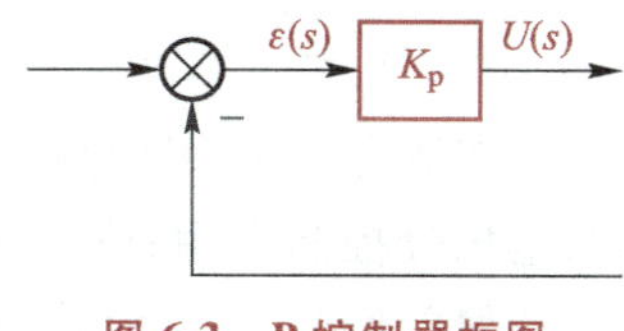

图 6.3　P 控制器框图

控制器的传递函数为

$$G_c(s) = \frac{U(s)}{\varepsilon(s)} = K_p \tag{6.4}$$

由式(6.3)和式(6.4)可知，P 控制器实质上是一种增益可调的放大器。

P 控制器的频率特性、对数幅频特性和对数相频特性分别为

$$G_c(\mathrm{j}\omega) = K_p,\quad L_c(\omega) = 20\lg K_p,\quad \varphi_c(\omega) = 0$$

图 6.4 显示了系统引入 P 控制器后对系统性能的影响。由图可见，当取 $K_p>1$ 时，采用比例控制改善了系统的稳态性能（开环增益加大，稳态误差减小）和快速性（幅值穿越频率 ω_c 增大，调整时间 t_s 缩短），但系统稳定程度变差［相位裕量 $\gamma(\omega_c)$ 变小］。因此只有原系统稳定裕量充分大时才采用比例控制。若取 $K_p<1$，则对系统性能的影响刚好相反。

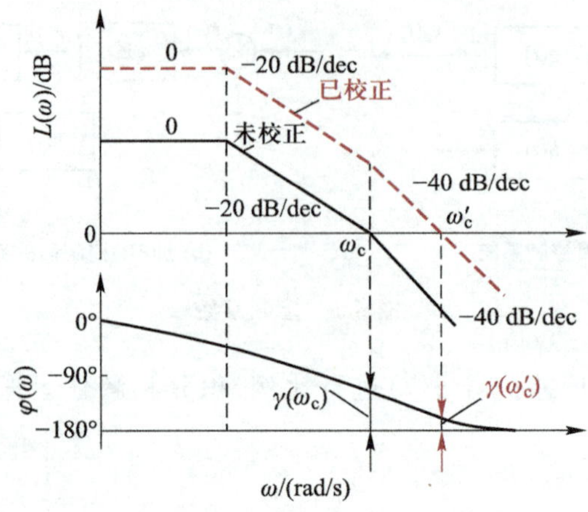

图 6.4　P 控制的作用

6.2.2　PI 控制(比例加积分控制)

PI 控制器的控制作用由下式定义

$$u(t)=K_{p}\varepsilon(t)+\frac{K_{p}}{T_{i}}\int_{0}^{t}\varepsilon(t)\mathrm{d}t \tag{6.5}$$

控制器的传递函数为

$$\frac{U(s)}{\varepsilon(s)}=K_{p}\left(1+\frac{1}{T_{i}s}\right) \tag{6.6}$$

PI 控制器的框图如图 6.5a 所示。这种控制器的 K_p 和 T_i 均为可调。调节积分时间常数 T_i 可调整积分控制作用;改变比例系数 K_p 既影响控制作用的比例部分,又影响控制作用的积分部分。若偏差信号 $\varepsilon(t)$ 为单位阶跃函数,如图 6.5b 所示,则控制器的输出 $u(t)$ 将如图 6.5c 所示。由该图可以看出,积分控制作用具有记忆功能。

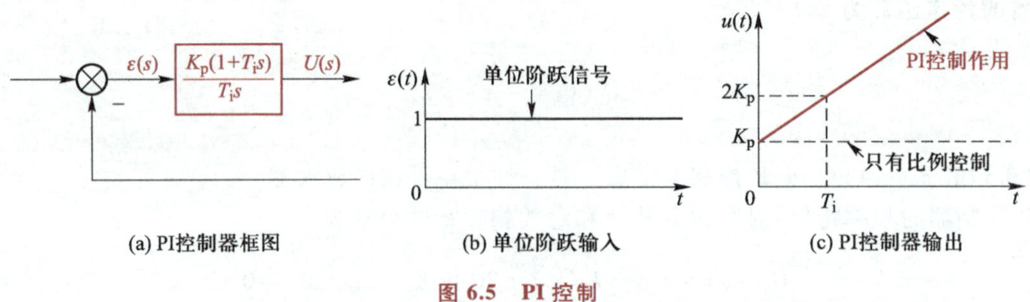

图 6.5　PI 控制

若取 $K_p=1$,则 PI 控制器的频率特性、对数幅频特性和对数相频特性分别为

$$G_{c}(\mathrm{j}\omega)=\frac{1+\mathrm{j}T_{i}\omega}{\mathrm{j}T_{i}\omega}$$

$$L_c(\omega) = 20\lg\sqrt{1 + T_i^2\omega^2} - 20\lg T_i\omega$$

$$\varphi_c(\omega) = \arctan T_i\omega - 90°$$

PI 控制器的控制作用视使用方法不同而有不同的效果。当取 $K_p = 1$ 时,其使用情况如图 6.6a所示。由此图可知,引入 PI 控制器后,使系统从 0 型提高到 Ⅰ 型,因而系统的稳态误差得以消除或变小,改善了系统的稳态性能。但系统的相位裕量有所减小,稳定程度变差。若取 $K_p<1$,则控制作用如图 6.6b 所示。系统从 Ⅰ 型提高到 Ⅱ 型,使系统的稳态性能得以改善,同时系统从不稳定变为稳定。但系统的幅值穿越频率 ω_c 减小,快速性变差,即系统的动态性能有所下降。

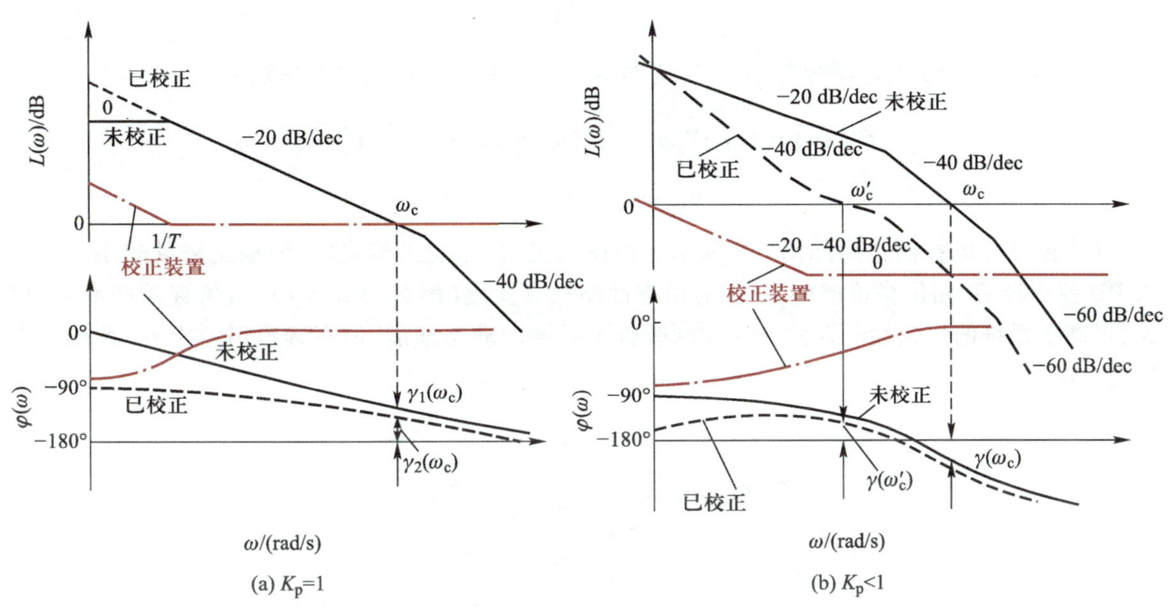

(a) K_p=1　　(b) K_p<1

图 6.6　PI 控制的作用

6.2.3　PD 控制(比例加微分控制)

PD 控制器的控制作用由下式定义

$$u(t) = K_p\varepsilon(t) + K_pT_d\frac{d}{dt}\varepsilon(t) \tag{6.7}$$

控制器的传递函数为

$$G_c(s) = \frac{U(s)}{\varepsilon(s)} = K_p(1 + T_ds) \tag{6.8}$$

PD 控制器的框图如图 6.7a 所示,其中 K_p 和 T_d 均可以调节。若偏差信号 $\varepsilon(t)$ 为速度函数,如图 6.7b 所示,则控制器输出 $u(t)$ 将如图 6.7c 所示。由该图可以看出,微分控制作用具有预测特性。时间常数 T_d 就是微分控制作用超前于比例控制作用效果的时间间隔。但是必须指出,微分控制作用永远不能预测不存在的作用。再则,微分控制作用也有它的缺点,因为它放大了噪声信号，并且还可能在执行元件中造成饱和效应。

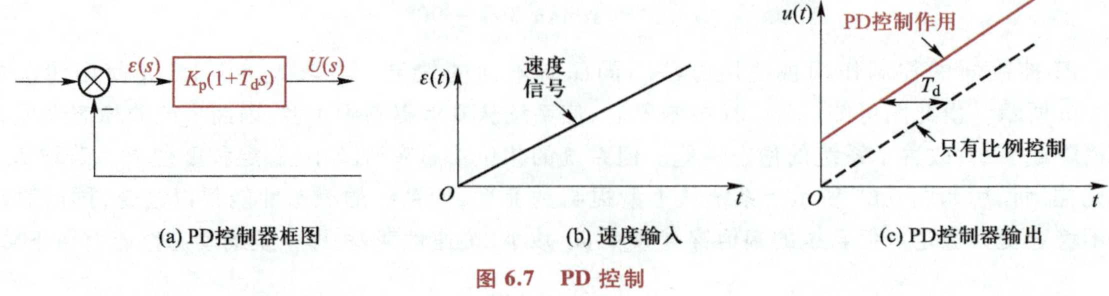

图 6.7 PD 控制

设 $K_p=1$，则 PD 控制器的频率特性、对数幅频特性和对数相频特性分别为

$$G_c(j\omega)=1+jT_d\omega,\quad L_c(\omega)=20\lg\sqrt{1+T_d^2\omega^2},$$

$$\varphi_c(\omega)=\arctan T_d\omega$$

PD 控制器的控制作用如图 6.8 所示。由图可见，原系统虽然稳定，但稳定裕量较小。当引入 PD 控制器后，相位裕量增加，系统的稳态性能没有变化（因为设 $K_p=1$），幅值穿越频率 ω_c 增大，提高了系统的快速性。因此，PD 控制改善了系统的动态性能；但高频段增益上升，系统抗干扰能力减弱。

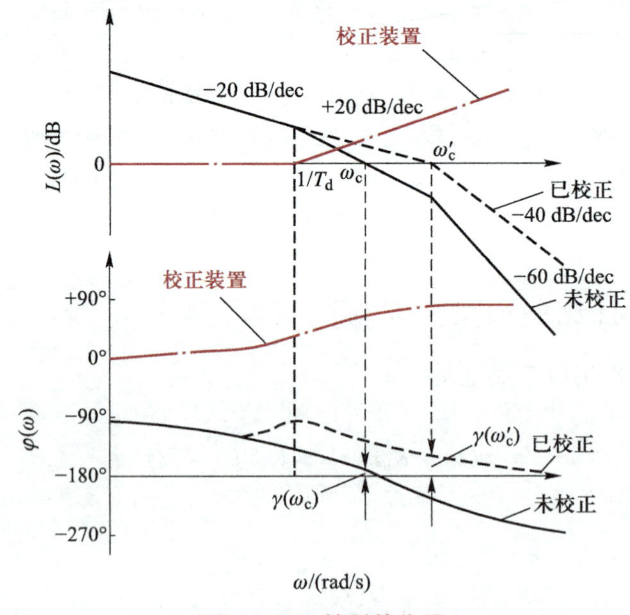

图 6.8 PD 控制的作用

6.2.4 PID 控制（比例加积分加微分控制）

比例控制、积分控制和微分控制的组合称为比例加积分加微分控制。这种组合控制器综合了 3 种单独控制器各自的优点，其控制作用由下式定义

$$u(t)=K_p\varepsilon(t)+\frac{K_p}{T_i}\int_0^t\varepsilon(t)\mathrm{d}t+K_pT_d\frac{\mathrm{d}}{\mathrm{d}t}\varepsilon(t) \tag{6.9}$$

PID 控制器的传递函数为

$$G_c(s)=\frac{U(s)}{\varepsilon(s)}=K_p\left(1+\frac{1}{T_is}+T_ds\right) \tag{6.10}$$

图 6.9a 所示为 PID 控制器的框图。若偏差信号 $\varepsilon(t)$ 为速度函数，如图 6.9b 所示，则控制器的输出 $u(t)$ 将如图 6.9c 所示。

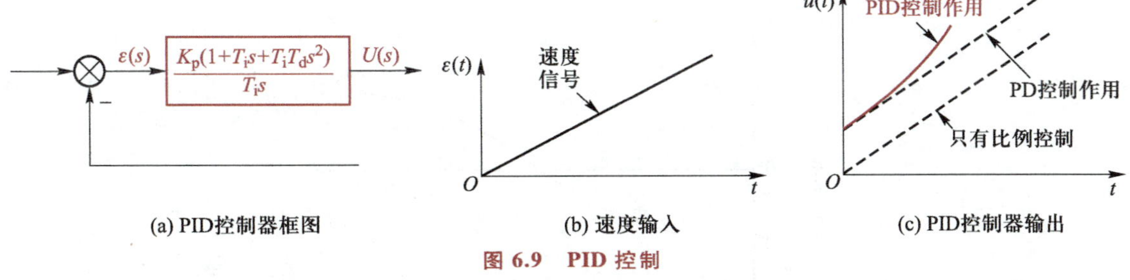

(a) PID控制器框图　(b) 速度输入　(c) PID控制器输出

图 6.9　PID 控制

当取 $K_p=1$ 时，PID 控制器的频率特性为

$$G_c(\mathrm{j}\omega)=1+\frac{1}{\mathrm{j}T_i\omega}+\mathrm{j}T_d\omega \tag{6.11}$$

令 $\omega_i=\dfrac{1}{T_i}$，$\omega_d=\dfrac{1}{T_d}$，且设 $\omega_i<\omega_d$（即 $T_i>T_d$），则有

$$G_c(\mathrm{j}\omega)=\left(1+\mathrm{j}\frac{\omega}{\omega_i}-\frac{\omega^2}{\omega_i\omega_d}\right)\Bigg/\mathrm{j}\frac{\omega}{\omega_i} \tag{6.12}$$

因此，比例加积分加微分控制器的对数幅频特性和对数相频特性分别为

$$L_c(\omega)=20\lg\sqrt{\left(1-\frac{\omega^2}{\omega_i\omega_d}\right)^2+\frac{\omega^2}{\omega_i^2}}-20\lg\frac{\omega}{\omega_i}$$

$$\varphi_c(\omega)=\arctan\frac{\dfrac{\omega}{\omega_i}}{1-\dfrac{\omega^2}{\omega_i\omega_d}}-90^\circ$$

近似地有

$$L_c(\omega)=\begin{cases}-20\lg\dfrac{\omega}{\omega_i} & (\omega\ll\omega_i)\\ 0 & (\omega_i<\omega<\omega_d)\\ 20\lg\dfrac{\omega}{\omega_d} & (\omega\gg\omega_d)\end{cases}$$

$$\varphi_c(\omega)=\begin{cases}-90^\circ & (\omega\to0)\\ 0 & (\omega=\sqrt{\omega_i\omega_d})\\ +90^\circ & (\omega\to\infty)\end{cases}$$

由上式画出 PID 控制器的伯德图如图 6.10 所示。可见，PID 控制在低频段主要起积分控制作用，改善系统的稳态性能；在中频段主要起微分控制作用，提高系统的动态性能。

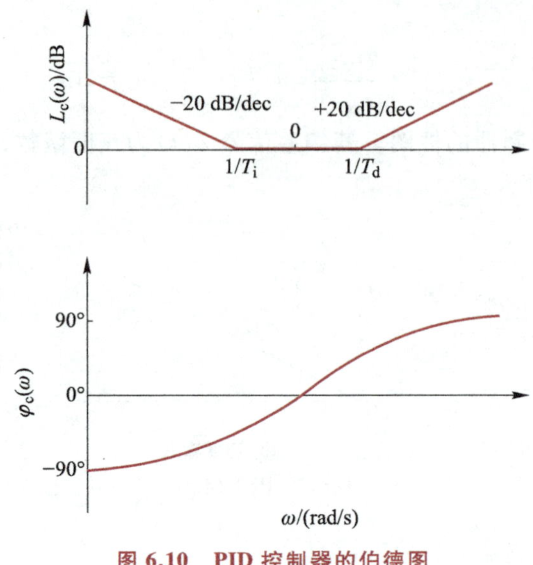

图 6.10　PID 控制器的伯德图

6.3　PID 控制规律的实现

PID 控制规律通常由其相应的校正装置来实现。这些校正装置的物理属性可以是电气的、机械的、液压的、气动的或者是它们的组合形式。究竟采用哪种形式的校正装置为宜，在很大程度上取决于控制对象的性质。如果不存在发生火灾的危险，则一般都愿意采用电气校正装置（即电网络），因为它实现起来最方便。在机械工业也经常采用机械、液压或气动的校正装置。

当采用计算机控制时，PID 控制规律可在计算机中由相应的算法来实现，详见 7.6 节。

本节主要介绍有源和无源电网络及机械网络 PID 控制规律的实现，并研究它们的结构形式和特性。

6.3.1　PD 控制规律的实现

1. PD 校正装置

PD 控制可用图 6.11 所示的有源电网络来实现，它由运算放大器和电阻、电容组成。按复阻抗计算，有

$$Z_1=\frac{R_1}{R_1C_1s+1},\quad Z_2=R_2$$

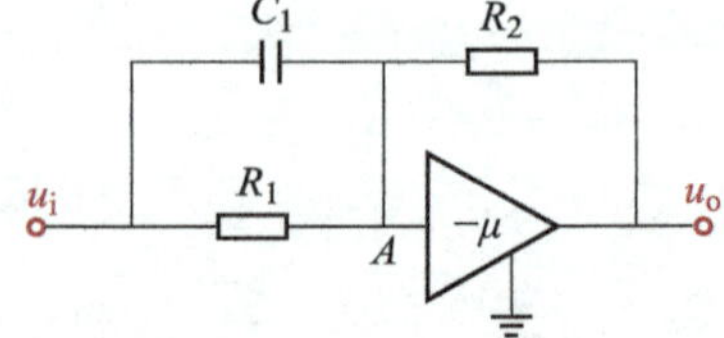

图 6.11　PD 校正装置

若将 A 点视为零电位并不考虑方向性，则有

$$\frac{U_i(s)}{Z_1(s)}=\frac{U_o(s)}{Z_2(s)}$$

将 Z_1、Z_2 代入上式，整理后即得有源电网络的传递函数

$$G_c(s)=K_p(T_1 s+1) \tag{6.13}$$

式中，$T_1=R_1C_1$，$K_p=R_2/R_1$。

可见，式(6.13)为典型的 PD 控制器传递函数，故该有源电网络可以作为 PD 校正装置。

2. 近似 PD 校正装置

图 6.12a 所示的无源电网络可用来近似地实现 PD 控制规律。其传递函数为

$$G_c(s)=\frac{U_o(s)}{U_i(s)}=\frac{1}{\alpha_i}\frac{T_1 s+1}{\dfrac{T_1}{\alpha_i}s+1} \tag{6.14}$$

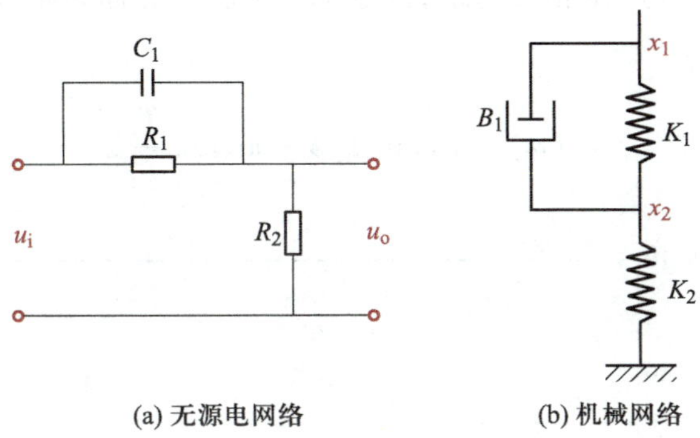

(a) 无源电网络　　(b) 机械网络

图 6.12　近似 PD 校正装置

式中，$T_1=R_1C_1$，$\alpha_i=\dfrac{R_1+R_2}{R_2}>1$。如果取 $|\alpha_i|\gg|T_1|$，则近似有

$$G_c(s)=\frac{1}{\alpha_i}(T_1 s+1) \tag{6.15}$$

式(6.15)即为理想的 PD 控制规律。但实际上 α_i 取值不能太大，否则，衰减太严重，一般取 $\alpha_i\leqslant 20$。故这一电网络只能近似地实现 PD 控制。因此，它又被称为实用微分校正电路。近似 PD 控制规律也可用图 6.12b 所示的机械网络校正装置来实现。该装置由一个阻尼器和两个弹簧组成。忽略负载的影响，其传递函数同样可写成如式(6.14)的形式，即

$$G_c(s)=\frac{X_2(s)}{X_1(s)}=\frac{1}{\alpha_i}\frac{T_1 s+1}{\dfrac{T_1}{\alpha_i}s+1}$$

式中，$T_1=\dfrac{B_1}{K_1}$，$\alpha_i=\dfrac{K_1+K_2}{K_1}>1$。

下面分析近似 PD 校正装置(无源校正网络)的特性。

根据近似 PD 校正装置的传递函数式(6.14)，可得出其频率特性为

$$G_c(j\omega)=\frac{1}{\alpha_i}\frac{1+jT_1\omega}{1+j\dfrac{T_1}{\alpha_i}\omega}$$

由上式可见，采用近似 PD 校正装置进行串联校正时，整个系统的开环增益要下降至它的 $\frac{1}{\alpha_i}$。如果这个增益衰减量已由提高增益的放大器所补偿，则近似 PD 校正装置的频率特性可写为

$$\alpha_i G_c(j\omega) = \frac{1 + jT_1\omega}{1 + j\frac{T_1}{\alpha_i}\omega}$$

图 6.13 所示为近似 PD 校正装置的伯德图，其转折频率分别为 $\omega_1 = \frac{1}{T_1}$ 和 $\omega_2 = \frac{\alpha_i}{T_1}$。从伯德图可见，该装置在整个频率范围内都产生相位超前，故近似 PD 校正也称为相位超前校正。其超前的相角为

$$\varphi_c(\omega) = \arctan T_1\omega - \arctan \frac{T_1}{\alpha_i}\omega \tag{6.16}$$

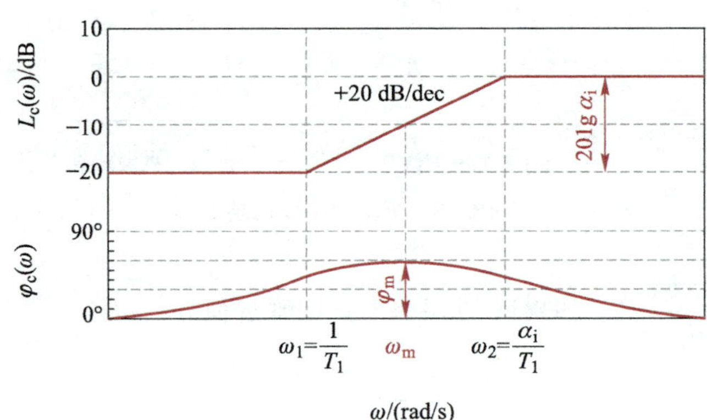

图 6.13　近似 PD 校正装置的伯德图

令 $\frac{d}{d\omega}\varphi_c(\omega) = 0$，可求出产生最大超前相角时的频率为

$$\omega_m = \frac{\sqrt{\alpha_i}}{T_1} \tag{6.17}$$

因此有

$$\omega_m^2 = \omega_1\omega_2 \quad 和 \quad \frac{\omega_2}{\omega_m} = \frac{\omega_m}{\omega_1}$$

在对数坐标中，则有

$$\lg \omega_2 - \lg \omega_m = \lg \omega_m - \lg \omega_1$$

上式表明，ω_m 是频率特性的两个转折频率 ω_1 和 ω_2 的几何中心。

将式(6.17)代入式(6.16)，可得最大超前相角

$$\varphi_m = \arcsin \frac{\alpha_i - 1}{\alpha_i + 1} \tag{6.18}$$

上式又可以写为

$$\alpha_i = \frac{1 + \sin \varphi_m}{1 - \sin \varphi_m} \tag{6.19}$$

可见 φ_m 仅与 α_i 值有关，α_i 越大，φ_m 就越大，也即相位超前越多，但通过校正装置的信号幅值衰减也越严重。为了满足稳态精度的要求，保持系统有一定的开环增益，就必须提高放大器的增益来予以补偿。

另外，在选择 α_i 值时，还需要考虑系统高频噪声的问题。相位超前校正装置具有高通滤波特性，α_i 值过大对抑制系统高频噪声不利。为了保持较高的系统信噪比，通常选择 $\alpha_i=10$ 较为适宜。

6.3.2 PI 控制规律的实现

1. PI 校正装置

可实现 PI 控制规律的有源电网络如图 6.14 所示。其传递函数为

$$G_c(s)=\frac{U_o(s)}{U_i(s)}=\frac{T_2s+1}{\tau s}=\frac{T_2}{\tau}\left(1+\frac{1}{T_2s}\right)=K_p\left(1+\frac{1}{T_2s}\right) \tag{6.20}$$

式中，$T_2=R_2C_2$，$\tau=R_1C_2$，$K_p=\frac{R_2}{R_1}$。

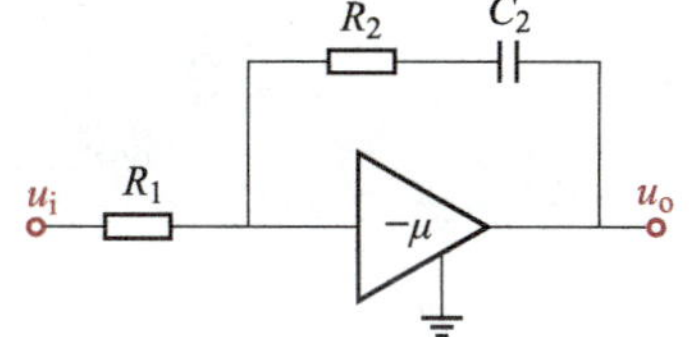

图 6.14　PI 校正装置

由式(6.20)可见，这就是标准 PI 控制器的传递函数，故图 6.14 所示的有源电网络可以用作 PI 校正装置。

2. 近似 PI 校正装置

图 6.15a 所示的无源电网络和图 6.15b 所示的机械网络都可以用来近似地实现 PI 控制规律。它们的传递函数相同，均为

$$G_c(s)=\frac{U_o(s)}{U_i(s)}=\frac{X_2(s)}{X_1(s)}=\frac{T_2s+1}{\alpha_j T_2 s+1} \tag{6.21}$$

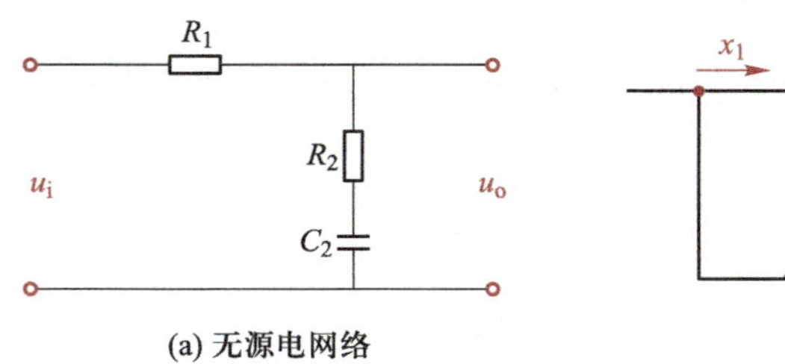

(a) 无源电网络

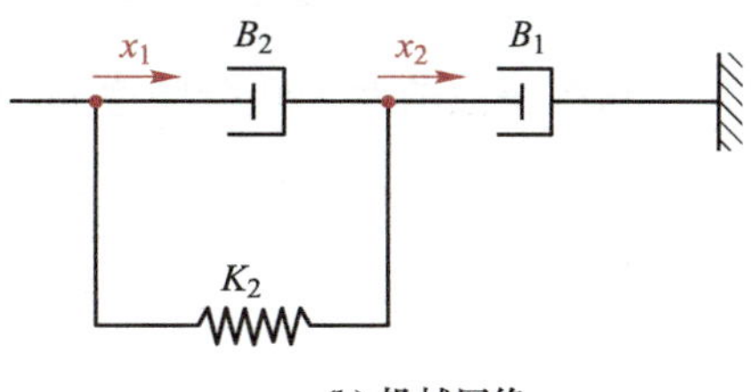

(b) 机械网络

图 6.15　近似 PI 校正装置

当 $\alpha_j \gg 1$ 时，上式可近似地写成

$$G_c(s)=\frac{T_2s}{\alpha_j T_2s+1}+\frac{1}{\alpha_j T_2s+1}\approx\frac{1}{\alpha_j}\left(1+\frac{1}{T_2s}\right)=K_p\left(1+\frac{1}{T_2s}\right)$$

式中，$T_2=R_2C_2$ 或 $\frac{B_2}{K_2}$，$\alpha_j=\frac{R_1+R_2}{R_2}$ 或 $\frac{B_1+B_2}{B_2}$，$K_p=\frac{1}{\alpha_j}$。

以下分析近似 PI 校正装置的特性。根据式(6.21)可写出其频率特性为

$$G_c(j\omega)=\frac{1+jT_2\omega}{1+j\alpha_j T_2\omega}$$

由此画出近似 PI 校正装置的伯德图如图 6.16 所示。其转折频率分别为 $\omega_1=\dfrac{1}{\alpha_j T_2}$ 和 $\omega_2=\dfrac{1}{T_2}$。由图 6.16 可见该校正装置在整个频率范围内相位都滞后,故近似 PI 校正也称为相位滞后校正。其滞后的相角为

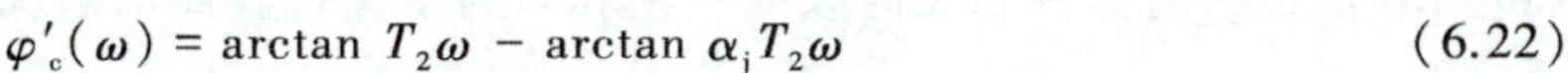

$$\varphi'_c(\omega)=\arctan T_2\omega-\arctan\alpha_j T_2\omega \tag{6.22}$$

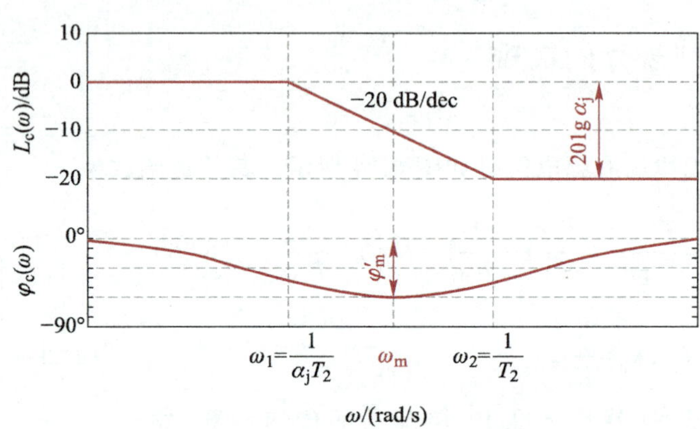

图 6.16　近似 PI 校正装置的伯德图

令 $\dfrac{d}{d\omega}\varphi'(\omega)=0$,可求出产生最大滞后相角时的频率为

$$\omega_m=\frac{1}{\sqrt{\alpha_j}\,T_2}=\sqrt{\omega_1\omega_2} \tag{6.23}$$

则

$$\lg\omega_2-\lg\omega_m=\lg\omega_m-\lg\omega_1$$

上式说明,ω_m 位于频率特性的两个转折频率 ω_1 和 ω_2 的几何中点。其最大滞后相角为

$$\varphi'_m=-\arcsin\frac{\alpha_j-1}{\alpha_j+1} \tag{6.24}$$

$$\alpha_j=\frac{1+\sin(-\varphi'_m)}{1-\sin(-\varphi'_m)} \tag{6.25}$$

可见,φ'_m 与 α_j 值有关。α_j 越大,相位滞后越严重。必须指出,应尽量使产生最大滞后相角的频率 ω_m 远离校正后系统的幅值穿越频率 ω'_c,否则会对系统的动态性能产生不利影响,一般可取

$$\omega_2=\frac{1}{T_2}=\frac{\omega'_c}{2}\sim\frac{\omega'_c}{10}$$

另外,相位滞后校正装置实质上是一个低通滤波器,它对低频信号基本上无衰减作用,但能削弱高频噪声,α_j 越大,抑制噪声能力越强。通常以选 $\alpha_j=10$ 左右为宜。

6.3.3 PID 控制规律的实现

1. PID 校正装置

图 6.17 所示的有源电网络可作为校正装置来实现 PID 控制规律。其传递函数为

$$G_c(s)=\frac{U_o(s)}{U_i(s)}=\frac{(T_1s+1)(T_2s+1)}{\tau s}$$

$$=\frac{T_1+T_2}{\tau}\left[1+\frac{1}{(T_1+T_2)s}+\frac{T_1T_2}{T_1+T_2}s\right] \tag{6.26}$$

式中，$T_1=R_1C_1$，$T_2=R_2C_2$，$\tau=R_1C_2$。

由式(6.26)可见，这种电网络就是 PID 校正装置。

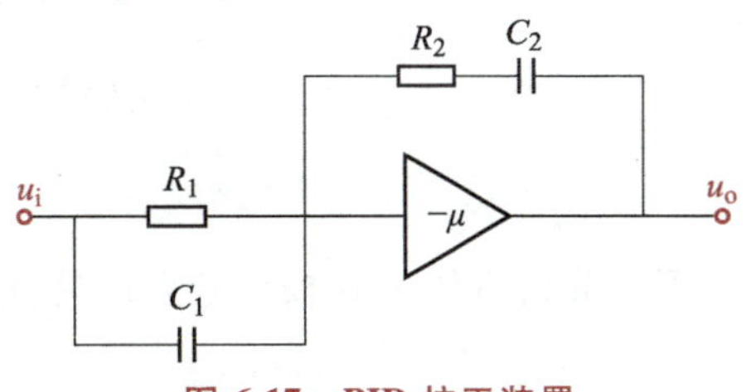

图 6.17　PID 校正装置

2. 近似 PID 校正装置

近似 PID 校正装置可用图 6.18a 和 b 所示的无源电网络和机械网络来实现。无源电网络传递函数为

$$G_c(s)=\frac{U_o(s)}{U_i(s)}=\frac{(T_1s+1)(T_2s+1)}{T_1T_2s^2+(T_1+\alpha T_2)s+1} \tag{6.27}$$

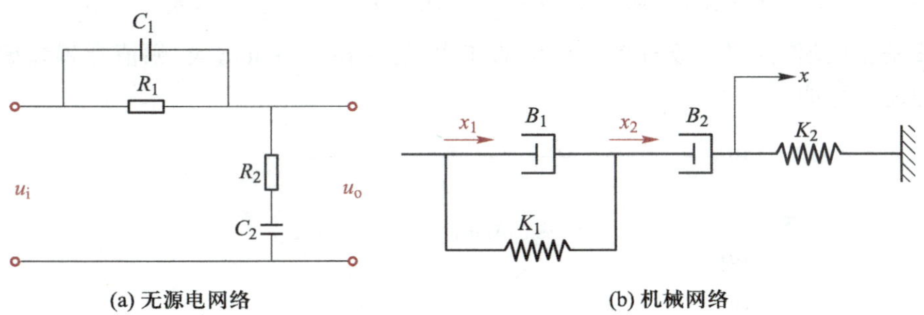

图 6.18　近似 PID 校正装置

式中，$T_1=R_1C_1$，$T_2=R_2C_2$，$T_1+\alpha T_2=R_1C_1+R_2C_2+R_1C_2$，$\alpha=\dfrac{R_1+R_2}{R_2}$。

设 $T_2>T_1$，且 $\alpha\gg1$，则

$$T_1+\alpha T_2\approx\frac{T_1}{\alpha}+\alpha T_2$$

于是无源电网络的传递函数式(6.27)可以近似地写成

$$G_c(s)=\frac{T_1s+1}{\dfrac{T_1}{\alpha}s+1}\,\frac{T_2s+1}{\alpha T_2s+1} \tag{6.28}$$

由式(6.28)可见，这是滞后和超前校正的组合，等式右边第一项是超前校正装置的传递函数，第二项为滞后校正装置的传递函数。故近似 PID 校正装置又称为滞后-超前校正装置。

对于图 6.18b 所示的机械网络，其传递函数为

$$G_c(s)=\frac{X_2(s)}{X_1(s)}=\frac{(K_1+B_1s)(K_2+B_2s)}{(K_1+B_1s)(K_2+B_2s)+K_2B_2s} \tag{6.29}$$

令 $T_1=\frac{B_1}{K_1}, T_2=\frac{B_2}{K_2}, \alpha=\frac{K_1+K_2}{K_1}\gg 1$，则$\frac{B_1}{K_1}+\frac{B_2}{K_2}+\frac{B_2}{K_1}=T_1+\alpha T_2\approx\frac{T_1}{\alpha}+\alpha T_2$。
将以上关系式代入式(6.29)便得与式(6.28)相同的传递函数，即

$$G_c(s)=\frac{X_2(s)}{X_1(s)}=\frac{T_1s+1}{\frac{T_1}{\alpha}s+1}\frac{T_2s+1}{\alpha T_2s+1}$$

下面分析近似 PID 校正装置的特性。由式(6.28)可知，其频率特性为

$$G_c(j\omega)=\frac{1+jT_1\omega}{1+j\frac{T_1}{\alpha}\omega}\frac{1+jT_2\omega}{1+j\alpha T_2\omega}$$

近似 PID 校正装置的伯德图如图 6.19 所示。由图可见，频率特性的前半段是相位滞后部分，由于具有使增益衰减的作用，所以允许在低频段提高增益，以改善系统的稳态性能。频率特性的后半段是相位超前部分，故有提高相位的作用，能使相位裕量增大，幅值穿越频率加大，从而改善系统的动态性能。

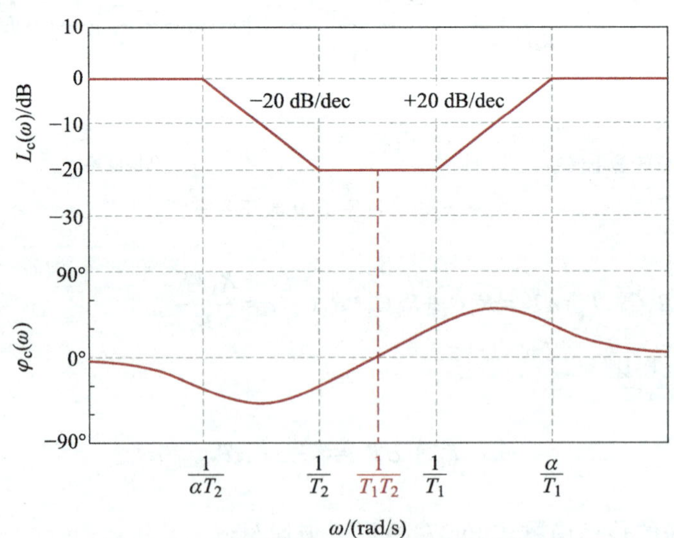

图 6.19　近似 PID 校正装置的伯德图

以上介绍了有源和无源各种网络的校正装置。无源电网络的优点是校正元件的特性比较稳定；缺点是经常需要另加放大器并进行前后隔离。有源电网络的特性容易漂移，但其本身带有放

大器，增益可以调整，使用方便灵活。目前将有源电网络用作校正装置正成为新的趋势。现将部分常用无源电网络和有源电网络校正装置及其特性列于表 6.1 和表 6.2 供使用时参考。

表 6.1　无源电网络校正装置及其特性

类型	原理图	传递函数	对数幅频特性
超前校正	C_2 C_1 u_i R_2 R_1 u_o	$G_c(s)=\dfrac{U_o}{U_i}=\dfrac{T_1T_2s^2}{T_1T_2s^2+\left[T_1\left(1+\dfrac{R_2}{R_1}\right)+T_2\right]s+1}$ $T_1=R_1C_1, T_2=R_2C_2$	$L_c(\omega)$/dB; $\frac{1}{T_1}$, $\frac{1}{T_2}$; 0; +20 dB/dec; +40 dB/dec; ω/(rad/s)
滞后校正	R_1 u_i R_2 C R_3 u_o	$G_c(s)=\dfrac{U_o}{U_i}=\dfrac{K(\tau s+1)}{Ts+1}$ $\tau=R_2C,\quad T=[(R_3/R_1)+R_2]C$ $K=\dfrac{R_3}{R_1+R_3}$	$L_c(\omega)$/dB; $\frac{1}{T}$, $\frac{1}{\tau}$; 0; 20lg K; ω/(rad/s)
滞后—超前校正	R_3 C_2 R_2 u_i R_1 C_1 u_o	$G_c(s)=\dfrac{U_o}{U_i}$ $=\dfrac{(T_1s+1)(T_2s+1)}{T_1T_2\left[1+\dfrac{R_2R_3}{R_1(R_2+R_3)}\right]s^2+\left[T_1\left(1+\dfrac{R_2}{R_1}\right)+T_2\right]s+1}$ $T_1=R_1C_1,\quad T_2=(R_2+R_3)C_2$ $K_1=\dfrac{T_1+T_2}{T_1\left(1+\dfrac{R_2}{R_1}\right)+T_2}$ $K_2=\dfrac{R_1(R_2+R_3)}{R_1(R_2+R_3)+R_2R_3}$	$L_c(\omega)$/dB; 0; 20lg K_1; 20lg K_2; ω/(rad/s)

表 6.2　有源电网络校正装置及其特性

类型	原理图	传递函数	对数幅频特性
超前校正	R_2 R_3 C R_4 u_i R_1 R_0 $-u_o$	$G_c(s)=\dfrac{U_o}{U_i}=-\dfrac{K(\tau s+1)}{Ts+1}$ $K=\dfrac{R_2+R_3}{R_1},\quad \tau=\left(\dfrac{R_2R_3}{R_2+R_3}+R_4\right)C$ $T=R_4C,\quad R_0=R_1$	$L_c(\omega)$/dB; +20 dB/dec; 20lg K; 0; $\frac{1}{\tau}$, $\frac{1}{T}$; ω/(rad/s)

续表

类型	原理图	传递函数	对数幅频特性
滞后校正		$G_c(s)=\dfrac{U_o}{U_i}=-\dfrac{K(\tau s+1)}{(T_1s+1)(T_2s+1)}$ $K=\dfrac{R_2}{R_1}$，$\tau=(R_3+R_4)C_2$，$T_1=R_2C_1$ $T_2=R_1C_2$，$R_1\gg R_3$，$R_0=R_1$	
滞后—超前校正		$G_c(s)=\dfrac{U_o}{U_i}=-\dfrac{K(\tau_1s+1)(\tau_2s+1)}{(T_1s+1)(T_2s+1)}$ $K=\dfrac{R_2+R_3}{R_1}$，$\tau_1=\dfrac{R_2R_3}{R_2+R_3}C_1$ $\tau_2=(R_3+R_4)C_2$，$T_1=R_2C_1$ $T_2=R_1C_2$，$R_1\gg R_3$，$R_1=R_0$	

6.3.4 小结

1. 各种串联校正的特性比较

(1) 超前校正以其相位超前特性，产生校正作用；滞后校正则通过其高频衰减特性，获得校正效果。

(2) 超前校正通常用来增大稳定裕量。超前校正比滞后校正有可能提供更高的幅值穿越频率。较高的幅值穿越频率对应着较大的带宽，大的带宽意味着调整时间的减小。超前校正系统的带宽，总是大于滞后校正系统的带宽。因此，系统若需要具有快速响应的特性，应采用超前校正。当然，如果存在噪声信号，则带宽不能过大，因为随着高频增益的增大，系统对噪声信号更加敏感。

(3) 超前校正需要有一个附加的增益增量，以补偿超前校正网络本身的衰减。这表明超前校正比滞后校正需要更大的增益。一般说来，增益越大，系统的体积和质量越大，成本也越高。

(4) 滞后校正降低了系统在高频段的增益，但并不降低系统在低频段的增益。系统因带宽的减小而具有较低的响应速度。尽管降低了高频增益，但系统的总增益可以增大，所以低频增益可以增加，从而提高了稳态精度。此外，系统中包含的任何高频噪声都可以得到衰减。

(5) 如果既需要有快速响应特征，又要获得良好的稳态精度，则可以采用滞后-超前校正。应用滞后-超前校正装置，可使低频增益增大(改善了系统稳态性能)，也增大了系统的带宽和稳定裕量。

(6) 虽然应用超前、滞后和滞后-超前校正装置可以完成大多数系统的校正任务，但是对于复杂的系统，采用由这些校正装置，可能仍得不到满意的结果。因此，这种情况下必须采用其他形式的校正装置。

2. 从时域响应特性比较校正效果

从时域响应曲线图上可以对超前、滞后和滞后-超前校正装置的校正效果进行比较。图 6.20a所示为未校正系统的单位阶跃响应曲线和单位速度响应曲线。对于采用超前、滞后和滞后-超前校正装置校正的系统，其典型的单位阶跃响应曲线和单位速度响应曲线分别如图 6.20b、c、d 所示。由图可以看出，具有超前校正装置的系统呈现出最快的响应；具有滞后校正装置的系统响应最缓慢，但是它的单位速度响应却得到了明显的改善；具有滞后-超前校正装置的系统给出了折中的响应特性，即在稳态响应和瞬态响应两个方面都得到了适当的改善。图 6.20 表明，虽然采用校正装置的形式不同，但都达到了它们各自预期的校正效果。

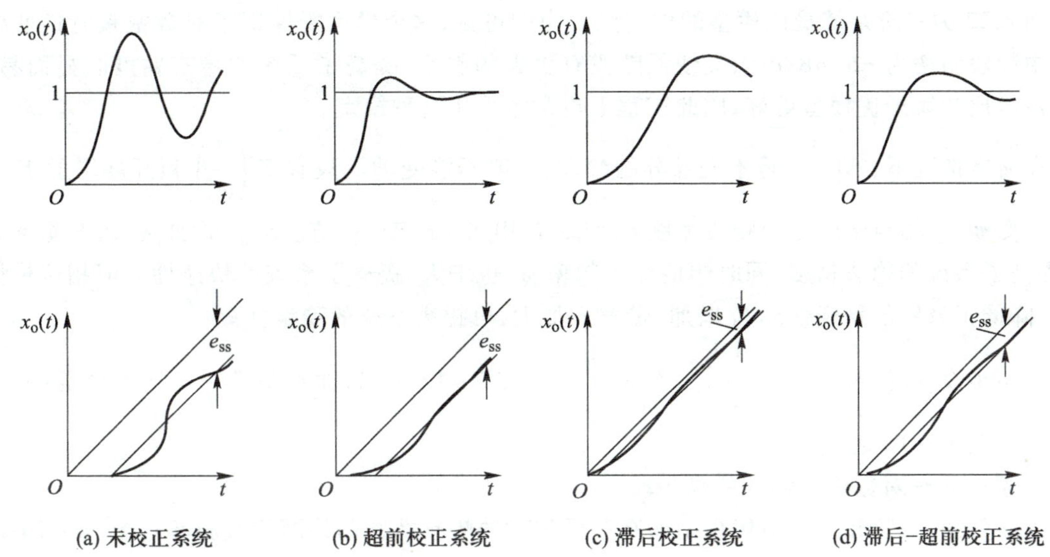

图 6.20　单位阶跃响应曲线和单位速度响应曲线

6.4 频率法设计和校正

6.4.1 PID 校正网络参数的确定

前已阐明，用有源电网络可以实现 PD、PI、PID 控制，这里介绍如何用希望特性确定有源校正网络的参数。工程上常采用两种典型的希望对数频率特性：二阶系统最优模型和三阶系统最优模型。

1. 二阶系统最优模型

典型二阶系统的开环伯德图如图 6.21 所示。其开环传递函数为

$$G(s)=\frac{K}{s(Ts+1)} \tag{6.30}$$

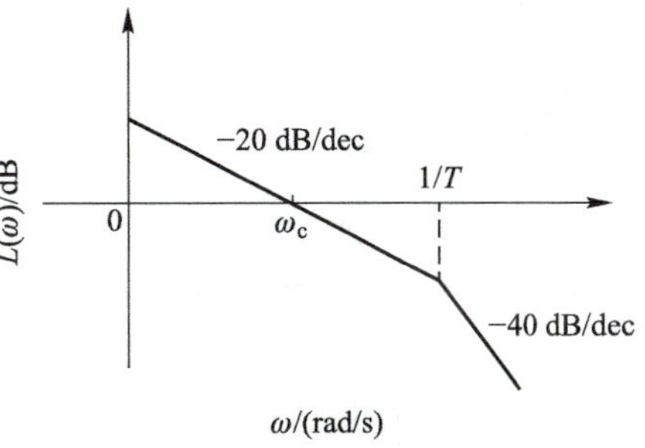

图 6.21　典型二阶系统的开环伯德图

闭环传递函数为

$$\Phi(s)=\frac{K}{Ts^2+s+K}=\frac{\omega_n^2}{s^2+2\zeta\omega_n s+\omega_n^2} \tag{6.31}$$

式中,无阻尼固有频率 $\omega_n=\sqrt{\frac{K}{T}}$;阻尼比 $\zeta=\frac{1}{2\sqrt{KT}}$。

当阻尼比 $\zeta=0.707$ 时,超调量 $M_p=4.3\%$,调整时间 $t_s=6T$,故 $\zeta=0.707$ 的阻尼比称为最佳阻尼系数,此时转折频率 $\frac{1}{T}=2\omega_c$。然而,要保证 $\zeta=0.707$ 并不容易,常取 $0.4\leqslant\zeta\leqslant0.8$。

2. 三阶系统最优模型

图 6.22 为三阶系统最优模型的伯德图。由图可见,这个模型既保证了对数幅频特性曲线渐近线中频段斜率为-20 dB/dec,又使低频段有更大的斜率,提高了系统的稳态精度。显而易见,它的性能比二阶最优模型更好,因此工程上也常常采用这种模型。

在通常情况下,$T_3\left(\frac{1}{\omega_3}\right)$ 是不变部分的参数,一般不能变动。只有 $T_2\left(\frac{1}{\omega_2}\right)$ 和开环增益 K 可以改变。变动 T_2 相当于改变中频段宽度 h,变动 K 相当于改变 ω_c 值。K 值增加,稳态误差系数加大,提高了系统的稳态精度,同时幅值穿越频率 ω_c 也增大,提高了系统的快速性。但相位裕量将减小,降低了系统的稳定性。T_2 增加,带宽 h 加大,可提高系统的稳定性。

在初步设计时,可取 $\omega_c=\frac{1}{2}\omega_3$。$h\left(h=\frac{\omega_3}{\omega_2}\right)$ 选在 7~12 之间,如希望进一步增大稳定裕量,可把 h 增大至 15~18 之间。

3. 希望开环对数频率特性的高频段

由前可知,二阶和三阶最优模型的高频段的对数幅频特性曲线渐近线斜率均为-40 dB/dec。由于控制系统还存在一些时间常数小的部件,致使高频段的斜率呈现出-60~100 dB/dec,如图 6.23 所示。高频段对数幅频特性曲线以很陡的斜率下降,有利于降低噪声,提高系统抗高频干扰的能力。但是,这些小时间常数的部件也将使系统的相位裕量减小。

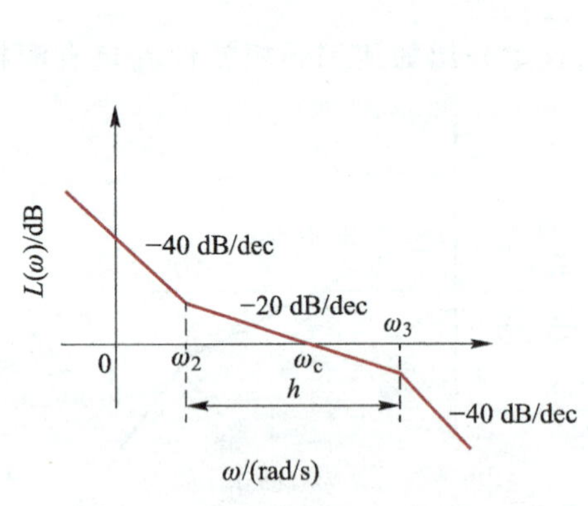

图 6.22　三阶系统最优模型的伯德图

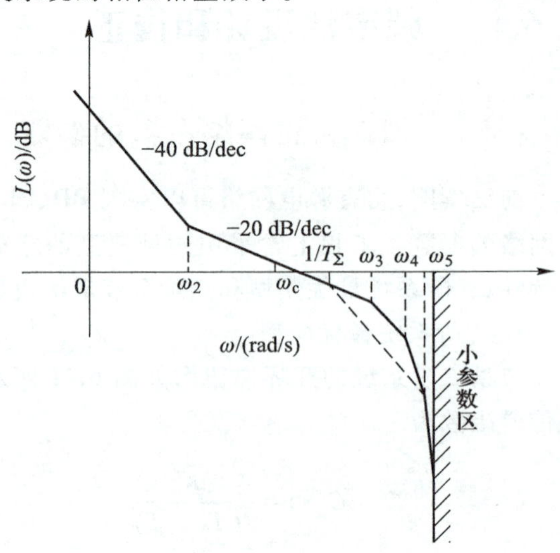

图 6.23　控制系统的高频段

例 6.1 试设计图 6.24 所示位置随动系统的有源串联校正装置,使系统速度误差系数 $K_v \geqslant 40$,幅值穿越频率 $\omega_c' \geqslant 50$ rad/s,相位裕量 $\gamma(\omega_c') \geqslant 50°$①。已知 $K_3 = 1.3$,$K_4 = 0.093\ 3$,$K_d = 22.785$,$T_d = 0.15$ s,$T_3 = 0.877\times10^{-3}$ s,$\tau = 5\times10^{-3}$ s。

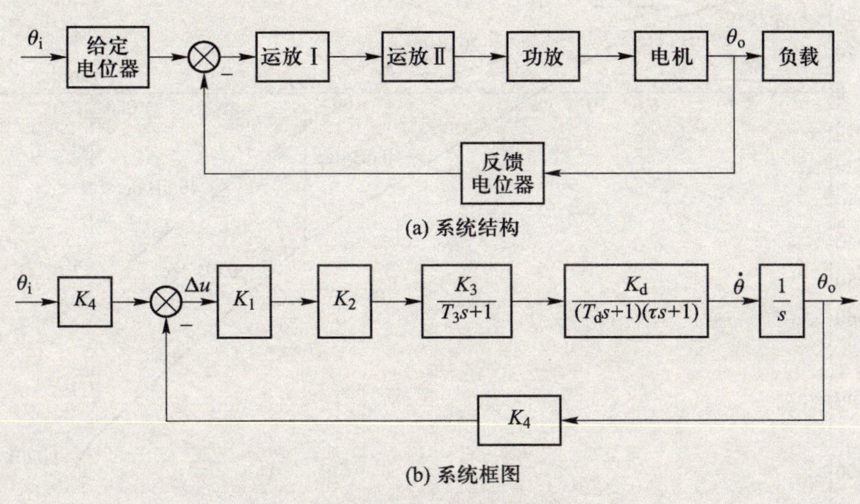

图 6.24 某位置随动系统

解 (1) 根据稳态精度的要求确定开环增益

由图 6.24 知,未校正系统开环传递函数为

$$G(s)=\frac{K_1K_2K_3K_4K_d}{s(T_ds+1)(T_3s+1)(\tau s+1)}=\frac{K}{s(T_ds+1)(T_3s+1)(\tau s+1)}$$

可见,未校正系统为Ⅰ型系统,故 $K=K_v$。按设计要求选 $K=K_v=40$。

取 $K_1=3$,$K_2=4.8$,$K=K_1K_2K_3K_4K_d=40$,得未校正系统的开环传递函数为

$$G(s)=\frac{40}{s(0.15s+1)(0.877\times10^{-3}s+1)(5\times10^{-3}\ s+1)}$$

作未校正系统的伯德图,如图 6.25 曲线 1 所示。得 $\omega_c=16$ rad/s,$\gamma(\omega_c)=17.25°$。

(2) 确定校正装置

原系统的 ω_c、$\gamma(\omega_c)$ 均小于设计要求,为保证系统的稳态精度,并提高系统的动态性能,选用串联 PD 校正,其校正装置为图 6.11 所示的有源电网络。选择图 6.21 所示的最优二阶模型为希望特性。为使原系统结构简单,对未校正部分的高频段小惯性环节作等效处理如下:

因为 $$\frac{1}{(T_3s+1)}\frac{1}{(\tau s+1)}=\frac{1}{T_3\tau s^2+(T_3+\tau)s+1}$$

---

① 工程实际中,用户一般只提出时域性能指标要求。因此在用频率法设计系统时,必须按 5.6 节所述公式先将时域性能指标折算成频域性能指标。本章为简便起见,在算例中直接给出频域指标。

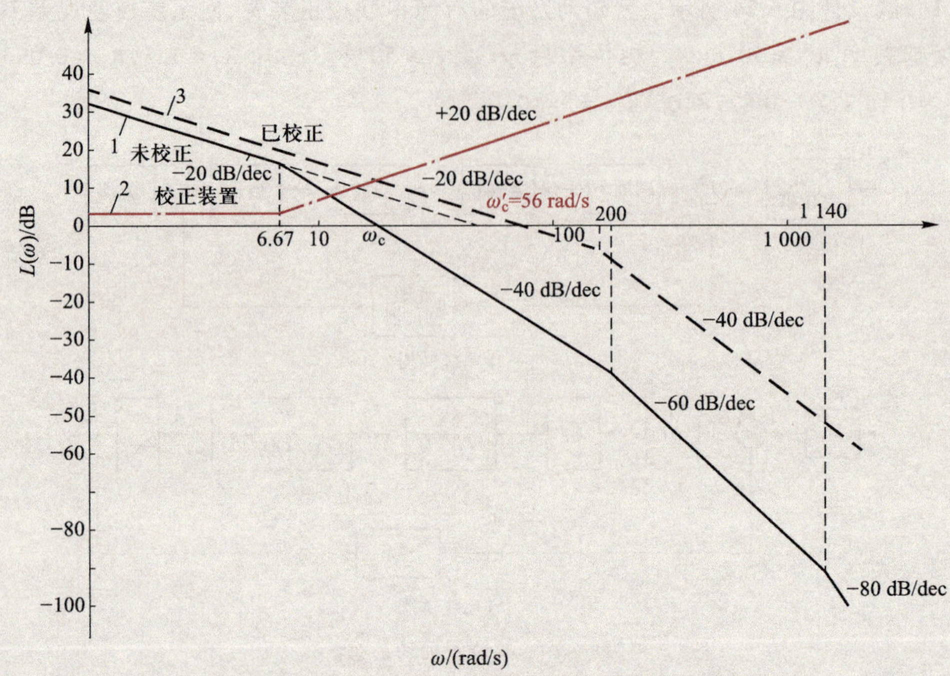

图 6.25　例 6.1 的系统伯德图

而

$$T_3\tau=0.877\times10^{-3}\times5\times10^{-3}\ \mathrm{s}^2=4.385\times10^{-6}\ \mathrm{s}^2$$

$$T_3^1\approx T_3+\tau=(0.877\times10^{-3}+5\times10^{-3})\,\mathrm{s}=5.877\times10^{-3}\ \mathrm{s}$$

故有

$$\frac{1}{(T_3s+1)}\frac{1}{(\tau s+1)}\approx\frac{1}{T_3^1s+1}$$

所以未校正系统的开环传递函数可近似为

$$G(s)=\frac{K}{s(T_\mathrm{d}s+1)(T_3^1s+1)}=\frac{40}{s(0.15s+1)(5.877\times10^{-3}s+1)}$$

已知 PD 校正装置的传递函数为

$$G_\mathrm{c}(s)=K_\mathrm{p}(Ts+1)$$

为使校正后的开环伯德图为希望二阶最优模型，可消去未校正系统的一个极点，即

$$G(s)G_\mathrm{c}(s)=\frac{K}{s(T_\mathrm{d}s+1)(T_3^1s+1)}K_\mathrm{p}(Ts+1)$$

令

$$T=T_\mathrm{d}=0.15\mathrm{s}$$

则

$$G(s)G_c(s)=\frac{KK_p}{s(T_3^1 s+1)}$$

由图 6.25 可知，校正后的系统开环增益 $K'=\omega'_c$。根据性能要求 $\omega'_c \geqslant 50$ rad/s，故选 $K_p=1.4$。

（3）验算

校正后的系统开环传递函数为

$$G(s)G_c(s)=\frac{40}{s(0.15s+1)(5.877\times10^{-3}s+1)}\times1.4(0.15s+1)$$

$$=\frac{56}{s(5.877\times10^{-3}s+1)}$$

作出校正装置的对数幅频特性曲线和校正后系统开环对数幅频特性曲线分别如图 6.25 曲线 2 和 3 所示。

由图 6.25 得校正后系统的幅值穿越频率 $\omega'_c=56$ rad/s。

相位裕量 $\gamma(\omega'_c)=180^\circ-90^\circ-\arctan\ T_3^1\omega'_c=90^\circ-\arctan\ (5.877\times10^{-3}\times56)=71.78^\circ$

由于 $\omega'_c=K=K_v$（指数值上）$=56>40$，故校正后系统的动态和稳态性能均满足要求。

（4）有源电网络参数确定

由图 6.11 可知，$K_p=\frac{R_2}{R_1}=1.4$，而 $T=R_1C_1=0.15$ s。故选 $C_1=1\ \mu\text{F}$，$R_1=150\ \text{k}\Omega$，$R_2=210\ \text{k}\Omega$。

必须指出：在本例中，采用串联 PD 校正装置后，会给系统带来较大噪声，因此在实用上有所欠缺。如果改用近似 PD 校正装置，情况将得到显著改善，详见例 6.2。

6.4.2 近似 PID 校正网络的参数确定

无源网络校正装置的参数确定与有源网络类似：当系统的不变部分选定之后，首先调整开环增益，以保证系统的稳态性能。经常是稳态性能满足要求时，系统的动态性能不能满足要求。

为了改善系统的动态性能，可采用串联超前校正（近似 PD 控制）、串联滞后校正（近似 PI 控制）或串联滞后-超前校正（近似 PID 控制）。具体采用何种校正方式，要根据未校正系统的特性来确定，然后确定校正装置的参数。下面举例说明。

例 6.2 设有一单位反馈控制系统，其开环传递函数为

$$G(s)=\frac{K}{s(s+1)}$$

若要求系统在单位速度输入作用下，速度稳态误差 $e_{ssv}\leqslant0.1$，系统开环频率特性的幅值穿越频率 $\omega'_c\geqslant4.4$ rad/s，相位裕量 $\gamma(\omega'_c)\geqslant45^\circ$，幅值裕量 $K_g\geqslant10$ dB，试设计无源校正装置。

解 （1）根据稳态性能的要求，确定开环放大系数 K

因为 $e_{ssv}=\frac{1}{K_v}=\frac{1}{K}\leqslant0.1$，所以取 $K=10$ 可满足稳态误差的要求。故系统开环传递函数为

$$G(s)=\frac{10}{s(s+1)}$$

（2）选择校正装置并计算其参数 α_i 和 T_1

作原系统的伯德图如图 6.26 所示。由图得未校正系统的幅值穿越频率 $\omega_c = 3.1$ rad/s，则相位裕量为 $\gamma(\omega_c) = 180° - 90° - \arctan \omega_c = 90° - \arctan 3.1 = 18°$。因为是二阶系统，所以 $K_g = \infty$。

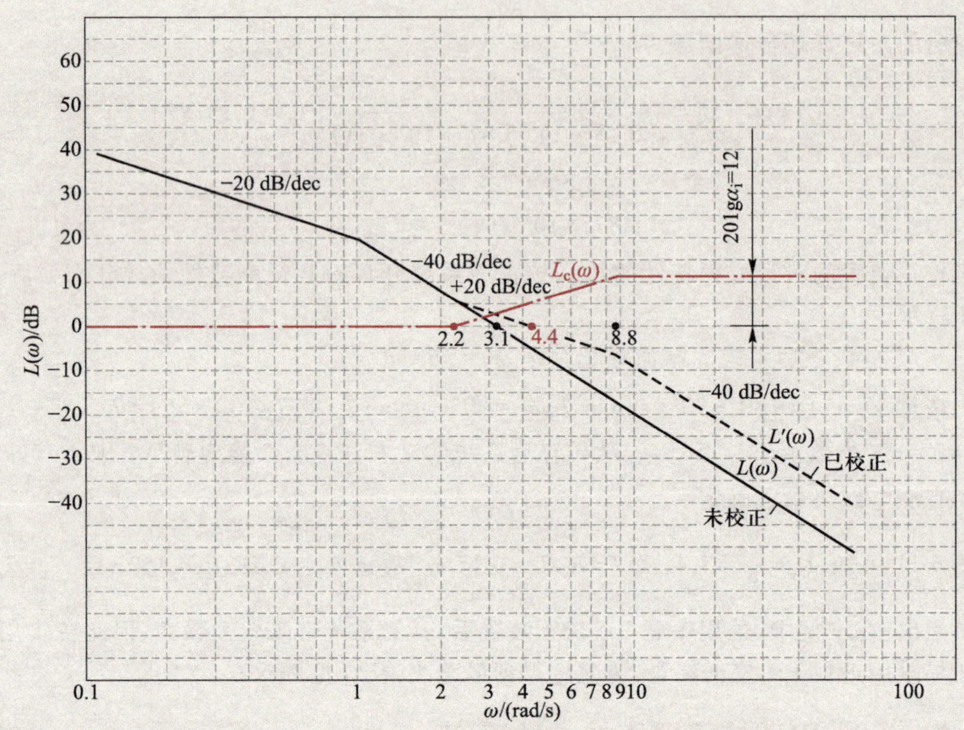

图 6.26　例 6.2 的系统伯德图

可见，虽然系统的稳态性能得到了保证，但系统的 ω_c 和 $\gamma(\omega_c)$ 均小于性能指标所提出的要求，故应选串联超前校正。

试选校正后的幅值穿越频率 $\omega'_c = 4.4$ rad/s，由图 6.26 查得未校正系统特性曲线在 $\omega'_c = 4.4$ rad/s 时，对数幅值 $L(\omega'_c) = -6$ dB。

为保证校正网络的最大超前相角出现在 ω'_c 处，故令

$$L_c(\omega_m) + L_c(\omega'_c) = 0 \tag{6.32}$$

式中：$L_c(\omega_m)$——校正网络在 ω_m 处的对数幅值的分贝数。

为使式(6.32)成立，必须有

$$L_c(\omega_m) = 20\ \lg\sqrt{\alpha_i} = 6\ \text{dB}$$

因而
$$\alpha_i \approx 4$$

又因为
$$\omega_m = \frac{\sqrt{\alpha_i}}{T_1}$$

所以
$$T_1=\frac{\sqrt{\alpha_i}}{\omega_m}=\frac{2}{4.4}\ \text{s}=0.455\ \text{s}$$
$$\frac{T_1}{\alpha_i}=0.113\ \text{s}$$
故超前校正网络的传递函数为
$$\alpha_i G_c(s)=\frac{T_1 s+1}{\dfrac{T_1}{\alpha_i}s+1}=\frac{0.455s+1}{0.113s+1}$$

(3) 验算

校正后系统的开环传递函数为
$$\alpha_i G_c(s)G(s)=\frac{10(0.455s+1)}{s(s+1)(0.113s+1)}$$
故校正后系统的相位裕量为
$$\begin{aligned}\gamma(\omega'_c)&=180^\circ-90^\circ-\arctan\omega'_c-\arctan(0.113\omega'_c)+\arctan(0.455\omega'_c)\\&=90^\circ-\arctan 4.4-\arctan(0.113\times4.4)+\arctan(0.455\times4.4)\\&\approx 49.8^\circ\end{aligned}$$
$$K_g=\infty$$

若校正后系统的性能仍不能满足要求,则应改变 ω'_c 重新设计,直至满足性能要求为止。

(4) 选择和计算无源网络的元件值

选择图 6.12a 所示无源电网络为超前校正装置。由于对校正电网络的输入阻抗有不同要求,元件值的选择有多样性。如选电容 $C_1=4.7\ \mu\text{F}$,

则
$$R_1=\frac{T_1}{C_1}=\frac{0.455}{4.7\times10^{-6}}\Omega=96.8\ \text{k}\Omega$$
所以
$$R_2=\frac{R_1}{\alpha_i-1}=\frac{96.8}{4-1}\ \text{k}\Omega=32.3\ \text{k}\Omega$$

总结上例,可得串联超前校正装置的设计步骤为:

(1) 根据稳态精度的要求,确定系统开环增益 K,利用此增益,作出未校正系统的开环伯德图,得到开环幅值穿越频率 ω_c,由 ω_c 算出未校正系统的相位裕量 $\gamma(\omega_c)$。

(2) 根据对校正后幅值穿越频率 ω'_c 的要求,计算超前校正网络的参数 α_i 和 T_1。

本步骤的关键是选择最大超前相角 φ_m 所对应的频率 ω_m 应等于校正后系统的幅值穿越频率 ω'_c,目的是既保证系统的响应速度并充分利用最大超前相角。显然 $\omega_m=\omega'_c$ 成立的条件是
$$L_c(\omega_m)+L(\omega'_c)=0$$
式中:$L_c(\omega_m)$——校正装置产生最大超前相角 φ_m 时的对数幅频特性的分贝值;

$L(\omega'_c)$——未校正系统对数幅频特性在 $\omega=\omega'_c$ 时的分贝值。

由此可确定超前校正网络的参数 α_i,有了 ω_m 和 α_i,则参数 T_1 即可确定,$T_1=\dfrac{\sqrt{\alpha_i}}{\omega_m}$。

（3）验算校正后系统的性能指标。由于超前校正网络的参数是根据满足系统幅值穿越频率的要求选择的，因此相位裕量是否满足要求必须验算。如果相位裕量不能满足要求，必须重新选择幅值穿越频率 ω_c'，直至满足要求为止。

（4）选择和计算超前网络的元件值。

例 6.3 已知某快速位置随动系统为单位反馈系统，其开环传递函数为

$$G(s)=\frac{K}{s(s+1)(0.25s+1)}$$

要求系统校正后，稳态速度误差系数 $K_v=10$，相位裕量 $\gamma(\omega_c')\geqslant 30°$，试设计串联无源校正网络。

解 （1）根据稳态精度的要求确定系统开环增益

由于原系统为Ⅰ型系统，所以

$$K=K_v=10$$

作出原系统的开环伯德图，如图 6.27 所示。由图得 $\omega_c=3.16\ \text{rad/s}$，$\gamma(\omega_c)=-20.7°$。可见原系统不稳定。

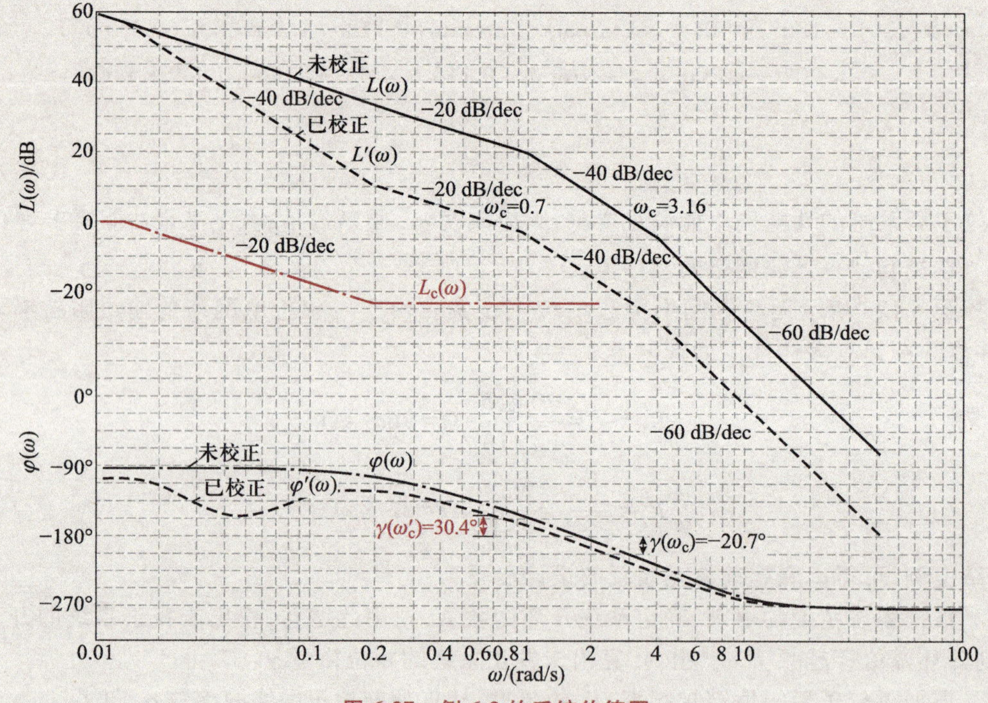

图 6.27 例 6.3 的系统伯德图

（2）确定校正装置

因为原系统不稳定，如果采用一级超前校正，无法实现相位裕量 $\gamma(\omega_c')\geqslant 30°$ 的要求，若采用两级超前校正，虽有可能实现 $\gamma(\omega_c')\geqslant 30°$ 的要求，但校正装置复杂，且高频衰减特性大大降低，不能抵抗高频干扰。

由于性能指标未对校正后的幅值穿越频率 ω_c' 提出具体要求，故可考虑牺牲快速性来提高稳定性，采用无源滞后网络来校正。

滞后校正装置串入系统后，使原系统相位滞后，虽然在设计时力图使最大滞后相角远离校正后的系统幅值穿越频率 ω'_c，但在 ω'_c 处它还会有影响，而使总的相位有所滞后，使校正后的系统相位裕量减小。所以，在设计滞后校正装置时，必须考虑这个因素，预先增加 15°的补偿裕量，故预选 $\gamma(\omega'_c)=45°$。在伯德图上查原系统对数相频特性曲线，选 $\gamma(\omega'_c)=45°$时对应的频率 $\omega'_c=0.7$ rad/s，作为校正后的系统幅值穿越频率。

在伯德图上查原系统在 ω'_c 处对数幅频特性的分贝值 $L(\omega'_c)=23.1$ dB，为使校正后系统的幅值在频率 $\omega'_c=0.7$ rad/s 处穿越 0 dB 线，必须使

$$L(\omega'_c)-20\lg\alpha_j=0$$

所以

$$20\lg\alpha_j=23.1\ \text{dB}$$

故得滞后校正网络的参数 $\alpha_j=14.3$。

为了使校正装置的最大滞后相角远离校正后的幅值穿越频率 ω'_c，故选校正装置的一个转折频率

$$\omega_2=\frac{1}{T_2}=\frac{1}{3.5}\omega'_c=0.2\ \text{rad/s}$$

另一转折频率

$$\omega_1=\frac{1}{\alpha_j T_2}=0.014\ \text{rad/s}$$

则校正装置的传递函数为

$$G_c(s)=\frac{T_2 s+1}{\alpha_j T_2 s+1}=\frac{(s/0.2)+1}{(s/0.014)+1}=\frac{5s+1}{71.4s+1}$$

(3) 验算

校正后系统的开环传递函数为

$$G(s)G_c(s)=\frac{10(5s+1)}{s(s+1)(0.25s+1)(71.4s+1)}$$

相位裕量

$$\begin{aligned}\gamma(\omega'_c)&=180°+(-90°-\arctan\omega'_c-\arctan 0.25\omega'_c-\arctan 71.4\omega'_c+\arctan 5\omega'_c)\\&=30.4°\end{aligned}$$

故满足系统相位裕量的要求。

(4) 校正装置参数的选择和计算

选择图 6.15a 所示的无源电网络为滞后校正装置。因为 $T_2=5$ s，故选 $R_2=250$ kΩ，则

$$C_2=20\ \mu\text{F}$$

根据 $\alpha_j=\dfrac{R_1+R_2}{R_2}=11.8$，得 $R_1=2.7$ MΩ。

由上例可归纳出设计串联滞后校正装置的一般步骤为：

(1) 根据稳态精度的要求确定系统的开环放大系数，用这一增益绘制原系统的伯德图，由图得到未校正系统的幅值穿越频率 ω_c 和相位裕量 $\gamma(\omega_c)$。

(2) 根据要求的相位裕量,确定校正后系统的幅值穿越频率 ω'_c。其方法是在伯德图上根据要求的相位裕量找出符合这一相位裕量的频率。在寻找这一频率时,除考虑给定的相位裕量外,还要加上由于滞后校正装置造成的相位滞后所必须补偿的裕量,一般增加 5°~15°。

(3) 确定原系统对数幅频特性在 $\omega=\omega'_c$ 处幅值下降到 0 dB 时所必需的幅值衰减量,使这一衰减量等于 $-20\lg\alpha_j$,从而得出 α_j 值。

(4) 为了使最大滞后相角远离 ω'_c,可选择校正装置的转折频率 $\omega_2=\dfrac{1}{T_2}$ 低于 ω'_c 一倍到十倍频程,另一转折频率则由 $\omega_1=\dfrac{1}{\alpha_j T_2}$ 确定,从而得到校正装置的传递函数。

(5) 校验相位裕量和其余性能指标。

(6) 根据校正装置的传递函数,确定无源网络的元件值。

例 6.4 某电液伺服系统,具有单位反馈,其开环传递函数为

$$G(s)=\frac{K}{s(s+1)(0.5s+1)}$$

要求稳态速度误差系数 $K_v=10$,相位裕量 $\gamma(\omega'_c)\geqslant 50°$,幅值裕量 $K_g\geqslant 10$ dB,幅值穿越频率 $\omega'_c\geqslant 1.2$ rad/s,试设计无源串联校正装置。

解 (1) 根据稳态误差的要求确定系统开环放大系数 K

因为原系统为Ⅰ型系统,所以 $K=K_v=10$。当 $K=10$ 时,画出原系统的开环伯德图,如图 6.28 所示。

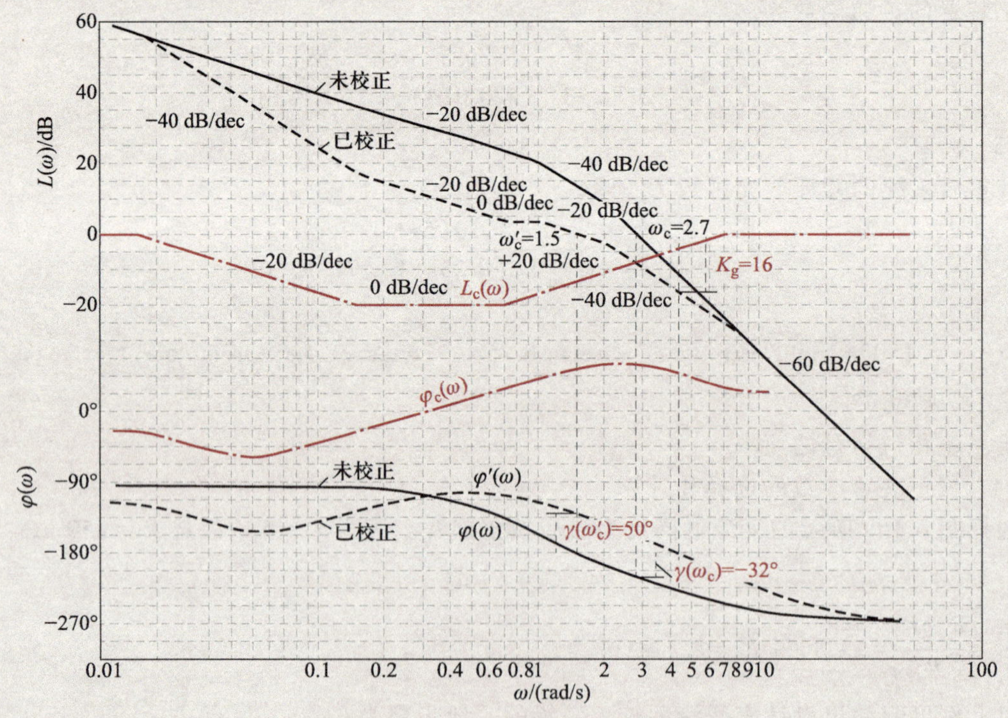

图 6.28 例 6.4 的系统伯德图

由图可得 $\omega_c=2.7$ rad/s,$\gamma(\omega_c)=-32°$,说明未校正系统是不稳定的。

(2) 选择校正方式

先分析采用何种校正方式，方能满足性能指标的要求。

显然采用一级超前校正无法实现如此大的相位超前；若采用两级超前校正，虽可以实现需要的相位超前，但响应速度将远远超出性能指标的要求，带宽过大，抗高频干扰能力变差，同时需要放大器，系统结构复杂，故本例不宜采用两级超前校正。如采用串联滞后校正，虽可实现相位裕量的要求，但响应速度又不能满足要求，同时滞后校正装置的转折频率必须远离 ω'_c，则校正装置的时间常数 T_2 将大大增加，物理上难以实现，故也不宜采取滞后校正。现拟采用无源串联滞后-超前网络来校正。

(3) 设计滞后-超前校正装置

首先是选择校正后系统的幅值穿越频率 ω'_c。从原系统的伯德图可以看出，当 $\omega=1.5$ rad/s 时，原系统的相角为 $\varphi(\omega)=-180°$。故选择校正后的系统幅值穿越频率 $\omega'_c=1.5$ rad/s 较为方便。这样在 $\omega=1.5$ rad/s 处，所需相位超前角应大于或等于 50°。当 ω'_c 选定之后，下一步工作是确定滞后-超前校正网络的相位滞后部分的转折频率 $\omega_2=\dfrac{1}{T_2}$，选 $\omega_2=0.1\omega'_c$。且取 $\alpha=10$，则滞后部分的另一转折频率 $\dfrac{\omega_2}{\alpha}=\dfrac{1}{\alpha T_2}=0.015$ rad/s，故滞后-超前校正网络的滞后部分的传递函数 $G_{c1}(s)$ 就可确定为

$$G_{c1}(s)=\frac{\frac{1}{0.15}s+1}{\frac{1}{0.015}s+1}=\frac{6.67s+1}{66.7s+1}$$

滞后-超前校正网络超前部分可确定如下：因为校正后的幅值穿越频率 ω'_c 选为 1.5 rad/s，从图 6.28 可以找出，未校正系统在 $\omega=\omega'_c$ 处的对数幅值 $L(\omega'_c)=13$ dB。因此，如果滞后-超前校正网络在 $\omega=1.5$ rad/s 处产生 −13 dB 幅值，则校正后的幅值穿越频率即为所求。根据这一要求，通过点（$\omega=1.5$ rad/s，−13 dB）作一条斜率为 20 dB/dec 的直线，该直线与 0 dB 线及 −20 dB 线的交点，就确定了超前部分的转折频率。从图 6.28 得超前部分的两个转折频率分别为 $\dfrac{1}{T_1}=0.7$ rad/s 和 $\dfrac{\alpha}{T_1}=7$ rad/s，所以超前部分的传递函数 $G_{c2}(s)$ 为

$$G_{c2}(s)=\frac{\frac{1}{0.7}s+1}{\frac{1}{7}s+1}=\frac{1.43s+1}{0.143s+1}$$

将校正网络的滞后和超前两部分的传递函数组合在一起，就得到滞后-超前校正装置的传递函数为

$$G_c(s)=G_{c1}(s)G_{c2}(s)=\frac{(6.67s+1)(1.43s+1)}{(66.7s+1)(0.143s+1)}$$

上述滞后-超前校正装置的对数频率特性曲线如图 6.28 中的点画线所示。

(4) 验算性能指标

校正后系统的开环传递函数为

$$G(s)G_c(s)=\frac{10(1.43s+1)(6.67s+1)}{s(s+1)(0.5s+1)(0.143s+1)(66.7s+1)}$$

计算得校正后系统的相位裕量 $\gamma(\omega_c')=50°$，幅值裕量 $K_g=16$ dB，且稳态速度误差系数 $K_v=10$，幅值穿越频率 $\omega_c'=1.5$ rad/s。各项性能指标均满足要求。

(5) 确定校正网络参数(其方法与超前和滞后校正相同，此处从略)

由上例可归纳出设计滞后-超前校正装置的一般步骤为：

(1) 根据控制精度的要求确定系统开环增益 K，利用 K 值画出未校正系统的开环伯德图，确定未校正系统的幅值穿越频率 ω_c 和相位裕量 $\gamma(\omega_c)$。

(2) 根据响应速度的要求选取校正后系统的幅值穿越频率 ω_c'，为方便起见，通常选 ω_c' 等于未校正系统的相位穿越频率 ω_g。

(3) 由已选定的 ω_c' 选择滞后部分的转折频率 $\frac{1}{T_2}$ 和 $\frac{1}{\alpha T_2}$ $\left(\text{选取的原则是}\frac{1}{T_2}\text{远离 }\omega_c', \alpha\text{ 则根据要求超前部分提供的超前角选取}\right)$，得出滞后部分的传递函数。

(4) 为使校正后系统的对数幅频特性曲线在 $\omega=\omega_c'$ 时穿越 0 dB 线，必须有

$$L(\omega_c')+L_c(\omega_c')=0$$

式中：$L_c(\omega_c')$——校正装置在 ω_c' 处对数幅频特性的分贝值；

$L(\omega_c')$——未校正系统在 ω_c' 处对数幅频特性的分贝值。

由此确定校正网络超前部分对数幅频特性上的一点，过此点作 20 dB/dec 直线，得该直线与 0 dB 线和 $-20\lg\alpha$ 线的交点，便可得到超前部分的两个转折频率，从而写出超前部分的传递函数。

(5) 将滞后和超前部分的传递函数组合在一起，就可以得到滞后-超前校正装置的传递函数。

(6) 验算各项性能指标。

(7) 确定校正网络各元件的参数值。

6.5 并联校正和复合控制

在控制工程实践中，为了提高控制系统的性能，除了采用串联校正外，还经常采用并联校正和复合控制。

6.5.1 并联校正(反馈校正)

并联校正与串联校正相比有其突出的优点，它能有效地改变被包围部分的结构或参数，并在一定条件下甚至能取代被包围部分，从而可以去除或削弱被包围部分给系统造成的不利影响。下面作具体介绍。

1. 削弱被包围部分的影响

最简单的并联校正控制系统如图 6.29 所示。$G_c(s)$为并联校正装置的传递函数。图示系统的开环传递函数为

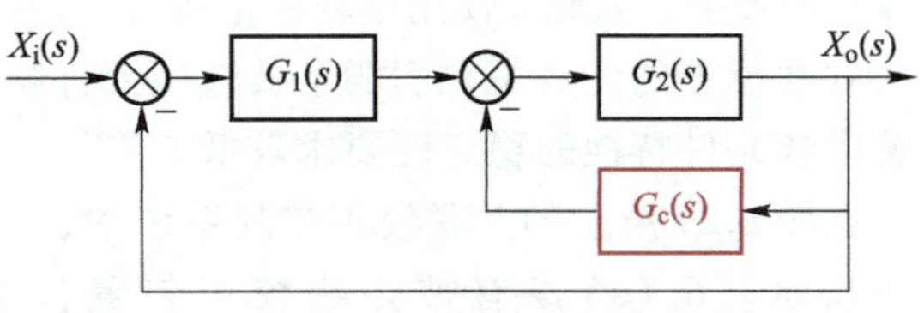

图 6.29 并联校正的控制系统

$$G_k(s) = G_1(s)\frac{G_2(s)}{1 + G_2(s)G_c(s)}$$

在能够影响系统动态性能的频率范围内，如果能使$|G_2(j\omega)G_c(j\omega)| \gg 1$，则系统开环传递函数可近似地表示为

$$G_k(s) \approx \frac{G_1(s)}{G_c(s)}$$

可见并联校正系统的特性几乎与被并联校正装置包围的环节$G_2(s)$无关，而为并联校正装置频率特性的倒数。这里，并联校正的作用是：用并联校正装置包围未校正系统中对动态特性有不利影响的环节，形成一个局部反馈回路。在局部反馈回路的开环频率特性幅值远大于 1 的条件下，局部反馈的特性主要取决于并联校正装置，而与被包围部分的元件特性无关。

因此，可以在局部反馈回路的$|G_2(j\omega)G_c(j\omega)| \gg 1$范围内，改善被包围部分的性能。例如削弱被包围部分非线性的影响，减小被包围环节的时间常数，降低对被包围元件参数变化的敏感性，降低噪声的影响等。

2. 减小被包围环节的时间常数

例如，在随动系统中，电动机的机械惯性(时间常数)太大，常常是影响系统品质的重要因素。但是电动机的机械惯性又很难减小，这时就可以用并联校正装置来改善系统的性能。通常的做法是在电动机轴上装一个测速发电机，并将其输出信号反馈到放大器的输入端，如图 6.30 所示，图中K_c为测速发电机的增益。

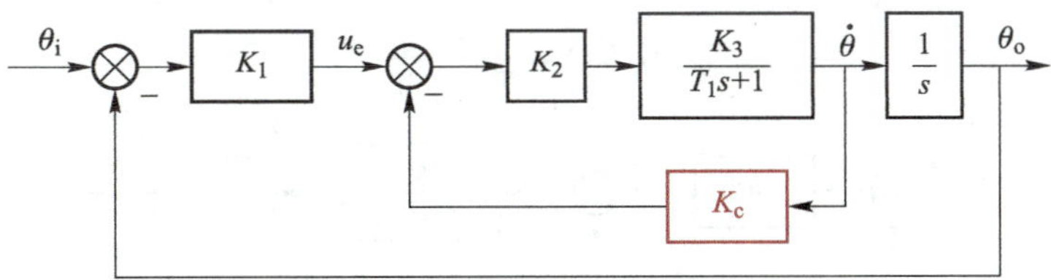

图 6.30 随动系统并联校正的作用

由图 6.30 可得局部反馈回路的传递函数为

$$\frac{\dot{\theta}(s)}{U_e(s)} = \frac{\dfrac{K_2K_3}{T_1s + 1}}{1 + \dfrac{K_2K_3K_c}{T_1s + 1}} = \frac{K_2K_3}{T_1s + K_2K_3K_c + 1} = \frac{\dfrac{K_2K_3}{K_2K_3K_c + 1}}{\dfrac{T_1}{K_2K_3K_c + 1}s + 1} \tag{6.33}$$

由此可见，并联校正使回路的放大倍数和时间常数都下降至它们的$\dfrac{1}{(K_2K_3K_c+1)}$，时间常数的减小将使系统快速性得到改善。

3. 降低对被包围元件参数变化的敏感性

一般来说，串联校正比并联校正简单。它的主要缺点是，系统中其他元件参数不稳定会影响串联校正的效果。因此在使用串联校正装置时，通常要对系统元件特性的稳定性提出较高的要求。

并联校正的优点是它削弱了被包围元件特性对整个系统的影响，故应用并联校正装置时，对系统中各元件特性的稳定性要求较低。

在图 6.29 所示的并联校正控制系统中，考察被并联校正装置所包围的局部反馈回路，如图 6.31 所示。$G_2(s)$ 没有被并联校正装置包围时，其输出为 $X_{oc}(s)=G_2(s)X_{ic}(s)$。若 $G_2(s)$ 的元件参数发生 $\Delta G_2(s)$ 变化，由此引起输出变化为 $\Delta X_{oc}(s)=\Delta G_2(s)X_{ic}(s)$。

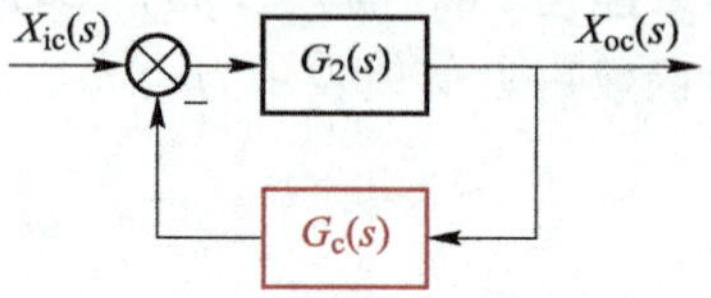

图 6.31　图 6.29 系统的局部反馈回路

采用并联校正后，当 $G_2(s)$ 的元件参数同样产生 $\Delta G_2(s)$ 变化时，局部反馈回路的输出为

$$X_{oc}(s)+\Delta X_{oc}(s)=\frac{G_2(s)+\Delta G_2(s)}{1+[G_2(s)+\Delta G_2(s)]G_c(s)}X_{ic}(s)$$

通常 $G_2(s)\gg\Delta G_2(s)$，则近似地有

$$X_{oc}(s)+\Delta X_{oc}(s)\approx\frac{G_2(s)}{1+G_2(s)G_c(s)}X_{ic}(s)+\frac{\Delta G_2(s)}{1+G_2(s)G_c(s)}X_{ic}(s)$$

所以

$$\Delta X_{oc}(s)\approx\frac{1}{1+G_2(s)G_c(s)}\Delta G_2(s)X_{ic}(s) \tag{6.34}$$

一般 $1+G_2(s)G_c(s)\gg1$，因此采用并联校正能大大削弱被包围元件参数变化给系统带来的影响。

4. 等效地替代串联校正

可以用并联校正装置来实现等效的串联校正。例如，图 6.32a 所示的系统，是用硬反馈包围一个惯性环节。所谓硬反馈是指比例负反馈。被包围的惯性环节的传递函数为

$$G_2(s)=\frac{K}{T_2s+1}$$

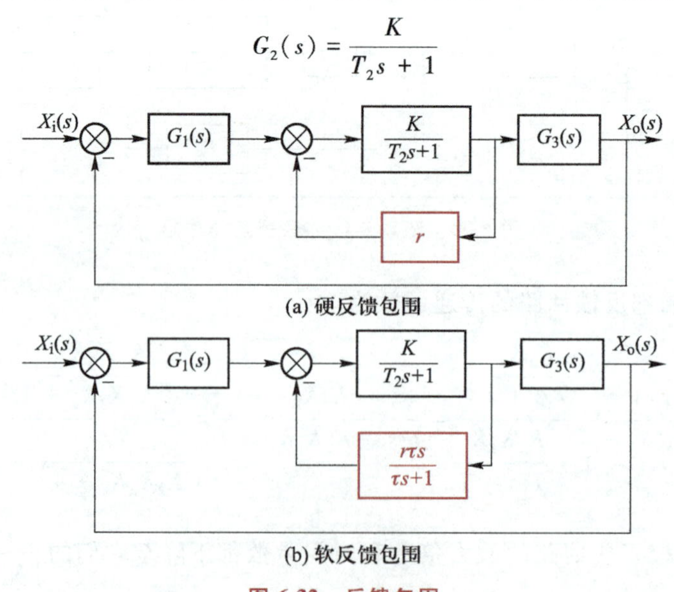

图 6.32　反馈包围

用硬反馈包围后的传递函数为

$$G_2'(s)=\frac{K}{T_2s+1+rK}=\frac{1}{1+rK}\frac{T_2s+1}{\dfrac{T_2}{1+rK}s+1}\frac{K}{T_2s+1}=\frac{1}{\alpha_i}\frac{T_2s+1}{\dfrac{T_2}{\alpha_i}s+1}G_2(s) \tag{6.35}$$

其中，$\alpha_i=1+rK>1$。式(6.35)便是校正后的传递函数，而其前半段就是超前校正的传递函数。由此可见，惯性环节被硬包围后，相当于串接一个超前校正网络。

又如图 6.32b 是用软反馈包围一个惯性环节。所谓软反馈是指微分负反馈。被包围惯性环节的传递函数与硬反馈包围的相同，则用软反馈包围后的传递函数为

$$\begin{aligned}G_2'(s)&=\frac{K(\tau s+1)}{\tau T_2s^2+[(1+rK)\tau+T_2]s+1}\\&\approx\frac{\tau s+1}{\alpha\tau s+1}\frac{T_2s+1}{\dfrac{T_2}{\alpha}s+1}\frac{K}{T_2s+1}\end{aligned} \tag{6.36}$$

其中，$\tau>T_2$，$\alpha=(1+rK)\gg1$。

即

$$G_2'(s)=\frac{T_2s+1}{\dfrac{T_2}{\alpha}s+1}\frac{\tau s+1}{\alpha\tau s+1}G_2(s) \tag{6.37}$$

可见，以软反馈包围一个惯性环节，实际上相当于串联一个滞后-超前校正网络。

并联校正的缺点是其校正装置常需由一些昂贵而庞大的部件所构成，例如测速发电机、电流互感器等就是常用的并联校正装置。另外，并联校正装置的设计也比较繁琐。

在机电控制工程实践中，串联校正和并联校正都得到了广泛的应用。而且在很多情况下将这两种方式结合起来，可以收到更好的效果。这就构成了所谓复合校正。

6.5.2 复合控制

利用串联校正和并联校正在一定程度上可以改善系统的性能。闭环控制系统中，控制作用是由偏差产生的，靠偏差来消除偏差，因此偏差是不可避免的。对于稳态精度要求很高的系统，为了减少误差，通常用提高系统的开环增益或提高系统的型次来解决。但这样做往往会导致系统稳定性变差，甚至使系统不稳定。

为了解决这个矛盾，常常把开环控制与闭环控制结合起来，组成复合控制，如图 6.33 所示。复合控制是复合校正的另一种形式。这种复合控制有两个通道：一个是由 $G_c(s)G_2(s)$ 组成的顺馈补偿通道，它是按开环控制的；另一个是由 $G_1(s)G_2(s)$ 组成的主控制通道，这是按闭环控制的。系统的输出量不仅由误差值所确定，而且还与补偿信号有关，后者的输出可补偿原来的误差。

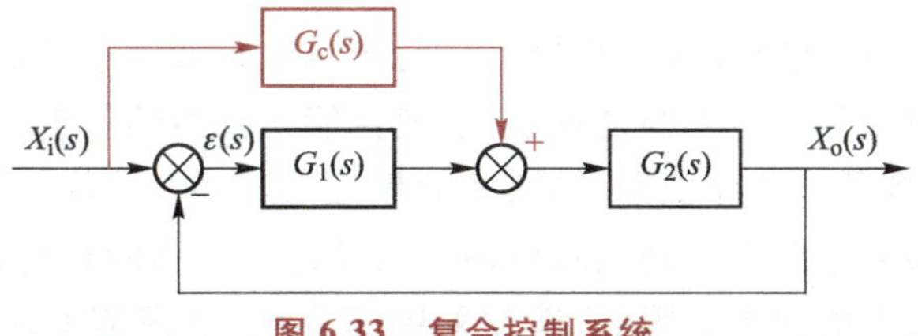

图 6.33　复合控制系统

1. 顺馈补偿

下面通过对图 6.33 所示系统传递函数的分析，分析顺馈补偿的作用。

系统按偏差 $\varepsilon(s)$ 控制时的闭环传递函数为

$$\Phi(s)=\frac{G_1(s)G_2(s)}{1+G_1(s)G_2(s)} \tag{6.38}$$

在加入顺馈补偿通道后，复合控制系统的传递函数可由如下推出：

$$\begin{aligned}X_o(s)&=[G_c(s)X_i(s)+G_1(s)\varepsilon(s)]G_2(s)\\&=G_c(s)G_2(s)X_i(s)+G_1(s)G_2(s)[X_i(s)-X_o(s)]\\&=G_c(s)G_2(s)X_i(s)+G_1(s)G_2(s)X_i(s)-G_1(s)G_2(s)X_o(s)\end{aligned}$$

整理后即得复合控制系统的传递函数

$$\Phi(s)=\frac{X_o(s)}{X_i(s)}=\frac{[G_1(s)+G_c(s)]G_2(s)}{1+G_1(s)G_2(s)} \tag{6.39}$$

分析式(6.38)和式(6.39)可知，复合控制后的系统特征多项式与未校正的闭环系统的特征多项式是完全一致的。因此，系统虽增加了补偿通道，但其稳定性不受影响。

现在来分析稳态精度和快速性方面的影响。加入顺馈补偿通道后，系统的偏差传递函数推导如下：

$$\begin{aligned}\varepsilon(s)&=X_i(s)-X_o(s)\\&=X_i(s)-[G_1(s)G_2(s)\varepsilon(s)+G_c(s)G_2(s)X_i(s)]\end{aligned}$$

整理后即得系统的偏差传递函数

$$\Phi_\varepsilon(s)=\frac{\varepsilon(s)}{X_i(s)}=\frac{1-G_c(s)G_2(s)}{1+G_1(s)G_2(s)} \tag{6.40}$$

系统偏差为

$$\varepsilon(s)=\frac{1-G_c(s)G_2(s)}{1+G_1(s)G_2(s)}X_i(s) \tag{6.41}$$

若选择

$$G_c(s)=\frac{1}{G_2(s)} \tag{6.42}$$

则

$$\varepsilon(s)=0$$

因此，系统的输出信号 $x_o(t)$ 就能完全复现输入信号 $x_i(t)$，使得系统既没有动态误差，也没有稳态误差，并可以把系统看成是一个无惯性系统，快速性能达到最佳状态。

这就是采用复合控制既能消除稳态误差，又能保证系统动态性能的基本原理。

应当指出，在工程实际中要完全满足式(6.42)的条件往往是困难的，因为它意味着系统要以极大的速度运动，需要极大的功率。因此，通常采用部分顺馈[即 $G_c(s)\approx 1/G_2(s)$]的办法来补偿。另外,如果通过顺馈补偿能把系统的无差度提高到 2 或 3,则可有效地减小速度和加速度误差。

例 6.5 某系统经过串联校正后,其响应快速性和稳定裕量已满足要求,系统框图如图 6.34a 所示。试设计顺馈补偿装置,使跟踪给定输入信号的稳态误差为零。

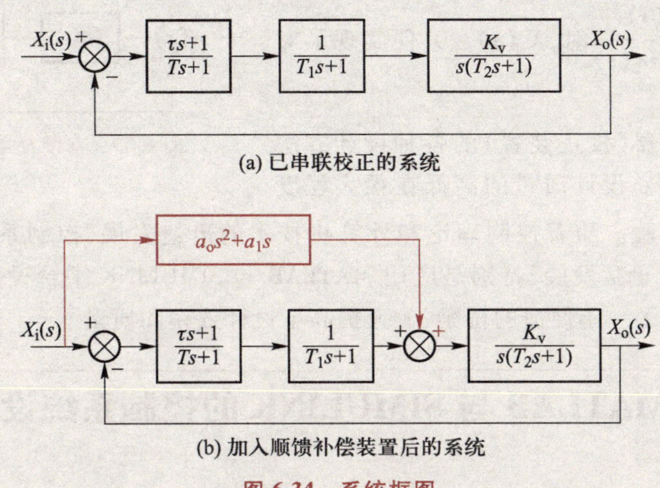

图 6.34 系统框图

解 取顺馈补偿装置的传递函数为

$$G_c(s)=a_0s^2+a_1s \tag{6.43}$$

则加入顺馈补偿装置后的系统框图如图 6.34b 所示。将式(6.43)代入式(6.41)整理后得系统偏差为

$$\varepsilon(s)=\frac{(T_1s+1)(Ts+1)[(T_2-K_va_0)s^2+(1-K_va_1)s]}{s(T_1s+1)(T_2s+1)(Ts+1)+K_v(\tau s+1)}X_i(s) \tag{6.44}$$

故当 $a_0=\frac{T_2}{K_v},a_1=\frac{1}{K_v}$时,$\varepsilon(s)=0$,系统跟踪输入信号的误差为零。若原系统的 $K_v=100,T_2=0.25$,则顺馈补偿装置的传递函数为

$$G_c(s)=0.002\,5s^2+0.01s=0.01s(0.25s+1)$$

必须指出,要实现控制信号的纯微分是困难的。因此,上述顺馈补偿装置也可采用如下形式来近似地实现:

$$G_c(s)=\frac{a_0s^2+a_1s}{T_3s+1} \tag{6.45}$$

当 $T_3\ll a_0/a_1$ 时,即为近似顺馈补偿。

2. 前馈补偿

如果扰动信号是可以量测的,则可采用前馈补偿的办法,在扰动信号产生不良影响之前将它抵消,如图 6.35 所示。此时系统输出为

$$X_o(s)=[X_i(s)-X_o(s)]G_1(s)G_2(s)+[G_c(s)G_1(s)G_2(s)+G_N(s)]N(s)$$

仅考虑扰动信号 $N(s)$ 时，可令 $X_i(s)=0$，则有

$$X_o(s)=\frac{G_c(s)G_1(s)G_2(s)+G_N(s)}{1+G_1(s)G_2(s)}N(s) \tag{6.46}$$

故当 $G_c(s)=-\frac{G_N(s)}{G_1(s)G_2(s)}$ 时，$X_o(s)=0$，便实现了对扰动信号的完全抵消。

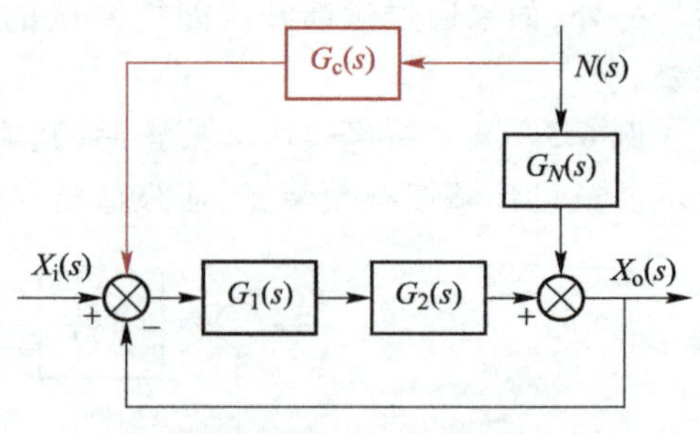

图 6.35　前馈补偿后的系统框图

以上介绍的控制器（校正装置）的各种设计方法实际上是一种试凑法。设计质量的高低在很大程度上取决于设计者的经验。随着控制理论和计算机技术的迅速发展，控制系统计算机辅助设计（CADCS）技术也随之迅猛发展，特别是应用 MATLAB 与 SIMULINK 平台设计控制系统，为控制理论和工程应用架起了一座便捷的桥梁，大大提高了设计效率和质量。

6.6　基于 MATLAB 与 SIMULINK 的控制系统设计与校正

6.6.1　基于 MATLAB 的控制系统设计与校正

例 6.6　某控制系统的开环传递函数为

$$G(s)=\frac{K_aK_fK_d}{s\left(\frac{s}{\omega_r}+1\right)\left(\frac{s^2}{\omega_d^2}+\frac{2\zeta_d}{\omega_d}s+1\right)}$$

已知 $K_f=1$，$K_d=0.5$，$\omega_r=15$ rad/s，$\omega_d=98$ rad/s，$\zeta_d=0.4$，试设计串联校正装置，使系统幅值穿越频率 $\omega_c'\geqslant45$ rad/s，相位裕量 $\gamma(\omega_c')\geqslant60°$。

解　根据幅值穿越频率 $\omega_c'\geqslant45$ rad/s 的要求，由于系统为 I 型系统，可试取系统开环增益 $K=K_aK_fK_d=45$，其开环频率特性 MATLAB 程序为

```
k=45;
wr=15;
wd=98;
bd=0.4;
num=[k];
den=conv([1/wr  1  0],[1/wd^2  2*bd/wd  1]);
sys=tf(num,den);
margin(sys)
grid
```

得未校正系统的伯德图如图 6.36 所示。由图 6.36 可知幅值穿越频率 $\omega_c=24.5$ rad/s，幅值裕量 $K_g=6.84$ dB，相位裕量 $\gamma(\omega_c)=19.4°$，既不满足 $\omega_c'\geqslant45$ rad/s 的要求，也不满足校正后系统

的相位裕量$\gamma(\omega_c')\geqslant 60°$的要求。为提高系统的幅值穿越频率和相位裕量，采用比例加微分(PD)校正装置，其传递函数为

$$G_c(s)=K_c(Ts+1)$$

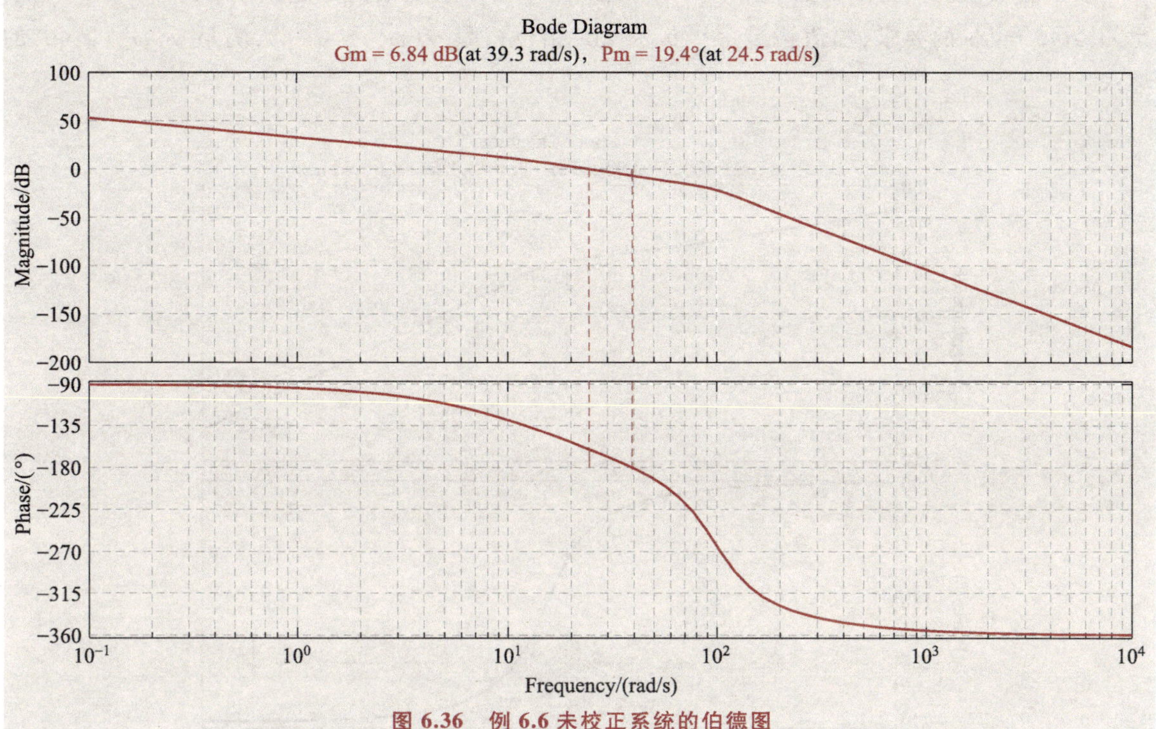

图 6.36　例 6.6 未校正系统的伯德图

为使校正后的系统的对数幅频特性曲线以-20 dB/dec 的斜率穿越 0 dB 线，取

$$G_c(s)=K_c(Ts+1)=0.9\left(\frac{s}{\omega_r}+1\right)$$

则校正后系统的开环传递函数为

$$G(s)G_c(s)=\frac{KK_c}{s\left(\dfrac{s^2}{\omega_d^2}+\dfrac{2\zeta_d}{\omega_d}s+1\right)}$$

校正后系统的开环频率特性 MATLAB 程序为

```
k=45;
wd=98;
bd=0.4;
kc=0.9
num=[k*kc];
den=[1/wd^2  2*bd/wd  1  0];
```

```
sys=tf(num,den);
margin(sys)
grid
```

校正后的系统伯德图如图 6.37 所示。由图 6.37 可知系统幅值穿越频率 $\omega_c'=47.1\ \text{rad/s}$，满足 $\omega_c'\geqslant 45\ \text{rad/s}$ 的要求，幅值裕量 $K_g=5.74\ \text{dB}$，相位裕量 $\gamma(\omega_c')=63.4°$，满足 $\gamma(\omega_c')\geqslant 60°$ 的要求。

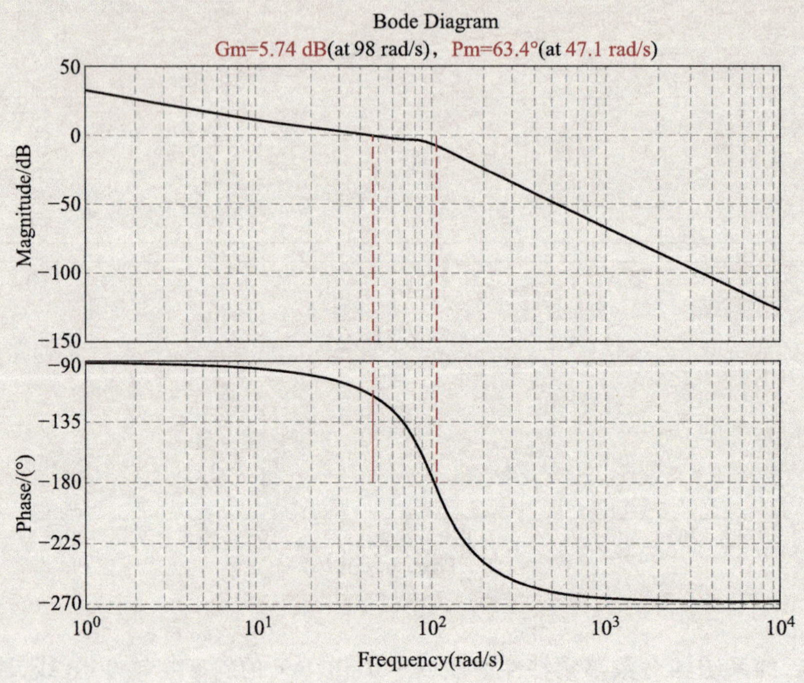

图 6.37　例 6.6 校正后系统的伯德图

例 6.7　某位置控制系统的开环传递函数为

$$G(s)=\frac{K}{s(s+1)(0.35s+1)}$$

试设计串联校正装置，使系统具有 $K=10$，$\omega_c'\geqslant 1.5\ \text{rad/s}$，相位裕量 $\gamma(\omega_c')\geqslant 50°$，幅值裕量 $K_g\geqslant 10\ \text{dB}$。

解　由于系统为Ⅰ型系统，故可取开环增益 $K=10$，其未校正系统的开环频率特性MATLAB程序为

```
k=10;
num=[k];
den=conv([1  1  0],[0.35  1]);
sys=tf(num,den);
margin(sys)
grid
```

未校正系统的开环频率特性如图 6.38 所示。

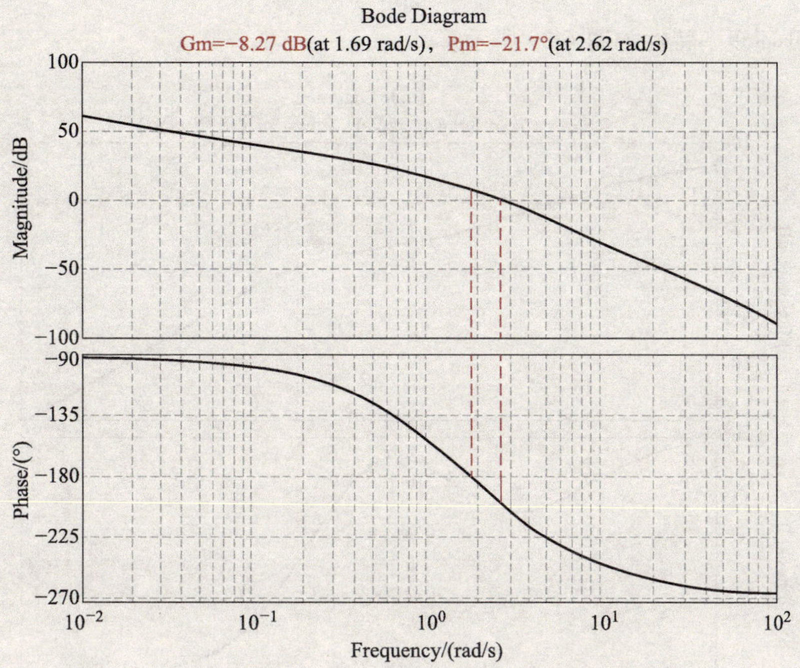

图 6.38 例 6.7 未校正系统的开环频率特性

由图 6.38 可知,系统相位裕量 $\gamma(\omega_c)=-21.7°$,幅值裕量 $K_g=-8.27$ dB,幅值穿越频率 $\omega_c=2.62$ rad/s,故未校正系统不稳定。未校正系统的相位穿越频率 $\omega_g=1.69$ rad/s,取该点为校正后系统的幅值穿越频率 ω_c'。根据系统相位裕量 $\gamma(\omega_c')\geqslant 50°$的要求,设计滞后-超前校正网络时,其超前相角应不小于 50°,取滞后网络的转折频率为 0.1 $\omega_c'=0.169$ rad/s,另一个转折频率为 0.01 $\omega_c'=0.016\ 9$ rad/s,取超前部分的两个转折频率分别为 0.5 rad/s 和 5 rad/s。则滞后-超前校正网络的传递函数为

$$G_c(s)=\frac{(1/0.169s+1)(1/0.5s+1)}{(1/0.016\ 9s+1)(1/5s+1)}$$

校正后系统的开环传递函数为

$$G_c(s)G(s)=\frac{K(1/0.169s+1)(1/0.5s+1)}{s(1/0.016\ 9s+1)(1/5s+1)(s+1)(0.35s+1)}$$

MATLAB 程序为

```
k=10;
num=conv([k/0.169  k],[1/0.5  1]);
den1=conv([1  1  0],[0.35  1]);
den2=conv([1/0.016 9  1],[1/5  1]);
den=conv(den1,den2);
sys=tf(num,den);
```

```
margin(sys)
grid
```

校正后系统的开环频率特性如图 6.39 所示。

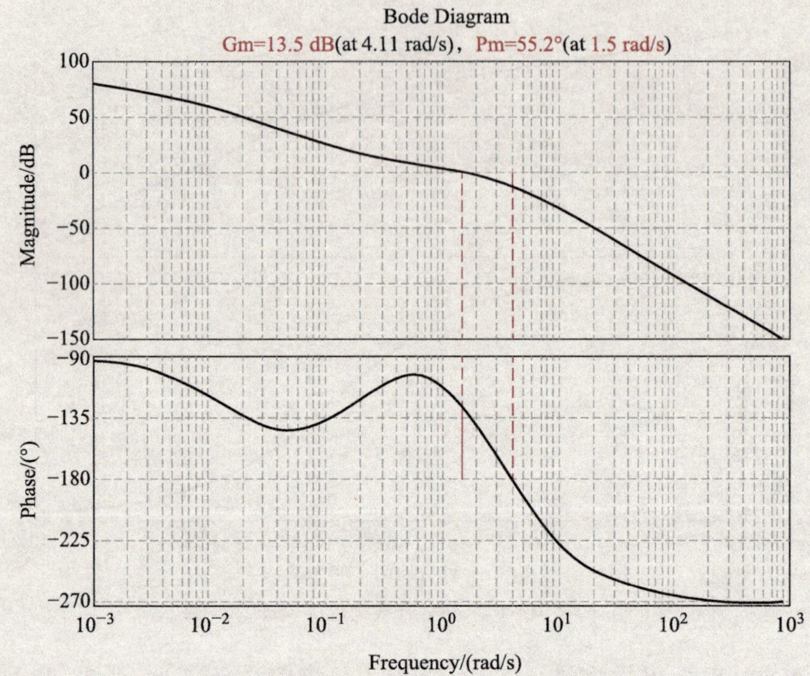

图 6.39　例 6.7 校正后系统的开环频率特性

由图 6.39 可知，校正后系统具有开环增益 $K=10$，幅值穿越频率，$\omega_c'=1.5\ \text{rad/s}$，相位裕量 $\gamma(\omega_c')=55.2°$，幅值裕量$K_g=13.5\ \text{dB}$ 的性能指标，满足设计要求。

6.6.2　基于 SIMULINK 的控制系统设计与校正

例 6.8　某单位反馈位置控制系统的开环传递函数为

$$G(s)=\frac{K_v}{s\left(\dfrac{s^2}{\omega_h^2}+\dfrac{2\zeta_h}{\omega_h}s+1\right)}$$

已知位置控制系统特征参数 $K_v=20$，$\omega_h=220\ \text{rad/s}$，$\zeta_h=0.1$，试设计滞后校正装置，使系统满足开环增益 $K_{vc}=60$，幅值裕量 $K_g\geqslant 6\ \text{dB}$，相位裕量 $\gamma(\omega_c')\geqslant 70°$，幅值穿越频率 $\omega_c'\geqslant 20\ \text{rad/s}$ 的性能指标要求。

解　根据系统要求，取开环增益 $K_{vc}=60$，在 SIMULINK 仿真平台上作出仿真模型如图 6.40 所示，未校正系统的开环频率特性如图 6.41 所示。由图可知幅值裕量 $K_g=-2.56\ \text{dB}$，系统不稳定。取滞后校正装置的两个转折频率分别为 5 rad/s 和 5/3 rad/s，则校正后系统的开环传递函数为

$$G_c(s)G(s)=\frac{60\left(\frac{1}{5}s+1\right)}{s\left(\frac{3}{5}s+1\right)\left(\frac{s^2}{220^2}+\frac{0.2}{220}s+1\right)}$$

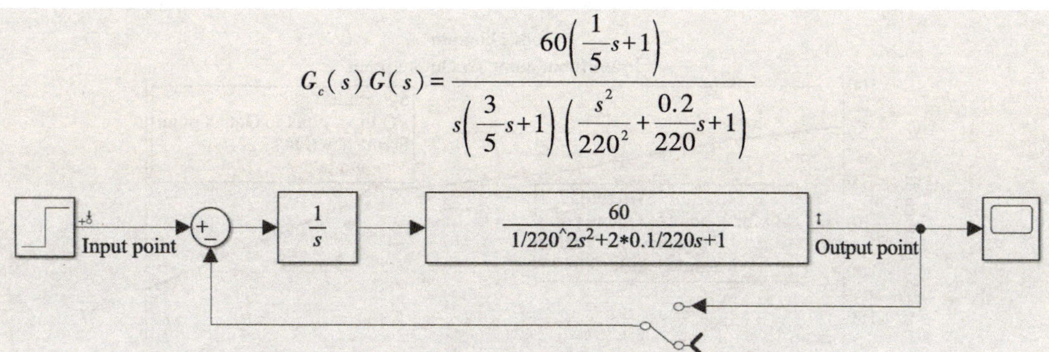

图 6.40　例 6.8 未校正系统的 SIMULINK 仿真模型

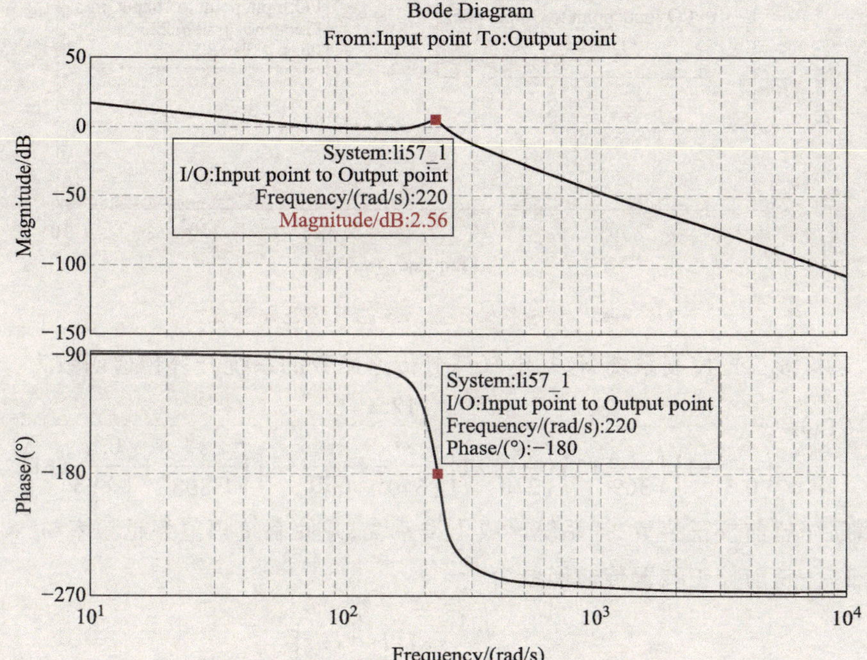

图 6.41　例 6.8 未校正系统的开环频率特性

校正后系统的 SIMULINK 仿真模型如图 6.42 所示。

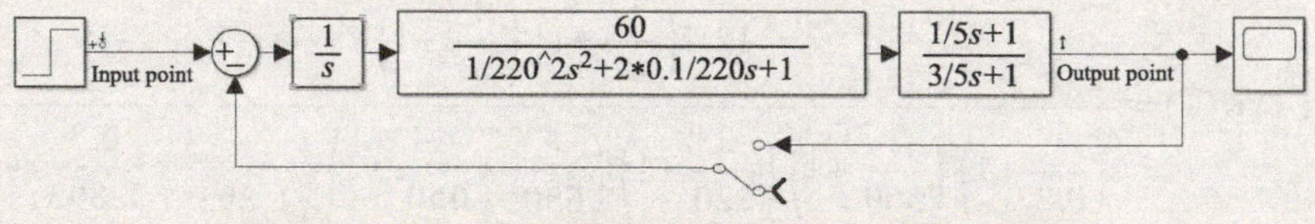

图 6.42　例 6.8 校正后系统的 SIMULINK 仿真模型

校正后系统的开环频率特性如图 6.43 所示。

由图 6.43 可知，系统幅值裕量 $K_g=7.28$ dB，相位裕量 $\gamma(\omega_c')=180°-100°=80°$，幅值穿越频率 $\omega_c'=20.7$ rad/s，开环频率特性低频段（$\omega=1$ 时）增益由原来的 $20\lg K_v=20\lg 20$ dB $=26.02$ dB 增加到 $20\lg K_{vc}=20\lg 60$ dB $=35.56$ dB，全部满足系统性能指标的要求。

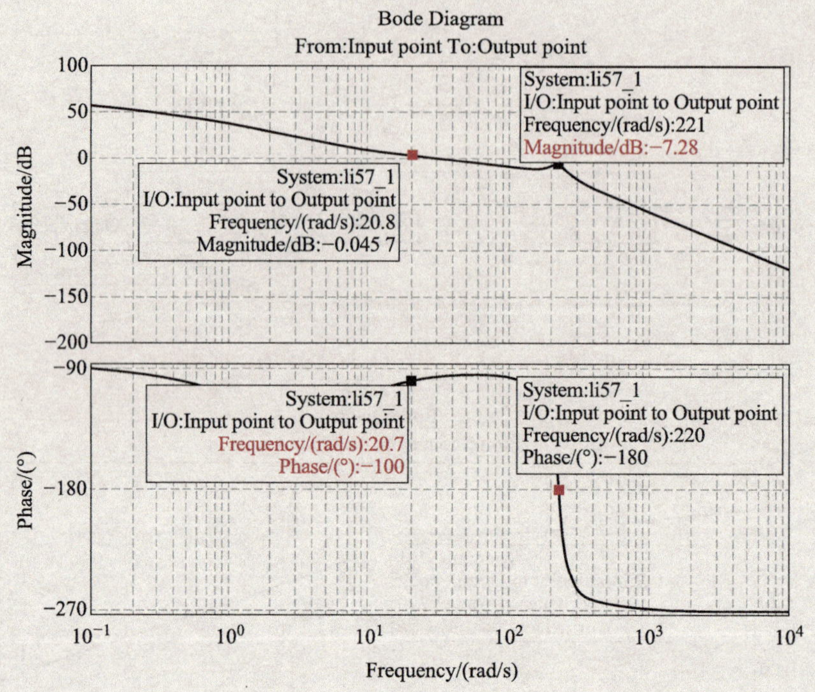

图 6.43 例 6.8 校正后系统的开环频率特性

例 6.9 某机液位置控制系统，包括电气部分传递函数的系统开环传递函数为

$$G(s)=\frac{12.2}{\left(\frac{s}{0.3}+1\right)\left(\frac{s}{369}+1\right)\left(\frac{s}{220}+1\right)\left(\frac{s^2}{650^2}+\frac{1.4}{650}s+1\right)\left(\frac{s^2}{1\,893^2}+\frac{0.3}{1\,893}s+1\right)}$$

试通过滞后-超前校正装置，把系统改成 I 型系统，并使系统幅值穿越频率 $\omega_c'\geqslant 100$ rad/s。

解 取滞后-超前校正装置传递函数为

$$G_c(s)=\frac{\left(\frac{1}{\omega_1}s+1\right)\left(\frac{1}{\omega_2}s+1\right)}{\tau s}$$

则校正后系统的开环传递函数为

$$G_c(s)G(s)=\frac{12.2\left(\frac{1}{\omega_1}s+1\right)\left(\frac{1}{\omega_2}s+1\right)/\tau}{s\left(\frac{s}{0.3}+1\right)\left(\frac{s}{369}+1\right)\left(\frac{s}{220}+1\right)\left(\frac{s^2}{650^2}+\frac{1.4}{650}s+1\right)\left(\frac{s^2}{1\,893^2}+\frac{0.3}{1\,893}s+1\right)}$$

根据系统要求，取 $\omega_1=0.3$ rad/s，$\omega_2=220$ rad/s 以抵消两个相应的惯性环节，此时，机液位置控制系统开环传递函数变为

$$G_c(s)G(s)=\frac{12.2/\tau}{s\left(\frac{s}{369}+1\right)\left(\frac{s^2}{650^2}+\frac{1.4}{650}s+1\right)\left(\frac{s^2}{1\,893^2}+\frac{0.3}{1\,893}s+1\right)}$$

考虑到所要求的幅值穿越频率 $\omega_c' \geqslant 100$ rad/s，小于开环传递函数中的最低频率 369 rad/s，故可取开环增益数值上近似等于要求的幅值穿越频率，即取 $K_v = 115$，其中 PID 参数 $\tau = 0.1061$，最后得滞后-超前校正后的系统开环传递函数为

$$G_c(s)G(s)=\frac{115}{s\left(\dfrac{s}{369}+1\right)\left(\dfrac{s^2}{650^2}+\dfrac{1.4}{650}s+1\right)\left(\dfrac{s^2}{1\,893^2}+\dfrac{0.3}{1\,893}s+1\right)}$$

它的仿真模型如图 6.44 所示。

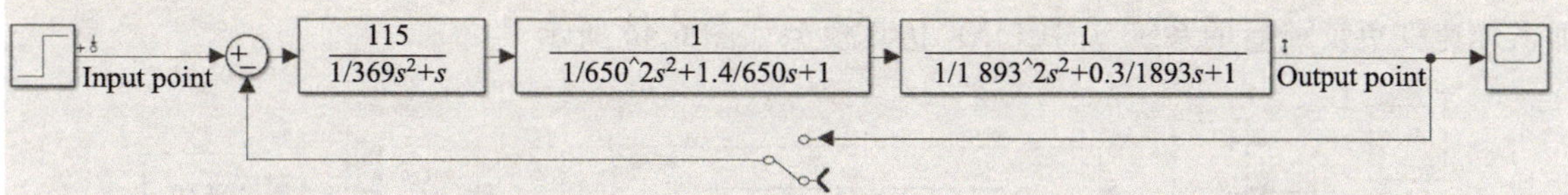

图 6.44　例 6.9 滞后-超前校正后的机液位置控制系统 SIMULINK 仿真模型

其开环频率特性如图 6.45 所示。

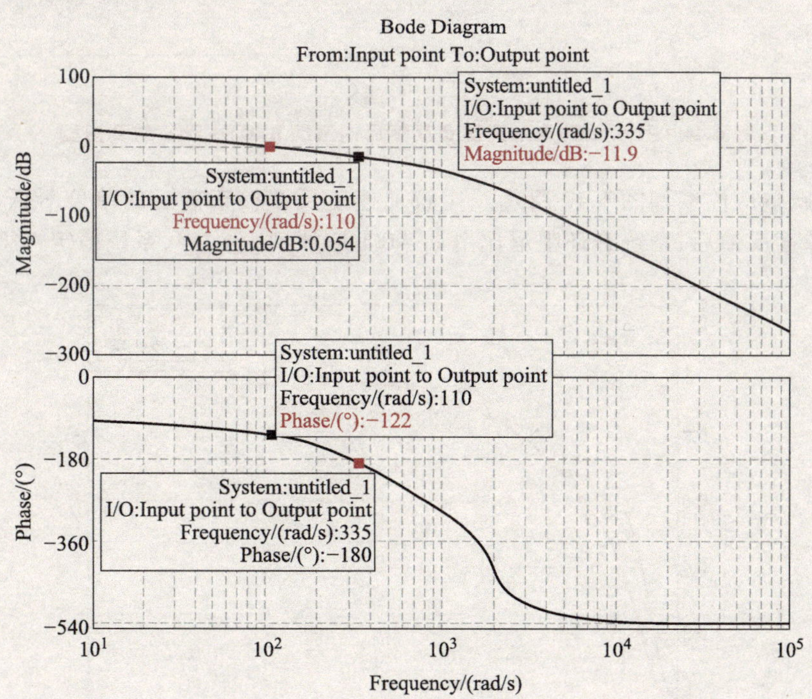

图 6.45　例 6.9 滞后-超前校正后的机液位置控制系统开环频率特性

由图 6.45 可知，系统的幅值裕量 $K_g = 11.9$ dB，相位裕量 $\gamma(\omega_c') = 180° - 122° = 58°$，幅值穿越频率 $\omega_c' = 110$ rad/s，满足系统的所有要求。

例 6.10 某单位反馈位置控制系统的开环传递函数为

$$G(s)=\frac{K_{\mathrm{v}}}{s\left(\frac{s^2}{\omega_{\mathrm{h}}^2}+\frac{2\zeta_{\mathrm{h}}}{\omega_{\mathrm{h}}}s+1\right)}=\frac{30}{s\left(\frac{s^2}{240^2}+\frac{2\times0.1}{240}s+1\right)}$$

试采用加速度反馈校正(并联校正),使系统的阻尼比由 0.1 达到 0.4。

解 加速度校正后的开环阻尼比为 $\zeta_{\mathrm{h}}'=\zeta_{\mathrm{h}}+\frac{K_{\mathrm{v}}K_{\mathrm{fa}}\omega_{\mathrm{h}}}{2}$,可得加速度反馈系数为

$$K_{\mathrm{fa}}=\frac{2(\zeta_{\mathrm{h}}'-\zeta_{\mathrm{h}})}{K_{\mathrm{v}}\omega_{\mathrm{h}}}=\frac{2(0.4-0.1)}{30\times240}=8.33\times10^{-5}$$

加入加速度负反馈后的系统 SIMULINK 仿真模型如图 6.46 所示。

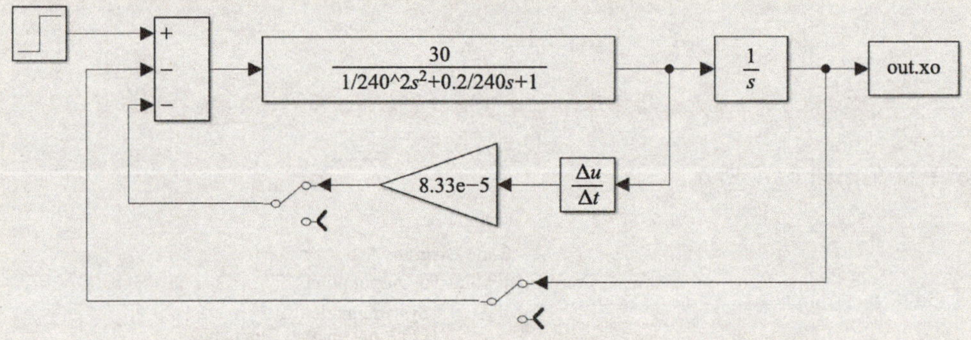

图 6.46 例 6.10 加入加速度负反馈后的系统 SIMULINK 仿真模型

其单位阶跃响应曲线如图 6.47 所示。比较加速度反馈校正前后的单位阶跃响应特性曲线可知,加入加速度反馈后,系统开环阻尼比由 $\zeta_{\mathrm{h}}=0.1$ 增加到 $\zeta_{\mathrm{h}}'=0.4$,系统稳定性得到极大提高。

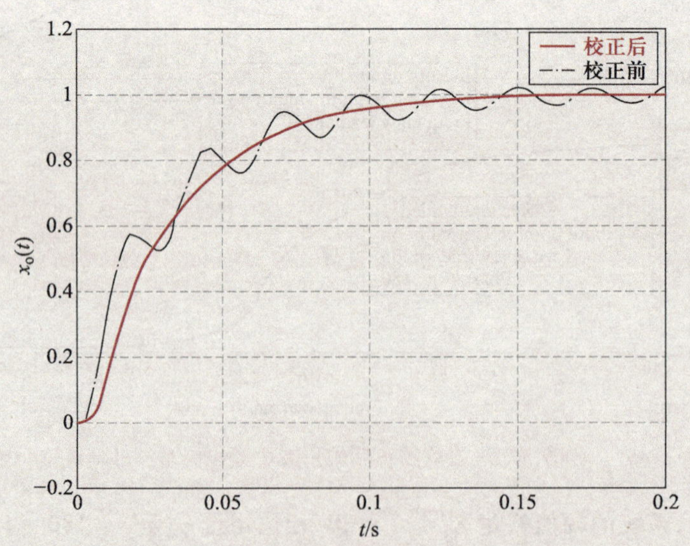

图 6.47 例 6.10 加入加速度负反馈后的系统单位阶跃响应曲线

例 6.11 某单位反馈控制系统框图如图 6.48 所示。

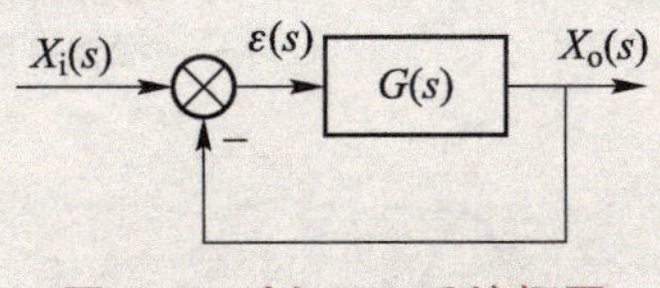

图 6.48 例 6.11 系统框图

图中

$$G(s)=\frac{K\omega^2}{s^2+2\zeta\omega s}$$

$K=0.6$,$\omega=17.5$ rad/s,$\zeta=0.1$,试设计顺馈补偿装置,使系统的稳态误差为零。

解 加入顺馈补偿后的系统框图如图 6.49 所示。

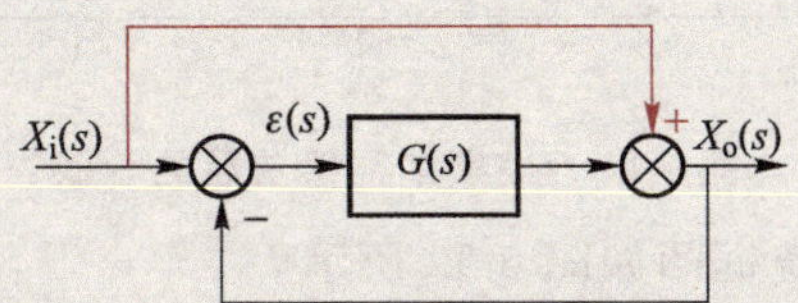

图 6.49 例 6.11 加入顺馈补偿的系统框图

由图 6.49 可得

$$X_o(s)=G(s)\varepsilon(s)+X_i(s)=G(s)(X_i(s)-X_o(s))+X_i(s)=G(s)X_i(s)-G(s)X_o(s)+X_i(s)$$

由上式可得

$$[1+G(s)]X_o(s)=[1+G(s)]X_i(s)$$

即

$$X_o(s)=X_i(s)$$

由此可知,通过顺馈补偿后的系统,其输出可以完全跟随系统的控制输入。根据系统给定参数,可作出顺馈补偿前后系统的 SIMULINK 仿真模型,如图 6.50 所示。其阶跃响应曲线如图 6.51 所示。比较顺馈补偿前后的阶跃响应特性曲线可知,加入顺馈补偿后系统的稳定性、快速性及精确性都得到极大提高,系统稳态误差为零。

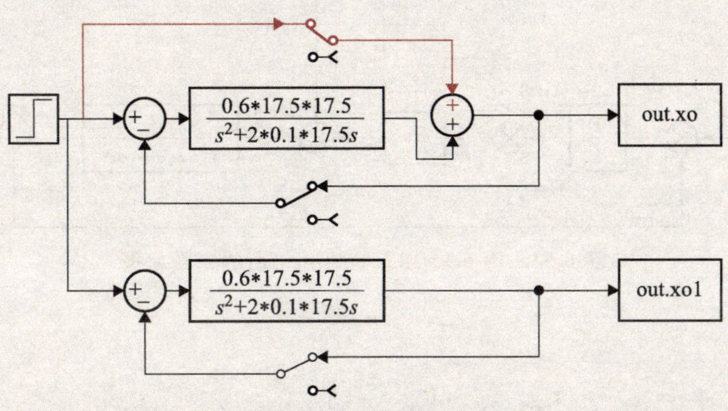

图 6.50 例 6.11 系统顺馈补偿前后的 SIMULINK 仿真模型

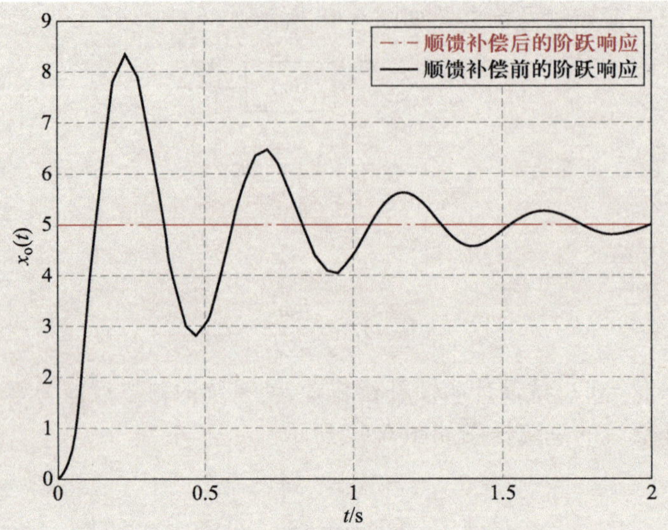

图 6.51　例 6.11 系统顺馈补偿前后的阶跃响应曲线

例 6.12　单位反馈控制系统框图如图 6.52 所示。

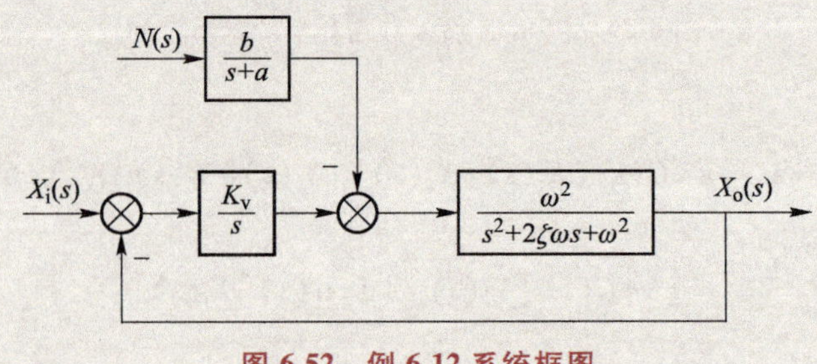

图 6.52　例 6.12 系统框图

图中 $b=200, a=20, K_v=100, \omega=220$ rad/s, $\zeta=0.5$，试通过前馈补偿消除干扰 $N(s)$ 对系统输出的影响。

解　根据图 6.52，可以作出加入前馈补偿的系统框图如图 6.53 所示。

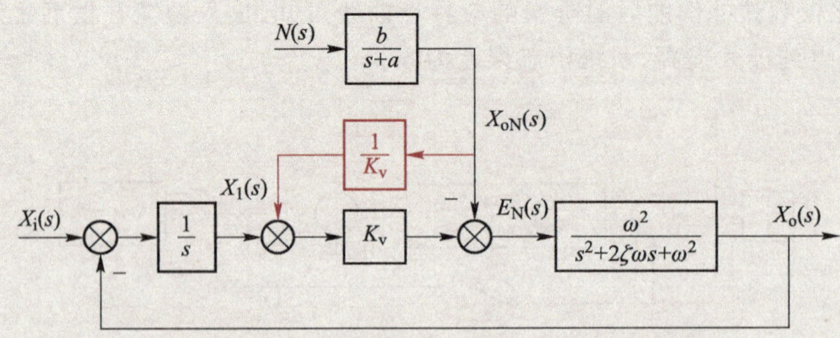

图 6.53　例 6.12 加入前馈补偿后的系统框图

由图 6.53 可得

$$E_N(s)=\left[X_1(s)+\frac{1}{K_v}X_{oN}(s)\right]K_v-X_{oN}(s)=K_vX_1(s)$$

由上式可知,通过这个简单的前馈补偿可以有效地消除系统干扰 $N(s)$ 对系统输出的影响。根据该原理作出前馈补偿前后的系统 SIMULINK 仿真图如图 6.54 所示。

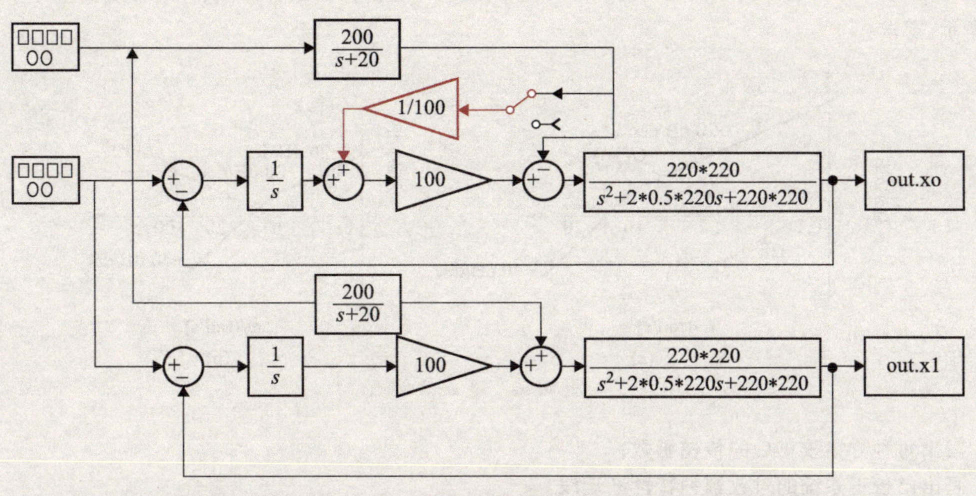

图 6.54　例 6.12 加入前馈补偿前后的系统 SIMULINK 仿真图

图 6.55 为前馈补偿前后的系统响应曲线,由图可知,前馈补偿后的系统响应与干扰输入 $N(s)=0$时的输出一致,有效地消除了干扰对系统输出的影响。

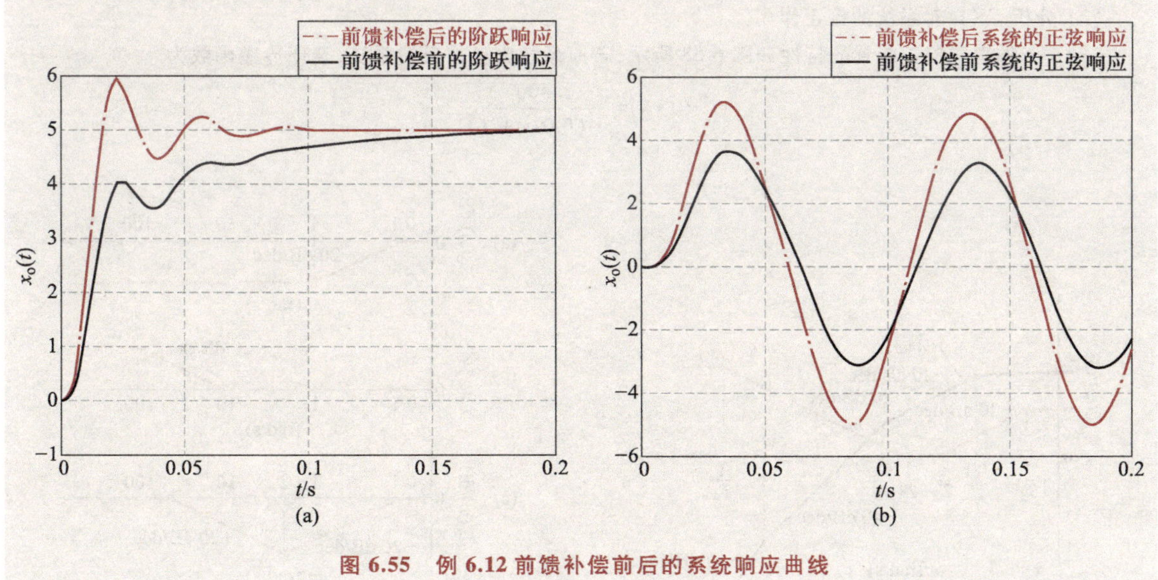

图 6.55　例 6.12 前馈补偿前后的系统响应曲线

习　题

6-1　试回答下列问题:

(1) 如果Ⅰ型系统在校正后希望成为Ⅱ型系统,应当采用哪种控制规律可以满足要求,且能保证系统稳定工作?

(2) 串联超前校正装置能改善系统什么性能？能否用反馈校正来实现？

(3) 在什么情况下可以采用串联滞后校正来提高系统的稳定性？

6-2 已知某单位反馈系统未校正时的开环传递函数 $G(s)$ 和两种校正装置 $G_c(s)$ 的对数幅频特性渐近线如图 6.56 所示，要求：

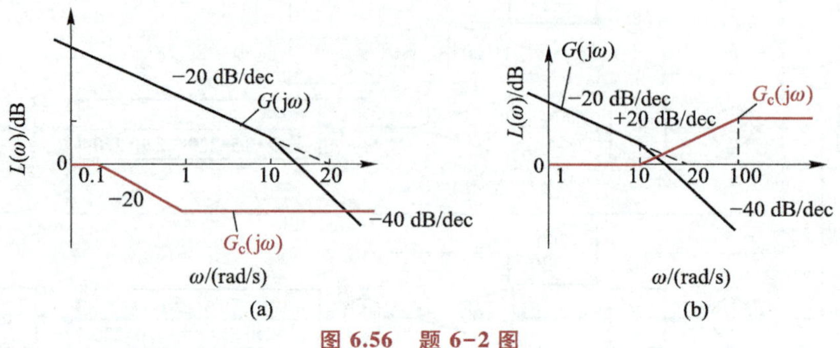

图 6.56　题 6-2 图

(1) 写出每种方案校正后的传递函数；

(2) 画出已校正系统的对数幅频特性渐近线；

(3) 比较这两种校正的优缺点。

6-3 已知某单位反馈系统，其 $G(s)$ 和 $G_c(s)$ 的对数幅频特性渐近线如图 6.57 所示。

(1) 在图中绘出校正后系统的开环对数幅频特性渐近线；

(2) 写出已校正系统的开环传递函数；

(3) 分析 $G_c(s)$ 对系统的校正作用。

6-4 三种串联校正装置的特性如图 6.58 所示，若原系统为单位反馈系统，开环传递函数为

$$G(s) = \frac{400}{s^2(0.01s + 1)}$$

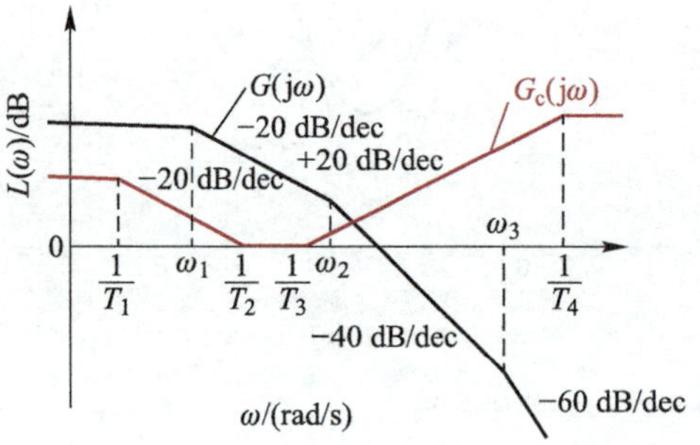

图 6.57　题 6-3 图

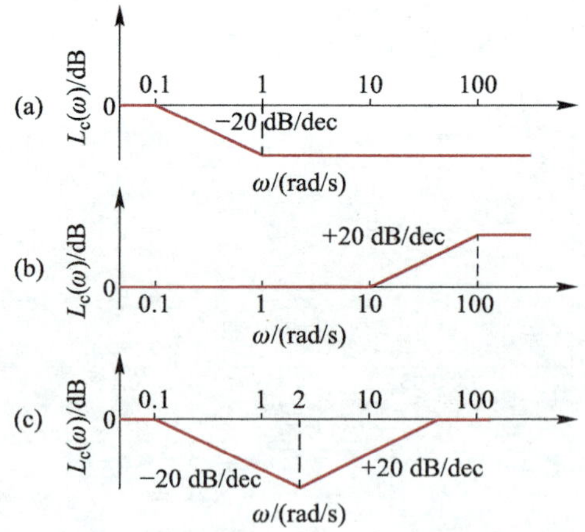

图 6.58　题 6-4 图

试问这 a、b、c 三种校正特性中，哪一种可使校正后系统的稳定性最好［提示：应在同一个半对数坐标纸上，分别绘出三种校正装置的对数幅频特性并求出相位裕量 $\gamma(\omega_c)$，便可作出比较］。

6-5 为了满足稳态性能，某单位反馈伺服系统的开环传递函数为

$$G(s) = \frac{200}{s(0.1s + 1)}$$

试设计无源校正网络，使校正后系统的相位裕量 $\gamma(\omega_c') \geqslant 45°$，幅值穿越频率 $\omega_c' \geqslant 50$ rad/s。

6-6　某单位反馈系统的开环传递函数为

$$G(s) = \frac{K}{s(0.5s+1)(0.1s+1)}$$

要求校正后系统的速度误差系数 $K_v \geqslant 7$，幅值裕量 $K_g \geqslant 15$ dB，相位裕量 $\gamma(\omega_c') \geqslant 45°$，若采用串联无源校正网络，试问采用何种校正方式？

6-7　某单位反馈系统的开环传递函数为

$$G(s) = \frac{K}{s\left(\frac{1}{10}s+1\right)\left(\frac{1}{60}s+1\right)}$$

当输入速度为 1 rad/s 时，稳态位置误差 $e_{ss} \leqslant \frac{1}{126}$ rad，相位裕量 $\gamma(\omega_c') \geqslant 30°$，幅值穿越频率 $\omega_c' \geqslant 20$ rad/s。试确定采用何种无源校正网络，并说明为什么。

6-8　某遥控侦察车的模型如图 6.59a 所示，其速度控制系统框图如图 6.59b 所示。侦察车由无线电信号 $U(s)$ 遥控其行驶速度 $Y(s)$，路况干扰用 $N(s)$ 表示。控制目标是在单位阶跃指令输入下，满足如下性能指标：最大超调量 $M_p<35\%$，调整时间 $t_s<0.6$ s，稳态误差 $e_{ss}<10\%$，相位裕量 $\gamma(\omega'_c)>45°$。试设计超前校正控制器 $G_c(s)$。

(a) 遥控侦察车

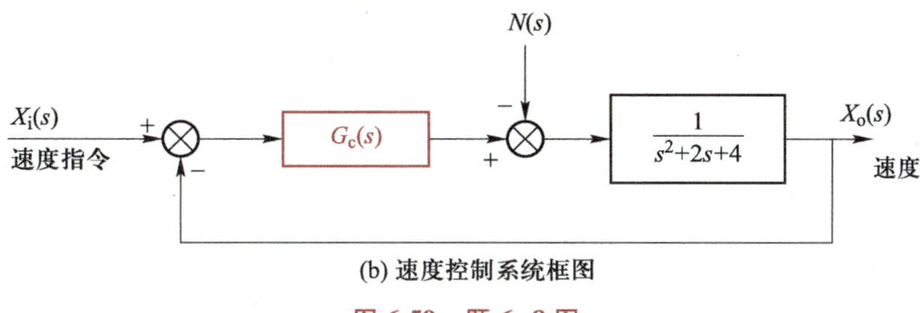

(b) 速度控制系统框图

图 6.59　题 6-8 图

6-9 铜线绕线控制系统如图 6.60 所示。工艺要求绕线均匀、速度快,以保证较高的生产率。给定性能指标:最大超调量 $M_p<10\%$,调整时间 $t_s<2s$,稳态误差 $e_{ss}<0.1$。试设计滞后-超前校正网络 $G_c(s)$。

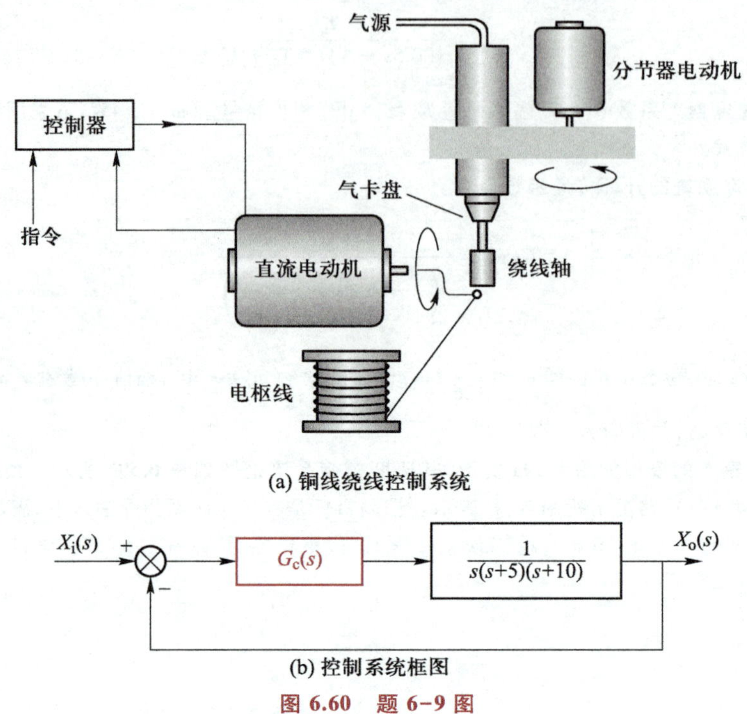

(a) 铜线绕线控制系统

$$X_i(s) \rightarrow \bigotimes \rightarrow G_c(s) \rightarrow \frac{1}{s(s+5)(s+10)} \rightarrow X_o(s)$$

(b) 控制系统框图

图 6.60　题 6-9 图

*第 7 章　线性离散系统与 $\mathscr{Z}$ 变换

7.1　概述

离散系统或采样数字系统，是一种数字动态系统，它与连续系统的根本区别在于所处理的信号是离散型的。在连续控制系统中，它的控制信号、反馈信号、偏差信号等都是连续时间的函数，而在离散控制系统中，上述信号都是以数字的形式给出的，这些信号都是离散的时间函数。在离散控制系统中，系统变量仅在离散的时刻上才发生变化，而在两个相邻时刻之间是不发生变化的。连续的时间变量 $x(t)$ 在离散系统中被离散化成 kT_0 或 $t_k(k=0,1,2,\cdots)$ 的时间函数 $x(kT_0)$，其中 T_0 称为采样周期，根据控制要求通常被取为一个很小的量，当采样周期 $T_0 \to 0$ 时，离散时间 kT_0 或 t_k 趋向于连续时间 t。一般情况下，控制信号可用离散型的时间函数 $x_i^*(t)$ 表示，系统输出端的反馈信号在和控制信号进行比较时，也需要采用离散型时间函数 $y^*(t)$ 表示，比较后的偏差信号 $\varepsilon^*(t)$ 也将是离散型的时间函数，用数学表达式可写成

$$\varepsilon^*(t) = x_i^*(t) - y^*(t) \tag{7.1}$$

因此，在离散控制系统中，通过控制器直接作用于被控对象的控制信号是离散偏差信号 $\varepsilon^*(t)$，它是由离散反馈信号 $y^*(t)$ 与输入离散信号 $x_i^*(t)$ 比较产生的，而反馈离散信号 $y^*(t)$ 是由连续时间反馈信号 $y(t)$ 通过采样器采样获得的，其采样周期为 T_0，它是一个有限的时间序列，这个时间序列属于离散时间函数。离散控制系统可用系统框图表示，如图 7.1 所示。采样器的每次闭合时间为 h，且有 $h<T_0$，如图 7.2 所示。

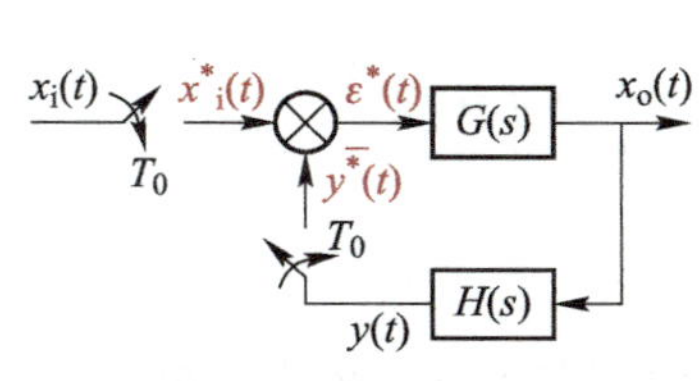

图 7.1　离散系统框图

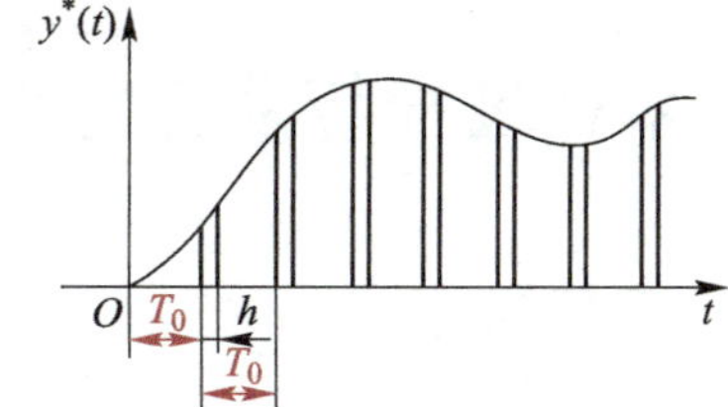

图 7.2　离散时间函数

采样频率 f_s、采样角频率 ω_s 与采样周期 T_0 具有如下关系

$$f_s = \frac{1}{T_0} \tag{7.2}$$

$$\omega_s = \frac{2\pi}{T_0} \tag{7.3}$$

在一般情况下，图 7.1 中两个采样器的动作是同步的，因此可等效为如图 7.3 所示的系统框图。

在离散控制系统中最常用的离散系统是数字控制系统，它是通过数字计算机（或数字控制器）构成闭环控制系统，整个数字控制系统包括两大部分，即离散部分与连续部分。离散部分由数字计算机或数字控制器构成，而连续部分由不可变的被控对象构成。离散部分与连续部分通过 D/A（数/模）转换器或 A/D（模/数）转换器完成信号的传递，实现系统的控制，如图 7.4 所示。图中 D 为控制器，它可以是数字计算机也可以是特定的数字控制器，$x_i(t)$ 为系统控制输入，$u(t)$ 为控制器的输出，经 D/A 转换后，直接作用于控制对象 $G_0(s)$，$x_o(t)$ 为控制对象的输出，称为被控制量。在分析数字控制系统时，通常将图 7.4 转换成图 7.5 所示的系统框图。图中采样器的动作是同步的。

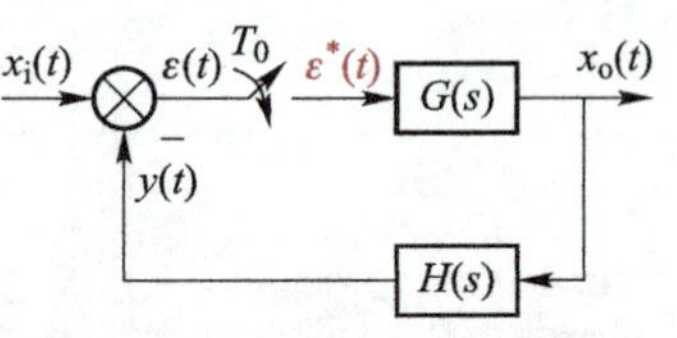

图 7.3　离散系统简化框图

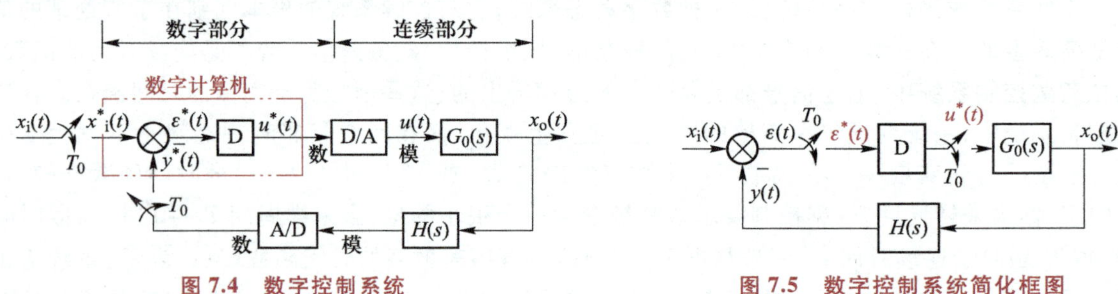

图 7.4　数字控制系统

图 7.5　数字控制系统简化框图

复杂的计算机控制系统是目前的发展趋势，它是将许多独立的数字控制系统（称为子系统）有机地结合成最优控制工程，是离散系统的一种高级形式。整个系统可以作为多输入多输出系统来研究，它可以完成独立数字控制系统根本无法完成的任务。

分析离散系统可以采用 $\mathscr{Z}$ 变换法，也可以采用状态空间分析法。与拉氏变换法和线性定常连续系统的关系类似，$\mathscr{Z}$ 变换和线性定常离散系统也有相应的关系。因此，$\mathscr{Z}$ 变换法是分析单输入单输出线性定常离散系统的有力工具，它是本章的重点。状态空间分析法是分析多输入多输出线性离散系统的有力工具，这种方法将在第 8 章中介绍。

7.2　采样过程与采样定理

7.2.1　采样过程

如图 7.3 所示的离散控制系统，连续偏差信号 $\varepsilon(t)$ 经采样器后变换成离散信号 $\varepsilon^*(t)$。离散偏差信号 $\varepsilon^*(t)$ 是采样周期为 T_0、持续时间 h 极短的脉冲序列，如图 7.6a 所示。

把连续信号通过采样器变换成离散信号的过程称为采样过程。如图 7.6b 所示，当脉冲序列的脉冲持续时间 h 极短时，在此时间间隔内可以认为连续信号 $\varepsilon(t)$ 变化很小，此时，离散信号 $\varepsilon^*(t)$ 可以用另一种离散信号 $\overline{\varepsilon}^*(t)$ 来近似表示，即

$$\overline{\varepsilon}^*(t) \approx \varepsilon^*(t) \tag{7.4}$$

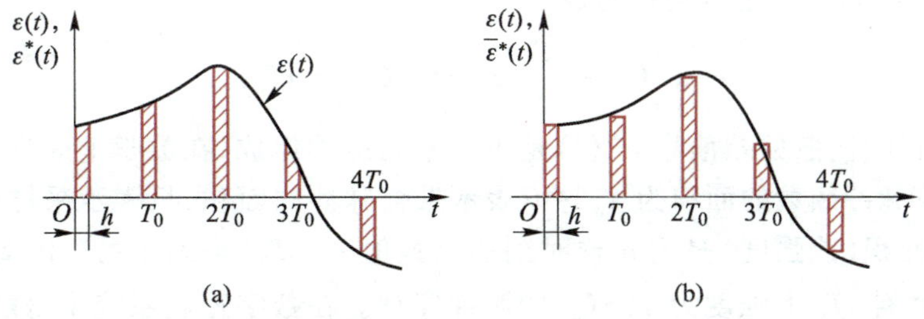

图 7.6　采样周期为 T_0 的脉冲序列

由图 7.6b 可写出脉冲序列为

$$\overline{\varepsilon}^*(t)=\varepsilon(0)[1(t)-1(t-h)]+\varepsilon(T_0)[1(t-T_0)-1(t-T_0-h)]+\cdots+$$

$$\varepsilon(nT_0)[1(t-nT_0)-1(t-nT_0-h)]+\cdots$$

$$=\sum_{n=0}^{\infty}\varepsilon(nT_0)[1(t-nT_0)-1(t-nT_0-h)] \tag{7.5}$$

式中，$1(t-nT_0)-1(t-nT_0-h)$ 表示发生在 nT_0 时刻上宽度为 h，高度为 1，即面积为 h 的方块波。当采样持续时间 h 远远小于采样周期 T_0，也远远小于采样器后面低通滤波器（或离散系统的连续部分）的时间常数时，可近似认为采样持续时间 h 趋近于零。此时，上述方波序列 $\sum\limits_{n=-\infty}^{\infty}[1(t-nT_0)-1(t-nT_0-h)]$ 可近似用宽度为无穷小，幅度为无穷大，面积为 1 的单位脉冲序列 $\sum\limits_{n=-\infty}^{\infty}\delta(t-nT_0)$ 描述，即

$$\sum_{n=-\infty}^{\infty}[1(t-nT_0)-1(t-nT_0-h)]\approx\sum_{n=-\infty}^{\infty}\delta(t-nT_0)\quad(h\to 0) \tag{7.6}$$

式中，$\delta(t-nT_0)$ 为发生在 $t=nT_0$ 时刻上的理想单位脉冲，它的数学表达式可定义为

$$\delta(t-nT_0)\overset{\text{def}}{=\!=}\begin{cases}\infty & (t=nT_0)\\ 0 & (t\neq nT_0)\end{cases} \tag{7.7}$$

$$\int_{-\infty}^{+\infty}\delta(t-nT_0)\,\mathrm{d}t=1$$

式中，T_0 为理想单位脉冲的重复周期。需要指出，具有无穷大幅度和持续时间为无穷小的理想单位脉冲仅是数学上的一种假设，而在实际的物理系统中是不存在的，因此对于理想单位脉冲来说，只有其面积或强度才有意义，式(7.6)的近似关系就是从方块波及理想单位脉冲强度的角度来考虑的。

将式(7.6)代入式(7.5)，且 $\varepsilon(nT_0)=0$　（当 $n<0$），得

$$\overline{\varepsilon}^*(t)=\sum_{n=-\infty}^{\infty}\varepsilon(nT_0)\delta(t-nT_0)$$

由于$\overline{\varepsilon}^*(t)\approx\varepsilon^*(t)$，则上式可以写成

$$\varepsilon^*(t)=\sum_{n=-\infty}^{\infty}\varepsilon(nT_0)\delta(t-nT_0) \tag{7.8}$$

由式(7.8)可知，离散偏差信号$\varepsilon^*(t)$是由一系列脉冲组成，在数学上表现为两个函数的乘积，其中由于单位脉冲函数的面积为1，它不表示采样脉冲的面积，只表示采样脉冲发生的时刻nT_0，采样脉冲的面积（或强度）是由采样时刻的函数值$\varepsilon(nT_0)$来确定的。因此，离散偏差信号$\varepsilon^*(t)$是在采样时刻nT_0上强度为$\varepsilon(nT_0)$的脉冲序列。在数字控制系统中，数字序列可以看成由数字描述的脉冲序列。

根据理想单位脉冲函数的定义，式(7.8)还可以写成如下形式

$$\varepsilon^*(t)=\varepsilon(t)\sum_{n=-\infty}^{\infty}\delta(t-nT_0) \tag{7.9}$$

式(7.9)说明，离散系统的采样过程从物理意义上讲，可以理解为脉冲调制过程，认为采样器是一种理想脉冲发生器，通过该采样器将连续信号$\varepsilon(t)$调制成离散脉冲序列$\varepsilon^*(t)$。

需要指出，将采样器当作理想的脉冲发生器是近似的、有条件的，即要求采样持续时间h应远远小于采样周期T_0及系统连续部分的时间常数。在一般情况下，上述条件是可以得到满足的。

7.2.2 采样定理

由于采样定理给出了从采样的离散信号恢复到原来连续信号所必需的最低的采样频率，因此，采样定理在离散系统的设计时起到了重要的作用。下面简单介绍采样定理。

设连续信号$\varepsilon(t)$具有如图7.7所示的频谱。它不包含任何大于ω_{max}(rad/s)的频率分量。假定$\varepsilon(s)$可以表示成s多项式之比，其分母、分子多项式的相对次数大于等于2，即$n-m\geqslant 2$（n为分母多项式的次数，m为分子多项式的次数），且$\varepsilon(s)$的极点位于[s]平面的左半部。这些条件意味着$\lim\limits_{s\to\infty}s\varepsilon(s)=\varepsilon^*(0^+)=0$。

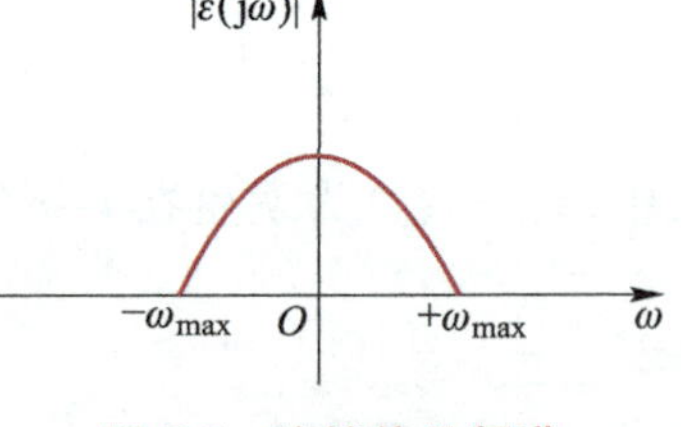

图7.7 连续信号频谱

在上述条件下，采样定理可作如下叙述：

如果采样频率$\omega_s=2\pi/T_0$大于或等于$2\omega_{max}$，即$\omega_s\geqslant 2\omega_{max}$[$2\omega_{max}$为连续信号$\varepsilon(t)$的有限频谱]，则采样离散信号$\varepsilon^*(t)$能无失真地恢复到原来的连续信号$\varepsilon(t)$。

证明略。

7.2.3 信号恢复

根据采样定理，当采样频率高于输入连续信号频谱中最高频率的两倍或两倍以上时，连续信号$\varepsilon(t)$经采样器采样后，其离散信号$\varepsilon^*(t)$的频谱中，除含有与连续信号的频谱$|\varepsilon(j\omega)|$对应的主要分量外，还有无穷多个附加的辅助分量，这些辅助分量相当于干扰，在系统中直接影响其动态性能，导致产生额外的反应误差。因此，需要在这些辅助分量到达系统输出端之前将其全部滤掉。

在离散系统中，线性连续部分的低通滤波特性可以起到上述的滤波作用，也可以附加低通滤波器，保持离散频谱中的主要分量，去掉辅助分量。理想的滤波特性如图 7.8 所示，具有这种理想滤波特性的滤波器，可以无失真地再现离散频谱中的主要分量。此时，离散信号 $\varepsilon^*(t)$ 能准确地恢复原连续输入信号 $\varepsilon(t)$。

具有如图 7.8 所示的理想滤波特性的滤波器实际上是不存在的。因此，需要找出与理想特性相近的实际滤波器。在离散系统中，常用的保持器（或保持电路）具有这种特性，可以用来作为实际滤波器。从保持器本身特性来看，它是一种在时域内的外推装置。可分为常值型、线性型、二次函数（如抛物线）型外推规律保持器，分别称为零阶、一阶、二阶保持器。能够物理实现的保持器都必须按现在时刻或过去时刻的采样值完成外推，而不能按将来时刻的采样值完成外推。保持器在离散系统中所处的位置应在采样器之后（图 7.9）。

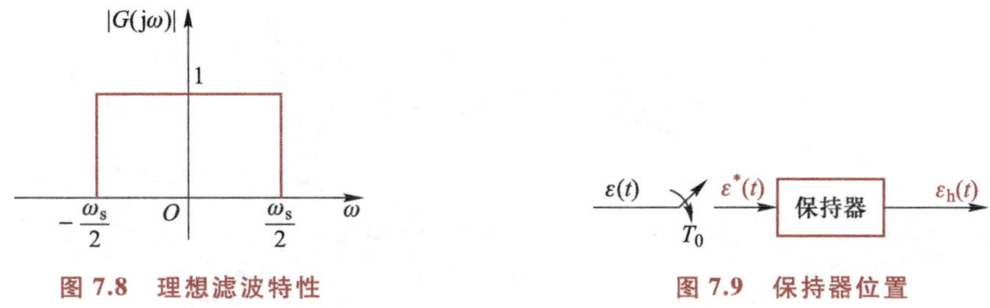

图 7.8　理想滤波特性　　　　图 7.9　保持器位置

由于零阶保持器具有最小相位滞后、结构简单、易于实现等特点，常用于闭环离散系统中。而一阶保持器虽能较好地复现速度函数信号（零阶保持器只能较好地复现阶跃函数信号），但平均相位移大约等于零阶保持器的平均相位移的两倍，由于这一原因，反馈离散系统一般不采用一阶保持器，更不采用高阶保持器，而普遍采用零阶保持器，因此本节只介绍零阶保持器。

零阶保持器是一种按常值规律外推的保持器，它将前一个时刻 nT_0 的采样值 $\varepsilon(nT_0)$ 原封不动地保持到下一个采样时刻 $(n+1)T_0$。当下一个采样时刻 $(n+1)T_0$ 到来时，其采样值变成 $\varepsilon[(n+1)T_0]$，由该采样值继续外推。也就是说，nT_0 时刻的采样值只能保持一个采样周期 T_0，到下一个采样时刻到来时立即终止，下降为零。零阶保持器的时域特性 $g_h(t)$ 如图 7.10a 所示。它是高度为 1，宽度为 T_0 的方波。其中高度为 1 说明采样值经零阶保持器，既不放大又不衰减，宽度为 T_0 说明零阶保持器只能将采样值原封不动地保持一个采样周期。在数学上通常将 $g_h(t)$ 分解成为两个阶跃函数之和的形式，如图 7.10b 所示。根据图 7.10b 可写出零阶保持器时域特性的数学模型为

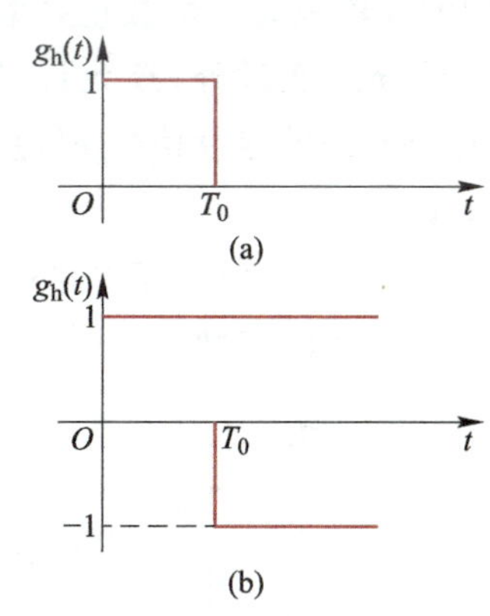

图 7.10　零阶保持器的时域特性

$$g_h(t) = 1(t) - 1(t - T_0) \tag{7.10}$$

由式(7.10)可求得零阶保持器的传递函数为

$$G_h(s) = \frac{1 - e^{-T_0 s}}{s} \tag{7.11}$$

用 $j\omega$ 代替式(7.11)中的 s,可得零阶保持器的频率特性为

$$G_h(j\omega)=\frac{1-e^{-j\omega T_0}}{j\omega} \tag{7.12}$$

可写成

$$G_h(j\omega)=|G_h(j\omega)|e^{j\angle G_h(j\omega)}$$

式中:$|G_h(j\omega)|$——零阶保持器的幅频特性或称为频谱;

$\angle G_h(j\omega)$——零阶保持器的相频特性。

它们与频率 ω 的关系分别为

$$|G_h(j\omega)|=\left|\frac{1-e^{-j\omega T_0}}{j\omega}\right|=\left|\frac{\sin\omega T_0}{\omega}-j\frac{1-\cos\omega T_0}{\omega}\right|$$

$$=\frac{1}{\omega}\sqrt{2-2\cos\omega T_0}=T_0\frac{\sin\frac{\omega T_0}{2}}{\frac{\omega T_0}{2}} \tag{7.13}$$

$$\angle G_h(j\omega)=-\arctan\frac{\frac{1-\cos\omega T_0}{\omega}}{\frac{\sin\omega T_0}{\omega}}=-\frac{\omega T_0}{2} \tag{7.14}$$

由式(7.13)可知,零阶保持器的幅频特性随频率 ω 的增大而衰减,而且频率越高衰减得越激烈,具有明显的低通滤波作用,如图 7.11 所示。但零阶保持器不是理想的低通滤波器,因为理想的滤波器只有一个截止频率(如图 7.8 所示),而零阶保持器有无穷多个,它除了允许离散频谱的主要分量通过外,还允许辅助的高频分量部分通过。因此,由零阶保持器恢复的连续信号 $\varepsilon_h(t)$ 与原来的连续信号 $\varepsilon(t)$ 是有差别的,其主要表现为零阶保持器恢复的连续信号中含有高频分量。

如图 7.12 所示,零阶保持器的输出信号 $\varepsilon_h(t)$ 具有阶梯形状,这种阶梯形状构成了与原来信号 $\varepsilon(t)$ 之间的差别。由图 7.12 可知,当采样周期 $T_0\to0$ 时,这个差别也将趋向于零。

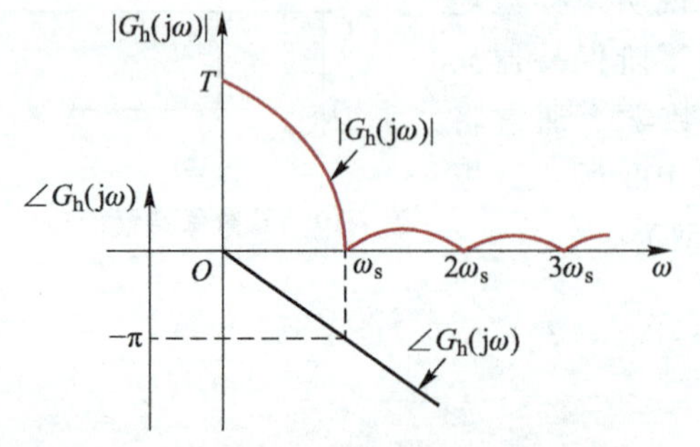

图 7.11 零阶保持器的幅频与相频特性图

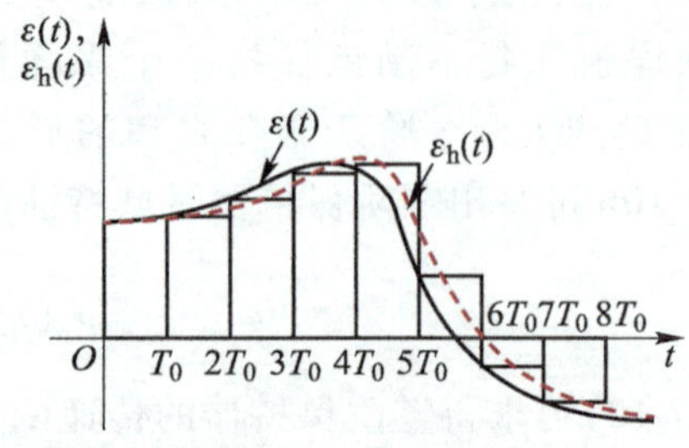

图 7.12 零阶保持器的输出信号

由式(7.14)可知,零阶保持器在离散系统中产生相位滞后,比原连续信号在时间上滞后半个

采样周期，即$\frac{T_0}{2}$，如图 7.12 中虚线所示。由于相位滞后的存在，将使系统的相对稳定性有所降低。

应该指出，相位滞后的现象，是各阶保持器的共性，与一阶保持器及高阶保持器相比，零阶保持器具有最小的相位滞后，这就是离散系统最常用零阶保持器的主要原因之一。

7.3 $\mathscr{Z}$ 变换与 $\mathscr{Z}$ 逆变换

7.3.1 $\mathscr{Z}$ 变换

如前所述，线性连续系统的动态特性可以用微分方程描述，可以应用拉氏变换法分析线性连续系统的动态与稳态特性。与此相似，线性离散系统的动态特性也可以用线性差分方程描述，同样也可以应用基于拉氏变换法的 $\mathscr{Z}$ 变换法分析线性离散系统的动态与稳态特性。由于 $\mathscr{Z}$ 变换是由拉氏变换引出的，因而可以把 $\mathscr{Z}$ 变换看成拉氏变换的一种变形。

设连续时间函数 $x(t)$ 可以进行拉氏变换，其拉氏变换为 $X(s)$。连续时间函数 $x(t)$ 经采样周期为 T_0 的采样器采样后，变成离散信号 $x^*(t)$，根据式(7.8)，可写成

$$x^*(t)=\sum_{n=-\infty}^{\infty}x(nT_0)\delta(t-nT_0)$$

考虑到当 $n<0$ 时，$x(nT_0)=0$，上式可写成

$$x^*(t)=\sum_{n=0}^{\infty}x(nT_0)\delta(t-nT_0)$$

对上式进行拉氏变换，计及 $\mathscr{L}[\delta(t-nT_0)]=\mathrm{e}^{-nT_0s}$ 可得

$$\mathscr{L}[x^*(t)]=X^*(s)=\sum_{n=0}^{\infty}x(nT_0)\mathrm{e}^{-nT_0s} \tag{7.15}$$

引进变量 z 为

$$z=\mathrm{e}^{T_0s} \tag{7.16}$$

则式(7.15)可改写成如下形式

$$X(z)=\sum_{n=0}^{\infty}x(nT_0)z^{-n} \tag{7.17}$$

若式(7.17)的级数收敛，则称 $X(z)$ 为离散时间函数 $x^*(t)$ 的 $\mathscr{Z}$ 变换，记为 $\mathscr{Z}[x^*(t)]=X(z)$。

在 $\mathscr{Z}$ 变换中，由于只考虑连续时间函数在采样时刻时的采样值，因此连续时间函数 $x(t)$ 与离散时间函数 $x^*(t)$ 具有相同的 $\mathscr{Z}$ 变换，即

$$\mathscr{Z}[x(t)]=\mathscr{Z}[x^*(t)]=X(z)=\sum_{n=0}^{\infty}x(nT_0)z^{-n} \tag{7.18}$$

求取离散时间函数的 $\mathscr{Z}$ 变换的方法有多种，但其中级数求和法、部分分式法、留数计算法是常用的几种方法，下面作简单介绍。

1. 级数求和法

根据式(7.8),离散时间函数 $x^*(t)$ 可展开成如下形式

$$x^*(t)=x(0)\delta(t)+x(T_0)\delta(t-T_0)+ \\ x(2T_0)\delta(t-2T_0)+\cdots+x(nT_0)\delta(t-nT_0)+\cdots \tag{7.19}$$

对上式逐项进行拉氏变换得

$$X^*(s)=x(0)\cdot 1+x(T_0)\mathrm{e}^{-T_0s}+x(2T_0)\mathrm{e}^{-2T_0s}+\cdots+x(nT_0)\mathrm{e}^{-nT_0s}+\cdots \tag{7.20}$$

用 $z=\mathrm{e}^{T_0s}$ 代入上式得

$$\begin{aligned}X(z)&=x(0)\cdot 1+x(T_0)z^{-1}+x(2T_0)z^{-2}+\cdots+x(nT_0)z^{-n}+\cdots \\ &=\sum_{n=0}^{\infty}x(nT_0)z^{-n}\end{aligned} \tag{7.21}$$

与式(7.18)具有相同的形式。显然,只要知道连续时间函数 $x(t)$ 在采样时刻 $nT_0(n=0,1,2,\cdots,\infty)$ 上的采样值 $x(nT_0)$,就可以按式(7.21)求取其 $\mathscr{Z}$ 变换的级数展开式。由于级数展开式具有无穷多项,为了便于应用,需要写成闭式形式。

例 7.1 试求指数函数 e^{at} $(a>0)$的 $\mathscr{Z}$ 变换。

解 根据式(7.21)指数函数的 $\mathscr{Z}$ 变换为

$$\mathscr{Z}(\mathrm{e}^{at})=1+\mathrm{e}^{aT_0}z^{-1}+\mathrm{e}^{2aT_0}z^{-2}+\cdots+\mathrm{e}^{naT_0}z^{-n}+\cdots$$

当 $|\mathrm{e}^{aT_0}z|>1$ 成立,则上式可写成如下闭式形式

$$\mathscr{Z}(\mathrm{e}^{at})=\frac{1}{1-\mathrm{e}^{aT_0}z^{-1}}=\frac{z}{z-\mathrm{e}^{aT_0}}$$

例 7.2 试求 $x(t)=a^n$ 的 $\mathscr{Z}$ 变换。

解 根据式(7.21)上述函数的 $\mathscr{Z}$ 变换为

$$\mathscr{Z}[x(t)]=\mathscr{Z}(a^n)=1+az^{-1}+a^2z^{-2}+\cdots+a^nz^{-n}+\cdots$$

写成闭式形式得

$$\mathscr{Z}(a^n)=\frac{1}{1-az^{-1}}=\frac{z}{z-a}$$

综上所述,根据级数求和法求取已知函数的 $\mathscr{Z}$ 变换,需要将无穷级数写成闭式形式,其中需要一定的技巧和经验。但无穷级数形式具有明显的物理意义,变量 $z^{-n}(n=0,1,2,\cdots)$ 的系数直接表示连续时间函数在各采样时刻上的采样值,而其幂指数 $n(n=0,1,2,\cdots)$ 表示从时间 $t=0$ 开始,以采样周期 T_0 描述的采样时刻 nT_0。因此 z^{-n} 可看成时间序列变量,$\mathscr{Z}$ 变换本身含有时间概念,可由连续时间函数 $\mathscr{Z}$ 变换的无穷级数清楚地看出连续时间函数在各采样时刻上的采样脉冲序列的分布情况。

2. 部分分式法

部分分式法的基本方法是将有理函数 $X(s)$ 展开成部分分式和的形式,通过逐项拉氏逆变换,求得时间函数,根据所求的时间函数,写出相应的 $\mathscr{Z}$ 变换。

设连续时间函数 $x(t)$ 的拉氏变换 $X(s)$ 为有理函数,即

$$X(s)=\frac{M(s)}{D(s)} \tag{7.22}$$

式中：$M(s)$、$D(s)$——复变量 s 的多项式。

将 $X(s)$ 展开成部分分式和的形式可得

$$X(s)=\sum_{i=1}^{n}\frac{A_i}{s+p_i} \tag{7.23}$$

式中：p_i——$X(s)$的极点；

A_i——待定系数，即 $A_i=\left[(s+p_i)\frac{M(s)}{D(s)}\right]_{s=-p_i}$。

由拉氏逆变换可知，$\frac{A_i}{s+p_i}$的时间函数为 $A_i\mathrm{e}^{-p_it}$，根据例 7.1 可得$\frac{A_i}{s+p_i}$的 $\mathscr{Z}$ 变换为 $A_i\frac{z}{z-\mathrm{e}^{-p_iT_0}}$。因此，$x(t)$的 $\mathscr{Z}$ 变换可由 $X(s)$求得，即

$$X(z)=\sum_{i=1}^{n}\frac{A_iz}{z-\mathrm{e}^{-p_iT_0}} \tag{7.24}$$

下面举例说明根据部分分式法求取连续时间函数的 $\mathscr{Z}$ 变换。

例 7.3 试求取具有拉氏变换为$\frac{a}{s(s+a)}$的连续时间函数 $x(t)$的 $\mathscr{Z}$ 变换。

解 根据部分分式法，先写出 $x(t)$的拉氏变换 $X(s)$的部分分式展开式，即令

$$X(s)=\frac{a}{s(s+a)}=\frac{A_1}{s}+\frac{A_2}{s+a}$$

其中，$A_1=\left[s\frac{a}{s(s+a)}\right]_{s=0}=1$，$A_2=\left[(s+a)\frac{a}{s(s+a)}\right]_{s=-a}=-1$。

可得

$$X(s)=\frac{a}{s(s+a)}=\frac{1}{s}-\frac{1}{s+a}$$

查 $\mathscr{Z}$ 变换表得

$$X(z)=\frac{z}{z-1}-\frac{z}{z-\mathrm{e}^{-aT_0}}=\frac{z(1-\mathrm{e}^{-aT_0})}{z^2-(1+\mathrm{e}^{-aT_0})z+\mathrm{e}^{-aT_0}}$$

例 7.4 试求取具有拉氏变换为$\frac{8}{s(s+1)(s+2)(s+3)}$的连续时间函数 $x(t)$的 $\mathscr{Z}$ 变换。

解 先写出 $x(t)$的拉氏变换 $X(s)$的部分分式展开式，得

$$\frac{8}{s(s+1)(s+2)(s+3)}=\frac{A_1}{s}+\frac{A_2}{s+1}+\frac{A_3}{s+2}+\frac{A_4}{s+3}$$

其中，$A_1=\left[s\dfrac{8}{s(s+1)(s+2)(s+3)}\right]_{s=0}=\dfrac{4}{3}$

$$A_2=\left[(s+1)\frac{8}{s(s+1)(s+2)(s+3)}\right]_{s=-1}=-4$$

$$A_3=\left[(s+2)\frac{8}{s(s+1)(s+2)(s+3)}\right]_{s=-2}=4$$

$$A_4=\left[(s+3)\frac{8}{s(s+1)(s+2)(s+3)}\right]_{s=-3}=-\frac{4}{3}$$

将各待定系数代入上式得

$$\frac{8}{s(s+1)(s+2)(s+3)}=\frac{\frac{4}{3}}{s}-\frac{4}{s+1}+\frac{4}{s+2}-\frac{\frac{4}{3}}{s+3}$$

根据式(7.24)可得该连续时间函数 $x(t)$ 的 $\mathscr{Z}$ 变换为

$$X(z)=\frac{4}{3}\cdot\frac{z}{z-1}-\frac{4z}{z-e^{-T_0}}+\frac{4z}{z-e^{-2T_0}}-\frac{4}{3}\cdot\frac{z}{z-e^{-3T_0}}$$

3. 留数计算法

设连续时间函数 $x(t)$ 的拉氏变换式 $X(s)$ 及其全部极点 $p_i(i=1,2,3,\cdots,n)$ 为已知，则连续时间函数 $x(t)$ 的 $\mathscr{Z}$ 变换还可以由下述留数计算法求得，即

$$X(z)=\sum_{i=1}^{n}\operatorname{res}\left[X(p_i)\frac{z}{z-e^{p_iT_0}}\right]$$

$$=\sum_{i=1}^{n}\left\{\frac{1}{(r_i-1)!}\frac{d^{r_i-1}}{ds^{r_i-1}}\left[(s-p_i)^{r_i}X(s)\frac{z}{z-e^{sT_0}}\right]\right\}_{s=p_i}\tag{7.25}$$

式中：r_i——极点 p_i 的阶数。

下面举例说明利用留数计算法求连续时间函数的 $\mathscr{Z}$ 变换。

例 7.5 试利用留数计算法，求取连续时间函数 $x(t)=\begin{cases}0 & (t<0)\\ t & (t\geqslant 0)\end{cases}$ 的 $\mathscr{Z}$ 变换。

解 通过拉氏变换可得 $X(s)=\mathscr{L}[x(t)]=\dfrac{1}{s^2}$，由此可知，其极点 $p_1=0$，该极点的阶数为 $r_1=2$。根据留数计算法[式(7.25)]可得

$$X(z)=\frac{1}{(2-1)!}\cdot\frac{d}{ds}\left[s^2\frac{1}{s^2}\cdot\frac{z}{z-e^{sT_0}}\right]_{s=0}=\frac{T_0z}{(z-1)^2}$$

例 7.6 试求 $X(s)=\dfrac{ab}{s(s+a)(s+b)}$ 的原函数 $x(t)$ 的 $\mathscr{Z}$ 变换。

解 由 $X(s)$ 可得 $p_1=0,r_1=1,p_2=-a,r_2=1,p_3=-b,r_3=1$。

按留数计算公式可得

$$X(z)=\left[s\frac{ab}{s(s+a)(s+b)}\frac{z}{z-e^{sT_0}}\right]_{s=0}+\left[(s+a)\frac{ab}{s(s+a)(s+b)}\frac{z}{z-e^{sT_0}}\right]_{s=-a}+$$

$$\left[(s+b)\frac{ab}{s(s+a)(s+b)}\frac{z}{z-e^{sT_0}}\right]_{s=-b}$$

$$=\frac{z}{z-1}-\frac{b}{b-a}\frac{z}{z-e^{-aT_0}}-\frac{a}{a-b}\frac{z}{z-e^{-bT_0}}$$

$$=\frac{z}{z-1}+\frac{z(be^{-bT_0}-ae^{-aT_0})-z^2(b-a)}{(b-a)(z-e^{-aT_0})(z-e^{-bT_0})}$$

4. 其他

函数的 $\mathscr{Z}$ 变换还可以利用其他已知函数的 $\mathscr{Z}$ 变换求取，下面举例说明。

例 7.7 试求单位阶跃函数 $1(t)=1$ 的 $\mathscr{Z}$ 变换。

解 根据指数函数 e^{at} 的 $\mathscr{Z}$ 变换 $\mathscr{Z}(e^{at})=\dfrac{z}{z-e^{aT}}$，令 $a=0$，直接可得 $\mathscr{Z}[1(t)]=\dfrac{z}{z-1}$。

例 7.8 试求正弦函数 $\sin(\omega t)$ 与余弦函数 $\cos(\omega t)$ 的 $\mathscr{Z}$ 变换。

解 由于 $e^{j\omega t}=\cos(\omega t)+j\sin(\omega t)$，同样可利用指数函数 e^{at} 的 $\mathscr{Z}$ 变换求得，即令 $a=j\omega$ 得

$$\mathscr{Z}(e^{j\omega t})=\frac{z}{z-e^{j\omega T_0}}=\frac{z}{z-\cos(\omega T_0)-j\sin(\omega T_0)}$$

$$=\frac{z[z-\cos(\omega T_0)]+jz\sin(\omega T_0)}{z^2-2z\cos(\omega T_0)+1}$$

根据 $\mathscr{Z}(e^{j\omega t})=\mathscr{Z}[\cos(\omega t)+j\sin(\omega t)]$ 可得

$$\mathscr{Z}[\sin(\omega t)]=\frac{z\sin(\omega T_0)}{z^2-2z\cos(\omega T_0)+1},\mathscr{Z}[\cos(\omega t)]=\frac{z[z-\cos(\omega T_0)]}{z^2-2z\cos(\omega T_0)+1}$$

常用的连续时间函数的 $\mathscr{Z}$ 变换列于附录 A 表中，应用时可直接查。

$\mathscr{Z}$ 变换的基本定理与拉氏变换的基本定理有许多相似之处，这里不再详述。需要时，可查阅附录 B。

7.3.2 $\mathscr{Z}$ 逆变换

将连续时间函数 $x(t)$ 变换成以 $z=e^{T_0s}$ 为自变量的函数 $X(z)$ 的过程称为 $\mathscr{Z}$ 变换，而将 $X(z)$ 变换成离散时间函数 $x^*(t)$ 的过程则称为 $\mathscr{Z}$ 逆变换。通过 $\mathscr{Z}$ 逆变换得到的仅是连续时间函数在各采样时刻上的函数值，得不到两个采样时刻之间的连续时间函数值。根据已知函数 $X(z)$ 求取 $\mathscr{Z}$ 逆变换通常有三种方法，这三种方法分别建立在无穷级数展开、部分分式展开、反演积分上，分别称为长除法、部分分式法、留数计算法。在求 $\mathscr{Z}$ 逆变换时，假定当 $t<0$ 时，时间序列 $x(nT_0)=0$。$\mathscr{Z}$ 逆变换表示为

$$\mathscr{Z}^{-1}[X(z)]=x^*(t)$$

1. 长除法

长除法是将 $X(z)$ 展开成 z^{-1} 的收敛级数形式，即

$$X(z)=\sum_{n=0}^{\infty}x(nT_0)z^{-n}=x(0)+x(T_0)z^{-1}+x(2T_0)z^{-2}+\cdots+x(nT_0)z^{-n}+\cdots \tag{7.26}$$

则 $x(nT_0)$ 的值可以通过对照的办法来确定。设

$$X(z)=\frac{M(z)}{D(z)}$$

式中，$M(z)=b_0+b_1z^{-1}+\cdots+b_mz^{-m}$，$D(z)=a_0+a_1z^{-1}+\cdots+a_nz^{-n}\quad(n\geqslant m)$。通过用分母除分子的长除法，可以得到如式(7.26)形式的无穷级数。如果该无穷级数收敛，则级数中 $z^{-n}(n=0,1,2,\cdots)$ 的系数 $x(nT_0)$ 即离散时间函数 $x^*(t)$ 在各个采样时刻上的值。在用长除法求无穷级数[式(7.26)]时，需将有理函数 $D(z)$ 和 $M(z)$ 按 z^{-1} 升幂的形式排列。

例 7.9 试应用长除法求取指数函数 e^{-at} 的 $\mathscr{Z}$ 变换 $\frac{z}{z-e^{-aT_0}}$ 的 $\mathscr{Z}$ 逆变换，式中 $a=3$，$T_0=0.2$。

解 将 $X(z)=\frac{z}{z-e^{-aT_0}}=\frac{z}{z-0.55}$ 的分子、分母写成 z^{-1} 升幂形式，得

$$X(z)=\frac{1}{1-0.55z^{-1}}$$

通过长除法可将 $X(z)$ 写成无穷级数形式，即

$$X(z)=1+0.55z^{-1}+0.302\ 5z^{-2}+0.166\ 4z^{-3}+\cdots$$

可得 $x(0)=1$，$x(T_0)=0.55$，$x(2T_0)=0.302\ 5$，$x(3T_0)=0.166\ 4$，$\cdots$，即

$$\mathscr{Z}^{-1}\left(\frac{z}{z-0.55}\right)=\delta(t)+0.55\delta(t-T_0)+0.302\ 5\delta(t-2T_0)+0.166\ 4\delta(t-3T_0)+\cdots$$

例 7.10 试应用长除法求取 $X(z)=\frac{0.5z}{(z-1)(z-0.5)}$ 的 $\mathscr{Z}$ 逆变换。

解 $X(z)=\frac{0.5z}{(z-1)(z-0.5)}=\frac{0.5z}{z^2-1.5z+0.5}=\frac{0.5z^{-1}}{1-1.5z^{-1}+0.5z^{-2}}$

应用长除法得

$$X(z)=0.5z^{-1}+0.75z^{-2}+0.875z^{-3}+0.937\ 5z^{-4}+\cdots$$

由此可得

$$\begin{aligned}x^*(t)=&0.5\delta(t-T_0)+0.75\delta(t-2T_0)+\\&0.875\delta(t-3T_0)+0.937\ 5\delta(t-4T_0)+\cdots\end{aligned}$$

2. 部分分式法

应用部分分式法求取 $\mathscr{Z}$ 逆变换的过程与应用部分分式法求拉氏逆变换是很相似的，它需先将 $\frac{X(z)}{z}$ 写成部分分式和的形式。根据拉氏逆变换将拉氏变换 $X(s)$ 展开成部分分式和的形

式，即

$$X(s)=\frac{A_1}{s+p_1}+\frac{A_2}{s+p_2}+\cdots \tag{7.27}$$

与它对应的时间函数为

$$x(t)=A_1\mathrm{e}^{-p_1t}+A_2\mathrm{e}^{-p_2t}+\cdots \tag{7.28}$$

式中 e^{-p_it} 的 $\mathscr{Z}$ 变换为

$$\mathscr{Z}(\mathrm{e}^{-p_it})=\frac{z}{z-\mathrm{e}^{-p_iT_0}}$$

所以 $x(t)$ 的 $\mathscr{Z}$ 变换为

$$\mathscr{Z}[x(t)]=X(z)=\sum_{i=1}^{k}\frac{A_iz}{z-\mathrm{e}^{-p_iT_0}} \tag{7.29}$$

可得

$$\frac{X(z)}{z}=\frac{A_1}{z-\mathrm{e}^{-p_1T_0}}+\frac{A_2}{z-\mathrm{e}^{-p_2T_0}}+\cdots+\frac{A_i}{z-\mathrm{e}^{-p_iT_0}}+\cdots \tag{7.30}$$

展开部分分式后，等号两边同时乘以复变量 z，通过 $\mathscr{Z}$ 逆变换求相应的时间函数 $A_i\mathrm{e}^{-p_inT_0}$ $(i=1,2,\cdots,k,\quad n=0,1,2,\cdots)$，求和即得离散时间函数 $x^*(t)$。

例 7.11 应用部分分式法求 $X(z)=\dfrac{z}{(z-2)(z-3)}$ 的逆反变换。

解 $\dfrac{X(z)}{z}=\dfrac{1}{(z-2)(z-3)}=\dfrac{a}{z-2}+\dfrac{b}{z-3}$

其中，$a=\left[(z-2)\dfrac{1}{(z-2)(z-3)}\right]_{z=2}=-1$，$b=\left[(z-3)\dfrac{1}{(z-2)(z-3)}\right]_{z=3}=1$。

可得 $X(z)=\dfrac{z}{(z-2)(z-3)}=\dfrac{-z}{z-2}+\dfrac{z}{z-3}$

由 $\mathscr{Z}$ 变换表查得 $\mathscr{Z}^{-1}\left(\dfrac{z}{z-2}\right)=2^n$，$\mathscr{Z}^{-1}\left(\dfrac{z}{z-3}\right)=3^n$

因此

$$x^*(t)=\sum_{n=0}^{\infty}(-2^n+3^n)\delta(t-nT_0)$$

根据上式可得：$x(0)=0$，$x(T_0)=1$，$x(2T_0)=5$，$x(3T_0)=19$，…

例 7.12 应用部分分式法求 $X(z)=\dfrac{0.5z}{(z-1)(z-0.5)}$ 的 $\mathscr{Z}$ 逆变换。

解 将 $\dfrac{X(z)}{z}=\dfrac{0.5}{(z-1)(z-0.5)}$ 展开成部分分式和的形式，即

$$\frac{X(z)}{z}=\frac{0.5}{(z-1)(z-0.5)}=\frac{a}{z-1}+\frac{b}{z-0.5}$$

$$a=\left[(z-1)\frac{0.5}{(z-1)(z-0.5)}\right]_{z=1}=1,\quad b=\left[(z-0.5)\frac{0.5}{(z-1)(z-0.5)}\right]_{z=0.5}=-1$$

即

$$X(z)=\frac{0.5z}{(z-1)(z-0.5)}=\frac{z}{z-1}-\frac{z}{z-0.5}$$

查 $\mathscr{Z}$ 变换表得 $\mathscr{Z}^{-1}\left(\frac{z}{z-1}\right)=1$ 及 $\mathscr{Z}^{-1}\left(\frac{z}{z-0.5}\right)=\mathscr{Z}^{-1}\left(\frac{z}{z-\mathrm{e}^{-cT_0}}\right)=\mathrm{e}^{-ct}$，式中，$\mathrm{e}^{-cT_0}=0.5$，$c=\frac{0.693}{T_0}$。最后得离散时间函数为

$$x^*(t)=\sum_{n=0}^{\infty}(1-\mathrm{e}^{-cnT_0})\delta(t-nT_0)=\sum_{n=0}^{\infty}(1-0.5^n)\delta(t-nT_0)$$

3. 留数计算法

求取 $\mathscr{Z}$ 逆变换的另一种方法是通过反演积分的留数计算法，根据 $X(z)=\frac{M(z)}{D(z)}$ 的极点分布情况，其留数计算公式分别为

(1) 当 $D(z)$ 是以 $D(z)=(z-\boldsymbol{\lambda}_1)(z-\boldsymbol{\lambda}_2)\cdots(z-\boldsymbol{\lambda}_k)$ 的形式给出时，$x(nT_0)$ 用留数计算的公式为

$$x(nT_0)=\sum\mathrm{res}[X(z)z^{n-1}] \tag{7.31}$$

式中，$\boldsymbol{\lambda}_i(i=1,2,\cdots,k)$ 为 $X(z)$ 的极点。

例 7.13 试应用留数计算法，求 $X(z)=\frac{z^2+2z}{(z+0.2)(z+0.8)(z-1)}$ 的 $\mathscr{Z}$ 逆变换 $x^*(t)$。

解 根据式(7.31)有

$$\begin{aligned}
x(nT_0)&=\sum\mathrm{res}\left[\frac{z^2+2z}{(z+0.2)(z+0.8)(z-1)}z^{n-1}\right]\\
&=\sum\mathrm{res}\left[\frac{z^n(z+2)}{(z+0.2)(z+0.8)(z-1)}\right]\\
&=\left[\frac{z^n(z+2)}{(z+0.2)(z+0.8)(z-1)}(z+0.2)\right]_{z=-0.2}+\\
&\quad\left[\frac{z^n(z+2)}{(z+0.2)(z+0.8)(z-1)}(z+0.8)\right]_{z=-0.8}+\\
&\quad\left[\frac{z^n(z+2)}{(z+0.2)(z+0.8)(z-1)}(z-1)\right]_{z=1}\\
&=-\frac{5}{2}(-0.2)^n+\frac{10}{9}(-0.8)^n+\frac{25}{18}\quad(n=0,1,2,\cdots)
\end{aligned}$$

因此得 $\mathscr{Z}$ 逆变换为

$$x^*(t)=\sum_{n=0}^{\infty}x(nT_0)\delta(t-nT_0)$$

$$=\sum_{n=0}^{\infty}\left[-\frac{5}{2}(-0.2)^n+\frac{10}{9}(-0.8)^n+\frac{25}{18}\right]\delta(t-nT_0)$$

（2）当 $D(z)$ 不是以 $D(z)=(z-\lambda_1)(z-\lambda_2)\cdots(z-\lambda_k)$ 的形式给出时，其留数计算公式为

$$\mathrm{res}[X(z)z^{n-1}]=\sum_{i=1}^{k}\left[\frac{M(z)}{\dot{D}(z)}z^{n-1}\right]_{z=\lambda_i} \tag{7.32}$$

例 7.14 试求取 $X(z)=\dfrac{az}{\sin mz}$ 的 $\mathscr{Z}$ 逆变换。

解 可以求出 $X(z)$ 的极点为 $z=\dfrac{l\pi}{m}$ $(l=0,1,2,\cdots)$，根据式(7.32)可得

$$x(nT_0)=\left[\sum_{l=0}^{\infty}\frac{az}{m\cos mz}z^{n-1}\right]_{z=\frac{l\pi}{m}}=\sum_{l=0}^{\infty}\frac{a\left(\frac{l\pi}{m}\right)^n}{m\cos l\pi}$$

$$=\sum_{l=0}^{\infty}(-1)^l\frac{a}{m}\left(\frac{l\pi}{m}\right)^n\quad(n=0,1,2,\cdots)$$

由此可得其 $\mathscr{Z}$ 逆变换为

$$x^*(t)=\sum_{n=0}^{\infty}\left[\sum_{l=0}^{\infty}(-1)^l\frac{a}{m}\left(\frac{l\pi}{m}\right)^n\right]\delta(t-nT_0)$$

（3）当 $X(z)$ 具有多重极点时，可按下述关系式计算其留数，即

$$\mathrm{res}[X(z)z^{n-1}]=\sum_{i=1}^{k}\frac{1}{(r-1)!}\frac{\mathrm{d}^{r-1}}{\mathrm{d}z^{r-1}}[X(z)z^{n-1}(z-\lambda_i)^r]_{z=\lambda_i} \tag{7.33}$$

式中：r——多重极点 λ_i 的阶数。

例 7.15 试求 $X(z)=\dfrac{z}{(z-a)(z-3)^2}$ 的 $\mathscr{Z}$ 逆变换 $x^*(t)$。

解 $x(nT_0)=\sum\mathrm{res}[X(z)z^{n-1}]$

由 $X(z)=\dfrac{z}{(z-a)(z-3)^2}$ 得

$$\lambda_1=a,r_1=1,\lambda_2=3,r_2=2$$

$$x(nT_0)=\sum\mathrm{res}\left[\frac{z}{(z-a)(z-3)^2}z^{n-1}\right]$$

$$=\left[\frac{z^n}{(z-a)(z-3)^2}(z-a)\right]_{z=a}+$$

$$\frac{1}{(2-1)!}\frac{\mathrm{d}}{\mathrm{d}z}\left[\frac{z^n}{(z-a)(z-3)^2}(z-3)^2\right]_{z=3}$$

$$=\frac{a^n}{(a-3)^2}+\frac{\frac{1}{3}n3^n}{3-a}-\frac{3^n}{(3-a)^2}\quad(n=0,1,2,\cdots)$$

所以

$$x^*(t)=\sum_{n=0}^{\infty}\left\{\frac{a^n}{(a-3)^2}+\left[\frac{n}{3(3-a)}-\frac{1}{(3-a)^2}\right]3^n\right\}\delta(t-nT_0)$$

以上介绍了 $\mathscr{Z}$ 逆变换的三种方法，其中长除法是最常用的方法，但长除法是以开式形式给出的，而其余两种方法是以闭式形式给出的。

需要指出，由于 $\mathscr{Z}$ 变换只描述采样时刻上连续时间函数的特性，因此 $\mathscr{Z}$ 逆变换得到的时间函数是离散的，它不能描述采样时刻之间的函数特性。为了全面地描述函数特性，可以令采样周期 $T_0\to0$，以得到全部的函数特性。

7.3.3 连续系统的离散化方程——差分方程

与用微分方程描述连续系统相类似，差分方程是用来描述离散系统的一种数学模型。由于差分方程本身就是一种迭代方程，在数字计算机上很容易实现其动态特性的仿真，因此，需要时可以将连续系统离散化成离散系统，用差分方程来描述其动态特性。

对于一般的离散系统，如果它的 $\mathscr{Z}$ 变换可以写成

$$\frac{X_o(z)}{X_i(z)}=\frac{b_0z^n+b_1z^{n-1}+b_2z^{n-2}+\cdots+b_{n-1}z+b_n}{a_0z^n+a_1z^{n-1}+a_2z^{n-2}+\cdots+a_{n-1}z+a_n}\tag{7.34}$$

则根据 $\mathscr{Z}$ 逆变换，它的差分方程可以写成如下形式

$$\begin{aligned}&a_0x_o[(k+n)T_0]+a_1x_o[(k+n-1)T_0]+a_2x_o[(k+n-2)T_0]+\cdots+\\&a_{n-1}x_o[(k+1)T_0]+a_nx_o(kT_0)\\=&b_0x_i[(k+n)T_0]+b_1x_i[(k+n-1)T_0]+b_2x_i[(k+n-2)T_0]+\cdots+\\&b_{n-1}x_i[(k+1)T_0]+b_nx_i(kT_0)\end{aligned}$$

式中：T_0——采样周期(s)；

$x_o(kT_0)$——第 k 个采样时刻的系统输出；

$x_i(kT_0)$——第 k 个采样时刻的系统输入。

为了书写上方便，通常将采样周期 T_0 省略，这时上式可以写成如下形式

$$\begin{aligned}&a_0x_o(k+n)+a_1x_o(k+n-1)+a_2x_o(k+n-2)+\cdots+a_{n-1}x_o(k+1)+a_nx_o(k)\\=&b_0x_i(k+n)+b_1x_i(k+n-1)+b_2x_i(k+n-2)+\cdots+b_{n-1}x_i(k+1)+b_nx_i(k)\end{aligned}\tag{7.35}$$

式(7.35)称为离散系统的差分方程。

为了用差分方程表示连续系统的离散化方程，首先需要通过 $\mathscr{Z}$ 变换，将连续系统写成式

(7.34)的形式，再根据式(7.34)及式(7.35)之间的关系，写成差分方程。下面举例说明。

例 7.16 设控制系统闭环传递函数为

$$\frac{X_o(s)}{X_i(s)}=\frac{k(1-e^{-T_0 s})}{s^2(s+4)}$$

试求取其离散化方程——差分方程。

解 该系统 $\mathscr{Z}$ 变换为

$$\frac{X_o(z)}{X_i(z)}=\left[\frac{k(1-e^{-T_0 s})}{s^2(s+4)}\right]^*=k(1-z^{-1})\left[\frac{1}{s^2(s+4)}\right]^*$$

为了求取$\frac{1}{s^2(s+4)}$的原函数 $x(t)$ 的 $\mathscr{Z}$ 变换，可用部分分式的形式表示$\frac{1}{s^2(s+4)}$，即

$$\frac{1}{s^2(s+4)}=\frac{A}{s^2}+\frac{B}{s}+\frac{C}{s+4}$$

式中，待定系数 A、B、C 可用下述系数比较法求得，即

$$\frac{1}{s^2(s+4)}=\frac{A(s+4)+Bs(s+4)+Cs^2}{s^2(s+4)}=\frac{As+4A+Bs^2+4Bs+Cs^2}{s^2(s+4)}$$

根据系数比较法可得：$4A=1$，$A+4B=0$，$C+B=0$。

由此得：$A=\frac{1}{4}$，$B=-\frac{1}{16}$，$C=\frac{1}{16}$，即$\frac{1}{s^2(s+4)}=\frac{1}{4s^2}-\frac{1}{16s}+\frac{1}{16(s+4)}$，查 $\mathscr{Z}$ 变换表得

$$\left[\frac{1}{s^2(s+4)}\right]^*=\frac{T_0 z}{4(z-1)^2}-\frac{z}{16(z-1)}+\frac{z}{16(z-e^{-4T_0})}$$

因此

$$\frac{X_o(z)}{X_i(z)}=\left[\frac{k(1-e^{-T_0 s})}{s^2(s+4)}\right]^*=\frac{kT_0}{4(z-1)}-\frac{k}{16}+\frac{k(z-1)}{16(z-e^{-4T_0})}=\frac{b_0 z+b_1}{a_0 z^2+a_1 z+a_2}$$

式中，$b_0=k(4T_0-1+e^{-4T_0})$，$b_1=k(1-e^{-4T_0}-4T_0 e^{-4T_0})$，

$a_0=-16(1+e^{-4T_0})$，$a_1=16$，$a_2=16e^{-4T_0}$。

则根据式(7.34)及式(7.35)之间的关系可得该系统的差分方程为

$$a_0 x_o(k+2)+a_1 x_o(k+1)+a_2 x_o(k)=b_0 x_i(k+1)+b_1 x_i(k)$$

例 7.17 设某控制系统闭环传递函数为$\frac{X_o(s)}{X_i(s)}=\frac{s+3}{(s+1)(s+2)}$，试求其离散化方程——差分方程。

解 根据上述 $\mathscr{Z}$ 变换方法可求得系统的 $\mathscr{Z}$ 变换为

$$\Phi(z)=\frac{X_o(z)}{X_i(z)}=\frac{z^2+(e^{-T_0}-2e^{-2T_0})z}{z^2-(e^{-T_0}+e^{-2T_0})z+e^{-3T_0}}=\frac{b_0z^2+b_1z}{a_0z^2+a_1z+a_2}$$

式中，$b_0=1, b_1=e^{-T_0}-2e^{-2T_0}, a_0=1, a_1=-(e^{-T_0}+e^{-2T_0}), a_2=e^{-3T_0}$。

则其离散化方程——差分方程为

$$a_0x_o(k+2)+a_1x_o(k+1)+a_2x_o(k)=b_0x_i(k+2)+b_1x_i(k+1)$$

7.3.4 用 $\mathscr{Z}$ 变换法求解差分方程

用 $\mathscr{Z}$ 变换法求解差分方程，与用拉氏变换法求解微分方程类似，也是一种很有用的方法。采用 $\mathscr{Z}$ 变换法求解差分方程的实质是将差分方程变换成以 z 为变量的代数方程，通过该代数方程，获得差分方程的解。为了书写上的方便，下面将以简化符号 $x(k)$ 表示 $x(kT_0)$。

先来考虑 $x(k+1)$ 的 $\mathscr{Z}$ 变换。

设 $x(k)$ 的 $\mathscr{Z}$ 变换为 $\mathscr{Z}[x(k)]=X(z)$，则 $x(k+1)$ 的 $\mathscr{Z}$ 变换为

$$\mathscr{Z}[x(k+1)]=zX(z)-zx(0) \tag{7.36}$$

根据 $\mathscr{Z}$ 变换定义，$\mathscr{Z}[x(k+1)]=\sum_{k=0}^{\infty}x(k+1)z^{-k}$，令 $n=k+1$ 则有

$$\begin{aligned}\mathscr{Z}[x(k+1)]&=\sum_{n=1}^{\infty}x(n)z^{-n+1}\\&=z\left[\sum_{n=0}^{\infty}x(n)z^{-n}-x(0)\right]\\&=zX(z)-zx(0)\end{aligned}$$

如果 $x(0)=0$，则 $\mathscr{Z}[x(k+1)]=z\mathscr{Z}[x(k)]=zX(z)$。因此，当 $x(0)=0$ 时，函数 $x(k)$ 的 $\mathscr{Z}$ 变换乘以 z，相当于时间超前一个采样周期。应用式(7.36)的关系，可以很容易得到如下结果：

$$\begin{aligned}\mathscr{Z}[x(k+2)]&=z\mathscr{Z}[x(k+1)]-zx(1)\\&=z[zX(z)-zx(0)]-zx(1)\\&=z^2X(z)-z^2x(0)-zx(1)\end{aligned}$$

同样，当 m 为正整数时，则有

$$\mathscr{Z}[x(k+m)]=z^mX(z)-z^mx(0)-z^{m-1}x(1)-z^{m-2}x(2)-\cdots-zx(m-1) \tag{7.37}$$

应当指出，应用 $\mathscr{Z}$ 变换法，将差分方程变换成以 z 为变量的代数方程时，初始数据便自动包含在代数方程中。下面举例说明应用 $\mathscr{Z}$ 变换解差分方程的方法。

例 7.18 用 $\mathscr{Z}$ 变换法，求解下列差分方程

$$x(k+2)+3x(k+1)+2x(k)=0 \quad [x(0)=0,\quad x(1)=1]$$

解 根据式(7.37)对给定差分方程两端同时进行 $\mathscr{Z}$ 变换得

$$z^2X(z)-z^2x(0)-zx(1)+3zX(z)-3zx(0)+2X(z)=0$$

由于 $x(0)=0, x(1)=1$ 则有

$$z^2X(z)-z+3zX(z)+2X(z)=0$$

即

$$X(z)=\frac{z}{z^2+3z+2}=\frac{z}{(z+1)(z+2)}=\frac{z}{z+1}-\frac{z}{z+2}$$

由于 $\mathscr{Z}^{-1}\left[\frac{z}{z-a}\right]=a^k$，则有

$$\mathscr{Z}^{-1}\left[\frac{z}{z+1}\right]=(-1)^k,\mathscr{Z}^{-1}\left[\frac{z}{z+2}\right]=(-2)^k$$

因此

$$x(k)=(-1)^k-(-2)^k\quad(k=0,1,2,3,\cdots)$$

例 7.19 求下列系统的响应 $x_o(k)$

$$x_o(k+2)-3x_o(k+1)+2x_o(k)=x_i(k)$$

式中，$x_o(k)=0\quad(k\leqslant 0)$，$x_i(0)=1$，$x_i(k)=0\quad(k\neq 0)$。

解 将 $k=-1$ 代入上述方程中，得 $x_o(1)=0$，取给定系统方程的 $\mathscr{Z}$ 变换并考虑到初始条件，得

$$(z^2-3z+2)X_o(z)=X_i(z)$$

式中系统输入函数 $x_i(k)$ 的 $\mathscr{Z}$ 变换为

$$X_i(z)=\sum_{k=0}^{\infty}x_i(k)z^{-k}=1$$

因此

$$X_o(z)=\frac{1}{z^2-3z+2}=\frac{-1}{z-1}+\frac{1}{z-2}$$

利用 $\mathscr{Z}[x_o(k+1)]=zX_o(z)-zx_o(0)=zX_o(z)\quad[x_o(0)=0]$，此时有 $zX_o(z)=\frac{-z}{z-1}+\frac{z}{z-2}$，根据 $\mathscr{Z}^{-1}\left(\frac{z}{z-a}\right)=a^k$，则有

$$x_o(k+1)=-1+2^k\quad(k=0,1,2,\cdots)$$

或

$$x_o(k)=-1+2^{k-1}\quad(k=1,2,3,\cdots)$$

7.4 脉冲传递函数

7.4.1 脉冲传递函数

分析线性离散系统时，脉冲传递函数也是一个很重要的概念，线性离散系统的动态特性由脉

冲传递函数来描述。图 7.13 所描述的是典型线性离散系统,图中 $G(s)$ 为该线性离散系统连续部分的传递函数。连续部分的控制输入是采样周期为 T_0 的脉冲序列 $\varepsilon^*(t)$,输出为脉冲序列 $x_o^*(t)$,其采样周期与输入的采样周期 T_0 相同,这里采样器为虚构采样器,输出脉冲序列 $x_o^*(t)$ 的物理意义是表示取连续函数 $x_o(t)$ 在采样时刻上的离散值。

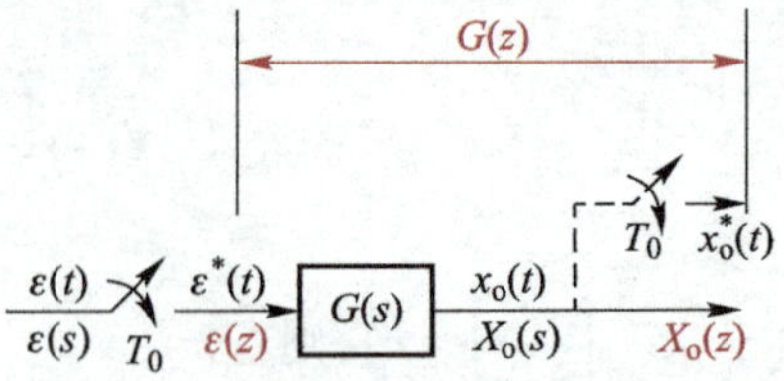

图 7.13 离散系统框图

当给离散系统连续部分输入脉冲序列 $\varepsilon^*(t)$ 时,其输出是一系列脉冲响应函数之和。记在 nT_0 时刻上强度为 $\varepsilon(nT_0)$ 的输入脉冲,它在特定的采样时刻 mT_0 上对强度为 $x_o(mT_0)$ 输出脉冲的贡献为 $x_{on}(mT_0)$,用数学表达式可写成

$$x_{on}(mT_0)=\varepsilon(nT_0)g[(m-n)T_0] \tag{7.38}$$

式中,$g[(m-n)T_0]$ 为离散系统连续部分脉冲响应函数经 $(m-n)T_0$ 时间之后的数值。因为输出 $x_o(mT_0)$ 是 mT_0 时刻以前所有输入脉冲的作用之和,则有

$$x_o(mT_0)=\sum_{n=0}^{m}g[(m-n)T_0]\varepsilon(nT_0) \tag{7.39}$$

式(7.39)表示的和式称为卷积和,可简单写成

$$x_o(mT_0)=\varepsilon(mT_0)g(mT_0)$$

当 $n>m$ 时,$g[(m-n)T_0]=0$,则式(7.39)可以写成

$$x_o(mT_0)=\sum_{n=0}^{\infty}g[(m-n)T_0]\varepsilon(nT_0)\quad(m=1,2,3,\cdots)$$

因此

$$\begin{aligned}X_o(z)&=\sum_{m=0}^{\infty}x_o(mT_0)z^{-m}\\&=\sum_{m=0}^{\infty}\sum_{n=0}^{\infty}g[(m-n)T_0]\varepsilon(nT_0)z^{-m}\end{aligned}$$

令 $k=m-n$,且 k 为负值时无意义,则有

$$\begin{aligned}X_o(z)&=\sum_{k=0}^{\infty}\sum_{n=0}^{\infty}g(kT_0)\varepsilon(nT_0)z^{-(k+n)}\\&=\sum_{k=0}^{\infty}g(kT_0)z^{-k}\sum_{n=0}^{\infty}\varepsilon(nT_0)z^{-n}\\&=\sum_{k=0}^{\infty}g(kT_0)z^{-k}\varepsilon(z)=G(z)\varepsilon(z)\end{aligned}$$

由此可得

$$G(z)=\frac{X_o(z)}{\varepsilon(z)}=\sum_{k=0}^{\infty}g(kT_0)z^{-k} \tag{7.40}$$

式(7.40)描述了输出脉冲与输入脉冲之间的关系，称 $G(z)$ 为脉冲传递函数。脉冲传递函数可以根据下列步骤求得：

(1) 求出系统的传递函数 $G(s)$。

(2) 根据拉氏逆变换，求脉冲响应函数 $g(t)$。

(3) 计算 $G(z)=\sum_{k=0}^{\infty} g(kT_0)z^{-k}$。

例 7.20 如图 7.13 所示，图中 $G(s)=\dfrac{1}{s+a}$，试求该环节的脉冲传递函数。

解 根据拉氏逆变换，可得该环节的脉冲响应函数为

$$g(t)=\mathscr{L}^{-1}[G(s)]=e^{-at}$$

因此脉冲响应序列为

$$g(kT_0)=e^{-kaT_0} \quad (k=0,1,2,\cdots)$$

故有

$$\begin{aligned}G(z)&=\sum_{k=0}^{\infty} g(kT_0)z^{-k}=g(0)+g(T_0)z^{-1}+g(2T_0)z^{-2}+\cdots+g(kT_0)z^{-k}+\cdots\\&=1+e^{-aT_0}z^{-1}+e^{-2aT_0}z^{-2}+e^{-3aT_0}z^{-3}+\cdots+e^{-kaT_0}z^{-k}+\cdots\\&=\frac{1}{1-e^{-aT_0}z^{-1}}=\frac{z}{z-e^{-aT_0}}\end{aligned}$$

例 7.21 试求带有零阶保持器的离散系统开环传递函数 $G(s)=\dfrac{1-e^{-s}}{s}\dfrac{1}{s(s+1)}$的脉冲传递函数。

解 由于 $G(s)=\dfrac{1-e^{-s}}{s}\dfrac{1}{s(s+1)}=(1-e^{-s})\dfrac{1}{s^2(s+1)}=(1-e^{-s})\left(\dfrac{1}{s^2}-\dfrac{1}{s}+\dfrac{1}{s+1}\right)$，则脉冲传递函数可通过 $\mathscr{Z}$ 变换直接获得，即

$$\begin{aligned}G(z)&=[G(s)]^*=\left[(1-e^{-s})\left(\frac{1}{s^2}-\frac{1}{s}+\frac{1}{s+1}\right)\right]^*\\&=(1-z^{-1})\left(\frac{1}{s^2}-\frac{1}{s}+\frac{1}{s+1}\right)^*\\&=(1-z^{-1})\left[\frac{T_0z}{(z-1)^2}-\frac{z}{z-1}+\frac{z}{z-e^{-T_0}}\right]=\frac{T_0}{z-1}-1+\frac{z-1}{z-e^{-T_0}}\\&=\frac{T_0(z-e^{-T_0})-(z-1)(z-e^{-T_0})+(z-1)^2}{(z-1)(z-e^{-T_0})}\\&=\frac{(T_0+e^{-T_0}-1)z-(T_0e^{-T_0}+e^{-T_0}-1)}{z^2-(1+e^{-T_0})z+e^{-T_0}}\end{aligned}$$

当 $T_0=1$ 时有

$$G(z)=\frac{e^{-1}z+1-2e^{-1}}{z^2-(1+e^{-1})z+e^{-1}}$$

7.4.2 离散系统的开环脉冲传递函数

线性离散系统的开环脉冲传递函数的定义与线性连续系统的开环传递函数的定义类似，是反馈信号与偏差信号的 $\mathscr{Z}$ 变换之比，即

$$G(z)=\frac{Y(z)}{\varepsilon(z)} \tag{7.41}$$

式中：$G(z)$——开环脉冲传递函数；

$\varepsilon(z)$——偏差信号的 $\mathscr{Z}$ 变换；

$Y(z)$——反馈信号的 $\mathscr{Z}$ 变换。

开环离散系统有两种结构，如图 7.14 所示。应当指出，图 7.14 所示两种结构的脉冲传递函数是不同的，对于图 7.14a 所示，脉冲传递函数为

$$G(z)=[G_1(s)G_2(s)]^*=G_1G_2(z)$$

(a)

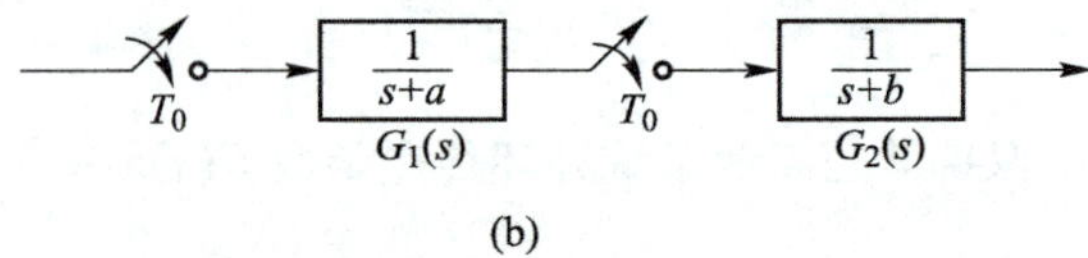

(b)

图 7.14 开环离散系统的两种结构

而对于图 7.14b 所示的脉冲传递函数为

$$G(z)=[G_1(s)]^*[G_2(s)]^*=G_1(z)G_2(z)$$

即 $G_1(z)G_2(z)\neq G_1G_2(z)$。

例如在图 7.14 中，$G_1(s)=\dfrac{1}{s+a}$，$G_2(s)=\dfrac{1}{s+b}$，则对于图 7.14a 来说，其脉冲传递函数为

$$\begin{aligned}G(z)&=[G_1(s)G_2(s)]^*=\left[\frac{1}{(s+a)(s+b)}\right]^*\\&=\left[\frac{1}{b-a}\left(\frac{1}{s+a}-\frac{1}{s+b}\right)\right]^*\\&=\frac{1}{b-a}\left(\frac{z}{z-\mathrm{e}^{-aT_0}}-\frac{z}{z-\mathrm{e}^{-bT_0}}\right)\\&=\frac{z(\mathrm{e}^{-aT_0}-\mathrm{e}^{-bT_0})}{(b-a)(z-\mathrm{e}^{-aT_0})(z-\mathrm{e}^{-bT_0})}\end{aligned}$$

对于图 7.14b 来说，其脉冲传递函数为

$$G(z)=[G_1(s)]^*[G_2(s)]^*=\frac{z}{z-\mathrm{e}^{-aT_0}}\cdot\frac{z}{z-\mathrm{e}^{-bT_0}}=\frac{z^2}{(z-\mathrm{e}^{-aT_0})(z-\mathrm{e}^{-bT_0})}$$

综上所述,在串联环节之间有无同步采样器隔离,其开环脉冲传递函数是不同的,它们之间的差别在于其零点不同,而极点是相同的。

7.4.3 离散系统的闭环脉冲传递函数

设有离散反馈系统,其框图如图 7.15 所示。在该系统中,作用于连续部分的偏差信号是通过采样器采样的,由系统框图可得

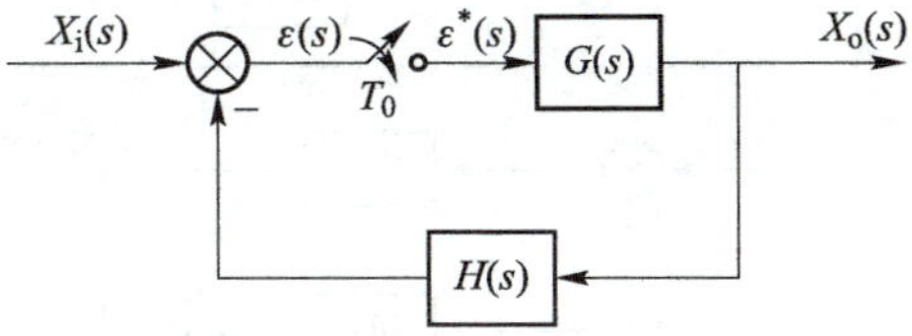

图 7.15 闭环离散系统

$$\varepsilon(s) = X_i(s) - H(s)X_o(s)$$

和
$$X_o(s) = G(s)\varepsilon^*(s)$$

所以得
$$\varepsilon(s) = X_i(s) - G(s)H(s)\varepsilon^*(s)$$

即
$$\varepsilon^*(s) = X_i^*(s) - GH^*(s)\varepsilon^*(s)$$

因为
$$\varepsilon^*(s) = \frac{X_i^*(s)}{1+GH^*(s)}$$

以及
$$X_o^*(s) = G^*(s)\varepsilon^*(s)$$

所以有
$$X_o^*(s) = \frac{G^*(s)X_i^*(s)}{1+GH^*(s)} \tag{7.42}$$

若以 $\mathscr{Z}$ 变换的形式表示,可得

$$X_o(z) = \frac{G(z)X_i(z)}{1 + GH(z)}$$

于是该闭环离散系统的脉冲传递函数为

$$\frac{X_o(z)}{X_i(z)} = \frac{G(z)}{1 + GH(z)} \tag{7.43}$$

对于单位反馈离散系统,即 $H(z)=1$,则闭环脉冲传递函数为

$$\frac{X_o(z)}{X_i(z)} = \frac{G(z)}{1 + G(z)} \tag{7.44}$$

应当指出,闭环脉冲传递函数的分母多项式 $1+GH(z)=0$ 是离散反馈系统的特征方程。表 7.1列出了五种典型的闭环离散系统框图及其对应的输出 $X_o(z)$。

表 7.1 五种典型的闭环离散系统框图及其对应的输出 $X_o(z)$

系统框图	$X_o(z)$
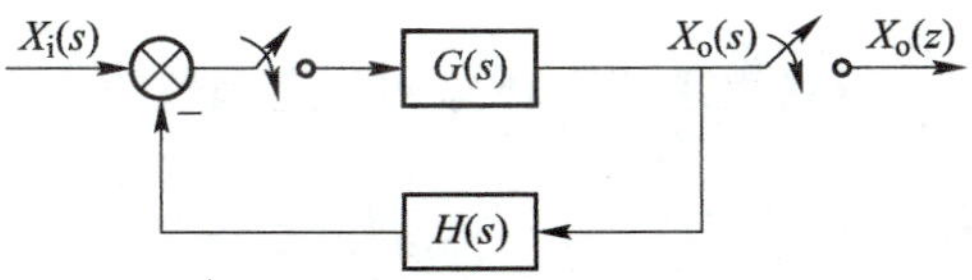	$X_o(z) = \frac{G(z)X_i(z)}{1+GH(z)}$

续表

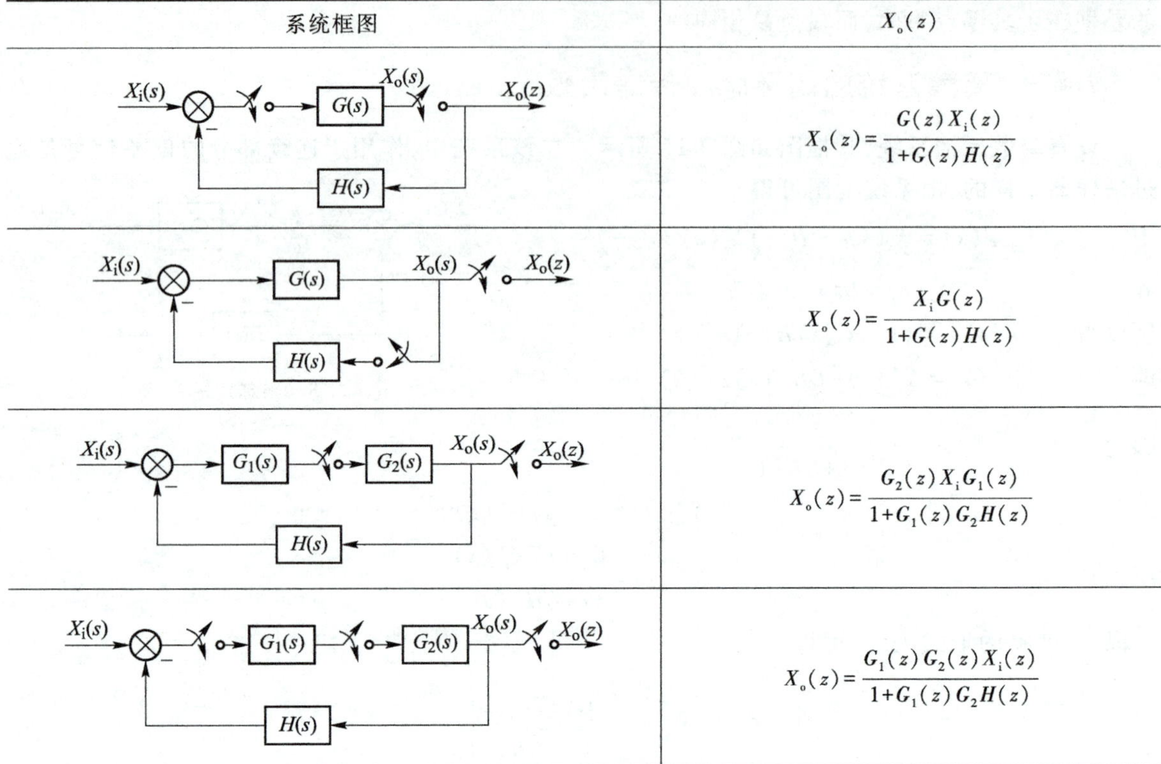

系统框图	$X_o(z)$
	$X_o(z)=\dfrac{G(z)X_i(z)}{1+G(z)H(z)}$
	$X_o(z)=\dfrac{X_iG(z)}{1+G(z)H(z)}$
	$X_o(z)=\dfrac{G_2(z)X_iG_1(z)}{1+G_1(z)G_2H(z)}$
	$X_o(z)=\dfrac{G_1(z)G_2(z)X_i(z)}{1+G_1(z)G_2H(z)}$

例 7.22 试求图 7.16 所示的离散反馈系统的闭环脉冲传递函数。

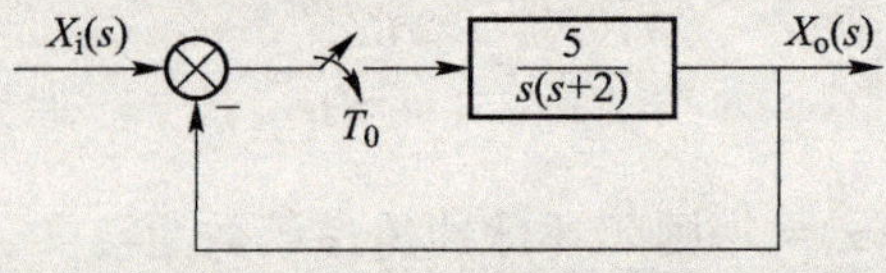

图 7.16 离散反馈系统框图

解 根据开环传递函数 $G(s)=\dfrac{5}{s(s+2)}$，可求得开环脉冲传递函数为

$$G(z)=G^*(s)=\left[\frac{5}{s(s+2)}\right]^*=\left(\frac{5/2}{s}-\frac{5/2}{s+2}\right)^*$$

$$=\frac{5}{2}\left(\frac{z}{z-1}-\frac{z}{z-e^{-2T_0}}\right)=\frac{\frac{5}{2}z(1-e^{-2T_0})}{(z-1)(z-e^{-2T_0})}$$

式中，T_0 为离散系统的采样周期。由$\dfrac{X_o(z)}{X_i(z)}=\dfrac{G(z)}{1+G(z)}$得离散系统闭环脉冲传递函数为

$$\frac{X_o(z)}{X_i(z)}=\frac{2.5z(1-e^{-2T_0})}{z^2+[2.5(1-e^{-2T_0})-(1+e^{-2T_0})]z+e^{-2T_0}}$$

例 7.23 试求图 7.17 所示的离散系统的闭环脉冲传递函数。

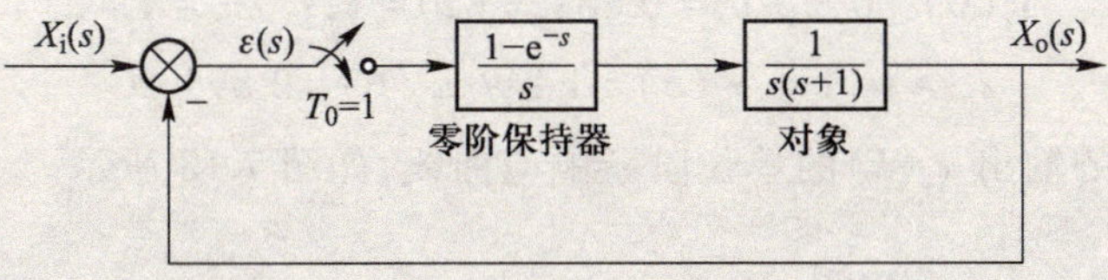

图 7.17 离散反馈系统框图

解 根据系统开环传递函数 $G(s)=\frac{(1-e^{-T_0 s})}{s^2(s+1)}$，可求得开环脉冲传递函数($T_0=1$)为

$$G(z)=\frac{e^{-1}z+1-2e^{-1}}{z^2-(1+e^{-1})z+e^{-1}}$$

$$=\frac{0.368z+0.264}{z^2-1.368z+0.368}$$

由$\frac{X_o(z)}{X_i(z)}=\frac{G(z)}{1+G(z)}$，得离散系统闭环脉冲传递函数为

$$\frac{X_o(z)}{X_i(z)}=\frac{0.368z+0.264}{z^2-z+0.632}$$

7.4.4 闭环离散系统的过渡过程

闭环离散系统的过渡过程是根据闭环脉冲传递函数$\frac{X_o(z)}{X_i(z)}=\Phi(z)$，按给定的输入信号 $x_i(t)$，求取 $X_o(z)=\Phi(z)X_i(z)$，然后通过 $\mathscr{Z}$ 逆变换求得被控信号 $x_o(t)$ 的脉冲序列 $x_o(nT_0)$ 或 $x_o^*(t)$。下面举例加以说明。

例 7.24 试求图 7.17 所示的单位反馈离散系统的单位阶跃响应。

解 由例 7.23 可知，该离散系统闭环脉冲传递函数为

$$\frac{X_o(z)}{X_i(z)}=\frac{G(z)}{1+G(z)}=\frac{0.368z+0.264}{z^2-z+0.632}$$

单位阶跃输入信号 $x_i(t)$ 的 $\mathscr{Z}$ 变换为

$$X_i(z)=\frac{z}{z-1}$$

于是有

$$X_o(z)=\frac{(0.368z+0.264)z}{(z^2-z+0.632)(z-1)}$$

$$=\frac{0.368z^2+0.264z}{z^3-2z^2+1.632z-0.632}$$

$$=\frac{0.368z^{-1}+0.264z^{-2}}{1-2z^{-1}+1.632z^{-2}-0.632z^{-3}}$$

$$=0.368z^{-1}+z^{-2}+1.4z^{-3}+1.4z^{-4}+1.147z^{-5}+0.895z^{-6}+0.802z^{-7}+\cdots$$

由 $\mathscr{Z}$ 逆变换可得

$$x_o(0)=0, x_o(1)=0.368, x_o(2)=1, x_o(3)=1.4,$$
$$x_o(4)=1.4, x_o(5)=1.147, x_o(6)=0.895, \cdots$$

作出该离散闭环系统的输出 $x_o(k)$ 的单位阶跃响应曲线，如图 7.18 所示。

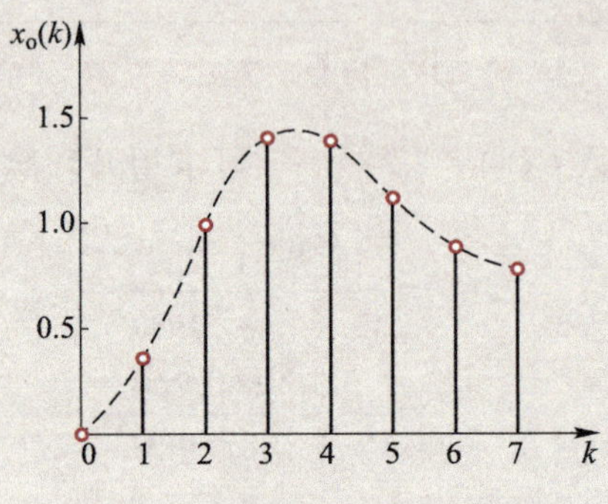

图 7.18 离散系统的过渡过程

由此可知，应用 $\mathscr{Z}$ 变换法分析离散系统的过渡过程是很方便的。在已知输入信号的情况下，求出闭环脉冲传递函数，通过 $\mathscr{Z}$ 逆变换的长除法，可以很容易地求得离散系统过渡过程在各个采样时刻上的采样值，根据这些采样值，就可以描绘出离散系统的大致过渡过程，由过渡过程的特征量（最大超调量、过渡过程时间、稳态误差等），便可直接进行系统的动态及稳态特性的分析。线性离散系统的稳态误差除可以从过渡过程的曲线上求取外，还可以应用 $\mathscr{Z}$ 变换的终值定理（见附录 B 的 $\mathscr{Z}$ 变换基本定理）求得。其方法是，先求出误差信号 $e^*(t)$ 对已知控制输入信号 $x_i^*(t)$ 的闭环误差脉冲传递函数 $\dfrac{E(z)}{X_i(z)}$，再根据已知输入控制信号写出误差信号的 $\mathscr{Z}$ 变换 $E(z)$，最后根据终值定理 $\lim\limits_{t\to\infty}x(t)=\lim\limits_{z\to1}[(z-1)X(z)]$ 计算稳态误差 $e(\infty)$。下面仍以图 7.17 所示的离散系统为例说明。

例 7.25 试应用终值定理，求如图 7.17 所示的离散系统在不同控制信号下系统的稳态误差。

解 由于图 7.17 所示的离散系统是单位反馈系统，其偏差信号与误差信号相同，由此可知，误差信号对于控制输入信号的闭环脉冲传递函数为

$$\frac{E(z)}{X_i(z)}=\frac{\varepsilon(z)}{X_i(z)}=1-\frac{X_o(z)}{X_i(z)}=\frac{z^2-1.368z+0.368}{z^2-z+0.632}$$

由上式可求得误差信号的 $\mathscr{Z}$ 变换为

$$E(z)=\frac{z^2-1.368z+0.368}{z^2-z+0.632}X_i(z)$$

根据上式，应用终值定理，即可得在不同控制输入下的稳态误差。

1）当控制输入 $x_i(t)=1(t)$ 时，其 $\mathscr{Z}$ 变换为 $X_i(z)=\dfrac{z}{z-1}$，则根据终值定理得

$$\lim_{t\to\infty}e(t)=\lim_{z\to1}[(z-1)E(z)]=\lim_{z\to1}\left[(z-1)\frac{z^2-1.368z+0.368}{z^2-z+0.632}\frac{z}{z-1}\right]=0$$

由此可知,图 7.17 所示的离散系统,当时间 $t\to\infty$ 时,能够准确地复现阶跃函数信号。与分析线性连续系统一样,称此类系统为 I 型系统,即系统无差度为 1。

2) 当控制输入 $x_i(t)=t$ 时,其 $\mathscr{Z}$ 变换为 $X_i(z)=\dfrac{T_0 z}{(z-1)^2}$ $(T_0=1)$,根据终值定理得

$$\lim_{t\to\infty}e(t)=\lim_{z\to1}[(z-1)E(z)]=\lim_{z\to1}\left[(z-1)\frac{z^2-1.368z+0.368}{z^2-z+0.632}\frac{z}{(z-1)^2}\right]$$

$$=\lim_{z\to1}\left[\frac{\dfrac{\mathrm{d}}{\mathrm{d}z}(z^3-1.368z^2+0.368z)}{\dfrac{\mathrm{d}}{\mathrm{d}z}[(z^2-z+0.632)(z-1)]}\right]=1$$

上式说明,图 7.17 所示的离散系统,当时间 $t\to\infty$ 时,响应速度控制信号的稳态误差等于常数,其值为 1。

3) 当控制输入 $x_i(t)=t^2$ 时,其 $\mathscr{Z}$ 变换为 $X_i(z)=\dfrac{T_0^2 z(z+1)}{(z-1)^3}$ $(T_0=1)$,根据终值定理得

$$\lim_{t\to\infty}e(t)=\lim_{z\to1}[(z-1)E(z)]=\lim_{z\to1}\left[(z-1)\frac{z^2-1.368z+0.368}{z^2-z+0.632}\frac{z(z+1)}{(z-1)^3}\right]$$

$$=\lim_{z\to1}\left[\frac{\dfrac{\mathrm{d}}{\mathrm{d}z}(z^3-1.368z^2+0.368z)(z+1)}{\dfrac{\mathrm{d}}{\mathrm{d}z}[(z^2-z+0.632)(z-1)^2]}\right]=\infty$$

由此可知,图 7.17 所示的离散系统,响应加速度控制信号的稳态误差为无穷大,说明该系统不能跟随加速度信号的控制。

7.5 离散系统的稳定性分析

在介绍离散系统稳定性之前,先研究一下[s]平面与[z]平面之间的映射关系。

7.5.1 [s]平面到[z]平面之间的映射

根据 $\mathscr{Z}$ 变换的定义,复变量 s 与复变量 z 之间的关系为

$$z=\mathrm{e}^{T_0 s}\tag{7.45}$$

式中,T_0 为采样周期,$s=\sigma+\mathrm{j}\omega$。

如果传递函数的所有极点均位于左半[s]平面,则线性动态系统为稳定系统。可以证明,左半[s]平面在[z]平面上的映射,是一个圆心位于原点、半径为 1 的单位圆,或者说,左半[s]平面映射到[z]平面上的单位圆的内部,这是因为 $z=\mathrm{e}^{T_0 s}$,$s=\sigma+\mathrm{j}\omega$,$|z|=\mathrm{e}^{T_0\sigma}$,$\angle z=\omega T_0$,在左半[$s$]平面内,$\sigma<0$,因此复变量 z 的模是在 0 到 1 之间变化,[s]平面的虚轴,即 $\sigma=0$,相应于[z]平面上的单位圆,圆的内部相应于左半[s]平面。当 ω 从 $-\infty$ 变化到 $+\infty$ 时,角 $\angle z=\omega T_0$ 也从 $-\infty$ 变化到 $+\infty$。当[s]平面虚轴($\mathrm{j}\omega$ 轴)上的点 a 沿 $\mathrm{j}\omega$ 轴从 $-\pi/T_0$ 变化到 π/T_0 时,在[z]平面上相应得到 $|z|=1$,$\angle z$ 从 $-\pi$ 逆时针方向变化到 π;点 a 在 $\mathrm{j}\omega$ 轴上从 π/T_0 变化到 $3\pi/T_0$ 时,[z]平面上的

相应点将逆时针方向沿单位圆走一圈。当点 a 在 $j\omega$ 轴上从 $-\infty$ 变化到 $+\infty$ 时，$[z]$ 平面上的相应点将逆时针方向沿单位圆走无穷多圈。

由上分析可知，左半 $[s]$ 平面上，每一条宽度为 $2\pi/T_0$ 的带，都映射到 $[z]$ 平面上的单位圆内，如图 7.19 所示。图 7.19b 和图 7.19c 表示 $[s]$ 平面与 $[z]$ 平面的相应区域。

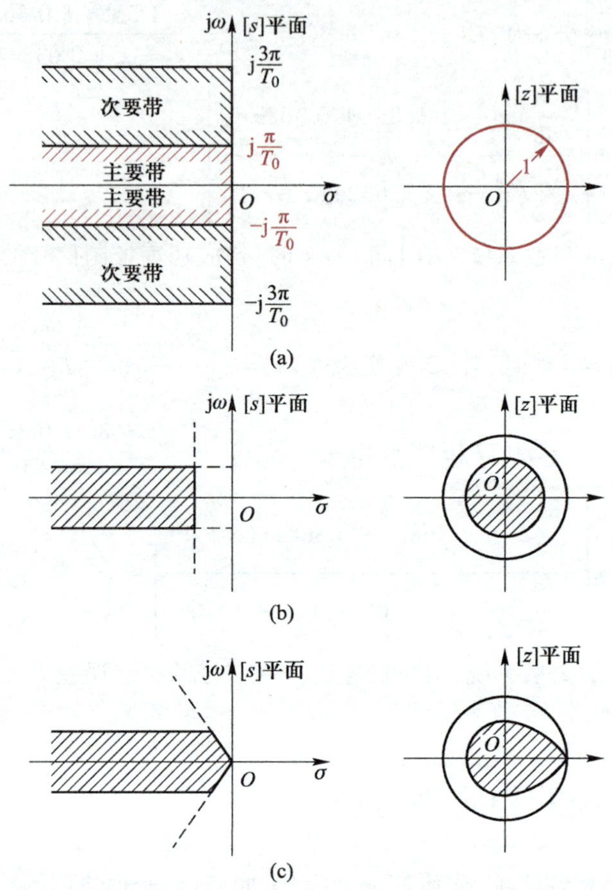

图 7.19 [s] 平面与 [z] 平面之间的映射关系

7.5.2 线性离散系统稳定的充要条件

如图 7.3 所示，线性离散系统的闭环脉冲传递函数为

$$\Phi(z)=\frac{G(z)}{1+G(z)H(z)} \tag{7.46}$$

与连续系统类似，该系统的稳定性由系统特征方程

$$1+G(z)H(z)=0 \tag{7.47}$$

根的分布情况确定。对于连续系统，要使系统稳定，其充要条件是特征方程 $1+G(s)H(s)=0$ 的根全部位于左半 $[s]$ 平面内。根据 $[s]$ 平面与 $[z]$ 平面的映射关系可知，若图 7.3 所示的系统是稳定的，其特征方程式(7.47)的根都应分布在以 $[z]$ 平面原点为圆心、以 1 为半径的单位圆内。由此可得离散系统稳定的充要条件为：

线性离散系统特征方程的根，或闭环脉冲传递函数的极点均应分布在[z]平面上以原点为圆心的单位圆内，也可以说，闭环脉冲传递函数极点的模均应小于 1。如果闭环脉冲传递函数的极点位于单位圆外，或位于单位圆上，则闭环离散系统为不稳定系统。

7.5.3　线性离散系统稳定性的判别方法

判别特征方程式(7.47)是否含有位于单位圆外或单位圆上的根的最常用方法是修正的劳思稳定判据。修正的劳思稳定判据是通过下列变换

$$z=\frac{w+1}{w-1} \tag{7.48}$$

将[z]平面单位圆映射到[w]平面的虚轴上，将[z]平面单位圆内部映射到[w]的左半平面，将[z]平面单位圆外映射到[w]的右半平面。这样就可以应用劳思稳定判据，通过 w 多项式，判断离散系统的稳定性。下面举例说明。

例 7.26　试应用劳思稳定判据判断闭环离散系统 $\Phi(z)=\dfrac{G(z)}{1+G(z)}$ 的稳定性。其中 $G(z)=\dfrac{10(1-\mathrm{e}^{-1})z}{(z-1)(z-\mathrm{e}^{-1})}$。

解　特征方程为 $1+G(z)=(z-1)(z-\mathrm{e}^{-1})+10(1-\mathrm{e}^{-1})z=0$

因为 $\mathrm{e}^{-1}=0.368$，则特征方程为 $z^2+4.952z+0.368=0$，根据式(7.48)令 $z=\dfrac{w+1}{w-1}$得

$$\left(\frac{w+1}{w-1}\right)^2+4.952\frac{w+1}{w-1}+0.368=0$$

或

$$6.32w^2+1.26w-3.584=0$$

根据劳思稳定判据，其劳思阵列为

$$\begin{array}{lll} w^2 & 6.32 & -3.584 \\ w^1 & 1.26 & 0 \\ w^0 & -3.584 & \end{array}$$

由此可知，在劳思阵列的第一列中，有一次符号变化，说明特征方程有一个根在单位圆外。事实上，可以求得特征方程 $z^2+4.952z+0.368=0$ 的根为 $z_1=-0.076$，$z_2=-4.870$，z_2 的模大于 1，因此该离散系统是不稳定的。

应当指出，当系统无采样器时，二阶系统总是稳定的，而当系统有采样器存在时，在大增益情况下，可能使系统变成不稳定系统，对于 $G(s)=\dfrac{K}{s(s+1)}$单位反馈闭环系统，只有当 $0<K<4.32$ 时，离散系统才是稳定的。

例 7.27　设离散系统的特征方程为 $z^2+(0.368K-1.368)z+(0.264K+0.368)=0$，试根据劳思稳定判据判断该系统的稳定性。

解　令 $z=\dfrac{w+1}{w-1}$，变换后的系统特征方程为

$$0.632Kw^2+(1.264-0.528K)w+(2.736-0.104K)=0$$

其劳思阵列为

$$\begin{array}{lll} w^2 & 0.632K & 2.736-0.104K \\ w^1 & 1.264-0.528K & 0 \\ w^0 & 2.736-0.104K & \end{array}$$

要使该离散系统为稳定系统，必须保证劳思阵列中第一列的各元素均具有相同的符号，即

$$K>0$$

$$1.264-0.528K>0 \qquad K<2.4$$

$$2.736-0.104K>0 \qquad K<26.3$$

系统为稳定系统，K 必须同时满足上述三个条件。不难确定欲使系统稳定，其开环放大系数的取值范围应为 $0<K<2.4$。

7.6 数字控制器与离散 PID 控制

7.6.1 数字控制器的脉冲传递函数

与线性连续系统一样，线性离散系统校正的目的是在离散系统稳定的基础上，进一步提高系统的控制性能。

如图 7.20 所示，在该线性数字控制系统中，数字控制器 $D(z)$ 将输入的脉冲序列 $\varepsilon^*(t)$，根据系统性能要求作适当的处理后，输出一个新的脉冲序列 $u^*(t)$ 直接控制数字控制系统的控制对象，使系统动态特性满足系统性能指标要求。那么，如何根据输入脉冲序列与输出脉冲序列，确定数字控制器脉冲传递函数 $D(z)$，是离散系统设计与校正的重要问题。

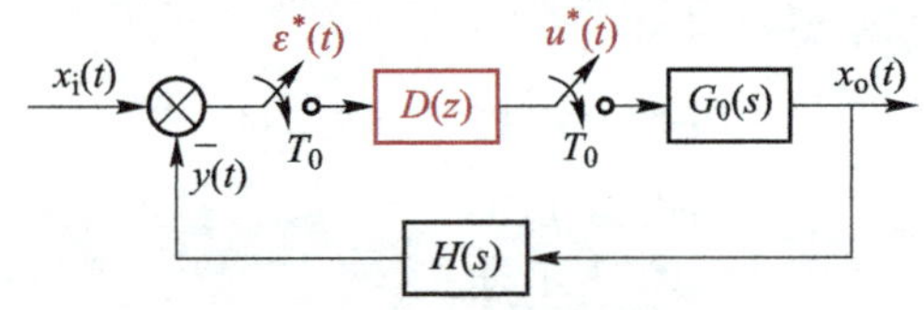

图 7.20 数字离散控制系统

确定数字控制器脉冲传递函数 $D(z)$ 时，假设控制器前后两个采样器的动作是同步的，即认为计算机的运算速度是很快的，输出对输入没有明显的滞后，如果计算滞后过大，可以附加一个延迟时间等于计算滞后时间的延迟环节。在这个假定下，数字控制器脉冲传递函数的一般表达式为

$$D(z)=\frac{b_0+b_1z^{-1}+b_2z^{-2}+\cdots+b_mz^{-m}}{1+a_1z^{-1}+a_2z^{-2}+\cdots+a_nz^{-n}} \tag{7.49}$$

式中，$a_j(j=1,2,\cdots,n)$，$b_i(i=0,1,2,\cdots,m)$ 为常系数。

为使数字控制器脉冲传递函数具有物理实现性，要求式(7.49)分子、分母多项式的相对次数 $n-m\geqslant0$。

在图 7.20 所示的数字离散控制系统中，设反馈传递函数 $H(s)=1$，连续部分(包括保持器)

的脉冲传递函数为 $G_0(z)$，则可求得单位反馈线性离散系统的闭环脉冲传递函数为

$$\frac{X_o(z)}{X_i(z)}=\frac{D(z)G_0(z)}{1+D(z)G_0(z)} \tag{7.50}$$

及

$$\frac{\varepsilon(z)}{X_i(z)}=\frac{1}{1+D(z)G_0(z)} \tag{7.51}$$

若令

$$\frac{X_o(z)}{X_i(z)}=\Phi(z) \tag{7.52}$$

及

$$\frac{\varepsilon(z)}{X_i(z)}=\Phi_\varepsilon(z) \tag{7.53}$$

则由上述方程可以求得数字控制器的脉冲传递函数为

$$D(z)=\frac{\Phi(z)}{G_0(z)[1-\Phi(z)]} \tag{7.54}$$

及

$$D(z)=\frac{1-\Phi_\varepsilon(z)}{G_0(z)\Phi_\varepsilon(z)} \tag{7.55}$$

上述二式描述了离散数字控制器的脉冲传递函数与线性离散系统连续部分的脉冲传递函数 $G_0(z)$、系统闭环脉冲传递函数 $\Phi(z)$ 及 $\Phi_\varepsilon(z)$ 之间的关系。若已知 $G_0(z)$，并根据系统性能指标确定出系统希望的闭环脉冲传递函数 $\Phi(z)$ 或 $\Phi_\varepsilon(z)$，就可以唯一地确定出数字控制器的脉冲传递函数 $D(z)$。

7.6.2 离散 PID 控制器及其校正

1. PID 控制规律的离散化

如图 7.21 所示，在连续控制系统中，PID 的控制规律可以写成如下形式：

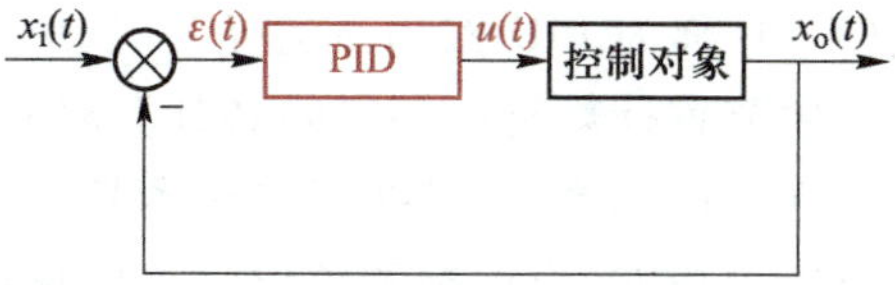

$$u(t)=K_p\left[\varepsilon(t)+\frac{1}{T_i}\int_0^t\varepsilon(t)\,dt+T_d\frac{d\varepsilon(t)}{dt}\right] \tag{7.56}$$

图 7.21 PID 控制系统

式中：$u(t)$——PID 控制器的输出，也即控制对象的输入；

$\varepsilon(t)$——偏差；

K_p——比例系数；

T_i——积分时间常数；

T_d——微分时间常数。

为在数字控制系统上实现 PID 控制，需将连续 PID 控制规律离散化成离散型的 PID 控制规律，即用差分方程表示。为此，取 T_0 为采样周期，由于采样周期远小于信号变化的周期，可以用矩形面积求和的方法模拟式(7.56)中的积分作用，用向后差分的方法模拟微分作用，即

$$\int_0^t \varepsilon(t)\,\mathrm{d}t \approx \sum_{i=0}^{k} T_0 \varepsilon(k-i)$$

$$\frac{\mathrm{d}\varepsilon(t)}{\mathrm{d}t} \approx \frac{\varepsilon(k)-\varepsilon(k-1)}{T_0}$$

于是式(7.56)可以改写成如下差分方程的形式，即

$$u(k) = K_{\mathrm{p}}\left[\varepsilon(k) + \frac{1}{T_{\mathrm{i}}}\sum_{i=0}^{k} T_0 \varepsilon(k-i) + T_{\mathrm{d}}\frac{\varepsilon(k)-\varepsilon(k-1)}{T_0}\right] \tag{7.57}$$

由式(7.57)可知，控制量 $u(k)$ 是 PID 控制器的全量输出，它对应于被控对象在每次采样时刻应达到的终值，因此也称式(7.57)为 PID 位置控制算法。

应当指出，若按式(7.57)计算 $u(k)$，由于控制器的输出与过去的所有状态有关，计算时就要占用大量内存空间和计算时间，这对于实时控制是非常不利的。为此，需将式(7.57)写成递推形式。

由式(7.57)写出第 $k-1$ 个采样时刻的控制器输出值，即

$$u(k-1) = K_{\mathrm{p}}\left[\varepsilon(k-1) + \frac{1}{T_{\mathrm{i}}}\sum_{i=0}^{k-1} T_0 \varepsilon(k-i) + T_{\mathrm{d}}\frac{\varepsilon(k-1)-\varepsilon(k-2)}{T_0}\right] \tag{7.58}$$

用式(7.57)减式(7.58)得

$$\begin{aligned} u(k) = u(k-1) + K_{\mathrm{p}}\Big\{&\varepsilon(k) - \varepsilon(k-1) + \\ &\frac{T_0}{T_{\mathrm{i}}}\varepsilon(k) + \frac{T_{\mathrm{d}}}{T_0}[\varepsilon(k) - 2\varepsilon(k-1) + \varepsilon(k-2)]\Big\} \end{aligned} \tag{7.59}$$

式(7.59)称为 PID 控制器递推公式，应用式(7.59)计算控制器在采样时刻 k 的输出 $u(k)$，可以极大地节省计算机内存空间和计算时间，使实时控制成为可能。

许多控制系统，其执行机构本身具有记忆功能，例如步进电动机作为执行元件，具有保持历史位置的功能，当控制器给出一个增量信号时，执行机构在原来位置上移动一定位置，达到新的平衡位置。在这种情况下，需要采用增量型 PID 控制算法。设被控对象的控制输入增量为 $\Delta u(t)$，即

$$\begin{aligned} \Delta u(k) = u(k) - u(k-1) = K_{\mathrm{p}}\Big\{&\varepsilon(k) - \varepsilon(k-1) + \frac{T_0}{T_{\mathrm{i}}}\varepsilon(k) + \\ &\frac{T_{\mathrm{d}}}{T_0}[\varepsilon(k) - 2\varepsilon(k-1) + \varepsilon(k-2)]\Big\} \end{aligned} \tag{7.60}$$

式(7.60)称为增量型 PID 控制算法。

显然，增量型 PID 控制算法与位置 PID 控制算法本质上是一样的，仅在计算方法上有所变化。但增量型 PID 控制算法具有如下优点：

(1) 增量型 PID 控制算法仅与最近几次采样偏差有关，无须进行累加，因而不易产生累积误差，控制效果好。

(2) 增量型 PID 控制算法只给出控制增量，因而误差动作小。

(3) 增量型 PID 控制算法，由于利用了执行机构的记忆功能，易于实现手动-自动控制的无扰动切换，且切换时易于实现平滑过渡。

2. PID 控制器的脉冲传递函数

若对式(7.57)进行 $\mathscr{Z}$ 变换，得

$$U(z)=K_{\mathrm{p}}\left\{\varepsilon(z)+\frac{T_0}{T_{\mathrm{i}}}\frac{1}{1-z^{-1}}\varepsilon(z)+\frac{T_{\mathrm{d}}}{T_0}[\varepsilon(z)-z^{-1}\varepsilon(z)]\right\} \tag{7.61}$$

于是可得 PID 控制器的脉冲传递函数为

$$D(z)=\frac{U(z)}{\varepsilon(z)}=\frac{b_0-b_1z^{-1}+b_2z^{-2}}{1-z^{-1}} \tag{7.62}$$

式中，$b_0=K_{\mathrm{p}}\left(1+\frac{T_0}{T_{\mathrm{i}}}+\frac{T_{\mathrm{d}}}{T_0}\right)$，$b_1=K_{\mathrm{p}}\left(1+2\frac{T_{\mathrm{d}}}{T_0}\right)$，$b_2=K_{\mathrm{p}}\frac{T_{\mathrm{d}}}{T_0}$。

当 $T_{\mathrm{d}}=0, T_{\mathrm{i}}=\infty$ 时

$$D(z)=K_{\mathrm{p}} \tag{7.63}$$

式(7.63)称为比例(P)数字控制器脉冲传递函数。

当 $T_{\mathrm{d}}=0$ 时

$$D(z)=\frac{K_{\mathrm{p}}\left(1+\frac{T_0}{T_{\mathrm{i}}}\right)-K_{\mathrm{p}}z^{-1}}{1-z^{-1}} \tag{7.64}$$

式(7.64)称为比例加积分(PI)数字控制器脉冲传递函数。

当 $T_{\mathrm{i}}=\infty$ 时

$$D(z)=K_{\mathrm{p}}\left(1+\frac{T_{\mathrm{d}}}{T_0}\right)-K_{\mathrm{p}}\frac{T_{\mathrm{d}}}{T_0}z^{-1} \tag{7.65}$$

式(7.65)称为比例加微分(PD)数字控制器脉冲传递函数。

与连续系统一样，增大比例系数 K_{p}，将加快系统响应速度，减小系统稳态误差，但直接影响系统的稳定性。增大积分时间常数 T_{i}，有利于提高系统的稳定性，但同时也加大了系统消除稳态误差的调整时间。微分控制作用，将改善系统的动态性能。下面举例说明 PID 控制在数字控制系统中的作用。

例 7.28 设某数字控制系统框图如图 7.22 所示。

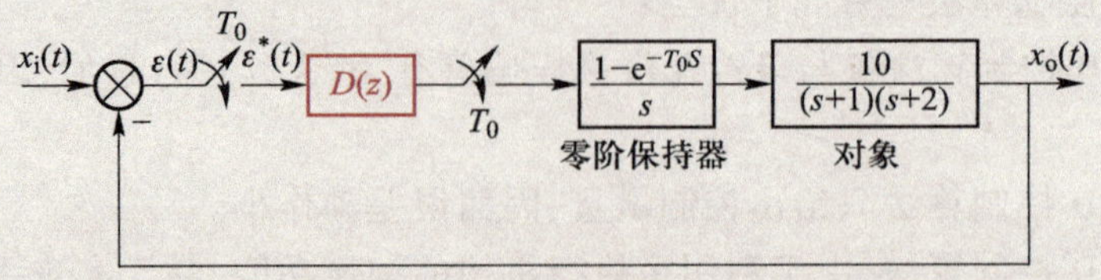

图 7.22 例 7.28 数字控制系统框图

图中采样周期 $T_0=0.1$ s,试分别采用 P、PI、PID 数字控制器对该系统加以校正,并分析各控制器对系统动态性能的影响。

解 通过 $\mathscr{Z}$ 变换,该数字控制系统连续部分的脉冲传递函数为

$$G_0(z)=\frac{0.045\ 3(z+0.904)}{(z-0.905)(z-0.819)}$$

(1) 当采用 P 数字控制器校正时,$D(z)=K_p$,其闭环脉冲传递函数为

$$\frac{X_o(z)}{X_i(z)}=\Phi(z)=\frac{D(z)G_0(z)}{1+D(z)G_0(z)}$$

$$=\frac{0.045\ 3K_p(z+0.904)}{z^2+(0.045K_p-1.724)z+0.741+0.040\ 95K_p}$$

当 $K_p=1$(无 PID 校正)时,其闭环脉冲传递函数为

$$\frac{X_o(z)}{X_i(z)}=\frac{0.045\ 3z+0.040\ 95}{z^2-1.678\ 72z+0.781\ 95}$$

为进行数字控制系统动态分析,需将上式写成差分方程的形式,即

$$x_o(k+2)-1.678\ 72x_o(k+1)+0.781\ 95x_o(k)=0.045\ 3x_i(k+1)+0.040\ 95x_i(k)$$

利用数字计算机求解可得在无 PID 校正时,该数字控制系统在单位阶跃函数输入作用下的时域特性曲线如图 7.23 所示。

当 $K_p=2$(P 校正)时,其闭环脉冲传递函数为

$$\frac{X_o(z)}{X_i(z)}=\frac{0.090\ 6z+0.081\ 9}{z^2-1.634z+0.822\ 9}$$

写成差分方程的形式得

$$x_o(k+2)-1.634x_o(k+1)+0.822\ 9x_o(k)=0.090\ 6x_i(k+1)+0.081\ 9x_i(k)$$

其时域特性曲线如图 7.23 所示。

根据 $\mathscr{Z}$ 变换终值定理(见附录 B),系统的稳态输出为

$$x_o(\infty)=\lim_{z\to 1}(z-1)\Phi(z)X_i(z)=\frac{0.086\ 25K_p}{0.017+0.086\ 25K_p}$$

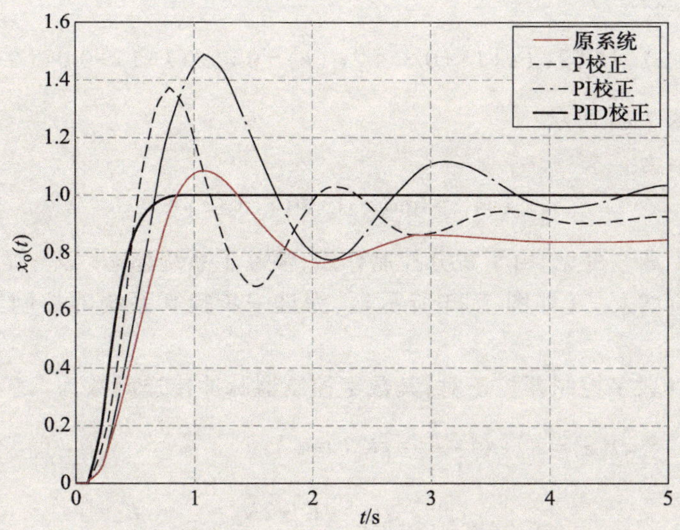

图 7.23　例 7.28 数字控制系统的单位阶跃响应曲线

当 $K_p=1$ 时，$x_o(\infty)=0.84$，稳态误差 $e_{ss}=0.16$。

当 $K_p=2$ 时，$x_o(\infty)=0.91$，稳态误差 $e_{ss}=0.09$。

由此可知，当 K_p 增大时，其稳态误差将减小，但不能彻底得到消除。为完全消除系统稳态误差，可加入积分校正环节。

（2）当采用 PI 数字控制器校正时，即 $D(z)=\dfrac{(K_p+K_i)-K_pz^{-1}}{1-z^{-1}}$　（其中 $K_i=K_p\dfrac{T_0}{T_i}$ 为积分系数），系统开环脉冲传递函数为

$$G(z)=D(z)G_0(z)=\frac{(K_p+K_i)\left(z-\dfrac{K_p}{K_p+K_i}\right)\times 0.045\ 3(z+0.904)}{(z-0.905)(z-0.819)(z-1)}$$

由上式可知，由于积分校正的作用，系统开环传递函数增加了一个零点。为确定积分系数 K_i，提高系统的控制性能，可以考虑用零点$\left(z-\dfrac{K_p}{K_p+K_i}\right)$去抵消极点$(z-0.905)$，令

$$\frac{K_p}{K_p+K_i}=0.905$$

选择 $K_p=1$，得 $K_i=0.105$，此时数字控制器脉冲传递函数为

$$D(z)=\frac{1.105(z-0.905)}{z-1}$$

则经 PI 校正后的闭环脉冲传递函数为

$$\frac{X_o(z)}{X_i(z)}=\frac{0.05z+0.045\ 2}{z^2-1.769z+0.864\ 2}$$

写成差分方程的形式得

$$x_o(k+2)-1.769x_o(k+1)+0.864\ 2x_o(k)=0.05x_i(k+1)+0.045\ 2x_i(k)$$

其时域特性曲线如图 7.23 所示。

系统的稳态输出为

$$x_o(\infty)=\lim_{z\to 1}(z-1)\Phi(z)X_i(z)=1$$

其稳态误差等于零。可见,由于积分控制作用,消除了系统稳态误差,提高了系统控制精度。但系统的超调量相应增大了(如图 7.23 所示)。为进一步提高系统的控制性能,还需加入微分校正。

(3) 当采用 PID 数字控制器校正时,其数字控制器脉冲传递函数为

$$D(z)=K_p+K_i\frac{1}{1-z^{-1}}+K_d(1-z^{-1})$$

$$=\frac{(K_p+K_i+K_d)\left(z^2-\dfrac{K_p+2K_d}{K_p+K_i+K_d}z+\dfrac{K_d}{K_p+K_i+K_d}\right)}{z(z-1)}$$

式中,$K_d=K_p\dfrac{T_d}{T_0}$为微分系数。假定 $K_p=1$ 已选定,为了更有效地提高系统的控制性能,采用控制器 $D(z)$ 的两个零点抵消数字控制系统连续部分脉冲传递函数 $G_0(z)$ 的两个极点 $z=0.905$,$z=0.819$,即令

$$z^2-\frac{K_p+2K_d}{K_p+K_i+K_d}z+\frac{K_d}{K_p+K_i+K_d}=(z-0.905)(z-0.819)$$

用系数比较法求得 $K_i=0.069$,$K_d=3.062$,此时 PID 控制器的脉冲传递函数为

$$D(z)=\frac{4.131(z-0.905)(z-0.819)}{z(z-1)}$$

系统开环脉冲传递函数为

$$G(z)=D(z)G_0(z)=\frac{0.187(z+0.904)}{z(z-1)}$$

则经 PID 校正后的系统闭环脉冲传递函数为

$$\frac{X_o(z)}{X_i(z)}=\frac{0.187(z+0.904)}{z(z-1)+0.187(z+0.904)}$$

写成差分方程的形式得

$$x_o(k+2)-0.813x_o(k+1)+0.169x_o(k)=0.187x_i(k+1)+0.169x_i(k)$$

其时域特性曲线如图 7.23 所示。

系统的稳态输出为

$$x_o(\infty)=\lim_{z\to 1}(z-1)\Phi(z)X_i(z)=1$$

系统的稳态误差为零。综上可知，系统在 PID 控制时，由于积分控制作用，使系统在单位阶跃函数作用下，其稳态误差为零。而微分控制作用，使系统的动态性能得到很大的改善，调整时间短，超调量小。

7.7 基于 SIMULINK 的离散系统时域特性分析

下面通过具体事例，说明直接利用 SIMULINK 进行离散系统的时域特性分析。

例 7.29 设单位反馈离散控制系统开环脉冲传递函数为

$$G(z)=\frac{0.465z+0.256}{z^2-1.9z+0.625}$$

试应用 SIMULINK 仿真软件求该离散系统的阶跃响应。

解 根据给定系统的开环脉冲传递函数，可直接作出其仿真模型如图 7.24 所示。

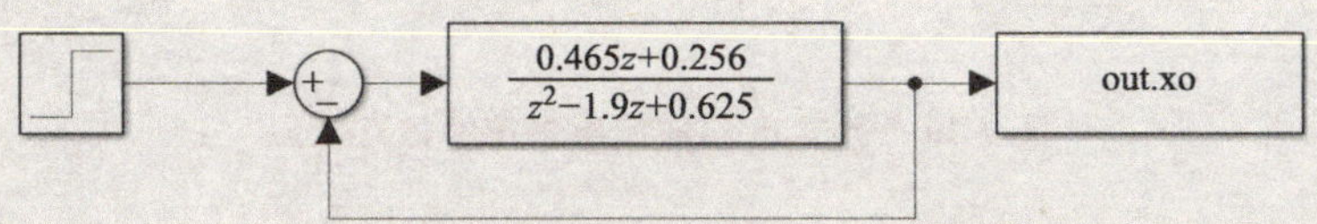

图 7.24 例 7.29 离散控制系统的仿真模型

该仿真模型是根据系统开环脉冲传递函数的分子分母多项式作出的，其阶跃响应曲线如图 7.25 所示。

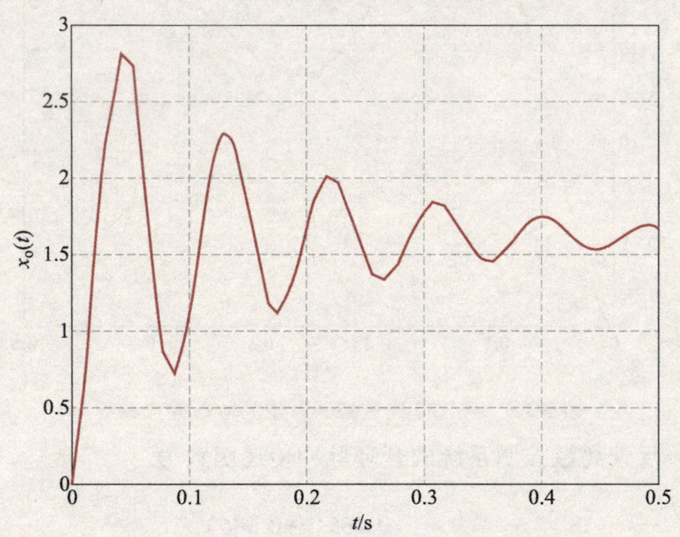

图 7.25 例 7.29 离散控制系统的阶跃响应曲线

例 7.30 设有离散控制系统可用下述差分方程描述

$$2x_o(k+2)-3.664x_o(k+1)+1.772x_o(k)=1.651\ 2x_i(k+1)+0.183\ 4x_i(k)$$

试应用 SIMULINK 仿真软件求该离散系统的阶跃响应。

解 将系统差分方程改写成如下形式

$$x_o(k)=1.832x_o(k-1)-0.886x_o(k-2)+0.825\ 6x_i(k-1)+0.091\ 7x_i(k-2)$$

在 SIMULINK 仿真平台上可以直接作出如图 7.26 所示的仿真模型。其阶跃响应曲线如图 7.27所示。

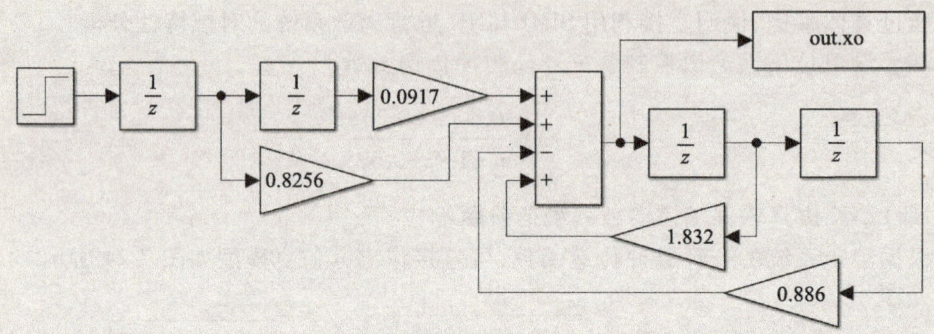

图 7.26 例 7.30 离散控制系统的仿真模型

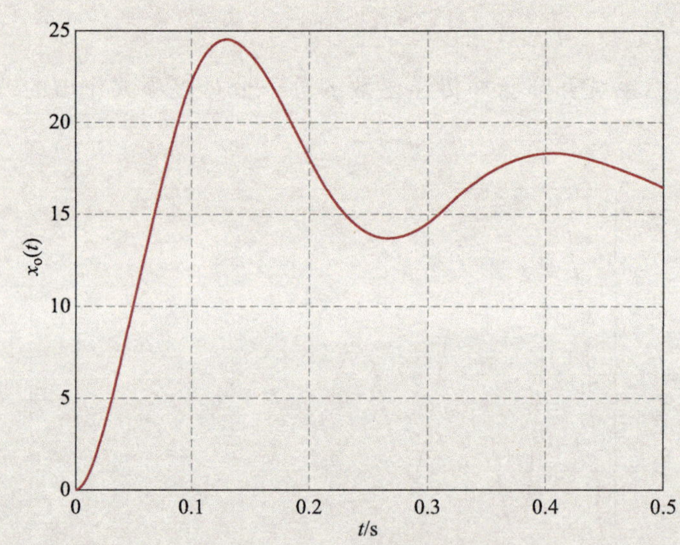

图 7.27 例 7.30 离散控制系统的阶跃响应曲线

例 7.31 设单位反馈离散控制系统的开环脉冲传递函数为

$$G(z)=\frac{0.465(z+0.686)}{(z-0.9)(z+0.768)(z-0.385)}$$

试应用 SIMULINK 仿真软件求该离散系统的阶跃响应。

解 由于系统的开环脉冲传递函数是以零、极点的形式给出的，因此可直接根据零、极点作出其仿真模型如图 7.28 所示。其阶跃响应曲线如图 7.29 所示。

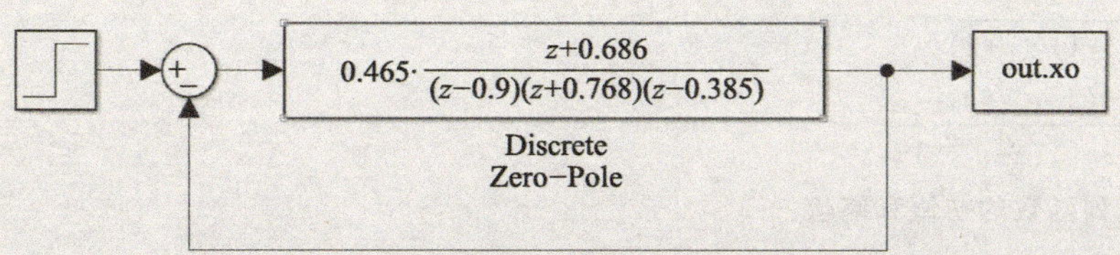

图 7.28　例 7.31 离散控制系统的仿真模型

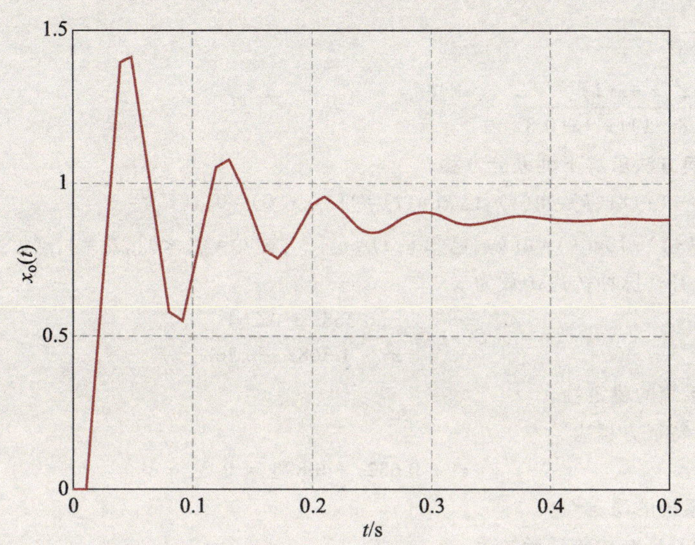

图 7.29　例 7.31 离散控制系统的阶跃响应曲线

习　　题

7-1　试求下列函数的 $\mathscr{Z}$ 变换：

（1）双曲正弦函数 sinh bt 和双曲余弦函数 cosh bt

（2）$\left[\frac{s+3}{(s+1)(s+2)}\right]^*$

（3）$\left[\frac{a-b}{(s+a)(s+b)}\right]^*$

（4）$\left[\frac{a}{s(s+a)(s+b)}\right]^*$

（5）$f(t)=1-\mathrm{e}^{-at}$

（6）含衰减因子函数 $\mathrm{e}^{-at}f(t)$

7-2　试求下列函数的 $\mathscr{Z}$ 逆变换：

（1）$X(z)=\frac{z}{z-\mathrm{e}^{-aT_0}}$，式中 $\mathrm{e}^{-aT_0}>0$

（2）$X(z)=\frac{10z}{(z-1)(z-2)}$

（3）$X(z)=\frac{z}{(z+1)(z+2)}$

(4) $X(z)=\dfrac{2z^2}{(z+1)^2(z+2)}$

(5) $X(z)=\dfrac{(1-e^{-aT_0})z}{(z-1)(z-e^{-aT_0})}$

7-3 试求下列函数的初值和终值：

(1) $X(z)=\dfrac{1}{1-z^{-1}}$

(2) $X(z)=\dfrac{T_0z^{-1}}{(1-z^{-1})^2}$

(3) $X(z)=\dfrac{z^2(z^2+z+1)}{(z^2-0.8z+1)(z^2+z+0.8)}$

7-4 试用 $\mathscr{Z}$ 变换方法求解下列差分方程：

(1) $x(k+2)-6x(k+1)+8x(k)=u(k)$，已知 $u(t)=1(t)$，$x(0)=0$，$x(T_0)=0$

(2) $x(k+2)-3x(k+1)-10x(k)=u(k)$，已知 $u(t)=e^{-3t}$ $[u(t)=0,t<0]$，$T_0=1$，$x(0)=0$，$x(T_0)=0$

7-5 已知系统的开环脉冲传递函数为

$$G(z)=\frac{0.368z+0.264}{z^2-1.368z+0.368}$$

试判别单位反馈闭环系统的稳定性。

7-6 已知系统的特征方程为

$$z^2-0.632z+0.896=0$$

试判别单位反馈闭环系统的稳定性。

7-7 已知系统的开环脉冲传递函数为

$$G(z)=\frac{(z+0.7)}{(z-1)(z-0.368)}$$

试判别单位反馈闭环系统的稳定性。

7-8 设离散系统的开环脉冲传递函数为

$$G(z)=\frac{K[(aT_0-1+e^{-aT_0})z+(1-e^{-aT_0}-aT_0e^{-aT_0})]}{a^2(z-1)(z-e^{-aT_0})}$$

试求当 $a=1$，$T_0=1$ 时单位反馈闭环系统的临界稳定增益 K。

7-9 试求图 7.30 所示离散系统的临界稳定增益 K。

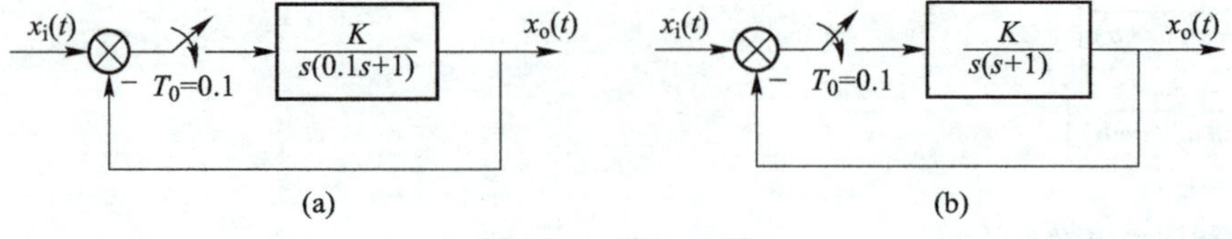

图 7.30 题 7-9 图

*第 8 章　状态空间分析法

以传递函数为基础的控制理论，主要考虑的是系统的输入、输出和偏差信号，所采用的方法主要是频率特性法与根轨迹法。其局限性在于它只适用于单输入单输出线性系统，对于时变系统（变参数系统）、非线性系统等则无能为力，不适用于诸如最优控制、自适应控制、神经网络控制、鲁棒控制等的分析与设计，因为这些控制系统绝大多数是时变和（或）非线性系统。

目前，控制系统的发展趋势是朝着控制任务更为复杂、控制精度要求更高的方向发展。特别是数字计算机迅速发展的今天，利用数字计算机辅助分析与设计系统，需要有一种适合于数字计算机分析和设计系统的理论与数学模型，这个理论即现代控制理论，其数学模型便是建立在状态空间里的状态方程。

8.1　状态变量与状态空间

用状态空间法分析控制系统，比以传递函数为基础的分析设计方法更为直接和方便。由于阐述状态空间描述和分析控制系统的需要，这里先介绍一些名词术语。

1. 状态

控制系统的状态是描述系统的最小一组变量，只要知道在 $t=t_0$ 时刻的这组变量和 $t\geqslant t_0$ 时刻的输入函数，便完全可以确定在任何 $t\geqslant t_0$ 时刻上的系统行为，这个系统的行为称为状态。基于状态的概念，控制系统在时刻 t 的行为是由 t_0 时刻的行为和 $t\geqslant t_0$ 时刻的输入函数唯一确定的，而与 t_0 时刻前的行为与输入无关。在分析线性定常系统时，通常取初始时刻 t_0 为零。

2. 状态变量

构成控制系统状态的变量称为状态变量。在控制系统中，状态变量并非是唯一的，也并非一定是系统的输出，也不要求状态变量在物理上一定是能控和能观测的。

3. 状态向量

若完全描述一个给定系统的动态行为需要 n 个状态变量，记为 $x_1(t)$、$x_2(t)$、…、$x_n(t)$，将这些状态变量看成向量 $\boldsymbol{X}(t)$ 的分量，则称向量 $\boldsymbol{X}(t)$ 为系统的状态向量。

4. 状态空间

以状态向量 $\boldsymbol{X}(t)$ 的分量 $x_1(t)$、$x_2(t)$、…、$x_n(t)$ 为坐标轴，构成的 n 维空间称为状态空间，任意的状态 $x(t)$ 都可以用状态空间中的一个点来描述。

5. 状态方程

通过向量表示法，可以将 n 阶微分方程表示成一阶矩阵微分方程，若向量分量是选定的状态变量，则上述一阶矩阵微分方程称为系统状态方程。

8.2 连续系统的状态方程及输出方程

8.2.1 由系统微分方程列写状态方程及输出方程

1. 作用函数不含导数项

设 n 阶线性定常系统的运动方程可用下述微分方程描述，即

$$y^{(n)}+a_1y^{(n-1)}+a_2y^{(n-2)}+\cdots+a_{n-1}\dot{y}+a_ny=u \tag{8.1}$$

式中，y、$y^{(i)}$ $(i=1,2,\cdots,n)$ 分别为系统的输出及其各阶导数；u 为系统的作用函数（即被控对象的控制输入）；a_1、a_2、$\cdots$、a_n 为常系数。

式(8.1)为作用函数 u 不含导数项的 n 阶常微分方程，其中作用函数、输出函数及其各阶导数项 $y^{(i)}$ $(i=1,2,3,\cdots,n)$ 均为时间 t 的函数，为书写的方便，将时间 t 略去。

由式(8.1)可知，对于上述线性定常系统，若已知初始条件 $y(0)$、$y^{(i)}(0)$ $(i=1,2,\cdots,n)$ 及 $t\geqslant0$ 时刻的作用函数 u，则系统在任何 $t\geqslant0$ 时刻的行为便可完全确定。因此，可以选取 y 及 $y^{(i)}$ $(i=1,2,3,\cdots,n-1)$ 为系统状态变量，即选取

$$\left.\begin{aligned}x_1&=y\\x_2&=\dot{y}\\x_3&=\ddot{y}\\&\vdots\\x_n&=y^{(n-1)}\end{aligned}\right\} \tag{8.2}$$

则式(8.1)所示的 n 阶常微分方程可以写成 n 个一阶常微分方程，即

$$\left.\begin{aligned}\dot{x}_1&=x_2\\\dot{x}_2&=x_3\\\dot{x}_3&=x_4\\&\vdots\\\dot{x}_n&=-a_nx_1-a_{n-1}x_2-a_{n-2}x_3-\cdots-a_1x_n+u\end{aligned}\right\} \tag{8.3}$$

或写成矩阵微分方程形式

$$\begin{bmatrix}\dot{x}_1\\\dot{x}_2\\\vdots\\\dot{x}_{n-1}\\\dot{x}_n\end{bmatrix}=\begin{bmatrix}0&1&0&\cdots&0\\0&0&1&\cdots&0\\\vdots&\vdots&\vdots&&\vdots\\0&0&0&\cdots&1\\-a_n&-a_{n-1}&-a_{n-2}&\cdots&-a_1\end{bmatrix}\begin{bmatrix}x_1\\x_2\\\vdots\\x_{n-1}\\x_n\end{bmatrix}+\begin{bmatrix}0\\0\\\vdots\\0\\1\end{bmatrix}u \tag{8.4}$$

记

$$\dot{X}=\begin{bmatrix}\dot{x}_1\\ \dot{x}_2\\ \vdots\\ \dot{x}_{n-1}\\ \dot{x}_n\end{bmatrix},\quad A=\begin{bmatrix}0 & 1 & 0 & \cdots & 0\\ 0 & 0 & 1 & \cdots & 0\\ \vdots & \vdots & \vdots & & \vdots\\ 0 & 0 & 0 & \cdots & 1\\ -a_n & -a_{n-1} & -a_{n-2} & \cdots & -a_1\end{bmatrix},\quad X=\begin{bmatrix}x_1\\ x_2\\ \vdots\\ x_{n-1}\\ x_n\end{bmatrix},\quad B=\begin{bmatrix}0\\ 0\\ \vdots\\ 0\\ 1\end{bmatrix}$$

则式(8.4)可以写成

$$\dot{X}=AX+Bu \tag{8.5}$$

式中：$X,\dot{X}$——状态向量及其一阶导数，均为 n 维；

A——$n\times n$ 阶常系数矩阵；

B——$n\times 1$ 阶常系数矩阵。

式(8.3)或式(8.5)称为式(8.1)所描述的线性定常系统的状态方程。根据系统输出状态变量的选取，其输出方程可写成

$$y=x_1 \tag{8.6}$$

或写成矩阵方程形式为

$$y=\begin{bmatrix}1 & 0 & \cdots & 0\end{bmatrix}\begin{bmatrix}x_1\\ x_2\\ \vdots\\ x_n\end{bmatrix}=CX \tag{8.7}$$

式中，$C=[1\quad 0\quad \cdots\quad 0]$称为输出向量。

式(8.5)及式(8.7)所示的状态方程及输出方程是应用状态空间法分析与设计线性系统时，描述系统动态特性的标准状态空间表达式。应该指出，n 阶线性定常系统，它的状态变量只有 n 个。

例 8.1 设某控制系统的动态特性可用下述微分方程描述：

$$\ddot{y}+4\dot{y}+3y=u$$

试列写其状态方程及输出方程。

解 根据式(8.2)，选取 $x_1=y$，$x_2=\dot{y}$ 为系统的状态变量，则通过状态变量的选取及根据系统微分方程，系统的状态方程可写成：

$$\dot{x}_1=x_2$$

$$\dot{x}_2=-3x_1-4x_2+u$$

写成矩阵微分方程形式为

$$\begin{bmatrix}\dot{x}_1\\ \dot{x}_2\end{bmatrix}=\begin{bmatrix}0 & 1\\ -3 & -4\end{bmatrix}\begin{bmatrix}x_1\\ x_2\end{bmatrix}+\begin{bmatrix}0\\ 1\end{bmatrix}u$$

根据输出状态变量的选取，其输出方程为

$$y=x_1=\begin{bmatrix}1 & 0\end{bmatrix}\begin{bmatrix}x_1\\x_2\end{bmatrix}$$

例 8.2 某控制系统框图如图 8.1 所示。

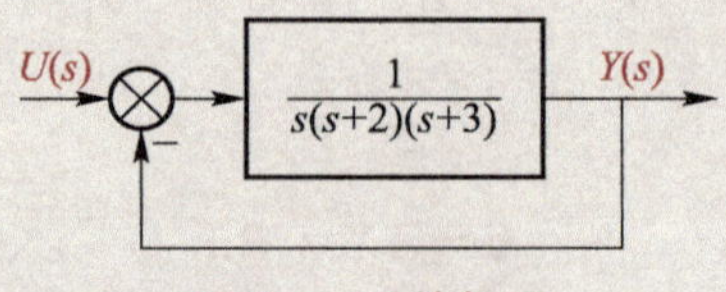

图 8.1 系统框图

试列写该系统的状态方程及输出方程。

解 对于用框图描述的系统，根据微分方程列写状态方程时，首先应根据框图写出系统的闭环传递函数，通过拉氏反变换，写成微分方程的形式，再根据系统微分方程列写系统状态方程。为此由框图可得，系统闭环传递函数为

$$\frac{Y(s)}{U(s)}=\frac{1}{s(s+2)(s+3)+1}=\frac{1}{s^3+5s^2+6s+1}$$

根据闭环传递函数可求得系统的运动微分方程为

$$\dddot{y}+5\ddot{y}+6\dot{y}+y=u$$

由于该系统为三阶系统，因此可选择状态变量为 $x_1=y, x_2=\dot{y}, x_3=\ddot{y}$，则可写出系统的状态方程为

$$\dot{x}_1=x_2$$

$$\dot{x}_2=x_3$$

$$\dot{x}_3=-x_1-6x_2-5x_3+u$$

写成矩阵微分方程的形式为

$$\dot{\boldsymbol{X}}=\boldsymbol{AX}+\boldsymbol{B}u$$

式中

$$\dot{\boldsymbol{X}}=\begin{bmatrix}\dot{x}_1\\\dot{x}_2\\\dot{x}_3\end{bmatrix},\boldsymbol{X}=\begin{bmatrix}x_1\\x_2\\x_3\end{bmatrix},\boldsymbol{A}=\begin{bmatrix}0 & 1 & 0\\0 & 0 & 1\\-1 & -6 & -5\end{bmatrix},\boldsymbol{B}=\begin{bmatrix}0\\0\\1\end{bmatrix}$$

其输出方程为

$$y=x_1=\begin{bmatrix}1 & 0 & 0\end{bmatrix}\begin{bmatrix}x_1\\x_2\\x_3\end{bmatrix}$$

2. 作用函数含导数项

设 n 阶线性定常系统由下列微分方程描述

$$y^{(n)}+a_1y^{(n-1)}+\cdots+a_{n-1}\dot{y}+a_ny=b_0u^{(n)}+b_1u^{(n-1)}+\cdots+b_{n-1}\dot{u}+b_nu \tag{8.8}$$

如果按上述作用函数不含导数项的 n 阶线性系统选取状态变量的方法直接选取状态变量，将式(8.8)改写成一阶微分方程组，即

$$\begin{aligned}
\dot{x}_1&=x_2\\
\dot{x}_2&=x_3\\
\dot{x}_3&=x_4\\
&\vdots\\
\dot{x}_n&=-a_nx_1-a_{n-1}x_2-a_{n-2}x_3-\cdots-a_1x_n+b_0u^{(n)}+b_1u^{(n-1)}+\cdots+b_{n-1}\dot{u}+b_nu
\end{aligned}$$

分析上式可知，上述一阶微分方程组中，包含有作用函数及其各阶导数项。假如作用函数是一个阶跃函数，则其一阶导数项 $\dot{u}$ 便是一个 δ 脉冲函数，而其一阶以上导数项 $u^{(i)}$ $(i=2,3,\cdots,n)$ 便是高阶脉冲函数，则由上述方程组表示的状态轨迹将产生无穷大的跳跃。因此，即使在已知作用函数 u 的作用下，系统状态也不可能由上述状态向量 $\boldsymbol{X}$ 唯一确定，即在此时可能得不到唯一的解。所以在线性微分方程中，作用函数含有导数项时，不能直接将系统的输出函数 y 及其各阶导数项 $y^{(i)}$ 作为系统的状态变量。因为这组变量在已知系统输入和初始状态的条件下，不能完全确定系统的未来运动状态的特性。选取系统状态变量的原则应该是，在包含状态变量的状态方程中，任何一个微分方程均不包含作用函数的导数项。根据这个原则，一种可能选取系统状态变量的方法是

$$\left.\begin{aligned}
x_1&=y-b_0u\\
x_2&=\dot{x}_1-h_1u\\
x_3&=\dot{x}_2-h_2u\\
&\vdots\\
x_n&=\dot{x}_{n-1}-h_{n-1}u
\end{aligned}\right\} \tag{8.9}$$

其中

$$\begin{aligned}
h_1&=b_1-a_1b_0\\
h_2&=(b_2-a_2b_0)-a_1h_1\\
h_3&=(b_3-a_3b_0)-a_2h_1-a_1h_2\\
&\vdots\\
h_n&=(b_n-a_nb_0)-a_{n-1}h_1-a_{n-2}h_2-\cdots-a_2h_{n-2}-a_1h_{n-1}
\end{aligned}$$

于是可得系统的状态方程为

$$\left.\begin{aligned}\dot{x}_1 &= x_2 + h_1 u \\ \dot{x}_2 &= x_3 + h_2 u \\ &\vdots \\ \dot{x}_{n-1} &= x_n + h_{n-1} u \\ \dot{x}_n &= -a_n x_1 - a_{n-1} x_2 - a_{n-2} x_3 - \cdots - a_1 x_n + h_n u\end{aligned}\right\} \tag{8.10}$$

写成矩阵形式为

$$\dot{\boldsymbol{X}} = \boldsymbol{AX} + \boldsymbol{B}u \tag{8.11}$$

式中

$$\dot{\boldsymbol{X}} = \begin{bmatrix}\dot{x}_1 \\ \dot{x}_2 \\ \vdots \\ \dot{x}_{n-1} \\ \dot{x}_n\end{bmatrix}, \boldsymbol{A} = \begin{bmatrix}0 & 1 & 0 & \cdots & 0 \\ 0 & 0 & 1 & \cdots & 0 \\ \vdots & \vdots & \vdots & & \vdots \\ 0 & 0 & 0 & \cdots & 1 \\ -a_n & -a_{n-1} & -a_{n-2} & \cdots & -a_1\end{bmatrix}, \boldsymbol{X} = \begin{bmatrix}x_1 \\ x_2 \\ \vdots \\ x_{n-1} \\ x_n\end{bmatrix}, \boldsymbol{B} = \begin{bmatrix}h_1 \\ h_2 \\ \vdots \\ h_{n-1} \\ h_n\end{bmatrix}$$

其输出方程为

$$y = x_1 + b_0 u = \boldsymbol{CX} + \boldsymbol{D}u \tag{8.12}$$

式中，$\boldsymbol{C} = [1 \quad 0 \quad \cdots \quad 0]$，$\boldsymbol{D} = b_0$。

例 8.3 控制系统的运动微分方程为

$$\ddot{y} + 7\dot{y} + 3y = \dot{u} + 3u$$

试列写该系统状态方程及输出方程。

解 由系统运动微分方程可知，其中，$a_1 = 7, a_2 = 3, b_0 = 0, b_1 = 1, b_2 = 3$。

根据式(8.9)选取状态变量为

$$x_1 = y - b_0 u$$

$$x_2 = \dot{x}_1 - h_1 u$$

式中，$h_1 = b_1 - a_1 b_0 = b_1 = 1$。

即

$$x_1 = y$$

$$x_2 = \dot{x}_1 - u$$

又 $h_n = h_2 = (b_2 - a_2 b_0) - a_1 h_1 = (3-0) - 7\times 1 = -4$

于是根据式(8.10)可得该系统的状态方程为

$$\dot{x}_1 = x_2 + u$$

$$\dot{x}_2 = -a_2 x_1 - a_1 x_2 + h_2 u = -3x_1 - 7x_2 - 4u$$

或

$$\begin{bmatrix} \dot{x}_1 \\ \dot{x}_2 \end{bmatrix} = \begin{bmatrix} 0 & 1 \\ -3 & -7 \end{bmatrix} \begin{bmatrix} x_1 \\ x_2 \end{bmatrix} + \begin{bmatrix} 1 \\ -4 \end{bmatrix} u$$

其输出方程为

$$y = x_1 = \begin{bmatrix} 1 & 0 \end{bmatrix} \begin{bmatrix} x_1 \\ x_2 \end{bmatrix}$$

当线性系统运动微分方程含有作用函数的导数项时,还可以采用另一种方法求取系统的状态方程和输出方程。

设 n 阶线性系统由下列微分方程描述

$$y^{(n)} + a_1 y^{(n-1)} + \cdots + a_{n-1}\dot{y} + a_n y = b_0 u^{(n)} + b_1 u^{(n-1)} + \cdots + b_{n-1}\dot{u} + b_n u$$

通过拉氏变换,可作出如图 8.2 所示的系统框图。经等效变换可得如图 8.3 所示的框图。

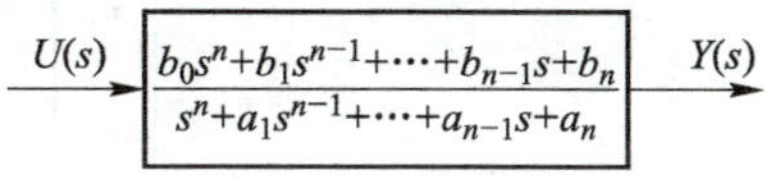

$$U(s) \rightarrow \boxed{\dfrac{b_0 s^n + b_1 s^{n-1} + \cdots + b_{n-1}s + b_n}{s^n + a_1 s^{n-1} + \cdots + a_{n-1}s + a_n}} \rightarrow Y(s)$$

图 8.2　n 阶线性系统框图

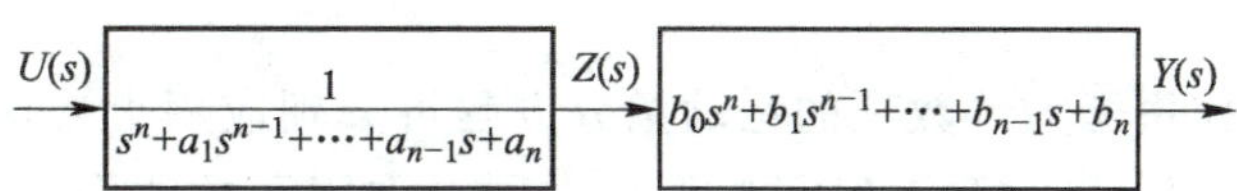

图 8.3　等效变换后 n 阶线性系统框图

引进中间变量 z 之后,经拉氏逆变换,可得下述两个微分方程,即

$$\left.\begin{aligned} &z^{(n)} + a_1 z^{(n-1)} + \cdots + a_{n-1}\dot{z} + a_n z = u \\ &y = b_0 z^{(n)} + b_1 z^{(n-1)} + \cdots + b_{n-1}\dot{z} + b_n z \end{aligned}\right\} \tag{8.13}$$

对于式(8.13),可以根据作用函数不含导数项系统的状态变量选取方法选取系统的状态变量,即

$$\begin{aligned} x_1 &= z \\ x_2 &= \dot{z} \\ &\vdots \\ x_{n-1} &= z^{(n-2)} \\ x_n &= z^{(n-1)} \end{aligned}$$

其相应的系统状态方程为

$$
\begin{bmatrix} \dot{x}_1 \\ \dot{x}_2 \\ \vdots \\ \dot{x}_{n-1} \\ \dot{x}_n \end{bmatrix} = \begin{bmatrix} 0 & 1 & 0 & \cdots & 0 \\ 0 & 0 & 1 & \cdots & 0 \\ \vdots & \vdots & \vdots & & \vdots \\ 0 & 0 & 0 & \cdots & 1 \\ -a_n & -a_{n-1} & -a_{n-2} & \cdots & a_1 \end{bmatrix} \begin{bmatrix} x_1 \\ x_2 \\ \vdots \\ x_{n-1} \\ x_n \end{bmatrix} + \begin{bmatrix} 0 \\ 0 \\ \vdots \\ 0 \\ 1 \end{bmatrix} u \tag{8.14}
$$

相应的输出方程为

$$
y = b_0 [-a_n \quad -a_{n-1} \quad \cdots \quad -a_1] \begin{bmatrix} x_1 \\ x_2 \\ \vdots \\ x_n \end{bmatrix} + b_0 u + [b_n \quad b_{n-1} \quad \cdots \quad b_1] \begin{bmatrix} x_1 \\ x_2 \\ \vdots \\ x_n \end{bmatrix} \tag{8.15}
$$

若 $b_0 = 0$,则上述输出方程为

$$
y = [b_n \quad b_{n-1} \quad \cdots \quad b_1] \begin{bmatrix} x_1 \\ x_2 \\ \vdots \\ x_n \end{bmatrix} \tag{8.16}
$$

应当指出,对含有作用函数导数项的运动微分方程可分别应用上述两种方法列写系统状态方程及输出方程,它们在形式上虽有所不同,但当在同一作用函数的作用下,所得的系统输出函数都是完全相同的。下面利用这种方法列写系统状态方程及输出方程。

例 8.4 控制系统的运动微分方程为

$$
\ddot{y} + 5\dot{y} + 6y = \dot{u} + 3u
$$

试列写系统状态方程及输出方程。

解 将系统微分方程进行拉氏变换,可得系统传递函数

$$
\frac{Y(s)}{U(s)} = \frac{s+3}{s^2+5s+6}
$$

引进中间变量 z,即

$$
\frac{Y(s)}{U(s)} \frac{Z(s)}{Z(s)} = \frac{s+3}{s^2+5s+6}
$$

得

$$
\frac{Z(s)}{U(s)} = \frac{1}{s^2+5s+6}
$$

$$
Y(s) = (s+3) Z(s)
$$

其微分方程为

$$\ddot{z}+5\dot{z}+6z=u$$

$$y=\dot{z}+3z$$

选取状态变量 $x_1=z$, $x_2=\dot{z}$,则系统状态方程为

$$\begin{bmatrix}\dot{x}_1\\ \dot{x}_2\end{bmatrix}=\begin{bmatrix}0 & 1\\ -6 & -5\end{bmatrix}\begin{bmatrix}x_1\\ x_2\end{bmatrix}+\begin{bmatrix}0\\ 1\end{bmatrix}u$$

其输出方程为

$$y=3x_1+x_2=[3\quad 1]\begin{bmatrix}x_1\\ x_2\end{bmatrix}$$

3. 多输入多输出线性系统的状态方程及输出方程

下面以具体实例介绍多输入多输出线性系统的状态方程与输出方程的列写方法。

例 8.5 设多输入多输出控制系统可用图 8.4 所示框图表示。其中控制对象输出信号 y,偏差信号 ε 视为该系统的输出函数,控制输入信号 u 与干扰信号 n 视为该系统的作用函数,试列写该系统的状态方程及输出方程。

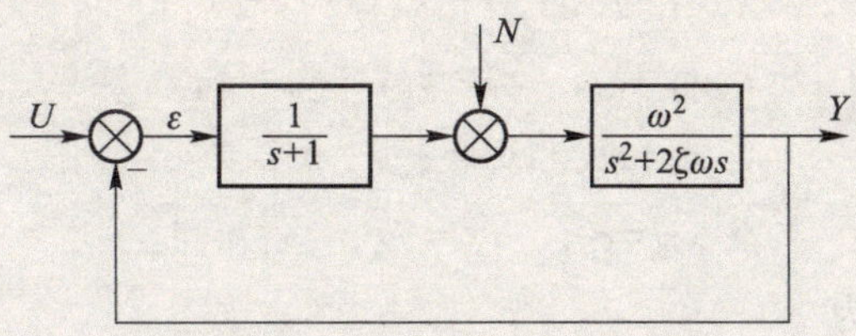

图 8.4 多输入多输出系统框图

解 由系统框图可求得系统的输出函数为

$$Y(s)=\frac{\omega^2}{s^3+(2\zeta\omega+1)s^2+2\zeta\omega s+\omega^2}U(s)+\frac{(s+1)\omega^2}{s^3+(2\zeta\omega+1)s^2+2\zeta\omega s+\omega^2}N(s)$$

$$\varepsilon(s)=\frac{s^3+(2\zeta\omega+1)s^2+2\zeta\omega s}{s^3+(2\zeta\omega+1)s^2+2\zeta\omega s+\omega^2}U(s)-\frac{(s+1)\omega^2}{s^3+(2\zeta\omega+1)s^2+2\zeta\omega s+\omega^2}N(s)$$

令

$$Y_u(s)=\frac{\omega^2}{s^3+(2\zeta\omega+1)s^2+2\zeta\omega s+\omega^2}U(s)$$

$$Y_n(s)=\frac{(s+1)\omega^2}{s^3+(2\zeta\omega+1)s^2+2\zeta\omega s+\omega^2}N(s)$$

$$\varepsilon_u(s)=\frac{s^3+(2\zeta\omega+1)s^2+2\zeta\omega s}{s^3+(2\zeta\omega+1)s^2+2\zeta\omega s+\omega^2}U(s)$$

$$\varepsilon_n(s)=\frac{(s+1)\omega^2}{s^3+(2\zeta\omega+1)s^2+2\zeta\omega s+\omega^2}N(s)$$

则有

$$Y(s)=Y_u(s)+Y_n(s)$$

$$\varepsilon(s)=\varepsilon_u(s)-\varepsilon_n(s)$$

对于 $Y_n(s)$、$\varepsilon_u(s)$、$\varepsilon_n(s)$引进中间变量 $Z_n(s)$、$E_u(s)$、$E_n(s)$并作等效变换可得

$$\frac{Z_n(s)}{N(s)}=\frac{\omega^2}{s^3+(2\zeta\omega+1)s^2+2\zeta\omega s+\omega^2}$$

$$Y_n(s)=(s+1)Z_n(s)$$

$$\frac{E_u(s)}{U(s)}=\frac{1}{s^3+(2\zeta\omega+1)s^2+2\zeta\omega s+\omega^2}$$

$$\varepsilon_u(s)=[s^3+(2\zeta\omega+1)s^2+2\zeta\omega s]E_u(s)$$

$$\frac{E_n(s)}{N(s)}=\frac{\omega^2}{s^3+(2\zeta\omega+1)s^2+2\zeta\omega s+\omega^2}$$

$$\varepsilon_n(s)=(s+1)E_n(s)$$

选择状态变量

$$\begin{aligned}
&x_1=y_u,\quad x_2=\dot{y}_u,\quad x_3=\ddot{y}_u,\\
&x_4=z_n,\quad x_5=\dot{z}_n,\quad x_6=\ddot{z}_n,\\
&x_7=e_u,\quad x_8=\dot{e}_u,\quad x_9=\ddot{e}_u,\\
&x_{10}=e_n,\quad x_{11}=\dot{e}_n,\quad x_{12}=\ddot{e}_n
\end{aligned}$$

于是可得系统的状态方程为

$$\begin{aligned}
&\dot{x}_1=x_2\\
&\dot{x}_2=x_3\\
&\dot{x}_3=-(2\zeta\omega+1)x_3-2\zeta\omega x_2-\omega^2x_1+\omega^2u\\
&\dot{x}_4=x_5\\
&\dot{x}_5=x_6\\
&\dot{x}_6=-(2\zeta\omega+1)x_6-2\zeta\omega x_5-\omega^2x_4+\omega^2n\\
&\dot{x}_7=x_8\\
&\dot{x}_8=x_9\\
&\dot{x}_9=-(2\zeta\omega+1)x_9-2\zeta\omega x_8-\omega^2x_7+u\\
&\dot{x}_{10}=x_{11}\\
&\dot{x}_{11}=x_{12}\\
&\dot{x}_{12}=-(2\zeta\omega+1)x_{12}-2\zeta\omega x_{11}-\omega^2x_{10}+\omega^2n
\end{aligned}$$

系统输出方程为

$$y=y_u+y_n=y_u+\dot{z}_n+z_n=x_1+x_5+x_4$$

$$\begin{aligned}\varepsilon&=\varepsilon_u-\varepsilon_n=\dddot{e}_u+(2\zeta\omega+1)\ddot{e}_u+2\zeta\omega\dot{e}_u-\dot{e}_n-e_n\\&=u-(2\zeta\omega+1)x_9-2\zeta\omega x_8-\omega^2x_7+(2\zeta\omega+1)x_9+2\zeta\omega x_8-x_{11}-x_{10}\\&=u-\omega^2x_7-x_{11}-x_{10}\end{aligned}$$

8.2.2 由系统状态变量图列写状态方程及输出方程

线性系统的状态变量还可以通过状态变量图来确定。系统的状态变量图可以根据系统的运动微分方程或系统传递函数作出，状态变量图由积分器、放大器和加法器等构成。在状态变量图中，每个积分器的输出定为一个状态变量。状态变量图直观地描述变量与变量之间的相互关系，并说明状态变量的物理含义。

由状态变量图列写系统状态方程及输出方程的三种主要方法，即直接程序法、并接程序法和串接程序法。下面通过具体实例分别加以说明。

1. 直接程序法

直接程序法是直接根据系统运动微分方程，作出系统的状态变量图，再由状态变量图列写系统状态方程及输出方程。

例 8.6 设系统运动微分方程为

$$T_1T_2\dddot{y}+(T_1+T_2)\ddot{y}+\dot{y}=Ku$$

式中：T_1,T_2——时间常数；

K——系统增益。

试按直接程序法作系统状态变量图，并根据状态变量图列写系统状态方程及输出方程。

解 改写系统运动微分方程为

$$\dddot{y}=\frac{K}{T_1T_2}u-\frac{T_1+T_2}{T_1T_2}\ddot{y}-\frac{1}{T_1T_2}\dot{y}$$

根据逐项积分的办法，可作出系统状态变量图如图 8.5 所示。图中 $x_1=y$，$x_2=\dot{y}$，$x_3=\ddot{y}$ 分别为系统状态变量。根据系统状态变量图可直接写出系统状态方程如下

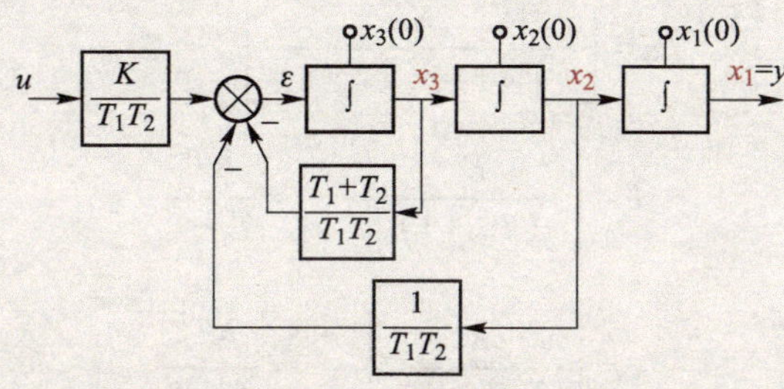

图 8.5 直接程序法系统状态变量图

$$\dot{x}_1 = x_2$$

$$\dot{x}_2 = x_3$$

$$\dot{x}_3 = -\frac{1}{T_1 T_2}x_2 - \frac{T_1+T_2}{T_1 T_2}x_3 + \frac{K}{T_1 T_2}u$$

或写成

$$\begin{bmatrix} \dot{x}_1 \\ \dot{x}_2 \\ \dot{x}_3 \end{bmatrix} = \begin{bmatrix} 0 & 1 & 0 \\ 0 & 0 & 1 \\ 0 & -\frac{1}{T_1 T_2} & -\frac{T_1+T_2}{T_1 T_2} \end{bmatrix} \begin{bmatrix} x_1 \\ x_2 \\ x_3 \end{bmatrix} + \begin{bmatrix} 0 \\ 0 \\ \frac{K}{T_1 T_2} \end{bmatrix} u$$

其输出方程为

$$y = x_1 = [1 \quad 0 \quad 0] \begin{bmatrix} x_1 \\ x_2 \\ x_3 \end{bmatrix}$$

2. 并接程序法

应用并接程序法作线性系统状态变量图时，先将系统传递函数写成一阶和（或）二阶传递函数和的形式，并分别作出状态变量图，再根据线性系统叠加原理作出整个系统的状态变量图，由状态变量图可直接写出系统状态方程及输出方程。

例 8.7 设系统运动微分方程为

$$T_1 T_2 \dddot{y} + (T_1+T_2)\ddot{y} + \dot{y} = Ku$$

试按并接程序法作系统状态变量图，并根据状态变量图列写系统状态方程及输出方程。

解 根据系统运动微分方程，可写出该系统的传递函数为

$$\frac{Y(s)}{U(s)} = \frac{K}{T_1 T_2 s^3 + (T_1+T_2)s^2 + s} = \frac{K}{s(T_1 s+1)(T_2 s+1)}$$

将该传递函数按其极点分解成最简分式和的形式，即

$$\frac{Y(s)}{U(s)} = \frac{a}{s} + \frac{b}{T_1 s+1} + \frac{c}{T_2 s+1}$$

式中，a、b、c 为待定系数，计算如下

$$a = \left[\frac{K}{(T_1 s+1)(T_2 s+1)}\right]_{s=0} = K$$

$$b = \left[\frac{K}{s(T_2 s+1)}\right]_{s=-\frac{1}{T_1}} = \frac{KT_1^2}{T_2 - T_1}$$

$$c = \left[\frac{K}{s(T_1 s+1)}\right]_{s=-\frac{1}{T_2}} = \frac{KT_2^2}{T_1 - T_2}$$

即有

$$\frac{Y(s)}{U(s)}=\frac{K}{s}+\frac{KT_1^2}{T_2-T_1}\frac{1}{T_1s+1}+\frac{KT_2^2}{T_1-T_2}\frac{1}{T_2s+1}$$

$$=\frac{K}{s}+\frac{KT_1}{T_2-T_1}\frac{1}{s+\frac{1}{T_1}}+\frac{KT_2}{T_1-T_2}\frac{1}{s+\frac{1}{T_2}}$$

于是可作出系统状态变量图如图 8.6 所示。图中各积分器的输出 x_1、x_2、x_3 为选定的系统状态变量。由系统状态变量图可得系统状态方程为

$$\dot{x}_1=Ku$$

$$\dot{x}_2=-\frac{1}{T_1}x_2+\frac{KT_1}{T_2-T_1}u$$

$$\dot{x}_3=-\frac{1}{T_2}x_3+\frac{KT_2}{T_1-T_2}u$$

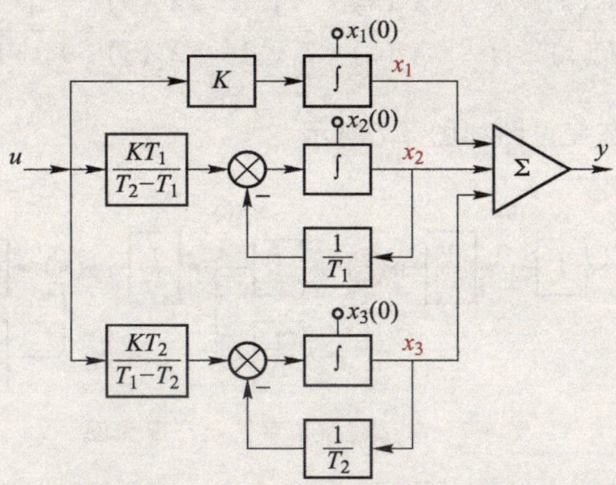

图 8.6 并接程序法系统状态变量图

或写成

$$\begin{bmatrix}\dot{x}_1\\\dot{x}_2\\\dot{x}_3\end{bmatrix}=\begin{bmatrix}0&0&0\\0&-\frac{1}{T_1}&0\\0&0&-\frac{1}{T_2}\end{bmatrix}\begin{bmatrix}x_1\\x_2\\x_3\end{bmatrix}+\begin{bmatrix}K\\\frac{KT_1}{T_2-T_1}\\\frac{KT_2}{T_1-T_2}\end{bmatrix}u$$

其输出方程为

$$y=\begin{bmatrix}1&1&1\end{bmatrix}\begin{bmatrix}x_1\\x_2\\x_3\end{bmatrix}$$

3. 串接程序法

串接程序法是将传递函数按其极点的数目与形式写成最简分式，作出系统的状态变量图，再由系统状态变量图列写系统状态方程及输出方程。

例 8.8 设系统传递函数为

$$\frac{Y(s)}{U(s)}=\frac{K}{T_1T_2s^3+(T_1+T_2)s^2+s}=\frac{K}{s(T_1s+1)(T_2s+1)}$$

试按串接程序法作系统状态变量图，并根据状态变量图列写系统状态方程及输出方程。

解 将系统传递函数按其极点写成典型环节乘积的形式，即

$$\frac{Y(s)}{U(s)}=\frac{X_3(s)X_2(s)X_1(s)}{U(s)X_3(s)X_2(s)}=\frac{K}{s(T_1s+1)(T_2s+1)}$$

式中，$X_1(s)=Y(s)$，取

$$\frac{X_3(s)}{U(s)}=\frac{K}{s},\quad \frac{X_2(s)}{X_3(s)}=\frac{1}{T_1s+1},\quad \frac{X_1(s)}{X_2(s)}=\frac{1}{T_2s+1}$$

则可作出其串接方式的状态变量图如图 8.7 所示。

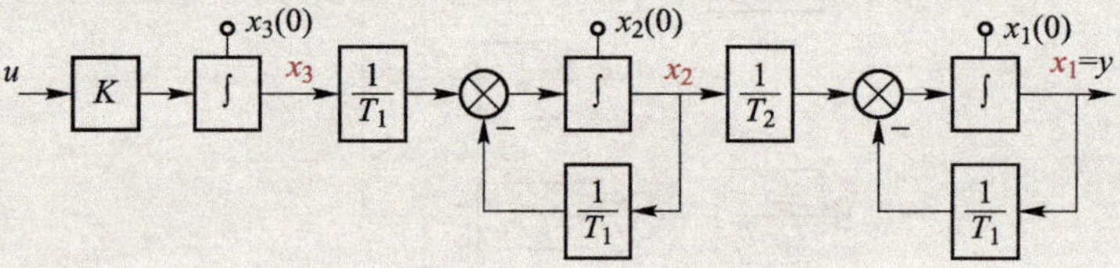

图 8.7 串接程序法系统状态变量图

图中 x_1、x_2、x_3 为选定的系统状态变量，由系统状态变量图可得系统的状态方程为

$$\dot{x}_1=-\frac{1}{T_2}x_1+\frac{1}{T_2}x_2$$

$$\dot{x}_2=-\frac{1}{T_1}x_2+\frac{1}{T_1}x_3$$

$$\dot{x}_3=Ku$$

写成矩阵的形式

$$\begin{bmatrix}\dot{x}_1\\ \dot{x}_2\\ \dot{x}_3\end{bmatrix}=\begin{bmatrix}-\frac{1}{T_2} & \frac{1}{T_2} & 0\\ 0 & -\frac{1}{T_1} & \frac{1}{T_1}\\ 0 & 0 & 0\end{bmatrix}\begin{bmatrix}x_1\\ x_2\\ x_3\end{bmatrix}+\begin{bmatrix}0\\ 0\\ K\end{bmatrix}u$$

输出方程为

$$y=\begin{bmatrix}1 & 0 & 0\end{bmatrix}\begin{bmatrix}x_1\\x_2\\x_3\end{bmatrix}$$

由上可知，根据直接程序法、并接程序法、串接程序法列写系统的状态方程时，由于选择的状态变量不同，即它们的物理含义是不同的。因此，系统的状态方程及输出方程的形式是不同的。但当系统在同一输入函数作用下，所得的输出时域特性是完全相同的。

8.2.3 由系统框图直接列写状态方程及输出方程

上述两种列写系统状态方程及输出方程的方法是以系统微分方程或系统传递函数为基础的，而在线性控制系统中，它的数学模型常以系统框图的形式给出，这是由于系统框图形象地描述系统信号流向及其各物理量之间的相互关系。当然，根据系统框图，求出系统闭环传递函数，进而通过拉氏逆变换，同样可求得系统运动微分方程。根据系统运动微分方程或系统闭环传递函数列写系统状态方程及输出方程，这对于简单的控制系统来说是容易做到的，但对于复杂系统或多输入多输出系统，求取闭环传递函数并不是一件轻而易举的事，有的甚至很难求得。因而需要研究直接利用系统框图列写系统状态方程及输出方程的方法。

为了直接利用系统框图列写系统状态方程及输出方程，需要引进两个方程，分别为状态传递方程及状态反馈方程。引进这两个方程之后，将使问题得以极大的简化，避免错误的发生。下面以具体实例加以说明。

例 8.9 某仪表随动系统框图如图 8.8 所示。试直接由系统框图列写系统状态方程及输出方程。

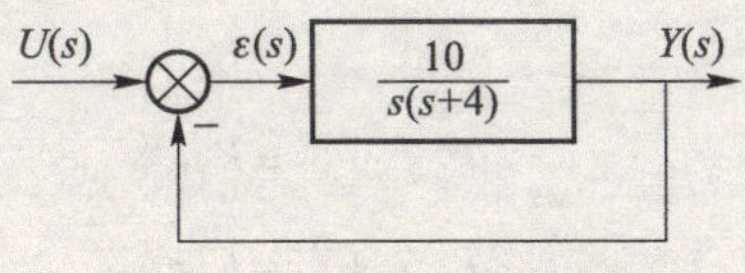

图 8.8 仪表随动系统框图

解 对于这个较为简单的系统来说，求取其闭环传递函数并不是件难事，但为了说明问题，这里采用直接利用系统框图列写系统状态方程及输出方程的方法。

由系统框图可以直接得到

$$\frac{Y(s)}{\varepsilon(s)}=\frac{10}{s(s+4)}$$

其微分方程为

$$\ddot{y}+4\dot{y}=10\varepsilon$$

取系统状态变量 $x_1=y$, $x_2=\dot{y}$，则系统状态方程可列写为

$$\dot{x}_1=x_2$$

$$\dot{x}_2=10\varepsilon-4x_2$$

式中，$\varepsilon=u-y=u-x_1$ 称为状态反馈方程，代入系统状态方程并写成矩阵形式得

$$\begin{bmatrix}\dot{x}_1\\ \dot{x}_2\end{bmatrix}=\begin{bmatrix}0 & 1\\ -10 & -4\end{bmatrix}\begin{bmatrix}x_1\\ x_2\end{bmatrix}+\begin{bmatrix}0\\ 10\end{bmatrix}u$$

其输出方程为

$$y=x_1=\begin{bmatrix}1 & 0\end{bmatrix}\begin{bmatrix}x_1\\ x_2\end{bmatrix}$$

例 8.10 某液压控制系统由图 8.9 所示的框图描述，试根据系统框图直接列写系统状态方程及输出方程。

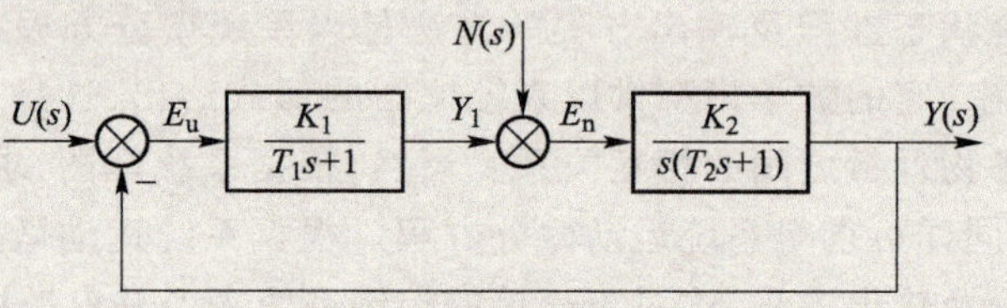

图 8.9 液压控制系统框图

解 为简化状态方程的列写，引进变量 e_u、y_1、e_n，则根据系统框图，可得各方框的传递函数为

$$\frac{Y_1(s)}{E_u(s)}=\frac{K_1}{T_1s+1}$$

$$\frac{Y(s)}{E_n(s)}=\frac{K_2}{s(T_2s+1)}$$

则其微分方程为

$$T_1\dot{y}_1+y_1=K_1e_u$$

$$T_2\ddot{y}+\dot{y}=K_2e_n$$

选取状态变量 $x_1=y_1$，$x_2=y$，$x_3=\dot{y}$，则系统状态方程为

$$\dot{x}_1=\frac{1}{T_1}(K_1e_u-x_1)$$

$$\dot{x}_2=x_3$$

$$\dot{x}_3=\frac{1}{T_2}(K_2e_n-x_3)$$

系统状态反馈方程为

$$e_u=u-y=u-x_2$$

系统状态传递方程为

$$e_n=y_1+n=x_1+n$$

将上述系统状态反馈方程及状态传递方程代入状态方程中并写成矩阵形式得

$$\begin{bmatrix}\dot{x}_1\\ \dot{x}_2\\ \dot{x}_3\end{bmatrix}=\begin{bmatrix}-\dfrac{1}{T_1} & -\dfrac{K_1}{T_1} & 0\\ 0 & 0 & 1\\ \dfrac{K_2}{T_2} & 0 & -\dfrac{1}{T_2}\end{bmatrix}\begin{bmatrix}x_1\\ x_2\\ x_3\end{bmatrix}+\begin{bmatrix}\dfrac{K_1}{T_1} & 0\\ 0 & 0\\ 0 & \dfrac{K_2}{T_2}\end{bmatrix}\begin{bmatrix}u\\ n\end{bmatrix}$$

输出方程为

$$y=x_2=\begin{bmatrix}0 & 1 & 0\end{bmatrix}\begin{bmatrix}x_1\\ x_2\\ x_3\end{bmatrix}$$

例 8.11 复合控制系统如图 8.10 所示，试直接利用系统框图列写系统状态方程及输出方程。

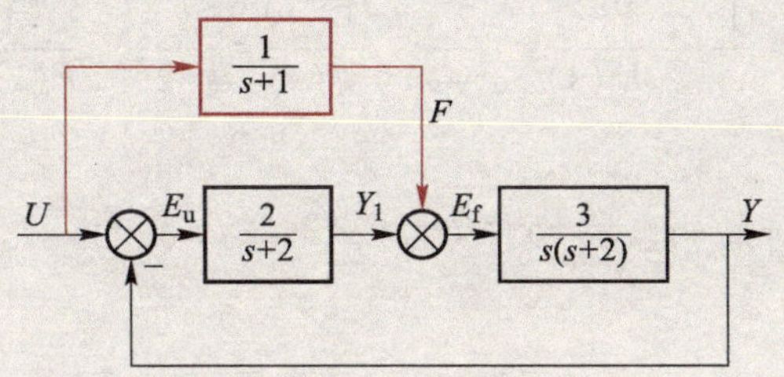

图 8.10 复合控制系统框图

解 由系统框图可知，该系统由三个基本方框组成，可分别写成

$$\frac{F(s)}{U(s)}=\frac{1}{s+1},\frac{Y_1(s)}{E_u(s)}=\frac{2}{s+2},\frac{Y(s)}{E_f(s)}=\frac{3}{s^2+2s}$$

其微分方程为

$$\dot{f}+f=u,\quad \dot{y}_1+2y_1=2e_u,\quad \ddot{y}+2\dot{y}=3e_f$$

选取状态变量 $x_1=f, x_2=y_1, x_3=y, x_4=\dot{y}$，则系统状态方程为

$$\dot{x}_1=u-x_1$$

$$\dot{x}_2=2e_u-2x_2$$

$$\dot{x}_3=x_4$$

$$\dot{x}_4=3e_f-2x_4$$

状态反馈方程为 $e_u=u-x_3$；状态传递方程为 $e_f=x_1+x_2$。将其代入状态方程并写成矩阵形式有

$$\dot{\boldsymbol{X}}=\begin{bmatrix}-1 & 0 & 0 & 0\\ 0 & -2 & -2 & 0\\ 0 & 0 & 0 & 1\\ 3 & 3 & 0 & -2\end{bmatrix}\boldsymbol{X}+\begin{bmatrix}1\\ 2\\ 0\\ 0\end{bmatrix}u$$

输出方程为

$$y=x_3=\begin{bmatrix}0 & 0 & 1 & 0\end{bmatrix}\boldsymbol{X}$$

例 8.12 某前馈控制系统框图如图 8.11 所示,试根据系统框图直接列写系统状态方程及输出方程。

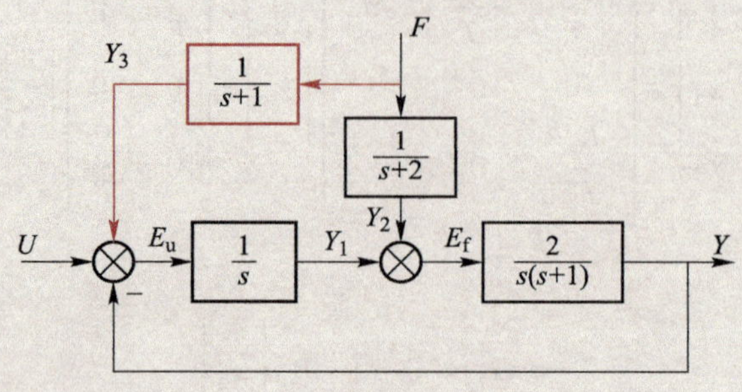

图 8.11 前馈控制系统框图

解 由系统框图直接可得

$$\frac{Y_1(s)}{E_u(s)}=\frac{1}{s},\quad \frac{Y(s)}{E_f(s)}=\frac{2}{s^2+s},\quad \frac{Y_2(s)}{F(s)}=\frac{1}{s+2},\quad \frac{Y_3(s)}{F(s)}=\frac{1}{s+1}$$

其微分方程分别为

$$\dot{y}_1=e_u,\ \ddot{y}+\dot{y}=2e_f,\ \dot{y}_2+2y_2=f,\ \dot{y}_3+y_3=f$$

选取系统状态变量为

$$x_1=y_1,\ x_2=y,\ x_3=\dot{y},\ x_4=y_2,\ x_5=y_3$$

则系统的状态方程为

$$\dot{x}_1=e_u$$

$$\dot{x}_2=x_3$$

$$\dot{x}_3=2e_f-x_3$$

$$\dot{x}_4=f-2x_4$$

$$\dot{x}_5=f-x_5$$

状态传递方程为

$$e_f=x_1+x_4$$

状态反馈方程为

$$e_u=u+x_5-x_2$$

代入系统状态方程并写成矩阵形式有

$$\dot{X}=\begin{bmatrix}0 & -1 & 0 & 0 & 1\\0 & 0 & 1 & 0 & 0\\2 & 0 & -1 & 2 & 0\\0 & 0 & 0 & -2 & 0\\0 & 0 & 0 & 0 & -1\end{bmatrix}X+\begin{bmatrix}1 & 0\\0 & 0\\0 & 0\\0 & 1\\0 & 1\end{bmatrix}\begin{bmatrix}u\\f\end{bmatrix}$$

系统输出方程为

$$y=x_2=\begin{bmatrix}0 & 1 & 0 & 0 & 0\end{bmatrix}X$$

8.3 离散系统的状态方程及输出方程

描述线性离散系统运动状态通常用定常差分方程,它的一般数学表达式为

$$
\begin{aligned}
&y[(k+n)T_0]+a_1y[(k+n-1)T_0]+a_2y[(k+n-2)T_0]+\cdots+\\
&\quad a_{n-1}y[(k+1)T_0]+a_ny[kT_0]\\
&=b_0u[(k+n)T_0]+b_1u[(k+n-1)T_0]+\cdots+b_{n-1}u[(k+1)T_0]+\\
&\quad b_nu[kT_0]
\end{aligned}
\tag{8.17}
$$

式中: T_0——采样周期(s);

$y(kT_0)$——第 k 个采样时刻上的系统输出;

$u(kT_0)$——第 k 个采样时刻上的作用函数。

为了书写方便,式(8.17)中的采样周期 T_0 通常可以省略,这时改写式(8.17)为

$$
\begin{aligned}
&y(k+n)+a_1y(k+n-1)+a_2y(k+n-2)+\cdots+a_{n-1}y(k+1)+a_ny(k)\\
&=b_0u(k+n)+b_1u(k+n-1)+\cdots+b_{n-1}u(k+1)+b_nu(k)
\end{aligned}
\tag{8.18}
$$

由定常差分方程求取线性离散系统状态方程的过程,与由定常微分方程求取线性连续系统状态方程相似。下面介绍列写线性离散系统状态方程的方法。

8.3.1 作用函数不含未来值

设描述线性离散系统的定常差分方程为

$$
y(k+n)+a_1y(k+n-1)+a_2y(k+n-2)+\cdots+a_{n-1}y(k+1)+a_ny(k)=u(k)
\tag{8.19}
$$

选取系统状态变量

$$
\begin{aligned}
x_1(k)&=y(k)\\
x_2(k)&=y(k+1)\\
x_3(k)&=y(k+2)\\
&\vdots\\
x_{n-1}(k)&=y(k+n-2)\\
x_n(k)&=y(k+n-1)
\end{aligned}
$$

则根据线性离散系统差分方程式(8.19)可写出线性离散系统的状态方程为

$$
\begin{aligned}
x_1(k+1) &= x_2(k)\\
x_2(k+1) &= x_3(k)\\
&\vdots\\
x_{n-1}(k+1) &= x_n(k)\\
x_n(k+1) &= -a_n x_1(k) - a_{n-1}x_2(k) - \cdots - a_2 x_{n-1}(k) - a_1 x_n(k) + u(k)
\end{aligned}
$$

写成矩阵差分方程形式有

$$\boldsymbol{X}(k+1) = \boldsymbol{A}\boldsymbol{X}(k) + \boldsymbol{B}u(k) \tag{8.20}$$

式中

$$\boldsymbol{X}(k+1) = \begin{bmatrix} x_1(k+1) \\ x_2(k+1) \\ \vdots \\ x_{n-1}(k+1) \\ x_n(k+1) \end{bmatrix}, \boldsymbol{A} = \begin{bmatrix} 0 & 1 & 0 & \cdots & 0 \\ 0 & 0 & 1 & \cdots & 0 \\ \vdots & \vdots & \vdots & & \vdots \\ 0 & 0 & 0 & \cdots & 1 \\ -a_n & -a_{n-1} & -a_{n-2} & \cdots & -a_1 \end{bmatrix}$$

$$\boldsymbol{X}(k) = \begin{bmatrix} x_1(k) \\ x_2(k) \\ \vdots \\ x_{n-1}(k) \\ x_n(k) \end{bmatrix}, \boldsymbol{B} = \begin{bmatrix} 0 \\ 0 \\ \vdots \\ 0 \\ 1 \end{bmatrix}$$

线性离散系统的输出方程由选取的状态变量可得

$$y(k) = \boldsymbol{C}\boldsymbol{X}(k) \tag{8.21}$$

式中,$\boldsymbol{C}$ 为 $1\times n$ 常系数矩阵,即 $\boldsymbol{C}=[1\quad 0\quad 0\quad \cdots\quad 0]$。

例 8.13 线性离散系统的运动状态由下述差分方程描述

$$y(k+3)+3y(k+2)+4y(k+1)+7y(k)=u(k)$$

试列写该离散系统的状态方程及输出方程。

解 选取线性离散系统的状态变量

$$x_1(k)=y(k),\quad x_2(k)=y(k+1),\quad x_3(k)=y(k+2)$$

则其状态方程为

$$
\begin{aligned}
x_1(k+1) &= x_2(k)\\
x_2(k+1) &= x_3(k)\\
x_3(k+1) &= -7x_1(k)-4x_2(k)-3x_3(k)+u(k)
\end{aligned}
$$

或写成矩阵差分方程有

$$\boldsymbol{X}(k+1)=\boldsymbol{AX}(k)+\boldsymbol{B}u(k)$$

式中

$$\boldsymbol{A}=\begin{bmatrix}0&1&0\\0&0&1\\-7&-4&-3\end{bmatrix},\boldsymbol{B}=\begin{bmatrix}0\\0\\1\end{bmatrix}$$

其输出方程为

$$y(k)=x_1(k)=[1\quad 0\quad 0]\begin{bmatrix}x_1(k)\\x_2(k)\\x_3(k)\end{bmatrix}=\boldsymbol{CX}(k)$$

8.3.2 作用函数含未来值

设线性离散系统的运动状态由式(8.22)差分方程描述，与连续系统一样，系统的状态变量一种可能的选取方法为

$$\left.\begin{aligned}x_1(k)&=y(k)-b_0u(k)\\x_2(k)&=x_1(k+1)-h_1u(k)\\x_3(k)&=x_2(k+1)-h_2u(k)\\&\vdots\\x_n(k)&=x_{n-1}(k+1)-h_{n-1}u(k)\end{aligned}\right\}\tag{8.22}$$

其中

$$\left.\begin{aligned}h_1&=b_1-a_1b_0\\h_2&=(b_2-a_2b_0)-a_1h_1\\h_3&=(b_3-a_3b_0)-a_2h_1-a_1h_2\\&\vdots\\h_n&=(b_n-a_nb_0)-a_{n-1}h_1-a_{n-2}h_2-\cdots-a_2h_{n-2}-a_1h_{n-1}\end{aligned}\right\}\tag{8.23}$$

则系统的状态方程可以写成如下形式

$$\left.\begin{aligned}x_1(k+1)&=x_2(k)+h_1u(k)\\x_2(k+1)&=x_3(k)+h_2u(k)\\&\vdots\\x_{n-1}(k+1)&=x_n(k)+h_{n-1}u(k)\\x_n(k+1)&=-a_nx_1(k)-a_{n-1}x_2(k)-a_{n-2}x_3(k)-\cdots-a_1x_n(k)+h_nu(k)\end{aligned}\right\}\tag{8.24}$$

写成矩阵形式为

$$X(k+1)=AX(k)+Bu(k) \tag{8.25}$$

输出方程为

$$y(k)=CX(k)+Du(k) \tag{8.26}$$

式中

$$X(k+1)=\begin{bmatrix} x_1(k+1) \\ x_2(k+1) \\ \vdots \\ x_{n-1}(k+1) \\ x_n(k+1) \end{bmatrix}, A=\begin{bmatrix} 0 & 1 & 0 & \cdots & 0 \\ 0 & 0 & 1 & \cdots & 0 \\ \vdots & \vdots & \vdots & & \vdots \\ 0 & 0 & 0 & \cdots & 1 \\ -a_n & -a_{n-1} & -a_{n-2} & \cdots & -a_1 \end{bmatrix}$$

$$X(k)=\begin{bmatrix} x_1(k) \\ x_2(k) \\ \vdots \\ x_{n-1}(k) \\ x_n(k) \end{bmatrix}, B=\begin{bmatrix} h_1 \\ h_2 \\ \vdots \\ h_{n-1} \\ h_n \end{bmatrix}, C=[1 \quad 0 \quad \cdots \quad 0], D=b_0$$

例 8.14 某线性离散系统由下述定常差分方程描述

$$y(k+2)+y(k+1)+0.5y(k)=u(k+1)+3u(k)$$

试写出系统的状态空间表达式。

解 因为该系统的定常差分方程中含有作用函数的未来值 $u(k+1)$ 项，因此需按式(8.22)的方法选取状态变量，即取

$$x_1(k)=y(k)-b_0u(k)$$

$$x_2(k)=x_1(k+1)-h_1u(k)$$

根据系统差分方程可知：$b_0=0$，$b_1=1$，$b_2=3$，$a_1=1$，$a_2=0.5$，则有
$h_1=b_1-a_1b_0=1$，$h_2=b_2-a_2b_0-a_1h_1=3-1=2$，由此可得系统的状态方程为

$$x_1(k+1)=x_2(k)+u(k)$$

$$x_2(k+1)=-0.5x_1(k)-x_2(k)+2u(k)$$

写成矩阵差分方程的形式为

$$\begin{bmatrix} x_1(k+1) \\ x_2(k+1) \end{bmatrix}=\begin{bmatrix} 0 & 1 \\ -0.5 & -1 \end{bmatrix}\begin{bmatrix} x_1(k) \\ x_2(k) \end{bmatrix}+\begin{bmatrix} 1 \\ 2 \end{bmatrix}u(k)$$

输出方程为

$$y(k)=\boldsymbol{CX}(k)=\begin{bmatrix}1 & 0\end{bmatrix}\begin{bmatrix}x_1(k)\\ x_2(k)\end{bmatrix}$$

顺便提一下，当线性离散系统的运动差分方程含有未来值时，其状态方程也可以通过 $\mathscr{Z}$ 变换，将系统差分方程写成脉冲传递函数并引进中间变量的方法列写，下面以具体实例加以简单说明。

例 8.15 某线性离散系统可由下述定常差分方程描述，试用 $\mathscr{Z}$ 变换的方法列写系统的状态方程及输出方程。

$$y(k+2)+y(k+1)+2y(k)=u(k+1)+3u(k)$$

解 通过 $\mathscr{Z}$ 变换可将系统写成

$$(z^2+z+2)Y(z)=(z+3)U(z)$$

其脉冲传递函数为

$$\frac{Y(z)}{U(z)}=\frac{z+3}{z^2+z+2}$$

取中间变量 w，则可得

$$\frac{Y(z)W(z)}{U(z)W(z)}=\frac{z+3}{z^2+z+2}$$

令

$$\frac{W(z)}{U(z)}=\frac{1}{z^2+z+2}$$

有

$$Y(z)=(z+3)W(z)$$

分别写成差分方程为

$$w(k+2)+w(k+1)+2w(k)=u(k)$$

$$y(k)=w(k+1)+3w(k)$$

选取系统状态变量 $x_1(k)=w(k)$，$x_2(k)=w(k+1)$，则系统的状态方程为

$$x_1(k+1)=x_2(k)$$

$$x_2(k+1)=-2x_1(k)-x_2(k)+u(k)$$

输出方程为

$$y(k)=3x_1(k)+x_2(k)$$

8.4 控制系统状态方程的解

求控制系统状态方程的解,即求控制系统的时域特性。通过系统时域特性,可以进一步完成控制系统的分析与综合,以求较佳的系统特性。

8.4.1 连续系统状态方程的解

这里主要讨论线性连续系统的齐次、非齐次状态方程的解,并在此基础上给出矩阵指数及状态转移矩阵的定义,说明它们的性质。

1. 线性定常系统状态方程的解

(1) 齐次状态方程的解

设线性定常连续系统的状态方程为

$$\dot{\boldsymbol{X}} = \boldsymbol{A}\boldsymbol{X} \tag{8.27}$$

式中

$$\boldsymbol{X} = \begin{bmatrix} x_1 \\ x_2 \\ \vdots \\ x_n \end{bmatrix}, \quad \boldsymbol{A} = \begin{bmatrix} a_{11} & a_{12} & \cdots & a_{1n} \\ a_{21} & a_{22} & \cdots & a_{2n} \\ \vdots & \vdots & & \vdots \\ a_{n1} & a_{n2} & \cdots & a_{nn} \end{bmatrix}$$

齐次状态方程是线性定常系统状态方程当作用函数等于零时的特殊情况,在讨论线性定常系统状态方程的解之前,首先讨论齐次状态方程解的问题。求解齐次状态方程的解,常用的方法有矩阵指数法和拉氏变换法两种,下面分别加以详细讨论。

1) 矩阵指数法　设齐次状态方程式(8.27)的解 $\boldsymbol{X}(t)$ 具有如下形式,即

$$\boldsymbol{X}(t) = \boldsymbol{b}_0 + \boldsymbol{b}_1 t + \boldsymbol{b}_2 t^2 + \cdots + \boldsymbol{b}_k t^k + \cdots \tag{8.28}$$

将上式代入式(8.27)中得

$$\boldsymbol{b}_1 + 2\boldsymbol{b}_2 t + \cdots + k\boldsymbol{b}_k t^{k-1} + \cdots = \boldsymbol{A}(\boldsymbol{b}_0 + \boldsymbol{b}_1 t + \boldsymbol{b}_2 t^2 + \cdots + \boldsymbol{b}_k t^k + \cdots)$$

比较等号两边同次幂系数可得

$$\begin{aligned}
\boldsymbol{b}_1 &= \boldsymbol{A}\boldsymbol{b}_0 \\
\boldsymbol{b}_2 &= \frac{1}{2}\boldsymbol{A}\boldsymbol{b}_1 = \frac{1}{2}\boldsymbol{A}^2\boldsymbol{b}_0 \\
\boldsymbol{b}_3 &= \frac{1}{3}\boldsymbol{A}\boldsymbol{b}_2 = \frac{1}{2\times 3}\boldsymbol{A}^3\boldsymbol{b}_0 \\
&\vdots \\
\boldsymbol{b}_k &= \frac{1}{k!}\boldsymbol{A}^k\boldsymbol{b}_0 \\
&\vdots
\end{aligned}$$

由此可得

$$X(t)=b_0+Ab_0t+\frac{1}{2!}A^2b_0t^2+\frac{1}{3!}A^3b_0t^3+\cdots+\frac{1}{k!}A^kb_0t^k+\cdots$$

或

$$X(t)=\left(I+At+\frac{1}{2!}A^2t^2+\frac{1}{3!}A^3t^3+\cdots+\frac{1}{k!}A^kt^k+\cdots\right)b_0 \tag{8.29}$$

式中 I 为单位矩阵。令式(8.29)中的 $t=0$ 得 $b_0=X(0)$，$X(0)$为状态向量 $X(t)$的初值，它表征线性定常系统的初始状态。最后得线性定常系统齐次状态方程的解为

$$X(t)=\left(I+At+\frac{1}{2!}A^2t^2+\frac{1}{3!}A^3t^3+\cdots+\frac{1}{k!}A^kt^k+\cdots\right)X(0) \tag{8.30}$$

注意，式(8.30)中无穷项矩阵之和为 $n\times n$ 阶矩阵。该 $n\times n$ 阶矩阵的展开式从形式上类似指数函数 e^x 的无穷级数，因此称式(8.30)中无穷项矩阵之和为矩阵指数，并记为

$$I+At+\frac{1}{2!}A^2t^2+\frac{1}{3!}A^3t^3+\cdots+\frac{1}{k!}A^kt^k+\cdots=e^{At} \tag{8.31}$$

这样通过矩阵指数，可将线性定常系统齐次状态方程的解写成

$$X(t)=e^{At}X(0) \tag{8.32}$$

由上可知，线性定常系统齐次状态方程的解表示状态向量 $X(t)$由初始时刻 $t=0$ 的状态 $X(0)$向任意时刻 t 的状态 $X(t)$转移的内在特性，该特性通过矩阵指数 e^{At}来描述。因此，按矩阵指数法求解齐次状态方程时，在已知初始状态 $X(0)$的基础上，需要求解矩阵指数 e^{At}，这给人工计算带来不便。

2）拉氏变换法　设线性定常系统齐次状态方程为

$$\dot{X}=AX$$

对该方程两边进行拉氏变换得

$$sX(s)-X(0)=AX(s)$$

式中，$X(s)=\mathscr{L}[X(t)]$，为状态向量的拉氏变换，$X(0)$为状态向量的初值。

整理得

$$(sI-A)X(s)=X(0)$$

等号两边同时左乘$(sI-A)^{-1}$得

$$X(s)=(sI-A)^{-1}X(0) \tag{8.33}$$

对方程(8.33)两边取拉氏逆变换，得线性定常系统齐次状态方程的解为

$$X(t)=\mathscr{L}^{-1}[(sI-A)^{-1}]X(0) \tag{8.34}$$

由此可知，应用拉氏变换法求解线性定常系统齐次状态方程的解，只需求取 $n\times n$ 阶矩阵 $(s\boldsymbol{I}-\boldsymbol{A})^{-1}$ 的拉氏逆变换即可，因此很适合人工计算。

由于

$$(s\boldsymbol{I}-\boldsymbol{A})\left(\frac{\boldsymbol{I}}{s}+\frac{\boldsymbol{A}}{s^2}+\frac{\boldsymbol{A}^2}{s^3}+\cdots\right)=\boldsymbol{I}$$

因此有

$$(s\boldsymbol{I}-\boldsymbol{A})^{-1}=\frac{\boldsymbol{I}}{s}+\frac{\boldsymbol{A}}{s^2}+\frac{\boldsymbol{A}^2}{s^3}+\cdots$$

取拉氏逆变换得

$$\mathscr{L}^{-1}[(s\boldsymbol{I}-\boldsymbol{A})^{-1}]=\boldsymbol{I}+\boldsymbol{A}t+\frac{1}{2!}\boldsymbol{A}^2t^2+\frac{1}{3!}\boldsymbol{A}^3t^3+\cdots+\frac{1}{k!}\boldsymbol{A}^kt^k+\cdots$$

即有

$$\mathscr{L}^{-1}[(s\boldsymbol{I}-\boldsymbol{A})^{-1}]=\mathrm{e}^{\boldsymbol{A}t}$$

最后得

$$\boldsymbol{X}(t)=\mathrm{e}^{\boldsymbol{A}t}\boldsymbol{X}(0) \tag{8.35}$$

例 8.16 设线性连续系统齐次状态方程为

$$\dot{\boldsymbol{X}}=\boldsymbol{A}\boldsymbol{X}$$

式中

$$\boldsymbol{A}=\begin{bmatrix}0 & 1\\ -3 & -4\end{bmatrix}$$

试应用拉氏变换法求解。

解 求矩阵 $(s\boldsymbol{I}-\boldsymbol{A})$

$$(s\boldsymbol{I}-\boldsymbol{A})=\begin{bmatrix}s & 0\\ 0 & s\end{bmatrix}-\begin{bmatrix}0 & 1\\ -3 & -4\end{bmatrix}=\begin{bmatrix}s & -1\\ 3 & s+4\end{bmatrix}$$

求矩阵 $(s\boldsymbol{I}-\boldsymbol{A})$ 的逆矩阵

$$(s\boldsymbol{I}-\boldsymbol{A})^{-1}=\frac{1}{\begin{vmatrix}s & -1\\ 3 & s+4\end{vmatrix}}\begin{bmatrix}s+4 & 1\\ -3 & s\end{bmatrix}=\frac{1}{(s+1)(s+3)}\begin{bmatrix}s+4 & 1\\ -3 & s\end{bmatrix}$$

$$=\begin{bmatrix}\dfrac{s+4}{(s+1)(s+3)} & \dfrac{1}{(s+1)(s+3)}\\ \dfrac{-3}{(s+1)(s+3)} & \dfrac{s}{(s+1)(s+3)}\end{bmatrix}=\begin{bmatrix}\dfrac{\frac{3}{2}}{s+1}-\dfrac{\frac{1}{2}}{s+3} & \dfrac{\frac{1}{2}}{s+1}-\dfrac{\frac{1}{2}}{s+3}\\ \dfrac{-\frac{3}{2}}{s+1}+\dfrac{\frac{3}{2}}{s+3} & \dfrac{-\frac{1}{2}}{s+1}+\dfrac{\frac{3}{2}}{s+3}\end{bmatrix}$$

求$(s\boldsymbol{I}-\boldsymbol{A})^{-1}$的拉氏逆变换

$$\mathscr{L}^{-1}[(s\boldsymbol{I}-\boldsymbol{A})^{-1}]=\mathscr{L}^{-1}\left[\begin{bmatrix}\dfrac{\frac{3}{2}}{s+1}-\dfrac{\frac{1}{2}}{s+3} & \dfrac{\frac{1}{2}}{s+1}-\dfrac{\frac{1}{2}}{s+3}\\ -\dfrac{\frac{3}{2}}{s+1}+\dfrac{\frac{3}{2}}{s+3} & -\dfrac{\frac{1}{2}}{s+1}+\dfrac{\frac{3}{2}}{s+3}\end{bmatrix}\right]$$

$$=\begin{bmatrix}\frac{3}{2}e^{-t}-\frac{1}{2}e^{-3t} & \frac{1}{2}e^{-t}-\frac{1}{2}e^{-3t}\\ -\frac{3}{2}e^{-t}+\frac{3}{2}e^{-3t} & -\frac{1}{2}e^{-t}+\frac{3}{2}e^{-3t}\end{bmatrix}$$

最后得该齐次状态方程的解为

$$\boldsymbol{X}(t)=\begin{bmatrix}\frac{3}{2}e^{-t}-\frac{1}{2}e^{-3t} & \frac{1}{2}e^{-t}-\frac{1}{2}e^{-3t}\\ -\frac{3}{2}e^{-t}+\frac{3}{2}e^{-3t} & -\frac{1}{2}e^{-t}+\frac{3}{2}e^{-3t}\end{bmatrix}\boldsymbol{X}(0)$$

例 8.17 线性连续系统的齐次状态方程为

$$\dot{\boldsymbol{X}}=\boldsymbol{A}\boldsymbol{X}$$

其中

$$\boldsymbol{A}=\begin{bmatrix}0 & 1 & 0\\ 0 & 0 & 1\\ 0 & -2 & -3\end{bmatrix}$$

试应用拉氏变换法求解。

解 为了利用拉氏变换法求出该系统齐次状态方程的解,先求$(s\boldsymbol{I}-\boldsymbol{A})$矩阵

$$(s\boldsymbol{I}-\boldsymbol{A})=\begin{bmatrix}s & 0 & 0\\ 0 & s & 0\\ 0 & 0 & s\end{bmatrix}-\begin{bmatrix}0 & 1 & 0\\ 0 & 0 & 1\\ 0 & -2 & -3\end{bmatrix}=\begin{bmatrix}s & -1 & 0\\ 0 & s & -1\\ 0 & 2 & s+3\end{bmatrix}$$

接着求$(s\boldsymbol{I}-\boldsymbol{A})$的逆矩阵

$$(s\boldsymbol{I}-\boldsymbol{A})^{-1}=\frac{1}{s^2(s+3)+2s}\begin{bmatrix}\begin{vmatrix}s & -1\\ 2 & s+3\end{vmatrix} & -\begin{vmatrix}-1 & 0\\ 2 & s+3\end{vmatrix} & \begin{vmatrix}-1 & 0\\ s & -1\end{vmatrix}\\ -\begin{vmatrix}0 & -1\\ 0 & s+3\end{vmatrix} & \begin{vmatrix}s & 0\\ 0 & s+3\end{vmatrix} & -\begin{vmatrix}s & 0\\ 0 & -1\end{vmatrix}\\ \begin{vmatrix}0 & s\\ 0 & 2\end{vmatrix} & -\begin{vmatrix}s & -1\\ 0 & 2\end{vmatrix} & \begin{vmatrix}s & -1\\ 0 & s\end{vmatrix}\end{bmatrix}$$

$$=\frac{1}{s(s+1)(s+2)}\begin{bmatrix}(s+1)(s+2) & s+3 & 1\\ 0 & s(s+3) & s\\ 0 & -2s & s^2\end{bmatrix}$$

$$=\begin{bmatrix}\frac{1}{s} & \frac{s+3}{s(s+1)(s+2)} & \frac{1}{s(s+1)(s+2)}\\ 0 & \frac{s+3}{(s+1)(s+2)} & \frac{1}{(s+1)(s+2)}\\ 0 & \frac{-2}{(s+1)(s+2)} & \frac{s}{(s+1)(s+2)}\end{bmatrix}$$

然后求逆矩阵$(s\boldsymbol{I}-\boldsymbol{A})^{-1}$的拉氏逆变换

$$\mathscr{L}^{-1}[(s\boldsymbol{I}-\boldsymbol{A})^{-1}]=\mathscr{L}^{-1}\left[\begin{bmatrix}\frac{1}{s} & \frac{s+3}{s(s+1)(s+2)} & \frac{1}{s(s+1)(s+2)}\\ 0 & \frac{s+3}{(s+1)(s+2)} & \frac{1}{(s+1)(s+2)}\\ 0 & \frac{-2}{(s+1)(s+2)} & \frac{s}{(s+1)(s+2)}\end{bmatrix}\right]$$

$$=\begin{bmatrix}1 & \frac{3}{2}-2\mathrm{e}^{-t}+\frac{1}{2}\mathrm{e}^{-2t} & \frac{1}{2}-\mathrm{e}^{-t}+\frac{1}{2}\mathrm{e}^{-2t}\\ 0 & 2\mathrm{e}^{-t}-\mathrm{e}^{-2t} & \mathrm{e}^{-t}-\mathrm{e}^{-2t}\\ 0 & -2\mathrm{e}^{-t}+2\mathrm{e}^{-2t} & -\mathrm{e}^{-t}+2\mathrm{e}^{-2t}\end{bmatrix}$$

最后求得该系统齐次状态方程的解为

$$\boldsymbol{X}(t)=\begin{bmatrix}1 & \frac{3}{2}-2\mathrm{e}^{-t}+\frac{1}{2}\mathrm{e}^{-2t} & \frac{1}{2}-\mathrm{e}^{-t}+\frac{1}{2}\mathrm{e}^{-2t}\\ 0 & 2\mathrm{e}^{-t}-\mathrm{e}^{-2t} & \mathrm{e}^{-t}-\mathrm{e}^{-2t}\\ 0 & -2\mathrm{e}^{-t}+2\mathrm{e}^{-2t} & -\mathrm{e}^{-t}+2\mathrm{e}^{-2t}\end{bmatrix}\boldsymbol{X}(0)$$

（2）矩阵指数与状态转移矩阵

在求解线性定常系统齐次状态方程

$$\dot{\boldsymbol{X}}=\boldsymbol{A}\boldsymbol{X}$$

时，已得到

$$\boldsymbol{X}(t)=\mathrm{e}^{\boldsymbol{A}t}\boldsymbol{X}(0)$$

其中

$$\mathrm{e}^{\boldsymbol{A}t}=\sum_{k=0}^{\infty}\frac{\boldsymbol{A}^k}{k!}t^k$$

矩阵指数 $\mathrm{e}^{\boldsymbol{A}t}$是一个无穷级数，可以证明该级数是一个收敛级数。矩阵指数 $\mathrm{e}^{\boldsymbol{A}t}$除了上述收敛性外，也可以证明它还具有如下一些性质：

1）$\frac{\mathrm{d}}{\mathrm{d}t}\mathrm{e}^{\boldsymbol{A}t}=\boldsymbol{A}\mathrm{e}^{\boldsymbol{A}t}$；

2）$\mathrm{e}^{\boldsymbol{A}(\tau+t)}=\mathrm{e}^{\boldsymbol{A}\tau}\mathrm{e}^{\boldsymbol{A}t}$；

3）若矩阵 $\boldsymbol{A}$ 与 $\boldsymbol{B}$ 可交换，即 $\boldsymbol{AB}=\boldsymbol{BA}$，则 $\mathrm{e}^{(\boldsymbol{A}+\boldsymbol{B})t}=\mathrm{e}^{\boldsymbol{A}t}\mathrm{e}^{\boldsymbol{B}t}$，若矩阵 $\boldsymbol{A}$ 与 $\boldsymbol{B}$ 不可交换，即 $\boldsymbol{AB}\neq\boldsymbol{BA}$，则 $\mathrm{e}^{(\boldsymbol{A}+\boldsymbol{B})t}\neq\mathrm{e}^{\boldsymbol{A}t}\mathrm{e}^{\boldsymbol{B}t}$。

在应用拉氏变换法求线性定常系统齐次状态方程的解时，已经得到其解为

$$\boldsymbol{X}(t)=\mathscr{L}^{-1}[(s\boldsymbol{I}-\boldsymbol{A})^{-1}]\boldsymbol{X}(0)$$

其中 $n\times n$ 阶矩阵 $\mathscr{L}^{-1}[(s\boldsymbol{I}-\boldsymbol{A})^{-1}]$ 和矩阵指数 $\mathrm{e}^{\boldsymbol{A}t}$ 相同，是用以描述状态向量 $\boldsymbol{X}(t)$ 由时间 $t=0$ 时刻开始向任意时刻 t 转移特性的矩阵，因此这里称为状态转移矩阵。状态转移矩阵的每个元素都是时间 t 的实函数，通常用 $\boldsymbol{\Phi}(t)$ 表示。若系数矩阵 $\boldsymbol{A}$ 具有 n 个不同的特征值 s_1、s_2、…、s_n，则在状态转移矩阵 $\boldsymbol{\Phi}(t)$ 中含有 e^{s_1t}、e^{s_2t}、…、e^{s_nt} 等相应项，如果矩阵 A 为对角矩阵，即

$$\boldsymbol{A}=\begin{bmatrix} s_1 & & & 0 \\ & s_2 & & \\ & & \ddots & \\ 0 & & & s_n \end{bmatrix}$$

则该系统状态转移矩阵 $\boldsymbol{\Phi}(t)$ 具有最简单的对角矩阵形式，即

$$\boldsymbol{\Phi}(t)=\begin{bmatrix} \mathrm{e}^{s_1t} & & & 0 \\ & \mathrm{e}^{s_2t} & & \\ & & \ddots & \\ 0 & & & \mathrm{e}^{s_nt} \end{bmatrix}$$

可以证明，状态转移矩阵具有如下性质：

1）$\boldsymbol{\Phi}(t)\big|_{t=0}=\boldsymbol{\Phi}(0)=\boldsymbol{I}$

2）$\boldsymbol{\Phi}^{-1}(t)=\boldsymbol{\Phi}(-t)$，$\boldsymbol{\Phi}^{-1}(-t)=\boldsymbol{\Phi}(t)$

3）$\boldsymbol{\Phi}(t_1+t_2)=\boldsymbol{\Phi}(t_1)\boldsymbol{\Phi}(t_2)=\boldsymbol{\Phi}(t_2)\boldsymbol{\Phi}(t_1)$

4）$\boldsymbol{\Phi}(t_2-t_1)\boldsymbol{\Phi}(t_1-t_0)=\boldsymbol{\Phi}(t_2-t_0)$

5）$[\boldsymbol{\Phi}(t)]^n=\boldsymbol{\Phi}(nt)$

利用状态转移矩阵的上述性质，可以方便地计算例如 $\boldsymbol{\Phi}^{-1}(t)$ 等。

例 8.18 求状态转移矩阵

$$\boldsymbol{\Phi}(t)=\begin{bmatrix} 2\mathrm{e}^{-t}-\mathrm{e}^{-2t} & \mathrm{e}^{-t}-\mathrm{e}^{-2t} \\ -5\mathrm{e}^{-t}+5\mathrm{e}^{-2t} & -\mathrm{e}^{-t}+2\mathrm{e}^{-2t} \end{bmatrix}$$

的逆矩阵 $\boldsymbol{\Phi}^{-1}(t)$。

解 由状态转移矩阵 $\boldsymbol{\Phi}(t)$ 的性质 2

$$\boldsymbol{\Phi}^{-1}(t)=\boldsymbol{\Phi}(-t)$$

得

$$\boldsymbol{\Phi}^{-1}(t)=\boldsymbol{\Phi}(-t)=\boldsymbol{\Phi}(t)\Big|_{t=-t}=\begin{bmatrix}2e^{t}-e^{2t} & e^{t}-e^{2t}\\ -5e^{t}+5e^{2t} & -e^{t}+2e^{2t}\end{bmatrix}$$

当然,求解状态转移矩阵的逆矩阵时,可以采用一般的方法求解,但其计算量要大为增加。

(3) 非齐次状态方程的解

设线性定常系统的非齐次状态方程为

$$\dot{\boldsymbol{X}}=\boldsymbol{AX}+\boldsymbol{Bu} \tag{8.36}$$

式中:$\boldsymbol{X}$——n 维状态向量;

$\boldsymbol{u}$——r 维输入或控制向量;

$\boldsymbol{A}$——$n\times n$ 阶常系数矩阵;

$\boldsymbol{B}$——$n\times r$ 阶常系数矩阵。

求解非齐次状态方程一般有两种方法,即一般法和拉氏变换法。

1) 一般法　将非齐次状态方程改写成如下形式

$$\dot{\boldsymbol{X}}-\boldsymbol{AX}=\boldsymbol{Bu}(t) \tag{8.37}$$

式(8.37)两边同时左乘 $e^{-\boldsymbol{A}t}$ 得

$$e^{-\boldsymbol{A}t}(\dot{\boldsymbol{X}}-\boldsymbol{AX})=e^{-\boldsymbol{A}t}\boldsymbol{Bu}(t) \tag{8.38}$$

考虑到

$$\frac{d}{dt}[e^{-\boldsymbol{A}t}\boldsymbol{X}(t)]=e^{-\boldsymbol{A}t}(\dot{\boldsymbol{X}}-\boldsymbol{AX})$$

式(8.38)可写成

$$\frac{d}{dt}[e^{-\boldsymbol{A}t}\boldsymbol{X}(t)]=e^{-\boldsymbol{A}t}\boldsymbol{Bu}(t)$$

积分上式可得

$$\int_0^t\frac{d}{d\tau}[e^{-\boldsymbol{A}\tau}\boldsymbol{X}(\tau)]d\tau=\int_0^t e^{-\boldsymbol{A}\tau}\boldsymbol{Bu}(\tau)d\tau$$

其中

$$\int_0^t\frac{d}{d\tau}[e^{-\boldsymbol{A}\tau}\boldsymbol{X}(\tau)]d\tau=e^{-\boldsymbol{A}\tau}\boldsymbol{X}(\tau)\Big|_0^t=e^{-\boldsymbol{A}t}\boldsymbol{X}(t)-\boldsymbol{X}(0)$$

则

$$e^{-\boldsymbol{A}t}\boldsymbol{X}(t)-\boldsymbol{X}(0)=\int_0^t e^{-\boldsymbol{A}\tau}\boldsymbol{Bu}(\tau)d\tau$$

或

$$e^{-At}\boldsymbol{X}(t)=\boldsymbol{X}(0)+\int_0^t e^{-A\tau}\boldsymbol{Bu}(\tau)\,d\tau \tag{8.39}$$

两边同时左乘 e^{At} 可得

$$\boldsymbol{X}(t)=e^{At}\boldsymbol{X}(0)+e^{At}\int_0^t e^{-A\tau}\boldsymbol{Bu}(\tau)\,d\tau$$

即

$$\boldsymbol{X}(t)=e^{At}\boldsymbol{X}(0)+\int_0^t e^{A(t-\tau)}\boldsymbol{Bu}(\tau)\,d\tau \tag{8.40}$$

通过系统的状态转移矩阵 $\boldsymbol{\Phi}(t)$，非齐次状态方程的解还可以写成如下形式

$$\boldsymbol{X}(t)=\boldsymbol{\Phi}(t)\boldsymbol{X}(0)+\int_0^t \boldsymbol{\Phi}(t-\tau)\boldsymbol{Bu}(\tau)\,d\tau \tag{8.41}$$

式(8.41)表明，非齐次状态方程的解包括两部分：(1) 与初始状态 $\boldsymbol{X}(0)$ 有关的状态转移分量 $\boldsymbol{\Phi}(t)\boldsymbol{X}(0)$；(2) 与控制向量 $\boldsymbol{u}(t)$ 有关的受控分量 $\int_0^t \boldsymbol{\Phi}(t-\tau)\boldsymbol{Bu}(\tau)\,d\tau$。

如果初始时间不为零，而是 t_0 时，则非齐次状态方程的解具有如下形式

$$\boldsymbol{X}(t)=\boldsymbol{\Phi}(t-t_0)\boldsymbol{X}(t_0)+\int_{t_0}^t \boldsymbol{\Phi}(t-\tau)\boldsymbol{Bu}(\tau)\,d\tau \tag{8.42}$$

例 8.19 线性定常系统的非齐次状态方程为

$$\begin{bmatrix}\dot{x}_1\\ \dot{x}_2\end{bmatrix}=\begin{bmatrix}0 & 1\\ -3 & -4\end{bmatrix}\begin{bmatrix}x_1\\ x_2\end{bmatrix}+\begin{bmatrix}0\\ 1\end{bmatrix}u$$

试求当作用函数 $u(t)=1(t)$ 时非齐次状态方程的解。

解 由例 8.16 可知，该系统的状态转移矩阵 $\boldsymbol{\Phi}(t)=\mathscr{L}^{-1}[(s\boldsymbol{I}-\boldsymbol{A})^{-1}]$ 为

$$\boldsymbol{\Phi}(t)=\begin{bmatrix}\frac{3}{2}e^{-t}-\frac{1}{2}e^{-3t} & \frac{1}{2}e^{-t}-\frac{1}{2}e^{-3t}\\ -\frac{3}{2}e^{-t}+\frac{3}{2}e^{-3t} & -\frac{1}{2}e^{-t}+\frac{3}{2}e^{-3t}\end{bmatrix}$$

根据式(8.41)可得非齐次状态方程解的初态转移分量为

$$\begin{aligned}\boldsymbol{\Phi}(t)\boldsymbol{X}(0)&=\begin{bmatrix}\frac{3}{2}e^{-t}-\frac{1}{2}e^{-3t} & \frac{1}{2}e^{-t}-\frac{1}{2}e^{-3t}\\ -\frac{3}{2}e^{-t}+\frac{3}{2}e^{-3t} & -\frac{1}{2}e^{-t}+\frac{3}{2}e^{-3t}\end{bmatrix}\boldsymbol{X}(0)\\ &=\begin{bmatrix}\left(\frac{3}{2}e^{-t}-\frac{1}{2}e^{-3t}\right)x_1(0)+\left(\frac{1}{2}e^{-t}-\frac{1}{2}e^{-3t}\right)x_2(0)\\ \left(-\frac{3}{2}e^{-t}+\frac{3}{2}e^{-3t}\right)x_1(0)+\left(-\frac{1}{2}e^{-t}+\frac{3}{2}e^{-3t}\right)x_2(0)\end{bmatrix}\end{aligned}$$

非齐次状态方程解的受控分量为

$$\int_0^t \boldsymbol{\Phi}(t-\tau)\boldsymbol{B}u(\tau)\,\mathrm{d}\tau = \int_0^t \begin{bmatrix} \frac{3}{2}\mathrm{e}^{-(t-\tau)} - \frac{1}{2}\mathrm{e}^{-3(t-\tau)} & \frac{1}{2}\mathrm{e}^{-(t-\tau)} - \frac{1}{2}\mathrm{e}^{-3(t-\tau)} \\ -\frac{3}{2}\mathrm{e}^{-(t-\tau)} + \frac{3}{2}\mathrm{e}^{-3(t-\tau)} & -\frac{1}{2}\mathrm{e}^{-(t-\tau)} + \frac{3}{2}\mathrm{e}^{-3(t-\tau)} \end{bmatrix} \begin{bmatrix} 0 \\ 1 \end{bmatrix} \cdot 1 \cdot \mathrm{d}\tau$$

$$= \int_0^t \begin{bmatrix} \frac{1}{2}\mathrm{e}^{-(t-\tau)} - \frac{1}{2}\mathrm{e}^{-3(t-\tau)} \\ -\frac{1}{2}\mathrm{e}^{-(t-\tau)} + \frac{3}{2}\mathrm{e}^{-3(t-\tau)} \end{bmatrix} \mathrm{d}\tau$$

$$= \begin{bmatrix} \frac{1}{2}\mathrm{e}^{-t}\int_0^t \mathrm{e}^{\tau}\mathrm{d}\tau - \frac{1}{2}\mathrm{e}^{-3t}\int_0^t \mathrm{e}^{3\tau}\mathrm{d}\tau \\ -\frac{1}{2}\mathrm{e}^{-t}\int_0^t \mathrm{e}^{\tau}\mathrm{d}\tau + \frac{3}{2}\mathrm{e}^{-3t}\int_0^t \mathrm{e}^{3\tau}\mathrm{d}\tau \end{bmatrix}$$

$$= \begin{bmatrix} \frac{1}{3} - \frac{1}{2}\mathrm{e}^{-t} + \frac{1}{6}\mathrm{e}^{-3t} \\ \frac{1}{2}\mathrm{e}^{-t} - \frac{1}{2}\mathrm{e}^{-3t} \end{bmatrix}$$

最后得非齐次状态方程的解为

$$\begin{bmatrix} x_1(t) \\ x_2(t) \end{bmatrix} = \begin{bmatrix} \left(\frac{3}{2}\mathrm{e}^{-t} - \frac{1}{2}\mathrm{e}^{-3t}\right)x_1(0) + \left(\frac{1}{2}\mathrm{e}^{-t} - \frac{1}{2}\mathrm{e}^{-3t}\right)x_2(0) \\ \left(-\frac{3}{2}\mathrm{e}^{-t} + \frac{3}{2}\mathrm{e}^{-3t}\right)x_1(0) + \left(-\frac{1}{2}\mathrm{e}^{-t} + \frac{3}{2}\mathrm{e}^{-3t}\right)x_2(0) \end{bmatrix} + \begin{bmatrix} \frac{1}{3} - \frac{1}{2}\mathrm{e}^{-t} + \frac{1}{6}\mathrm{e}^{-3t} \\ \frac{1}{2}\mathrm{e}^{-t} - \frac{1}{2}\mathrm{e}^{-3t} \end{bmatrix}$$

当初始状态为零,即

$$\boldsymbol{X}(0) = \begin{bmatrix} x_1(0) \\ x_2(0) \end{bmatrix} = \begin{bmatrix} 0 \\ 0 \end{bmatrix}$$

时,该系统非齐次状态方程的解为

$$\begin{bmatrix} x_1(t) \\ x_2(t) \end{bmatrix} = \begin{bmatrix} \frac{1}{3} - \frac{1}{2}\mathrm{e}^{-t} + \frac{1}{6}\mathrm{e}^{-3t} \\ \frac{1}{2}\mathrm{e}^{-t} - \frac{1}{2}\mathrm{e}^{-3t} \end{bmatrix}$$

2）拉氏变换法　设非齐次状态方程为

$$\dot{\boldsymbol{X}} = \boldsymbol{A}\boldsymbol{X} + \boldsymbol{B}u \tag{8.43}$$

将上式两边同时进行拉氏变换得

$$s\boldsymbol{X}(s) - \boldsymbol{X}(0) = \boldsymbol{A}\boldsymbol{X}(s) + \boldsymbol{B}\boldsymbol{U}(s)$$

或

$$(s\boldsymbol{I}-\boldsymbol{A})\boldsymbol{X}(s)=\boldsymbol{X}(0)+\boldsymbol{BU}(s)$$

两边同时左乘$(s\boldsymbol{I}-\boldsymbol{A})^{-1}$得

$$\boldsymbol{X}(s)=(s\boldsymbol{I}-\boldsymbol{A})^{-1}\boldsymbol{X}(0)+(s\boldsymbol{I}-\boldsymbol{A})^{-1}\boldsymbol{BU}(s)$$

对上式逐项进行拉氏逆变换得非齐次状态方程的解为

$$\boldsymbol{X}(t)=\mathscr{L}^{-1}[(s\boldsymbol{I}-\boldsymbol{A})^{-1}]\boldsymbol{X}(0)+\mathscr{L}^{-1}[(s\boldsymbol{I}-\boldsymbol{A})^{-1}\boldsymbol{BU}(s)] \tag{8.44}$$

例 8.20 试应用拉氏变换法，重新求解例 8.19 的线性定常系统的非齐次状态方程的解。

解 由例 8.19 可知，该系统的非齐次状态方程解的初态转移分量为

$$\begin{aligned}\boldsymbol{\Phi}(t)\boldsymbol{X}(0)&=\mathscr{L}^{-1}[(s\boldsymbol{I}-\boldsymbol{A})^{-1}]\boldsymbol{X}(0)\\&=\begin{bmatrix}\left(\frac{3}{2}e^{-t}-\frac{1}{2}e^{-3t}\right)x_1(0)+\left(\frac{1}{2}e^{-t}-\frac{1}{2}e^{-3t}\right)x_2(0)\\\left(-\frac{3}{2}e^{-t}+\frac{3}{2}e^{-3t}\right)x_1(0)+\left(-\frac{1}{2}e^{-t}+\frac{3}{2}e^{-3t}\right)x_2(0)\end{bmatrix}\end{aligned}$$

由例 8.16 可知，该系统的特征矩阵$(s\boldsymbol{I}-\boldsymbol{A})$的逆矩阵为

$$(s\boldsymbol{I}-\boldsymbol{A})^{-1}=\begin{bmatrix}\frac{s+4}{(s+1)(s+3)} & \frac{1}{(s+1)(s+3)}\\\frac{-3}{(s+1)(s+3)} & \frac{s}{(s+1)(s+3)}\end{bmatrix}$$

从系统状态方程中得系数矩阵

$$\boldsymbol{B}=\begin{bmatrix}0\\1\end{bmatrix}$$

根据式(8.44)，该系统非齐次状态方程解的受控分量为

$$\begin{aligned}\mathscr{L}^{-1}[(s\boldsymbol{I}-\boldsymbol{A})^{-1}\boldsymbol{BU}(s)]&=\mathscr{L}^{-1}\left[\begin{bmatrix}\frac{s+4}{(s+1)(s+3)} & \frac{1}{(s+1)(s+3)}\\\frac{-3}{(s+1)(s+3)} & \frac{s}{(s+1)(s+3)}\end{bmatrix}\begin{bmatrix}0\\1\end{bmatrix}\frac{1}{s}\right]\\&=\mathscr{L}^{-1}\left[\begin{bmatrix}\frac{1}{s(s+1)(s+3)}\\\frac{1}{(s+1)(s+3)}\end{bmatrix}\right]=\begin{bmatrix}\frac{1}{3}-\frac{1}{2}e^{-t}+\frac{1}{6}e^{-3t}\\\frac{1}{2}e^{-t}-\frac{1}{2}e^{-3t}\end{bmatrix}\end{aligned}$$

最后得该系统的非齐次状态方程的解为

$$\begin{bmatrix}x_1(t)\\x_2(t)\end{bmatrix}=\begin{bmatrix}\left(\frac{3}{2}e^{-t}-\frac{1}{2}e^{-3t}\right)x_1(0)+\left(\frac{1}{2}e^{-t}-\frac{1}{2}e^{-3t}\right)x_2(0)\\\left(-\frac{3}{2}e^{-t}+\frac{3}{2}e^{-3t}\right)x_1(0)+\left(-\frac{1}{2}e^{-t}+\frac{3}{2}e^{-3t}\right)x_2(0)\end{bmatrix}+\begin{bmatrix}\frac{1}{3}-\frac{1}{2}e^{-t}+\frac{1}{6}e^{-3t}\\\frac{1}{2}e^{-t}-\frac{1}{2}e^{-3t}\end{bmatrix}$$

与例 8.19 所得的结果是一致的。

例 8.21 试应用拉氏变换法求线性定常系统非齐次状态方程

$$\dot{\boldsymbol{X}}=\boldsymbol{AX}+\boldsymbol{B}u$$

式中

$$\boldsymbol{A}=\begin{bmatrix}0 & 1 & 0\\0 & 0 & 1\\0 & -2 & -3\end{bmatrix},\boldsymbol{B}=\begin{bmatrix}0\\0\\1\end{bmatrix}$$

当作用函数 $u(t)=1(t)$时的解。

解 由例 8.17 知该系统特征矩阵的逆矩阵为

$$(s\boldsymbol{I}-\boldsymbol{A})^{-1}=\begin{bmatrix}\dfrac{1}{s} & \dfrac{s+3}{s(s+1)(s+2)} & \dfrac{1}{s(s+1)(s+2)}\\0 & \dfrac{s+3}{(s+1)(s+2)} & \dfrac{1}{(s+1)(s+2)}\\0 & \dfrac{-2}{(s+1)(s+2)} & \dfrac{s}{(s+1)(s+2)}\end{bmatrix}$$

以及相应的状态转移矩阵

$$\boldsymbol{\Phi}(t)=\mathscr{L}^{-1}[(s\boldsymbol{I}-\boldsymbol{A})^{-1}]=\begin{bmatrix}1 & \dfrac{3}{2}-2\mathrm{e}^{-t}+\dfrac{1}{2}\mathrm{e}^{-2t} & \dfrac{1}{2}-\mathrm{e}^{-t}+\dfrac{1}{2}\mathrm{e}^{-2t}\\0 & 2\mathrm{e}^{-t}-\mathrm{e}^{-2t} & \mathrm{e}^{-t}-\mathrm{e}^{-2t}\\0 & -2\mathrm{e}^{-t}+2\mathrm{e}^{-2t} & -\mathrm{e}^{-t}+2\mathrm{e}^{-2t}\end{bmatrix}$$

计算矩阵

$$(s\boldsymbol{I}-\boldsymbol{A})^{-1}\boldsymbol{B}U(s)=\begin{bmatrix}\dfrac{1}{s} & \dfrac{s+3}{s(s+1)(s+2)} & \dfrac{1}{s(s+1)(s+2)}\\0 & \dfrac{s+3}{(s+1)(s+2)} & \dfrac{1}{(s+1)(s+2)}\\0 & \dfrac{-2}{(s+1)(s+2)} & \dfrac{s}{(s+1)(s+2)}\end{bmatrix}\begin{bmatrix}0\\0\\1\end{bmatrix}\frac{1}{s}$$

$$=\begin{bmatrix}\dfrac{1}{s^2(s+1)(s+2)}\\\dfrac{1}{s(s+1)(s+2)}\\\dfrac{1}{(s+1)(s+2)}\end{bmatrix}$$

拉氏逆变换得

$$\mathscr{L}^{-1}[(s\boldsymbol{I}-\boldsymbol{A})^{-1}\boldsymbol{B}U(s)]=\mathscr{L}^{-1}\left[\begin{bmatrix}\dfrac{1}{s^2(s+1)(s+2)}\\\dfrac{1}{s(s+1)(s+2)}\\\dfrac{1}{(s+1)(s+2)}\end{bmatrix}\right]=\begin{bmatrix}\dfrac{1}{2}t-\dfrac{3}{4}+\mathrm{e}^{-t}-\dfrac{1}{4}\mathrm{e}^{-2t}\\\dfrac{1}{2}-\mathrm{e}^{-t}+\dfrac{1}{2}\mathrm{e}^{-2t}\\\mathrm{e}^{-t}-\mathrm{e}^{-2t}\end{bmatrix}$$

最后根据式(8.44)得该系统非齐次状态方程的解为

$$\boldsymbol{X}(t)=\begin{bmatrix}1&\dfrac{3}{2}-2\mathrm{e}^{-t}+\dfrac{1}{2}\mathrm{e}^{-2t}&\dfrac{1}{2}-\mathrm{e}^{-t}+\dfrac{1}{2}\mathrm{e}^{-2t}\\0&2\mathrm{e}^{-t}-\mathrm{e}^{-2t}&\mathrm{e}^{-t}-\mathrm{e}^{-2t}\\0&-2\mathrm{e}^{-t}+2\mathrm{e}^{-2t}&-\mathrm{e}^{-t}+2\mathrm{e}^{-2t}\end{bmatrix}\boldsymbol{X}(0)+\begin{bmatrix}\dfrac{1}{2}t-\dfrac{3}{4}+\mathrm{e}^{-t}-\dfrac{1}{4}\mathrm{e}^{-2t}\\\dfrac{1}{2}-\mathrm{e}^{-t}+\dfrac{1}{2}\mathrm{e}^{-2t}\\\mathrm{e}^{-t}-\mathrm{e}^{-2t}\end{bmatrix}$$

2. 线性时变系统状态方程的解(略。详见参考文献[17])

8.4.2 离散系统状态方程的解

1. 线性定常离散系统状态方程的解

设线性离散系统状态方程及输出方程为

$$\left.\begin{aligned}\boldsymbol{X}(k+1)&=\boldsymbol{AX}(k)+\boldsymbol{Bu}(k)\\\boldsymbol{Y}(k)&=\boldsymbol{CX}(k)+\boldsymbol{Du}(k)\end{aligned}\right\}\tag{8.45}$$

式中:$\boldsymbol{X}$——系统状态向量,n 维列向量;

$\boldsymbol{u}$——系统作用函数,r 维列向量;

$\boldsymbol{Y}$——系统输出函数向量,m 维列向量;

$\boldsymbol{A}$——$n\times n$ 阶常系数矩阵;

$\boldsymbol{B}$——$n\times r$ 阶常系数矩阵;

$\boldsymbol{C}$——$m\times n$ 阶常系数矩阵;

$\boldsymbol{D}$——$m\times r$ 阶常系数矩阵。

一般,线性离散系统状态方程的解法有递推法和 $\mathscr{Z}$ 变换法两种,下面分别加以介绍。

(1) 递推法

递推法通常也称为迭代法,应用递推法求解线性离散系统状态方程时,需要在状态方程

$$\boldsymbol{X}(k+1)=\boldsymbol{AX}(k)+\boldsymbol{Bu}(k)\tag{8.46}$$

中依次令 $k=0,1,2,\cdots$ 得到

$$\boldsymbol{X}(1)=\boldsymbol{AX}(0)+\boldsymbol{Bu}(0)\tag{8.47}$$

$$\boldsymbol{X}(2)=\boldsymbol{AX}(1)+\boldsymbol{Bu}(1)\tag{8.48}$$

$$\boldsymbol{X}(3)=\boldsymbol{A}\boldsymbol{X}(2)+\boldsymbol{B}\boldsymbol{u}(2) \tag{8.49}$$

$$\vdots$$

$$\boldsymbol{X}(k)=\boldsymbol{A}\boldsymbol{X}(k-1)+\boldsymbol{B}\boldsymbol{u}(k-1) \tag{8.50}$$

将式(8.47)代入式(8.48)中,得

$$\boldsymbol{X}(2)=\boldsymbol{A}^2\boldsymbol{X}(0)+\boldsymbol{A}\boldsymbol{B}\boldsymbol{u}(0)+\boldsymbol{B}\boldsymbol{u}(1) \tag{8.51}$$

将式(8.51)代入式(8.49)中,得

$$\boldsymbol{X}(3)=\boldsymbol{A}^3\boldsymbol{X}(0)+\boldsymbol{A}^2\boldsymbol{B}\boldsymbol{u}(0)+\boldsymbol{A}\boldsymbol{B}\boldsymbol{u}(1)+\boldsymbol{B}\boldsymbol{u}(2) \tag{8.52}$$

如此迭代下去,最后可得

$$\boldsymbol{X}(k)=\boldsymbol{A}^k\boldsymbol{X}(0)+\boldsymbol{A}^{k-1}\boldsymbol{B}\boldsymbol{u}(0)+\boldsymbol{A}^{k-2}\boldsymbol{B}\boldsymbol{u}(1)+\cdots+\boldsymbol{A}\boldsymbol{B}\boldsymbol{u}(k-2)+\boldsymbol{B}\boldsymbol{u}(k-1) \tag{8.53}$$

或

$$\boldsymbol{X}(k)=\boldsymbol{A}^k\boldsymbol{X}(0)+\sum_{j=0}^{k-1}\boldsymbol{A}^{k-j-1}\boldsymbol{B}\boldsymbol{u}(j)\quad(k=1,2,3,\cdots) \tag{8.54}$$

式(8.54)即线性离散系统状态方程[式(8.46)]的通解。

由式(8.54)可知线性离散系统状态方程的解分为两部分,即初态转移部分和受控部分。若将式(8.54)中 $\boldsymbol{A}^k$ 记为

$$\boldsymbol{\Phi}(k)=\boldsymbol{A}^k \tag{8.55}$$

则 $\boldsymbol{\Phi}(k)$ 即矩阵差分方程

$$\boldsymbol{\Phi}(k+1)=\boldsymbol{A}\boldsymbol{\Phi}(k),\ \boldsymbol{\Phi}(0)=\boldsymbol{I}$$

的唯一解。它描述离散系统由 $t=0$ 的初始状态 $\boldsymbol{X}(0)$ 向任意时刻 $t=kT_0$ 的状态 $\boldsymbol{X}(k)$ 转移的特性。因此,称 $\boldsymbol{\Phi}(k)$ 为线性离散系统的状态转移矩阵。第二项 $\sum\limits_{j=0}^{k-1}\boldsymbol{A}^{k-j-1}\boldsymbol{B}\boldsymbol{u}(j)$ 是与作用函数 $\boldsymbol{u}$ 有关的项,称为受控项。

通过状态转移矩阵 $\boldsymbol{\Phi}(k)$,线性离散系统状态方程的解[式(8.54)]还可以表示为

$$\boldsymbol{X}(k)=\boldsymbol{\Phi}(k)\boldsymbol{X}(0)+\sum_{j=0}^{k-1}\boldsymbol{\Phi}(k-j-1)\boldsymbol{B}\boldsymbol{u}(j)\quad(k=1,2,3,\cdots) \tag{8.56}$$

若记 $i=k-j-1$,则上式还可以写成

$$\boldsymbol{X}(k)=\boldsymbol{\Phi}(k)\boldsymbol{X}(0)+\sum_{i=0}^{k-1}\boldsymbol{\Phi}(i)\boldsymbol{B}\boldsymbol{u}(k-i-1)\quad(k=1,2,3,\cdots) \tag{8.57}$$

将状态方程的解 $\boldsymbol{X}(k)$ 代入线性离散系统输出方程中,得系统的输出为

$$\boldsymbol{Y}(k)=\boldsymbol{C}\boldsymbol{\Phi}(k)\boldsymbol{X}(0)+\boldsymbol{C}\sum_{j=0}^{k-1}\boldsymbol{\Phi}(k-j-1)\boldsymbol{B}\boldsymbol{u}(j)+\boldsymbol{D}\boldsymbol{u}(k)\quad(k=1,2,3,\cdots) \tag{8.58}$$

或

$$\boldsymbol{Y}(k)=\boldsymbol{C}\boldsymbol{\Phi}(k)\boldsymbol{X}(0)+\boldsymbol{C}\sum_{i=0}^{k-1}\boldsymbol{\Phi}(i)\boldsymbol{B}\boldsymbol{u}(k-i-1)+\boldsymbol{D}\boldsymbol{u}(k)\quad(k=1,2,3,\cdots) \tag{8.59}$$

例 8.22 线性离散系统的状态方程为

$$\boldsymbol{X}(k+1)=\boldsymbol{A}\boldsymbol{X}(k)+\boldsymbol{B}u(k)$$

$$\boldsymbol{A}=\begin{bmatrix}0 & 1\\ -0.21 & -1\end{bmatrix},\quad \boldsymbol{B}=\begin{bmatrix}1\\ 1\end{bmatrix}$$

试应用递推法求取当

$$\boldsymbol{X}(0)=\begin{bmatrix}1\\ -1\end{bmatrix},\ u(k)=1\quad (k\geqslant 0)$$

时状态方程的解。

解 根据递推法,在状态方程中令 $k=0$ 得

$$\boldsymbol{X}(1)=\boldsymbol{A}\boldsymbol{X}(0)+\boldsymbol{B}u(0)=\begin{bmatrix}0 & 1\\ -0.21 & -1\end{bmatrix}\begin{bmatrix}1\\ -1\end{bmatrix}+\begin{bmatrix}1\\ 1\end{bmatrix}\times 1=\begin{bmatrix}0\\ 1.79\end{bmatrix}$$

令 $k=1$ 时,得

$$\boldsymbol{X}(2)=\boldsymbol{A}\boldsymbol{X}(1)+\boldsymbol{B}u(1)=\begin{bmatrix}0 & 1\\ -0.21 & -1\end{bmatrix}\begin{bmatrix}0\\ 1.79\end{bmatrix}+\begin{bmatrix}1\\ 1\end{bmatrix}\times 1=\begin{bmatrix}2.79\\ -0.79\end{bmatrix}$$

$k=2$ 时,得

$$\boldsymbol{X}(3)=\boldsymbol{A}\boldsymbol{X}(2)+\boldsymbol{B}u(2)=\begin{bmatrix}0 & 1\\ -0.21 & -1\end{bmatrix}\begin{bmatrix}2.79\\ -0.79\end{bmatrix}+\begin{bmatrix}1\\ 1\end{bmatrix}\times 1=\begin{bmatrix}0.21\\ 1.204\,1\end{bmatrix}$$

$k=3$ 时,得

$$\boldsymbol{X}(4)=\boldsymbol{A}\boldsymbol{X}(3)+\boldsymbol{B}u(3)=\begin{bmatrix}0 & 1\\ -0.21 & -1\end{bmatrix}\begin{bmatrix}0.21\\ 1.204\,1\end{bmatrix}+\begin{bmatrix}1\\ 1\end{bmatrix}\times 1=\begin{bmatrix}2.183\,6\\ -0.248\,2\end{bmatrix}$$

$$\cdots\cdots$$

如此迭代下去,可求得任意采样周期 $t=kT_0(k=1,2,3,\cdots)$ 上状态方程的解。需要指出,根据递推法求得线性离散系统状态方程的解,不能写出一般的闭式形式,但通过状态转移矩阵,按式(8.56)或式(8.57)求解,可以写成闭式形式。

例 8.23 试求例 8.22 所示线性离散系统的状态转移矩阵,并求出该系统状态方程解的一般闭式形式。

解 由于系数矩阵 $\boldsymbol{A}=\begin{bmatrix}0 & 1\\ -0.21 & -1\end{bmatrix}$,所以该系统的状态转移矩阵为

$$\boldsymbol{\Phi}(k)=\begin{bmatrix}0 & 1\\ -0.21 & -1\end{bmatrix}^{k}$$

在一般情况下，直接求解 $\boldsymbol{\Phi}(k)=\boldsymbol{A}^k$ 是很困难的，这里介绍一种相似对角矩阵法，求解线性离散系统状态转移矩阵 $\boldsymbol{\Phi}(k)=\boldsymbol{A}^k$。其方法为

（1）根据系数矩阵 $\boldsymbol{A}$ 的特征根 $s_1=-0.3, s_2=-0.7$，计算模态矩阵 $\boldsymbol{P}$

$$\boldsymbol{P}=\begin{bmatrix}1 & 1\\ s_1 & s_2\end{bmatrix}=\begin{bmatrix}1 & 1\\ -0.3 & -0.7\end{bmatrix}$$

（2）计算模态矩阵 $\boldsymbol{P}$ 的逆矩阵 $\boldsymbol{P}^{-1}$

$$\boldsymbol{P}^{-1}=\begin{bmatrix}1 & 1\\ -0.3 & -0.7\end{bmatrix}^{-1}=\frac{1}{4}\begin{bmatrix}7 & 10\\ -3 & -10\end{bmatrix}$$

（3）求系数矩阵 $\boldsymbol{A}$ 的相似对角矩阵 $\boldsymbol{P}^{-1}\boldsymbol{A}\boldsymbol{P}$

$$\boldsymbol{P}^{-1}\boldsymbol{A}\boldsymbol{P}=\frac{1}{4}\begin{bmatrix}7 & 10\\ -3 & -10\end{bmatrix}\begin{bmatrix}0 & 1\\ -0.21 & -1\end{bmatrix}\begin{bmatrix}1 & 1\\ -0.3 & -0.7\end{bmatrix}=\begin{bmatrix}-0.3 & 0\\ 0 & -0.7\end{bmatrix}$$

（4）根据 $\boldsymbol{A}^k=\boldsymbol{P}(\boldsymbol{P}^{-1}\boldsymbol{A}\boldsymbol{P})^k\boldsymbol{P}^{-1}$ 求状态转移矩阵 $\boldsymbol{\Phi}(k)=\boldsymbol{A}^k$

$$\begin{aligned}\boldsymbol{A}^k&=\frac{1}{4}\begin{bmatrix}1 & 1\\ -0.3 & -0.7\end{bmatrix}\begin{bmatrix}-0.3 & 0\\ 0 & -0.7\end{bmatrix}^k\begin{bmatrix}7 & 10\\ -3 & -10\end{bmatrix}\\ &=\frac{1}{4}\begin{bmatrix}1 & 1\\ -0.3 & -0.7\end{bmatrix}\begin{bmatrix}(-0.3)^k & 0\\ 0 & (-0.7)^k\end{bmatrix}\begin{bmatrix}7 & 10\\ -3 & -10\end{bmatrix}\\ &=\frac{1}{4}\begin{bmatrix}7(-0.3)^k-3(-0.7)^k & 10[(-0.3)^k-(-0.7)^k]\\ -2.1[(-0.3)^k-(-0.7)^k] & -3(-0.3)^k+7(-0.7)^k\end{bmatrix}\end{aligned}$$

上式即该系统的状态转移矩阵 $\boldsymbol{\Phi}(k)$。按式(8.57)计算可得

$$\begin{aligned}\boldsymbol{A}^k\boldsymbol{X}(0)&=\frac{1}{4}\begin{bmatrix}7(-0.3)^k-3(-0.7)^k & 10[(-0.3)^k-(-0.7)^k]\\ -2.1[(-0.3)^k-(-0.7)^k] & -3(-0.3)^k+7(-0.7)^k\end{bmatrix}\begin{bmatrix}1\\ -1\end{bmatrix}\\ &=\frac{1}{4}\begin{bmatrix}-3(-0.3)^k+7(-0.7)^k\\ 0.9(-0.3)^k-4.9(-0.7)^k\end{bmatrix}\end{aligned}$$

$$\sum_{i=0}^{k-1}\boldsymbol{\Phi}(i)\boldsymbol{B}u(k-i-1)=\sum_{i=0}^{k-1}\boldsymbol{A}^i\boldsymbol{B}u(k-i-1)=\sum_{i=0}^{k-1}\boldsymbol{P}\begin{bmatrix}(-0.3)^i & 0\\ 0 & (-0.7)^i\end{bmatrix}\boldsymbol{P}^{-1}\boldsymbol{B}\times 1$$

$$=\boldsymbol{P}\left[\begin{bmatrix}1 & 0\\ 0 & 1\end{bmatrix}+\begin{bmatrix}-0.3 & 0\\ 0 & -0.7\end{bmatrix}+\begin{bmatrix}(-0.3)^2 & 0\\ 0 & (-0.7)^2\end{bmatrix}+\cdots+\begin{bmatrix}(-0.3)^{k-1} & 0\\ 0 & (-0.7)^{k-1}\end{bmatrix}\right]\boldsymbol{P}^{-1}\boldsymbol{B}$$

$$=\boldsymbol{P}\begin{bmatrix}1+(-0.3)+(-0.3)^2+\cdots+(-0.3)^{k-1} & 0\\ 0 & 1+(-0.7)+(-0.7)^2+\cdots+(-0.7)^{k-1}\end{bmatrix}\boldsymbol{P}^{-1}\boldsymbol{B}$$

$$=\frac{1}{4}\begin{bmatrix}1 & 1\\ -0.3 & -0.7\end{bmatrix}\begin{bmatrix}\dfrac{1-(-0.3)^k}{1.3} & 0\\ 0 & \dfrac{1-(-0.7)^k}{1.7}\end{bmatrix}\begin{bmatrix}7 & 10\\ -3 & -10\end{bmatrix}\begin{bmatrix}1\\ 1\end{bmatrix}$$

$$=\begin{bmatrix}-\dfrac{85}{26}(-0.3)^k+\dfrac{65}{34}(-0.7)^k+\dfrac{300}{221}\\ \dfrac{51}{52}(-0.3)^k-\dfrac{91}{68}(-0.7)^k+\dfrac{79}{221}\end{bmatrix}$$

最后求得状态方程的解为

$$\boldsymbol{X}(k)=\boldsymbol{A}^k\boldsymbol{X}(0)+\sum_{i=0}^{k-1}\boldsymbol{A}^i\boldsymbol{B}\boldsymbol{u}(k-i-1)$$

$$=\begin{bmatrix}-\dfrac{418}{104}(-0.3)^k+\dfrac{498}{136}(-0.7)^k+\dfrac{300}{221}\\ \dfrac{2\ 508}{2\ 080}(-0.3)^k-\dfrac{6\ 972}{2\ 720}(-0.7)^k+\dfrac{79}{221}\end{bmatrix}\quad(k=1,2,3,\cdots)$$

如在上式中,依次令 $k=1,2,3,\cdots$,则可得与例 8.22 完全相同的结果。

(2) $\mathscr{Z}$ 变换法

将线性离散系统的状态方程

$$\boldsymbol{X}(k+1)=\boldsymbol{A}\boldsymbol{X}(k)+\boldsymbol{B}\boldsymbol{u}(k)\tag{8.60}$$

的两边同时进行 $\mathscr{Z}$ 变换,得

$$z\boldsymbol{X}(z)-z\boldsymbol{X}(0)=\boldsymbol{A}\boldsymbol{X}(z)+\boldsymbol{B}\boldsymbol{U}(z)$$

或

$$(z\boldsymbol{I}-\boldsymbol{A})\boldsymbol{X}(z)=z\boldsymbol{X}(0)+\boldsymbol{B}\boldsymbol{U}(z)\tag{8.61}$$

式中,$\boldsymbol{X}(z)=\mathscr{Z}[\boldsymbol{X}(k)]$,$\boldsymbol{U}(z)=\mathscr{Z}[\boldsymbol{u}(k)]$。

方程(8.61)两边同时左乘 $(z\boldsymbol{I}-\boldsymbol{A})^{-1}$,得

$$\boldsymbol{X}(z)=(z\boldsymbol{I}-\boldsymbol{A})^{-1}z\boldsymbol{X}(0)+(z\boldsymbol{I}-\boldsymbol{A})^{-1}\boldsymbol{B}\boldsymbol{U}(z)$$

求 $\mathscr{Z}$ 逆变换得

$$\boldsymbol{X}(k)=\mathscr{Z}^{-1}[(z\boldsymbol{I}-\boldsymbol{A})^{-1}z\boldsymbol{X}(0)]+\mathscr{Z}^{-1}[(z\boldsymbol{I}-\boldsymbol{A})^{-1}\boldsymbol{B}\boldsymbol{U}(z)]\tag{8.62}$$

与式(8.54)比较得

$$\mathscr{Z}^{-1}[(z\boldsymbol{I}-\boldsymbol{A})^{-1}z]=\boldsymbol{A}^k\tag{8.63}$$

$$\mathscr{Z}^{-1}[(z\boldsymbol{I}-\boldsymbol{A})^{-1}\boldsymbol{B}\boldsymbol{U}(z)]=\sum_{j=0}^{k-1}\boldsymbol{A}^{k-j-1}\boldsymbol{B}\boldsymbol{u}(j)\tag{8.64}$$

由上式可知,应用 $\mathscr{Z}$ 变换法求得的线性离散系统状态方程的解与应用递推法求得的线性离散系统状态方程的解具有完全相同的结果。

例 8.24 试用 $\mathscr{Z}$ 变换法求取例 8.22 所示的线性离散系统的状态转移矩阵,并根据

$$\boldsymbol{X}(0)=\begin{bmatrix}1\\-1\end{bmatrix} \text{及 } u(k)=1 \quad (k>0)$$

求该系统状态方程的解。

解 根据式(8.63),可求得该离散系统的状态转移矩阵,即

$$\begin{aligned}
\boldsymbol{A}^k &= \boldsymbol{\Phi}(k)=\mathscr{Z}^{-1}[(z\boldsymbol{I}-\boldsymbol{A})^{-1}z]\\
&=\mathscr{Z}^{-1}\left[\begin{bmatrix} z & -1\\ 0.21 & z+1\end{bmatrix}^{-1} z\right]\\
&=\mathscr{Z}^{-1}\left[\begin{bmatrix} \dfrac{z+1}{(z+0.3)(z+0.7)} & \dfrac{1}{(z+0.3)(z+0.7)}\\ \dfrac{-0.21}{(z+0.3)(z+0.7)} & \dfrac{z}{(z+0.3)(z+0.7)}\end{bmatrix} z\right]\\
&=\frac{1}{4}\mathscr{Z}^{-1}\left[\begin{bmatrix} \dfrac{7z}{z+0.3}-\dfrac{3z}{z+0.7} & \dfrac{10z}{z+0.3}-\dfrac{10z}{z+0.7}\\ -\dfrac{2.1z}{z+0.3}+\dfrac{2.1z}{z+0.7} & -\dfrac{3z}{z+0.3}+\dfrac{7z}{z+0.7}\end{bmatrix}\right]\\
&=\frac{1}{4}\begin{bmatrix} 7(-0.3)^k-3(-0.7)^k & 10(-0.3)^k-10(-0.7)^k\\ -2.1(-0.3)^k+2.1(-0.7)^k & -3(-0.3)^k+7(-0.7)^k\end{bmatrix}
\end{aligned}$$

计算

$$\begin{aligned}
&\mathscr{Z}^{-1}[(z\boldsymbol{I}-\boldsymbol{A})^{-1}z]\boldsymbol{X}(0)\\
&=\frac{1}{4}\begin{bmatrix} 7(-0.3)^k-3(-0.7)^k & 10(-0.3)^k-10(-0.7)^k\\ -2.1(-0.3)^k+2.1(-0.7)^k & -3(-0.3)^k+7(-0.7)^k\end{bmatrix}\cdot\begin{bmatrix}1\\-1\end{bmatrix}\\
&=\begin{bmatrix} -\dfrac{3}{4}(-0.3)^k+\dfrac{7}{4}(-0.7)^k\\ \dfrac{9}{40}(-0.3)^k-\dfrac{49}{40}(-0.7)^k\end{bmatrix}
\end{aligned}$$

$$\begin{aligned}
\mathscr{Z}^{-1}[(z\boldsymbol{I}-\boldsymbol{A})^{-1}\boldsymbol{B}U(z)] &= \mathscr{Z}^{-1}\left[\begin{bmatrix} \dfrac{z+1}{(z+0.3)(z+0.7)} & \dfrac{1}{(z+0.3)(z+0.7)}\\ \dfrac{-0.21}{(z+0.3)(z+0.7)} & \dfrac{z}{(z+0.3)(z+0.7)}\end{bmatrix}\begin{bmatrix}1\\1\end{bmatrix}\frac{z}{z-1}\right]\\
&=\mathscr{Z}^{-1}\left[\begin{bmatrix} \dfrac{z+2}{(z+0.3)(z+0.7)(z-1)}\\ \dfrac{z-0.21}{(z+0.3)(z+0.7)(z-1)}\end{bmatrix} z\right]
\end{aligned}$$

$$=\mathscr{Z}^{-1}\begin{bmatrix}\begin{bmatrix}\dfrac{-\dfrac{85}{26}z}{z+0.3}+\dfrac{\dfrac{65}{34}z}{z+0.7}+\dfrac{\dfrac{300}{221}z}{z-1}\\ \dfrac{\dfrac{51}{21}z}{z+0.3}-\dfrac{\dfrac{91}{68}z}{z+0.7}+\dfrac{\dfrac{79}{221}z}{z-1}\end{bmatrix}\end{bmatrix}$$

$$=\begin{bmatrix}-\dfrac{85}{26}(-0.3)^k+\dfrac{65}{34}(-0.7)^k+\dfrac{300}{221}\\ \dfrac{51}{52}(-0.3)^k-\dfrac{91}{68}(-0.7)^k+\dfrac{79}{221}\end{bmatrix}$$

最后得该系统状态方程的解为

$$\boldsymbol{X}(k)=\begin{bmatrix}-\dfrac{418}{104}(-0.3)^k+\dfrac{498}{136}(-0.7)^k+\dfrac{300}{221}\\ \dfrac{2\ 508}{2\ 080}(-0.3)^k-\dfrac{6\ 972}{2\ 720}(-0.7)^k+\dfrac{79}{221}\end{bmatrix}\quad(k=1,2,3,\cdots)$$

2. 线性时变离散系统状态方程的解(略。详见参考文献[17])

8.5 基于 MATLAB 与 SIMULINK 的系统状态空间分析

8.5.1 基于 MATLAB 的系统状态空间分析

在控制系统状态空间分析中,可应用 MATLAB 提供的两种 Runge-Kutta 函数,即

[t, x]=ode23(odefun,tspan,x0,options)

[t, x]=ode45(odefun,tspan,x0,options)

其中,odefun 为待求解的函数,该函数形式为 dydt=odefun(t,x),t,x 为函数的输入;tspan 用于指定积分区间,如[t0 tf]表示求从初始时间 t0 到终止时间 tf 区间内的每个积分时间步计算的解;x0 为初始状态向量;options 为结构体数组,属于可选输入项,用于设置 ode23 函数或 ode45 函数的求解参数,如设置相对和绝对误差容限等,options 结构体通过 odeset 函数生成,如 optis=odeset('RelTol',1e-2,'AbsTol',1e-5)。一般情况下,优先选择 ode45 函数求解。除了上述两种函数外,新版 MATLAB 软件还提供了 ode78、ode89 等高阶龙格-库塔(Runge-Kutta)法求解函数。

在使用上述函数进行控制系统分析时,通常需要首先根据系统的状态方程建立一个以.m 为扩展名的 MATLAB 函数文件。下面以液压控制系统为例加以说明。

例 8.25 试应用 MATLAB 提供的龙格-库塔函数命令求解图 8.12 所示液压控制系统当系统输入 $u=20$ 时的阶跃响应。

解 对于图 8.12 所示的液压控制系统,引进中间变量 z 并选择 $x_1=z,x_2=\dot{z},x_3=\ddot{z},x_4=\dddot{z}$ 为系统状态变量,可以写出该系统的状态方程为

$$\dot{x}_1 = x_2$$

$$\dot{x}_2 = x_3$$

$$\dot{x}_3 = x_4$$

$$\dot{x}_4 = e - 54x_4 - 204.2x_3 - 213.8x_2 - 62.5x_1$$

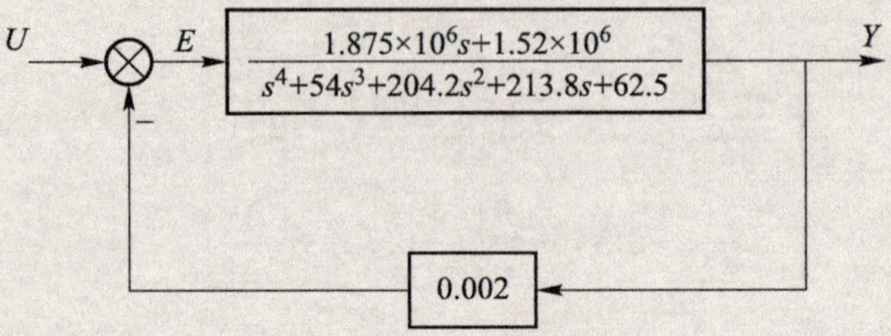

图 8.12　某液压控制系统框图

系统的输出方程为

$$y = 1.875\times10^6 x_2 + 1.52\times10^6 x_1$$

其中，$e = u - 0.002y = u - 0.002(1.875\times10^6 x_2 + 1.52\times10^6 x_1)$，$u = 20$。代入系统的状态方程中得

$$\dot{x}_1 = x_2$$

$$\dot{x}_2 = x_3$$

$$\dot{x}_3 = x_4$$

$$\dot{x}_4 = 20 - 0.002(1.875\times10^6 x_2 + 1.52\times10^6 x_1) - 54x_4 - 204.2x_3 - 213.8x_2 - 62.5x_1$$

在 MATLAB 中创建的 M 文件 Vdp2.m 为

```
function yp = Vdp2(t, x)
yp = [x(2);x(3);x(4);20-0.002 * (1.875e6 * x(2)+1.52e6 * x(1))-54 * x(4)-204.2 *
x(3)-213.8 * x(2)-62.5 * x(1)];
```

在 MATLAB 命令窗口上写入下述程序

```
[t,x] = ode45('Vdp2',[0, 20],[0; 0; 0; 0]);
X1 = X(:, 1);
X2 = X(:, 2);
y = 1.52e6 * X1+1.875e6 * X2;
plot(t, y)
```

其计算结果如图 8.13 所示。程序中 plot(t, y)为 MATLAB 提供的最基本的绘图命令，它绘制了时间 t 与系统输出 y 之间的关系曲线。

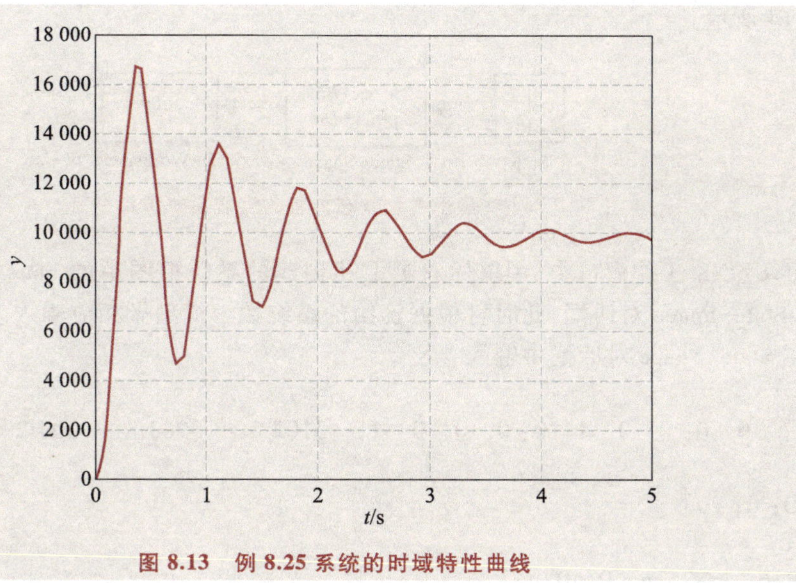

图 8.13　例 8.25 系统的时域特性曲线

8.5.2　基于 SIMULINK 的系统状态空间分析

在 SIMULINK 仿真软件上，系统状态方程是以矩阵的形式表示，即

$$\left.\begin{aligned}\dot{\boldsymbol{X}} &= \boldsymbol{AX} + \boldsymbol{Bu}\\ \boldsymbol{y} &= \boldsymbol{CX} + \boldsymbol{Du}\end{aligned}\right\} \tag{8.65}$$

例 8.26　试应用 SIMULINK 仿真软件，分析例 8.25 液压系统状态方程的阶跃响应特性。

解　对于例 8.25 的液压控制系统，式(8.65)中的系数矩阵可写成

$$\boldsymbol{A}=\begin{bmatrix}0 & 1 & 0 & 0\\ 0 & 0 & 1 & 0\\ 0 & 0 & 0 & 1\\ a_{41} & a_{42} & a_{43} & a_{44}\end{bmatrix}$$

其中

$$a_{41}=-1.52\times10^{6}\times0.002-62.5=-3\ 102.5$$

$$a_{42}=-1.875\times10^{6}\times0.002-213.8=-3\ 963.8$$

$$a_{43}=-204.2$$

$$a_{44}=-54$$

$$\boldsymbol{B}=\begin{bmatrix}0\\0\\0\\20\end{bmatrix},\boldsymbol{C}=[1.52\times10^{6}\quad 1.875\times10^{6}\quad 0\quad 0],\ \boldsymbol{D}=0$$

有了上述数学模型，就可以在 SIMULINK 软件上选择 Continuous（连续系统）模块，在 Continuous 模块中选择模块 State-Space。在 Sources 模块中选择相应的输入源模块，本例选择阶跃信号 Step 作为本液压控制系统的输入，在 sinks 输出模块中选择适当的接收模块作为系统的输出，本例选择示波器 Scope 来观察系统的输出响应，分析系统的输出特性。将上述选中的状态方程模块 State-Space、输入源模块 Step、输出模块 Scope 在 SIMULINK 工作窗口中创建的系统仿真模

型如图 8.14 所示。

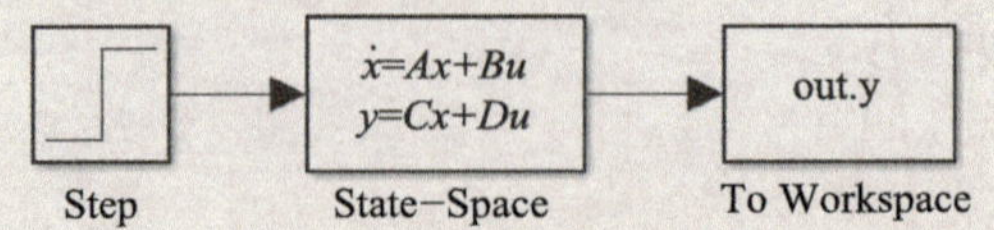

图 8.14① 基于系统状态方程的连续系统仿真模型

在 SIMULINK 工作窗口中，用鼠标双击上述创建的系统框图中的 State-Space 模块，在屏幕上将显示 State-Space 对话框，此时可根据已给的系统数学模型做相应输入。对于本例的液压控制系统，在 State-Space 对话框中输入

A

[0 1 0 0; 0 0 1 0; 0 0 0 1; -3102.5 -3963.8 -204.2 -54]

B

[0; 0; 0; 20]

C

[1.52e6 1.875e6 0 0]

D

0

双击 Step 模块，在对话框中输入

Step time

0

Initial value

0

Final value

1

输入上述数据后，即可在菜单 Simulation 中选 Start 进行系统分析计算，其运算结果如图 8.13 所示。

例 8.27 某离散控制系统的闭环脉冲传递函数为

$$\frac{Y(z)}{U(z)}=\frac{0.332z+0.136}{z^3-0.25z^2+0.268z+0.432}$$

试求该系统的阶跃响应特性。

解 根据给定的闭环脉冲传递函数可得离散系统的状态方程为

$$x_1(k+1)=x_2(k)$$

$$x_2(k+1)=x_3(k)$$

$$x_3(k+1)=u(k)-0.432x_1(k)-0.268x_2(k)+0.25x_3(k)$$

输出方程为

$$y(k)=0.136x_1(k)+0.332x_2(k)$$

① 图中的字母 x 在正文中相应为大写字母。

写成矩阵差分方程的形式为

$$X(k+1)=\begin{bmatrix}0 & 1 & 0\\0 & 0 & 1\\-0.432 & -0.268 & 0.25\end{bmatrix}X(k)+\begin{bmatrix}0\\0\\1\end{bmatrix}u(k)$$

$$y(k)=[0.136 \quad 0.332 \quad 0]X(k)$$

有了上述离散系统的数学模型，就可以在 SIMULINK 中选择 Discrete（离散系统）模块，在 Discrete 模块中选择模块 Discrete State-Space，在 Sources 模块中选择适当的输入源模块，本例选择阶跃信号 Step 作为本离散系统的输入信号，在输出模块 Sinks 中用 Workspace 作为系统接收模块。利用上述模块在 SIMULINK 工作窗口中建立离散系统数学模型，如图 8.15 所示。

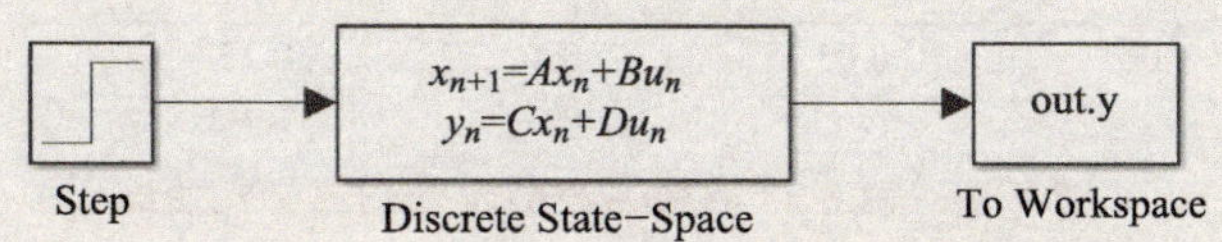

图 8.15① 例 8.27 离散系统的 SIMULINK 仿真模型

双击 Discrete State-Space 模块，在屏幕上将显示 Discrete State-Space 对话框。当采样周期 $T_0=0.005$ s 时，可在该对话框中输入如下数据：

A

[0 1 0; 0 0 1; -0.432 -0.268 0.25]

B

[0; 0; 1]

C

[0.136 0.332 0]

D

0

Sample Time：0.005

双击 step 模块，在对话框中输入

Step time

0

Initial value

0

Final value

1.5

根据上述建立的数学模型及系统参数，即可在 Simulation 中选 Start 进行系统分析计算，其运算结果如图 8.16 所示。

① 图中 x_{n+1}、x_n、u_n、y_n 分别对应文中 $X(k+1)$、$X(k)$、$u(k)$、$y(k)$。

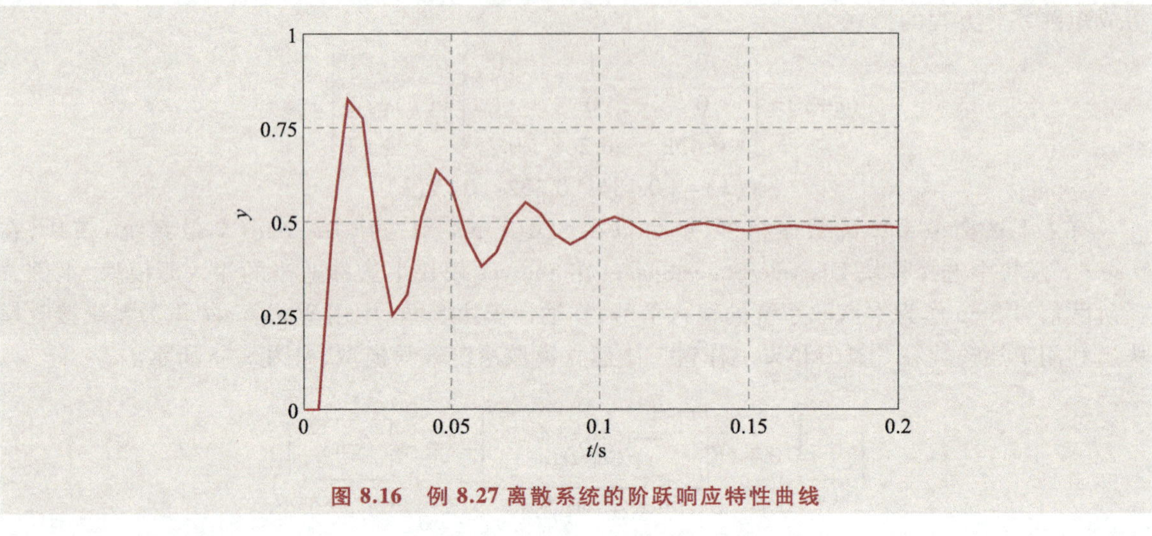

图 8.16 例 8.27 离散系统的阶跃响应特性曲线

8.6 基于 MATLAB 的系统数学模型转换

为了系统分析与综合的需要，MATLAB 还提供了各种系统数学模型相互转换的函数，这里介绍状态方程与传递函数之间的转换。在控制系统中，传递函数可表示成如下形式

$$\frac{Y(s)}{U(s)}=\frac{传递函数分子多项式}{传递函数分母多项式}=\frac{\text{num}}{\text{den}}$$

系统状态方程和输出方程分别为

$$\dot{\boldsymbol{X}}=\boldsymbol{AX}+\boldsymbol{Bu}$$

$$y=\boldsymbol{CX}+\boldsymbol{Du}$$

在 MATLAB 中用 ss 表示系统状态方程，用 tf 表示系统传递函数，其函数命令格式为

1. 由系统状态方程转换成系统传递函数

[num,den] = ss2tf(A,B,C,D)

2. 由系统传递函数转换成系统状态方程

[A,B,C,D] = tf2ss(num,den)

下面举例加以说明。

例 8.28 某控制系统的传递函数为

$$\frac{Y(s)}{U(s)}=\frac{1}{s^3+3s^2+2s+1}$$

试应用 MATLAB 数学模型转换函数转换成系统状态方程。

解 在 MATLAB 工作空间上输入下述 MATLAB 数学模型转换程序，将产生矩阵 A、B、C、D。

```
num=[0  0  0  1];
den=[1  3  2  1];
[A  B  C  D]=tf2ss(num,den)
```

```
A =
    -3   -2   -1
     1    0    0
     0    1    0
B =
    1
    0
    0
C =
    0  0  1
D =
    0
```

即该系统状态方程和输出方程分别为

$$\dot{X}=\begin{bmatrix}-3 & -2 & -1\\ 1 & 0 & 0\\ 0 & 1 & 0\end{bmatrix}X+\begin{bmatrix}1\\ 0\\ 0\end{bmatrix}u$$

$$y=[0\quad 0\quad 1]\,X$$

例 8.29 系统传递函数为

$$\frac{Y(s)}{U(s)}=\frac{s^2+4s+3}{s^3+8s^2+16s}$$

试应用 MATLAB 数学模型转换函数转换成系统状态方程。

解 在 MATLAB 工作空间上输入

```
num=[0  1  4  3];
den=[1  8  16  0];
[A  B  C  D]=tf2ss(num,den)
A =
    -8   -16   0
     1     0   0
     0     1   0
B =
    1
    0
    0
C =
    1  4  3
D =
    0
```

即该系统状态方程和输出方程分别为

$$\dot{\boldsymbol{X}}=\begin{bmatrix}-8 & -16 & 0\\ 1 & 0 & 0\\ 0 & 1 & 0\end{bmatrix}\boldsymbol{X}+\begin{bmatrix}1\\ 0\\ 0\end{bmatrix}u$$

$$y=[1 \quad 4 \quad 3]\ \boldsymbol{X}$$

例 8.30 系统状态方程为

$$\dot{\boldsymbol{X}}=\begin{bmatrix}-8 & -16 & 0\\ 1 & 0 & 0\\ 0 & 1 & 0\end{bmatrix}\boldsymbol{X}+\begin{bmatrix}1\\ 0\\ 0\end{bmatrix}u$$

$$y=[1 \quad 4 \quad 3]\ \boldsymbol{X}$$

试应用 MATLAB 数学模型转换函数转换成系统传递函数。

解 在 MATLAB 工作空间上输入

```
A=[-8  -16  0;1  0  0;0  1  0];
B=[1; 0; 0];
C=[1  4  3];
D=[0];
[num,den]=ss2tf(A  B  C  D)
num=
      0  1.0000  4.0000  3.0000
den=
      1  8  16  0
```

即该系统传递函数为

$$\frac{Y(s)}{U(s)}=\frac{s^2+4s+3}{s^3+8s^2+16s}$$

例 8.31 系统状态方程为

$$\dot{\boldsymbol{X}}=\begin{bmatrix}0 & 0 & 1\\ 0 & 1 & 0\\ -6.27 & -30.25 & -6.78\end{bmatrix}\boldsymbol{X}+\begin{bmatrix}0\\ 30.56\\ -130.77\end{bmatrix}u$$

$$y=[1 \quad 0 \quad 0]\ \boldsymbol{X}$$

试应用 MATLAB 数学模型转换函数转换成系统传递函数。

解 在 MATLAB 工作空间上输入

```
A=[0  0  1; 0  1  0; -6.27  -30.25  -6.78];
B=[0;  30.56;  -130.77];
C=[1  0  0];
D=[0];
```

```
[num,den]=ss2tf(A, B, C, D)
num=
     0   0.0000   -130.770   -793.66
den=
     1   5.7800   -0.5100   -6.2699
```

即该系统传递函数为

$$\frac{Y(s)}{U(s)}=\frac{-130.77s-793.66}{s^3+5.78s^2-0.51s-6.27}$$

习　题

8-1　已知单位反馈控制系统的开环传递函数为

（1）$G(s)=\dfrac{10}{(0.1s+1)(0.5s+1)}$

（2）$G(s)=\dfrac{7(s+3)}{s(s+4)(s^2+2s+2)}$

（3）$G(s)=\dfrac{8(0.5s+1)}{s^2(0.2s+1)}$

试列写其状态方程及输出方程。

8-2　线性系统闭环传递函数为

$$\frac{Y(s)}{U(s)}=\frac{s^2+3s+2}{s(s^2+7s+12)}$$

试按:1）直接程序法,2）并接程序法,3）串接程序法,分别列写其状态方程及输出方程。

8-3　试直接利用图 8.17、图 8.18 和图 8.19 所示的系统框图列写下列系统的状态方程及输出方程:

（1）

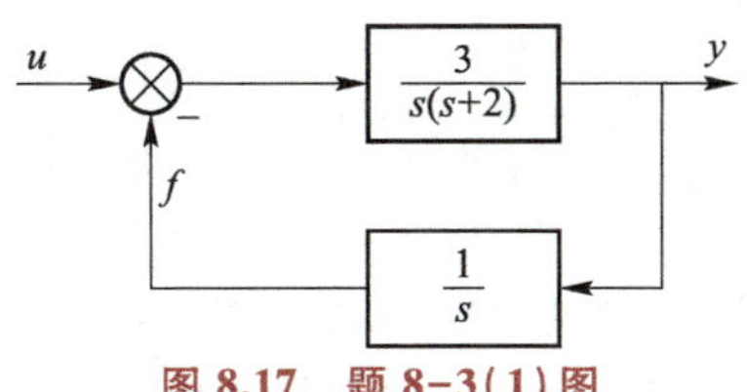

图 8.17　题 8-3(1)图

（2）

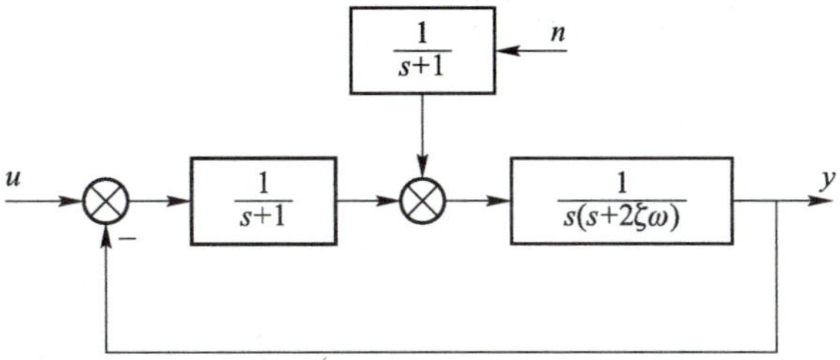

图 8.18　题 8-3(2)图

(3)

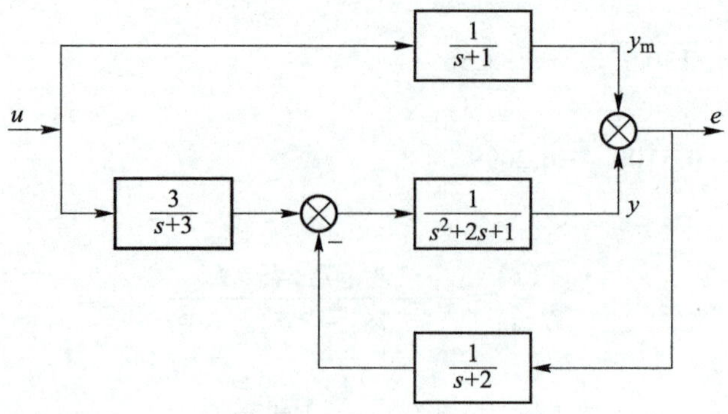

图 8.19 题 8-3(3)图

8-4 试列写下列离散系统的状态方程及输出方程：

(1) $y(k+3)+4y(k+2)+2y(k+1)+y(k)=u(k)$

(2) $y(k+2)+y(k+1)+2y(k)=u(k+1)+0.4u(k)$

8-5 试求下列线性定常系统状态方程$[u(t)=1(t)]$的解：

(1) $\begin{bmatrix}\dot{x}_1\\ \dot{x}_2\end{bmatrix}=\begin{bmatrix}0 & 0\\ -1 & -2\end{bmatrix}\begin{bmatrix}x_1\\ x_2\end{bmatrix}+\begin{bmatrix}0\\ 1\end{bmatrix}u$

(2) $\begin{bmatrix}\dot{x}_1\\ \dot{x}_2\\ \dot{x}_3\end{bmatrix}=\begin{bmatrix}0 & 1 & 0\\ 0 & 0 & 1\\ 0 & 1 & 0\end{bmatrix}\begin{bmatrix}x_1\\ x_2\\ x_3\end{bmatrix}+\begin{bmatrix}0\\ 0\\ 1\end{bmatrix}u$

8-6 设线性定常系统状态方程为

$$\begin{bmatrix}\dot{x}_1\\ \dot{x}_2\end{bmatrix}=\begin{bmatrix}-1 & -0.5\\ 1 & 0\end{bmatrix}\begin{bmatrix}x_1\\ x_2\end{bmatrix}+\begin{bmatrix}0.5\\ 0\end{bmatrix}u$$

$$\boldsymbol{X}(0)=\begin{bmatrix}0\\ 0\end{bmatrix},y=\begin{bmatrix}1 & 0\end{bmatrix}\begin{bmatrix}x_1\\ x_2\end{bmatrix}$$

试求当$u(t)=1(t)$时的系统输出响应。

8-7 试分别用递推法、$\mathscr{Z}$变换法求线性离散系统状态方程的解

$$\boldsymbol{X}(k+1)=\boldsymbol{A}\boldsymbol{X}(k)+\boldsymbol{B}u(k)$$

$$\boldsymbol{A}=\begin{bmatrix}0 & 1\\ -0.16 & -1\end{bmatrix},\boldsymbol{B}=\begin{bmatrix}1\\ 1\end{bmatrix},\boldsymbol{X}(0)=\begin{bmatrix}1\\ -1\end{bmatrix},u(k)=1\quad(k\geqslant 0)$$

第 9 章 控制系统的应用和分析

机器系统对高性能的追求使得控制理论在工程实际和科学实验中得到广泛应用,并由此产生了各类控制系统。这一章通过控制系统的几个应用实例,重点介绍控制系统性能分析的基本方法。常见的控制问题可视其对控制对象的要求分为两类:当控制对象的输出偏离平衡状态或有这种趋势时,对它加以控制,使其回到平衡状态,这是调节器问题;对控制对象加以控制,使它的输出按某种规律变化,这是伺服机问题。按控制系统的组成和涉及的能量形式,本章讨论四个实际系统:带钢卷取电液伺服控制系统、电压-转角机电伺服控制系统、仿形刀架机液伺服控制系统和定量浇注气动调节控制系统。前面三个例子是伺服机问题,后面一个例子是调节器问题。用到的方法是理论和实验相结合的分析方法,分析过程在时域和频域展开,并注意 MATLAB 与 SIMULINK 软件的应用。通过这一章的学习,应该对实用背景下控制系统的结构、功能和行为的分析与综合过程有一个基本了解。

9.1 带钢卷取电液伺服控制系统

9.1.1 概述

随着轧钢生产向自动化、连续化、高速化方向的发展,液压控制系统已成为现代轧钢设备的重要组成部分,在张力控制、位置控制和速度控制上都可以看到它们的应用。这里介绍生产中常用到的一类带钢卷取跑偏电液伺服控制系统。

电液伺服系统是指将电气(含电子系统)和液压两种控制方式结合起来组成的控制系统。在电液伺服控制系统中,用电气和电子元件(有时需要与计算机接口)实现信号的检测、传递和处理,用液压传动来驱动负载。这样可以充分利用电气系统的方便性、智能性以及液压系统响应速度快、负载刚度大的特点,使整个系统更具适应性。电液伺服系统是综合性能很好的控制系统。

在带钢的连续轧制过程中,跑偏控制是十分必要的。尽管在机组及辅助设备设计中采取了许多使带钢定向运动的措施,但跑偏仍是不可避免的。引起跑偏的主要原因有:张力不适当或张力波动较大;辊系的不平行度和不水平度;辊子偏心或有锥度;带钢厚度不均、浪形及横向弯曲等。跑偏控制的作用在于使带钢在准确的位置上运动,避免跑偏过大而损坏设备或造成断带停产。同时,跑偏控制也使带钢卷取整齐,从而减小带边的剪切量,提高成品率。卷取整齐的钢卷也给摆放、包装、运输和使用带来许多方便。

9.1.2 控制系统的组成和工作原理

带钢卷取跑偏电液伺服控制系统如图 9.1 所示。该系统由能源装置、电液伺服阀、电流放大器、伺服液压缸、卷取机和光电检测器等部件组成。带钢的跑偏位移是系统的输入量，卷取机（或卷筒）的跟踪位移是系统的输出量。输入量与输出量的差值经光电检测器检测后由电流放大器放大，放大后的功率信号驱动电液伺服阀动作，进而控制伺服液压缸驱动卷取机（或卷筒）的移动。能源装置为整个系统工作提供足够的能量。除此之外，系统中还设置了辅助液压缸和液控单向阀组。辅助液压缸有两个作用：一是在卷完一卷要切断带钢前将光电检测器从检测位置退出，而在卷取下一卷前又能使检测器自动复位对准带边。这样可以避免在换卷过程中损坏光电检测器。二是在卷取不同宽度的带钢时调节光电检测器的位置。液控单向阀组可使伺服液压缸和辅助液压缸有较高的定位精度。

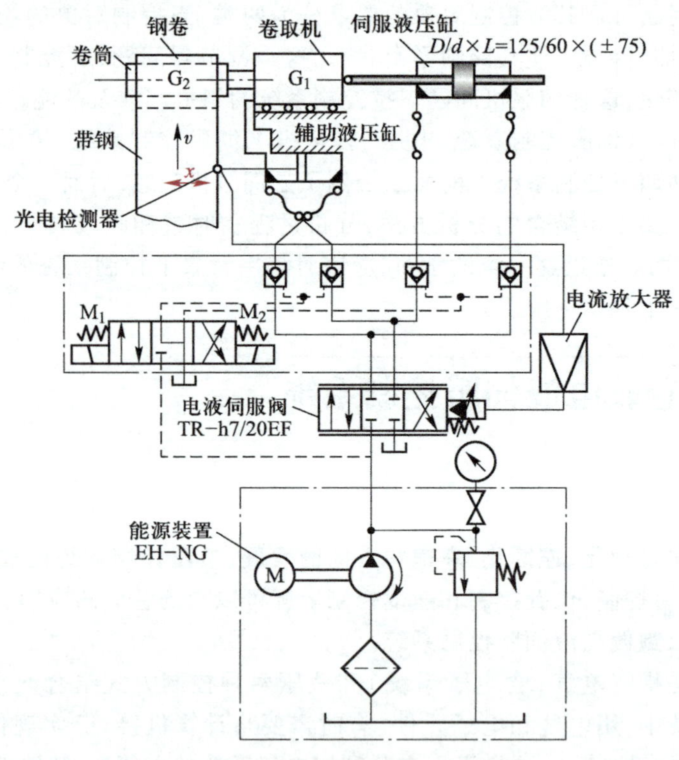

图 9.1 带钢卷取跑偏控制系统原理图

控制系统电路简图如图 9.2 所示。由于该系统的输出量是位移，输出量与输入量之间设计成负反馈连接，因此这是一个位置伺服系统，输出量可以连续跟踪输入量的变化。具体过程表现为：带钢正常运行时，光电二极管接收一半的光照，其电阻为 R_1。调整电桥电阻 R_2 和 R_3，使 $R_1R_3=R_2R_4$，电桥平衡无输出。当带钢跑偏时，带边偏离检测器中线，电阻 R_1 随光照变化而变化，使电桥失去平衡，从而形成偏差信号 u_g。此信号经电流放大器放大后，在伺服阀差动连接的线圈上产生差动电流 Δi，伺服阀则输出正比于此差动电流的油液流量，使液压缸驱动卷取机的卷筒向跑偏的方向跟踪，从而实现带钢自动卷齐。由于光电检测器安装在卷取机移动部件上随同跟踪实现直接位置反馈，很快就使检测器中线又对准带边，于是在新的平衡状态下卷取，完成了一次纠偏过程。

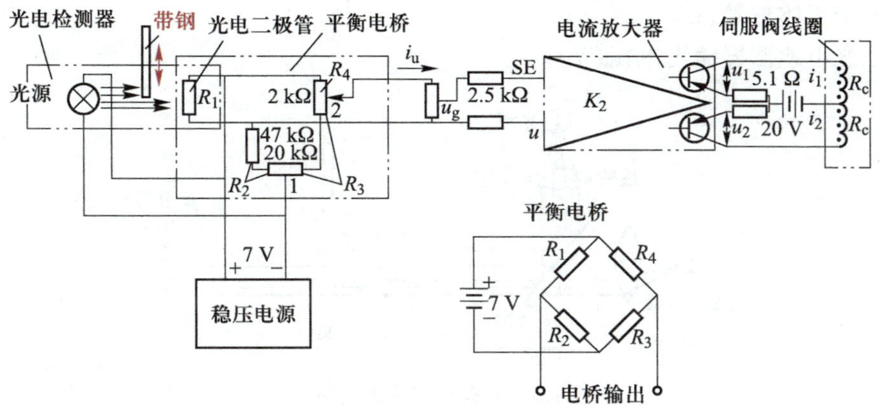

图 9.2　控制系统电路简图

带钢卷取电液伺服系统的主要设计数据如下：

带钢运行速度　$v=5\ \mathrm{m/s}$；　　纠偏调节速度　$v_p=2.5\times10^{-2}\ \mathrm{m/s}$；

惯性负载　$m_t=2.75\times10^4\ \mathrm{kg}$；　　系统频宽　$f_b=2\sim3\ \mathrm{Hz}$；

工作行程　$L=\pm75\ \mathrm{mm}$；　　钢卷边部误差　$e=\pm(1\sim2)\ \mathrm{mm}$。

除此之外，控制系统还要有足够的稳定裕量。带钢卷取电液伺服控制系统框图如图 9.3 所示。

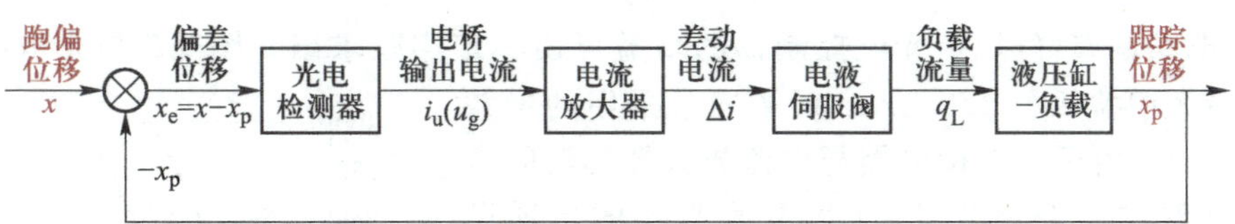

图 9.3　控制系统框图

9.1.3　控制系统性能分析

系统分析是控制理论的重要组成部分，是完善系统设计的基础。常用的分析方法是理论与实验相结合的方法。分析的内容是对现有系统的性能指标进行定量评估，目的是指出问题所在并提出系统改进的措施。图 9.3 所示的系统是典型的可建模系统，首先建立该系统的数学模型，在此基础上对其进行性能分析。

1. 控制系统数学模型

(1) 光电检测器和电流放大器

光电检测器为反射式，其光路简图如图 9.4 所示。光源由稳压电源供电，光强稳定。由透镜组将点光源变成平行光是为了增大扫描面积并减少侧光干扰。检测器的开口，即发射部分与反射器之间距离 $s=0.55\ \mathrm{m}$，检测横向跑偏范围 $x=\pm(6\sim8)\ \mathrm{mm}$。光电检测器的增益为

$$K_1 = \frac{u_g}{x_e} = \text{const} \tag{9.1}$$

式中：x_e——带钢跑偏量(m)，$x_e = x - x_p$；

u_g——光电检测器输出电压(V)。

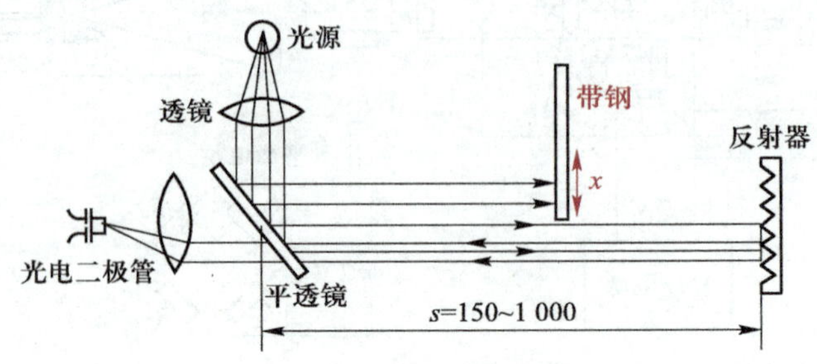

图 9.4 光电检测器光路简图

考虑到电液伺服阀线圈电感的影响，电流放大器通常引入深度电流负反馈，从而使放大器有较高的输出电阻，减小线圈电路的时间常数，使放大器具有恒流源性质。电流放大器的增益为

$$K_2 = \frac{\Delta i}{u_g} \tag{9.2}$$

式中：Δi——电流放大器输出的电流(A)。

因此，光电控制器(包括光电检测器和电流放大器)的增益

$$K_i = \frac{\Delta i}{x_e} = K_1 K_2 \tag{9.3}$$

光路和电路调整好以后，光电控制器的增益可由标定实验求出。图 9.5 是光电控制器的实测特性，其最大增益 $K_{i3} = 150$ A/m，现场通常采用的增益为 $K_{i1} = 60$ A/m。由于光电检测器与电流放大器的时间常数都很小，可看作比例环节，因此光电控制器的传递函数为

$$G_i(s) = \frac{\Delta I(s)}{X_e(s)} = K_i \tag{9.4}$$

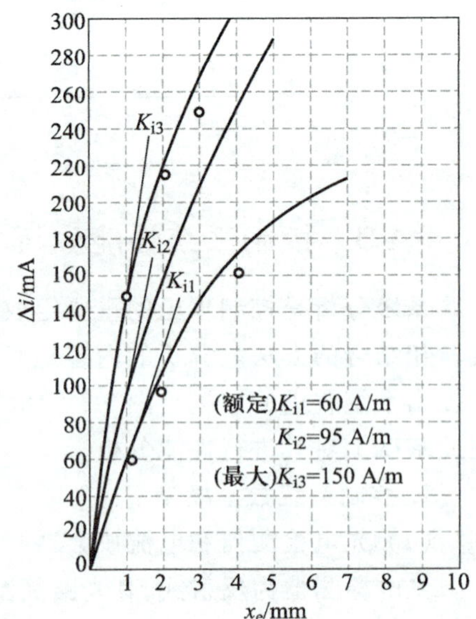

图 9.5 光电控制器特性

(2) 电液伺服阀

控制系统中采用的是 TR-h7/20EF 型动圈双级滑阀位置反馈式电液伺服阀，其主要技术参数为：额定电流 $\Delta i_R = 0.3$ A；供油压力 $p_s = 4.5$ MPa；额定流量 $q_R = 0.5\times10^{-3}$ m^3/s；零位泄漏流量 $q_c = 8.3\times10^{-6}$ m^3/s；单个线圈电阻 $R_c = 40\ \Omega$；单个线圈电感 $L_c = 3\times10^{-3}$ H；颤振电流幅值和频率分别为 0.025 A 和 50 Hz。流量增益

$$K_{sv} = \frac{q_R}{\Delta i_R} = \frac{0.5\times10^{-3}\ \text{m}^3/\text{s}}{0.3\ \text{A}} = 1.67\times10^{-3}\ \text{m}^3/(\text{s}\cdot\text{A}) \tag{9.5}$$

图 9.6 是电液伺服阀的阶跃响应实验曲线。通常认为液压源的压力 p_s 是恒定的，且不计液压油的惯性，则可根据实验曲线求出电液伺服阀的峰值时间、调整时间和最大超调量分别为 $t_p \approx 0.035$ s、$t_s \approx 0.06$ s 及 $M_p \approx 9.5\%$。由于伺服阀可以看成一个二阶振荡环节，由实验数据不难求出该电液伺服阀的阻尼比和固有频率，从而得到电液伺服阀的传递函数为

$$G_{sv}(s)=\frac{Q_L(s)}{\Delta I(s)}=\frac{K_{sv}}{\dfrac{s^2}{\omega_{sv}^2}+\dfrac{2\zeta_{sv}}{\omega_{sv}}s+1}=\frac{1.67\times 10^{-3}}{\dfrac{s^2}{112^2}+\dfrac{2\times 0.6}{112}s+1} \tag{9.6}$$

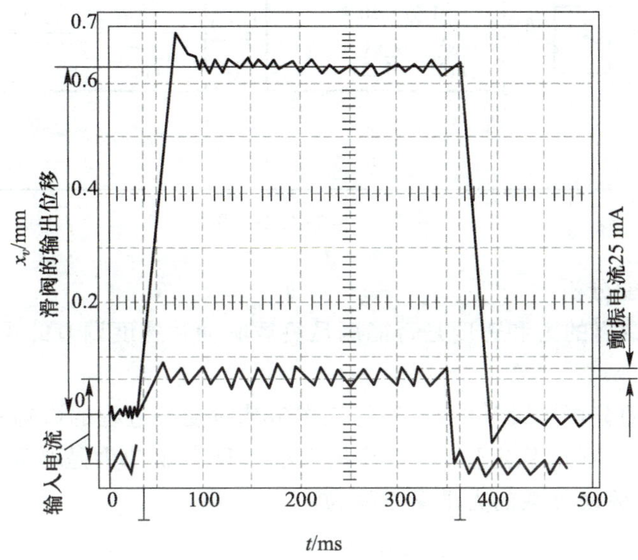

图 9.6　电液伺服阀阶跃响应实验曲线

（3）液压缸-负载

液压缸的技术参数为：活塞直径 $D=0.125$ m，活塞杆直径 $d=0.06$ m，活塞行程 $L=\pm0.075$ m，液压缸有效工作面积 $A_p=9.45\times10^{-3}$ m^2，系统总的压缩容积（液压缸及与之相连的管路的容积）$V_t=2LA_p+V_{管}\approx2.48\times10^{-3}$ m^3。

由于是惯性负载，液压缸-负载环节的传递函数为

$$\frac{X_p(s)}{Q_L(s)}=\frac{1/A_p}{s\left(\dfrac{s^2}{\omega_n^2}+\dfrac{2\zeta_h}{\omega_n}s+1\right)} \tag{9.7}$$

式中，X_p 和 Q_L 分别是液压缸活塞的位移和负载流量。若取液压油的等效弹性模量 $\beta_e=7\times10^8$ Pa，则液压缸-负载环节的固有频率

$$\omega_n=\sqrt{\frac{4\beta_e A_p^2}{V_t m_t}}=\sqrt{\frac{4\times7\times10^8\times(9.45\times10^{-3})^2}{2.48\times10^{-3}\times2.75\times10^4}}\ \text{rad/s}=60.5\ \text{rad/s} \tag{9.8}$$

液压缸-负载环节的阻尼比 ζ_h 也有相应的计算公式，由于该环节的黏性阻尼系数和涉及的伺服阀流量-压力系数都比较小，因此 ζ_h 的计算值偏小（导轨和液压缸的黏性摩擦系数不容易测

准)。在卷取跑偏控制中可取 $\zeta_h=0.2$。至此,可得到液压缸-负载环节的传递函数

$$\frac{X_p(s)}{Q_L(s)}=\frac{\dfrac{1}{9.45\times10^{-3}}}{s\left(\dfrac{s^2}{60.5^2}+\dfrac{2\times0.2}{60.5}s+1\right)} \tag{9.9}$$

由式(9.4)、式(9.6)和式(9.9)可得该控制系统的框图,如图 9.7 所示。

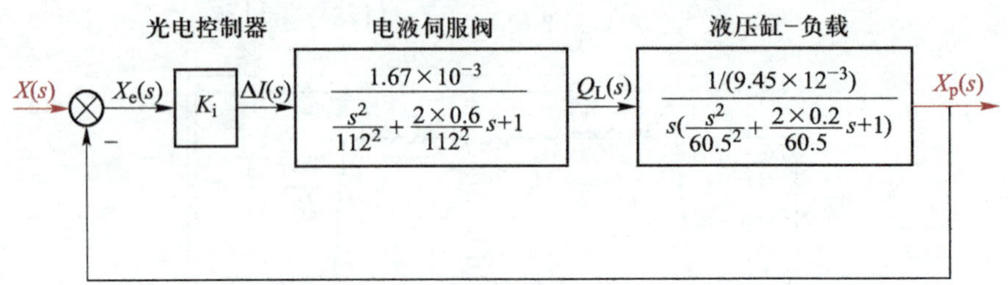

图 9.7 控制系统框图

2. 控制系统的性能分析

首先校核该系统输出的力和速度是否能满足负载驱动和速度调节的要求。

(1) 驱动力

在伺服控制系统的分析和设计中,外加的工作负载对动态过程的影响一般是不计算的,因为它不影响系统的固有特性(如稳定性)。但校核系统的稳态驱动力是必要的。如果不计黏性摩擦力和弹性力,液压缸驱动负载的力平衡方程为

$$p_L A_p = m_t a_m + F_L \tag{9.10}$$

式中,p_L、a_m 和 F_L 分别是液压缸的负载压力、活塞运动的最大加速度和滚动摩擦力负载。假设系统的调节运动是正弦运动,即 $a_m=v_p\omega=2.5\times10^{-2}\times2\pi\times3=0.47\ \mathrm{m/s^2}$。取滚动摩擦因数 $\mu=0.05$,则 $F_L=\mu m_t g$,所以

$$p_L=\frac{m_t a_m+\mu m_t g}{A_p}=\frac{2.75\times10^4(0.47+0.05\times9.81)}{9.45\times10^{-3}}\ \mathrm{Pa}=2.8\ \mathrm{MPa}<\frac{2}{3}p_s=3\ \mathrm{MPa} \tag{9.11}$$

这表明油源提供的压力能够满足液压缸驱动负载的要求。

(2) 跟踪速度

负载压力 $p_L=2.8$ MPa 时,负载流量

$$q_L=q_R\sqrt{\frac{p_s-p_L}{p_s}}=0.5\times10^{-3}\sqrt{\frac{4.5-2.8}{4.5}}\ \mathrm{m^3/s}\approx0.3\times10^{-3}\ \mathrm{m^3/s} \tag{9.12}$$

跟踪速度为

$$v_g=\frac{q_L}{A_p}=\frac{0.3\times10^{-3}}{9.45\times10^{-3}}\ \mathrm{m/s}\approx3.2\times10^{-2}\ \mathrm{m/s}>2.5\times10^{-2}\ \mathrm{m/s} \tag{9.13}$$

可见,伺服阀提供的流量可以满足跟踪速度的要求。

(3) 稳定性

一个闭环控制系统的基本设计完成以后，一定要对该系统进行稳定性校核，因为稳定性是控制系统必须满足的首要条件。下面的分析分别在时域和频域中进行的。计算中将开环传递函数写成部分分式形式，并取开环增益 $K=1.67\times10^{-3}\times K_i/(9.45\times10^{-3})=10$。其中，光电控制器增益 K_i 待定。由图 9.7 可得该系统的开环频率特性 MATLAB 语言程序如下

```
num=[10];
den=conv([1/112^2  2*0.6/112  1],[1/60.5^2  2*0.2/60.5  1  0]);
sys=tf(num,den);
margin(sys)
grid
```

系统开环伯德图如图 9.8 所示。由图 9.8 可知，该系统是稳定的且幅值裕量为 6.66 dB、相位裕量为 79.6°。因此，只要取光电控制器增益 $K_i=56.6$ A/m(保证 $K=10$)即可。该值在 K_i 的取值范围(0~150 A/m)内，故可以满足要求。

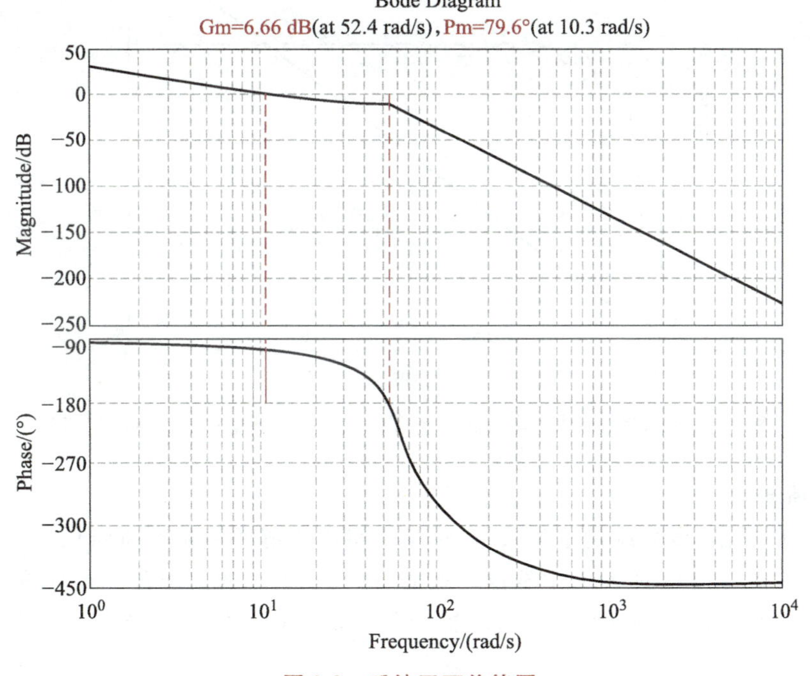

图 9.8 系统开环伯德图

求系统单位阶跃、单位速度响应的 SIMULINK 模型如图 9.9a 所示，其响应特性如图 9.9b 所示。

(4) 响应速度

控制系统的响应速度可以用阶跃响应的调整时间 t_s 或系统的截止频率 ω_b 表示。由图 9.8 和图 9.9b 可知，该系统的 $t_s\approx0.5$ s，ω_b 略大于 10 rad/s(略大于开环对数幅频特性的幅值穿越频率 $\omega_c=10.3$ rad/s)。因此只能满足系统频宽 f_b<2 Hz 的要求，与设计要求(2~3 Hz)相比偏低。

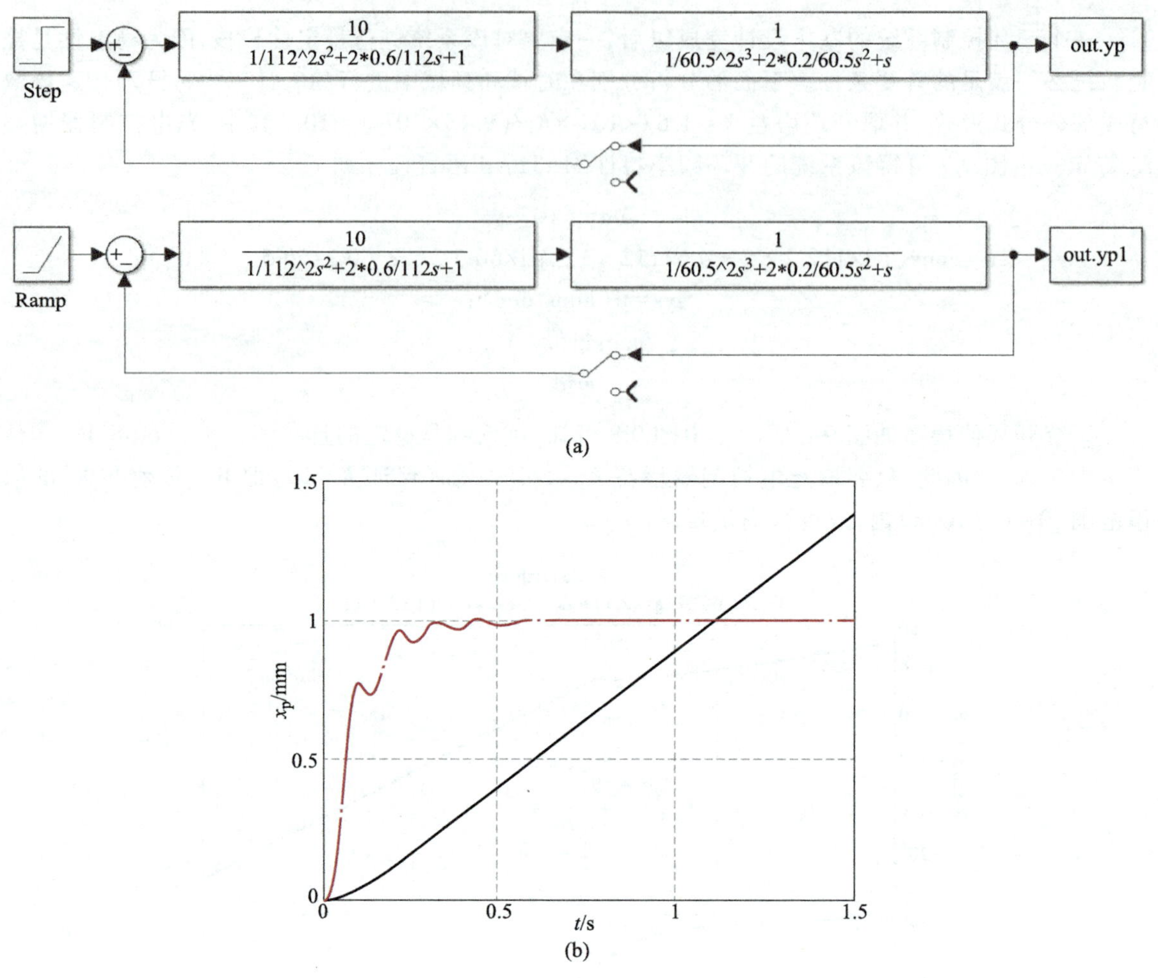

图 9.9　系统单位阶跃、单位速度响应的 SIMULINK 模型及其响应特性

（5）稳态精度

从图 9.7 可以看出，该系统是 I 型系统，理论上可以无静差地跟踪阶跃信号和以恒定静差跟踪速度信号，这一点可以从图 9.9b 中看出。然而，由于本系统的某些环节存在着死区和零漂，在建立数学模型中没有考虑这些因素。因此，即便是跟踪阶跃信号也可能存在静差，应该对此做一个初步的估算。

本系统存在死区的环节是电液伺服阀和执行机构，存在零漂的环节主要有光电检测器、电流放大器和电液伺服阀，通常是将这些环节的死区和零漂都折算到电液伺服阀的零漂上，以此来计算稳态误差。

1）电液伺服阀的死区　伺服阀的死区电流 $\Delta i_{D1}=6\ \mathrm{mA}$。造成死区的原因是阀口有一定的遮盖量和加工精度有限，致使阀芯与阀套间有一定的摩擦力的缘故。

2）执行机构的死区　现场调试表明，为克服液压缸及导轨摩擦力所需的负载压力 $\Delta p_f=4\times10^5\ \mathrm{Pa}$，由此可知执行机构的死区电流为

$$\Delta i_{D2}=\frac{\Delta p_f}{K_p}=\frac{4\times10^5}{2\times10^8}\ A=2\ mA \tag{9.14}$$

其中，电液伺服阀的零位压力增益 $K_p=2\times10^8$ Pa/A。

3）电液伺服阀的零漂　按电液伺服阀的一般标准其零漂应小于 3%，即阀的零漂电流为

$$\Delta i_{d1}=\Delta i_R\times3\%=9\ mA \tag{9.15}$$

4）光电控制器的零漂　光电控制器的零漂主要是电流放大器的零漂，设其为 1%，则折算到电液伺服阀的零漂电流 $\Delta i_{d2}=\Delta i_R\times1\%=3$ mA。于是，各环节的零漂和死区折算到电液伺服阀上的电流值为上述电流之和，即 $\Delta i_f=20$ mA。

Δi_f 实际上是系统的干扰，如图 9.10 所示。由图可以计算出 Δi_f 产生的稳态位置误差

$$e_f=\frac{K_{sv}/A_p}{1+K_iK_{sv}/A_p}\Delta i_f\approx\frac{\Delta i_f}{K_i}$$

$$=\frac{20\times10^{-3}}{56.6}\ m=3.5\times10^{-4}\ m \tag{9.16}$$

这个误差是可以接受的。

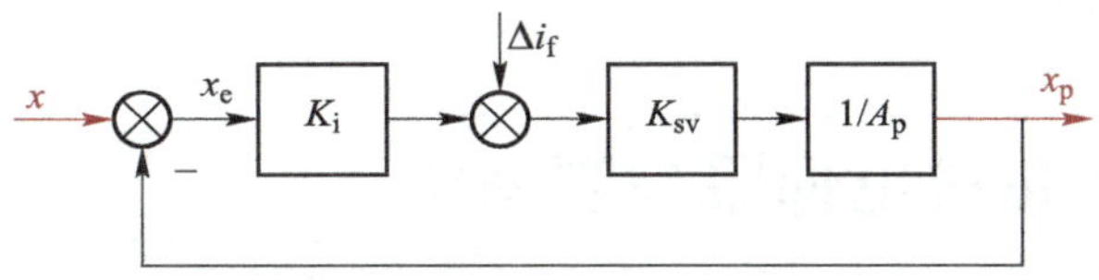

图 9.10　跑偏系统静态框图

在跑偏控制中，系统的稳态速度误差为

$$e_v=\frac{v_p}{K}=\frac{2.5\times10^{-2}}{10}\ m=2.5\times10^{-3}\ m \tag{9.17}$$

必须指出，系统实际输入的速度信号不是单位速度信号，在分析图 9.9 时应注意这一点。至此，系统总的稳态误差为

$$e=e_f+e_v=(0.35+2.5)\times10^{-3}\ m=2.85\times10^{-3}\ m \tag{9.18}$$

可见，系统的稳态误差主要是速度误差。当 $K=10$ 时，由于增益较小，不能满足控制精度的要求。现场生产中带钢边缘的卷取位置偏差超过规定的 $e=\pm(1\sim2)$ mm，这一点证实了上述分析。

3. 系统的改进措施

由上面的分析可知，该系统的响应速度和稳态精度还不能满足实际需求，其根本原因是液压缸-负载环节的固有频率 ω_n 偏低，致使开环增益不能提高（受稳定性限制）。为了改善系统性能，可采取如下措施：

（1）提高液压缸-负载环节的固有频率 ω_n

ω_n 值提高以后，在同样的阻尼比下可使开环增益得到提高，从而提高系统的响应速度和稳态精度。由式(9.17)知，为使带钢边缘的卷取位置偏差不超过规定的 $e=\pm(1\sim2)$ mm，应使 $K=$

20~25。从图 9.8 可以看出，如能使 $\omega_n=90$ rad/s，$\omega_{sv}=152$ rad/s，则在保证同样稳定储备的情况下可将 K 提高到 20，此时频宽 f_b 可达到 20 Hz。这样系统的响应速度和稳态精度就能满足要求了。

提高 ω_n 的方法是增大活塞面积 A_p、减小负载质量 m_t 和控制容积 V_t。增大 A_p 要兼顾电液伺服阀和油源的流量输出能力，不要因此影响系统对输出速度的要求。减小 V_t 的途径是尽量减少液压缸的行程和缩短与之相连的管道。原系统选液压缸的行程 $L=\pm75$ mm，实际的调节行程只有±(1~2) mm，故取 $L=\pm20$ mm 已经足够。为此，只需将原液压缸的两腔分别加 55 mm 厚的垫块就可以了。这样可使 ω_n 增至 90 rad/s 以上。

ω_{sv} 的提高可以通过选用高频伺服阀解决。

(2) 增大液压缸-负载环节的阻尼比 ζ_h

在其他参数不变的情况下，增大 ζ_h 可以减小超调量，同样可使开环增益有增大的空间。增大 ζ_h 可行的方法是增大电液伺服阀的流量-压力系数 K_c 或用一个层流液阻将液压缸的两腔连通，带来的缺点是增大了系统的功率损失和降低了系统的刚度。

(3) 电气补偿方法

在系统中串联一个滞后校正装置(PI 校正)可以提高稳态精度，但对响应速度改善不大。若要同时提高系统的稳态精度和响应速度，可以尝试加入串联滞后-超前校正装置(PID 校正)或采用其他校正方法。

9.2 电压-转角机电伺服控制系统

9.2.1 概述

电压-转角伺服系统是一类小功率位置随动实验装置，在高校和科研院、所的自动化实验室中可以看到它们的应用。利用这套设备不仅可以完成一些验证性实验(需要设置必要的外部接口和测试孔)，例如位置伺服实验、直流电动机调速实验、运算放大器性能实验、PID 校正实验和功率放大器性能实验；也可以做一些设计性、研究性的实验，比如将其与计算机接口，从而对一些控制方法进行研究。这类实验设备有多种成型产品，被普遍用于教学和科研。

机电伺服系统主要用于小功率伺服控制。驱动负载能力和响应速度偏低是这类控制方式的缺点。但在信号检测、传递、处理以及新控制策略再生等方面表现的灵活性、准确性和经济性是其他控制方式所不能比拟的。

9.2.2 控制系统的组成和工作原理

电压-转角机电伺服控制系统的电气原理如图 9.11 所示。该系统的输入量是给定的电压信号 U_i，输出量是直流伺服电动机 SYL-5 的转角 α。运算放大器 μA741 构成控制系统中的 PI 校正环节，可以增大系统的开环增益，从而提高系统的稳态精度。功率放大器由前置放大器 MC1536 和三级互补跟随器组成，具有较高的输入阻抗。系统中除了设置位置反馈外还设置了速度反馈，用来增加系统阻尼，减小伺服电动机的时间常数，改善传递特性的线性度。从而进一步提高系统的动、静态品质。被控对象是直流伺服电动机，它与反馈电位计和测速发电机同轴相连。该系统具有输出转角跟随输入电压变化的功能:当输入信号与位置反馈信号出现差值时,位置偏差信号经 PI 校正环节后与速度反馈信号比较,得到的速度偏差经功率放大后驱动直流伺服电动机旋转,同时带动位置反馈电位计和测速发电机一起转动。最终消除偏差,伺服电动机停止在与输入信号相应的位置上。位置反馈和速度反馈分别由电位计 WHJ-1.5 kΩ、测速发电机 70CYD-1 和速度反馈分压电位计完成。由于反馈元件的精度对闭环控制系统的性能有着重要影响,应该选用性能稳定、精度高的元、器件作为反馈元件。该系统的主要技术参数为:

位置反馈电位计精度　0.2%;　　功率放大器输出幅度　±22 V;
直流伺服电动机堵转力矩　0.5 N · m;　　测速发电机线性误差　<1%;
直流伺服电动机空载转速　8 rad/s;　　测速发电机增益　1.1~1.5 V · s/rad。

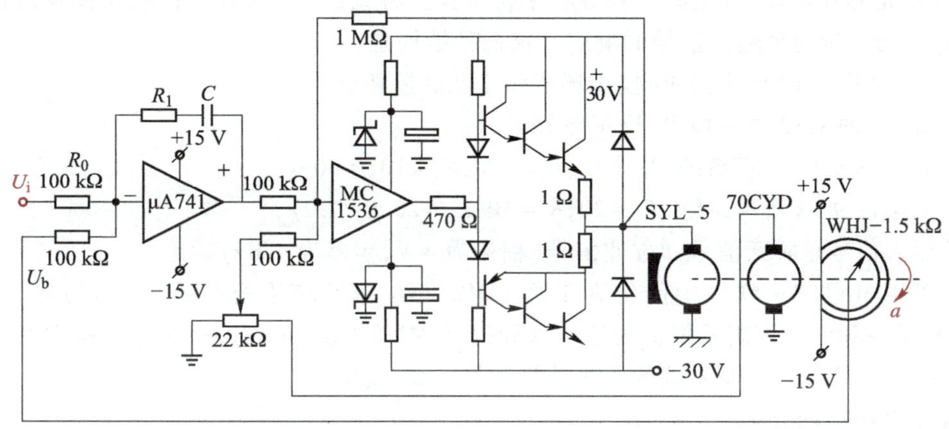

图 9.11　电压-转角机电伺服系统电气原理图

9.2.3　控制系统性能分析

1. 系统的数学模型

根据图 9.11 可得相应的控制系统框图,如图 9.12 所示。各环节数学模型的结构是已知的,模型中的参数可通过实验确定。

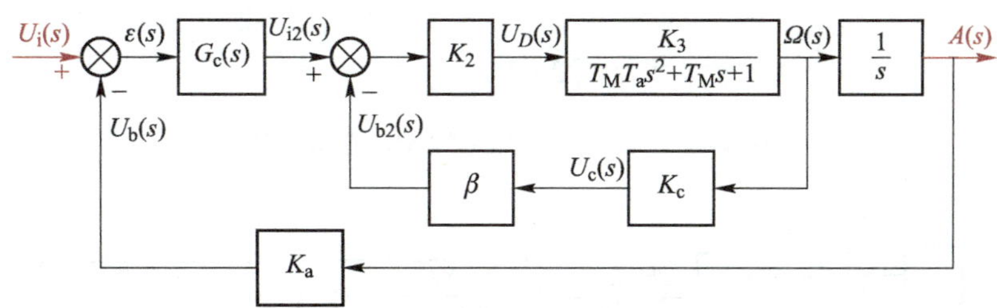

图 9.12　控制系统框图

取 $R_1=1.2\ \text{M}\Omega, C=0.1\ \mu\text{F}$,则 PI 校正环节的传递函数为

$$G_c(s)=\frac{U_{i2}(s)}{\varepsilon(s)}=\frac{0.12s+1}{0.01s} \tag{9.19}$$

其他参数有些兼顾系统性能而定，有些可以通过实验求得，具体数值为：

功率放大器增益 $K_2=10$；伺服电动机传递系数 $K_3=2.83\ \text{rad}/(\text{V}\cdot\text{s})$；

测速发电机传递系数 $K_c=1.15\ \text{V}\cdot\text{s/rad}$；伺服电动机机电时间常数 $T_M=0.1\ \text{s}$；

位置反馈电位计增益 $K_a=4.7\ \text{V/rad}$；伺服电动机电磁时间常数 $T_a=4\ \text{ms}$；

速度反馈分压系数 $\beta=0.6$。

至此，可以得到系统的传递函数。在对系统进行性能分析之前说明两个问题：

(1) 在图 9.12 所示的系统中，前向通路的 PI 校正参数、功率放大器增益和速度反馈通路的分压比是改善系统性能的主要调整参数。这些参数的选择属于系统设计问题，有解析法，也有经验性的尝试方法。上面给出的是一组比较理想的参数，下面的分析是基于这组参数进行的。为了说明 PI 校正和速度反馈的作用，在分析中将考察三种系统结构（有一种结构涉及两种不同的 PI、K_2 和 β 参数）对两种输入信号的响应。这三种结构是

结构 A：在图 9.12 中去掉 PI 校正环节和速度反馈环节；

结构 B：在图 9.12 中去掉 PI 校正环节；

结构 C_1：图 9.12 所示系统（$K_p=12, K_i=100, K_2=10, \beta=0.6$）；

结构 C_2：图 9.12 所示系统（$K_p=20, K_i=10, K_2=20, \beta=1.0$）；

两种输入信号是阶跃信号和方波信号（幅值为 4 V，频率为 4 Hz）。

(2) 采用 MATLAB 软件中的仿真工具 SIMULINK 对系统进行分析，得到的是时域结果。SIMULINK 是一种面向控制系统框图的仿真软件，SIMU（仿真）和 LINK（连接）是它的两个显著特点。这种软件使复杂控制系统的仿真计算变得直观、简单。

2. 控制系统性能分析

图 9.13 至图 9.15 分别给出三种系统结构的 SIMULINK 仿真模型，设定各环节的参数后就可以进行仿真计算了。仿真结果可以在示波器（Scope）中显示，也可以用 plot( ) 函数将 MATLAB 工作空间的计算数据以图形方式绘制出来。图 9.16 和图 9.17 是不同系统结构和参数对两种输入信号的仿真结果。

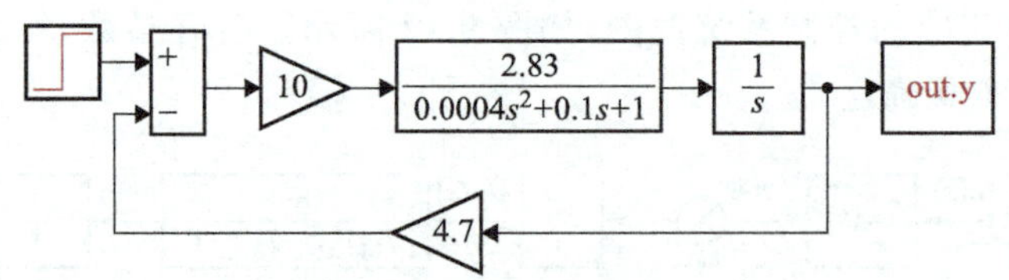

图 9.13　结构 A 的 SIMULINK 仿真模型

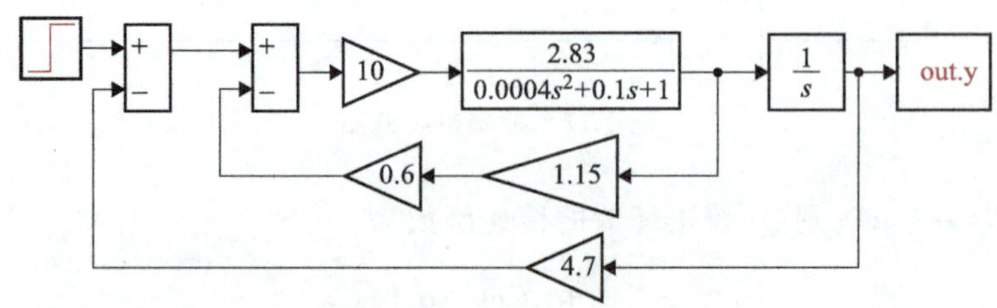

图 9.14　结构 B 的 SIMULINK 仿真模型

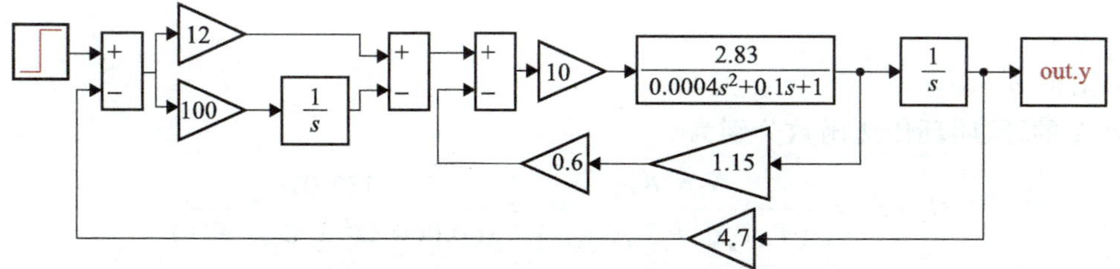

图 9.15　结构 C_1 的 SIMULINK 仿真模型

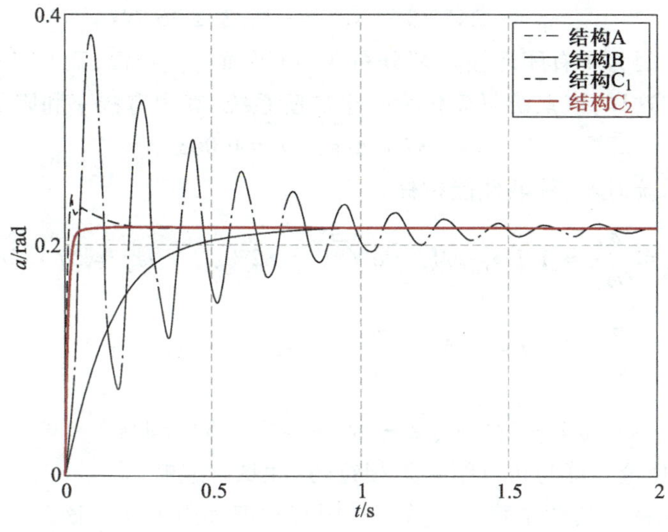

图 9.16　阶跃响应

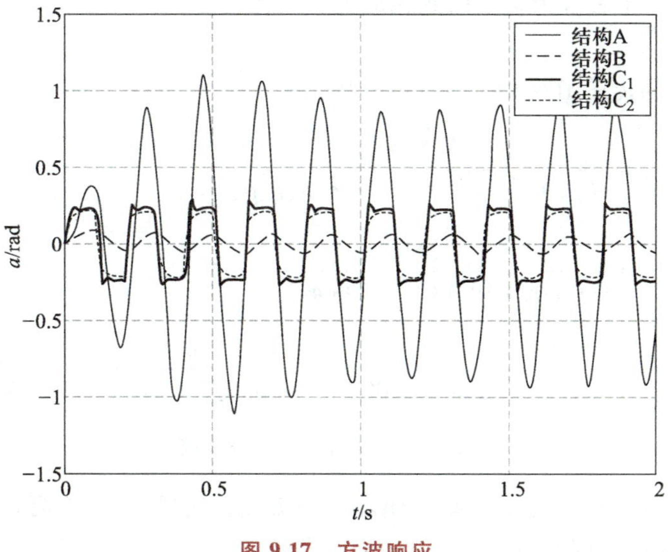

图 9.17　方波响应

认为该系统在功率方面已经满足需求，下面只针对控制系统的稳定性、稳态精度和响应速度作一些分析。

(1) 结构 A

结构 A 的开、闭环传递函数分别为

$$G_{kA}(s)=\frac{K_2K_3K_a}{s(T_MT_as^2+T_Ms+1)}=\frac{133.01}{s(0.000\,4s^2+0.1s+1)} \tag{9.20}$$

$$\Phi_A(s)=\frac{A(s)}{U_i(s)}=\frac{0.212\,8}{0.000\,003\,007s^3+0.000\,751\,8s^2+0.007\,518s+1} \tag{9.21}$$

用 MATLAB 语言中的 roots( ) 函数(见表 3.6)可以求出该系统的闭环极点

$$s_1=-245.35,\quad s_{2,3}=-2.33\pm36.74\mathrm{j}$$

显然，系统是稳定的，因为所有闭环极点都分布在[s]平面的左半面，而且共轭复数极点 $s_{2,3}$ 是系统的闭环主导极点。这样，该系统可简化为一个二阶系统，其固有频率和阻尼比为

$$\omega_n=37\ \mathrm{rad/s},\quad \zeta=0.063$$

由此可以计算出该系统时域、频域性能指标

$$t_s=\frac{4}{\zeta\omega_n}\approx1.7\ \mathrm{s},\quad M_p=\mathrm{e}^{-\frac{\zeta\pi}{\sqrt{1-\zeta^2}}}=82\%,\qquad \omega_c\approx37\ \mathrm{rad/s}$$

$$t_p=\frac{\pi}{\omega_d}=0.09\ \mathrm{s},\quad N=\frac{t_s\omega_d}{2\pi}\approx10,\qquad \gamma(\omega_c)\approx7^\circ$$

$$\omega_b=\omega_n\sqrt{1-2\zeta^2+\sqrt{2-4\zeta^2+4\zeta^4}}=57\ \mathrm{rad/s}$$

可以验证，上述理论计算与仿真结果是相符的(频域响应略)。

结构 A 的性能取决它的两个特征参数——固有频率和阻尼比。该系统的阻尼比太小，在时域响应中表现为超调量大、振荡次数多和调整时间长。系统虽然是稳定的，但稳定裕量很小。由于该结构是 I 型系统，可无静差地跟踪阶跃输入。至于响应速度，由于系统频宽为 57 rad/s(近似为 9 Hz)，在图 9.17 中表现为可以跟踪相应的方波信号。

(2) 结构 B

结构 B 的开、闭环传递函数和闭环极点分别为

$$G_{kB}(s)=\frac{K_2K_3K_a}{s(T_MT_as^2+T_Ms+1+K_2K_3K_c\beta)}$$

$$=\frac{1.378\,5}{s(0.000\,019\,48s^2+0.004\,9s+1)} \tag{9.22}$$

$$\Phi_B(s)=\frac{A(s)}{U_i(s)}=\frac{0.212\,8}{0.000\,003\,007s^3+0.000\,751\,8s^2+0.154\,4s+1} \tag{9.23}$$

$$p_1=-6.69,\qquad p_{2,3}=-121.66\pm186.86\mathrm{j}$$

系统是稳定的，而且实数极点 p_1 是系统的闭环主导极点。这样，该系统简化为一个一阶系统，系统的时间常数 $T=0.15$ s。因此有

$$t_s \approx 4T = 0.6\ \mathrm{s}$$

加入速度反馈以后,系统闭环极点在[s]平面上的位置发生了变化。与结构 A 相比,闭环主导极点由一对离 jω 轴较近的复数极点变成一个离 jω 轴较远的实数极点,这表明系统的稳定性增加了,调整时间也将被缩短。同时,速度反馈增加了系统的阻尼,因而也降低了系统的频宽,在方波响应中表现出无法跟踪相应的方波信号(幅值衰减和相位滞后都比较大)。由于结构 B 仍是 I 型系统,无静差地跟踪阶跃输入是必然的。

(3) 结构 C

结构 C 选择了两种设计参数,同样可以求出它们的开、闭环传递函数和闭环极点:

$$\begin{aligned} G_{kC_1}(s) &= \frac{K_2K_3K_a(0.12s+1)}{0.01s^2(T_MT_as^2+T_Ms+1+K_2K_3K_c\beta)} \\ &= \frac{647.88(0.12s+1)}{s^2(0.000\ 019\ 48s^2+0.004\ 871\ 1s+1)} \end{aligned} \tag{9.24}$$

$$\Phi_{C_1}(s) = \frac{A(s)}{U_i(s)} = \frac{0.212\ 8(0.12s+1)}{0.000\ 000\ 03s^4+0.000\ 007\ 518s^3+0.001\ 544s^2+0.12s+1} \tag{9.25}$$

$$s_1=-9.43,\quad s_2=-100.93,\quad s_{3,4}=-70.12\pm 173.55\mathrm{j}$$

$$\begin{aligned} G_{kC_2}(s) &= \frac{K_2K_3K_a(2s+1)}{0.1s^2(T_MT_as^2+T_Ms+1+K_2K_3K_c\beta)} \\ &= \frac{40.25(2s+1)}{s^2(0.000\ 006\ 052s^2+0.015\ 13s+1)} \end{aligned} \tag{9.26}$$

$$\Phi_{C_2}(s) = \frac{A(s)}{U_i(s)} = \frac{566(2s+1)}{0.000\ 000\ 15s^4+0.000\ 037\ 59s^3+0.024\ 84s^2+2s+1} \tag{9.27}$$

$$p_1=-0.5,\quad p_2=-87.61,\quad p_{3,4}=-81.24\pm 380.31\mathrm{j}$$

在结构 C_1 中,系统是稳定的。PI 校正不仅使系统由 I 型系统变成Ⅱ型系统,提高了系统的无差度,而且对闭环极点进行了合理配置,即引入闭环零点 $z=-8.3$ 削弱了闭环极点 $p_1=-9.43$ 的惯性作用,使此时的闭环系统近似为三阶系统。比较闭环极点到 jω 轴的距离可知,复数极点 $p_{3,4}=-70.12\pm173.55\mathrm{j}$ 的作用要大于实数极点 $p_2=-100.93$ 的作用,而且结构 C_1 的响应速度大于结构 B 的响应速度,时域响应说明了这一点。

在结构 C_2 中,对上述过程做了更细致的调整,进一步提高了系统性能。

*9.3 仿形刀架机液伺服控制系统

9.3.1 概述

仿形加工是在产品批量生产背景下形成的一种效率较高的加工方法,在机械制造业中得到广泛应用。仿形系统是典型的位置伺服系统。在伺服系统中,如果给定、反馈和比较环节均由机械和液压部件构成,这样的系统称为机液伺服系统。机液伺服系统结构简单、运作可靠,在大功率应用场合，其优势尤为明显。但是，由于机液仿形刀架的反馈环节存在着摩擦和间隙等非线性因素，对系统性能产生影响，不利于加工精度的提高。因此，如今有被数控机床逐渐取代的趋势。但是，机液仿形刀架作为机液伺服控制系统的经典应用实例，用它来说明机液伺服系统的分析过程还是非常合适的。

9.3.2 控制系统的组成和工作原理

车床液压仿形刀架（以下简称刀架）如图 9.18 所示。这是一个典型的机液（阀控缸）伺服系统。刀架 3 安装在拖板 5 的后部，可随拖板沿导轨 4 作纵向进给。在刀架 3 上集中布置了车刀 2、液压缸（体）6、伺服阀（体）7 和杠杆 8。活塞杆安装在刀架底座上，刀架可沿液压缸轴线作仿形运动。样板 12 安装在床身支架上，是固定不动的。伺服阀阀芯 10 在弹簧的作用下通过阀杆 9 可将杠杆上的触销 11 压在样板上。液压泵 14 输出的液压油经滤油器 13 进入伺服阀的 a 腔，并根据阀芯所在位置经 b 腔或 c 腔进入液压缸的上腔或下腔，使刀架退离或接近（切入）工件 1。液压泵站安放在车床附近，与刀架以软管相连。油源压力由溢流阀调节。

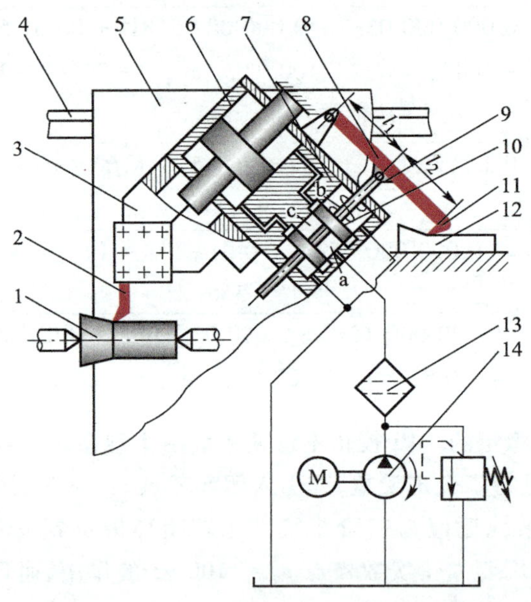

1—工件；2—车刀；3—刀架；4—导轨；5—拖板；6—液压缸（体）；7—伺服阀（体）；8—杠杆；9—阀杆；10—阀芯；11—触销；12—样板；13—滤油器；14—液压泵

图 9.18 液压仿形刀架

从车削过程来说，车削运动是纵向进给和仿形运动的合成。这个系统要按样板给定的形状完成工件外表面的车削加工，具体过程如下：

1. 快速接近工件

快速接近工件是指杠杆 8 上的触销 11 还没有接触到样板时，刀架快速接近工件的运动。此时，伺服阀阀芯 10 在弹簧的作用下处于最下方位置。液压泵输出的液压油通过伺服阀的 c 腔进入液压缸的下腔，液压缸上腔的液压油则经伺服阀上的 b 腔流回油箱。仿形刀架快速向左下方移动，接近工件。当触销接触到样板件时，触销尖端不再移动。刀架继续向前的运动使杠杆绕着触销尖端摆动，阀杆 9 和阀芯 10 便在阀体 7 中相对地向后移动，直到 a 腔和 c 腔间的通路被切断。这时液压缸下腔不再有液压油输入，刀架随之停止前进，从而完成了刀架的快速趋近运动。

2. 车削圆柱面

当触销位于样板的水平面上时，伺服阀阀口关闭，没有液压油进入液压缸，整个刀架除了随拖板一起作纵向移动外没有别的运动，此时车刀在工件上车出圆柱面来。

3. 车削斜面（或台肩、凹槽）

当杠杆触销碰到样板上的凸肩、凹槽或斜面时，触销尖端得到一个向前或向后的位移输入，杠杆的摆动（这时以杠杆和缸体的铰接点为支点）使阀芯受到一个向前或向后的位移输入，阀口打开，刀架便相应地作向前或向后的移动，并在移动过程中通过杠杆的反方向摆动（这时以触销尖端为支点），使阀口逐渐关小，直到阀芯使其两边的阀口都关闭时为止。当触销不断得到位移输入时刀架也不断地变化其位置。这样，刀架的运动完全跟踪触销的运动，在工件上加工出相应的表面来。

4. 快速离开工件

仿形加工结束后，通过电磁阀（图中未画出）使阀芯移动到最上方位置，这时伺服阀上的 a 腔和 b 腔接通，液压泵输出的液压油大量进入液压缸上腔，液压缸下腔的液压油通过伺服阀上的 c 腔流回油箱，刀架快速后退。

由此可以看出，仿形刀架是一个机液位置伺服系统。触销的位移是输入量，液压缸的位移是输出量（被控制量），伺服阀是比较、放大元件，液压缸是执行元件，而杠杆则是反馈检测元件。该系统的框图如图 9.19 所示。

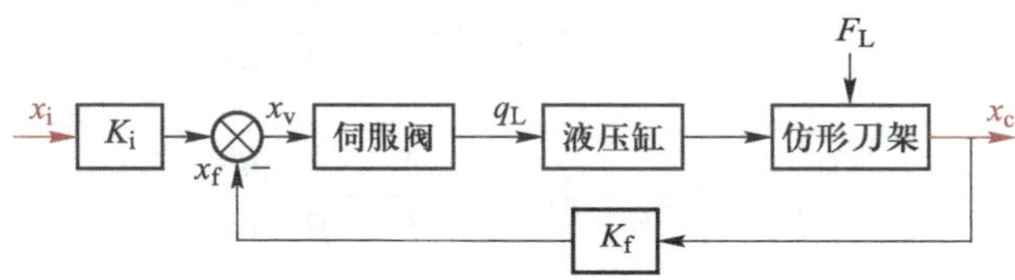

图 9.19　液压仿形刀架框图

9.3.3　控制系统性能分析

1. 控制系统数学模型

为了便于分析，图 9.20 给出了液压仿形刀架的等效结构。液压缸上的受力平衡方程为

$$p_L A = m\frac{d^2 x_c}{dt^2} + B\frac{dx_c}{dt} + Kx_c + F_L \tag{9.28}$$

式中：p_L——负载压力，$p_L = p_1 - p_2$（Pa）；

p_1，p_2——液压缸两腔的工作压力（Pa）；

A——液压缸有效工作面积（m^2）；

B——黏性阻尼系数（N · s/m）；

m——刀架折算到液压缸上的总质量（kg）；

K——刀架的弹簧刚度系数（N/m）；

F_L——切削力在活塞轴线上的分量(N)；

x_c——液压缸位移(m)。

上式表明，液压推力用来克服惯性力、黏性阻力、弹性力和切削负载力。

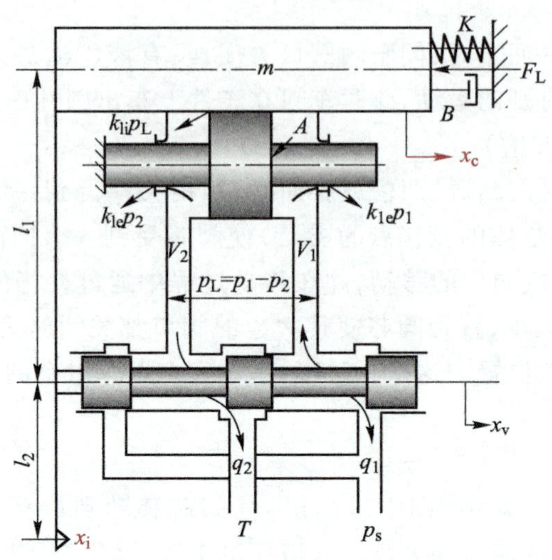

图 9.20 液压仿形刀架简图

根据液体流动连续性方程，流入、流出某腔体的流量之差等于该腔体体积的变化率与液容引起的体积变化率之和。由此可列出液压缸两个工作腔的流量平衡关系：

油缸左腔
$$k_{li}p_L - k_{le}p_2 - q_2 = \frac{dV_2}{dt} + \frac{V_2}{\beta_e}\frac{dp_2}{dt} \tag{9.29}$$

油缸右腔
$$q_1 - k_{li}p_L - k_{le}p_1 = \frac{dV_1}{dt} + \frac{V_1}{\beta_e}\frac{dp_1}{dt} \tag{9.30}$$

式中：k_{li}, k_{le}——液压缸内、外泄漏系数[$m^3/(Pa \cdot s)$]；

q_1, q_2——流入、流出液压缸两个腔体的流量(m^3/s)；

V_1, V_2——进、回油腔容积(包括连接管路和伺服阀在内)(m^3)；

β_e——液压油的体积弹性模量(Pa)。

如果进、回油腔的初始容积为 V_{10} 和 V_{20}，则活塞两腔的容积可以写成

$$\begin{aligned} V_1 &= V_{10} + Ax_c \\ V_2 &= V_{20} - Ax_c \end{aligned} \tag{9.31}$$

为使问题简化，假设活塞处于油缸的中间位置，则有

$$V_{10} = V_{20} = V_0 \tag{9.32}$$

这种假设是可行的。因为在这个位置上液压缸的综合刚性最差，应该在这种最不利的情况下考察系统的性能是否能满足要求。因此，总的压缩容积

$$V = V_1 + V_2 = 2V_0 \tag{9.33}$$

这是一个常数，与活塞位置无关。

用式(9.30)减式(9.29),整理后可得

$$q_L = \frac{q_1 + q_2}{2} = A\frac{dx_c}{dt} + k_1 p_L + \frac{V}{4\beta_e}\frac{dp_L}{dt} \tag{9.34}$$

式中,q_L 是液压缸的负载流量,$k_1 = k_{1i} + k_{1e}/2$ 为液压缸总的泄漏系数。另外,考虑到伺服阀是配做而且对称的,空载时液压缸两腔压力均为 $p_s/2$(油源压力的一半)。加上负载后,一腔压力升高,另一腔压力降低,升高和降低之值相等,因此在上式的整理过程中用到了下面的关系:

$$\frac{dp_1}{dt} + \frac{dp_2}{dt} = 0 \tag{9.35}$$

在一般的机械系统中,伺服阀的频宽要比其他部件的频宽大得多,因此常不考虑伺服阀的动态过程,其线性化方程为

$$q_L = K_q x_v - K_c p_L \tag{9.36}$$

式中:x_v——伺服阀阀芯位移(m);

K_q——伺服阀的流量增益(m^2/s);

K_c——伺服阀的流量-压力系数[$m^3/(Pa \cdot s)$]。

在仿形刀架中,如果不计杠杆的动态特性,x_c、x_i 和 x_v 之间的关系可由图 9.21 求出

$$x_v = K_i x_i - K_f x_c \tag{9.37}$$

其中,输入系数 K_i 和反馈系数 K_f 分别为

$$K_i = \frac{l_1}{l_1 + l_2}, \quad K_f = \frac{l_2}{l_1 + l_2} \tag{9.38}$$

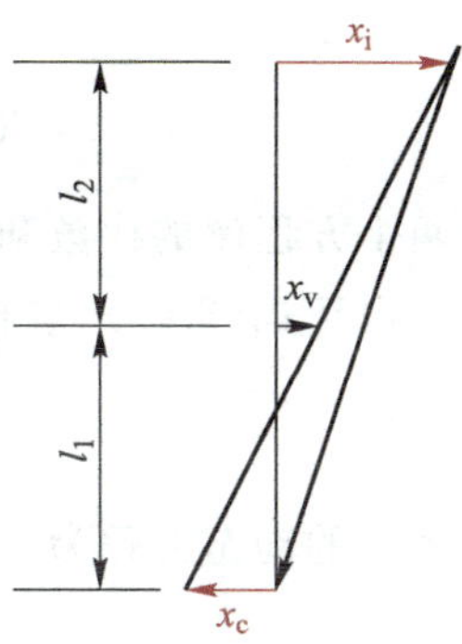

图 9.21 反馈杠杆的几何关系

l_1,l_2 是相应的杠杆比,$l_1 = l_2$。

液压仿形刀架的结构、工作参数如下:

油源压力	$p_s = 2.0\times10^6$ Pa;	刀架等效黏性阻尼系数	$B = 0.06$ N·s/m;
切削负载力	$F_L = 3\ 850$ N;	刀架等效弹簧刚度	$K = 4\times10^7$ N/m;
输入、反馈系数	$K_i = K_f = 0.5$;	液压缸有效工作面积	$A = 3.85\times10^{-3}$ m^2;
液压油密度	$\rho = 0.86\times10^3$ kg/m^3;	液压缸总泄漏系数	$k_1 = 3\times10^{-15}$ $m^3/(Pa\cdot s)$;
液压油动力黏度	$\mu = 1.4\times10^{-2}$ N·s/m^2;	活塞最大行程	$x_{cmax} = 0.11$ m;
液压油体积弹性模量	$\beta_e = 7\times10^8$ Pa;	伺服阀面积梯度	$w = 9.4\times10^{-2}$ m;
刀架运动速度	$v = 0.002$ m/s;	伺服阀流量系数	$C_d = 0.6$;
刀架等效质量	$m = 20$ kg;	伺服阀径向间隙	$C_r = 5\times10^{-6}$ m。

考虑到伺服阀(零开口四边滑阀)工作在零位附近,由上述参数可以计算出

$$V = Ax_{cmax} = 3.85 \times 10^{-3} \times 0.11\ m^3 = 4.235 \times 10^{-4}\ m^3$$

$$K_q = C_d w\sqrt{\frac{p_s}{\rho}} = 0.6 \times 9.4 \times 10^{-2}\sqrt{\frac{2.0 \times 10^6}{0.86 \times 10^3}}\ m^2/s = 2.72\ m^2/s \tag{9.39}$$

$$K_c = \frac{\pi w C_r^2}{32\mu} = \frac{3.14 \times 9.4 \times 10^{-2} \times 25 \times 10^{-12}}{32 \times 1.4 \times 10^{-2}} \text{ m}^3/(\text{Pa} \cdot \text{s}) = 1.65 \times 10^{-11} \text{ m}^3/(\text{Pa} \cdot \text{s})$$

K_c 的计算值一般小于实验结果，在此取 $K_c = 2\times10^{-10}$ $\text{m}^3/(\text{Pa}\cdot\text{s})$。把上述结果代入方程式(9.28)、式(9.34)、式(9.36)和式(9.37)，整理后得该系统的运动微分方程

$$\dddot{x}_c+1\ 350\ \ddot{x}_c+7\times10^6\dot{x}_c+4.4\times10^9x_c=1.75\times10^9x_i-0.05\dot{F}_L-65F_L \tag{9.40}$$

上式表明液压仿形刀架系统是一个多输入多输出的线性定常系统。对它的分析可以应用线性叠加原理，即系统对多个不同输入的响应等于系统对每个输入的响应之和。这给分析过程带来很多方便。同时还应注意到，该系统受两种输入的作用——杠杆触销的位移输入是工作信号，负载(包括它的变化率)则是一种扰动。

下面用状态空间方法对上述系统进行分析。

首先建立系统的动态方程(状态方程和输出方程)。按叠加原理，式(9.40)可以写成

$$\dddot{x}_{c1}+1\ 350\ \ddot{x}_{c1}+7\times10^6\dot{x}_{c1}+4.4\times10^9x_{c1}=1.75\times10^9x_i \tag{9.41}$$

$$\dddot{x}_{c2}+1\ 350\ \ddot{x}_{c2}+7\times10^6\dot{x}_{c2}+4.4\times10^9x_{c2}=-0.05\dot{F}_L-65F_L \tag{9.42}$$

这两个方程解的代数和就是式(9.40)的解。

对于式(9.41)，选相变量为状态变量，x_{c1} 为相应的输出变量，即

$$x_{11} = x_{c1},\ x_{12} = \dot{x}_{c1},\ x_{13} = \ddot{x}_{c1},\ y_1 = x_{c1} \tag{9.43}$$

则系统的动态方程为

$$\begin{aligned} \dot{\boldsymbol{X}}_1 &= \boldsymbol{A}_1\boldsymbol{X}_1 + \boldsymbol{B}_1u_1 \\ y_1 &= \boldsymbol{C}_1\boldsymbol{X}_1 \end{aligned} \tag{9.44}$$

其中

$$\boldsymbol{A}_1 = \begin{bmatrix} 0 & 1 & 0 \\ 0 & 0 & 1 \\ -4.4\times10^9 & -7\times10^6 & -1\ 350 \end{bmatrix},\boldsymbol{B}_1 = \begin{bmatrix} 0 \\ 0 \\ 1.75\times10^9 \end{bmatrix},\boldsymbol{C}_1 = [1\quad 0\quad 0],u_1 = x_i \tag{9.45}$$

式中，$\boldsymbol{X}_1$ 和 y_1 分别为输入变量是 x_i 时的状态向量和输出变量。

式(9.42)中带有输入变量的导数项，这是所不希望的。为消去 F_L 的导数项，可取状态变量为

$$x_{21} = x_{c2},\ x_{22} = \dot{x}_{c2},\ x_{23} = \ddot{x}_{c2} + 0.05F_L,\ y_2 = x_{c2} \tag{9.46}$$

由此可得

$$\begin{aligned} \boldsymbol{X}_2 &= \boldsymbol{A}_2\boldsymbol{X}_2 + \boldsymbol{B}_2u_2 \\ y_2 &= \boldsymbol{C}_2\boldsymbol{X}_2 \end{aligned} \tag{9.47}$$

式中

$$\boldsymbol{A}_2=\begin{bmatrix}0&1&0\\0&0&1\\-4.4\times10^9&-7\times10^6&-1\ 350\end{bmatrix},\boldsymbol{B}_2=\begin{bmatrix}0\\-0.05\\2.5\end{bmatrix},\boldsymbol{C}_2=[1\quad0\quad0],u_2=F_{\mathrm{L}}\tag{9.48}$$

由线性叠加原理,式(9.44)和式(9.47)可以写成

$$\dot{\boldsymbol{X}}=\begin{bmatrix}0&1&0\\0&0&1\\-4.4\times10^9&-7\times10^6&-1\ 350\end{bmatrix}\boldsymbol{X}+\begin{bmatrix}0&0\\0&-0.05\\1.75\times10^9&2.5\end{bmatrix}\begin{bmatrix}x_{\mathrm{i}}\\F_{\mathrm{L}}\end{bmatrix}\tag{9.49}$$

$$y=[1\quad0\quad0]\boldsymbol{X}$$

式中,$\boldsymbol{X}=\boldsymbol{X}_1+\boldsymbol{X}_2$,$y=y_1+y_2$,并注意到状态变量第三个分量的叠加结果是刀架运动的加速度 $\ddot{x}_{\mathrm{c}}$与 $0.05F_{\mathrm{L}}$ 之和。

2. 控制系统性能分析

(1) 状态的能控性和能观测性

能控性和能观测性是控制系统的基本性质。它能够回答这样两个问题:在有限时间内,控制作用能否使系统从初始状态转移到所要求的状态,以及能否通过对系统输出的测定来估计系统的状态。能控性和能观测性是控制系统(特别是多变量系统)在最优控制设计时应该首先回答的两个问题。

线性定常系统状态完全能控和完全能观测的充要条件分别为

$$\mathrm{rank}U_{\mathrm{c}}=\mathrm{rank}[B\quad AB\ \cdots\ A^{n-1}B]=n\tag{9.50}$$

$$\mathrm{rank}U_{\mathrm{o}}=\mathrm{rank}\begin{bmatrix}C\\CA\\\vdots\\CA^{n-1}\end{bmatrix}=n\tag{9.51}$$

式中,n 是系统的阶次。

对于式(9.49)所示系统,可调用 MATLAB 语言中的 rank(　)函数求其能控性矩阵和能观测性矩阵的秩,即

```
A=[0,1,0;0,0,1;-4.4*10^9,-7*10^6,-1350];
B=[0,0;0,-0.05;1.75*10^9,2.5];C=[1,0,0];D=[0];
k1=rank([B';(A*B)';(A*A*B)'])
k2=rank([C;C*A;C*A*A])
```

则得 k1=k2=n=3。仿形刀架机液伺服系统是状态完全能控和完全能观测的。

(2) 稳定性、稳态精度与响应速度

在状态空间中,李雅普诺夫稳定性理论是系统稳定性分析的基本方法,不仅如此,该方法还被广泛用于控制器、观测器和滤波器等动力学过程。对稳态精度与响应速度的分析一般不做特

殊强调,这两项性能通常反映在泛函性能指标的组成上。由于这些问题涉及较多相关理论,这里不做深入讨论。下面求出仿形刀架系统的时间响应,由此可以看出系统的上述性能。

在 MATLAB 语言中,面向状态方程的 SIMULINK 仿真模型如图 9.22 所示。这是一个有两个输入信号和一个输出信号的多变量控制系统。图 9.23 给出了该系统状态变量的单位阶跃响应(图 9.23a,b,c)和输出变量的正弦响应(图 9.23d)。从这些响应曲线可以看出,仿形刀架系统是稳定的,有较高的响应速度,并能以一定的稳态精度跟踪阶跃输入,但过渡过程波动较大。仿真过程表明,黏性阻尼系数 B、液压缸的总泄漏系数 k_1 以及负载 F_L 的影响很小,可以忽略不计。刀架弹性的作用应该考虑。当然,系统中一些参数的选择不一定合适,计算结果只能定性说明一些问题,最终结论应经实验验证。

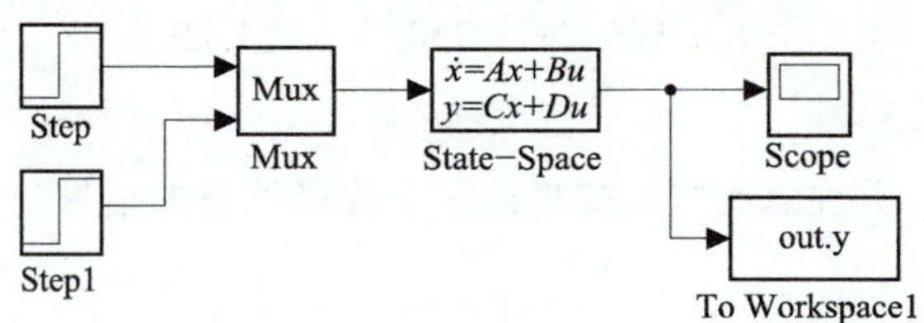

图 9.22　仿真模型

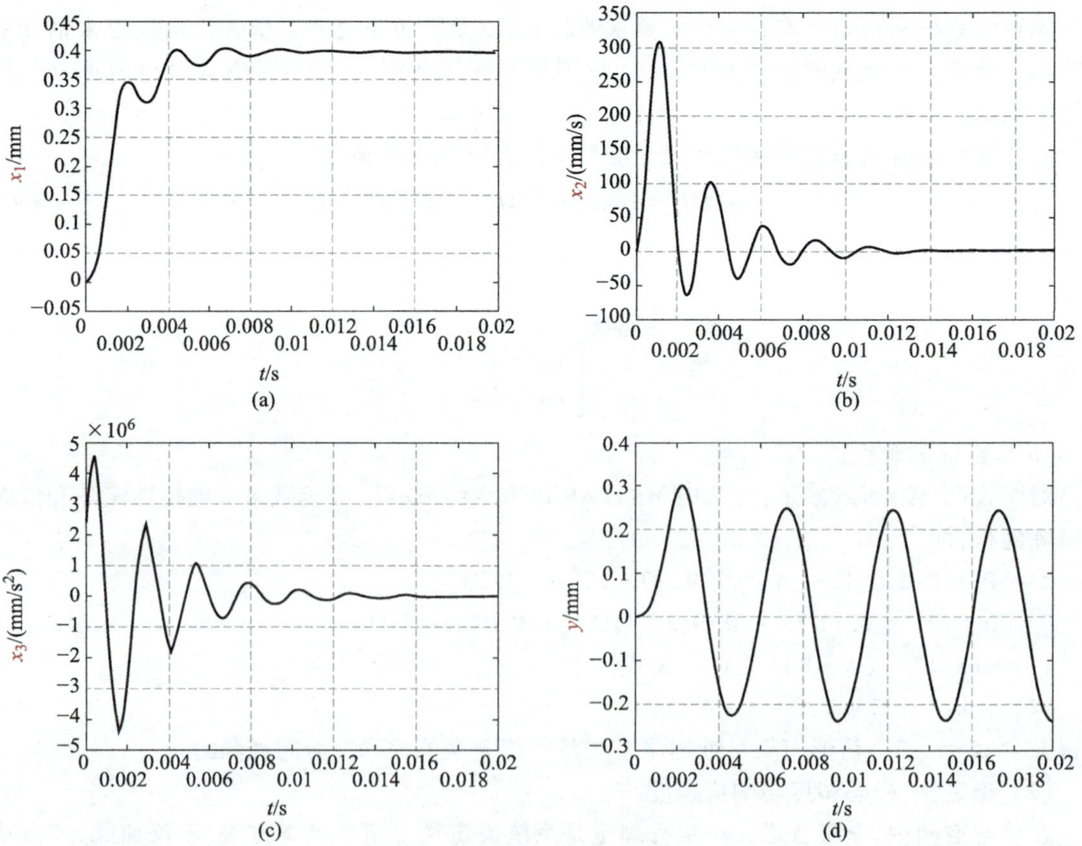

图 9.23　仿真曲线

同所有科学方法一样,状态空间分析法也有它的局限性。在表达系统性能和结构参数的对应关系方面,状态空间方法不如经典的频域方法直观。因为状态方程中的系数是很多系统参数的组合数,这些系数和响应曲线特征的对应关系是不直观的。因此,很难确定调整哪些环节能够改善相应的系统性能。在科学研究中,科学的态度是学习多种方法,了解它们的特点,用它们的长处。

*9.4 定量浇注气动调节控制系统

9.4.1 概述

向铸型内定量浇注熔融金属(简称定量浇注)是金属成形生产中的一种重要生产方式。面对铸造生产高效率、高精度的发展趋势,提高定量浇注过程的自动化水平是当前铸造业迫切需要解决的问题。这里介绍一个实验系统——定量浇注气动调节控制系统。

气压传动是流体传动的另一种形式,其工作原理与液压传动相同,即利用流体介质的压力能来传递动力,对流体介质压力、流量和流动方向的控制方式也是与液压传动相似的。两种传动方式的区别源于使用了不同的工作介质。气压传动的主要特点表现为:

1. 气压传动用压缩空气来传递动力和信号,工作介质容易取得。使用后的空气排放到大气中,不必设置回收管路和容器,不会对环境造成污染,也不存在工作介质变质的问题。气压传动系统稳定的工作性能使其特别适用于易燃、易爆、多尘埃、强辐射、强振动等恶劣的工作环境,比如矿山、冶金、化工和交通运输等领域;

2. 气压传动也有明显的缺点。可压缩空气的工作压力只有(0.3~1.0) MPa,不能驱动较大的负载;从控制系统的性能来说,由于空气具有较大的可压缩性和较慢的传递速度,使得系统的稳定性、响应速度、稳态精度和负载刚度等都低于液压传动的相应指标。

由此可见,气动控制系统适用于输出功率不大、控制性能要求不高和工作环境比较差的场合。

定量浇注气动调节控制系统的构建旨在摸索控制方法,为实际生产系统的设计奠定基础。因此,系统本身有着较强的实验色彩。以此为例是想将一个实际研究过程展现出来,它将涉及系统的分析与设计、控制方法的选择以及如何处理研究过程中出现的一些技术问题。尽管涉及的内容可能多一些,叙述上有较大的压缩性,但有前面的知识作为基础,学习过程不会有很大困难。注重方法的学习,注重解决实际问题能力的培养,这一点是十分重要的。

9.4.2 控制系统的组成和工作原理

定量浇注气动调节控制系统如图 9.24 所示。这是一种气压-塞杆式浇注系统,即浇注量可以通过电炉中的气压和用来启、闭浇注口的塞杆进行控制。该系统的设计从功能入手,力求综合气压式和塞杆式两种浇注方式的优点,同时也参考了国内、外的一些相关设计。为在实验过程中有较多的应对手段,系统中设置了较多的控制环节(硬件冗余)。

该系统由五部分组成:控制对象、炉压控制模块、浇注槽液位控制(简称液位控制)模块、塞杆(启闭)控制模块和辅助部件。控制对象是铸型 28 中的浇注量 V_T,要求在连续浇注过程中有

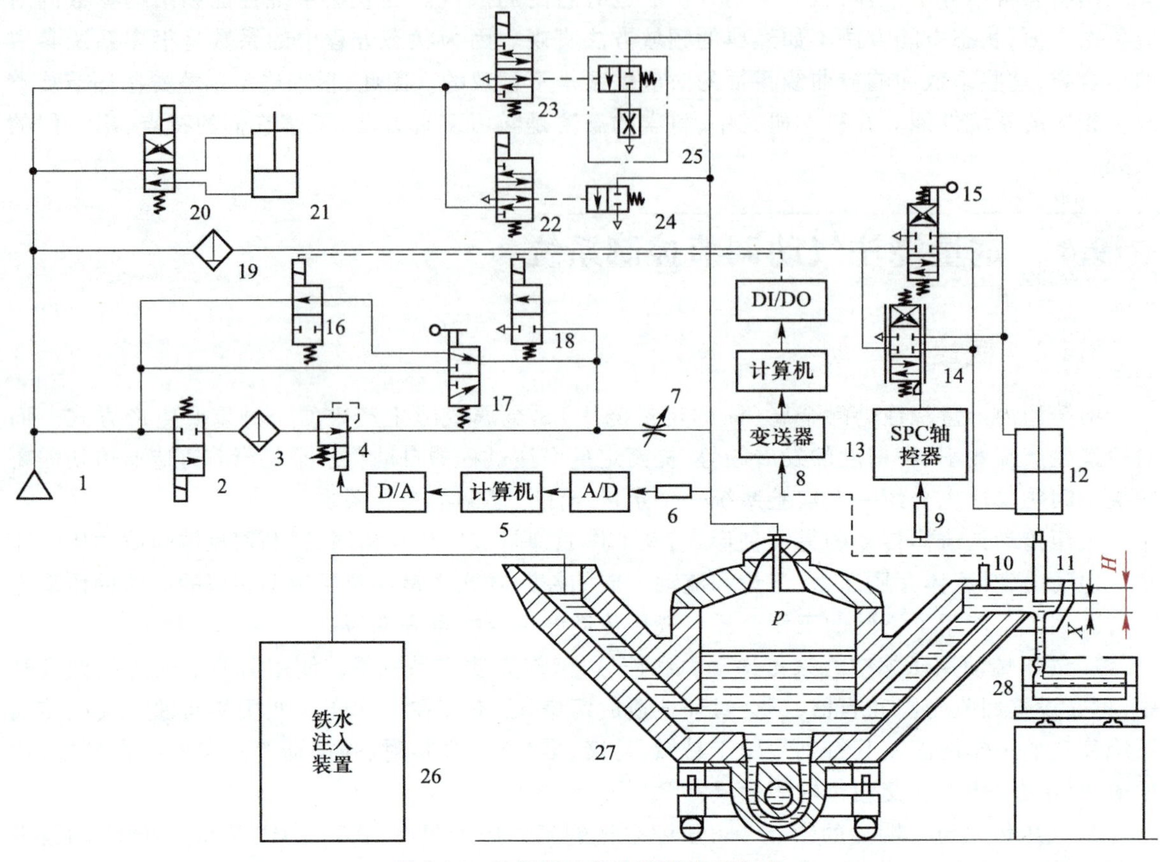

图 9.24　定量浇注气动调节控制系统

较高的定量精度。对液位 H 的控制设计了两套方案:一套是炉压控制(模块),利用炉压 p 与液位的对应关系间接控制液位;另一套是直接的液位控制(模块)。这两套系统都是闭环系统,可用独立或组合方式对液位进行控制。炉压控制模块由换向阀 2、过滤器 3、比例减压阀 4、节流阀 7、压力传感器 6 和计算机控制系统 5 组成。而液位控制模块则由进气阀 16、换向阀 17、排气阀 18、节流阀 7、液位传感器 10、变送器 8 和计算机控制系统组成。塞杆控制模块是一套气动比例定位系统,包括位移传感器 9、塞杆 11、伺服气缸 12、轴控器 13、比例方向阀 14、换向阀 15、SPC 轴控器与计算机接口。这是一个精度较高的位置控制系统,可以精确控制塞杆的开启高度 X。在上述系统中,手动控制与自动控制的切换由换向阀 2、17 和 15 完成。节流阀 7 的设置主要考虑到浇注槽内液位升降的平稳性。该系统的控制部分由计算机、数据采集卡、继电器板和一些接口电路组成,控制程序用 C 语言编制。除此以外还有一些辅助部件:气源 1 由标准气动元件组成;慢排阀 25 和快排阀 24 均采用气控方式,分别由换向阀 23 和 22 控制,前者在补加铁水时开启,防止此时炉内压力过高,后者用于系统紧急排气;换向阀 20 和气缸 21 可以驱动塞杆旋转,以防止塞杆粘死。还有一些安全、报警环节,这里不一一赘述。

系统工作时,首先由铁水注入装置 26 将铁水注入电炉 27 内(实验中用的是水),然后利用压力介质(干燥的压缩空气或氮气)将铁水压入到浇注槽里。当塞杆 11 将浇注口关闭时,浇注

槽内的液位 H 由炉压和液位两个模块控制。液位稳定在预定值后，计算机和塞杆控制模块控制塞杆的开启时间和开启高度，从而完成一次定量浇注。为了保证浇注精度，在每型的浇注过程中暂停对炉压和浇注槽液位的控制（调整过程中液位波动较大），但在每型浇注之前需将浇注槽液位控制在同一高度上。显然，这种浇注方式的生产效率取决于每型浇注和每炉浇注间液位调整过程的长短。定量浇注气动调节控制系统框图如图 9.25 所示。

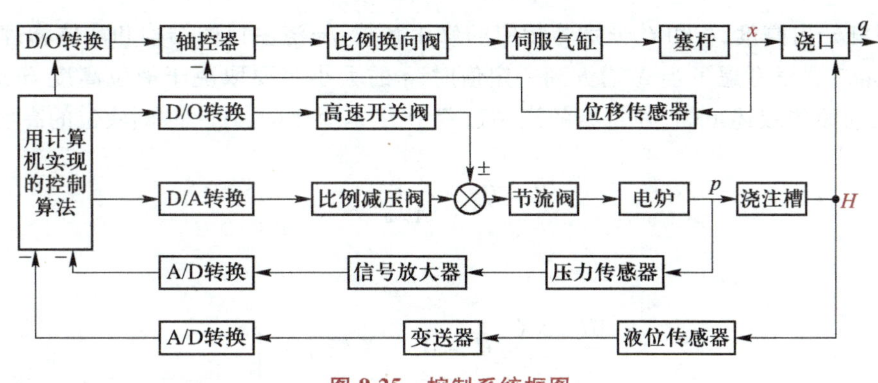

图 9.25　控制系统框图

该系统的主要设计参数如下：

气源最高气压　0.6 MPa；	塞杆开启时间　1 s；
炉内最高气压　0.4 MPa；	塞杆定位精度　±2 mm；
浇注槽液位　100~150 mm；	伺服气缸最大行程　60 mm；
浇注精度　±3%；	浇注质量　500 kg。

除此之外，还应具有连续自动浇注、手动浇注、自动补加铁水和压力过高报警等功能。

9.4.3　控制系统性能分析

控制系统性能分析可以在建立系统数学模型的基础上进行，如本章前三节介绍的内容。这一节侧重实验分析。强调实验的重要性基于这样两点：首先，必须认识到实验是从事科学研究的基本方法和重要手段，是所有理论结果（当然包括建立的数学模型）真与伪的最后仲裁；再者，不是所有系统和过程都可以建模的，比如对某些过程的机理还不清楚，或者即便得到了一个数学模型，如果解决不了模型精度、模型规模和适用范围等问题，这个模型也是没有实用价值的，这时可以通过实验对系统进行研究。实验在科学研究中的基础性、权威性和广泛性表明了它在科研中的地位和作用。科研工作者应该了解实验、尊重实验，以科学的态度从事实验工作。

1. 可控性分析

定量浇注的实质是控制每次浇注到铸型内的液体体积，即过程的被控量是浇注体积 V_T。这里对 V_T 的可控性做一些定性的分析。

每型的浇注体积也可以表示为

$$V_T = \int_0^T q\mathrm{d}t \tag{9.52}$$

或

$$V_{\mathrm{T}} = A\Delta H = A(H_0 - H_{\mathrm{T}}) \tag{9.53}$$

其中,q 是流过浇注口的(铁)水流量,T 是每型浇注的终止时间,A 是浇注槽内相应的横截面积,H_0、H_{T} 分别为每型浇注前后相应的液面高度。流量 q 可表示为

$$q = \begin{cases} KX\sqrt{H} & (X\text{ 较小}) \\ CH & (X\text{ 较大}) \end{cases} \tag{9.54}$$

式中,X 为塞杆开启高度;K 和 C 分别为相应的修正系数,与浇注口的结构和液体物理性质有关,可由实验确定。这里考虑了当 X 增大到一定值时,q 的大小主要取决于液位高度 H 这样一个事实。另外,从前面的叙述可知,在每型的浇注过程中 H 是变化的,任一时刻液位的高度为

$$H = H_0 - \frac{1}{A}\int_0^t q\mathrm{d}\tau \tag{9.55}$$

因此有

$$\left.\begin{aligned} &\frac{\mathrm{d}H}{\mathrm{d}t} + \frac{KX}{A}\sqrt{H} = 0 \quad (X\text{ 较小}) \\ &\frac{\mathrm{d}H}{\mathrm{d}t} + \frac{C}{A}H = 0 \quad (X\text{ 较大}) \end{aligned}\right\} \tag{9.56}$$

注意到 $H(0)=H_0$,可以求得

$$\left.\begin{aligned} &\sqrt{H} = \sqrt{H_0} - \frac{KX}{2A}t \quad (X\text{ 较小}) \\ &H = H_0\mathrm{e}^{-\frac{C}{A}t} \quad (X\text{ 较大}) \end{aligned}\right\} \tag{9.57}$$

所以,相应的浇注体积为

$$V_{\mathrm{T}} = \begin{cases} KX\sqrt{H_0}T - \dfrac{(KXT)^2}{4A} & (X\text{ 较小}) \\ AH_0(1 - \mathrm{e}^{-\frac{C}{A}T}) & (X\text{ 较大}) \end{cases} \tag{9.58}$$

尽管这里只是做了静态分析,仍可表明被控量 V_{T} 与控制量 X、H_0 和 T 的对应关系和变化过程是唯一的。这样就可以用这三个量去控制 V_{T}。当然,如果把 X 较小时的流量公式作线性化处理,可以将式(9.58)的非线性关系近似为线性关系,控制量与被控制量之间的唯一对应性仍是存在的。上述分析表明,系统的设计基本上是合理的。

2. 控制方法的实验研究

完成实验系统的基本调试后可以对控制方法进行实验研究。这里讨论两种方法:定时法和液位反馈法。前面的分析表明,实现定量浇注的关键是要精确控制 H_0、X 和 T 这三个量。定时法是在给定 H_0、X 的前提下,用 T 保证 V_{T} 恒定。这种方法的特点是浇注的准备阶段有一系列的调节过程,而浇注时则是开环的。液位反馈法则以式(9.53)为依据,通过对 H 的检测保证 ΔH 恒定,从而保证 V_{T} 恒定。这种方法在浇注时要对 H 进行实时检测,对 X 和 T 没有控制要求。液位反馈方法的关键是液位检测的准确性。

（1）几个准备性实验

1）比例减压阀和轴控器系统性能实验　比例减压阀和轴控器系统是系统中的重要环节，掌握它们的特性十分必要，为此对其做了性能实验。比例减压阀的阶跃响应和轴控器的矩形周期信号响应如图 9.26、图 9.27 所示。实验表明，比例减压阀可以无超调地达到稳态值，轴控器系统也有较高的定位精度和定时精度，可以满足实验要求。

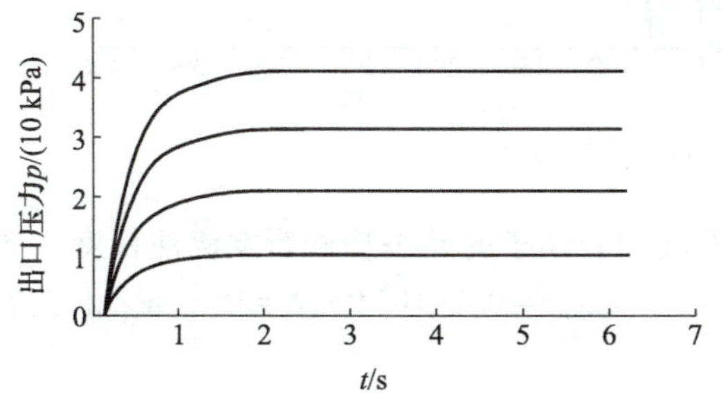

图 9.26　比例减压阀阶跃响应曲线

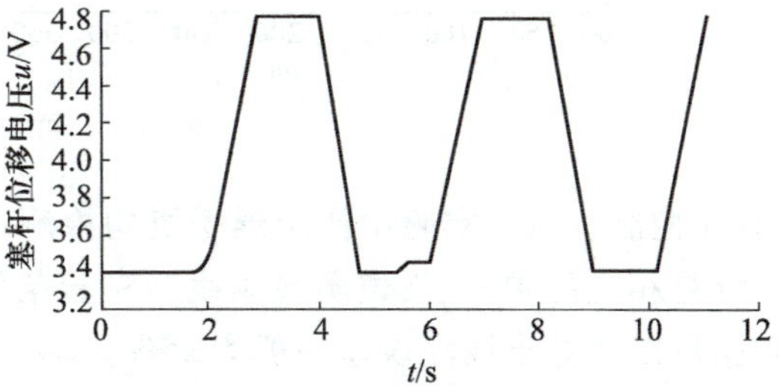

图 9.27　轴控器矩形周期信号响应曲线

2）炉压脉宽调制（PWM）实验　炉压 p 对液位 H 的影响是明显的。为了减小液位波动，并兼顾液位调整的精度和速度，在每型浇注后的升液阶段采用了炉压分段 PWM 控制策略，即在升液的初始阶段，用比例减压阀和一个高速开关阀同时进气，使液位迅速接近设定位置，然后关闭减压阀，根据液位偏差确定脉宽调制信号，控制两个开关阀进气或排气，使液位准确稳定在希望值上。

图 9.28 所示为炉压分段 PWM 液位控制实验曲线。其中，C_1、C_2 分别为排气、进气高速开关阀的占空比，T_{S1}、T_{S2}分别为两个开关阀的调制周期。实验表明，PWM 参数的设置影响液位波动的幅值和频率，而占空比对液位精度的影响大于调制周期的影响。当 C_1 远小于 C_2 时，可以得到较好的控制精度。

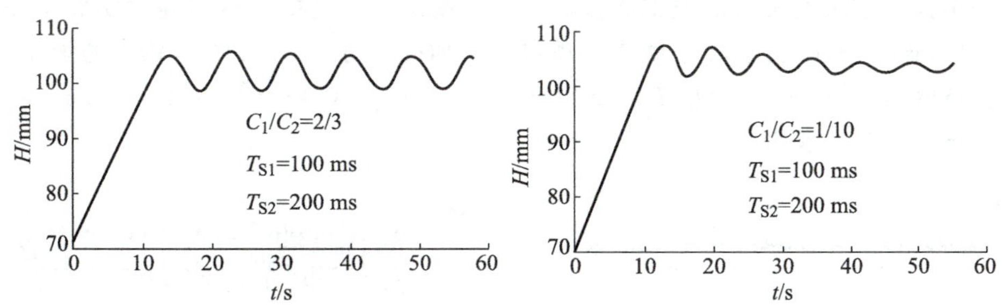

图 9.28　炉压分段 PWM 液位控制实验曲线

（2）定时法实验

实施定时方法的关键是要严格控制三个量——X、H_0 和 T 的精度。图 9.29 是相应的炉压、液位实验曲线。实验条件是：$T=3.5$ s，$H_0=100$ mm，$p=0.3\times10^5$ Pa，$X=15$ mm。根据实验数据可以计算出浇注误差一般为±2%。

（3）液位反馈法实验

液位反馈法只需控制 H 一个量，由液位控制模块实现。每型浇注后的升液阶段采用分段

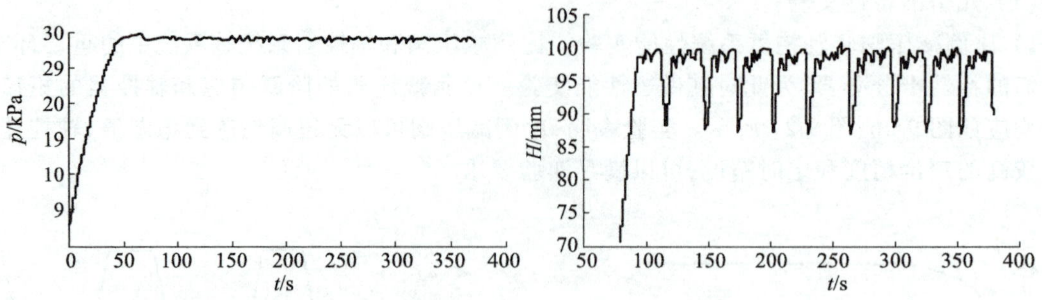

图 9.29　定时法炉压、液位实验曲线

PWM 控制。由于实验中使用浮子机构检测液位,液面波动和浮子的动态特性影响浇注精度。图 9.30 是相应的炉压、液位实验曲线。实验条件为:$\Delta H=10$ mm,$p=0.4\times10^5$ Pa,$X=15$ mm。由实验数据可以计算出浇注误差一般为±5%。

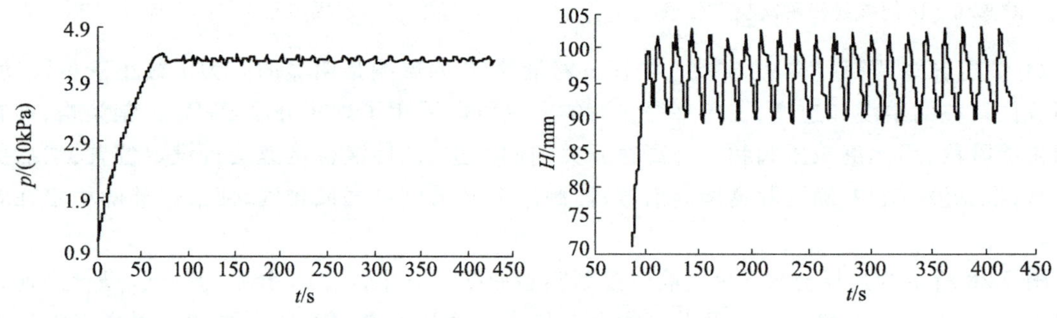

图 9.30　液位反馈法炉压、液位实验曲线

3. 系统功能验证

前面关于控制方法的实验研究也间接验证了系统的基本性能。这里通过实验验证另外一些功能:自动定量连续浇注、自动转手动浇注和自动补加(铁)水。图 9.31 是相应的炉压、液位实验曲线。实验条件为:采用定时方法,$T=3.5$ s,$H_0=100$ mm,$p=0.4\times10^5$ Pa,$X=14$ mm,由实验数据可以计算出浇注误差一般为±3%。

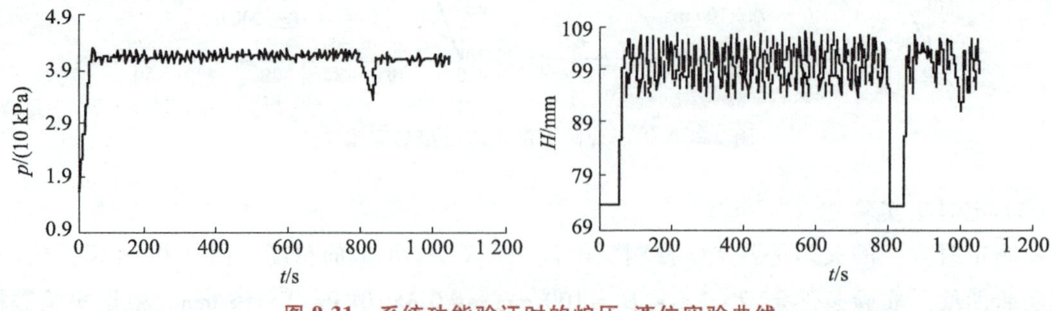

图 9.31　系统功能验证时的炉压、液位实验曲线

实验先由计算机控制进行连续浇注,进行到第 36 次时自动进入补加(铁)水子程序。补加(铁)水过程是先将炉内压力降低,然后补加(铁)水。因此,在图上表现出炉压和液位的降低。

补加(铁)水之后恢复自动浇注状态。浇注一次后人为干预,由自动浇注转换到手动浇注,浇注三次后再恢复到自动浇注状态。实验表明,系统满足设计要求。

在上述分析中有一点没有得到验证,那就是温度的影响。受实验条件限制,浇注过程一直用水代替铁水(这不影响上述的方法研究和功能实验)。温度变化会影响浇口的流量系数,从而影响浇注精度。为研究高温对浇注过程的影响,曾做了一些仿真计算。计算结果表明,当取浇注温度为 1 200 ℃时,液位 H 比室温时下降了约 13%。因此,在实际生产中应设法控制浇注温度恒定,或改变炉压的控制信号以补偿温度变化带来的影响。这一点在实际生产过程中是能够做到的。

至此可以得到如下结论:

(1) 气动调节系统在设计上是合理、可行的,具有较强的可操作性和较高的自动化程度;

(2) 用定时法和液位反馈法均可得到令人满意的浇注精度;

(3) 用炉压的 PWM 方法控制浇注槽液位是可行的,但要注意 PWM 参数的设定;

(4) 减小液位反馈环节动态特性的影响,避免在浇注口和铸型间布置细长管路;

(5) 减少系统中的硬件冗余,比如液位控制只用一种方法、换比例减压阀为普通的气动换向阀。如果实验验证这样是可行的,那么不但大幅减小硬件投入,也减少系统出现故障的可能性。

附　　录

附录 A　常用函数的拉氏变换和 $\mathscr{Z}$ 变换表

序号	$x(t)$ 或 $x(n)$	$X(s)$	$X(z)$
1	$\delta(t)$	1	z^{-0}
2	$\delta(t-nT_0)$	$e^{-nT_0 s}$	z^{-n}
3	$1(t)$	$\frac{1}{s}$	$\frac{z}{z-1}$
4	$1(t-nT_0)$	$\frac{e^{-nT_0 s}}{s}$	$\frac{z^{-(n-1)}}{z-1}$
5	t	$\frac{1}{s^2}$	$\frac{T_0 z}{(z-1)^2}$
6	t^2	$\frac{2}{s^3}$	$\frac{T_0^2 z(z+1)}{(z-1)^3}$
7	$t^n, n=1,2,\cdots$	$\frac{n!}{s^{n+1}}$	
8	e^{-at}	$\frac{1}{s+a}$	$\frac{z}{z-e^{-aT_0}}$
	$\frac{1}{T}e^{-t/T}$	$\frac{1}{Ts+1}$	$\frac{1}{T}\frac{z}{z-e^{-T_0/T}}$
9	te^{-at}	$\frac{1}{(s+a)^2}$	$\frac{T_0 z e^{-aT_0}}{(z-e^{-aT_0})^2}$
10	$t^n e^{-at}, n=1,2,\cdots$	$\frac{n!}{(s+a)^{n+1}}$	
11	$1-e^{-at}$	$\frac{a}{s(s+a)}$	$\frac{z(1-e^{-aT_0})}{(z-1)(z-e^{-aT_0})}$
	$1-e^{-t/T}$	$\frac{1}{s(Ts+1)}$	$\frac{z(1-e^{-T_0/T})}{(z-1)(z-e^{-T_0/T})}$

续表

序号	$x(t)$ 或 $x(n)$	$X(s)$	$X(z)$
12	$1-\dfrac{T_2-T_1}{T_2}\mathrm{e}^{-t/T_2}$	$\dfrac{T_1s+1}{s(T_2s+1)}$	$\dfrac{z(T_1z+T_2-T_1-T_2\mathrm{e}^{-T_0/T_2})}{T_2(z-1)(z-\mathrm{e}^{-T_0/T_2})}$
13	$\dfrac{1}{T_1-T_2}(\mathrm{e}^{-t/T_1}-\mathrm{e}^{-t/T_2})$，$T_1\neq T_2$	$\dfrac{1}{(T_1s+1)(T_2s+1)}$	$\dfrac{1}{T_1-T_2}\cdot\dfrac{z(\mathrm{e}^{-T_0/T_1}-\mathrm{e}^{-T_0/T_2})}{(z-\mathrm{e}^{-T_0/T_1})(z-\mathrm{e}^{-T_0/T_2})}$
	$\dfrac{1}{b-a}(\mathrm{e}^{-at}-\mathrm{e}^{-bt}),a\neq b$	$\dfrac{1}{(s+a)(s+b)}$	$\dfrac{1}{b-a}\cdot\dfrac{z(\mathrm{e}^{-aT_0}-\mathrm{e}^{-bT_0})}{(z-\mathrm{e}^{-aT_0})(z-\mathrm{e}^{-bT_0})}$
	$\mathrm{e}^{-bt}-\mathrm{e}^{-at},a\neq b$	$\dfrac{a-b}{(s+a)(s+b)}$	$\dfrac{z(\mathrm{e}^{-bT_0}-\mathrm{e}^{-aT_0})}{(z-\mathrm{e}^{-aT_0})(z-\mathrm{e}^{-bT_0})}$
14	$\dfrac{1}{a}(at-1+\mathrm{e}^{-at})$	$\dfrac{a}{s^2(s+a)}$	$\dfrac{T_0z}{(z-1)^2}-\dfrac{z(1-\mathrm{e}^{-aT_0})}{a(z-1)(z-\mathrm{e}^{-aT_0})}$
15	$1+\dfrac{1}{T_2-T_1}(T_1\mathrm{e}^{-t/T_1}-\mathrm{e}^{-t/T_2})$，$T_1\neq T_2$	$\dfrac{1}{s(T_1s+1)(T_2s+1)}$	$\dfrac{z}{z-1}+\dfrac{1}{T_2-T_1}\cdot\dfrac{z(\mathrm{e}^{-T_0/T_1}-T_1\mathrm{e}^{-T_0/T_2})-z^2(1-T_1)}{(z-\mathrm{e}^{-T_0/T_1})(z-\mathrm{e}^{-T_0/T_2})}$
	$\dfrac{1}{ab}+\dfrac{1}{b-a}\left(\dfrac{\mathrm{e}^{-bt}}{b}-\dfrac{\mathrm{e}^{-at}}{a}\right),a\neq b$	$\dfrac{1}{s(s+a)(s+b)}$	$\dfrac{z}{ab(z-1)}+\dfrac{1}{b-a}\cdot\dfrac{z[z(a-b)-a\mathrm{e}^{-aT_0}+b\mathrm{e}^{-bT_0}]}{ab(z-\mathrm{e}^{-aT_0})(z-\mathrm{e}^{-bT_0})}$
	$1-\dfrac{b\mathrm{e}^{-at}-a\mathrm{e}^{-bt}}{b-a}$	$\dfrac{ab}{s(s+a)(s+b)}$	$\dfrac{z}{z-1}+\dfrac{z(b\mathrm{e}^{-bT_0}-a\mathrm{e}^{-aT_0})-z^2(b-a)}{(b-a)(z-\mathrm{e}^{-aT_0})(z-\mathrm{e}^{-bT_0})}$
16	$1-\dfrac{T+t}{T}\mathrm{e}^{-t/T}$	$\dfrac{1}{s(Ts+1)^2}$	$\dfrac{z}{z-1}+\dfrac{z(1-T_0)\mathrm{e}^{-T_0/T}-z^2}{(z-\mathrm{e}^{-T_0/T})^2}$
17	$\sin(\omega t)$	$\dfrac{\omega}{s^2+\omega^2}$	$\dfrac{z\sin(\omega T_0)}{z^2-2z\cos(\omega T_0)+1}$
18	$\cos(\omega t)$	$\dfrac{s}{s^2+\omega^2}$	$\dfrac{z[z-\cos(\omega T_0)]}{z^2-2z\cos(\omega T_0)+1}$
19	$\mathrm{e}^{-at}\sin(\omega t)$	$\dfrac{\omega}{(s+a)^2+\omega^2}$	$\dfrac{z\mathrm{e}^{-aT_0}\sin(\omega T_0)}{z^2-2z\mathrm{e}^{-aT_0}\cos(\omega T_0)+\mathrm{e}^{-2aT_0}}$

续表

序号	$x(t)$或$x(n)$	$X(s)$	$X(z)$
20	$e^{-at}\cos(\omega t)$	$\frac{s+a}{(s+a)^2+\omega^2}$	$\frac{z[z-e^{-aT_0}\cos(\omega T_0)]}{z^2-2ze^{-aT_0}\cos(\omega T_0)+e^{-2aT_0}}$
21	$1-\cos(\omega t)$	$\frac{\omega^2}{s(s^2+\omega^2)}$	$1-\cos(\omega T_0)\frac{z(z+1)}{(z-1)[z^2-2z\cos(\omega T_0)+1]}$
22	$\frac{\omega}{\sqrt{1-\zeta^2}}e^{-\zeta\omega t}\sin(\omega\sqrt{1-\zeta^2}t)$	$\frac{\omega^2}{s^2+2\zeta\omega s+\omega^2}$	$\frac{\omega}{\sqrt{1-\zeta^2}}\cdot\frac{ze^{-\zeta\omega T_0}\sin(\omega\sqrt{1-\zeta^2}T_0)}{z^2-2ze^{-\zeta\omega T_0}\cos(\omega\sqrt{1-\zeta^2}T_0)+e^{-2\zeta\omega T_0}}$
23	$\left[\cos(\omega t)-\frac{a}{\omega}\sin(\omega t)\right]e^{-at}$	$\frac{s}{(s+a)^2+\omega^2}$	$\frac{z[z-e^{-aT_0}\cos(\omega T_0)]-\frac{a}{\omega}ze^{-aT_0}\sin(\omega T_0)}{z^2-2ze^{-aT_0}\cos(\omega T_0)+e^{-2aT_0}}$
	$\frac{-1}{\sqrt{1-\zeta^2}}e^{-\zeta\omega t}\sin(\omega\sqrt{1-\zeta^2}t-\varphi)$ $\varphi=\arctan\frac{\sqrt{1-\zeta^2}}{\zeta}$	$\frac{s}{s^2+2\zeta\omega s+\omega^2}$	
24	$\frac{1}{a^2+\omega^2}-\frac{1}{\omega\sqrt{a^2+\omega^2}}e^{-at}\sin(\omega t+\varphi)$ $\varphi=\arctan\frac{\omega}{a}$	$\frac{1}{s[(s+a)^2+\omega^2]}$	
	$1-\frac{1}{\sqrt{1-\zeta^2}}e^{-\zeta\omega t}\sin(\omega\sqrt{1-\zeta^2}t+\varphi)$ $\varphi=\arctan\frac{\sqrt{1-\zeta^2}}{\zeta}$	$\frac{\omega^2}{s(s^2+2\zeta\omega s+\omega^2)}$	
25	$\frac{a}{b^2+\omega^2}-\frac{1}{\omega}\sqrt{\frac{\omega^2+(a-b)^2}{\omega^2+b^2}}\cdot e^{-bt}\sin(\omega t+\varphi)$ $\varphi=\arctan\frac{\omega}{b}+\arctan\frac{\omega}{a-b}$	$\frac{s+a}{s[(s+b)^2+\omega^2]}$	

续表

序号	$x(t)$ 或 $x(n)$	$X(s)$	$X(z)$
26	$\frac{1}{\omega^2}t-\frac{1}{\omega^3}\sin(\omega t)$	$\frac{1}{s^2(s^2+\omega^2)}$	$\frac{zT_0}{\omega^2(z-1)^2}-\frac{z\sin(\omega T_0)}{\omega^3[z^2-2z\cos(\omega T_0)+1]}$
27	$t-\frac{2\zeta}{\omega}+\frac{1}{\omega\sqrt{1-\zeta^2}}\cdot$ $e^{-\zeta\omega t}\sin(\omega\sqrt{1-\zeta^2}t-\varphi)$ $\varphi=2\arctan\left(\frac{\sqrt{1-\zeta^2}}{-\zeta}\right)$	$\frac{\omega^2}{s^2(s^2+2\zeta\omega s+\omega^2)}$	
28	$\frac{1}{a^2+\omega^2}\cdot$ $\left[t-\frac{2a}{a^2+\omega^2}+\frac{1}{\omega}e^{-at}\sin(\omega t+\varphi)\right]$ $\varphi=2\arctan\frac{\omega}{a}$	$\frac{1}{s^2[(s+a)^2+\omega^2]}$	

附录 B　$\mathscr{Z}$ 变换基本定理

B.1　线性定理

设连续时间函数 $x(t)$、$x_1(t)$、$x_2(t)$ 的 $\mathscr{Z}$ 变换分别为 $X(z)$、$X_1(z)$、$X_2(z)$，a 为常数或为与时间 t 及变量 z 无关的变量，则有

$$\mathscr{Z}[ax(t)] = aX(z) \tag{B.1}$$

$$\mathscr{Z}[x_1(t) \pm x_2(t)] = X_1(z) \pm X_2(z) \tag{B.2}$$

B.2　滞后定理

设当 $t<0$ 时连续时间函数 $x(t)$ 为零，它的 $\mathscr{Z}$ 变换为 $X(z)$，则有

$$\mathscr{Z}[x(t - kT_0)] = z^{-k}X(z) \tag{B.3}$$

B.3　初值定理

设连续时间函数 $x(t)$ 的 $\mathscr{Z}$ 变换为 $X(z)$，当 $t<0$ 时 $x(t)=0$，则有

$$\lim_{t\to 0}x(t) = \lim_{z\to\infty}X(z) \tag{B.4}$$

B.4　终值定理

设连续时间函数 $x(t)$ 的 $\mathscr{Z}$ 变换为 $X(z)$，$X(z)$ 不含有 $z=1$ 的二重以上的极点及单位圆外无极点，则有

$$\lim_{t\to\infty}x(t) = \lim_{z\to 1}[(z - 1)X(z)] \tag{B.5}$$

B.5　超前定理

设 $X(z)=\sum_{n=0}^{\infty}x(nT_0)z^{-n}$，则

$$\sum_{n=0}^{\infty}x(nT_0+kT_0)z^{-n}=z^{k}\left[X(z)-\sum_{\gamma=0}^{k-1}x(\gamma T_0)z^{-\gamma}\right] \tag{B.6}$$

式中，$\gamma=n+k$。

若 $x(0)=x(T_0)=x(2T_0)=\cdots=x[(k-1)T_0]=0$，则超前定理具有如下简单形式，即

$$\sum_{n=0}^{\infty}x(nT_0+kT_0)z^{-n}=z^{k}X(z) \tag{B.7}$$

附录 C　矩阵运算

C.1　矩阵变换

子式 M_{ij}　如果从 $n\times n$ 矩阵 $\boldsymbol{A}$ 中，去掉第 i 行、第 j 列后，所得的矩阵为 $(n-1)\times(n-1)$ 矩阵，则称 $(n-1)\times(n-1)$ 矩阵的行列式为矩阵 $\boldsymbol{A}$ 的子式 M_{ij}。

余因子 A_{ij}　矩阵 $\boldsymbol{A}$ 的元素 a_{ij} 的余因子 A_{ij} 是由方程 $A_{ij}=(-1)^{i+j}M_{ij}$ 定义的，即，元素 a_{ij} 的余因子 A_{ij} 是 $(-1)^{i+j}$ 乘从矩阵 $\boldsymbol{A}$ 中去掉第 i 行、第 j 列后构成的矩阵的行列式。

伴随矩阵　矩阵 $\boldsymbol{B}$，当它的第 i 行和第 j 列等于余因子 A_{ij} 时，矩阵 $\boldsymbol{B}$ 就称为矩阵 $\boldsymbol{A}$ 的伴随矩阵，用 adj$\boldsymbol{A}$ 或 $\boldsymbol{B}=(b_{ij})=(A_{ji})=\mathrm{adj}\boldsymbol{A}$ 表示。也就是说，$\boldsymbol{A}$ 的伴随矩阵是以 $\boldsymbol{A}$ 的余因子为元素构成的矩阵的转置矩阵，即

$$\mathrm{adj}\boldsymbol{A}=\begin{pmatrix} A_{11} & A_{21} & \cdots & A_{n1}\\ A_{12} & A_{22} & \cdots & A_{n2}\\ \vdots & \vdots & & \vdots\\ A_{1n} & A_{2n} & \cdots & A_{nn}\end{pmatrix} \tag{C.1}$$

例如矩阵 $\boldsymbol{A}$ 为

$$\boldsymbol{A}=\begin{pmatrix} 1 & 2 & 0\\ 3 & -1 & -2\\ 1 & 0 & -3\end{pmatrix}$$

则其伴随矩阵为

$$\mathrm{adj}\boldsymbol{A}=\begin{pmatrix} \begin{vmatrix} -1 & -2\\ 0 & -3\end{vmatrix} & -\begin{vmatrix} 2 & 0\\ 0 & -3\end{vmatrix} & \begin{vmatrix} 2 & 0\\ -1 & -2\end{vmatrix}\\ -\begin{vmatrix} 3 & -2\\ 1 & -3\end{vmatrix} & \begin{vmatrix} 1 & 0\\ 1 & -3\end{vmatrix} & -\begin{vmatrix} 1 & 0\\ 3 & -2\end{vmatrix}\\ \begin{vmatrix} 3 & -1\\ 1 & 0\end{vmatrix} & -\begin{vmatrix} 1 & 2\\ 1 & 0\end{vmatrix} & \begin{vmatrix} 1 & 2\\ 3 & -1\end{vmatrix}\end{pmatrix}=\begin{pmatrix} 3 & 6 & -4\\ 7 & -3 & 2\\ 1 & 2 & -7\end{pmatrix}$$

注意，乘积 $\boldsymbol{A}(\mathrm{adj}\boldsymbol{A})$ 的第 i 行和第 j 列的元素是 $\sum_{k=1}^{n}a_{jk}b_{ki}=\sum_{k=1}^{n}a_{jk}A_{ik}=\delta_{ij}|\boldsymbol{A}|$，因此 $\boldsymbol{A}(\mathrm{adj}\boldsymbol{A})$ 是一个对角线元素等于 $|\boldsymbol{A}|$ 的对角矩阵，于是有 $\boldsymbol{A}(\mathrm{adj}\boldsymbol{A})=|\boldsymbol{A}|\boldsymbol{I}$。同样地，$\boldsymbol{A}(\mathrm{adj}\boldsymbol{A})$ 的第 j 行和

第 i 列的元素为 $\sum_{k=1}^{n} b_{jk}a_{ki} = \sum_{k=1}^{n} A_{kj}a_{ki} = \delta_{ij}\,|\boldsymbol{A}|$，于是有

$$\boldsymbol{A}(\mathrm{adj}\boldsymbol{A}) = (\mathrm{adj}\boldsymbol{A})\boldsymbol{A} = |\boldsymbol{A}|\boldsymbol{I} \tag{C.2}$$

矩阵的逆矩阵　对于方阵 $\boldsymbol{A}$，如果存在矩阵 $\boldsymbol{B}$，使得 $\boldsymbol{BA}=\boldsymbol{AB}=\boldsymbol{I}$，则称 $\boldsymbol{B}$ 为 $\boldsymbol{A}$ 的逆矩阵，通常用 $\boldsymbol{A}^{-1}$ 表示逆矩阵 $\boldsymbol{B}$。如果 $\boldsymbol{A}$ 为非奇异矩阵，则称 $\boldsymbol{A}$ 为可逆矩阵，或者说 $\boldsymbol{A}$ 的逆矩阵存在。根据上述定义，逆矩阵 $\boldsymbol{A}^{-1}$ 具有如下性质：

$$\boldsymbol{AA}^{-1} = \boldsymbol{A}^{-1}\boldsymbol{A} = \boldsymbol{I}$$

式中，$\boldsymbol{I}$ 为单位矩阵。

如果 $\boldsymbol{A}$ 为非奇异的，且 $\boldsymbol{AB}=\boldsymbol{C}$，则有 $\boldsymbol{B}=\boldsymbol{A}^{-1}\boldsymbol{C}$。如果 $\boldsymbol{A}$ 和 $\boldsymbol{B}$ 是非奇异的，则乘积 $\boldsymbol{AB}$ 也是非奇异的，并且

$$(\boldsymbol{AB})^{-1} = \boldsymbol{B}^{-1}\boldsymbol{A}^{-1}$$

此外

$$(\boldsymbol{A}^{-1})^{-1} = \boldsymbol{A}$$
$$(\boldsymbol{A}^{-1})^{\mathrm{T}} = (\boldsymbol{A}^{\mathrm{T}})^{-1}$$
$$\mathrm{adj}(\boldsymbol{A}^{-1}) = (\mathrm{adj}\boldsymbol{A})^{-1}$$

根据式(C.2)及逆矩阵的定义可得逆矩阵的计算公式

$$\boldsymbol{A}^{-1} = \frac{\mathrm{adj}\boldsymbol{A}}{|\boldsymbol{A}|} \tag{C.3}$$

例如矩阵 $\boldsymbol{A}$ 为

$$\boldsymbol{A} = \begin{pmatrix} 1 & 2 & 0 \\ 3 & -1 & -2 \\ 1 & 0 & -3 \end{pmatrix}$$

$$\mathrm{adj}\boldsymbol{A} = \begin{pmatrix} 3 & 6 & -4 \\ 7 & -3 & 2 \\ 1 & 2 & -7 \end{pmatrix}$$

行列式为

$$|\boldsymbol{A}| = \begin{vmatrix} 1 & 2 & 0 \\ 3 & -1 & -2 \\ 1 & 0 & -3 \end{vmatrix} = 17$$

根据逆矩阵计算公式[式(C.3)]可得

$$\boldsymbol{A}^{-1} = \frac{\mathrm{adj}\boldsymbol{A}}{|\boldsymbol{A}|} = \begin{pmatrix} \frac{3}{17} & \frac{6}{17} & -\frac{4}{17} \\ \frac{7}{17} & -\frac{3}{17} & \frac{2}{17} \\ \frac{1}{17} & \frac{2}{17} & -\frac{7}{17} \end{pmatrix}$$

C.2　矩阵的微分和积分

(1) 矩阵的微分和积分　设 $n\times m$ 阶矩阵 $\boldsymbol{A}(t)$ 中的每一个元素 $a_{ij}(t)$ 对时间 t 都有导数，则

矩阵 $\boldsymbol{A}(t)$ 对时间 t 的导数定义为

$$\frac{\mathrm{d}}{\mathrm{d}t}\boldsymbol{A}=\frac{\mathrm{d}}{\mathrm{d}t}[a(t)]=\begin{bmatrix}\frac{\mathrm{d}}{\mathrm{d}t}a_{11}(t) & \frac{\mathrm{d}}{\mathrm{d}t}a_{12}(t) & \cdots & \frac{\mathrm{d}}{\mathrm{d}t}a_{1m}(t)\\ \frac{\mathrm{d}}{\mathrm{d}t}a_{21}(t) & \frac{\mathrm{d}}{\mathrm{d}t}a_{22}(t) & \cdots & \frac{\mathrm{d}}{\mathrm{d}t}a_{2m}(t)\\ \vdots & \vdots & & \vdots\\ \frac{\mathrm{d}}{\mathrm{d}t}a_{n1}(t) & \frac{\mathrm{d}}{\mathrm{d}t}a_{n2}(t) & \cdots & \frac{\mathrm{d}}{\mathrm{d}t}a_{nm}(t)\end{bmatrix} \tag{C.4}$$

同样地，$n\times m$ 阶矩阵 $\boldsymbol{A}(t)$ 对时间 t 的积分定义为

$$\int\boldsymbol{A}(t)\,\mathrm{d}t=\left[\int a_{ij}(t)\,\mathrm{d}t\right]=\begin{bmatrix}\int a_{11}(t)\,\mathrm{d}t & \int a_{12}(t)\,\mathrm{d}t & \cdots & \int a_{1m}(t)\,\mathrm{d}t\\ \int a_{21}(t)\,\mathrm{d}t & \int a_{22}(t)\,\mathrm{d}t & \cdots & \int a_{2m}(t)\,\mathrm{d}t\\ \vdots & \vdots & & \vdots\\ \int a_{n1}(t)\,\mathrm{d}t & \int a_{n2}(t)\,\mathrm{d}t & \cdots & \int a_{nm}(t)\,\mathrm{d}t\end{bmatrix} \tag{C.5}$$

（2）两个矩阵乘积的微分　如果矩阵 $\boldsymbol{A}(t)$ 和矩阵 $\boldsymbol{B}(t)$ 对时间可导，则

$$\frac{\mathrm{d}}{\mathrm{d}t}[\boldsymbol{A}(t)\boldsymbol{B}(t)]=\frac{\mathrm{d}\boldsymbol{A}(t)}{\mathrm{d}t}\boldsymbol{B}(t)+\boldsymbol{A}(t)\frac{\mathrm{d}\boldsymbol{B}(t)}{\mathrm{d}t} \tag{C.6}$$

式中，$\boldsymbol{A}(t)$ 和 $\frac{\mathrm{d}\boldsymbol{B}(t)}{\mathrm{d}t}$ 或 $\frac{\mathrm{d}\boldsymbol{A}(t)}{\mathrm{d}t}$ 和 $\boldsymbol{B}(t)$ 的乘积一般是不可交换的。

（3）$\boldsymbol{A}^{-1}(t)$ 的微分　如果 $\boldsymbol{A}(t)$ 和它的逆矩阵 $\boldsymbol{A}^{-1}(t)$ 对时间 t 是可导的，则 $\boldsymbol{A}^{-1}(t)$ 对时间的导数由下式给出

$$\frac{\mathrm{d}\boldsymbol{A}^{-1}(t)}{\mathrm{d}t}=-\boldsymbol{A}^{-1}(t)\frac{\mathrm{d}\boldsymbol{A}(t)}{\mathrm{d}t}\boldsymbol{A}^{-1}(t) \tag{C.7}$$

附录 D　基本的数值解法

在科学研究和工程实践中提出的实际问题，当它归结为数学模型时，相当一部分是求解微分方程或状态方程的问题。在一般教程中，已经介绍了许多求解微分方程和状态方程的方法，在理论上也解决了一些解的存在性和唯一性问题。但是，能用解析法求出微分方程或状态方程的解析解，只是极小的一部分。对于一般的非线性、变系数线性微分方程或状态方程，都难以获得初等形式的解析解。大部分微分方程或状态方程的求解问题，还需要求助于计算机。微分方程的数值解法是一种将连续的问题离散化成离散的问题来实现的。常用的数值解法有欧拉(Euler)法、预报-校正法、龙格-库塔法等。由于高阶微分方程总可以通过模化的方法化为一阶微分方程组，即状态方程。因此，这里主要讨论一阶微分方程初值问题的数值解法。

D.1　欧拉法

欧拉法又称为折线法，是最简单的数值解法，它的计算公式简单，有明显的几何意义，但其计算精度较差。

设一阶微分方程为

$$\left.\begin{aligned}\frac{\mathrm{d}y}{\mathrm{d}t}&=f(t,y)\\ y(t_0)&=y_0\end{aligned}\right\}\tag{D.1}$$

对上式两端在区间$[t_k,t_{k+1}]$求积分得

$$y_{k+1}-y_k=\int_{t_k}^{t_{k+1}}f(t,y)\,\mathrm{d}t\tag{D.2}$$

由数学导数定义可知

$$\frac{\mathrm{d}y}{\mathrm{d}t}=\lim_{\Delta t\to 0}\frac{y(t+\Delta t)-y(t)}{\Delta t}$$

在 $t=t_k$ 时刻上取 $h=\Delta t=t_{k+1}-t_k$，则有

$$y_{k+1}=y(t+\Delta t),y_k=y(t)$$

当取 h 为足够小时，可使得

$$\frac{\mathrm{d}y}{\mathrm{d}t}=f(t_k,y_k)\approx\frac{y_{k+1}-y_k}{h}$$

成立，于是有

$$y_{k+1}-y_k=hf(t_k,y_k)$$

与式(D.2)比较，$hf(t_k,y_k)$可以近似代替其积分部分，即

$$hf(t_k,y_k)\approx\int_{t_k}^{t_{k+1}}f(t,y)\,\mathrm{d}t$$

当 h 很小时，式(D.2)可写成

$$y_{k+1}=y_k+hf(t_k,y_k)\tag{D.3}$$

取 $k=0,1,2,\cdots,N-1$，即可从 t_0 开始逐点递推，求得 y_1、y_2、…、y_N。式(D.3)称为欧拉递推公式。欧拉递推法的几何意义是把 $f(t,y)$ 在区间$[t_k,t_{k+1}]$内的曲边面积用矩形面积近似代替，如图 D.1 所示。

欧拉递推法方法简单，计算量小，仅由前一点的数值 y_k，一步递推即可求得后一点值 y_{k+1}，是一种简单的单步法。又由于从初值 y_0 即可开始进行递推运算，不需要其他任何信息，因此称为自开始算法。

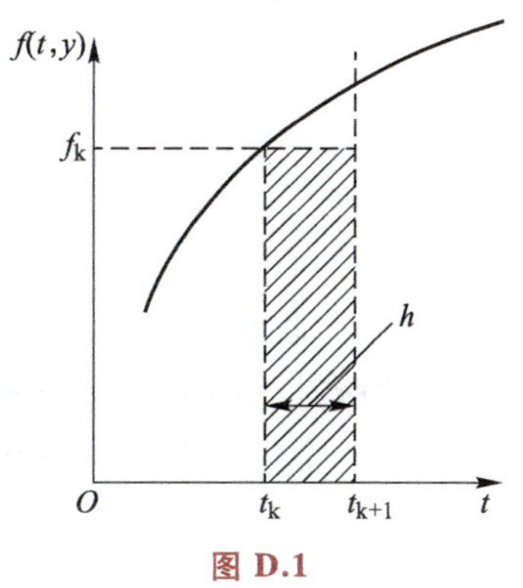

图 D.1

泰勒展开式为

$$y(t+\Delta t)=y(t)+\dot{y}(t)\Delta t+\frac{1}{2!}\ddot{y}(y)(\Delta t)^2+\cdots$$

不难看出，当 $t=t_k$，$\Delta t=h$ 时，欧拉公式与泰勒展开式

$$y_{k+1}=y_k+h\dot{y}_k+\frac{1}{2!}h^2\ddot{y}_k+\cdots$$

的一阶近似

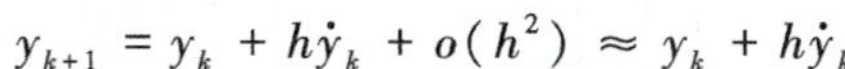

$$y_{k+1}=y_k+h\dot{y}_k+o(h^2)\approx y_k+h\dot{y}_k$$

相同，其截断误差 $o(h^2)$ 与 h^2 同数量级，称其具有一阶精度，显然精度较差。尽管如此，欧拉法

仍是极其重要的，一些精度较高的数值积分都是由它为基础推导出来的。

D.2　预报-校正法

预报-校正法也称为二阶龙格-库塔法或梯形递推法，其递推公式为

$$\left.\begin{aligned} y_{k+1} &= y_k + \frac{h}{2}(k_1 + k_2) \\ k_1 &= f(t_k, y_k) \\ k_2 &= f(t_k + h, y_k + hk_1) \end{aligned}\right\} \tag{D.4}$$

预报-校正法的基本思想是用欧拉法以斜率 k_1 先求预报值 $\bar{y}_{k+1}$

$$\bar{y}_{k+1} = y_k + hk_1$$

再由预报值 $\bar{y}_{k+1}$ 求斜率 k_2

$$k_2 = f(t_{k+1}, \bar{y}_{k+1}) = f(t_k + h, y_k + hk_1)$$

后按式(D.4)计算校正值 y_{k+1}。该方法是在区间 $[t_k, t_{k+1}]$ 内，用上底为 $f(t_k, y_k)$，下底为 $f(t_k+h, y_k+hk_1)$，高为 h 的梯形面积代替曲边面积，如图 D.2 所示。

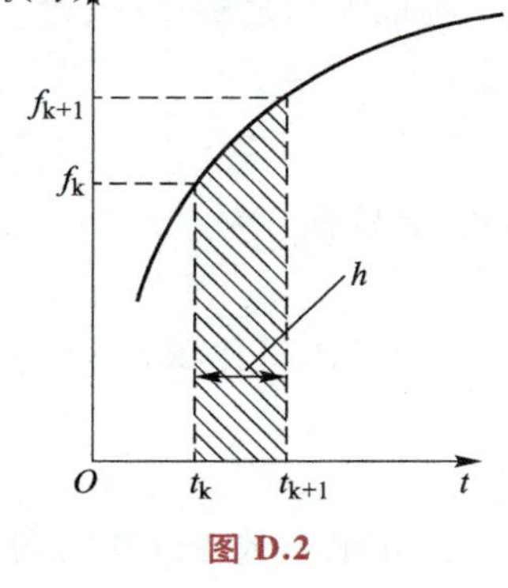

图 D.2

D.3　四阶龙格-库塔法

四阶龙格-库塔法是工程和科学计算上常用的一种数值积分法，其优点是计算精度高。它是一种自开始方法，计算每一点函数值和导数值，只要用到前面一个点的函数值和导数值，有了初值就可以开始运算下去。它的步长选取也很灵活，可以根据需要在计算中随时改变其计算步长。

四阶龙格-库塔法是用 $f(t,y)$ 在四个点上函数值的线性组合代替积分的曲边面积的，其递推公式为

$$\left.\begin{aligned} y_{k+1} &= y_k + \frac{h}{6}(k_1 + 2k_2 + 2k_3 + k_4) \\ k_1 &= f(t_k, y_k) \\ k_2 &= f\left(t_k + \frac{h}{2}, y_k + \frac{h}{2}k_1\right) \\ k_3 &= f\left(t_k + \frac{h}{2}, y_k + \frac{h}{2}k_2\right) \\ k_4 &= f(t_k + h, y_k + hk_3) \end{aligned}\right\} \tag{D.5}$$

D.4　一阶微分方程组的数值解法

上述所讨论的一阶微分方程的数值解法，可以很容易地推广到求解一阶微分方程组的初值问题。由 n 个一阶微分方程组成的一阶微分方程组的初值问题

$$\begin{cases} \dfrac{\mathrm{d}y_i}{\mathrm{d}y_0} = f_i(y_0, y_1, \cdots, y_n) \\ y_i(y_0, 0) = y_{i,0} \quad (i = 1, 2, \cdots, n) \end{cases}$$

其中，y_0 为自变量，y_1、y_2、…、y_n 为 y_0 的未知函数。为了统一计算格式，方便数值积分的求解，记

$$f_0(y_0, y_1, \cdots, y_n) = 1$$

则上述初值问题可改写为

$$\begin{cases} \dfrac{\mathrm{d}y_i}{\mathrm{d}y_0} = f_i(y_0, y_1, \cdots, y_n) \\ y_i(y_0, 0) = y_{i,0} \quad (i = 0, 1, 2, \cdots, n) \end{cases}$$

设给定步长为 h,则从第 k 步的值 $y_{i,k}(i=0,1,2,\cdots,n)$ 出发,计算第 $k+1$ 步的值 $y_{i,k+1}(i=0,1,2,\cdots,n)$ 的四阶龙格-库塔递推公式为

$$\left.\begin{aligned} & y_{i,k+1} = y_{i,k} + \frac{h}{6}(k_{i,1} + 2k_{i,2} + 2k_{i,3} + k_{i,4}) \\ & k_{i,1} = f_i(y_{0,k}, y_{1,k}, y_{2,k}, \cdots, y_{n,k}) \\ & k_{i,2} = f_i\left(y_{0,k} + \frac{h}{2}k_{0,1}, y_{1,k} + \frac{h}{2}k_{1,1}, \cdots, y_{n,k} + \frac{h}{2}k_{n,1}\right) \quad (i = 0, 1, \cdots, n; k = 0, 1, 2, \cdots) \\ & k_{i,3} = f_i\left(y_{0,k} + \frac{h}{2}k_{0,2}, y_{1,k} + \frac{h}{2}k_{1,2}, \cdots, y_{n,k} + \frac{h}{2}k_{n,2}\right) \\ & k_{i,4} = f_i(y_{0,k} + hk_{0,3}, y_{1,k} + hk_{1,3}, \cdots, y_{n,k} + hk_{n,3}) \end{aligned}\right\} \tag{D.6}$$

附录 E　部分习题参考答案

第 1 章

1-3

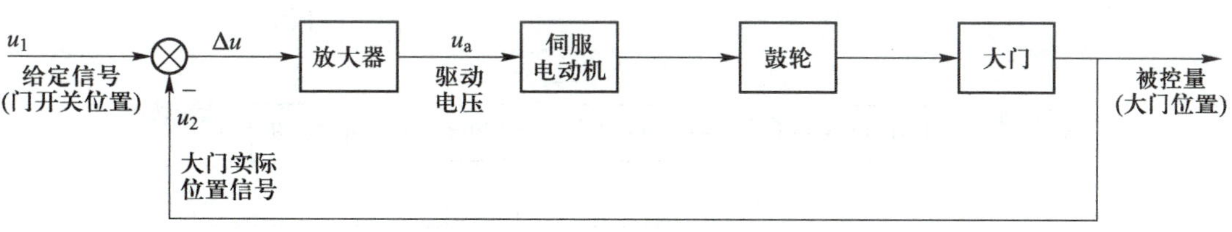

图 E.1　题 1-3 解图

1-4

(a)

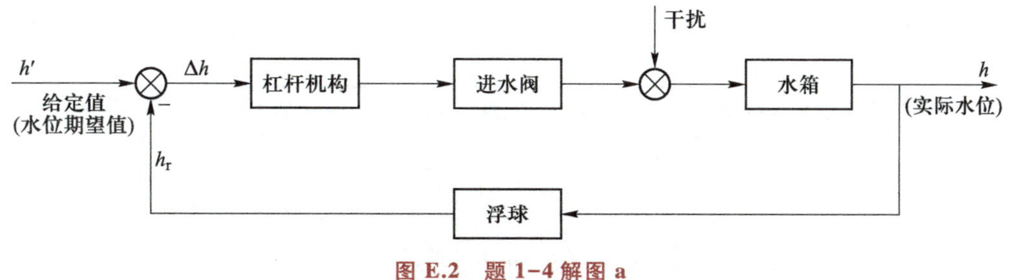

图 E.2　题 1-4 解图 a

(b)

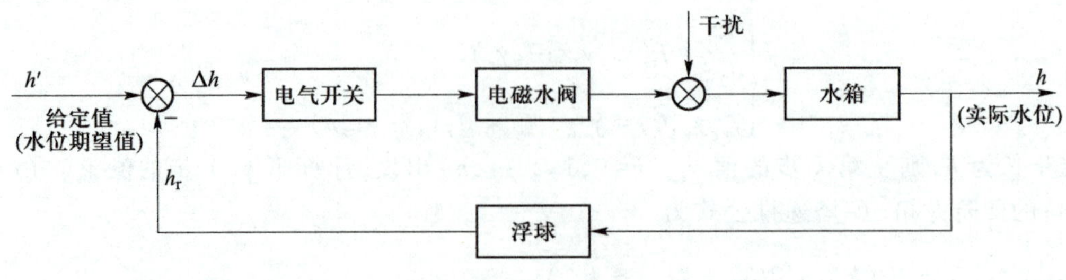

图 E.3 题 1-4 解图 b

1-5

$$\frac{y}{u}=\frac{b}{a}$$

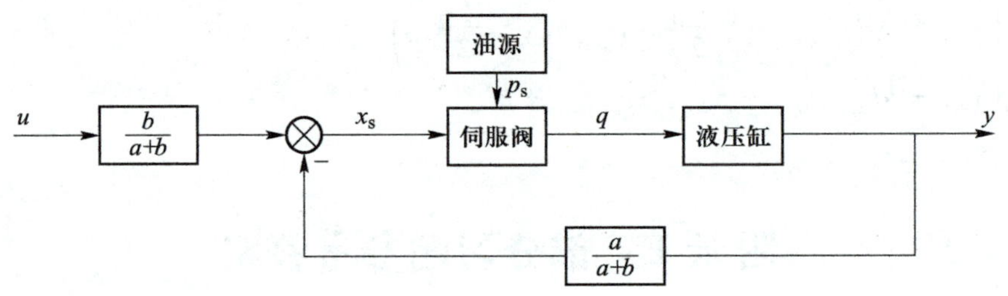

图 E.4 题 1-5 解图

1-6

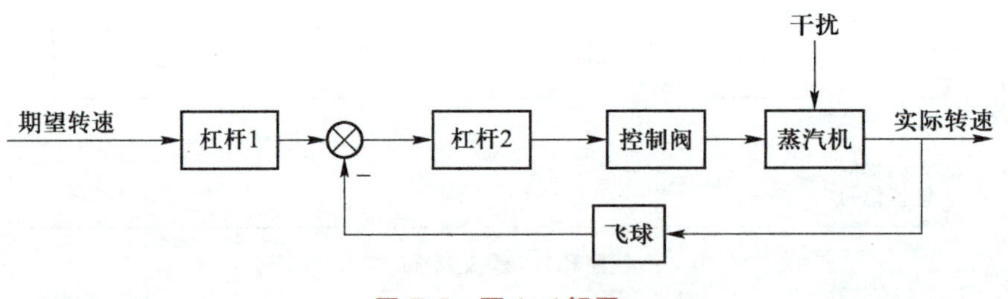

图 E.5 题 1-6 解图

1-7

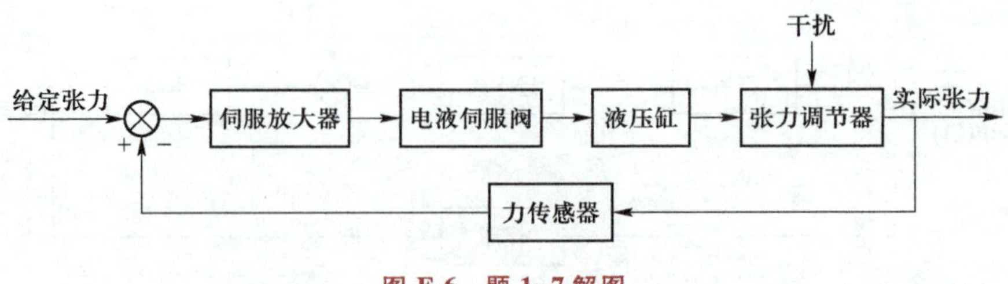

图 E.6 题 1-7 解图

1-8

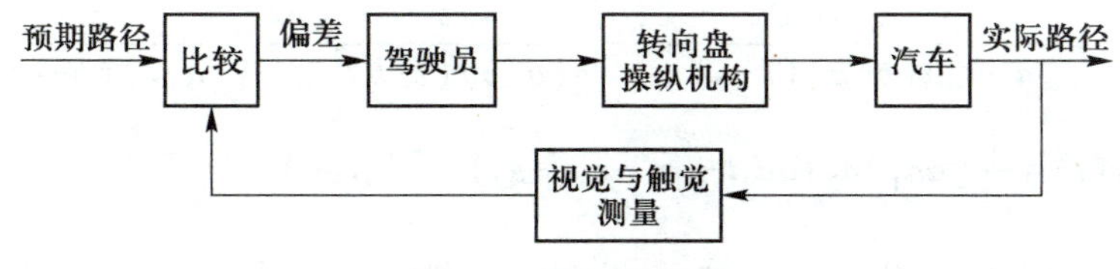

图 E.7　题 1-8 解图

1-9

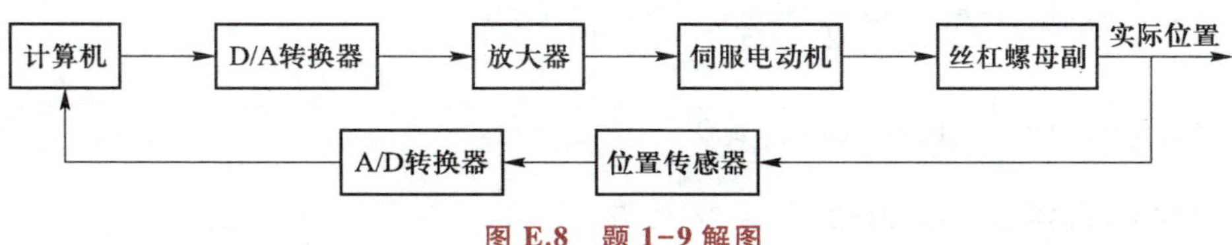

图 E.8　题 1-9 解图

第 2 章

2-1 (a) $\dfrac{\mathrm{d}u_2}{\mathrm{d}t}+\dfrac{1}{CR}u_2=\dfrac{\mathrm{d}u_1}{\mathrm{d}t}$；　(b) $\dfrac{\mathrm{d}x_2}{\mathrm{d}t}+\dfrac{K}{B}x_2=\dfrac{\mathrm{d}x_1}{\mathrm{d}t}$；　(c) $CR_2\dfrac{\mathrm{d}u_2}{\mathrm{d}t}+\left(\dfrac{R_2}{R_1}+1\right)u_2=CR_2\dfrac{\mathrm{d}u_1}{\mathrm{d}t}+\dfrac{R_2}{R_1}u_1$；

(d) $B\dfrac{\mathrm{d}x_2}{\mathrm{d}t}+(K_1+K_2)x_2=\dfrac{B\mathrm{d}x_1}{\mathrm{d}t}+K_1x_1$；　(e) $(R_1+R_2)\dfrac{\mathrm{d}u_2}{\mathrm{d}t}+\dfrac{1}{C}u_2=R_2\dfrac{\mathrm{d}u_1}{\mathrm{d}t}+\dfrac{1}{C}u_1$；

(f) $B\left(1+\dfrac{K_1}{K_2}\right)\dfrac{\mathrm{d}x_2}{\mathrm{d}t}+K_1x_2=\dfrac{BK_1}{K_2}\dfrac{\mathrm{d}x_1}{\mathrm{d}t}+K_1x_1$

2-2 $m_1m_2\dfrac{\mathrm{d}^4x_2}{\mathrm{d}t^4}+(B_1m_2+B_2m_1+B_3m_1+B_3m_2)\dfrac{\mathrm{d}^3x_2}{\mathrm{d}t^3}+(K_1m_2+K_2m_1+B_1B_2+B_1B_3+B_2B_3)\dfrac{\mathrm{d}^2x_2}{\mathrm{d}t^2}+$

$(K_1B_2+K_2B_1+K_1B_3+K_2B_3)\dfrac{\mathrm{d}x_2}{\mathrm{d}t}+K_1K_2x_2=B_3\dfrac{\mathrm{d}f}{\mathrm{d}t}$

2-3 (1) $g(t)=\dfrac{a}{a+b}\mathrm{e}^{-at}+\dfrac{b}{a+b}\mathrm{e}^{bt},t\geqslant 0$

(2) $g(t)=2\mathrm{e}^{-t}-\mathrm{e}^{-2t},t\geqslant 0$

(3) $g(t)=\dfrac{c-a}{(a-b)^2}\mathrm{e}^{-at}+\dfrac{c-b}{a-b}t\mathrm{e}^{-bt}+\dfrac{a-c}{(a-b)^2}\mathrm{e}^{-bt},t\geqslant 0$

(4) $g(t)=\dfrac{1}{9}\mathrm{e}^{-4t}+\dfrac{1}{3}t\mathrm{e}^{-t}-\dfrac{1}{9}\mathrm{e}^{-t},t\geqslant 0$

(5) $g(t)=\mathrm{e}^{-t}(2-t)-2\mathrm{e}^{-2t},t\geqslant 0$

(6) $g(t)=\dfrac{5}{2}-2\mathrm{e}^{-t}-\dfrac{1+2\mathrm{j}}{4}\mathrm{e}^{-2\mathrm{j}t}-\dfrac{1-2\mathrm{j}}{4}\mathrm{e}^{2\mathrm{j}t}=\dfrac{5}{2}-2\mathrm{e}^{-t}-\dfrac{1}{2}\cos(2t)-\sin(2t),t\geqslant 0$

(7) $g(t)=\dfrac{2}{3}+\dfrac{1}{12}\mathrm{e}^{-3t}-\dfrac{1}{2}t\mathrm{e}^{-t}-\dfrac{3}{4}\mathrm{e}^{-t},t\geqslant 0$

(8) $g(t)=1-2\mathrm{e}^{-2t}+\mathrm{e}^{-t}\cos(\sqrt{3}t),t\geqslant 0$

(9) $g(t)=\dfrac{d}{abc}-\dfrac{d-a}{a(b-a)(c-a)}\mathrm{e}^{-at}-\dfrac{d-b}{b(a-b)(c-b)}\mathrm{e}^{-bt}-\dfrac{d-c}{c(a-c)(b-c)}\mathrm{e}^{-ct},t\geqslant 0$

(10) $g(t)=\dfrac{1}{a^2}[aa_1-a_2+aa_2t+(a^2-aa_1+a_2)\mathrm{e}^{-at}],t\geqslant 0$

(11) $g(t)=\dfrac{1}{2}-\dfrac{1}{2\sqrt{7}}\mathrm{e}^{-\frac{1}{2}t}\sin\dfrac{\sqrt{7}}{2}t-\dfrac{1}{2}\mathrm{e}^{-\frac{1}{2}t}\cos\dfrac{\sqrt{7}}{2}t,t\geqslant 0$

(12) $g(t)=1-\mathrm{e}^{-\frac{1}{2}t}\cos\dfrac{\sqrt{7}}{2}t+\dfrac{3}{\sqrt{7}}\mathrm{e}^{-\frac{1}{2}t}\sin\dfrac{\sqrt{7}}{2}t,t\geqslant 0$

(13) $g(t)=\dfrac{1}{\omega^2}(1-\cos\omega t),\ t\geqslant 0$

(14) $g(t)=5\mathrm{e}^{-t}\sin 2t+2\mathrm{e}^{-t}\cos 2t,t\geqslant 0$

(15) $g(t)=(1+t^2)\mathrm{e}^{-t},t\geqslant 0$

(16) $g(t)=\dfrac{\mathrm{d}}{\mathrm{d}t}\delta(t)+9\delta(t)+24\mathrm{e}^{-t}-6\mathrm{e}^{-2t},t\geqslant 0$

(17) $g(t)=\dfrac{\mathrm{d}}{\mathrm{d}t}\delta(t)+2\delta(t)+2\mathrm{e}^{-t}-\mathrm{e}^{-2t},t\geqslant 0$

(18) $g(t)=\dfrac{\mathrm{d}^2}{\mathrm{d}t^2}\delta(t)+\dfrac{\mathrm{d}}{\mathrm{d}t}\delta(t)+2\delta(t)+5-3\mathrm{e}^{-t},t\geqslant 0$

2-4 (1) $x(t)=(2a+b)\mathrm{e}^{-t}-(a+b)\mathrm{e}^{-2t},t\geqslant 0$

(2) $x(t)=\mathrm{e}^{-t}+\mathrm{e}^{t}-2\sin t-\cos 2t,t\geqslant 0$

(3) $x(t)=\dfrac{3}{5}-\dfrac{3}{10}\mathrm{e}^{-t}\sin 2t-\dfrac{3}{5}\mathrm{e}^{-t}\cos 2t,t\geqslant 0$

(4) $x(t)=\dfrac{2\sqrt{3}}{\sqrt{5}}\mathrm{e}^{-1.5t}\sin\left(\dfrac{\sqrt{15}}{2}t\right),t\geqslant 0$

(5) $x(t)=1-\dfrac{1}{2}t^2\mathrm{e}^{-t}-t\mathrm{e}^{-t}-\mathrm{e}^{-t},t\geqslant 0$

2-5 (1) 极点:0,0,−2,−5;零点:−1,∞,∞,∞

(2) 极点:−2,−1,−2;零点:0,0,−1

(3) 极点:0,$\dfrac{-1+\mathrm{j}\sqrt{3}}{2}$,$\dfrac{-1-\mathrm{j}\sqrt{3}}{2}$;零点:−2,∞,∞

(4) 极点:−1,−2,−∞(无穷多个极点);零点:在∞处有无穷多个零点

2-6 $G(s)=\dfrac{T_1T_2s^2+(T_1+T_2)s+1}{T_1T_2s^2+(T_1+T_2+T_3)s+1}$

(a) $T_1=R_1C_1,T_2=R_2C_2,T_3=R_1C_2$;(b) $T_1=\dfrac{B_1}{K_1}$, $T_2=\dfrac{B_2}{K_2}$, $T_3=\dfrac{B_1}{K_2}$

2-7 $T_m=\left[J_1+\left(\frac{z_1}{z_2}\right)^2 J_2+\left(\frac{z_1z_3}{z_2z_4}\right)^2 J_3\right]\ddot{\theta}_1$

2-9 (a) $G(s)=\frac{1}{Ts}, T=R_0C_1$; (b) $G(s)=K(Ts+1), K=\frac{R_1+R_2}{R_0}, T=\frac{R_1R_2}{R_1+R_2}C_1$

(c) $G(s)=\frac{K}{Ts+1}, K=\frac{R_1}{R_0}, T=R_1C_1$; (d) $G(s)=K\frac{(T_1s+1)(T_2s+1)}{T_1s}, K=\frac{R_1}{R_0}, T_1=R_1C_1$, $T_2=R_0C_0$

2-10 (a) $G(s)=K\frac{T_2s+1}{T_1s+1}, K=\frac{R_3}{R_1+R_3}, T_1=\left(R_2+\frac{R_1R_3}{R_1+R_3}\right)C, T_2=R_2C$

(b) $G(s)=\frac{T_1T_2s^2+(T_1+T_2)s+1}{T_1T_2s^2+\left[T_2\left(1+\frac{R_1}{R_2}\right)+T_1\right]s+1}, T_1=R_1C_1, T_2=R_2C_2$

(c) $G(s)=\frac{1}{T_1T_2s^2+\left[T_2\left(1+\frac{R_1}{R_2}\right)+T_1\frac{R_2+R_3+R_4}{R_4}\right]s+K}$

$T_1=R_1C_1, T_2=\frac{R_3+R_4}{R_4}R_2C_2,\ K=\frac{R_1+R_2+R_3+R_4}{R_4}$

(d) $G(s)=\frac{T_1T_2s^2+T_2s+1}{T_1T_2s^2+\left[T_1\left(1+\frac{R_1}{R_2}\right)+T_2\right]s+1}$

$T_1=\frac{R_1R_2}{R_1+R_2}C_2,\ T_2=(R_1+R_2)C_1$

2-11 (a) $\frac{X_o(s)}{X_i(s)}=G_4+\frac{G_1G_2G_3}{1+G_2G_3H_2+G_2H_1(1-G_1)}$

(b) $\frac{X_o(s)}{X_i(s)}=\frac{G_1(G_2G_3+G_4)}{1+(G_2G_3+G_4)(G_1-H_2)+G_1G_2H_1}$

(c) $\frac{X_o(s)}{X_i(s)}=\frac{(G_1G_3+G_2G_4)G_5}{1+G_3H+G_4H+(G_1G_3+G_2G_4)G_5}$

2-12 $\frac{X_{o1}(s)}{X_{i1}(s)}=\frac{G_1G_2G_3(1+G_4)}{1+G_1G_2+G_4-G_1H_2G_4G_5H_1+G_1G_2G_4}$

$\frac{X_{o2}(s)}{X_{i1}(s)}=\frac{G_1H_2G_4G_5G_6}{1+G_1G_2+G_4-G_1H_2G_4G_5H_1+G_1G_2G_4}$

$\frac{X_{o1}(s)}{X_{i2}(s)}=\frac{G_4G_5H_1G_1G_2G_3}{1+G_1G_2+G_4-G_1H_2G_4G_5H_1+G_1G_2G_4}$

$\frac{X_{o2}(s)}{X_{i2}(s)}=\frac{G_4G_5G_6(1+G_1G_2)}{1+G_1G_2+G_4-G_1H_2G_4G_5H_1+G_1G_2G_4}$

2-13 $\frac{X_o(s)}{X_i(s)}=\frac{abc}{1-(bg+f+ch+bce+abcd)}$

2-14 （1）$\dfrac{X_o(s)}{X_i(s)}=\dfrac{K_1K_2K_3}{Ts^2+s+K_1K_2K_3}$

$$\frac{X_o(s)}{N(s)}=\frac{K_1K_2K_3\left[G_o(s)-\dfrac{K_4}{K_1K_2}s\right]}{Ts^2+s+K_1K_2K_3}$$

（2）$G_o(s)=\dfrac{K_4}{K_1K_2}s$

2-15 $$\frac{\Omega(s)}{U_i(s)}=\frac{\dfrac{R_2K_T}{R_1LJ}}{s^2+\dfrac{R}{L}s+\dfrac{K_T(R_2R_4K_n+R_1R_3K_E+R_1R_4K_E)}{R_1(R_3+R_4)LJ}}$$

$$\frac{\Omega(s)}{T_N(s)}=\frac{\dfrac{1}{J}\left(s+\dfrac{R}{L}\right)}{s^2+\dfrac{R}{L}s+\dfrac{K_T(R_2R_4K_n+R_1R_3K_E+R_1R_4K_E)}{R_1(R_3+R_4)LJ}}$$

K_T——直流电动机转矩常数；

K_E——直流电动机反电动势常数；

K_n——测速电动机传递常数；

L——直流电动机电枢绕组的电感；

R——直流电动机电枢绕组的电阻。

2-16 $$\frac{\Theta(s)}{R(s)}=\frac{(N_1/N_2)K_mK_1K_2K_p}{\tau_Ls^2+s+(N_1/N_2)K_mK_1K_2K_p}$$

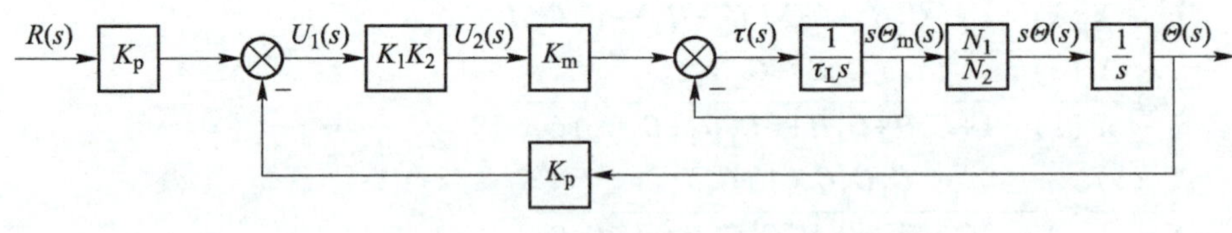

(a) 系统框图

(b) 信号流图

图 E.9　题 2-16 解图

2-17 (1)

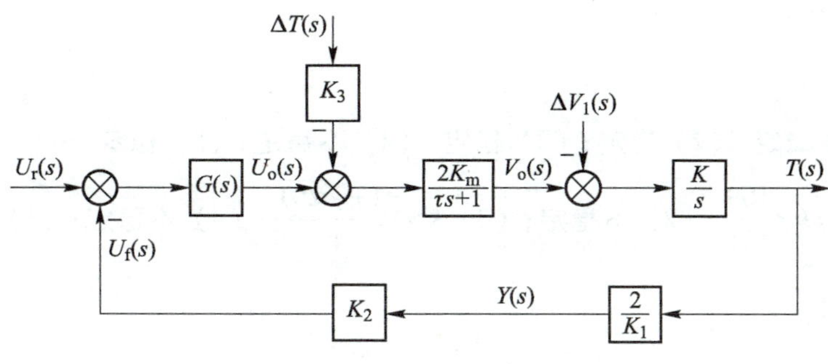

图 E.10 题 2-17 解图

(2) $F(s)=\dfrac{2K_1K_mKG(s)U_r(s)-K_1K(\tau s+1)\Delta V_1(s)-2KK_1K_3K_m\Delta T(s)}{K_1s(\tau s+1)+4G(s)K_2K_mK}$

第 3 章

3-1 $T=0.256$ min;2.56 ℃

3-2 $G(s)=\dfrac{2s+42}{s(s+6)}$

3-3 $x_o(t)=\dfrac{13}{30}-\dfrac{13}{5}e^{-5t}+\dfrac{13}{6}e^{-6t}$

3-4 $x_o(t)=1-\dfrac{4}{3}e^{-t}+\dfrac{1}{3}e^{-4t}$, $x_o(t)=\dfrac{4}{3}e^{-t}-\dfrac{4}{3}e^{-4t}$

3-5 (1) $\dfrac{X_o(s)}{X_i(s)}=\dfrac{600}{(s+60)(s+10)}$; (2) $\zeta=1.43$, $\omega_n=24.5$ rad/s

3-6 $t_r=2.42$ s, $t_p=3.63$ s, $t_s=8$ s, $M_p=16.3\%$, $N=1.103$ ($\Delta=0.02$)

3-7 $K=12.5$ rad^2/s^2, $K_h=0.178$ s, $t_r=0.65$ s, $t_s=2.48$ s ($\Delta=0.02$)

3-8 $K=200$ 时, $t_p=0.12$ s, $t_s=0.174$ s ($\Delta=0.05$), $M_p=13\%$, $N=0.73$ ($\Delta=0.05$)

$K=1\ 500$ 时, $t_p=0.037$ s, $t_s=0.174$ s ($\Delta=0.05$), $M_p=52.7\%$, $N=2.34$ ($\Delta=0.05$)

3-9 $\dfrac{1}{21}$, ∞, ∞

3-10 0, $\dfrac{2\zeta}{\omega}$, ∞

3-11 (1) $K_p=\infty$, $K_v=100$, $K_a=0$; (2) 当 $a_2\neq0$ 时, $e_{ss}=\infty$; 当 $a_2=0, a_1\neq0$ 时, $e_{ss}=\dfrac{a_1}{100}$; 当 $a_2=a_1=0$时, $e_{ss}=0$

3-12 $-\dfrac{1}{K_1}$

3-13 (1) 18°

(2) $e_{ss}=\dfrac{(1+K_1K_a-K_a)R-N}{1+K_1K_a}$

（3）$\dfrac{\theta_b}{\theta_k}\approx\dfrac{1}{1+K_1K_a}$

3-14　稳定

3-15　稳定

3-16　（1）不稳定；（2）稳定；（3）稳定；（4）不稳定；（5）稳定

3-17　（1）$0<K<\dfrac{109}{121}$；（2）不稳定；（3）$K>\dfrac{-1+\sqrt{201}}{4}$；（4）不稳定；（5）$K>0.5$

3-18　$\begin{cases}T_1>0\\T_2>0\\KK_1K_2K_h>0\\\dfrac{b}{\Delta}<KK_1K_2K_h<\dfrac{T_1+T_2}{T_1T_2}\end{cases}$

3-19　（1）

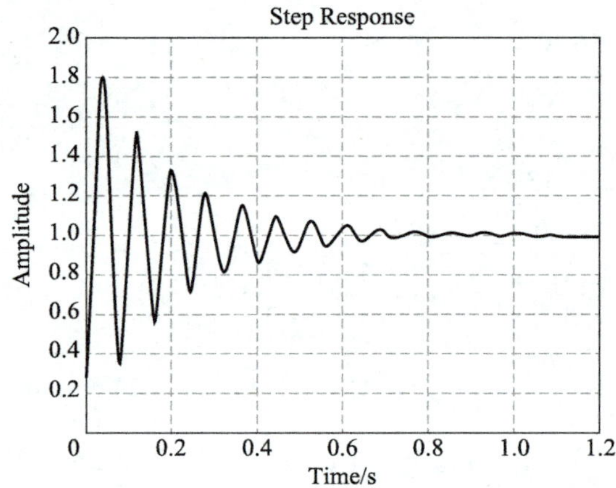

图 E.11　题 3-19 解图之一机器人手爪控制系统单位阶跃响应曲线（MATLAB）

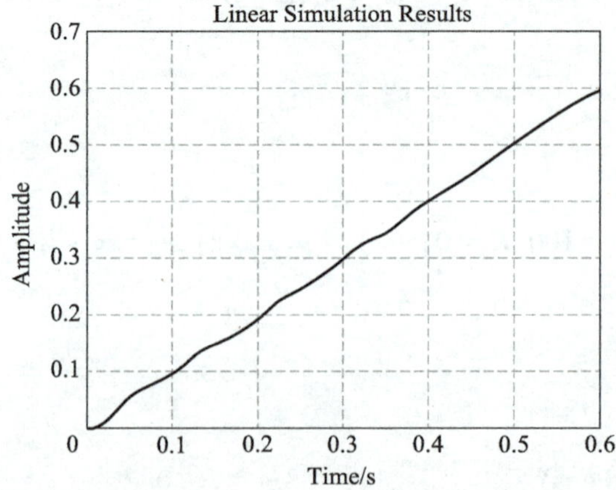

图 E.12　题 3-19 解图之二机器人手爪控制系统单位速度响应曲线（MATLAB）

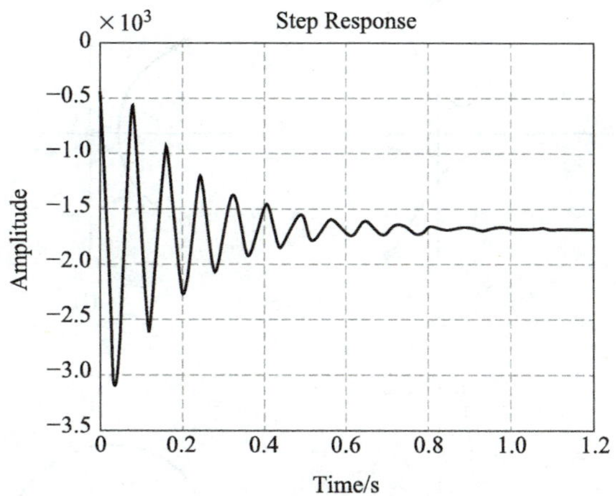

图 E.13　题 3-19 解图之三机器人手爪控制系统单位阶跃扰动响应曲线（MATLAB）

（2）$e_{ssn}=\dfrac{1}{600}$，干扰输入幅值在输出端被削弱 600 倍

（3）$e_{ss}=\dfrac{1}{600}$

第 4 章

4-1　系统根轨迹图分别如图 E.14 所示：

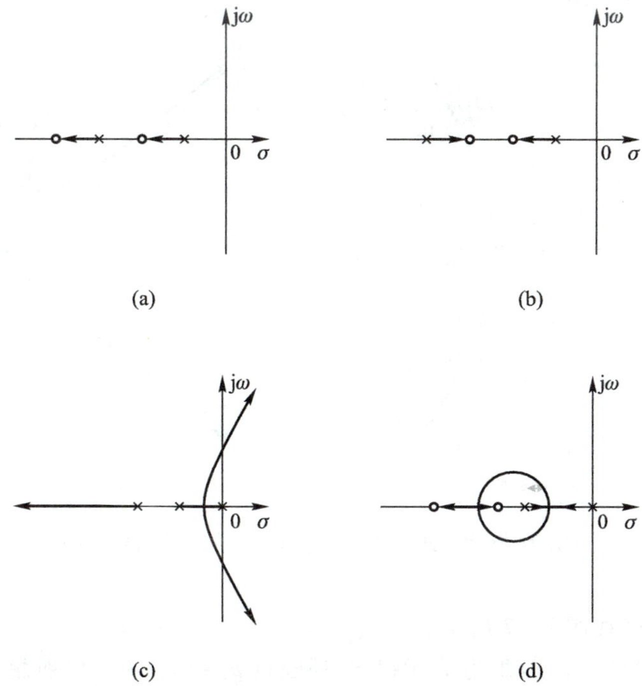

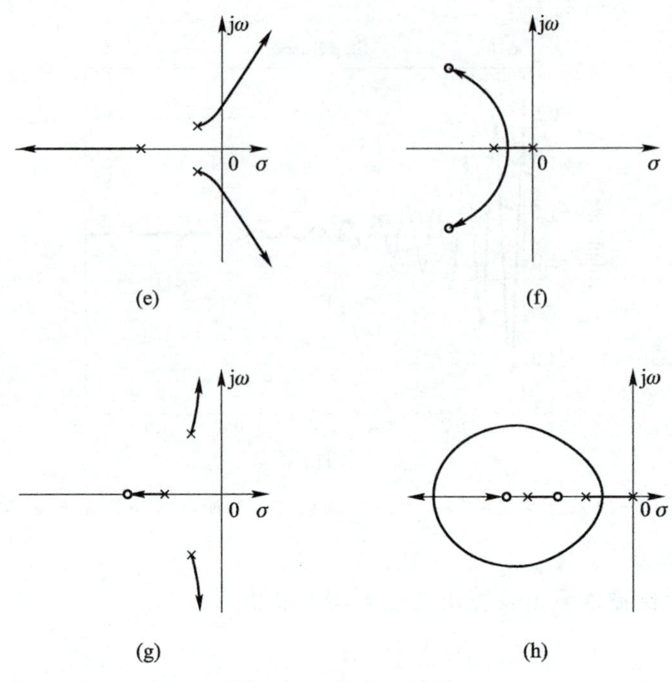

图 E.14　题 4-1 解图

4-2　（1）系统的根轨迹如图 E.15 所示。

系统无开环共轭极点和零点,不存在出射角和入射角。分离点为-0.88。根轨迹与虚轴交点坐标 $s=\pm j3.16$。

（2）系统的根轨迹如图 E.16 所示。

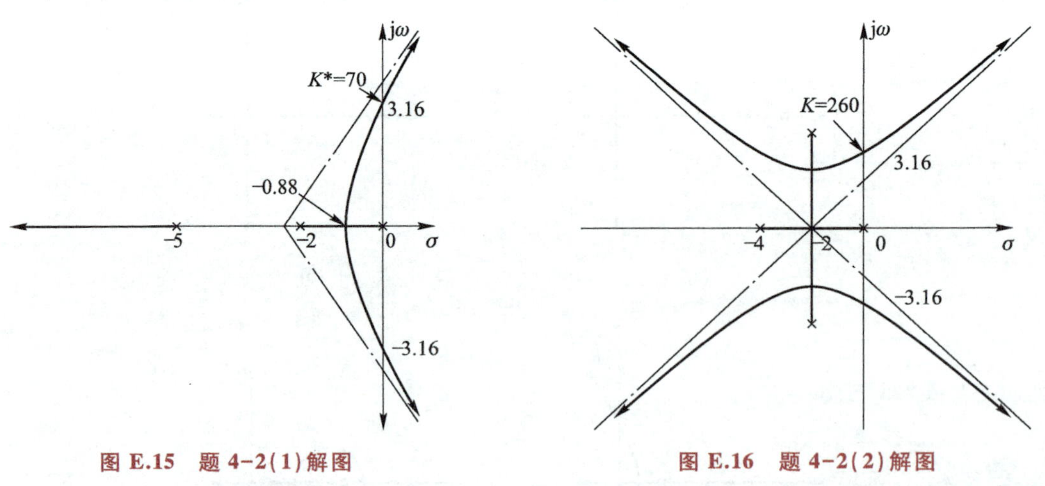

图 E.15　题 4-2(1)解图　　图 E.16　题 4-2(2)解图

开环极点 $p_3=-2+j4$ 的出射角为-90°;开环极点 $p_4=-2-j4$ 的出射角为+90°。根轨迹与虚轴交点坐标 $s=\pm3.16$。

（3）系统的根轨迹如图 E.17 所示。

开环极点 $p_3=-2+j4$ 的出射角为 14.04°;开环极点 $p_4=-2-j4$ 的出射角为-14.04°。

（4）系统的根轨迹如图 E.18 所示。

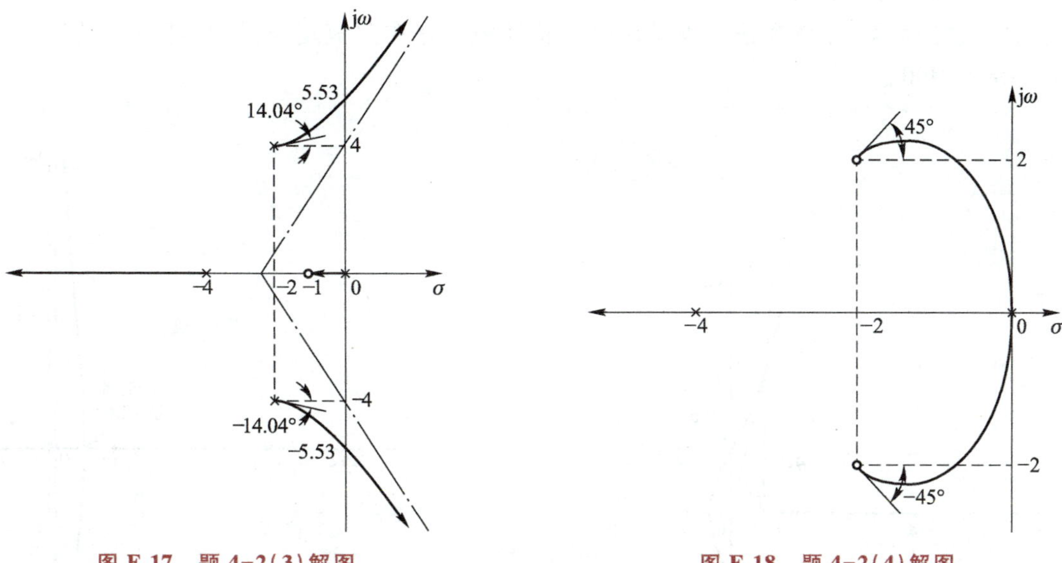

图 E.17　题 4-2(3)解图

图 E.18　题 4-2(4)解图

开环零点 $z_1=-2+\mathrm{j}2$ 的入射角为 45°；开环零点 $z_2=-2-\mathrm{j}2$ 的入射角为−45°。根轨迹与虚轴无交点。

4-3

（1）系统的根轨迹如图 E.19 所示。

（2）系统的根轨迹如图 E.20 所示。

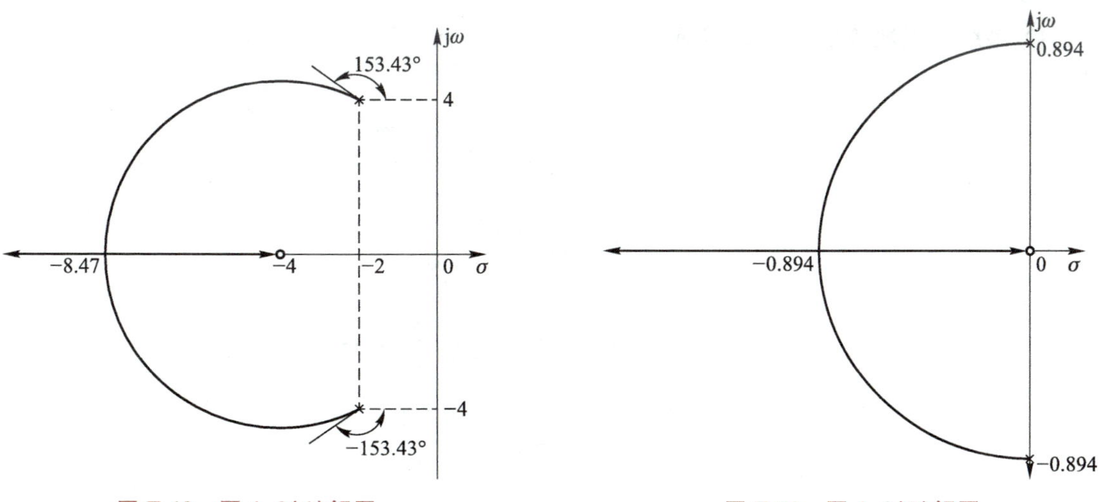

图 E.19　题 4-3(1)解图

图 E.20　题 4-3(2)解图

4-4

（1）系统根轨迹如图 E.21 所示。

$K>6$ 时，系统稳定。

（2）最大阻尼比 $\zeta=0.22$，此时对应的共轭复根为 $-0.658\pm j2.941$。

4-5 系统的根轨迹如图 E.22 所示。

由根轨迹图可知，系统输出出现振荡时其特征根应存在共轭复根，故此可得 K 的取值范围为：$5.15<K<2\,400$。

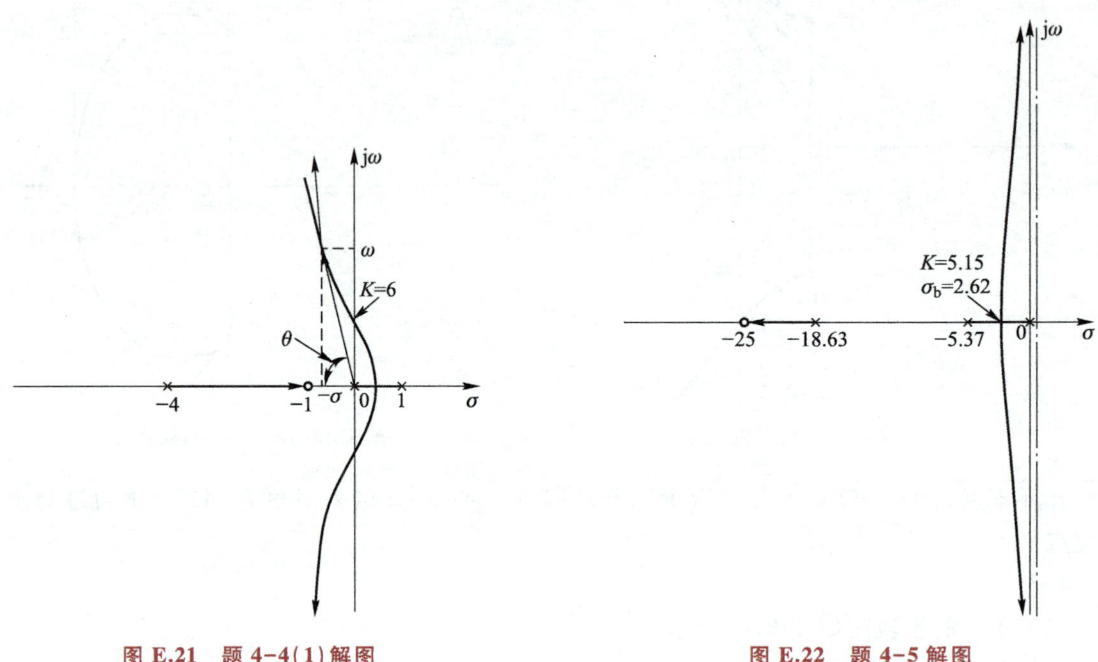

图 E.21 题 4-4(1)解图

图 E.22 题 4-5 解图

4-6

（1）系统的根轨迹如图 E.23 所示。

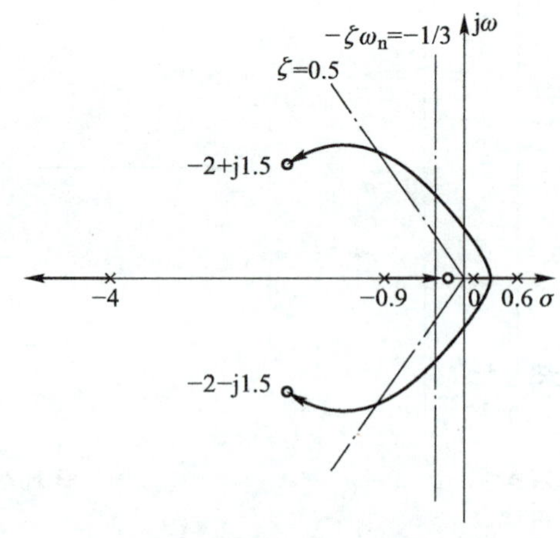

图 E.23 题 4-6 解图

（2）当 $K>4.46$ 时，可使系统的调整时间小于 12 s（$\Delta=0.02$）且共轭复根的阻尼比大于 0.5。

4-7

（1）系统的根轨迹如图 E.24 所示。

（2）当 $K_a<0.12$ 时，可使系统的阻尼比 $\zeta \geqslant 0.707$。

（3）以 $K=0.06$ 为例，绘制当 T 从 0 逐渐增加至∞ 的根轨迹如图 E.25 所示。

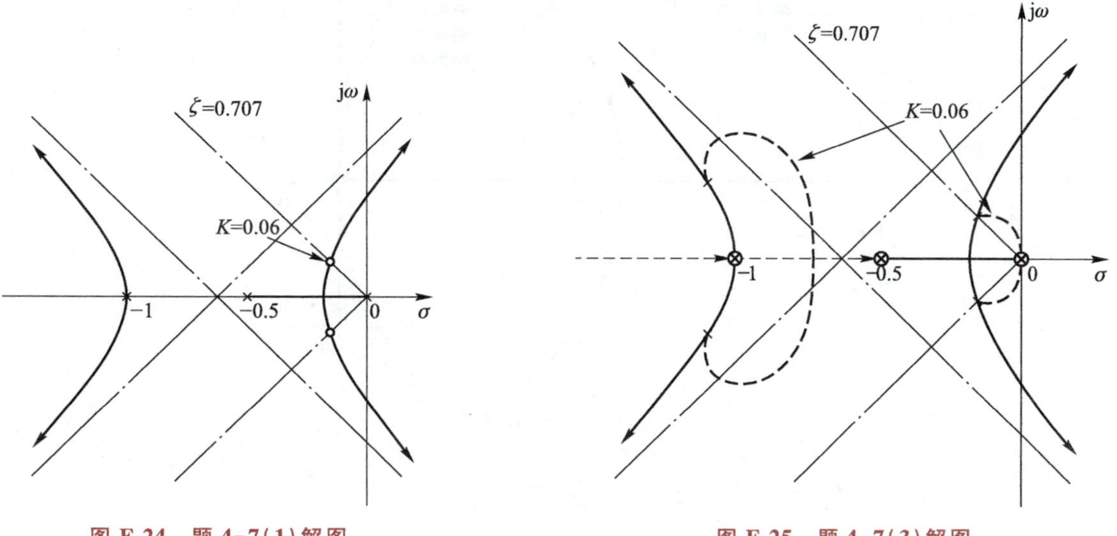

图 E.24　题 4-7(1)解图　　图 E.25　题 4-7(3)解图

由图可见，当 T 逐渐加大时，系统闭环主导极点向虚轴移动，系统的响应速度降低，同时系统的阻尼比减小，振荡越来越剧烈，超调量加大。

4-8　$\beta=0$ 时，其根轨迹如图 E.26 所示。

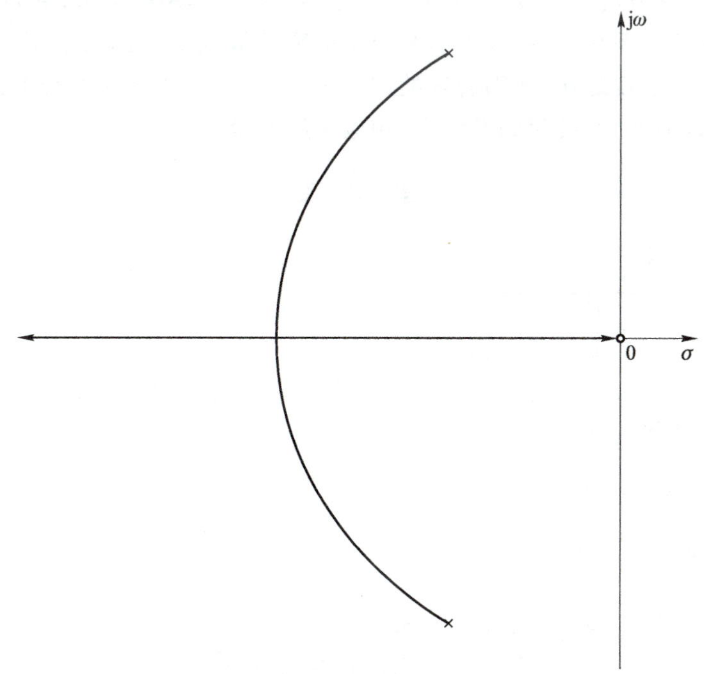

图 E.26　题 4-8 解图之一

取 $\alpha^*=0.8,1.2,1.6,1.8$，即 $\alpha=0.2,0.3,0.4,0.45$，可得 β 变化时的根轨迹簇如图 E.27 所示。

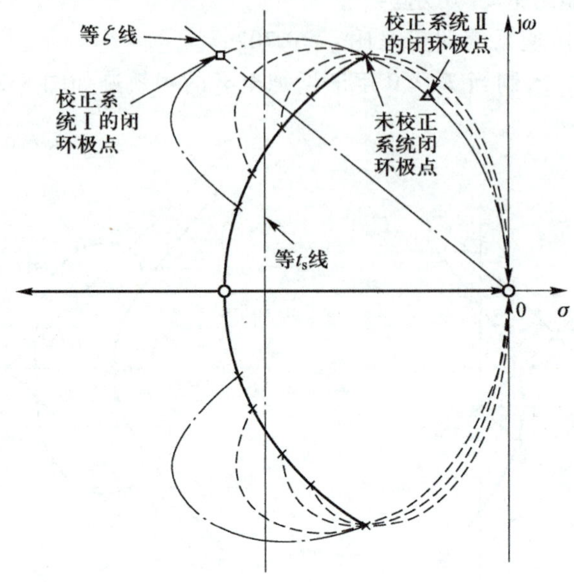

图 E.27　题 4-8 解图之二

由图可见，当 $\beta=0$ 时，改善系统性能的装置为一阶微分环节。此时，随着 α 加大，系统闭环极点阻尼比及其距虚轴距离均加大，系统振荡程度即超调量减小，响应速度加快。当 $\alpha=0$ 时，随着 β 加大，系统闭环极点阻尼比及其距虚轴距离均减小，系统振荡程度即超调量增加，响应速度变慢。当 α 和 β 均不为 0 时，对系统性能的影响是两者综合作用的结果，例如图中双点画线对应的根轨迹，易见相对于原系统，性能改善后系统Ⅰ的闭环极点阻尼比及其距虚轴的距离均增加，系统超调量减小，响应速度加快；而随着 β 的进一步加大，性能改善后系统Ⅱ的闭环极点阻尼比及其距虚轴的距离均减小，系统超调量增大，响应速度变慢。

第 5 章

5-1　$T=1\ \text{s},K=12$

5-2　$|x(t)|=\sqrt{\dfrac{K^2+(B\omega)^2}{[K-m\omega^2]^2+(B\omega)^2}}Y$

5-3　$x_o(t)=\dfrac{\sqrt{2}}{4}\sin\left(\dfrac{2}{3}t\right)$

5-4　(1) $0.9\sin(t+24.8°)$

(2) $\dfrac{4}{5}\sqrt{5}\cos(2t-55.3°)$

(3) $0.9\sin(t+24.8°)-\dfrac{4}{5}\sqrt{5}\cos(2t-55.3°)$

5-5　$30.3\sin(2\pi t-72.5°)$

5-6 $A(\omega)=\dfrac{36}{\sqrt{(\omega^2+16)(\omega^2+81)}}$

$\varphi(\omega)=-\arctan\dfrac{\omega}{4}-\arctan\dfrac{\omega}{9}$

5-7 $K=4, B=1$

5-8 （1）$\dfrac{\sqrt{10}}{4}\sin(2t-18.4°)$； （2）$\dfrac{5}{\sqrt{29}}\sin(2t-21.8°)$； （3）$\dfrac{\sqrt{5}}{5}\sin(2t-10.3°)$

5-9 （1）$U(\omega)=\dfrac{5}{900\omega^2+1}$，$V(\omega)=\dfrac{-150\omega}{900\omega^2+1}$

$A(\omega)=\dfrac{5}{\sqrt{900\omega^2+1}}$，$\varphi(\omega)=-\arctan 30\omega$

（2）$U(\omega)=\dfrac{-0.1}{0.01\omega^2+1}$，$V(\omega)=\dfrac{-1}{\omega(0.01\omega^2+1)}$

$A(\omega)=\dfrac{1}{\omega\sqrt{0.01\omega^2+1}}$，$\varphi(\omega)=-90°-\arctan(0.1\omega)$

5-14 （1）不稳定；（2）稳定；（3）不稳定；（4）稳定；（5）不稳定；（6）稳定；（7）稳定；（8）稳定；（9）不稳定；（10）不稳定

5-15 $K_h=0.1$

5-16 $0<K_v<2\zeta\omega_n$

5-17 （1）1.12；（2）0.57；（3）1.1

5-18 $a=\sqrt{0.707}$

5-19 不稳定

5-20 稳定

5-21 $\gamma(\omega_c)=55°$（手工作图）或 $\gamma(\omega_c)=56.778°$（MATLAB 作图）；$K_g=12$ dB（手工作图）或 $K_g=9.469$ dB（MATLAB 作图）

5-22 $\gamma(\omega_c)=42°$（手工作图）或 $\gamma(\omega_c)=41.187°$（MATLAB 作图）；$K_g=17$ dB（手工作图）或 $K_g=15.233$ dB（MATLAB 作图）

5-23 $G(s)H(s)=\dfrac{31.65}{s(0.031s+1)}$，$M(\omega_r)=1.15$，$\omega_r=22.38$ rad/s

5-24 $G(s)H(s)=\dfrac{1}{0.5s^3+2.6s^2+11.2s+16}$

5-25 （1）$\gamma(\omega_c)=56.3°$；$K_g=16.5$ dB

（2）$\omega_b=7.39$ rad/s

（3）$t_s=0.88s$

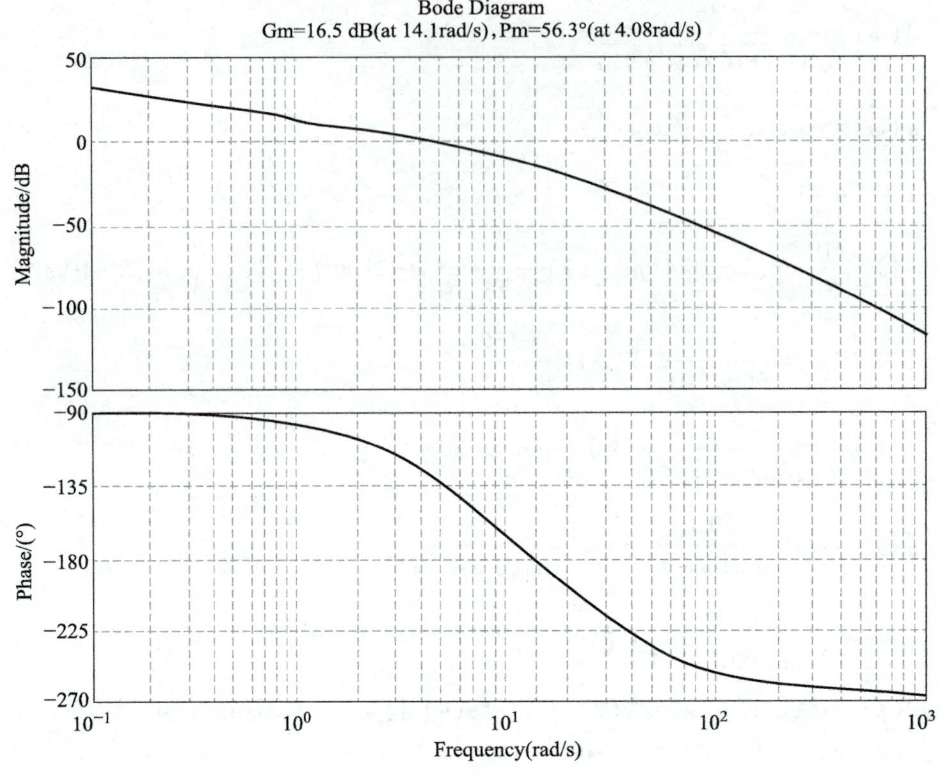

图 E.28　题 5-25(1)解图

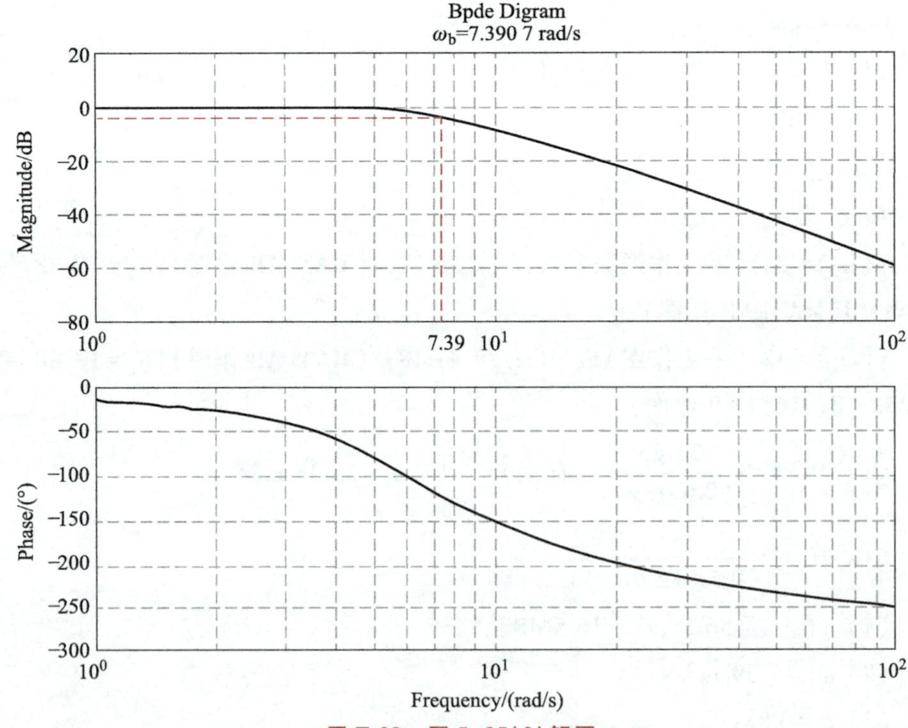

图 E.29　题 5-25(2)解图

5-26 （1）

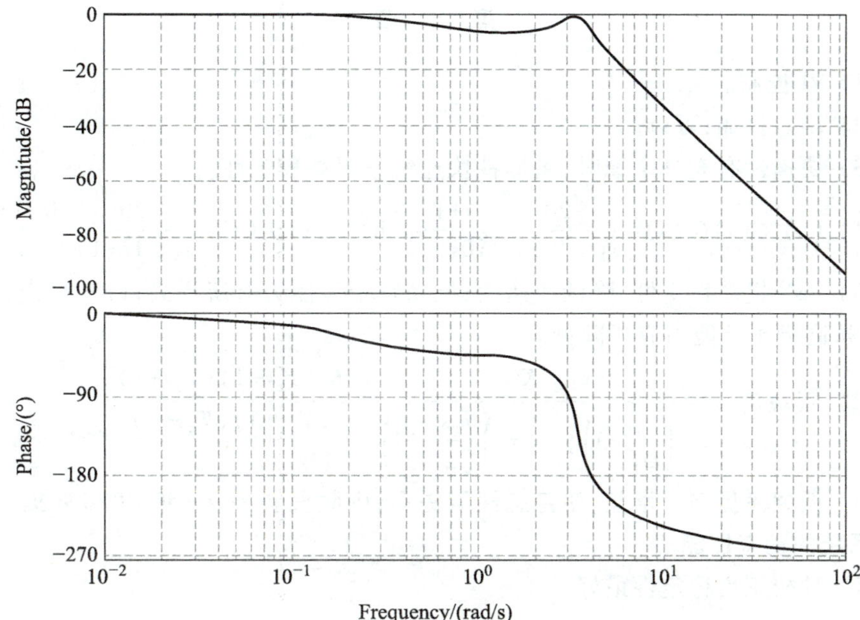

图 E.30　题 5-26 解图（$K=20$）

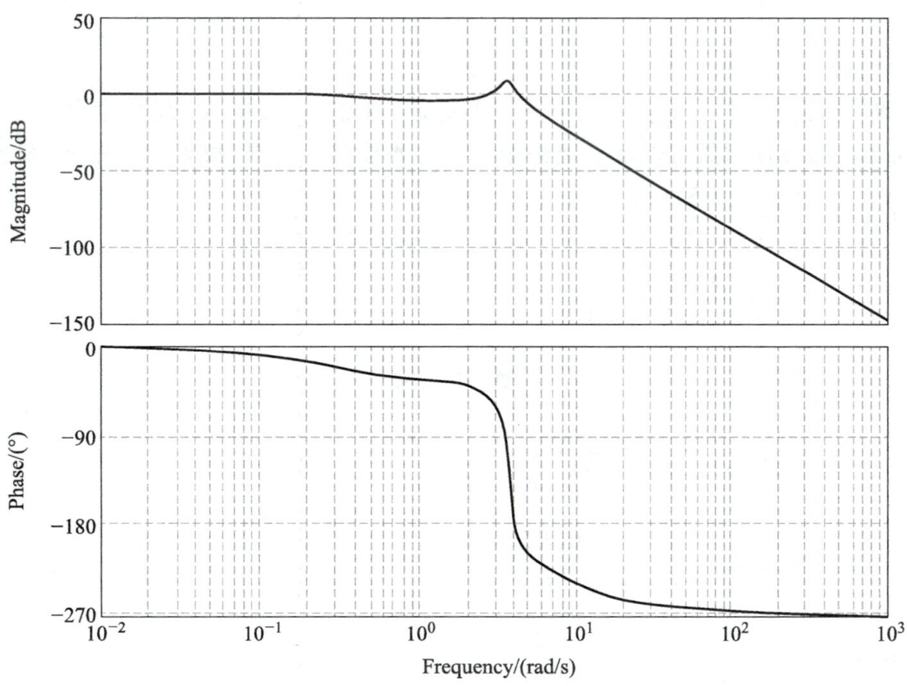

图 E.31　题 5-26 解图（$K=40$）

（2）① $K=20$ 时，$M_r=0$；ω_r 不存在；$\omega_b=3.62$ rad/s

② $K=40$ 时，$M_r=9.58$ dB；$\omega_r=3.68$ rad/s；$\omega_b=4.59$ rad/s

第 6 章

6-1 （1）PI 控制。

（2）动态性能；可以。

（3）快速性有充分余地时，用牺牲快速性来提高稳定性。

6-2 （1）（a）$G(s)G_c(s)=\dfrac{20}{s(0.1s+1)}\dfrac{s+1}{10s+1}$；（b）$G(s)G_c(s)=\dfrac{20}{s(0.1s+1)}\dfrac{0.1s+1}{0.01s+1}$

（3）（a）提高稳定性，降低快速性；抗高频干涉能力有所提高；（b）稳定性、快速性都得以改善；但抗高频干涉能力有所降低。

6-3 （2）$G(s)G_c(s)=\dfrac{K_1}{\left(\dfrac{s}{\omega_1}+1\right)\left(\dfrac{s}{\omega_2}+1\right)\left(\dfrac{s}{\omega_3}+1\right)}\cdot\dfrac{K_2(T_2s+1)(T_3s+1)}{(T_1s+1)(T_4s+1)}$

（3）低频段提高了增益，使稳态性能提高；中频段斜率从−40 dB/dec 提高到−20 dB/dec，改善了系统的动态性能。

6-4 第二种校正后稳定性最好。

6-5 $G_c(s)=\dfrac{\dfrac{1}{30}s+1}{\dfrac{1}{120}s+1}$

6-6 滞后校正。

6-7 滞后-超前校正。因为未校正系统不稳定，且在 ω_c 处 $\varphi(\omega)$ 衰减量大，一级超前校正不能解决问题。滞后校正虽可保证稳定裕量，但 ω_c 不能满足要求，故采用滞后-超前校正。

6-8 $G_c(s)=\dfrac{40(0.2075s+1)}{0.066s+1}$

6-9 $G_c(s)=452.4\dfrac{s+6}{s+19.2}\dfrac{s+0.1}{s+0.028}$

第 7 章

7-1 （1）$\mathscr{Z}[\sinh bt]=\dfrac{z\sinh(bT_0)}{z^2-2z\cosh(bT_0)+1}$

$$\mathscr{Z}[\cosh bt]=\frac{z[z-\cosh(bT_0)]}{z^2-2z\cosh(bT_0)+1}$$

（2）$\left[\dfrac{s+3}{(s+1)(s+2)}\right]^*=\dfrac{z^2-z(2\mathrm{e}^{-2T_0}-\mathrm{e}^{-T_0})}{(z-\mathrm{e}^{-T_0})(z-\mathrm{e}^{-2T_0})}$

（3）$\left[\dfrac{a-b}{(s+a)(s+b)}\right]^*=\dfrac{z}{z-\mathrm{e}^{-bT_0}}-\dfrac{z}{z-\mathrm{e}^{-aT_0}}$

(4) $\left[\dfrac{a}{s(s+a)(s+b)}\right]^{*}=\dfrac{z}{b(z-1)}+\dfrac{1}{a-b}\dfrac{z}{z-\mathrm{e}^{-aT_0}}-\dfrac{a}{b(a-b)}\dfrac{1}{z-\mathrm{e}^{-bT_0}}$

(5) $\mathscr{Z}[1-\mathrm{e}^{at}]=\sum_{n=0}^{\infty}(z^{-n}-\mathrm{e}^{-anT_0}z^{-n})$

(6) $\mathscr{Z}[\mathrm{e}^{-at}f(t)]=F(\mathrm{e}^{aT_0}z)$

7-2 (1) $\mathscr{Z}^{-1}\left(\dfrac{z}{z-\mathrm{e}^{-aT_0}}\right)=\sum_{n=0}^{\infty}\mathrm{e}^{-anT_0}\delta(t-nT_0)$

(2) $\mathscr{Z}^{-1}\left[\dfrac{10z}{(z-1)(z-2)}\right]=\sum_{n=0}^{\infty}10(2^n-1)\delta(t-nT_0)$

(3) $\mathscr{Z}^{-1}\left[\dfrac{z}{(z+1)(z+2)}\right]=\sum_{n=0}^{\infty}[(-1)^n-(-2)^n]\delta(t-nT_0)$

(4) $\mathscr{Z}^{-1}\left[\dfrac{2z^2}{(z+1)^2(z+2)}\right]=2\sum_{n=0}^{\infty}(-1)^{n+1}[2(2^n-1)-n]\delta(t-nT_0)$

(5) $\mathscr{Z}^{-1}\left[\dfrac{(1-\mathrm{e}^{-aT_0})z}{(z-1)(z-\mathrm{e}^{-aT_0})}\right]=\sum_{n=0}^{\infty}(1-\mathrm{e}^{-anT_0})\delta(t-nT_0)$

7-3 (1) $x(0)=1,x(\infty)=1$

(2) $x(0)=0,x(\infty)=\infty$

(3) $x(0)=1,x(\infty)=0$

7-4 (1) $x^*(t)=\sum_{n=0}^{\infty}\left(-2^{n-1}+\dfrac{4^n}{6}+\dfrac{1}{3}\right)\delta(t-nT_0)$

(2) $x^*(t)=\sum_{n=0}^{\infty}\left[\dfrac{5^n}{34.65}+\dfrac{(-2)^n}{14.35}-\dfrac{(0.05)^n}{10.15}\right]\delta(t-nT_0)$

7-5 稳定

7-6 稳定

7-7 不稳定

7-8 $K=2.39$

7-9 (a) $K=4.32$

(b) $K=38$

第 8 章

8-1 (1) $\begin{bmatrix}\dot{x}_1\\ \dot{x}_2\end{bmatrix}=\begin{bmatrix}0 & 1\\ -220 & -12\end{bmatrix}\begin{bmatrix}x_1\\ x_2\end{bmatrix}+\begin{bmatrix}0\\ 200\end{bmatrix}u,y=[1\quad 0]\begin{bmatrix}x_1\\ x_2\end{bmatrix}$

(2) $\begin{bmatrix}\dot{x}_1\\\dot{x}_2\\\dot{x}_3\\\dot{x}_4\end{bmatrix}=\begin{bmatrix}0&1&0&0\\0&0&1&0\\0&0&0&1\\-21&-15&-10&-6\end{bmatrix}\begin{bmatrix}x_1\\x_2\\x_3\\x_4\end{bmatrix}+\begin{bmatrix}0\\0\\0\\1\end{bmatrix}u,y=[21\quad 7\quad 0\quad 0]\begin{bmatrix}x_1\\x_2\\x_3\\x_4\end{bmatrix}$

(3) $\begin{bmatrix}\dot{x}_1\\\dot{x}_2\\\dot{x}_3\end{bmatrix}=\begin{bmatrix}0&1&0\\0&0&1\\-40&-20&-5\end{bmatrix}\begin{bmatrix}x_1\\x_2\\x_3\end{bmatrix}+\begin{bmatrix}0\\0\\1\end{bmatrix}u,y=[40\quad 20\quad 0]\begin{bmatrix}x_1\\x_2\\x_3\end{bmatrix}$

8-2 (1) $\begin{bmatrix}\dot{x}_1\\\dot{x}_2\\\dot{x}_3\end{bmatrix}=\begin{bmatrix}0&1&0\\0&0&1\\0&-12&-7\end{bmatrix}\begin{bmatrix}x_1\\x_2\\x_3\end{bmatrix}+\begin{bmatrix}0\\0\\1\end{bmatrix}u,y=[2\quad 3\quad 1]\begin{bmatrix}x_1\\x_2\\x_3\end{bmatrix}$

(2) $\begin{bmatrix}\dot{x}_1\\\dot{x}_2\\\dot{x}_3\end{bmatrix}=\begin{bmatrix}0&0&0\\0&-3&0\\0&0&-4\end{bmatrix}\begin{bmatrix}x_1\\x_2\\x_3\end{bmatrix}+\begin{bmatrix}1\\1\\1\end{bmatrix}u,y=\left[\frac{1}{6}\quad -\frac{2}{3}\quad \frac{3}{2}\right]\begin{bmatrix}x_1\\x_2\\x_3\end{bmatrix}$

(3) $\begin{bmatrix}\dot{x}_1\\\dot{x}_2\\\dot{x}_3\end{bmatrix}=\begin{bmatrix}-4&-1&1\\0&-3&1\\0&0&0\end{bmatrix}\begin{bmatrix}x_1\\x_2\\x_3\end{bmatrix}+\begin{bmatrix}1\\1\\1\end{bmatrix}u,y=[1\quad 0\quad 0]\begin{bmatrix}x_1\\x_2\\x_3\end{bmatrix}$

8-3 (1) $\begin{bmatrix}\dot{x}_1\\\dot{x}_2\\\dot{x}_3\end{bmatrix}=\begin{bmatrix}0&1&0\\0&-2&-3\\1&0&0\end{bmatrix}\begin{bmatrix}x_1\\x_2\\x_3\end{bmatrix}+\begin{bmatrix}0\\3\\0\end{bmatrix}u,y=[1\quad 0\quad 0]\begin{bmatrix}x_1\\x_2\\x_3\end{bmatrix}$

(2) $\begin{bmatrix}\dot{x}_1\\\dot{x}_2\\\dot{x}_3\\\dot{x}_4\end{bmatrix}=\begin{bmatrix}-1&0&-1&0\\0&-1&0&0\\0&0&0&1\\1&1&0&-2\zeta\omega\end{bmatrix}\begin{bmatrix}x_1\\x_2\\x_3\\x_4\end{bmatrix}+\begin{bmatrix}1&0\\0&1\\0&0\\0&0\end{bmatrix}\begin{bmatrix}u\\n\end{bmatrix},y=[0\quad 0\quad 1\quad 0]\begin{bmatrix}x_1\\x_2\\x_3\\x_4\end{bmatrix}$

(3) $\begin{bmatrix}\dot{x}_1\\\dot{x}_2\\\dot{x}_3\\\dot{x}_4\\\dot{x}_5\end{bmatrix}=\begin{bmatrix}0&1&0&0&0\\-1&-2&1&0&-1\\0&0&-3&0&0\\0&0&0&-1&0\\1&0&0&-1&-2\end{bmatrix}\begin{bmatrix}x_1\\x_2\\x_3\\x_4\\x_5\end{bmatrix}+\begin{bmatrix}0\\0\\3\\1\\0\end{bmatrix}u,\begin{bmatrix}y\\y_m\end{bmatrix}=\begin{bmatrix}1&0&0&0&0\\0&0&0&1&0\end{bmatrix}\begin{bmatrix}x_1\\x_2\\x_3\\x_4\\x_5\end{bmatrix}$

8-4 (1) $\begin{bmatrix} x_1(k+1) \\ x_2(k+2) \\ x_3(k+3) \end{bmatrix} = \begin{bmatrix} 0 & 1 & 0 \\ 0 & 0 & 1 \\ -1 & -2 & -4 \end{bmatrix} \begin{bmatrix} x_1(k) \\ x_2(k) \\ x_3(k) \end{bmatrix} + \begin{bmatrix} 0 \\ 0 \\ 1 \end{bmatrix} u(k),\ y = [1 \quad 0 \quad 0] \begin{bmatrix} x_1(k) \\ x_2(k) \\ x_3(k) \end{bmatrix}$

(2) $\begin{bmatrix} x_1(k+1) \\ x_2(k+1) \end{bmatrix} = \begin{bmatrix} 0 & 1 \\ -2 & -1 \end{bmatrix} \begin{bmatrix} x_1(k) \\ x_2(k) \end{bmatrix} + \begin{bmatrix} 0 \\ 1 \end{bmatrix} u(k),\ y(k) = [0.4 \quad 1] \begin{bmatrix} x_1(k) \\ x_2(k) \end{bmatrix}$

8-5 (1) $\boldsymbol{X}(t) = \begin{bmatrix} 1 & 0 \\ -\frac{1}{2}+\frac{1}{2}\mathrm{e}^{-2t} & \mathrm{e}^{-2t} \end{bmatrix} X(0) + \begin{bmatrix} 0 \\ \frac{1}{2}-\frac{1}{2}\mathrm{e}^{-2t} \end{bmatrix}$

(2) $\boldsymbol{X}(t) = \begin{bmatrix} 1 & \frac{1}{2}(\mathrm{e}^{t}-\mathrm{e}^{-t}) & \frac{1}{2}(\mathrm{e}^{t}+\mathrm{e}^{-t})-1 \\ 0 & \frac{1}{2}(\mathrm{e}^{t}+\mathrm{e}^{-t}) & \frac{1}{2}(\mathrm{e}^{t}-\mathrm{e}^{-t}) \\ 0 & \frac{1}{2}(\mathrm{e}^{t}-\mathrm{e}^{-t}) & \frac{1}{2}(\mathrm{e}^{t}+\mathrm{e}^{-t}) \end{bmatrix} X(0) + \begin{bmatrix} \frac{1}{2}(\mathrm{e}^{t}-\mathrm{e}^{-t})-t \\ \frac{1}{2}(\mathrm{e}^{t}+\mathrm{e}^{-t})-1 \\ \frac{1}{2}(\mathrm{e}^{t}-\mathrm{e}^{-t}) \end{bmatrix}$

8-6 $\boldsymbol{X}(t) = \begin{bmatrix} \mathrm{e}^{-0.5t}\sin 0.5t \\ -\mathrm{e}^{-0.5t}[\cos(0.5t)+\sin(0.5t)]+1 \end{bmatrix}$

$y(t) = \mathrm{e}^{-0.5t}\sin(0.5t)$

8-7 递推法：$X(0) = \begin{bmatrix} 1 \\ -1 \end{bmatrix},X(1) = \begin{bmatrix} 0 \\ 1.84 \end{bmatrix},X(2) = \begin{bmatrix} 2.84 \\ -0.84 \end{bmatrix},X(3) = \begin{bmatrix} 0.16 \\ 1.39 \end{bmatrix},\cdots$

$\mathscr{Z}$ 变换法：$X(k) = \begin{bmatrix} -\frac{17}{6}(-0.2)^k+\frac{22}{9}(-0.8)^k+\frac{25}{18} \\ \frac{3.4}{6}(-0.2)^k-\frac{17.6}{9}(-0.8)^k+\frac{7}{18} \end{bmatrix}$

8-8 $X[(k+1)T_0] = \begin{bmatrix} 1 & \frac{1}{2}(1-\mathrm{e}^{-2T_0}) \\ 0 & \mathrm{e}^{-2T_0} \end{bmatrix} X(kT_0) + \begin{bmatrix} \frac{1}{2}\left(T_0+\frac{\mathrm{e}^{-2T_0}-1}{2}\right) \\ \frac{1}{2}(1-\mathrm{e}^{-2T_0}) \end{bmatrix} u(kT_0)$

参考文献

[1] 阳含和.机械控制工程:上册[M].北京:机械工业出版社,1986.

[2] 杨叔子,杨克冲,吴波,等.机械工程控制基础[M].8版.武汉:华中科技大学出版社,2023.

[3] 李友善.自动控制原理[M].3版.北京:国防工业出版社,2005.

[4] 胡寿松,姜斌,张绍杰.自动控制原理[M]. 8版.北京:科学出版社,2023.

[5] 王显正,莫锦秋,王旭永.控制理论基础[M]. 2版.北京:科学出版社,2007.

[6] 王积伟.机电控制工程[M].北京:机械工业出版社,1995.

[7] 董景新,赵长德,郭美凤,等.控制工程基础[M].5版.北京:清华大学出版社,2023.

[8] 拉斯 B P.信号、系统和控制[M].卢伯英,译.北京:科学出版社,1982.

[9] 罗京别尔格 Я H.自动控制理论基础[M].姜长生,译.北京:国防工业出版社,1987.

[10] 欣内尔斯 S M.现代控制系统理论及应用[M].李育才,译.北京:机械工业出版社,1980。

[11] RAVEN F H.Automatic Control Engineering[M].New York:McGraw-Hill Book Company,1978.

[12] BOLLINGER J G., DUFFLE N A, Computer Control of Machines and Processes[M].New York:Addison-Wesley Publishing Company,1988.

[13] DORF R C,BISHOP R H.Modern Control Systems[M]. 10th ed.北京:科学出版社,2005.

[14] Ogata K.Modern Control Engineering[M].5th ed. Boston:Prentice Hall,2009.

[15] 刘豹,唐万生.现代控制理论[M].3版.北京:机械工业出版社,2006.

[16] 王积伟.现代控制理论与工程[M].2版.北京:高等教育出版社,2010.

[17] 王积伟.控制理论与控制工程[M].北京:机械工业出版社,2011.

[18] 薛定宇.控制系统计算机辅助设计:MATLAB语言与应用[M].2版.北京:清华大学出版社,2006.

[19] 楼顺天,于卫.基于MATLAB的系统分析与设计:控制系统[M].西安:西安电子科技大学出版社,1999.

[20] 胡寿松.自动控制原理题海大全[M].北京:科学出版社,2008.

[21] 李培豪,余文休.自动控制原理例题与习题[M].北京:电子工业出版社,1989.

[22] 王积伟,张祖顺,王蕊.控制工程基础学习指导与习题详解[M].北京:高等教育出版社,2004.

[23] 王积伟. 液压传动[M].3版.北京:机械工业出版社,2018.

[24] 王积伟. 液压与气压传动[M].3版.北京:机械工业出版社,2018.

[25] 王春行.液压控制系统[M]. 北京:机械工业出版社,1999.

[26] 吴振顺.液压系统仿真与CAD[M]. 2版.哈尔滨:哈尔滨工业大学出版社,2000.

[27] 吴振顺.液压控制系统[M].北京:高等教育出版社,2008.